모아교육그룹이 함께 만들어갑니다!"

소방기술사 / 소방시설관리사 / 소방설비기사 / 소방설비산업기사 / 소방실무 / 소방안전관리자 / 화재감식평가(산업)기사

전기안전기술사 / 건축전기설비기술사 / 발송배전기술사 / 전기응용기술사 / 정보통신기술사 / 전기기능장 / 전기기사 / 전기산업기사 / 전기기능사

화공안전기술사 / 산업안전기사 / 에너지관리기사 / 에너지관리산업기사 / 에너지관리기능사 / 공조냉동기계기사 / 공조냉동기계산업기사 / 공조냉동기계기능사

건축기계설비기술사 / 건축설비기사 / 건축설비산업기사 / 가스기사 / 가스산업기사 / 가스기능사 / 위험물기능장 / 위험물산업기사 / 위험물기능사

건설안전기사 / 대기환경기사 / 식품안전기사 / 산업위생관리기사 / 승강기기능사 / 설비보전기사 / 설비보전기능사

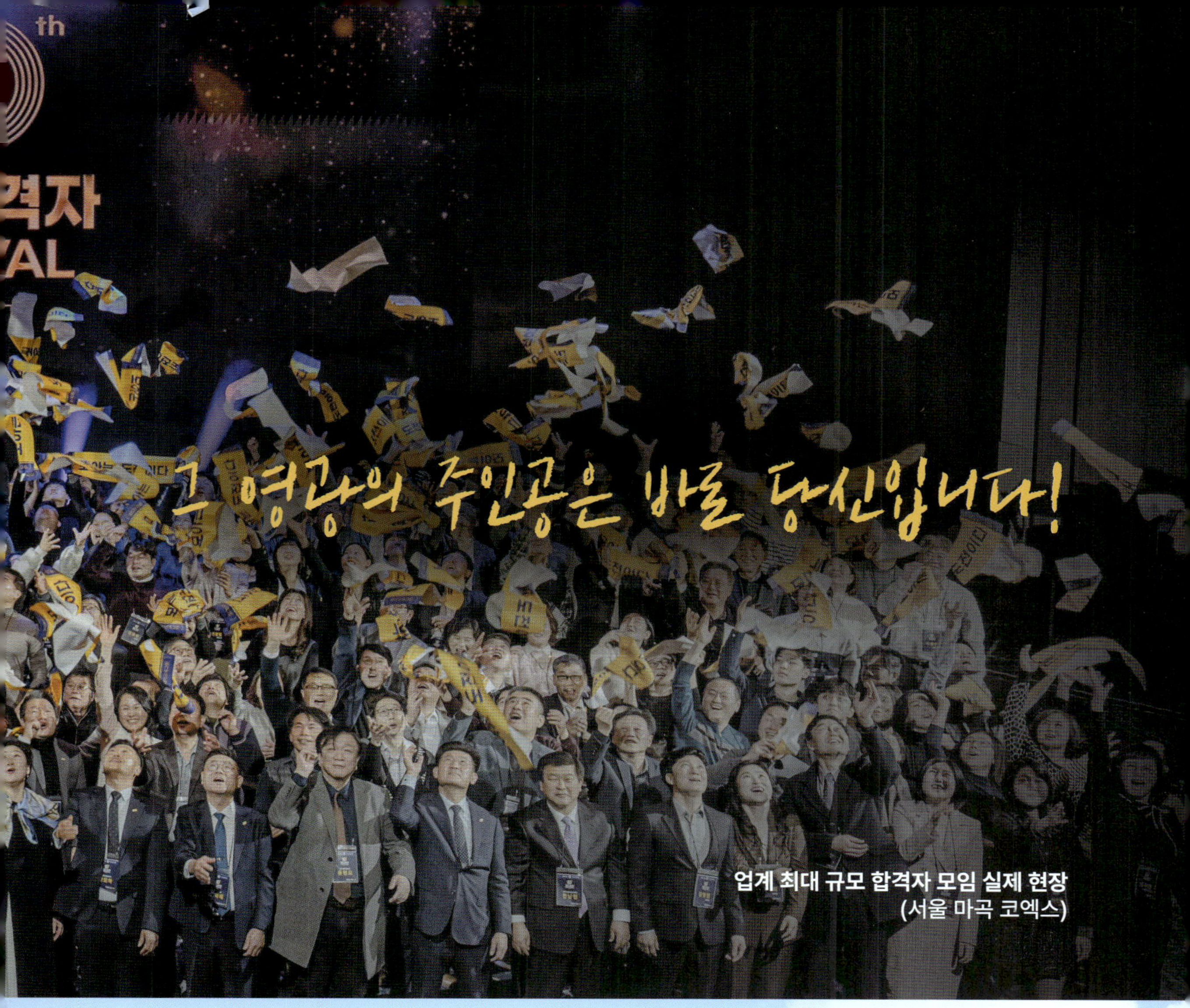

그 영광의 주인공은 바로 당신입니다!

업계 최대 규모 합격자 모임 실제 현장
(서울 마곡 코엑스)

기록적인 성장
1648%
*2017년 vs 2024년 매출 기준

경이로운 수강생 증가
760%
*2018년 vs 2025년 1, 2월 수강인원 기준

강의 만족도
99%
*2024년, 2025년 모아바 합격수기 평가 점수 변환 기준

압도적인 합격률
79%
*2024년 소방시설관리사 2차 합격률

"합격을 넘어 실무까지, 모아가 만듭니다!"

모아소방전기학원
모아직업기술교육원

소방기술사 강의

과정평가형

국가기간전략산업직종훈련

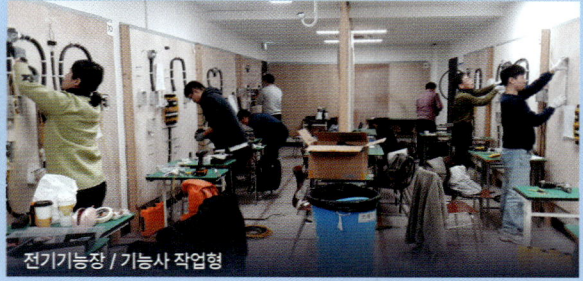
전기기능장 / 기능사 작업형

소방분야 소방기술사 / 소방시설관리사 / 소방설비기사(전기 / 기계) / 소방설비산업기사(전기 / 기계)
전기분야 전기안전기술사 / 전기응용기술사 / 발송배전기술사 / 건축전기설비기술사 / 전기기능장 / 전기기능사 / 전기기사 · 산업기사
안전분야 화공안전기술사 / 건축기사 · 산업기사 / 건축설비기사 · 산업기사 / 건설안전기술사 / 건설안전기사 · 산업기사
산업안전기사 · 산업기사 / 산업안전지도사 / 승강기기능사 / 공조냉동기계기사
통신분야 정보통신기술사
실무분야 소방감리실무 / 현장에서 통하는 소방설비 찐 실무
과정평가형 소방설비산업기사(전기 / 기계) / 산업안전산업기사 / 산업안전기사 / 건설안전기사 / 전기공사산업기사
국가기간전략훈련 [국기] 전기기능사 취득과정
위탁기관 위탁교육 서울시노동자복지관 / 제대군인지원센터 / 기아 AutoLand 조합원 단체 교육

모아소방전기학원

자격증 취득 & 과정상담

모아소방전기학원
02.2068.2851

모아직업기술교육원
02.2068.2854

평일 09:00~19:00 / 토·일 08:00~17:00 (공휴일 휴무)

모아소방전기학원 × 모아직업기술교육원

모아 가스기능사 필기

개정 4판

핵심이론 + 과년도 12개년

모아합격전략연구소

2026년 가스기능사시험 한눈에 보기

[왜 가스기능사인가?]

가스기능사는 고압가스의 제조, 저장 및 공급시설, 용기 및 기구 등의 시공·조작·검사에 필요한 기술적 사항을 관리하며, 가스생산기계와 장비의 운전, 충전용기의 점검·운반·관리 및 부속품 교체 등의 업무를 수행합니다. 고압가스 제조·저장·판매업체를 비롯해 도시가스 사업소, 용기제조업소, 냉동기계 제조업체 등 다양한 고압가스 관련 분야로 진출할 수 있습니다. 산업의 발달과 도시가스 보급 확대에 따라 가스 사용량이 지속적으로 증가하고 있어, 가스기능사의 전문 인력 수요 또한 꾸준히 증가할 전망입니다.

[시험과목 및 검정방법]

가스기능사

구분	필기	실기
시험과목	• 가스법령활용 • 가스사고 예방·관리 • 가스시설 유지관리 • 가스특성활용	가스 실무
검정방법	전 과목 혼합, 객관식 60문항(60분)	복합형 • 필답형 1시간 (50점) • 작업형 1시간 (50점)
합격 기준	100점을 만점으로 하여 60점 이상	100점을 만점으로 하여 60점 이상

[2026년 시험예상일정]

필기시험

회별	원서접수 (휴일 제외)	시험시행
제1회	1.5(월) ~ 1.8(목)	1.20(화) ~ 1.24(토)
제2회	3.16(월) ~ 3.20(금)	4.4(토) ~ 4.9(목)
제3회	6.8(월) ~ 6.11(목)	6.27(토) ~ 7.2(목)
제4회	8.24(월) ~ 8.27(목)	9.18(금) ~ 9.23(수)

실기시험

회별	원서접수 (휴일 제외)	시험시행
제1회	2.9(월) ~ 2.12(목)	3.14(토) ~ 4.1(수)
제2회	4.20(월) ~ 4.23(목)	5.30(토) ~ 6.14(일)
제3회	7.27(월) ~ 7.30(목)	8.29(토) ~ 9.16(수)
제4회	10.19(월) ~ 10.22(목)	11.21(토) ~ 12.9(수)

※ 정확한 시험일정과 관련된 정보는 한국산업인력공단(Q – Net)에서 확인하시길 바랍니다.

과목별 학습전략

가스법령활용

- 가스 4법(도시가스법, 액화석유가스법, 고압가스법, 수소법)과 KGS CODE 관련 문제들이 출제됩니다. 각 가스별로 먼저 구분하여 학습해주시고, 그 다음 해당 가스의 시설별(공급시설, 사용시설, 충전시설, 판매시설 등)로 구분하여 확실하게 학습을 해주세요.
- 모든 내용을 암기하기에는 범위가 방대하니 시험에 출제되는 내용들 위주로 도표화하여 암기해주세요.
- 이격거리, 두께, 점검주기, 시험압력 등을 위주로 반드시 암기해주세요.

☑ **비전공자**는 이렇게 접근하세요!
- 법규의 숫자를 의미와 함께 외워주세요. (예 재검사 주기가 짧다 : 부식의 위험이 있기 때문에)

가스사고 예방·관리

- 가스폭발의 종류와 안전간격에 대해 학습하세요. 가스사고의 종류와 안전관리에 관한 사항을 학습하고, 정전기 발생 억제와 완화에 대해 이해하며 학습해주세요.

☑ **비전공자**는 이렇게 접근하세요!
- 법 내용과 접목하여 가스 관련 주의사항을 학습해주세요.

가스시설 유지관리

- 장치별 이름 – 원리 – 용도 – 설정값 등 하나의 매커니즘을 만들어 이해하면서 학습해주세요.
- 역화, 캐비테이션, 선화, 베이퍼록 등 이상현상에 관한 원인과 방지책을 이해하며 학습해주세요.
- 가스장치와 기기도 이해이므로 쌩 암기보다는 각 장치와 기기를 실물사진과 함께 이해하며 학습해주세요.

☑ **비전공자**는 이렇게 접근하세요!
- 문제를 풀면서 단순하게 정답만 체크하고 넘어가는 것이 아닌, 오답 사유를 체크해서 취약한 부분을 위주로 학습해주세요.

가스특성활용

- 가스일반 과목에서 배우는 이론공기량, 이상기체 상태방정식, 보일-샤를의 법칙, 위험도 등 모든 공식을 다 학습해주셔야 합니다. 수포자라고 해서 공식을 버리면 안 돼요!
- 각 가스별 특징(색상 유무, 냄새 유무, 성질)을 반드시 구분해서 학습해주세요.
- 계산문제는 단순 문답이 아닌 공식을 완벽히 이해하고 풀어주어야 하며, 이때 가장 중요한 것은 단위 환산을 할 수 있는지 입니다. 단위 환산을 완벽하게 이해하고 적용시켜주세요.

☑ **비전공자**는 이렇게 접근하세요!
- 가스의 특징을 위주로 학습해주시고, 계산문제를 여러 번 반복하여 풀어주세요.

이 책의 활용방법

Step 01. 학습준비

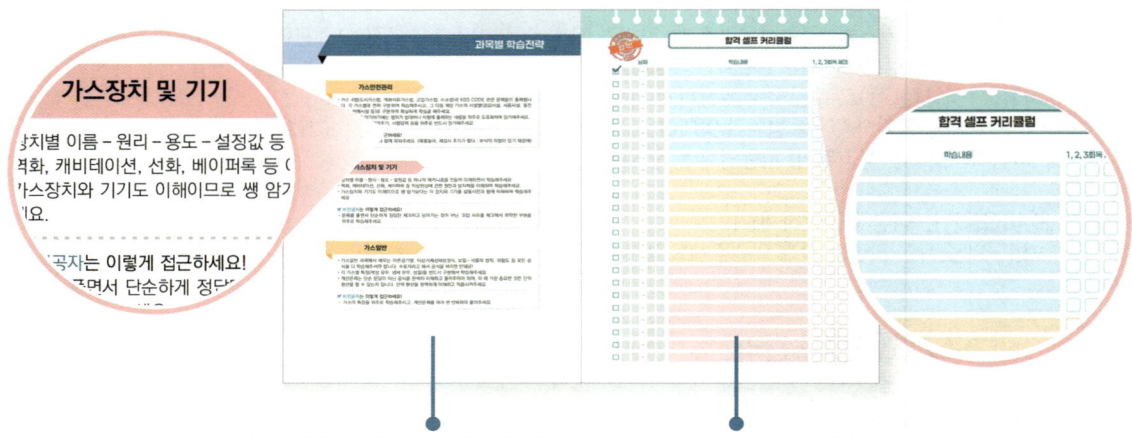

2026년 출제 기준을 완벽히 반영한 구성으로 효율적인 학습전략을 안내하여 단기간에 핵심을 파악할 수 있습니다.

학습계획을 스스로 설정하고, 정해진 분량을 체크하며 학습루틴을 형성할 수 있도록 도와주는 맞춤형 진도표입니다.

Step 02. 효율적인 이론 학습

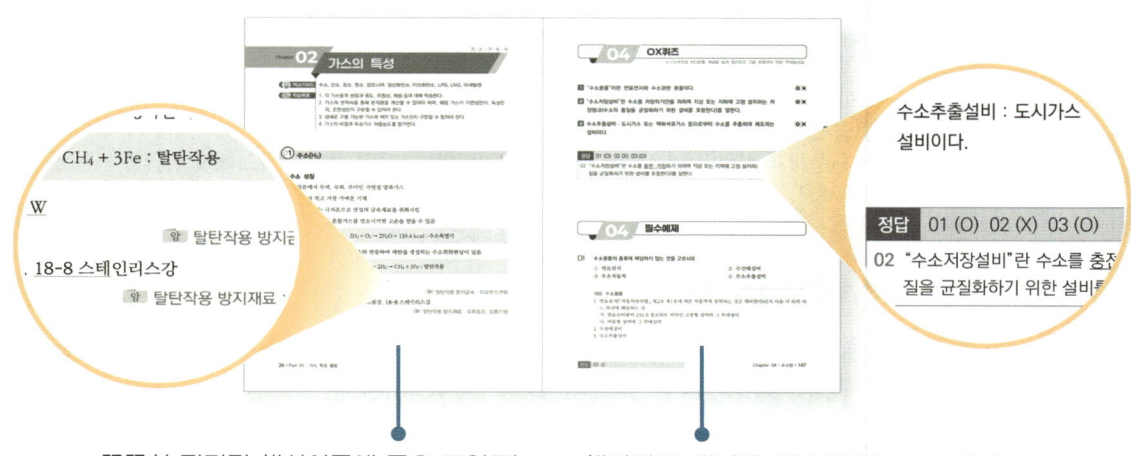

꼼꼼히 정리된 핵심이론에 중요 포인트는 볼드처리하여 한눈에 확인할 수 있으며 암기법과 다양한 시각자료를 통해 이해와 기억을 동시에 강화했습니다.

챕터별로 정리된 필수예제와 OX퀴즈를 풀며 자신의 이해도를 점검하고 실전 감각을 유지할 수 있습니다.

Step 03. 과년도 기출문제 풀이 + Plus N제⁺

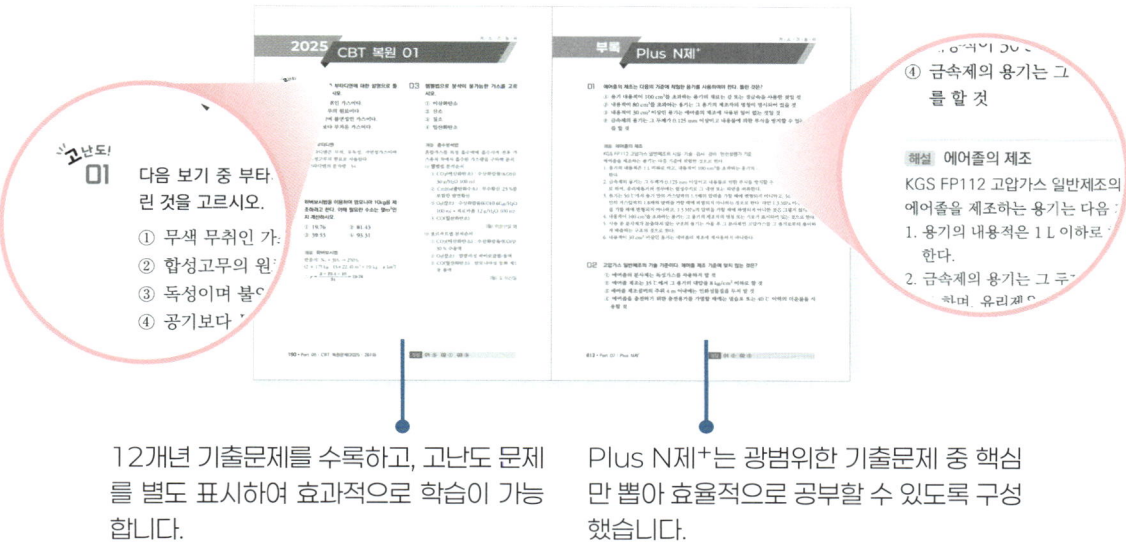

12개년 기출문제를 수록하고, 고난도 문제를 별도 표시하여 효과적으로 학습이 가능합니다.

Plus N제⁺는 광범위한 기출문제 중 핵심만 뽑아 효율적으로 공부할 수 있도록 구성했습니다.

[추천! 3주 초단기 로드맵 - 하루 3시간 기준]

가스기능사

주차	학습목표	주요 내용
1주차	PART 01 완벽 학습	• 가스기능사 시험에 가장 기초가 되는 내용 • 시험에 꼭 출제되는 계산공식 학습 • 각 가스별 특징 암기
2주차	PART 02 완벽 학습	• 가스의 각 장치 및 기기 학습 • 장치별 특징 암기 • 장치별 매커니즘 이해하기
3주차	PART 03, PART 04 완벽 학습	• 가스 4법 중 시험에 자주 출제되는 내용 이해 • 시설별 기준 암기 • 가스종류와 시설별로 구분하여 학습

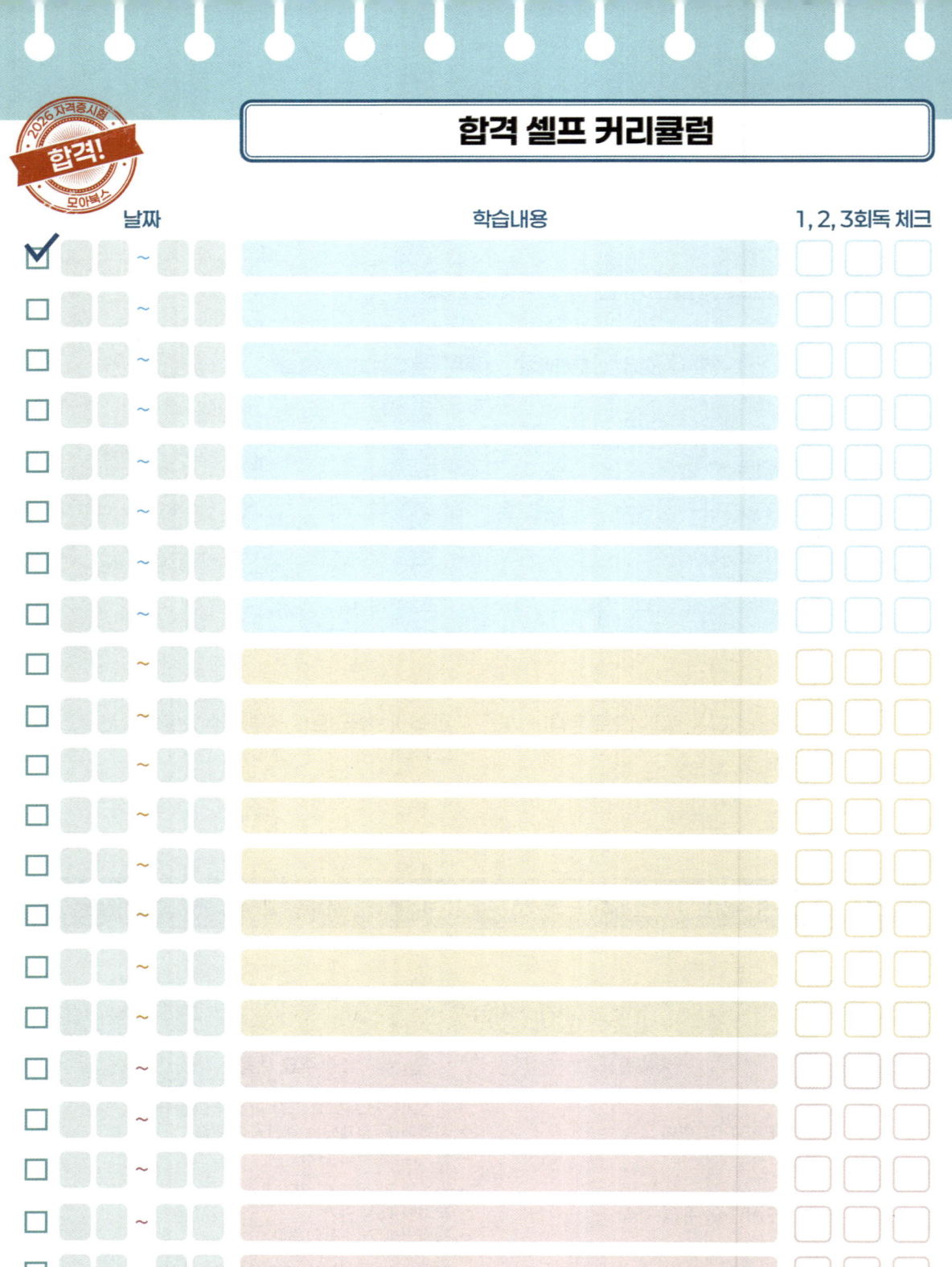

합격자가 인정한 이 책의 가치

처음의 두려움도 과정의 막막함도 결국 합격을 위한 디딤돌이 됩니다.
꾸준히 준비한 노력은 반드시 합격이라는 결실로 이어집니다.
모아북스는 여러분의 도전을 시작에서 합격까지 함께하겠습니다.

비전공자도 이해하기 쉬운 구성

"가스 분야가 처음이라 용어가 낯설었지만 다양한 그림과 도표 덕분에 개념을 쉽게 익힐 수 있었습니다. 핵심이론과 OX퀴즈로 바로 개념을 점검하며 학습하니 점점 자신감이 붙었고 비전공자에게도 부담 없는 교재였습니다."

김○○ (비전공자)

핵심을 짚어주는 정리로 학습 부담 감소

"업무와 병행하느라 공부 시간이 제한적이었지만 OX퀴즈와 연습문제로 핵심이론을 빠르게 정리하고, 과년도 문제로 실전 감각을 점검할 수 있었습니다. 마지막으로 Plus N+제를 통해 중요 문제를 반복하며 시험 준비를 마무리할 수 있어 효율적이었습니다."

이○○ (직장인)

공백기 극복! 핵심 정리와 반복 학습으로 합격

"오랜 공백이 있어 걱정했지만 핵심만 짚어주는 구성 덕분에 처음부터 공부하기 좋았습니다. OX퀴즈와 연습문제로 핵심이론을 정리하고 CBT 최신 7개년과 PBT 5개년 과년도 복원문제를 충분히 풀며 다양한 출제 유형을 경험했습니다. 방대한 이론은 그림과 도표로 시각화되어 복습이 수월했고 반복 학습으로 실전 감각과 문제 해결 능력을 키워 시험 준비를 체계적으로 마무리할 수 있었습니다."

정○○ (경력단절자)

효율적 학습으로 실수 줄이고 합격

"처음부터 다시 공부해야 했지만 교재가 핵심만 정리해 부담 없이 복습할 수 있었습니다. 교재에 제시된 암기법과 학습 흐름 점검 덕분에 취약 부분을 빠르게 보완하고 실수를 줄일 수 있었습니다. 체계적인 반복 학습으로 자신감을 회복하며 효율적으로 시험을 준비해 확실히 합격할 수 있었습니다."

오○○ (재도전자)

목차

PART 01 **가스 특성 활용 • 11**
Chapter 01 열역학 기초 ··· 12
Chapter 02 가스의 특성 ·· 26

PART 02 **가스시설 유지관리 • 41**
Chapter 01 가스장치 ··· 42
Chapter 02 저온장치 및 반응기 ·· 65
Chapter 03 가스설비 ··· 68
Chapter 04 가스측정기기 ·· 81

PART 03 **가스법령 활용 • 95**
Chapter 01 고압가스법 ·· 96
Chapter 02 액화석유가스법 ··· 114
Chapter 03 도시가스법 ·· 122
Chapter 04 수소법 ·· 133
Chapter 05 고압가스 통합 ·· 148

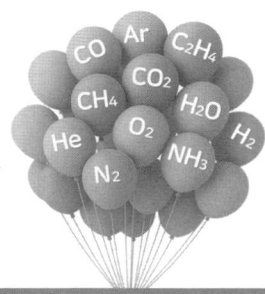

PART 04 가스사고 예방·관리 • 169

- Chapter 01 폭발 ·· 170
- Chapter 02 가스사고 ·· 173
- Chapter 03 기타 ·· 181

PART 05 CBT 복원문제(2025 ~ 2019년) • 189

- 2025년 CBT 복원 01 ··· 190
- 2025년 CBT 복원 02 ··· 202
- 2025년 CBT 복원 03 ··· 215
- 2025년 CBT 복원 04 ··· 227
- 2024년 CBT 복원 01 ··· 239
- 2024년 CBT 복원 02 ··· 251
- 2023년 CBT 복원 01 ··· 263
- 2023년 CBT 복원 02 ··· 274
- 2022년 CBT 복원 01 ··· 285
- 2022년 CBT 복원 02 ··· 298
- 2021년 CBT 복원 01 ··· 312
- 2021년 CBT 복원 02 ··· 323
- 2020년 CBT 복원 01 ··· 336
- 2020년 CBT 복원 02 ··· 347
- 2019년 CBT 복원 01 ··· 358
- 2019년 CBT 복원 02 ··· 369

PART 06 **PBT 복원문제(2016 ~ 2012년)** • 381

2016년 01월 24일	382
2016년 04월 02일	394
2016년 07월 10일	405
2015년 01월 25일	417
2015년 04월 04일	429
2015년 07월 19일	442
2015년 10월 10일	454
2014년 01월 26일	466
2014년 04월 06일	478
2014년 07월 20일	490
2014년 10월 11일	502
2013년 01월 27일	514
2013년 04월 14일	526
2013년 07월 21일	538
2013년 10월 12일	550
2012년 02월 12일	562
2012년 04월 08일	574
2012년 07월 22일	586
2012년 10월 20일	599

PART 07 **Plus N제+** • 611

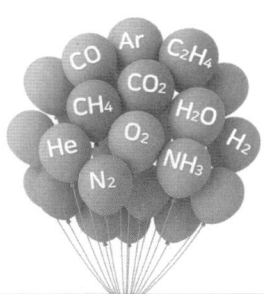

PART 01
가스 특성 활용

Chapter 01 열역학 기초
Chapter 02 가스의 특성

Chapter 01 열역학 기초

핵심키워드 대기압, 온도, 열량, 일, 열역학법칙, 이상기체법칙, 아보가드로의 법칙, 연소, 폭발

학습목표
1. 표준대기압 1 atm에 대해 학습하고, 압력의 단위환산을 완벽히 마스터한다.
2. 온도 환산에 대해 학습한다.
3. 열역학법칙과 가스 기본법칙에 대해 학습한다.
4. 연소와 폭발에 관한 내용을 학습한다.

01 압력과 온도

1 압력

(1) 압력 : 단위면적에 수직으로 작용하는 힘

$$P = \frac{F}{A}$$

F : 힘[N]
A : 단위 면적[m^2]

(2) 압력의 분류

① 표준대기압(1atm) : 0℃에서 표준 중력일 때, 760 mm 높이 수은주의 압력

1기압(atm) = 760 mmHg = 10.332 mH_2O = 1.0332 kg/cm^2 = 1.013 bar
= 0.101325 MPa
= 101.325 kPa
= 14.7 psi
= 14.7 lb/in^2

② 절대압력(Absolute Pressure) : 완벽한 진공을 0점으로 두고 측정한 압력
③ 게이지압력(Gauge Pressure) : 대기압의 기준을 0으로 하여 측정한 압력

절대압력 = 대기압 + 게이지압력

압 절대게

2 온도

(1) **섭씨온도 [℃]** : 1기압에서 물의 어는점을 0 ℃, 끓는점을 100 ℃로 100 등분한 것

(2) **화씨온도 [℉]** : 1기압에서 물의 어는점을 32 ℉, 끓는점을 212 ℉로 180 등분한 것

$$화씨온도(℉) : \frac{9}{5} \times ℃ + 32$$

(3) **절대온도**
   ① 캘빈온도 : 절대온도이며, 국제표준으로 사용되는 온도로 0 K은 이론상 가능한 최저온도임(K = t℃ + 273)
   ② 랭킨온도 : 절대온도를 화씨온도 기준으로 한 온도(R = t℉ + 460)

3 열량

(1) **1 [kcal]** : 대기압에서 물 1 kg의 온도를 1 ℃ 올리는 데 필요한 열량

(2) **열용량** : 어떤 물질의 온도를 1 ℃ 올리는 데 필요한 열량

(3) **비열 [kcal/kg·℃]** : 어떤 물질 1 kg의 온도를 1 ℃ 올리는 데 필요한 열량

> **Level up**
> 물은 우리가 알고 있는 물질 중 비열이 가장 큼
> 물의 비열은 1 [kcal/kg·℃] (= 4.18 [kJ/kg·K])임
> 그 이유는 물 분자의 수소는 전기적으로 양성을, 산소는 전기적으로 음성을 띠고 있기 때문에 물 분자 서로 끌어당기는 힘이 강해서 온도를 높이기 위해 많은 열이 필요

   ① 정압비열(C_P) : 일정한 압력의 기체를 측정한 비열
   ② 정적비열(C_V) : 일정한 체적의 기체를 측정한 비열
   ③ 비열비(K) : 기체에 적용되며 정적비열에 대한 정압비열의 비로 1보다 크다.

$$비열비\ K = \frac{C_P}{C_V} > 1$$

(4) **현열** : 온도변화만 일으키는 열(상태변화 없음)

(5) **잠열** : 상태변화만 일으키는 열(온도변화 없음)
   ① 얼음의 융해잠열 : 79.68 kcal/kg
   ② 물의 증발잠열 : 539 kcal/kg

암 현온잠상

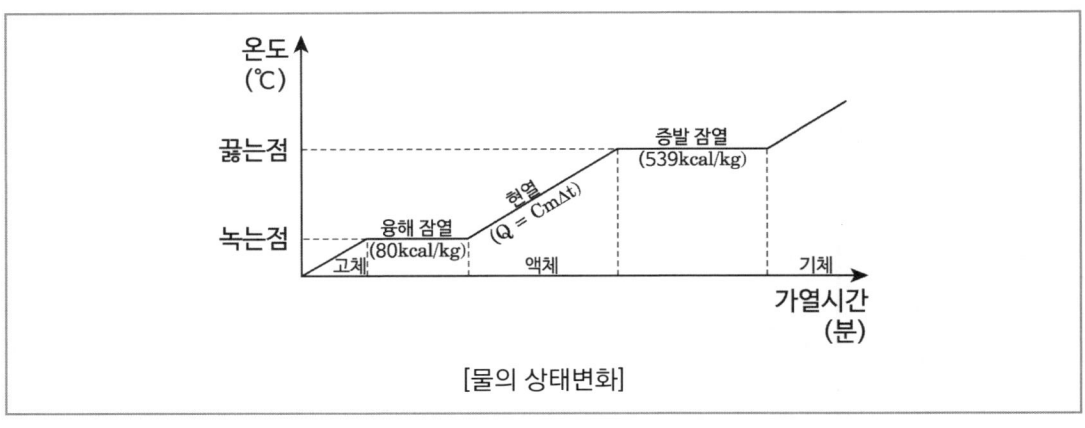

[물의 상태변화]

4 일

(1) 일(Work) : 어떤 물체에 힘을 가했을 때 힘의 방향으로 이동한 거리

① 1 Joule : 1 N(뉴턴)의 힘이 작용하여 1 m의 변위에 해당한 일

$$1 \text{ [Joule]} = 1 \text{ [N]} \times 1 \text{ [m]}$$
$$1 \text{ [kg}_f \cdot \text{m]} = 1 \text{ [kg}_m\text{]} \times 9.807 \text{ [m/sec}^2\text{]} \times 1 \text{ [m]} = 9.807 \text{ [N} \cdot \text{m]}$$
$$= 9.807 \text{ [Joule]}$$

5 열역학법칙

(1) 제0법칙 : 물체의 고온과 저온에서 마침내 열평형을 이룬다.

(2) 제1법칙 : 일은 열로, 열은 일로 교환할 수 있다.

(3) 제2법칙 : 자연계는 비가역적인 변화가 일어난다.

(4) 제3법칙 : 절대온도 0도에 이르게 할 수 없다.

6 밀도, 비중

(1) 밀도(ρ) : 단위 체적당 차지하는 질량

$$\rho = \frac{m}{V}$$

m : 질량[kg]
V : 체적[m³]

⇒ 기체의 밀도(d) = 기체분자량 / 22.4 L

(2) 비중 : 4 ℃ 물의 무게와 같은 체적을 갖는 물질의 무게 비

⊕ Level up

증기비중

1) 공기에 대한 가스의 무게비(가스무게/공기무게)

증기비중	공기에 대한 무게
증기비중 > 1	공기보다 무겁다.
증기비중 < 1	공기보다 가볍다.

2) 계산식

$$증기비중 = \frac{분자량}{29} \quad (29 : 공기의 평균 분자량)$$

02 가스 기본법칙

1 분자

(1) 분자량 : 분자를 구성하는 원자량의 합

(2) 분자 구분
   ① 단원자분자 : 헬륨(He), 네온(Ne), 아르곤(Ar)
   ② 이원자분자 : 산소(O_2), 수소(H_2), 질소(N_2)
   ③ 삼원자분자 : 물(H_2O), 이산화탄소(CO_2), 오존(O_3)

2 몰(mol)

(1) 물질의 양을 나타내는 단위

(2) 아보가드로법칙 : 일정온도와 압력에서 모든 기체분자는 같은 수의 분자가 존재한다.
   ⇒ 0 ℃, 1 atm 모든 기체 1 mol의 부피는 22.4 L이고, 분자수는 6.02×10^{23}개이다.

3 이상기체법칙

(1) 보일법칙 : 일정온도에서 압력과 부피는 서로 반비례한다.

$$P_1 V_1 = P_2 V_2$$

P_1 : 변하기 전 압력, P_2 : 변한 후의 압력
V_1 : 변하기 전 부피, V_2 : 변한 후의 부피

(2) **샤를법칙** : 일정압력에서 부피는 절대온도에 서로 비례한다.

$$\frac{V_1}{T_1} = \frac{V_2}{T_2}$$

T_1 : 변하기 전 온도, T_2 : 변한 후의 온도
V_1 : 변하기 전 부피, V_2 : 변한 후의 부피

보온샤압

(3) **보일-샤를의 법칙** : 기체의 부피는 압력과 서로 반비례하고 절대온도와 정비례한다.

$$\frac{P_1 V_1}{T_1} = \frac{P_2 V_2}{T_2}$$

(4) 기체상수 R 단위
   ① kcal/kmol·K
   ② kg·m/kmol·K

(5) 실제기체 중 온도가 높고 낮은 압력에서 이상기체에 가까운 행동을 함

> **Level up**
>
> **아보가드로의 법칙**
> STP하에서 모든 기체 1 몰(mol)의 부피는 22.4 L이다.
>
> (1) $PV = nRT$ (이상기체 상태 방정식)
> (2) 기체상수 $R = \dfrac{PV}{nT} = \dfrac{1atm \times 22.4L}{1mol \times 273K} = 0.0821 L \cdot atm/mol \cdot K$
> (3) 여기서 n은 몰 수이므로 $n = \dfrac{W}{M}$ (W : 질량, M : 분자량)
> (4) $PV = \dfrac{W}{M}RT$ ∴ $M = \dfrac{WRT}{PV} = \dfrac{dRT}{P}$
> (5) 밀도 $d = MP/RT$11
> (6) $PV = GRT$
> P : 압력($kgf/m^2 \cdot a$), V : 체적(m^3), G : 중량(kgf), T : 절대온도(K)
> R : 기체상수 $\left(\dfrac{848}{M} kgf \cdot m/kg \cdot K\right)$
> (7) SI단위 : $PV = GRT$
> P : 압력($kPa \cdot a$), V : 체적(m^3), G : 질량(kg), T : 절대온도(K)
> R : 기체상수 $\left(\dfrac{8.314}{M} kJ/kg \cdot K\right)$

4 돌턴법칙

전체의 압력은 각 성분 분압의 합과 같다.

$$분압(P_a) = 전압(P) \times \frac{성분기체몰수}{전몰수}$$

5 아마갓법칙(Amagat)

전체 부피는 각 성분 부피의 합과 같다

6 기체 확산속도법칙

$$\frac{U_b}{U_a} = \sqrt{\frac{M_a}{M_b}} = \frac{T_a}{T_b}$$

U_a, U_b : 각 성분기체의 확산속도
M_a, M_b : 각 성분기체의 분자량
T_a, T_b : 각 성분기체의 확산시간

7 헨리의 법칙

(1) 용해도가 작은 기체는 일정온도에서 일정 용매에 용해되는 기체 질량이 압력에 비례
(2) 기체 용해도 : 온도가 낮고 압력이 높을수록 빠르다.
(3) 물에 잘 녹지 않는 기체만 적용됨
(4) 헨리법칙 적용 기체 : 질소(N_2), 수소(H_2), 산소(O_2), 이산화탄소(CO_2) 등
(5) 헨리법칙 제외 기체 : 암모니아(NH_3), 황화수소(H_2S), 염화수소(HCl) 등

8 르 샤틀리에법칙

어떤 반응에서 평형 상태의 조건(농도, 온도, 압력 등)을 변동시키면 그 변화를 없애는 방향으로 새로운 평형에 도달한다.

03 연소 및 폭발

1 연소

(1) 연소 : 가연성 물질이 산소와 결합하여 빛이나 열 또는 불꽃을 내는 현상

(2) 연소의 3요소 : 가연성 물질, 산소공급원, 점화원　　　　　　　　　가산점

> **Level up**
>
> 1. 연소의 4요소(불꽃연소)
>   1) 연소가 지속될 수 있는 필수요소
>   2) 연소의 3요소(가연물, 산소공급원, 점화원) + 연쇄반응
>
>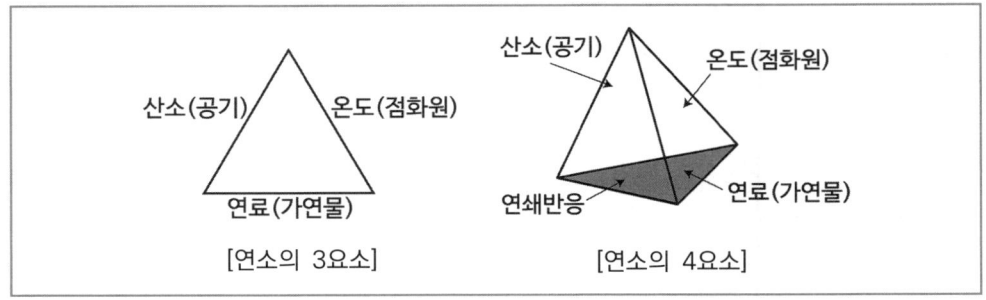
>
> [연소의 3요소]　　　　　　　　[연소의 4요소]
>
> 2. 공기성분
>   1) 산소 : 21 %　　　　2) 질소 : 78 %
>   3) 아르곤 : 0.93 %　　4) 이산화탄소 : 0.04 %
>   5) 기타 : 0.03 %
>
>   Tip 우주 전체에서 가장 풍부한 원소 : 수소(75 %)
>   　　두 번째로 풍부한 원소 : 헬륨(25 %)

(3) 연소의 종류

① 기체의 연소

구분	내용	종류
확산연소	가연성 기체가 공기 중으로 확산되며, 공기와 혼합기체를 형성하여 연소	메탄, 에탄, 수소
예혼합연소	가연물과 공기가 미리 혼합된 상태로 점화원에 의해 연소되거나 스스로 연소	가솔린 엔진, 버너

② 액체의 연소

구분	내용	종류
액적연소 (분무연소)	액체연료를 분사하면 안개상으로 분무화되어 공기 접촉 면적을 넓게 하여 연소	벙커C유
증발연소	액체를 가열 시 열에 의해 액체가 증기가 되어 증기가 연소	가솔린, 등유, 경유, 알코올
분해연소	휘발성이 작고, 점성이 큰 액체 가연물이 열분해하여 가스로 분해되어 연소	중유, 아스팔트, 글리세린

③ 고체의 연소

구분	내용	종류
표면연소 (작열연소)	고체의 표면에서 불꽃을 내지 않고 연소	숯, 코크스, 목탄, 금속분
분해연소	고체 가연물이 온도 상승 시 열분해를 통해 발생하는 가연성 가스가 연소	종이, 목재, 플라스틱, 섬유
증발연소	열분해를 일으키지 않고 그대로 증발하여 연소	유황, 나프탈렌, 파라핀
자기연소	물질 내부에 산소를 함유하고 있어 외부의 산소 공급 없이 연소	니트로셀룰로오스, 니트로글리세린, 질산에스테르류

2 폭발

(1) 폭발 : 급격한 화학 변화 또는 물리 변화를 일으켜 열팽창과 큰 파괴력을 생성하는 현상

(2) 폭발의 종류

화학적 폭발	폭발성 혼합가스에 화학적 반응에 의한 폭발
압력의 폭발	압력용기 또는 보일러 팽창탱크 폭발
분해폭발	가압에 의해 단일가스로 분리되어 폭발(산화에틸렌, 아세틸렌)
중합폭발	중합반응에 의한 중합열에 의해 폭발(시안화수소)
촉매폭발	촉매의 영향으로 폭발(수소, 염소)

3 가스폭발

(1) 원인 : 온도, 압력, 용기 크기, 가스의 조성 등

(2) 인화점과 발화점
   ① 인화점 : 점화원이 있을 때 연소가 일어나는 최저온도
   ② 발화점 : 점화원 없이 스스로 연소가 일어나는 최저온도

> **Level up**
>
> 1. 점화원의 정의
>   가연물이 연소를 시작할 때 필요한 에너지를 활성화에너지라 하고, 그 활성화에너지의 공급원을 점화원이라고 한다.
> 2. 점화원 형태에 의한 분류
>
> | 구분 | 종류 |
> |---|---|
> | 전기적 점화원 | 유도열, 유전열, 저항열, 아크열, 정전기열, 낙뢰에 의한 열 |
> | 기계적 점화원 | 단열 압축열, 충격, 마찰 스파크 |
> | 화학적 점화원 | 용해열, 분해열, 연소열, 자연 발화열 |
> | 열적 점화원 | 고온 표면, 적외선, 복사열 등 |
>
> 3. 연소점(Fire Point)
>   1) 외부 점화원에 의해 발화 후 연소를 지속시킬 수 있는 최저온도
>   2) 인화점보다 5 ~ 10 ℃ 높고, 불꽃이 최소 5초 이상 지속되는 온도

(3) 발화
   ① 탄화수소 : 탄소수가 많은 분자일수록 발화온도가 낮음
   ② 최소점화에너지 : 가스가 발화하는 데 필요한 최소의 에너지로 낮을수록 위험

4 폭굉

(1) 정의 : 가스 중 음속보다 화염전파속도가 큰 경우 파면선단에 충격파라는 솟구치는 압력으로 격렬한 파괴작용을 하는 현상

(2) 속도 : 1000 ~ 3500 m/sec

5 가스폭발 범위

(1) **폭발 범위** : 가연성 가스와 산소 또는 공기 혼합으로 연소, 폭발이 일어날 수 있는 범위(%)를 말하며, 낮은 쪽 농도를 연소하한계, 높은 쪽을 상한계라 한다.

가스명	하한	상한	가스명	하한	상한
부탄(C_4H_{10})	1.8	8.4	산화에틸렌(C_2H_4O)	3	80
프로판(C_3H_8)	2.1	9.5	수소(H_2)	4	75
아세틸렌(C_2H_2)	2.5	81	황화수소(H_2S)	4.3	45
에틸렌(C_2H_4)	2.7	36	시안화수소(HCN)	6	41
에탄(C_2H_6)	3	12.5	일산화탄소(CO)	12.5	74
메탄(CH_4)	5	15	암모니아(NH_3)	15	28

> 암 십팔팔사[부], [프]트리구오, [아]이고팔자야, [에]이칠쓰루,
> 삼일이오[에탄], [메]오시오, [싸이렌]삼팔광, [수]사치료,
> 사삼사오[황], 육사일[시], 씹이냐칠세[일산], 일러어이십팔[니아]

➕ Level up

원자량
- 수소(H) : 1
- 탄소(C) : 12
- 질소(N) : 14
- 산소(O) : 16

각 가스의 분자량은 위의 원자 4가지만 암기하면 계산으로 수월하게 구할 수 있다.

① 가스압력이 높을수록 발화온도는 낮아지고 폭발 범위가 넓어진다.
② 일산화탄소는 압력이 높을수록 폭발 범위가 좁아진다.
③ 가스 압력이 대기압보다 낮아지면 폭발 범위가 좁아진다.

(2) **위험도** : 가스의 위험정도를 판단하기 위한 것으로 폭발 범위를 하한계로 나눈 값

$$\text{위험도 } H = \frac{UFL - LFL}{LFL}$$

H : 위험도
UFL : 폭발상한값[%]
LFL : 폭발하한값[%]

(3) **르 샤틀리에법칙** : 혼합가스폭발 한계치를 구하는 식

$$L = \frac{100}{\frac{V_1}{L_1} + \frac{V_2}{L_2}}$$

L : 혼합가스의 폭발한계치
L_1, L_2 : 각 성분 가스의 단독 폭발 한계치
V_1, V_2 : 각 성분 가스의 비율(부피 %)

04 화재의 종류

(1) **A**급 화재 : **일반** 화재

(2) **B**급 화재 : **유류**, **가스** 화재

(3) **C**급 화재 : **전기** 화재

(4) **D**급 화재 : **금속** 화재

 (1) 에이, (2) 비유가, (3) 씨전, (4) 지금

05 가스연소식

기체	연소식
메탄(CH_4)	$CH_4 + 2O_2 \rightarrow CO_2 + 2H_2O$
아세틸렌(C_2H_2)	$2C_2H_2 + 5O_2 \rightarrow 4CO_2 + 2H_2O$
에틸렌(C_2H_4)	$C_2H_4 + 3O_2 \rightarrow 2CO_2 + 2H_2O$
프로판(C_3H_8)	$C_3H_8 + 5O_2 \rightarrow 3CO_2 + 4H_2O$
부탄(C_4H_{10})	$2C_4H_{10} + 13O_2 \rightarrow 8CO_2 + 10H_2O$

01 OX퀴즈

※ OX퀴즈로 최다빈출 개념을 쉽게 정리하고 기출 유형까지 미리 익혀보세요.

1 절대압력 = 대기압 + 게이지압력이다.　　　　　　　　　　　　　　　　　 O X

2 60 K를 랭킨온도로 환산하면 약 180 R이다.　　　　　　　　　　　　　　　 O X

3 잠열은 상태변화만 일으키는 열이다.　　　　　　　　　　　　　　　　　　 O X

4 열역학 제0법칙은 "절대온도 0도에 이르게 할 수 없다"에 관한 법칙이다.　　　 O X

5 "모든 기체 1몰 체적은 같은 온도, 같은 압력에서 모두 일정하다"에 해당하는 법칙 O X
은 헨리의 법칙이다.

6 점화원이 있을 때 연소하기 시작하는 최저온도는 발화온도이다.　　　　　　 O X

7 D급 화재는 전기화재이다.　　　　　　　　　　　　　　　　　　　　　　 O X

8 가스 중 음속보다 화염전파속도가 큰 경우를 폭연이라 한다.　　　　　　　　 O X

9 기체의 연소의 대표적인 것은 증발연소이다.　　　　　　　　　　　　　　　 O X

10 시안화수소는 중합폭발을 한다.　　　　　　　　　　　　　　　　　　　　 O X

정답　01 (O)　02 (X)　03 (O)　04 (X)　05 (X)　06 (X)　07 (X)　08 (X)　09 (X)　10 (O)

02　60 K를 랭킨온도로 환산하면 약 <u>108 R</u>이다.
04　열역학 <u>제3법칙</u>은 "절대온도 0도에 이르게 할 수 없다"에 관한 법칙이다.
05　"모든 기체 1몰 체적은 같은 온도, 같은 압력에서 모두 일정하다"에 해당하는 법칙은 <u>아보가드로의 법칙</u>이다.
06　<u>점화원이 없을 때</u> 연소하기 시작하는 최저온도는 발화온도이다.
07　<u>C급</u> 화재는 전기화재이다.
08　가스 중 음속보다 화염전파속도가 큰 경우를 <u>폭굉</u>이라 한다.
09　기체의 연소의 대표적인 것은 <u>확산연소</u>이다.

01 필수예제

01 다음 중 가장 높은 압력은?

① 1013 hPa ② 10.33 mH₂O
③ 760 mmHg ④ 30.69 psi

해설 기압
- 1013 hPa = 1 기압
- 10.33 mH₂O = 1 기압
- 760 mmHg = 1 기압
- 30.69 psi = 2.08 기압
- 1기압(atm) = 760 mmHg
    = 10.332 mH₂O
    = 1.0332 kg/cm²
    = 1.013 bar
    = 0.101325 MPa
    = 101.325 kPa
    = 14.7 psi

02 전압 100 atm 용기에 질소(N_2) 840 g, 탄산가스(CO_2) 3080 g이 있다. 탄산가스의 분압은 몇 atm인가?

① 70   ② 75
③ 80   ④ 90

해설 분압 계산
- 분압 = 전압(P) × $\dfrac{성분기체몰수}{전몰수}$
- 질소 몰수 : $820/28 = 30$
- 탄산가스 몰수 : $3080/44 = 70$
- 탄산가스 분압 = $100 \times \dfrac{70}{100} = 70$

03 다음 중 비중이 가장 작은 가스로 옳은 것은?

① 수소   ② 탄소
③ 부탄   ④ 질소

해설 가스 비중
- 비중 = $\dfrac{가스분자량}{공기분자량(29)}$
- 분자량이 적을수록 비중이 작음
- 분자량 : 수소(2), 질소(28), 부탄(58), 탄소(12)

04 대기압하에서 0 ℃기체 부피가 500 mL이었다. 이 기체의 부피가 2배일 때의 온도는 몇 ℃인가? (단, 압력은 일정하다)

① -150   ② 42
③ 273   ④ 400

해설 보일 - 샤를의 법칙
- 보일 - 샤를의 법칙 : $\dfrac{P_1 V_1}{T_1} = \dfrac{P_2 V_2}{T_2}$
- 등압과정 : $\dfrac{V_1}{T_1} = \dfrac{V_1}{T_2}$
- $\dfrac{500}{273} = \dfrac{1000}{T_2}$
- $T_2 = \dfrac{1000}{500} \times 273 = 546K = 273 ℃$

정답 01 ④ 02 ① 03 ① 04 ③

05 프로판 15 vol%와 부탄 85 vol%로 혼합된 가스의 공기 중 폭발하한 값은 약 몇 %인가? (단, 프로판의 폭발하한 값은 2.1 %이고, 부탄은 1.8 %이다)

① 1.84　　② 1.89
③ 1.94　　④ 1.97

해설 폭발하한 값

$$\frac{100}{L} = \frac{V_1}{L_1} + \frac{V_2}{L_2} = \frac{15}{2.1} + \frac{85}{1.8} = 54.36$$

$$\frac{100}{L} = 54.36, \ L = \frac{100}{54.36} = 1.84$$

Chapter 02 가스의 특성

가·스·기·능·사

핵심키워드: 수소, 산소, 질소, 염소, 암모니아, 일산화탄소, 이산화탄소, LPG, LNG, 아세틸렌

학습목표:
1. 각 가스들의 성질과 용도, 위험성, 제법 등에 대해 학습한다.
2. 가스의 분자식을 통해 분자량을 계산할 수 있어야 하며, 해당 가스가 가연성인지, 독성인지, 조연성인지 구분할 수 있어야 한다.
3. 냄새로 구별 가능한 가스와 색이 있는 가스인지 구분할 수 있어야 한다.
4. 가스의 비점과 독성 가스 허용농도를 암기한다.

01 수소(H_2)

1 수소 성질

(1) 상온에서 무색, 무취, 무미인 가연성 압축가스

(2) 밀도가 작고 가장 가벼운 기체

(3) 액체수소는 극저온으로 연성의 금속재료를 취화시킴

(4) 산소와 수소의 혼합가스를 연소시키면 고온을 얻을 수 있음

$$2H_2 + O_2 \rightarrow 2H_2O + 135.6 \text{ kcal} : 수소폭명기$$

(5) 고온·고압에서 강재의 탄소와 반응하여 메탄을 생성하는 수소취화현상이 있음

$$Fe_3C + 2H_2 \rightarrow CH_4 + 3Fe : 탈탄작용$$

(6) 탈탄작용 방지금속 : Ti, Mo, V, Cr, W

　　　　　　　　　　　　　　　　　　　　　　　　　　🔑 티모부끄러워

(7) 탈탄작용 방지재료 : 5 ~ 6 % 크롬강, 18-8 스테인리스강

　　　　　　　　　　　　　　　　　　　　　　　　　　🔑 오류동끄, 십팔스텡

2 수소 공업적 제법

(1) 수전해법 : 물 전기분해법

(2) 수성 가스법 : 석탄, 코크스의 가스화법

(3) 석유분해법

(4) 천연가스 분해법

(5) 일산화탄소 전화법

3 수소 용도

(1) 공업용으로 사용되는 압축가스

(2) 금속 용접 또는 절단에 사용

(3) 액체수소일 경우 고온으로 로켓이나 미사일의 추진 연료로 사용

(4) 수소자동차 등 수소연료전지로 사용

4 수소폭발성 및 위험성

(1) 염소, 불소와 반응하면 폭발(염소폭명기)의 위험

(2) 최소발화에너지가 매우 작기 때문에 미세한 영향으로도 폭발할 위험

(3) 비독성으로 질식제로 작용

02 산소(O_2)

1 산소 성질

(1) 무색, 무취, 무미의 기체

(2) 수소와 격렬하게 반응하여 폭발하고 물을 생성

(3) 탄소와 화합하면 이산화탄소와 일산화탄소를 생성

(4) 자신이 폭발하진 않지만 강한 조연성 가스

2 산소 제법

(1) 물 전기 분해

(2) 공기 액화 분리 : 비등점 차에 의한 분리

3 산소 용도

(1) 의료계(타 가스에 의한 마취로부터의 소생 등)

(2) 잠수 또는 우주탐사 시 호흡용과 연료원

(3) 용접, 절단용

(4) 로켓 추진의 산화제 또는 액체산소 폭약

4 산소폭발성 및 위험성

(1) 물질의 연소성은 산소 농도나 분압이 높아질수록 증대하고, 연소속도 증가, 발화온도 저하, 화염온도 상승의 결과를 가져옴

(2) 산소과잉이거나 순산소인 경우 인체에 유해

5 산소장치 안전

(1) 산소압축기의 윤활유 : 물, 10 % 이하의 글리세린수

(2) 산소용기재질 : Mn강, Cr강, 18-8 스테인리스강

03 질소(N_2)

1 질소 성질

(1) 상온에서 무색, 무취인 기체로 공기 중 약 78.1 % 함유
  공기 중 질소 78 %, 산소 21 %, 아르곤 0.9 %, 이산화탄소 0.03 %, 수소 0.01 % 존재

(2) 불연성 기체로 분자 상태에서는 안정하나 원자 상태는 화학적으로 활발

2 질소 용도

(1) 냉매로 사용

(2) 산화방지용 보호제로 사용

(3) 기기 기밀시험, 퍼지용으로 사용

04 염소(Cl_2)

1 염소 성질
(1) 상온에서 자극적인 냄새가 있는 황록색의 독성 기체
(2) -34 ℃ 이하로 냉각시키거나 6 ~ 8 기압으로 액화하여 액체 상태로 저장
(3) 조연성 가스로 취급
(4) 수소와 염소가 혼합하면 폭발성을 가짐(염소폭명기)

2 염소 제조 : 소금전기분해
(1) 수은법
(2) 격막법

3 염소 용도
(1) 수돗물을 살균
(2) 펄프·종이·섬유 표백
(3) 공업수나 하수의 정화제

4 염소폭발성 및 위험성
(1) 염소와 아세틸렌의 접촉 시 자연발화
(2) 독성 가스로서 호흡기에 유해
(3) 제해제(除害劑) : 소석회, 가성소다수용액, 탄산소다수용액

05 암모니아(NH_3)

1 암모니아 성질
(1) 상온에서 자극이 강한 냄새를 가진 무색의 기체
(2) 물에 잘 용해됨
(3) 독성이면서 가연성인 가스

2 암모니아 제법

(1) 하버보시법

$$N_2 + 3H_2 \rightarrow 2NH_3 + 23\,kcal$$

① 고압법 : 클로드법, 카자레법
② 중압법 : IG법, JCI법, 동고시법, 뉴파우더법
③ 저압법 : 구우데법, 케로그법

암 ① 고급카레, ② 중아재동고료, ③ 저구케로그

3 암모니아 용도

(1) 질소비료, 황산암모늄 제조

(2) 나일론의 원료

(3) 흡수식이나 압축식 냉동기의 냉매

4 암모니아 위험성

(1) 염산수용액과 반응하면 흰 연기 발생

(2) 독성 가스로 최대허용치는 25 ppm

(3) 고온·고압에서 질화작용으로 18-8스테인리스강 사용

06 일산화탄소(CO)

1 일산화탄소 성질

(1) 무미, 무취, 무색의 기체

(2) 독성이 강하며 환원성의 가연성 기체

(3) 물에는 잘 녹지 않으며 알코올에 녹음

(4) 금속(Fe, Ni)과 반응하면 금속 카르보닐을 생성

(5) 카르보닐 방지금속 : Cu, Ag, Al

암 일산페닉

2 일산화탄소 용도

(1) 메탄올 합성

(2) 포스겐 제조

07 이산화탄소(CO_2)

1 이산화탄소 성질

(1) 무미, 무취, 무색의 기체

(2) 무독성의 불연성 기체

(3) 물에는 녹기 어려움

2 이산화탄소 제조

(1) 일산화탄소 전화반응

(2) 석회석 가열

3 이산화탄소 용도

(1) 드라이아이스 제조

(2) 요소 원료

(3) 탄산수

08 액화석유가스(LPG : Liquefied Petroleum Gas)

1 액화석유가스 성질

(1) 프로판, 부탄, 프로필렌, 부틸렌 등을 주성분으로 한 탄화수소

(2) 기화 및 액화가 쉬움

(3) 공기보다 무겁고 물보다 가벼움(누설 시 낮은 곳으로 모여 인화할 가능성이 있음)

(4) 폭발성이 있음

(5) 연소 시 다량의 공기 필요

⑹ 무색, 무취인 가스(부취제 메르캅탄 첨가)

⑺ 기화하면 체적이 커짐(프로판은 약 250배, 부탄은 약 230배)

⑻ 증발잠열(기화열)이 큼

⑼ 온도 상승에 따라 액체 체적이 커지므로 용기는 40 ℃를 넘지 않을 것

⑽ 발화점이 다른 연료보다 높으므로 안전성이 있음

⑾ <u>발열량이 큼(12000 kcal/kg)</u>

⑿ 연소 시 많은 공기가 필요

프로판(C_3H_8)	$C_3H_8 + 5O_2 \rightarrow 3CO_2 + 4H_2O$
부탄(C_4H_{10})	$2C_4H_{10} + 13O_2 \rightarrow 8CO_2 + 10H_2O$

⒀ 폭발 범위가 좁음

2 액화석유가스 용도

프로판 : 가정용·공업용 연료, 내연기관 연료

3 액화석유가스 위험성

⑴ LPG는 공기보다 무겁기 때문에 누출 시 바닥에 고이게 되므로 특히 주의

⑵ 가스 누출 시 착화원을 신속히 치우고 밸브를 잠근 후 신속히 환기시킬 것

09 액화천연가스(LNG : Liquefied Natural Gas)

1 액화천연가스 조성

메탄(CH_4)가스가 주성분이며, 약간의 에탄과 황화수소, 이산화탄소, 부탄, 펜탄이 있음

2 액화천연가스 용도

⑴ 도시가스, 발전용, 공업용 연료로 사용

⑵ 액화산소, 액화질소 제조

⑶ 냉동창고, 냉동식품 등 한랭 이용

⑷ 메탄올, 암모니아 냉각 등 화학 공업 원료

⑩ 아세틸렌(C_2H_2)

1 아세틸렌 성질

(1) 3중 결합을 가진 무색의 탄화수소

(2) 자기분해를 일으켜 수소와 탄소로 분해

(3) 구리(Cu), 수은(Hg), 은(Ag) 등의 금속과 결합하여 금속 아세틸라이드 생성

　암 아구 수은아

(4) 습식 아세틸렌 발생기 표면온도는 70℃ 이하로 유지

(5) 아세틸렌을 2.5 MPa 압력으로 압축 시 메탄, 일산화탄소, 에틸렌, 질소 등의 희석제 첨가

(6) 아세틸렌의 용제는 아세톤 25배, 알코올 6배, 벤젠 4배, 석유에 2배가 용해

(7) 아세틸렌 자연발화온도 : 406 ~ 408℃

2 아세틸렌 제법

(1) 투입식 : 물에 카바이드(탄화칼슘)를 넣는 방법

(2) 침지식 : 물과 카바이드(탄화칼슘)을 소량씩 접촉하는 방법

(3) 주수식 : 카바이드(탄화칼슘)에 물을 넣는 방법

3 아세틸렌 용도

산소, 아세틸렌염을 이용하여 금속 용접 및 절단에 사용

4 아세틸렌 발생기

(1) 역화방지기 : 역화방지기 내부에 페로실리콘이나 물, 모래, 자갈 사용

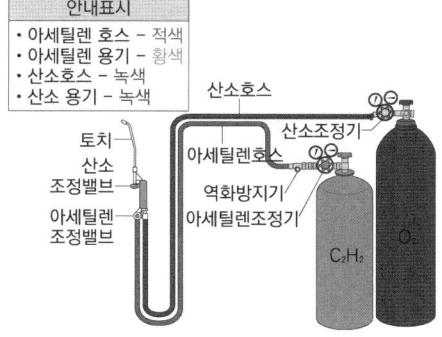

※ 출처 : 안전보건공단

(2) 아세틸렌가스 용제 : 아세톤, 디메틸포름아미드(DMF)

(3) 아세틸렌가스를 용제에 침윤시킨 다공도 : 75 ~ 92 % 이하 　　　암 아 실어구미호

(4) 다공도(%) = [(V-E)/V]×100(V : 다공 물질 용적, E : 아세톤 침윤시킨 전용적)

5 보충내용

(1) 충전 중의 압력은 25 kg/cm² 이하로 할 것(2.5 MPa)

(2) 충전 후의 압력은 15 ℃에서 15.5 kg/cm² 이하로 할 것(1.5 MPa)

(3) 충전 후 24시간 정치할 것

(4) 분해폭발을 방지하기 위해 메탄, 일산화탄소, 질소, 수소 등의 안정제를 첨가할 것

⑪ 프레온(CH_2FCl)

1 프레온 성질

(1) 무색, 무미, 무취의 기체

(2) 무독성, 불연성 기체

2 프레온 용도

냉동기 냉매로 이용

3 헬라이트 토치 램프 색상을 이용한 프레온 누설검사

(1) 누설이 없을 때 : 청색

(2) 소량누설 : 녹색

(3) 다량누설 : 자색

(4) 극심할 때 : 불꺼짐

　　　　　　　　　　　　　　　　　　　　　　　　　　　　　　암 청옥자꺼

12 기타가스

1 메탄(CH_4)
(1) 공기 중에서 잘 연소함
(2) 담청색의 화염을 냄
(3) 염소와 반응하여 염소화합물 생성

2 에틸렌(C_2H_4)
(1) 물에 녹지 않으며 무색의 달콤한 냄새를 가진 가스
(2) 중합반응을 일으킴

3 포스겐($COCl_2$)
(1) 무색이며 자극적인 냄새를 가진 유독가스
(2) 유독하고 부식성이 있는 가스 생성

4 산화에틸렌(C_2H_4O)
(1) 상온에서 무색가스이며 고농도에서 자극적 냄새
(2) 액체는 안정하나 기체는 중합 및 분해폭발

5 시안화수소(HCN)
(1) 무색의 독성이 강하며 복숭아 냄새가 나는 휘발하기 쉬운 가스
(2) 장기간 저장 시 중합하여 암갈색의 폭발성 고체가 됨(60일 이내 저장)

6 황화수소(H_2S)
달걀 썩는 냄새가 나는 유독성의 가연성 가스

7 이황화탄소(CS_2)
(1) 계란 썩는 냄새가 나는 폭발성, 연소성 가스
(2) 저온에도 강한 인화성이 있음

8 아황산가스(SO₂)

(1) 물과 알코올, 에테르에 녹으며 환원성이 있음

(2) 표백제, 무기, 유기화합물의 용제로 사용

⑬ 가스의 물성

가스이름	분자량	비점	허용농도(ppm)
수소(H_2)	2	-252.8 ℃	-
헬륨(He)	4	-272 ℃	
산소(O_2)	32	-182.97 ℃	-
질소(N_2)	28	-195.8 ℃	-
염소(Cl_2)	71	-34 ℃	1
암모니아(NH_3)	17	-33.4 ℃	25
일산화탄소(CO)	28	-192.2 ℃	50
이산화탄소(CO_2)	44	-78.5 ℃	1000
프로판(C_3H_8)	44	-42.1 ℃	-
부탄(C_4H_{10})	58	-0.5 ℃	-
메탄(CH_4)	16	-162 ℃	-
에틸렌(C_2H_4)	28	-103.71 ℃	-
아세틸렌(C_2H_2)	26	-83.8 ℃	-
포스겐($COCl_2$)	98.92	8.2 ℃	0.1
아황산가스(SO_2)	64	-10 ℃	5
시안화수소(HCN)	27	-25.6 ℃	10
아황화탄소(CS_2)	76.14	46.25 ℃	20

Level up

- LC 50 : 성숙한 흰쥐 집단에게 대기 중 1시간 동안 노출시킨 경우 14일 이내에 그 쥐의 2분의 1 이상이 죽게 되는 가스농도
- TLV - TWA : 하루 8시간, 주 40시간 노출되어도 건강장해를 일으키지 않는 지표 기준

Level up

독성 가스 허용농도

가스이름	허용농도(ppm) TLV – TWA	허용농도(ppm) LC 50
이산화황	10	2520
요오드화수소	0.1	2860
모노메틸아민	10	7000
디에틸아민	5	11100
염소	1	293
염화수소	5	3120
불화수소	3	966
황화수소	10	712
브롬화메탄	20	850
암모니아	25	7338
일산화탄소	50	3760
산화에틸렌	50	2900
디보레인	0.1	80
세렌화수소	0.05	2
불소	0.1	185
시안화수소	10	140
알진	0.05	20
포스겐	0.1	5
니켈카르보닐	-	35
포스핀	0.3	20
오존	0.1	9

※ 독성 가스 : LC 50 허용농도 5000 ppm 이하
※ 맹독성 가스 : LC 50 허용농도 200 ppm 이하

02 OX퀴즈

※ OX퀴즈로 최다빈출 개념을 쉽게 정리하고 기출 유형까지 미리 익혀보세요.

1 질소는 불안정한 가스로서 불활성 가스라고도 하고, 고온에서도 금속과 화합한다. O X

2 염소와 산소의 1 : 1 혼합물을 염소폭명기라고 한다. O X

3 일산화탄소는 산화성이 강한 기체이다. O X

4 아세틸렌용기 충전 시 미리 용기에 다공물질을 채운다. 이때 다공도는 98 % 이상이다. O X

5 헤라이드 토치를 사용하여 프레온 누출검사를 할 때, 다량으로 누출될 때의 색깔은 자색이다. O X

6 시안화수소(HCN)를 용기에 충전한 후 60일을 초과하지 않아야 한다. O X

7 일산화탄소는 드라이아이스 제조에 사용된다. O X

8 수소는 불연성 가스이다. O X

9 메탄가스가 누설되면 바닥으로 가라앉는다. O X

10 액화석유가스의 주성분은 프로판과 부탄이며, 공기보다 무겁다. O X

정답 01 (X) 02 (X) 03 (X) 04 (X) 05 (O) 06 (O) 07 (X) 08 (X) 09 (X) 10 (O)

01 질소는 <u>안정한 가스로서</u> 불활성 가스라고도 하고, 고온에서 금속과 화합하지 않는다.
02 염소와 <u>수소</u>의 1 : 1 혼합물을 염소폭명기라고 한다.
03 일산화탄소는 <u>환원성</u>이 강한 기체이다.
04 아세틸렌용기 충전 시 미리 용기에 다공물질을 채운다. 이때 다공도는 <u>75 ~ 92 %</u> 이상이다.
07 <u>이산화탄소</u>는 드라이아이스 제조에 사용된다.
08 수소는 <u>가연성 가스</u>이다.
09 메탄가스가 누설되면 <u>천장으로 올라간다</u>.

02 필수예제

01 산소(O_2)에 대한 설명 중 틀린 것은?
① 무색, 무취의 기체이며, 물에는 약간 녹는다.
② 가연성 가스이나 그 자신은 연소하지 않는다.
③ 수소와 격렬하게 반응하여 폭발하고 물을 생성한다.
④ 용기의 도색은 일반 공업용이 녹색, 의료용이 백색이다.

해설 산소(O_2)
강한 조연성 가스로, 자신은 연소하지 않음

02 다음 암모니아 제법 중 중압 합성방법으로 틀린 것은?
① 카자레법   ② JCI법
③ IG법   ④ 뉴파우더법

해설 암모니아 제법
• 고압법 : 클로드법, 카자레법
• 중앙법 : IG법, JCI법, 동고시법, 뉴파우더법, 뉴우데법, 케미크법
• 저압법 : 구우데법, 케로그법
  암 고급카레, 중아재동고료, 저구케로그

03 일산화탄소에 대한 설명으로 옳지 않은 것은?
① 공기보다 가볍고 무색, 무취이다.
② 산화성이 매우 강한 기체이다.
③ 철족의 금속과 반응하여 금속카르보닐을 생성한다.
④ 독성이 강하고 공기 중에서 잘 연소한다.

해설 일산화탄소(CO)
• 공기보다 가벼우며 무색, 무취 기체
• 산소를 받아 CO_2가 됨
  → 환원성이 강한 기체
• 철족의 금속과 반응하여 금속카르보닐(Fe, Ni) 생성   암 일산패닉
• 독성이 강하며 공기 중에서 잘 연소함

04 다음 가스 중 독성이 가장 강한 것은?
① 염소   ② 불소
③ 암모니아 ④ 일산화탄소

해설 독성허용농도(ppm)
• 허용농도가 적을수록 독성이 강함
• 염소 : 1
• 일산화탄소 : 50
• 불소 : 0.1
• 암모니아 : 25

정답 01 ② 02 ① 03 ② 04 ②

05 포스겐 취급방법에 대한 설명으로 틀린 것은?

① 누출 시 용기가 부식되는 원인이 되므로 약간의 누출에도 주의한다.
② 취급 시에는 반드시 방독마스크를 착용한다.
③ 환기시설을 갖추어 작업한다.
④ 포스겐을 함유한 폐기액은 염화수소로 충분히 처리한 후 처분한다.

해설 **포스겐 폐기액 처리**
• 소석회($Ca(OH)_2$)
• 가성소다 수용액(NaOH)

정답 05 ④

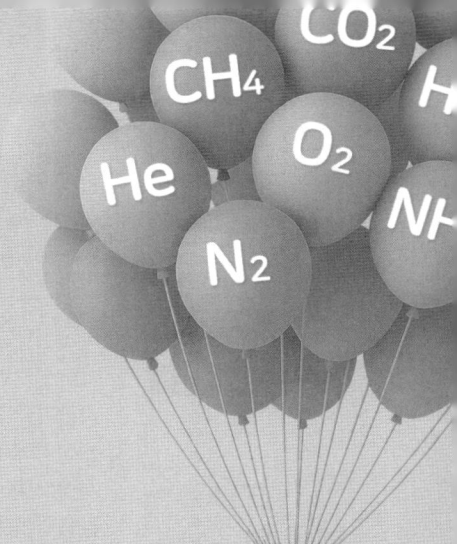

PART 02
가스시설 유지관리

Chapter 01 가스장치
Chapter 02 저온장치 및 반응기
Chapter 03 가스설비
Chapter 04 가스측정기기

Chapter 01 가스장치

핵심키워드: 기화장치, 정압기, 조정기, 펌프, 압축기

학습목표:
1. 기화장치의 장점과 구조, 분류에 대해 학습한다.
2. 정압기의 기능과 종류 및 특징, 특성 3가지에 대해 학습한다.
3. 조정기에 대해 학습하고 각 조정기에 따른 조정기 조정압력(입구압력과 출구압력)을 반드시 암기한다.
4. 펌프의 종류와 특징에 대해 학습한 후 펌프에서 발생하는 현상을 익힌다.
5. 압축기의 종류와 특징에 대해 학습한다.

01 기화장치

1 기화장치의 개요

(1) 기화기 또는 증발기 등으로 불림

(2) 용기 내 액체가스를 전열, 온수 또는 증기 등으로 가열하여 증발시켜 가스화시키는 것

(3) 자연기화방식보다 설치공간이 작아짐

2 기화장치 장점

(1) <u>한랭 시 충분히 기화 가능</u>

(2) 기화량 가감 가능

(3) 가스 조성이 일정

(4) 자연기화보다 적은 용기 수, 설치면적이 작아도 됨

Level up

자연기화방식
(1) 용기 내 LP가스가 대기 중의 열을 흡수하여 기화하는 간단한 방식
(2) LP가스 : 비등점이 낮기 때문에 대기에서도 쉽게 기화
(3) 특징
   ① 소량 소비 시에 적당   ② 가스의 조성 변화량이 큼
   ③ 발열량의 변화가 큼   ④ 용기 수가 많이 필요

3 기화장치 구조

(1) 기화부 : 액체 상태의 LP가스를 열교환기에 의해 가스화시키는 부분

(2) 열매온도 제어장치

(3) 열매과열 방지장치

(4) 액유출 방지장치

(5) 안전변 : 기화장치 내압이 이상 상승했을 때 장치 내 가스를 외부로 방출하는 장치

(6) 압력 조정기 : 기화부에서 나온 가스를 일정 압력으로 조정하는 장치

4 기화장치 분류

(1) <u>가온감압방식</u> : 열교환기에 액체 상태의 LP가스를 들여보낸 후 기화된 가스를 가스용 조절기에 의해 감압 공급하는 방식

(2) <u>감압가열방식</u> : 액체 상태의 LP가스를 조정기 또는 팽창변동을 통해 감압하여 온도를 내려 열교환기에 도입시켜 온수 등으로 가온하여 기화하는 방식

02 정압기

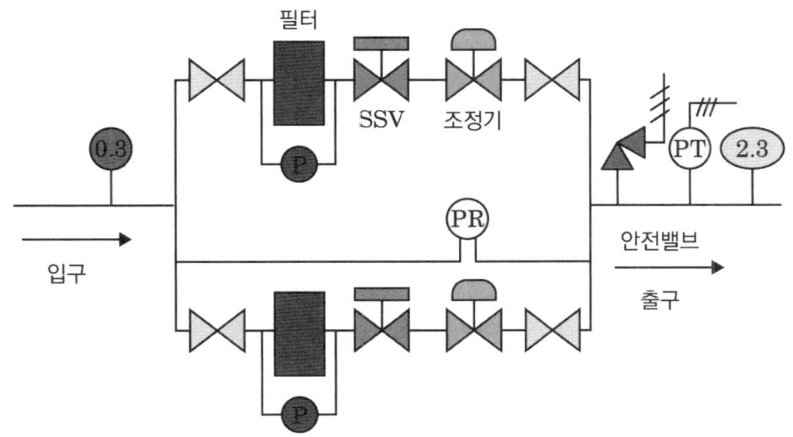

※ 출처 : 가스안전공사

1 정압기 기능

1차 압력 및 부하유량 변동에 관계없이 2차 압력을 일정하게 유지시키는 기능

2 정압기 종류 및 특징

(1) 직동식 정압기

① 구조가 간단하며 경제적
② 유지관리가 용이하여 널리 쓰임
③ 출구압을 일정하게 유지하기가 어려운 것이 단점

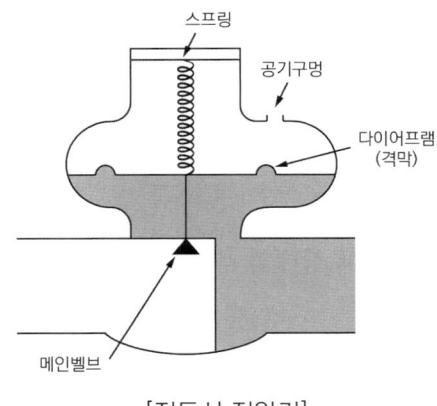

[직동식 정압기]

④ 기본 구성요소 : 메인벨브, 스프링, 다이어프램

> **Level up**
> - 직동식
>   단순한 구조를 갖는 조정기이며 조정기 작동원리의 기본
>   주택 등 소용량의 단독정압기 혹은 보조조정기에 주로 이용
> - 파일롯식
>   직동식 정압기의 용량을 만족시키지 못한 경우 작은 정압기를 추가 설치하여 압력을 증폭시켜주며, 이때 작은 정압기를 파일롯이라고 한다. 종류는 로딩형(피셔식)과 언로딩형(AFV)으로 구분된다. 안정한 압력으로 공급 가능하며 대용량에 주로 사용한다.

(2) 피셔식(Fisher) 정압기

① 로딩(Loading)형
② 구동압력이 증가하면 개도도 증가
③ 로딩형 정압기 : 정특성, 동특성이 양호하며 비교적 콤팩트한 구조

(3) 액시얼 - 플로우 정압기(AFV : Axial Flow Valve)
　① 정특성, 동특성이 양호
　② 고차압이 될수록 특성이 양호
　③ 소형이며 극히 콤팩트
(4) 레이놀즈식(Reynolds) 정압기
　① 언로딩(Unloading)형
　② 정특성은 좋으나 안정성이 떨어짐
　③ 다른 형식에 비하여 크기가 큼
(5) 파일럿식 기본 구성요소
　파일럿, 스프링, 다이어프램

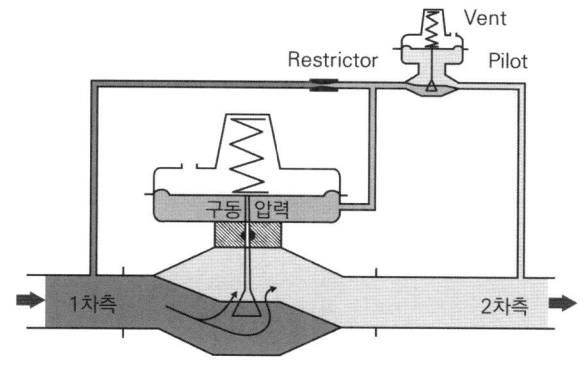

Level up
- 정압기 사용최대차압 : 메인밸브에 1차 압력과 2차 압력의 최대차압
- 정압기 작동최소차압 : 정압기가 작동 가능한 최소차압

3 정압기 특성

(1) 정특성 : 정상 상태에서 유량과 2차 압력과의 관계

(2) 동특성 : 부하변동에 대한 응답의 신속성과 안정성 요구

(3) 유량특성 : 메인밸브의 열림과 유량과의 관계

03 조정기

1 조정기 기능

(1) 용기로부터 연소기구에 공급되는 가스 압력을 적당한 압력까지 감압

(2) 공급압력을 유지하고 소비가 중단되었을 때 가스 차단

2 조정기 목적

가스 유출압력을 조정하여 안정된 연소를 도모하기 위해 사용

3 조정기 종류

(1) 단단 감압식 조정기 : 용기 내 가스압력을 한 번에 소요압력으로 감압하는 방식
   ① 단단 감압식 저압 조정기 : 단단 감압에 의해 일반소비자에게 LP가스 공급 시 사용
   ② 단단 감압식 준저압 조정기 : 액화석유가스를 일반 소비자 등에게 생활용 이외의 것으로 사용하는 데 쓰이는 조정기
   ③ 단단 감압방법

장점	단점
• 조작이 간단 • 장치가 간단	• 배관이 비교적 굵음 • 최종 압력에 정확을 가하기 힘듦

암기 조가 장가간다

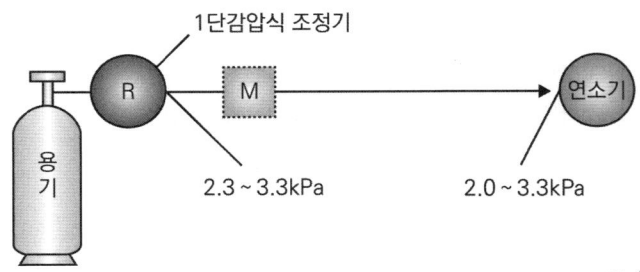

※ 출처 : 한국가스안전공사

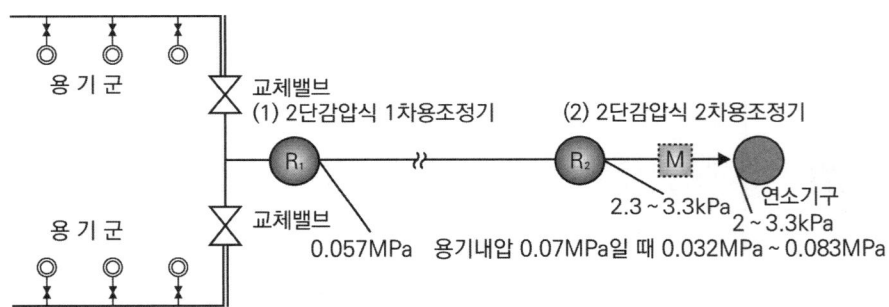

※ 출처 : 한국가스안전공사

(2) 2단 감압식 조정기 : 용기 내 가스압력을 소요압력보다 높은 압력으로 감압한 후 다음 단계에서 소요압력까지 감압하는 방식
  ① 2단 감압용 1차 조정기 : 2단 감압식의 1차용으로 사용됨
  ② 2단 감압용 2차 조정기 : 2단 감압식의 2차 측으로 사용됨
  ③ 2단 감압방법

장점	단점
• 공급 압력이 안정 • 중간 배관이 가늠음 • 각 기구에 알맞게 압력 강하 보정 가능	• 설비가 복잡 • 재액화의 문제 • 검사방법 복잡

(3) 자동절환식 조정기 : 사용 측에서 소요가스 소비량을 충분히 댈 수 없을 때 자동적으로 예비 측 용기로부터 보충하기 위한 방법

(4) 자동절환식 조정기 장점
  ① 용기 교환주기 폭을 넓힐 수 있음
  ② 전체 용기 수량이 수동교체식보다 적음
  ③ 잔액이 거의 없어질 때까지 소비
  ④ 단단 감압식보다 압력손실을 크게 할 수 있음

4 조정기 조정압력

구분	종류	1단 감압식	
		저압조정기	준저압조정기
입구압력	하한	0.07 MPa	0.1 MPa
	상한	1.56 MPa	1.56 MPa
출구압력	하한	2.3 kPa	5 kPa
	상한	3.3 kPa	30 kPa
내압시험	입구 측	3 MPa 이상	3 MPa 이상
	출구 측	0.3 MPa 이상	0.3 MPa 이상
기밀시험 압력	입구 측	1.56 MPa 이상	1.56 MPa 이상
	출구 측	5.5 kPa 이상	조정압력 2배 이상
최대폐쇄압력		3.5 kPa	조정압력 1.25배 이하

구분	종류	자동절체식		
		분리형 조정기	일체형 저압 조정기	일체형 준저압 조정기
입구압력	하한	0.1 MPa	0.1 MPa	0.1 MPa
	상한	1.56 MPa	1.56 MPa	1.56 MPa
출구압력	하한	0.032 MPa	2.55 kPa	5 kPa
	상한	0.083 MPa	3.3 kPa	30 kPa
내압시험	입구 측	3 MPa 이상	3 MPa 이상	3 MPa 이상
	출구 측	0.8 MPa 이상	0.3 MPa 이상	0.3 MPa 이상
기밀시험 압력	입구 측	1.8 MPa 이상	1.8 MPa 이상	1.8 MPa 이상
	출구 측	0.15 MPa 이상	5.5 kPa 이상	조정압력의 2배 이상
최대폐쇄압력		0.095 MPa 이하	3.5 kPa	조정압력의 1.25배 이하

04 연소

1 연소기구 구분

가스와 공기에 혼합되는 부분, 또는 1차 공기 및 2차 공기의 비율에 따라 구별

(1) 분젠식 연소

(2) 적화식 연소

(3) 세미·분젠식 연소

(4) 전1차 공기식 연소

2 분젠식 연소

1차 공기는 40 ~ 70 %, 2차는 60 ~ 30 % 필요로 하며, 불꽃 표준 온도가 가장 높은 연소

(1) 장점 : 급속한 연소가 되며, 염의 온도가 높음

(2) 단점 : 역화, 선화의 현상이 나타남

3 적화식 연소

가스를 그대로 대기 중으로 분출하여 연소시키는 방법. 연소에 필요한 공기 전부를 2차 공기로 취하며 1차 공기는 취하지 않는 연소

(1) 장점
  ① 역화하지 않음
  ② 염의 온도가 비교적 낮음

(2) 단점
  ① 연소실이 넓어야 함(2차 공기만으로 취하기 때문에 많은 공기량)
  ② 선화현상이 일어날 가능성이 있음
  ③ 고온을 얻기 힘들음

4 세미·분젠식 연소

1차 공기를 40 % 이하로 제한하여 연소시키는 방법

5 전1차 공기식 연소

연소에 필요한 공기를 전부 1차 공기로 혼합시켜 연소하는 방법

6 연소 시 발생하는 현상

(1) 역화 : 염이 염공을 통해 버너의 혼합관 내에 불타며 들어오는 현상

(2) 역화의 원인
  ① 염공이 크게 된 경우
  ② 가스 공급압력이 저하되었을 때
  ③ 버너가 과열되어 혼합기 온도가 상승한 경우
  ④ 구경이 작게 된 경우
  ⑤ 댐퍼가 과다하게 열려 연소속도가 빨라진 경우

(3) 선화(Lifting) : 가스가 염공을 떠나서 연소하는 현상

(4) 선화의 원인
  ① 버너의 압력이 높은 경우
  ② 가스 공급압력이 높은 경우
  ③ 구경이 크게 된 경우
  ④ 연소가스 배출 불안전한 경우 또는 2차 공기 공급이 불충분한 경우
  ⑤ 공기조절장치를 많이 열었을 경우
  ⑥ 염공이 작게 된 경우

(5) LP가스 불완전연소 원인
  ① 공기 공급량 부족
  ② 배기 불충분
  ③ 가스 조성이 맞지 않을 때
  ④ 가스기구와 연소기구가 맞지 않을 대

05 펌프

1 펌프의 분류

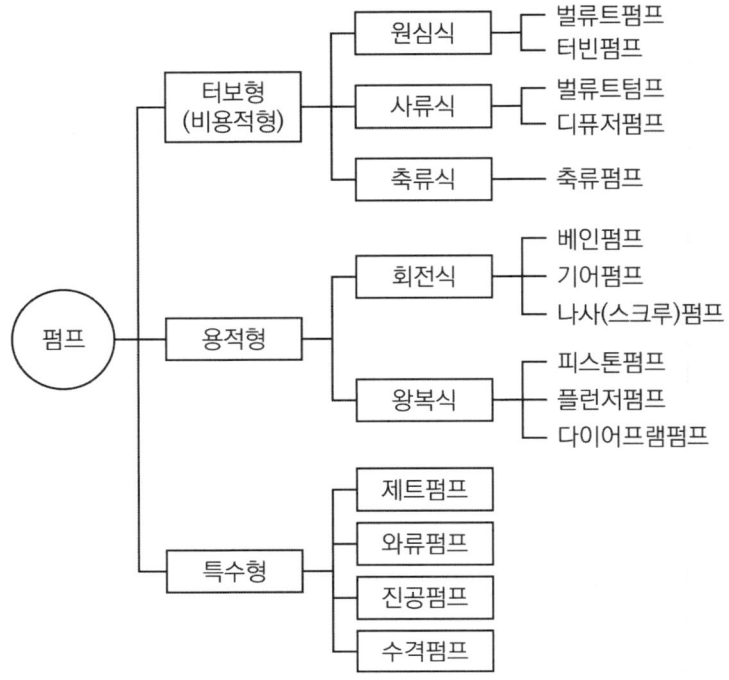

⊕ Level up

펌프
액체에 에너지를 주어 저압부에서 고압부로 송출하는 기계

- 원심펌프 : 액체로 충만된 공간을 임펠러가 회전하면서 원심작용이 증가되어 기계적 에너지를 부여하여 수송하는 펌프
- 왕복펌프 : 피스톤의 왕복운동에 의해 액체를 흡입하여 필요한 압력으로 송출하는 펌프(고압에 사용)
- 기어펌프 : 두 개의 톱니바퀴를 맞물려 한쪽을 구동하고 다른 쪽은 반대방향으로 회전하는 간단한 펌프
- 베인펌프 : 회전자가 회전할 때 원심력에 의해 압착되면서 회전하는 펌프
- 나사펌프 : 나사를 맞물려 사용하는 펌프

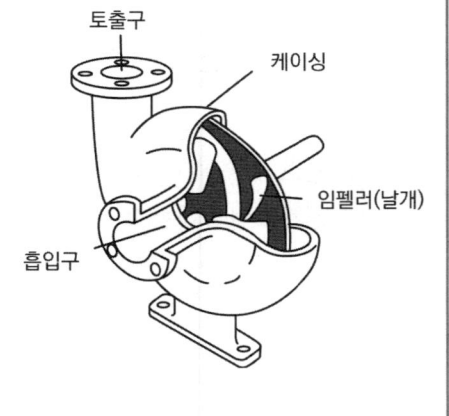

(1) 축류식 펌프 : 회전자 날개를 회전시킴으로써 발생한 힘에 의해 유체를 수송하는 펌프

(2) 축류펌프 장점
    ① 형태가 작기 때문에 값이 쌈
    ② 설치면적이 작고 기초공사 용이
    ③ 구조 간단
    ④ 효율 변화가 급함
    ⑤ 비교적 저양정에 적합

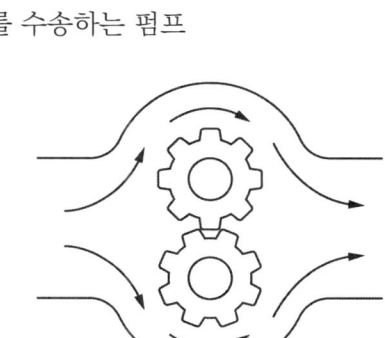
[축류펌프]

(3) 회전펌프 : 회전자를 이용하여 흡입송출밸브 없이 유체를 수송하는 펌프

(4) 기어펌프 장점
    ① 구조가 간단하고 가격이 저렴
    ② 왕복펌프에 비해 고속운전 가능
    ③ 입·출구밸브 설치 필요 없음

(5) 기어펌프 단점
    베이퍼록현상이 일어나기 쉬움

(6) 베인펌프 장점
    ① 회전속도 범위가 넓음
    ② 효율이 가장 높은 펌프

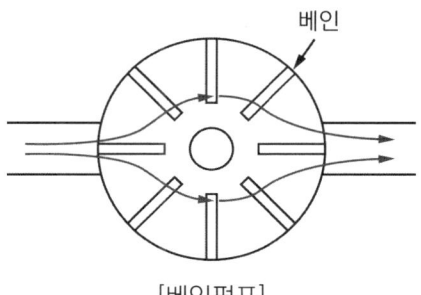
[기어펌프]

(7) 원심펌프의 특징
    ① 용량에 비해 소형이고 설치면적이 작음
    ② 원심력에 의해 유체를 압송
    ③ 흡입, 토출밸브가 없고 액의 맥동이 없음
    ④ 고양정에 적합
    ⑤ 서징현상, 캐비테이션현상이 발생하기 쉬움
    ⑥ 기동 시 펌프 내부에 유체를 충분히 채울 것

[베인펌프]

2 메커니컬 실

고속으로 회전하는 축에서 고정 고리와 회전 고리를 접촉시켜 유체가 새는 것을 막는 장치

(1) 세트형식
    ① 인사이드형 : 일반적으로 사용
    ② 아웃사이드형
        ㉠ 구조재, 스프링재가 액의 내식성에 문제가 있을 때 사용
        ㉡ 고점도액일 때 사용

(2) 실형식
    ① 싱글실형 : 일반적으로 사용
    ② 더블실형
        ㉠ 보냉, 보온이 필요할 때
        ㉡ 내부가 고진공일 때

(3) 면압밸런스형식
    ① 언밸런스실 : 일반적으로 사용
    ② 밸런스실 : LPG 액화가스와 같이 저비점 액체일 때

3 펌프에서 발생하는 현상

(1) 공동현상 : 액체 흡입 시 배관의 압력손실 등 여러 가지 원인에 의해 액 중에 작은 기포가 발생하는 현상
    ※ 공동현상으로 인해 발생된 기포가 압력이 높은 쪽으로 들어가면 소음과 진동이 생기고 토출량, 양정, 효율이 급격히 떨어진다.

  ① 캐비테이션 발생 조건
      ㉠ 관 속을 유동하는 유체 중 어느 부분이 고온일 때
      ㉡ 유체가 과속으로 유량이 증가할 때 펌프 입구에서

  ② 캐비테이션 발생으로 일어나는 현상
      ㉠ 소음과 진동
      ㉡ 토출량, 양정, 효율이 점차 감소

  ③ 캐비테이션 발생 방지
      ㉠ 펌프 설치 위치를 낮추고 흡입양정을 짧게 함
      ㉡ 펌프의 회전수를 낮추고 흡입 회전도를 적게 함
      ㉢ 펌프를 두 대 이상 설치
      ㉣ 펌프 흡입관의 직경을 크게 함

(2) 수격작용 : 관 속의 액체속도를 급격히 변화시키면 액체에 압력 변화가 생겨 물이 관 벽을 치는 현상
  ① 수격작용(Water Hammering) 방지법
      ㉠ 관 내의 유속을 낮게 함
      ㉡ 관의 직경은 크게 함
      ㉢ 서지탱크를 설치

> **➕ Level up**
> **서지탱크**
> 수격작용을 흡수, 완화시키기 위해 설치하는 수조이며 압력 상승일 때는 수면의 상승으로 압력이 흡수되고, 압력 강하일 때는 관로에 물이 보급되어 부압(대기압보다 작은 압력) 발생 방지

(3) 서징현상 : 펌프 운전 시 주기적으로 운동, 양정, 토출량이 변동하는 현상으로 토출구와 흡입구에서 압력계의 바늘이 흔들리며 동시에 유량이 변함

(4) 베이퍼록현상 : 저비등점 액체를 이송할 때 펌프의 입구 쪽에서 발생하는 현상으로 액상이 가열되어 생긴 거품으로 인해 액체의 유동 혹은 압력 전달을 방해하는 현상

06 압축기

1 압축기 분류

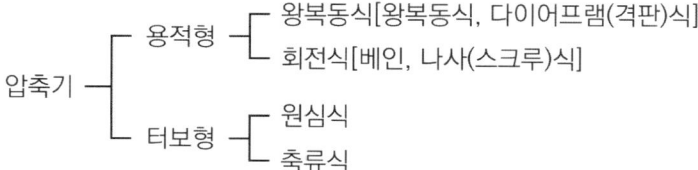

> **➕ Level up**
> **압축기**
> 기계적인 에너지를 기체에 전달하여 압력과 속도를 높이는 기계이며 고압가스의 제조와 충전 시설등에 사용됨
> - 왕복동식 압축기 : 실린더 내의 피스톤의 왕복운동에 따라 개폐하는 흡입밸브와 토출밸브에 의해 기체를 압축
> - 원심식 압축기 : 임펠러의 회전에 의한 원심력에 의해 기체를 압송하며 고속회전으로 운전되기 때문에 강도와 정밀도가 요구됨
> - 회전식 압축기 : 회전자의 회전에 의해 가스가 압축

(1) 용적형 압축기 : 일정용적 실내에 기체를 흡입한 후 흡입구를 닫아 기체를 압축하면서 다른 토출구에서는 압출을 반복하는 형식

　① 왕복압축기 특징
　　㉠ 고압을 얻을 수 있음
　　㉡ 압축기 효율이 높음
　　㉢ 용량조절이 용이하고 범위가 넓음

ⓔ 기체의 송출에 맥동이 있으므로 방진장치가 필요
ⓜ 저속회전이며, 형태가 크고 중량이 무겁고, 고가이며 설치 면적이 큼
ⓗ 용적형
ⓢ 윤활유식 또는 무급유식

(2) 터보형 압축기 : 기계에너지를 회전에 의해 기체의 압력과 속도에너지로 전하고 압력을 높이는 형식이며 원심식과 축류식이 있음
① 터보형 원심식 압축기 : 임펠러의 출구각이 90°보다 적을 때
② 터보형 축류식 압축기 : 임펠러 회전 시 기체가 한방향으로 압출되어 흐르는 형식
  ㉠ 무급유식이며 원심형
  ㉡ 기체의 맥동이 없고 연속적임
  ㉢ 용량조절이 가능하나 비교적 어렵고 범위도 좁음
  ㉣ 대용량에 적당하고 설치면적이 적음
  ㉤ 서징현상이 있으므로 운전 중 주의할 것
  ㉥ 고속회전이므로 형태가 적고 경량

2 왕복동압축기 피스톤 압출량

이론적 피스톤 압출량	실제적 피스톤 압출량	기호
$V = \dfrac{\pi}{4} D^2 \times L \times N \times n \times 60$	$V = \dfrac{\pi}{4} D^2 \times L \times N \times n \times 60 \times \eta$	D : 피스톤 지름[m] L : 행정 거리[m] N : 분당 회전수[rpm] n : 기통수 η : 체적효율(항상 < 1) V : 피스톤 압출량[m³/hr]

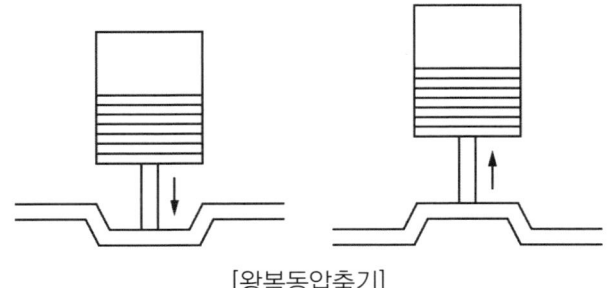

[왕복동압축기]

3 중요가스 윤활유

(1) 공기 : 양질의 광유

(2) 아세틸렌 : 양질의 광유

(3) 수소 : 양질의 광유

(4) 산소 : 10 % 이하의 묽은 글리세린수 또는 물

(5) 염소 : 진한 황산

> 암 공유, 아유, 수유, 산물, 염황

4 압축비와 다단압축

(1) 압축비가 클 때 미치는 영향
   ① 토출가스의 온도가 상승
   ② 압축기의 과열로 체적효율 감소
   ③ 체적효율의 감소로 압축기 능력 저하

(2) 다단압축 장점
   ① 소요일량 절감
   ② 힘의 평형 양호
   ③ 압축비 감소로 인한 효율 증가
   ④ 토출가스 온도상승 방지

07 금속재료

1 탄소강

보통강이며 철(Fe)과 탄소(C)를 주성분으로 하고 망간(Mn), 규소(Si), 인(P), 황(S)등의 기타 원소를 소량 함유하고 있는 합금

2 특수강

탄소강에 각종 원소를 첨가하여 특수한 성질을 지닌 것으로 크롬(Cr), 니켈(Ni), 몰리브덴(Mo), 코발트(Co)가 해당

3 고압, 고온용 금속

5 % 크롬강, 9 % 크롬강, 스테인리스강, 니켈 - 크롬 - 몰리브덴강

> **Level up**
>
> **금속재료 원소의 영향**
> (1) 탄소(C) : 인장강도 항복점 증가, 연신율 감소
> (2) 망간(Mn) : 강의 경도, 강도, 점성강도 증대
> (3) 인(P) : 상온취성 원인
> (4) 황(S) : 적열취성 원인
> (5) 규소(Si) : 단접성, 냉간 가공성 저하

> **Level up**
>
> **용어 설명**
> (1) 항복점 : 힘을 받는 물체가 더 이상 탄성을 유지하지 못하고 영구변형이 시작되는 점
> (2) 연신율 : 인장시험 시 재료가 늘어나는 비율
> (3) 취성 : 충격 값이 저하
> (4) 단접성 : 금속 재료를 가열하여 이어붙일 수 있는 성질

4 비파괴검사 NEW

(1) 육안검사(VT : Visual Test)

(2) 침투검사(PT : Penetrant Test) : 표면의 미세한 균열, 작은 구멍, 슬러그 등을 검출

(3) 자기검사(MT : Magnetic Test) : 피검사물이 자화한 상태에서 표면 또는 표면에 가까운 손상에 의해 생기는 누설 자속을 사용하여 검출

(4) 초음파검사(UT : Ultrasonic Test) : 초음파를 피검사물의 내부에 침입시켜 반사파를 이용하여 내부의 결함과 불균일층의 존재 여부를 검사하는 방법

(5) 와류검사 : 동 합금, 18 - 8 STS의 부식검사에 사용

(6) 음향검사 : 간단한 공구를 이용하여 음향에 의해 결함 유무를 판단

(7) 전위차법 : 결함이 있는 부분에 전위차를 측정하여 균열의 깊이를 조사

(8) 방사선 투과검사(RT : Rediographic Test) : X선이나 γ선으로 투과한 후 필름에 의해 내부 결함의 모양, 크기 등을 관찰할 수 있으며 검사 결과의 기록이 가능

08 고압장치

1 저장장치

(1) 용기 종류

① 이음새 없는 용기

㉠ 산소, 질소, 수소, 아르곤 등의 고압 액화가스 충전용으로 사용
㉡ 상용온도에서 압력 1 MPa 이상의 압축가스
㉢ 상용온도에서 압력이 0.2 MPa 이상의 액화가스
㉣ 용해 아세틸렌 충전하는 내용적 0.1 L 이상, 500 L 이하 이음새 없는 강철제용기
  • 용기 재료 : 염소, 암모니아 등 저압용기 : 탄소강 사용
  • 산소, 수소 등 고압용기 : 망간강 사용
㉤ 초저온용기 : 오스테나이트계 스테인리스강, 알루미늄 합금
㉥ <u>이음새 없는 용기 장점 : 고압에 견디기 쉬움</u>

② 용접용기

㉠ 강판을 사용하여 용접에 의해 제작
㉡ 프로판용기 및 아세틸렌용기 등 비교적 저압용 용기로 많이 사용
㉢ 용접용기 장점 : 비교적 저렴한 강판 사용하므로 경제적

③ 용기 재질

㉠ <u>L</u>PG : 탄소강
㉡ <u>염</u>소(Cl_2) : 탄소강
㉢ <u>아</u>세틸렌(C_2H_2) : 탄소강
㉣ <u>암</u>모니아(NH_3) : 탄소강
㉤ <u>산</u>소(O_2) : 크롬강
㉥ <u>수</u>소(H_2) : 크롬강(5 ~ 6 %)
  ⇒ 내수소성 증가 : 바나듐(V), 텅스텐(W), 몰리브덴(Mo), 타탄(Ti)

> 암 엘염아암탄, 수산크

(2) 용기 시험

① 내압시험 : 수압으로 행하며 수조식과 비수조식이 있음

㉠ 수조식 : 용기를 수조에 넣어 수압을 가하는 방식
㉡ 비수조식 : 용기를 수조에 넣지 않고 수압에 의해 가압하여 시험하는 방식

② 내압시험 기준

㉠ 압축가스 및 액화가스 = 최고충전압력(FP) × 5/3배

ⓒ 아세틸렌용기 내압시험 = 최고충전압력(FP) × 3배
　　　ⓒ 고압가스설비 내압시험 = 상용압력 × 1.5배
　③ 기밀시험 : 내압이 확인된 용기에 공기 또는 불활성 가스를 가압하여 측정
　　　㉠ 사용되는 가스 : 질소(N_2), 이산화탄소(CO_2) 등 불활성 가스
　　　ⓒ 시험압력 이상의 기체를 압입하여 1분 이상 유지하고 비눗물 사용
　④ 기밀시험 기준
　　　㉠ **초**저온 및 저온용기 기밀시험 = **최**고충전압력(FP) × **1.1**배
　　　ⓒ **아**세틸렌용기 기밀시험 = **최**고충전압력(FP) × **1.8**배
　　　ⓒ 기타 용기 기밀시험 = 최고충전압력 이상

　　　　　　　　　　　　　　　　　　　　　　　　　　　　암 초최일일, 아최일팔

2 초저온 액화가스 저장탱크

산소, 질소, 아르곤, 수소, 액화 천연가스, 헬륨 등 공업용 액화가스 저장에 사용되는 용기이며 18 - 8 스테인리스강, Al 합금 사용

⊕ Level up

용기밸브
(1) 충전구 형식에 의한 분류
　① A형 : 충전구가 숫나사
　② B형 : 충전구가 암나사
　③ C형 : 충전구에 나사가 없는 것
(2) 충전구 나사형식에 의한 분류
　① 왼나사 : 가연성 가스용기(단, 액화 암모니아, 액화브롬화메탄은 오른 나사)
　② 오른나사 : 가연성 가스 외의 용기

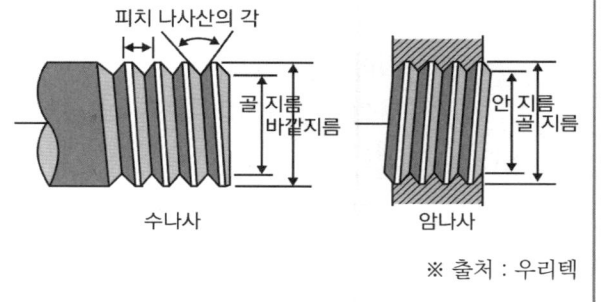

※ 출처 : 우리텍

09 고압장치 요소

1 고압밸브

(1) 스톱밸브

(2) 감압밸브 : 유체의 높은 압력을 낮은 압력으로 감압하기 위해 사용

(3) 조절밸브 : 온도, 압력, 액면 등의 제어에 사용

(4) 안전밸브 : 압력이 일정 값 이상으로 상승하며 위험하기 때문에 압력 이상 상승 경우 압력밸브를 작동시켜 소정의 값까지 내리기 위해 사용

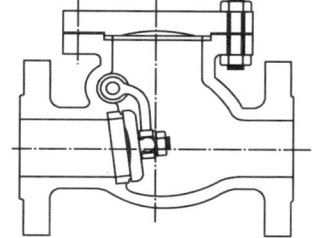

(5) 안전밸브 종류
　① 스프링식 안전밸브 : 일반적으로 가장 널리 사용
　　⇒ LPG
　② 파열판식 안전밸브 : 얇은 박판 주위를 홀더로 공정하여 보호하는 장치에 설치
　　⇒ 산소, 수소, 질소, 아르곤
　③ 가용전식 안전밸브 : 용기 내 온도가 규정온도 이상이면 녹아 용기 내 전체가스 배출
　　⇒ 염소, 아세틸렌
　④ 중추식 안전밸브 : 추의 일정한 무게를 이용하여 가스를 외부로 방출하는 구조

(6) 체크밸브
　① 유체 역류를 막기 위해 설치
　② 고압배관 중 사용
　③ 체크밸브 작동은 신속하고 확실하게

⑩ 가스배관

(1) 가스배관 경로 선정 요소
　① 최단 거리로 할 것
　② 구부러지거나 오르내림을 적게 할 것
　③ 은폐하거나 매설은 피할 것
　④ 가능한 한 옥외에 할 것

(2) LP가스 공급, 소비설비 압력손실 요인
　① 배관 직관부에서 일어나는 압력손실
　② 관의 입상(입하는 압력상승)에 의한 압력손실
　③ 엘보, 티, 밸브 등에 의한 압력손실
　④ 가스미터, 콕 등에 의한 압력손실

(3) 배관계에서의 응력 원인
　① 열팽창에 의한 응력
　② 내압에 의한 응력
　③ 냉간 가공에 의한 응력

④ 용접에 의한 응력

⑤ 배관 재료 또는 파이프 속을 흐르는 유체의 무게에 의한 응력

※ 응력 : 외력을 가할 때 변형된 물체 내부에서 원형을 지키려는 힘

(4) 배관의 종류 및 기호

① 배관용 탄소강관 : SPP(Carbon Steel Pipes for Ordinary Piping)
사용압력이 비교적 낮은 증기, 물, 가스, 공기 등의 배관에 사용하는 탄소강 강관

② 압력배관용 탄소강관 : SPPS(Carbon Steel Pipes for Pressure Piping)
350℃ 이하에서 사용하는 압력배관에 쓰이는 탄소강관

③ 고압배관용 탄소강관 : SPPH(Carbon Steel Pipes for High Pressure Service)
주로 350℃ 이하에서 사용압력이 높은 배관에 사용하는 탄소강관

④ 고온배관용 탄소강관 : SPHT(Carbon Steel Pipes for High Temperature Service)
주로 350℃를 초과하는 고온도 배관에 사용하는 강관

⑤ 저온배관용 강관 : SPLT(Carbon Steel Pipes for Low Temperature Service)

⑥ 배관용 합금강관 : SPA(Steel Pipe Welding)

> **Level up**
>
> **유량계산**
>
> $$Q = K\sqrt{\dfrac{D^5 H}{SL}}$$
>
> Q : 가스의 유량(m^3/hr), D : 관 안지름(cm)
> H : 압력손실(mmH_2O), S : 가스의 비중
> L : 관의 길이(m), K : 유량계수

11 배관의 부식과 방지

1 금속재료의 부식

(1) 부식 : 금속이 전해질과 접할 때 금속표면에서 전류가 유출하는 양극반응

(2) 부식의 형태

① 전면부식 : 전면이 부식되므로 발견이 쉬워 대처가 빠르기 때문에 피해가 적음

② 국부부식 : 특정 부분에 부식이 집중되는 현상으로 위험성이 높음

③ 선택부식 : 합금의 특정부분만 선택적으로 부식되는 현상

④ 입계부식 : 결정입자가 선택적으로 부식되는 현상

(3) 가스에 의한 고온부식의 종류
① 산화 : 산소 및 탄산가스
② 질화 : 암모니아
③ 황화 : 황화수소
④ 탈탄작용 : 수소
⑤ 카르보닐화 : 일산화탄소
⑥ 바나듐 어택 : 오산화바나듐

2 방식방법

(1) 부식을 억제하는 방법
① 부식환경의 처리에 의한 방식법
② 피복에 의한 방식법
③ 부식억제제에 의한 방식법
④ 전기방식법

(2) 전기방식법 : 매설배관에 직류전기를 공급해주거나 배관보다 저전위 금속을 배관에 연결하여 양극반응을 억제시켜주는 방법
① 종류
㉠ 유전 양극법(희생 양극법) : 마그네슘 이용, 지중·수중 설치된 양극금속과 매설배관을 전선 연결하여 양극금속과 매설배관 등 사이의 전지작용에 의해 전기적 부식 방지
㉡ 외부 전원법 : 한전 전원을 직류로 전환하여 가스관에 전기를 공급, 외부직류전원장치 양극(+)은 토양이나 수중 설치한 외부전원용 전극에 접속, 음극(-)은 매설배관에 접속시켜 전기적 부식 방지
㉢ 배류법 : 직류전기철도 이용, 매설배관 전위가 주위 다른 금속구조물보다 높은 장소에서 전기적 접속시켜 유입된 누출전류를 복귀시키며 전기적 부식 방지
㉣ 강제 배류법 : 외부전원법과 배류법의 병용

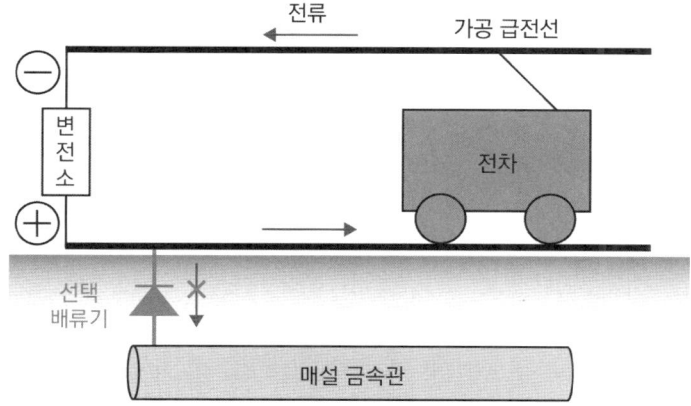

② 유지관리 기준
- ㉠ 전기방식 전류가 흐르는 상태에서 토양 중에 있는 배관 등의 방식전위는 포화황산동 기준전극으로 -0.85 V 이하(황산염환원 박테리아가 번식하는 토양에서는 -0.95 V 이하)이어야 하며, 방식전위 하한값을 전기철도 등의 간섭영향을 받는 곳을 제외하고는 포화황산동($Cu/CuSO_4$) 기준전극으로 -2.5 V 이상이 되도록 노력할 것
- ㉡ 전기방식 전류가 흐르는 상태에서 자연전위와의 전위변화가 최소한 -300 mV 이하일 것
- ㉢ 배관에 대한 전위측정은 가능한 가까운 위치에서 기준전극으로 실시할 것
- ㉣ 전위 측정용 터미널(TB) 설치 기준
  - 희생양극법, 배류법 : 300 m
  - 외부전원법 : 500 m
- ㉤ 전기방식시설의 유지관리
  - 관대지전위점검 : 1년에 1회 이상
  - 외부 전원법 전기방식시설점검 : 3개월에 1회 이상
  - 배류법 전기방식시설점검 : 3개월에 1회 이상
  - 절연부속품, 역 전류방지장치, 결선, 보호절연체점검 : 6개월에 1회 이상

01 OX퀴즈

※ OX퀴즈로 최다빈출 개념을 쉽게 정리하고 기출 유형까지 미리 익혀보세요.

1. 기화기는 한랭 시에도 충분히 기화가 가능하다. ⓞⓧ
2. 2단 감압방법은 공급 압력이 불안정하다. ⓞⓧ
3. 불꽃 표준온도가 가장 높은 연소방식은 적화식이다. ⓞⓧ
4. 공기 공급이 부족하면 불완전연소가 일어난다. ⓞⓧ
5. 베인펌프는 왕복식 펌프이다. ⓞⓧ
6. 배관 속을 흐르는 액체속도를 급격히 변화시키면 물이 관벽을 치는 현상이 일어나는데 이 현상을 서징현상이라고 한다. ⓞⓧ
7. 왕복동압축기는 용적식 압축기이다. ⓞⓧ
8. LPG용기의 재질은 크롬강이다. ⓞⓧ
9. LPG용기 및 저장탱크에 주로 사용되는 안전밸브형식은 스프링식이다. ⓞⓧ
10. 고압배관용 탄소강 강관의 KS규격 기호는 SPPH이다. ⓞⓧ

정답 01 (O) 02 (X) 03 (X) 04 (O) 05 (X) 06 (X) 07 (O) 08 (X) 09 (O) 10 (O)

02 2단 감압방법은 공급 압력이 안정하다.
03 불꽃 표준온도가 가장 높은 연소방식은 분젠식이다.
05 베인펌프는 회전식 펌프이다.
06 배관 속을 흐르는 액체속도를 급격히 변화시키면 물이 관벽을 치는 현상이 일어나는데 이 현상을 워터해머링이라고 한다.
08 LPG용기의 재질은 탄소강이다.

01 필수예제

01 직동식 정압기 기본 구성요소로 틀린 것은?

① 안전밸브 ② 메인밸브
③ 스프링   ④ 다이어프램

> **해설** 정압기 기본 구성요소
> - 직동식 : 메인벨브, 스프링, 다이어프램
> - 파일럿식 : 파일럿, 스프링, 다이어프램
>
> **암** 직메스다, 파파스다

02 언로딩형이며, 정특성은 좋으나 안정성이 떨어지고 다른 형식에 비하여 크기가 큰 정압기는?

① 레이놀드 정압기
② 피셔식 정압기
③ 엠코 정압기
④ 엑셀 플로우식 정압기

> **해설** 레이놀드 정압기
> - 언로딩형 정압기
> - 정특성이 좋으나 안정성이 떨어짐
> - 대형 정압기에 사용

03 다음 중 불꽃 표준온도가 가장 높은 연소방식은?

① 분젠식   ② 세미분젠식
③ 적화식   ④ 전 1차 공기식

> **해설** 분젠식 연소방식
> - 1차 공기 60 %, 2차 공기 40 % 연소
> - 불꽃의 표준온도가 가장 높은 연소방식

04 불완전연소의 현상 원인으로 옳지 않은 것은?

① 환기가 불충분한 공간에 연소기가 설치되었을 때
② 가스압력에 비하여 공급 공기량이 부족할 때
③ 가스 조성이 맞지 않을 때
④ 불꽃의 온도가 증대되었을 때

> **해설** 불완전연소 원인
> - 환기가 불충분한 공간에 연소기가 설치되었을 때
> - 가스압력에 비하여 공급 공기량이 부족할 때
> - 가스 조성이 맞지 않을 때
> - 공기와의 접촉혼합이 불충분할 때
> - 불꽃의 온도 → 낮을 때 불완전연소

05 실린더의 단면적 50 cm², 행정 10 cm, 회전수 200 rpm, 체적 효율 80 %인 왕복압축기의 토출량은?

① 40 L/min   ② 80 L/min
③ 16 L/min   ④ 200 L/min

> **해설** 토출량
> 토출량 = 단면적 × 행정 × 회전수 × 효율
> = 50 × 10 × 200 × 0.8
> = 80000 cm³
> = 80 L

정답 01 ① 02 ① 03 ① 04 ④ 05 ②

Chapter 02 저온장치 및 반응기

핵심키워드 린데식, 필립스식, 캐스케이드식, 오토클레이브

학습목표
1. 가스액화사이클의 종류와 특징에 대해 학습한다.
2. 오토클레이브의 3가지 종류와 특징에 대해 학습한다.

01 가스액화분리장치

1 가스 액화사이클

(1) 가스 액화사이클 종류

린데식 공기액화사이클	줄 - 톰슨효과를 따르는 방식
클로우드식 공기액화사이클	단열팽창을 따르는 방식
캐피자식 공기액화사이클	축냉기를 사용하여 원료공기를 냉각시킴과 동시에 원료공기 중의 수분과 탄산가스를 제거하는 방식
필립스식 공기액화사이클	줄 - 톰슨효과를 따르며 실린더 중 피스톤과 보조 피스톤이 있으며 양 피스톤작용으로 상부에 팽창기, 하부압축기로 구성
캐스케이드식 액화사이클	다원냉동사이클과 같이 비점이 점차 낮은 냉매를 사용하여 액화하는 방식
린데식 액화장치	압축기에서 압축된 공기를 통해 열교환기에 들어가 액화기에서 액화하지 않고 나오는 저온공기와 열교환함으로써 순환과정을 되풀이하는 액화장치
클로우드식 액화장치	일부는 액화되고 일부는 액화되지 않은 포화증기로 되는 방식

Level up

줄 - 톰슨효과
압축한 기체를 단열된 좁은 구멍으로 분출시키면(단열팽창) 온도가 변하는 현상

단열팽창
외부와 열교환 없이 물체의 부피가 늘어나는 현상

(2) 공기액화분리장치
- ① 고압식 액화 산소 분리장치
- ② 저압식 공기액화 분리장치

(3) 공기액화분리장치 폭발원인
- ① 공기 취입구에서 아세틸렌의 혼입
- ② 공기 중에서 산화질소, 이산화질소 등의 질소산화물이 혼입되었을 때
- ③ 액체공기 중 오존이 혼입되었을 때
- ④ 압축기용 윤활유의 분해에 따른 탄화수소가 생성되었을 때

02 고압반응장치

1 화학반응기

오토 클레이브 : 액체를 가열하면 온도의 상승과 더불어 증기압이 상승하므로 액상을 유지하면서 반응시킬 경우 사용되는 밀폐반응용기

(1) 진탕형 : 횡형 오토클레이브 전체가 수평, 전후운동함으로써 내용물 교반 형식
- ① 가스누설의 가능성이 없음
- ② 뚜껑판에 뚫어진 구멍에 촉매가 끼어들어갈 염려가 있음

(2) <u>교반형 : 교반기에 의해 내용물의 혼합을 균일하게 하는 형식. 교반효과가 뛰어나며 진탕식에 비해 효과가 큼</u>

(3) 회전형 : 오토 클레이브 자체를 회전시키는 형식
- ① 고체를 액체나 기체로 처리할 경우에 적합
- ② 교반효과가 타 형식에 비해 좋지 않음

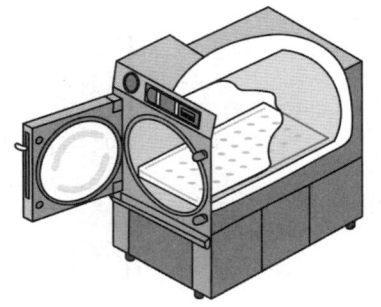

※ 출처 : 위키피디아

02 OX퀴즈

※ OX퀴즈로 최다빈출 개념을 쉽게 정리하고 기출 유형까지 미리 익혀보세요.

1 줄 – 톰슨효과는 저온을 얻는 기본적 원리로 압축된 가스를 단열팽창 시키면 온도가 강하한다. O X

2 공기 중에 있는 일산화탄소의 혼입에 의해 공기액화분리장치가 폭발한다. O X

3 진탕형 오토클레이브는 뚜껑판에 뚫어진 구멍에 촉매가 끼어들어갈 염려가 있다. O X

정답	01 (O) 02 (X) 03 (O)

02 공기 중에 있는 <u>질소산화물</u>의 혼입에 의해 공기액화분리장치가 폭발한다.

02 필수예제

01 다음 그림에 해당하는 공기 액화장치는?

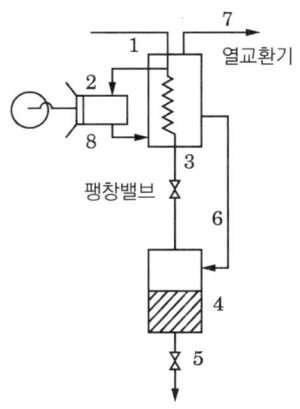

① 클라우드식 액화장치
② 캐스케이드식 액화장치
③ 캐피자식 액화장치
④ 린데식 액화장치

해설 클라우드식 액화장치
• 줄 – 톰슨효과 이용
• <u>피스톤식 팽창기 이용</u>

정답 01 ①

Chapter 03 가스설비

핵심키워드 액펌프, 압축기, 가스홀더, 부취제, 막식 가스미터, 습식 가스미터

학습목표
1. LP가스 이송방법 3가지와 가스공급방식에 대해 학습한다.
2. 가스홀더의 기능에 대해 학습한다.
3. 부취제 정의와 종류, 구비 조건 및 농도와 취기 강도에 대한 전반적인 부취제 내용에 대해 학습한다.
4. 가스미터의 종류와 특징, 구비조건, 설치 기준 등 가스미터의 전반적인 내용에 대해 학습한다.

01 LP가스 이송장치

1 차압에 의한 방법
펌프 등을 사용하지 않고 탱크 자체 압력을 이용하는 방법

2 액펌프에 의한 방법

(1) 펌프의 종류

① 기어펌프, 벤펌프

② 원심펌프 : 임펠러의 회전에 의함
- **직렬** 연결 : **양정 증가**, 유량 일정
- **병렬** 연결 : 양정 일정, 유량 증가

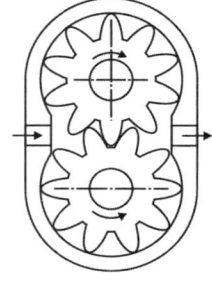

🔔 직양증, 병양일

유량	양정	동력
유량 = $Q_1(\frac{N_2}{N_1})(\frac{D_2}{D_1})^3$	**양정** = $H_1(\frac{N_2}{N_1})^2(\frac{D_2}{D_1})^2$	**동력** = $L_1(\frac{N_2}{N_1})^3(\frac{D_2}{D_1})^5$

🔔 유양동 123

③ 압력 조정기 : 기화부에서 나온 가스를 소비 목적에 따라 일정 압력으로 조정함

④ 안전밸브 : 기화장치 내압이 이상 상승했을 때 장치 내 가스를 외부로 방출

(2) 펌프 사용의 장점

① 재액화현상이 일어나지 않음

② 드레인현상이 없음

(3) 펌프 사용의 단점
  ① 충전시간이 길음
  ② 잔가스 회수 불가
  ③ 베이퍼록현상이 일어나 누설의 원인

3 압축기에 의한 방법

(1) 압축기 사용의 장점
  ① 펌프에 비해 충전시간이 짧음
  ② 잔가스 회수 가능
  ③ 베이퍼록현상이 생기지 않음

(2) 압축기 사용의 단점
  ① <u>부탄의 경우 저온에서 재액화현상</u>
  ② 드레인현상이 생김

4 LP압축기 부속장치

(1) 액트랩 : 가스 흡입 측에 설치하며 실린더의 앞에서 액과 드레인을 가스와 분리

(2) 사방밸브 : 압축기의 토출 측과 흡입 측을 전환시키는 밸브이며 액송과 가스회수를 한 동작으로 할 수 있음

02 LP가스 공급방식

1 자연기화방식

(1) 용기 내 LP가스가 대기 중의 열을 흡수하여 기화하는 간단한 방식

(2) LP가스 : 비등점이 낮기 때문에 대기에서도 쉽게 기화

(3) 특징
  ① 소량 소비 시에 적당
  ② 가스의 조성 변화량이 큼
  ③ 발열량의 변화가 큼
  ④ 용기 수가 많이 필요

2 강제기화방식

(1) 용기 또는 탱크에서 액체의 LP가스가 도관을 통하여 기화기에 의해 기화하는 방식

(2) 공기혼합가스 공급방식 : 공기혼합가스는 기화기, 혼합기에 의해 기화한 부탄에 공기를 혼합하여 만들며 다량 소비에 유효

(3) 공기혼합가스 공급 목적
   ① 발열량 조절
   ② 누설 시의 손실 감소
   ③ 재액화 방지
   ④ 연소효율 증대

3 LP가스 공기혼합설비

(1) 혼합기 : 기화시킨 부탄을 공기와 혼합. 기화기와 하나의 장치로 사용하는 경우가 많음

   ① 벤투리믹서 : 기화한 LP가스는 일정압력으로 노즐에서 분출시켜 노즐 내를 감압함으로써 공기를 흡입하여 혼합하는 형식

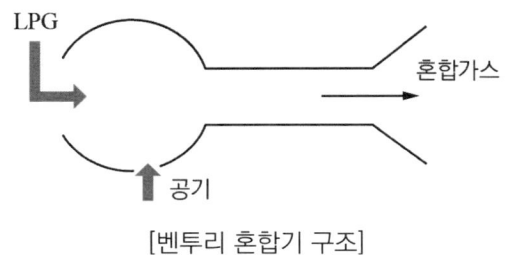

[벤투리 혼합기 구조]

   ② 플로믹서 : LP가스 압력을 대기압으로 플로함으로써 공기와 함께 흡입하는 방식

03 가스홀더

1 가스홀더 종류

제조 공장에서 제정된 가스를 저장하여 균일하게 질을 유지하며 제조량과 수요량을 조절하는 저장탱크

(1) 유수식 가스홀더
   ① 저압 제조설비에 많이 사용
   ② 구형에 비해 유효가동량이 많음

③ 물이 많이 필요하기 때문에 비용이 많이 듦
④ 가스가 건조해지면 수조의 수분을 흡수

(2) 무수식 가스홀더

탱크 내부 가스는 피스톤이나 다이어프램 밑에 저장되고 가스량의 증감에 따라 피스톤이 상하 왕복운동 하며 가스압력을 유지

① 수조가 없으므로 기초가 간단하며 설비 절감
② 건조한 상태에서 가스 저장 가능
③ 대용량에 적합
④ 유수식에 비해 작동 중 가스압 일정

(3) 고압식 홀더(서지탱크)

가스를 압축하여 저장하는 탱크이며 고압홀더로부터 가스 압송을 할 때는 고압 정압기를 사용하여 압력을 낮추어 공급

2 가스홀더 기능

일정한 제조 가스량을 안정하게 공급하고 남은 가스를 저장

3 압송기

가스탱크에서 도관으로 도시가스가 공급될 때 압력이 가스홀더의 압력보다 낮기 때문에 가스 공급지역이 넓은 경우 가스 압력이 부족하여서 압송기를 사용해 공급

(1) 종류
① 터보 압송기 : 임펠러의 회전에 의해 가스압을 높이는 방식
② 가동날개형 회전 압송기

(2) 압송기 용도
① 원거리 수송
② 재승압
③ 도시가스 홀더 압력으로 피크 시 가스 홀더 압력만으로 전 필요량을 보낼 수 없을 때

04 도시가스 부취제

1 부취제 정의

일종의 방향 화합물로 가스에 첨가하여 냄새로 확인 가능하도록 하는 물질

2 부취제 종류

(1) TBM(Teritary Butyl Mercaptan) : 양파 썩는 냄새

(2) THT(Tetra Hydro Thiophene) : 석탄가스냄새

(3) DMS(Dimethyl Sulfide) : 마늘냄새

> 암기 ① TBM : B 안에 양파 두 개
> ② THT : 석탄 T
> ③ DMS : 마늘 M

3 부취제 구비 조건

(1) 독성이 없을 것

(2) 극히 낮은 농도에서도 냄새가 확인될 수 있을 것

(3) 가스미터나 가스관에 흡착되지 않을 것

(4) 물에 잘 녹지 않을 것

(5) 화학적으로 안정될 것

(6) 토양에 대해 투과성이 클 것

(7) 연료가스연소 시 완전연소될 것

4 부취제농도

액화석유가스 누설 시 용량의 1/1000 상태에서 감지하도록 냄새 나는 물질을 섞어 충전

5 부취제 취기 강도

(1) TBM : 취기 강도가 가장 강함

(2) THT : 취기 강도 보통

(3) DMS : 취기 강도 약함

6 부취제 주입방법

(1) 액체주입식 부취설비
  ① 펌프주입방식
  ② 적하(중력)주입방식
  ③ 미터연결 바이패스방식

(2) 증발식 부취설비
   ① 바이패스 증발식
   ② 위크 증발식(심지 증발식)

7 부취설비 관리(부취제 엎질렀을 때)
(1) 활성탄에 의한 흡착

(2) 화학적 산화처리

(3) 연소법

05 가스미터

1 가스미터 종류

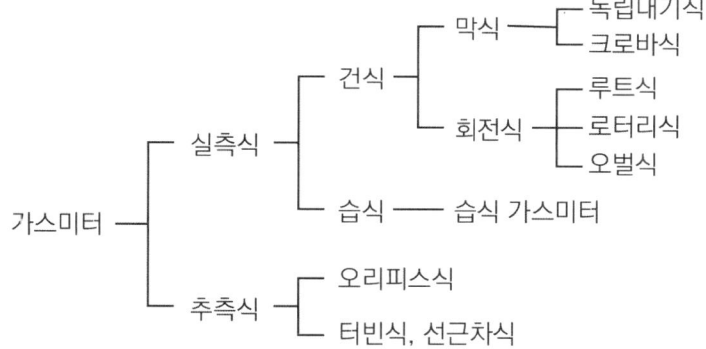

2 가스미터 특징
(1) 막식 가스미터
   ① 값이 쌈
   ② 설치 후 유지관리에 시간이 많이 필요하지 않음
   ③ 대용량은 설치면적이 큼

> **Level up**
>
> **다기능 가스안전계량기**
> LPG또는 도시가스 사용시설에 사용되는 가스계량기는 가스사용량만을 측정하는데 다기능가스안전계량기는 이상유량 차단, 가스 누출차단, 외부통신 등의 기능을 모두 가지고 있는 가스안전계량기이며 마이콤미터라고 한다.

(2) 습식 가스미터
  ① 계량이 정확
  ② 사용 중 기차의 변동이 크지 않음
  ③ 사용 중 수위조정 등의 관리가 필요
  ④ 설치면적이 큼
  ⑤ 실험실용으로 사용

(3) 루츠식 가스미터
  ① 대용량 가스 측정에 적합
  ② 설치면적이 작음
  ③ 중압가스의 계량 가능
  ④ 소유량은 부동의 우려가 있음
  ⑤ 여과기 설치 및 설치 후 관리 필요

3 가스미터 검정

(1) 유효기간을 넘긴 것은 분해수리를 행하여 재검정을 받아야함

(2) 유효기간 중 사용공차(±4 %) 이상의 기차가 있거나 파손 고장을 일으킨 것은 재검정을 받아야 함

(3) 가스미터 유효기간 : 5년

4 가스미터 고장

(1) 부동 : 가스가 미터를 통과하나 미터지침이 작동하지 않음

(2) 불통 : 가스가 미터를 통과하지 않음

(3) 기차불량 : 사용공차(±4 %)를 넘어서는 경우

(4) 감도불량

(5) 이물질로 인한 불량

> **＋ Level up**
>
> **사용공차**
> 계량기를 처음 만들어 검정을 받은 후, 사용 연수와 상태에 따른 오차율 보정을 계량기에 적용하는 것

5 가스미터의 감도 유량

가스미터가 작동하기 시작하는 최소유량

(1) 막식 가스미터 : 3 L/h

(2) LPG용 가스미터 : 15 L/h

6 가스미터의 구비 조건

(1) 내구성이 클 것

(2) 감도가 좋고 압력손실이 적을 것

(3) 구조가 간단하고 수리가 용이할 것

(4) 소형경량이며 용량이 클 것

(5) 수리가 쉬울 것

(6) 정확히 계량할 것

(7) 오차조정이 용이할 것

7 가스미터의 최대 유량의 공칭값 및 최소량

$Q_{\max}[m^3/h]$	$Q_{\min}$의 상한 $[m^3/h]$
1	0.016
1.6	0.016
2.5	0.016
4	0.025
6	0.04
10	0.06
16	0.1
25	0.16
40	0.25
65	0.4
100	0.65
160	1
250	1.6
400	2.5
650	4
1000	6.5

8 가스미터선정 시 고려사항

(1) 사용 시 기차가 작아서 정확하게 계량할 수 있는 것을 선택

(2) 사용 시 기차가 작아야 하며 사용 기차는 ±4 % 이하로 적을 것

9 가스미터의 설치 기준

(1) 수직, 수평으로 부착할 것

(2) 입구와 출구의 구별이 명확할 것

(3) 가스미터 또는 배관에 상호 과잉의 힘이 작용되지 않도록 할 것

10 가스미터의 성능

(1) 기밀시험 : 10 kPa

(2) 가스미터 및 배관에서의 압력손실 : 0.3 kPa

(3) 검정공차 : ±1.5 %

(4) 사용공차 : 검정 기준에서 정하는 최대 허용 오차의 2배 값

(5) 검정 유효기간 : 5년 (단, LPG가스미터 : 3년, 기준 가스미터 : 2년)

(6) 계량기 호칭 : "호"로 표시 (1호의 의미 : 1 m^3/hr)

(7) 계량실의 체적

   ① 0.5 L/rev : 계량실의 1주기 체적이 0.5 L

   ② MAX 1.5 m^3/hr : 사용 최대유량은 시간당 1.5 m^3

11 가스미터의 설치 기준

(1) 환기가 양호한 장소일 것

(2) <u>설치 높이 : 바닥으로부터 1.6 ~ 2 m 이내</u>

(3) <u>화기와의 우회거리 : 2 m 이상</u>

(4) 전기계량기 및 전기개폐기 : 60 cm 이상

(5) 단열조치를 하지 않은 굴뚝, 점멸기, 전기접속기 : 30 cm 이상

(6) 절연조치를 하지 않은 전선 : 15 cm 이상

06 도시가스연소성 시험

(1) 매일 6시 30분 ~ 9시 사이와 17시 ~ 20시 30분 사이에 각각 1회씩 실시
(2) 측정된 웨베지수(웨버지수)는 표준웨베지수(웨버지수)의 ± 4.5 % 이내 유지
(3) 가스홀더 또는 압송기 출구에서 웨베지수 측정

07 품질유지 대상 고압가스 NEW

(1) 냉매로 사용되는 가스
   가. 프레온 22
   나. 프레온 134a
   다. 프레온 404a
   라. 프레온 407c
   마. 프레온 410a
   바. 프레온 507a
   사. 프레온 1234yf
   아. 프로판
   자. 이소부탄

(2) 연료전지용으로 사용되는 수소가스

> **이소부탄**
> 부탄의 이성질체이며 인화성이 강하고 쉽게 액화$(CH_3)_3CH$

08 수소용품 NEW

(1) 연료전지(「자동차관리법」 제2조 제1호에 따른 자동차에 장착되는 것은 제외한다)로서 다음 각 목의 어느 하나에 해당하는 것

    가. 연료소비량이 232.6킬로와트 이하인 고정형 설비와 그 부대설비

    나. 이동형 설비와 그 부대설비

(2) 수전해설비

(3) 수소추출설비

03 OX퀴즈

※ OX퀴즈로 최다빈출 개념을 쉽게 정리하고 기출 유형까지 미리 익혀보세요.

1 원심펌프를 병렬로 연결하여 운전하면 양정이 증가한다. ⭕❌

2 LP가스 이송설비에서 압축기를 이용하면 펌프를 이용한 것에 비해 충전시간이 짧아진다. ⭕❌

3 관 도중에 조리개(교축기구)를 넣어 조리개 전후 차압을 이용해 유량을 측정하는 계측기기는 오리피스식 유량계이다. ⭕❌

4 도시가스연소성을 측정하기 위한 시험은 오후 2시에 하는 것이 가장 적절하다. ⭕❌

5 도시가스에 사용되는 부취제 중 DMS는 석탄가스 냄새이다. ⭕❌

6 적하 주입방식은 부취제 주입용기를 가스압으로 밸런스 후 중력에 의해 가스 흐름 중 주입하는 방식이다. ⭕❌

7 습식 가스미터는 추측식 가스미터이다. ⭕❌

정답 01 (X) 02 (O) 03 (O) 04 (X) 05 (X) 06 (O) 07 (X)

01 원심펌프를 병렬로 연결하여 운전하면 <u>유량이</u> 증가한다.
04 도시가스연소성을 측정하기 위한 시험은 <u>매일 6시 30분 ~ 9시 사이, 17시 ~ 20시 30분 사이에 각각 1회씩 실시하는</u> 것이 가장 적절하다.
05 도시가스에 사용되는 부취제 중 DMS는 <u>양파 썩는 냄새</u>이다.
07 습식 가스미터는 <u>실측식</u> 가스미터이다.

03 필수예제

01 원심펌프의 양정과 동력의 관계는?
(단, N_1 : 처음 회전수, N_2 : 변화된 회전수)

① (N_2/N_1)
② $(N_2/N_1)^3$
③ $(N_2/N_1)^2$
④ $(N_2/N_1)^5$

해설 원심펌프의 양정과 회전속도 관계
- 유량 $= (\dfrac{N_2}{N_1})$ • 양정 $= (\dfrac{N_2}{N_1})^2$
- 동력 $= (\dfrac{N_2}{N_1})^3$

암 유양동 123

02 LP가스의 이송설비에서 펌프 이용에 비해 압축기를 이용한 충전방법의 특징이 아닌 것은?

① 충전시간이 길다.
② 부탄의 경우 저온에서 재액화현상이 일어난다.
③ 잔가스회수가 가능하다.
④ 베이퍼록현상이 없다.

해설 LP가스 이송설비
압축기를 이용하면 펌프를 이용한 것에 비해 충전시간이 짧음

03 액화석유가스가 공기 중에 얼마의 비율로 혼합되었을 때, 그 사실을 알 수 있도록 냄새 나는 물질을 섞어 용기에 충전하여야 하는가?

① 1/1,000
② 1/10,000
③ 1/100,000
④ 1/1,000,000

해설
* 5번 해설 참조

04 도시가스에 사용되는 부취제 중 THT의 냄새는?

① 양파 썩는 냄새
② 마늘 냄새
③ 석탄가스 냄새
④ 암모니아 냄새

해설
* 5번 해설 참조

05 부취제 구비조건으로 적합하지 않은 것은?

① 일상생활의 냄새와 확연히 구분될 것
② 연료가스연소 시 완전연소될 것
③ 토양에 쉽게 흡수될 것
④ 물에 녹지 않을 것

해설 부취제
- 냄새로 누설 파악을 하기 위해 일상생활 냄새와 확연히 구분될 것
- 연료가스연소 시 완전연소될 것
- 물에 용해되지 않으며 부식성이 없을 것
- <u>토양에 쉽게 흡수되면 안 될 것</u>
- 1/1000 의 비율로 사용
- 가스관이나 가스미터에 흡착되지 않을 것
- THT(석탄가스 냄새), TBM(양파 썩는 냄새), DMS(마늘 썩는 냄새)
- 냄새 강도 : TBM > THT > DMS

정답 01 ② 02 ① 03 ① 04 ③ 05 ③

Chapter 04 가스측정기기

 핵심키워드 액주식, 부르동관식, 다이어프램식, 열전대, 햄프슨식, 흡수분석법, 기기분석법

 **학습목표**
1. 압력계의 종류와 특징에 대해 학습한다.
2. 온도계의 종류와 구비조건, 특징에 대해 학습한다.
3. 유량계와 액면계의 종류에 대해 학습한다.
4. 가스분석법 중 흡수분석법, 연소분석법, 기기분석법 등에 대해 학습한다.
5. 독성 가스와 가연성 가스 검지에 대해 학습한다.

Level up

단위 및 측정
(1) 기본단위 : 길이(m), 무게(kg), 시간(s), 온도(K), 전류(A), 몰질량(mol), 광도(cd)
(2) 계측기 구비조건
  ① 견고하고 신뢰성이 있을 것
  ② 정도가 높고 경제적일 것
  ③ 원격 지시 및 기록이 가능할 것
  ④ 경년변화가 적고 내구성이 있을 것
  ⑤ 연속측정이 가능할 것
  ⑥ 구조가 간단하고 취급, 보수가 쉬울 것
(3) 측정방법의 종류
  ① 편위법 : 측정량과 관계있는 다른 양으로 변환시켜 측정하는 방법으로 정도는 낮지만 측정이 간단하며 부르동관 압력계, 스프링식 저울이 해당됨
  ② 영위법 : 미리 알고 있는 측정량과 측정치를 평형시켜 알고 있는 양의 크기로부터 측정량을 알아내는 방법으로 대표적인 예로서 천칭을 이용하여 질량을 측정하는 방식
  ③ 치환법 : 지시량과 미리 알고 있는 다른 양으로부터 측정량을 나타내는 방법
  ④ 보상법 : 측정량과 거의 같은 미리 알고 있는 양을 준비하여 측정량과 미리 알고 있는 양의 차이로서 측정량을 알아내는 방법
(4) 오차 및 기차, 공차
  ① 오차 : 측정값과 참값의 차이

  $$오차율(\%) = \frac{측정값 - 참값}{측정값(또는 참값)} \times 100$$

  • 과오에 의한 오차 : 측정자의 부주의, 과실에 의한 오차
  • 우연오차 : 오차의 원인을 모르므로 보정이 불가능(여러 번 측정하여 통계적으로 처리)
  • 계통적 오차 : 원인을 알 수 있어 제거가 가능하며, 계기오차, 환경오차, 개인오차, 이론오차 등이 있음

② 기차 : 계측기가 제작 당시부터 가지고 있는 고유의 오차
③ 공차 : 계측기 고유오차의 최대 허용한도를 사회규범, 규정에 정한 것
- 검정공차 : 검정을 받을 때의 허용기차
- 사용공차 : 계량이 사용 시 계량법에서 허용하는 오차의 최대한도

(5) 정도와 감도
① 정도 : 측정 결과에 대한 신뢰도를 수량적으로 표시한 척도
② 감도 : 계측기가 측정량의 변화에 민감한 정도를 나타내는 값

01 압력계

1 압력계 구분

(1) 1차 압력계 : 압력 직접 측정
① 액주식
② 자유피스톤식

(2) 2차 압력계 : 압력 간접 측정
① 부르동관식
② 다이어프램식
③ 벨로스식
④ 전기식
⑤ 피에조 전기압력계식

(3) 측정방법
① 탄성 이용
② 전기적 변화 이용
③ 물질변화 이용

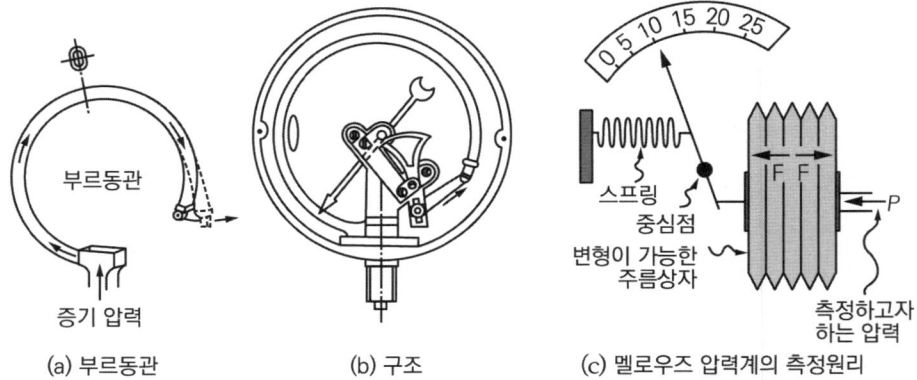

(a) 부르동관　　(b) 구조　　(c) 멜로우즈 압력계의 측정원리

2 압력계 종류

(1) 액주식
  ① U자관식
  ② 단관식
  ③ 경사관식

(2) 부르동관식 : 2차 압력계 중 일반적인 것으로 가장 많이 사용하며 탄성을 이용한 압력계
  ① 저압일 경우 재질 : 황동, 인청동, 니켈, 청동
  ② 고압일 경우 재질 : 니켈강, 특수강, 인발관, 강
  ③ <u>눈금 범위는 상용압력의 1.5배 이상 2배 이하로 사용</u>
  ④ 가연성 가스의 압력계와 혼용 시 폭발의 위험이 있음
  ⑤ 유지류와 접촉 시 산화폭발의 위험이 있음

(3) 부르동관 압력계 주의사항
  ① 안전장치를 한 것을 사용
  ② 압력계에 가스를 유입하거나 빼낼 때 서서히 조작
  ③ 온도변화나 진동, 충격이 적은 장소에 설치

(4) 다이어프램식 : 얇은 막 형태로 미소 압력 변화에서 대응된 수직방향 팽창 수축 압력계
  ① 재질 : 천연고무, 합성고무, 테프론, 가죽 등 비금속 재료
  ② 극히 미소한 압력 측정 가능
  ③ 차압 측정 가능
  ④ 응답이 빠르나 온도 영향을 받기 쉬움

(5) 벨로스식 : 얇은 금속판으로 만들어진 원통에 주름이 있으며 탄성을 이용한 압력계
  ① 유체 내 먼지 영향이 적음
  ② 압력 변동에 적응하기 어려움
  ③ 진공압 및 차압 측정용
  ④ 측정압력 범위 : 0.01 ~ 10 kg/cm^2

(6) 전기저항 압력계 : 금속 전기저항이 압력에 의해 변화하는 것을 이용한 압력계

(7) 피에조 전기 압력계 : 특정방향에 압력을 가해서 일어난 전기량이 압력계에 비례

02 온도계

1 구분

접촉식 온도계	열팽창을 이용한 팽창식 온도계	유리제 온도계	알코올 온도계	* 베크만 온도계는 수은 온도계의 일종으로서 **미소범위 온도측정 가능**(정밀측정용)
			수은 온도계	
			베크만 온도계	
		압력식 온도계	액체 팽창식	
			기체 팽창식	
			증기 팽창식	
	고체 팽창식 온도계		바이메탈 온도계	
	전기저항을 이용한 저항 온도계	저항치 증가	백금 저항체	측정범위가 넓고 안정
			니켈 저항체	가격이 저렴
			동 저항체	고온에서 산화
		저항치 감소	서미스터	온도상승에 따라 저항률 감소
	열기전력을 이용한 열전대 온도계	열전대 온도계 (제백효과)	백금-백금로듐	0 ~ 1600 ℃의 고온측정용
			크로멜-알루멜	0 ~ 1200 ℃ 비금속 열전대
			철-콘스탄탄	-20 ~ 800 ℃ 기전력이 크고 값이 쌈
			동-콘스탄탄	-200 ~ 350 ℃의 저온용
비접촉식 온도계	방사 온도계	열전대를 직렬로 접촉시켜 물체에서 나오는 복사열 측정		
	색 온도계	-		
	광고 온도계			
	광전관식 온도계			

※ 시험에 출제될 가능성이 없는 내용은 삭제함

> **Level up**
>
> 가스는 온도에 따른 압력과 체적의 변화가 크기 때문에 저장탱크에는 반드시 온도계를 설치
> 가. 서모커플 : 두 종류의 금속을 이용하여 온도가 다를 때 전류가 흐르는 데 이를 이용하여 온도차를 계측
> 나. 바이메탈 : 열팽창 정도가 다른 두 금속을 붙여 온도가 올라가면 열팽창 정도가 작은 쪽으로 휘는 것을 이용
> 다. 파이로미터 : 수은 온도계나 알코올 온도계로는 계측 불가능한 높은 온도를 재는 온도계

2 열전대 구비조건

(1) 열기전력이 크고 특성이 안정될 것

(2) 전기저항 및 열전도율이 작을 것

(3) 내열성이 크고 고온 가스에 대한 내식성이 클 것

(4) 재료 공급이 쉬우며 가격은 쌀 것

3 저항 온도계 저항선 구비조건

(1) 저항계수가 클 것

(2) 온도변화에 따른 저항값이 규칙적일 것

(3) 동일 특성을 얻기 쉬울 것

(4) 화학적, 물리적으로 안정할 것

4 온도계 특징

(1) 서미스터 온도계

① 온도계수가 큼

② 흡습에 의해 열화되기 쉬움

③ 응답이 빠르며 미소 온도차 측정 가능

(2) 접촉식 온도계

① 측정 온도의 오차가 적음

② 측정시간이 많이 소요

(3) 비접촉식 온도계

① 이동 물체의 온도 측정 가능

② 고온(1000 ℃) 이상 측정 유리

03 유량계

1 유량계 구분

직접법	• 중량이나 용적 유량을 직접 측정 ※ 오벌 기어식, 루트식, 로터리 피스톤식, 로터리 베인식, 습식 가스미터, 왕복피스톤식
간접법	• 유속을 측정하여 유량을 구하는 방법 • 베르누이 정리 이용 ※ 차압식 유량계, 면적식 유량계(부자식, 로터미터), 유속식 유량계(임펠러식, 피토관, 열선식)
고압용 유량계	• 압력 천평, 전기 저항식 유량계, 부자식(플로식) 유량계
용적식 유량계	• 오벌 유량계, 가스미터, 로터리 팬, 루트 유량계, 로터리 피스톤
면적식 유량계	• 플로트형, 피스톤형, 게이트형, 로터미터

Level up

로터미터
- 유체가 흐르는 유로의 면적변화와 유량과의 선형적인 관계를 이용
- 로터미터(면적 가변식 유량계) 장점
  ① 소용량 측정 가능
  ② 압력손실이 적으며 거의 일정
  ③ 유효 측정범위가 넓음
  ④ 장치 간단

2 차압식 유량계

(1) 벤투리미터 : 입구 바로 앞 및 목 부분의 압력차를 측정하여 유량을 구하는 계측장치

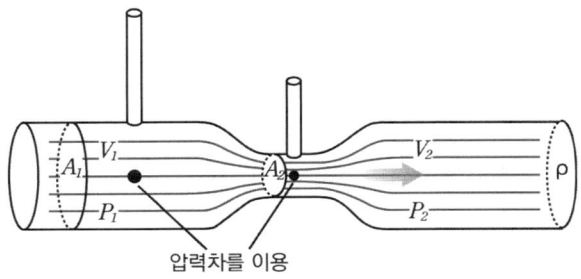

압력차를 이용

(2) 오리피스유량계 : 관 도중 조리개를 넣어 조리개 차압을 이용해 유량 측정하는 계측기

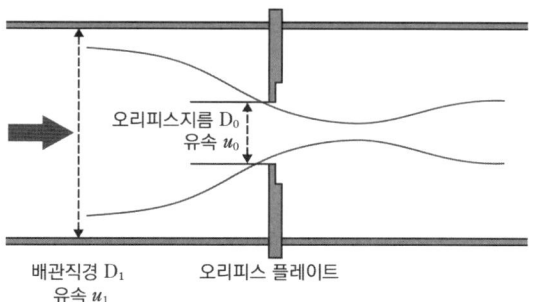

(3) 플로노즐 : 유체관 내에 노즐 등과 같은 차압기구를 설치하여 기구 전후 압력차가 유속에 비례하여 변하는 것을 이용

04 액면계

1 액면계

용기나 탱크 속에 들어 있는 액의 위치를 파악하기 위한 계기

2 액면계 구분

구분	종류		원리	특징
직접식	편위식 액면계		부력으로 액면 측정	-
	플로트식 액면계(부자식)		액면에 띄운 부자의 위치를 이용하여 액면 측정	
	유리관식 액면계		탱크의 액면과 같은 높이의 액체가 유리관에 나타나는 것을 이용하여 액면 측정	
	검척식 액면계		-	
간접식	차압식 액면계	압력식 액면계	액면 높이에 따른 압력을 측정하여 액의 높이를 측정	고압 밀폐탱크 측정
		햄프슨식 액면계		극저온 저장조 액면 측정
	퍼지식 액면계		탱크 속 파이프 끝 부분의 공기압을 압력계로 측정하여 액면 측정	압력식 액면계
	방사선식 액면계		방사선 세기 변화 측정	고온, 고압용
	초음파식 액면계		초음파를 발사하여 되돌아오는 시간을 측정하여 액면 측정	액면 제어용
	정전용량식 액면계		정전 용량 검출 프로브를 액중에 넣어 측정	-

※ 시험에 출제될 가능성이 없는 내용은 삭제함

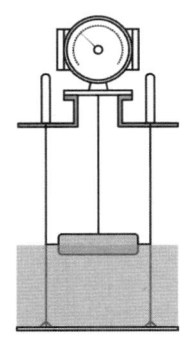

[플로트식 액면계]

05 가스분석법

1 흡수분석법

혼합가스를 특정 흡수액에 흡수시켜 전후 가스용적 차에서 흡수된 가스량을 구하여 분석

(1) 헴펠법 분석순서

① CO_2(이산화탄소) : 수산화칼륨(KOH) 30 g/H_2O 100 ml

② C_mH_n(중탄화수소) : 무수황산 25 %를 포함한 발연황산

③ O_2(산소) : 수산화칼륨(KOH) 60 g/H_2O 100 ml + 피로카롤 12 g/H_2O 100 ml

④ CO(일산화탄소)

🔑 이중산일 헴

(2) 오르자트법 분석순서

① CO_2(이산화탄소) : 수산화칼륨(KOH) 30 % 수용액

② O_2(산소) : 알칼리성 파이로갈롤 용액

③ CO(일산화탄소) : 암모니아성 염화 제1동 용액

🔑 오 이산일

(3) 게겔법

2 연소분석법

공기 또는 산소에 의해 연소되고 그 결과로 생긴 용적 감소, 이산화탄소 생성, 산소 소비량 등을 측정하여 분석

(1) 폭발법 : 가연성 가스 시료를 넣고 산소 또는 공기를 혼합하여 폭발시켜 분석

(2) 완만연소법 : 완만연소 피펫으로 시료가스의 연소를 행하는 방법

(3) 분별연소법 : 2종 이상의 동족 탄화수소와 H_2가 혼재하고 있는 시료에서 H_2 및 CO를 분별적으로 완전 산화시키는 방법

3 기기분석법

(1) 가스크로마토그래피 : 시료와 전개제를 이용하며, 시료의 각 성분별 이동속도의 차에 의해 혼합물을 분리 분석하는 방법

> **⊕ Level up**
>
> **가스크로마토그래피**
> 이동상에 분석할 혼합물을 태워 움직여서 정지상을 지날 때 정지상과 혼합물 성분들의 분자 간의 인력으로 가스를 분석하는 기기분석법
> • 이동상 : 캐리어가스
> • 분리하는 부분 : 컬럼

(2) 캐리어가스 조건 : 시료와 반응하지 않는 불활성기체

(3) 가스크로마토그래피 검출기 종류
  ① 열전도형 검출기(TCD) : 캐리어가스와 시료성분가스의 열전도도차 검출
  ② 수소이온화 검출기(FID) : 염으로 시료성분이 이온화됨으로써 염증에 놓여진 전극 간의 전기전도도가 증대하는 것을 이용 ⇒ 탄화수소에서의 감도가 최고
  ③ 전자포획이온화 검출기(ECD)

(4) 가스크로마토그래피 구성 요소 : 검출기, 컬럼, 기록계

4 질량분석법

전자빔 등을 이용하여 해당 부분의 질량을 분석하는 방법

5 적외선 분광분석법

분자 진동 중 쌍극자 모멘트의 변화를 일으키는 진동에 의해 적외선 흡수가 일어나는 것을 이용

06 가스 검지법

1 시험지법

검지가스	시험지	반응
암모니아(NH_3)	리트머스지	청변
일산화탄소(CO)	염화팔라듐지	흑변
시안화수소(HCN)	초산벤지진지	청변
황화수소(H_2S)	연당지	흑변
아세틸렌(C_2H_2)	염화제일동	적갈색
염소(Cl_2)	요오드화칼륨	청변

> 암 암리청, 일염흑, 시초청, 황연흑, 아염적, 염요청

2 가연성 가스 검출기

(1) 안전등형 : 메탄가스 검출

(2) 간섭계형 : 가스 굴절률차를 이용한 가스분석

(3) 열선형 : 열전도식, 연소식

(4) 반도체식 : 반도체 소자에 가스를 접촉시키면 전압의 변화를 이용한 것으로 반도체 소자로 산화주석(SnO_2) 사용

07 가스누설검지 경보장치

1 경보농도

(1) 가연성 가스 : 폭발하한계의 1/4 이하

(2) 독성 가스 : 허용농도 이하(NH_3를 실내에서 사용하는 경우 : 50 ppm)

2 경보기 정밀도

(1) 가연성 가스 : ±25 % 이하

(2) 독성 가스 : ±30 % 이하

3 검지에서 발신까지 걸리는 시간

(1) 경보농도의 1.6배 농도 : 30초 이내

(2) 암모니아(NH_3), 일산화탄소(CO) : 60초 이내

4 지시계 눈금범위

(1) 가연성 가스 : 0 ~ 폭발하한계

(2) 독성 가스 : 0 ~ 허용농도 3배 이하(NH_3를 실내에서 사용하는 경우 : 150 ppm)

04 OX퀴즈

※ OX퀴즈로 최다빈출 개념을 쉽게 정리하고 기출 유형까지 미리 익혀보세요.

1. U자관형 압력계는 2차 압력계이다. [O][X]
2. 부르동관식 압력계는 2차 압력계이며 탄성을 이용한 압력계이다. [O][X]
3. 다이어프램 압력계는 주름관이 내압변화에 따라서 신축되는 것을 이용한 것으로 진공압 및 차압 측정에 주로 사용되는 압력계이다. [O][X]
4. 열전대 온도계 중 동-콘스탄탄의 측정온도가 가장 높다. [O][X]
5. 계측기기는 구조가 간단하고 내구성이 작아야 한다. [O][X]
6. 햄프슨식 액면계는 저장조 상부로부터 압력과 저장조 하부로부터의 압력의 차로써 액면을 측정하는 것이며 차압을 이용한다. [O][X]
7. 게겔법은 가스분석방법 중 연소분석법이다. [O][X]
8. 적외선 분광분석법은 분자 진동 중 쌍극자 모멘트의 변화를 일으키는 진동에 의해 적외선 흡수가 일어나는 것을 이용하는 분석법이다. [O][X]
9. 가연성 가스 누출검지 경보장치의 경보농도는 폭발 하한계 이하이다. [O][X]
10. 일산화탄소 검지경보장치는 검지에서 발신까지 1분 이내의 시간이 걸리도록 해야 한다. [O][X]

정답 01 (X) 02 (O) 03 (X) 04 (X) 05 (X) 06 (O) 07 (X) 08 (O) 09 (X) 10 (O)

01 U자관형 압력계는 <u>1차 압력계</u>이다.
03 <u>벨로우즈식 압력계</u>는 주름관이 내압변화에 따라서 신축되는 것을 이용한 것으로 진공압 및 차압 측정에 주로 사용되는 압력계이다.
04 열전대 온도계 중 <u>백금-백금·로듐</u>의 측정온도가 가장 높다.
05 계측기기는 구조가 간단하고 내구성이 <u>커야 한다</u>.
07 게겔법은 가스분석방법 중 <u>흡수분석법</u>이다.
09 가연성 가스 누출검지 경보장치의 경보농도는 폭발 하한계 <u>1/4 이하</u>이다.

04 필수예제

01 서로 다른 두 종류의 금속을 연결하여 폐회로를 만든 후, 양접점에 온도차를 두면 금속 내 열기전력이 발생한다. 이 원리를 이용한 온도계는?

① 증기 팽창식 온도계
② 서미스터 온도계
③ 바이메탈 온도계
④ 열전대 온도계

해설 열전대 온도계
- 접촉식 온도계
- 열기전력의 발생 원리를 이용
- 백금 - 백금모듈 온도계

02 액면측정장치가 아닌 것은?

① 임펠러식 액면계
② 방사선식 액면계
③ 햄프슨식 액면계
④ 퍼지식 액면계

해설 액면측정장치
부자식(플로트식), 유리관식, 퍼지식
→ 임펠러식 : 압축기또는 유량계에 이용

03 가스분석방법 중 연소분석법이 아닌 것은?

① 분별연소법
② 완만연소법
③ 폭발법
④ 가스크로마토그래피법

해설 가스연소분석법
분별연소법, 완만연소법, 폭발법
→ 크로마토그래피법 : 기기분석방법

04 독성 가스용 가스누출경보 및 자동차단장치 경보농도설정치 기준은?

① ±5 % 이하   ② ±10 % 이하
③ ±15 % 이하 ④ ±30 % 이하

해설 가스 누출경보
- 독성 가스 : ±30 % 이하
- 가연성 가스 : ±25 % 이하

05 가연성 가스 검출기에서 탄광에서 발생하는 CH_4 농도를 측정하는 데 주로 사용되는 것은?

① 열선형   ② 안전등형
③ 간섭계형   ④ 반도체형

해설 안전등형
탄광에서 발생하는 메탄(CH_4) 농도 측정

정답 01 ④ 02 ① 03 ④ 04 ④ 05 ②

PART 03
가스법령 활용

Chapter 01 고압가스법
Chapter 02 액화석유가스법
Chapter 03 도시가스법
Chapter 04 수소법
Chapter 05 고압가스 통합

Chapter 01 고압가스법

> **핵심키워드** 독성 가스, 가연성 가스, 탱크, 용기, 이격거리, 저장능력, 보호시설
>
> **학습목표**
> 1. 고압가스의 종류와 범위, 용어에 대해 학습한다.
> 2. 고압가스 제조시설 기준과 점검 기준, 저장설비 기준, 기타 기준에 대해 학습한다.
> 3. 방호벽 설치 기준과 역류방지밸브, 역화방지장치 설치장소에 대해 학습한다.
> 4. 고압가스 자동차 충전시설 기술 기준, 고압가스 저장·사용시설의 기준, 고압가스 충전시설 기준과 운반 기준에 대해 학습한다.
> 5. 가스용기 색상과 부속품 기호, 시험 기준에 대해 학습한다.

01 고압가스법

1 종류 및 범위

(1) 압축가스 : 상용 온도에서 1 MPa 이상

(2) 아세틸렌가스 : 섭씨 15 ℃ 온도에서 압력이 0 Pa 초과

(3) 액화가스 : 상용 온도에서 압력이 0.2 MPa 이상

(4) 액화 시안화수소, 액화 브롬화메탄, 액화 산화에틸렌 : 섭씨 35 ℃ 온도에서 압력이 0 Pa 초과

2 안전관리자

(1) 안전관리 총괄자

(2) 안전관리 부총괄자

(3) 안전관리 책임자

(4) 안전관리원

3 가스 종류

(1) **가연성 가스** : 공기 중에서 연소하는 가스로서 폭발한계의 하한이 10 % 이하인 것과 폭발한계의 상한과 하한의 차가 20 % 이상인 연소하는 가스

(2) **독성 가스** : 독성을 가진 가스로, 허용농도가 100만분의 5000(5000 ppm) 이하인 것
   ⇒ 성숙한 흰쥐 집단에게 대기 중 1시간 동안 노출시킨 경우 14일 이내에 그 쥐의 2분의 1 이상이 죽게 되는 가스농도(LC 50)

   TLV-TWA : 성인 1일 8시간 혹은 주 40시간 노출되어도 인체에 악 영향을 받지 않는 농도이며, 100만분의 200(200 ppm) 이하인 것

(3) **액화가스** : 대기압에서 비점이 40 ℃ 이하 또는 상용 온도 이하인 액체 상태의 가스

(4) **특수고압가스** : 특수한 용도에 사용되는 고압가스
   ⇒ 압축모노실란, 액화알진, 포스핀, 세렌화수소, 게르만, 반도체 세정

4 독성 가스 제독제

가스	제독제
염소	• 가성소다수용액 • 탄산소다수용액 • 소석회
포스겐	• 가성소다수용액 • 소석회
황화수소	• 가성소다수용액 • 탄산소다수용액
시안화수소	• 가성소다수용액
아황산가스	• 가성소다수용액 • 탄산소다수용액 • 물
암모니아, 산화에틸렌, 염화메탄	• 다량의 물

  암 염가탄소, 포가소, 황가탄, 시가, 아가탄물, 암산염물

5 탱크 및 용기

(1) **초저온저장탱크** : 영하 50 ℃ 이하의 액화가스를 저장하기 위한 탱크

(2) **초저온용기** : 영하 50 ℃ 이하의 액화가스를 충전하기 위한 용기

(3) **가연성 가스 저온저장탱크** : 대기압에서 비점이 0 ℃ 이하인 가스를 상용압력 0.1 MPa 이하의 액체 상태로 저장하기 위한 탱크

6 용어

(1) 처리 능력 : 처리설비 또는 감압설비에 의하여 압축·액화나 그 밖의 방법으로 1일에 처리할 수 있는 가스의 양이 0 ℃, 게이지압력 0 MPa 상태 기준

(2) 방호벽 : 높이 2 m 이상, 두께 12 cm 이상의 철근콘크리트 또는 이와 같은 수준 이상의 강도를 가지는 구조의 벽

(3) 특정설비
   ① 안전밸브·긴급차단장치·역화방지장치
   ② 독성 가스배관용 밸브
   ③ 특정고압가스용 실린더캐비닛
   ④ 기화장치
   ⑤ 압력용기
   ⑥ 자동차용 가스 자동주입기
   ⑦ 액화석유가스용 용기 잔류가스회수장치

(4) 시공기록 작성·보존 : 5년간 보존해야 하며, 완공된 도면은 영구히 보존

7 액화가스 저장능력 산정 기준

(1) 액화가스 저장탱크

$$저장탱크\ W = 0.9dV$$

W : 저장능력(kg)
V : 내용적(L)
d : 상용온도에서의 액화가스 비중(kg/L)

(2) 액화가스의 용기 및 차량에 고정된 탱크

$$탱크\ W = V/C$$

C : 액화가스 정수

8 냉동능력 1톤

(1) 원심식 압축기를 사용하는 냉동설비 : 압축기 원동기의 정격출력 1.2 kW/일

(2) 흡수식 냉동설비 : 발생기를 가열하는 1시간의 입열량 6640 kcal/일

9 보호시설

(1) 제1종 보호시설
   ① 학교·유치원·어린이집·놀이방·어린이놀이터·학원·병원·도서관·청소년수련시설·경로당·시장·공중목욕탕·호텔·여관·극장·교회 및 공회당
   ② 사람을 수용하는 건축물로 독립된 부분의 연면적이 1000 m² 이상인 것

③ 예식장·장례식장 및 전시장, 유사한 시설로서 300명 이상 수용할 수 있는 건축물

④ 아동복지시설 또는 장애인복지시설로서 20명 이상 수용할 수 있는 건축물

⑤ 문화재보호법에 따라 지정문화재로 지정된 건축물

(2) 제2종 보호시설

① 주택

② 사람을 수용하는 건축물로 독립된 연면적 100 m² 이상 1000 m² 미만

10 고압가스 제조시설 및 기준

(1) 이격거리(m 이상)

처리능력 및 저장능력	산소 처리·저장설비		독성, 가연성 가스 처리·저장설비		그 밖의 가스 처리·저장설비	
	제1종 보호시설	제2종 보호시설	제1종 보호시설	제2종 보호시설	제1종 보호시설	제2종 보호시설
1만 이하	12	8	17	12	8	5
1만 ~ 2만	14	9	21	14	9	7
2만 ~ 3만	16	11	24	16	11	8
3만 ~ 4만	18	13	27	18	13	9
4만 ~ 5만	20	14	30	20	14	10
5만 ~ 99만	-	-	30	20	-	-

※ 처리능력 및 저장능력 범위는 ~ 초과 ~ 이하이며 압축가스의 경우 세제곱미터(m³), 액화가스인 경우 킬로그램(kg)으로 한다.

(2) 우회거리

① 가스설비 또는 저장설비와 화기를 취급하는 장소 : 2 m

② 가연성 가스 또는 산소의 가스설비 또는 저장설비 : 8 m

(3) 용기보관장소 주위 2 m 이내 화기 또는 인화성 물질이나 발화성 물질을 두지 않을 것

(4) 충전용기와 잔가스용기는 각각 구분하여 용기보관장소에 놓을 것

(5) 용기보관장소에는 계량기 등 작업에 필요한 물건 외에는 두지 않을 것

(6) 충전용기는 항상 40 ℃ 이하의 온도를 유지하고, 직사광선을 받지 않도록 할 것

(7) 가연성 가스 저장탱크와 다른 가연성 가스 저장탱크 또는 산소저장탱크 사이에는 두 저장탱크 최대지름을 더한 길이의 4분의 1 이상의 거리를 유지할 것

(8) 가연성 가스 보관장소에 방폭형 휴대용 손전등 외의 등화를 지니고 들어가지 않을 것

⑼ 충전용기(내용적 5 L 이하인 것은 제외)에는 넘어짐 등에 의한 충격 및 밸브의 손상을 방지하는 등의 조치를 하고 난폭한 취급을 하지 않을 것

⑽ 가연성 가스 제조시설의 고압가스설비는 그 외면으로부터 다른 가연성 가스 제조시설의 고압가스설비와 5 m, 산소 제조시설의 고압가스설비와 10 m 이상의 거리 유지

⑾ 가연성 가스(암모니아, 브롬화메탄 및 공기 중에서 자기 발화하는 가스는 제외한다)의 가스설비 중 전기설비는 그 설치장소 및 그 가스의 종류에 따라 적절한 방폭성능을 가지는 것일 것

11 고압가스 압축 금지사항

⑴ 가연성 가스 중 산소용량이 전체 용량의 4 % 이상인 것

⑵ 산소 중 가연성 가스 용량이 전체 용량의 4 % 이상인 것

⑶ 아세틸렌·에틸렌, 수소 중 산소용량이 전체 용량의 2 % 이상인 것

12 순도 유지 기준

⑴ 산소 : 99.5 %

⑵ 아세틸렌 : 98 %

⑶ 수소 : 98.5 %

암 산구구오, 아구팔, 쓰구팔어

13 고압가스점검 기준

⑴ 고압가스 제조설비 사용개시 전, 후 1일 1회 이상 점검

⑵ 충전용 주관 압력계는 매월 1회 이상, 그 밖은 3개월에 1회 이상

⑶ 안전밸브 중 압축기의 최종단에 설치한 것은 1년에 1회 이상, 그 외는 2년에 1회 이상

14 저장설비 기준

⑴ 저장량 5 m³ 이상 가스 저장 : 가스방출장치 설치

⑵ 저장능력 300 m³ 또는 3톤 이상인 가연성 가스 또는 산소 저장탱크 사이 : 두 저장탱크 최대지름의 1/4 이상의 거리 유지

15 기타 기준

⑴ 안전밸브 또는 방출밸브에 설치된 스톱밸브는 그 밸브의 수리 등을 위하여 특별히 필요한 때를 제외하고는 항상 완전히 열어 놓을 것

(2) 화기를 취급하는 곳이나 인화성 물질 또는 발화성 물질이 있는 곳 및 그 부근에서는 가연성 가스를 용기에 충전하지 않을 것

(3) 차량에 고정된 탱크 내용적 2000 L 이상인 것에는 고압가스를 충전하거나 그로부터 가스를 이입받을 때는 차량정지목을 설치하는 등 차량이 고정되도록 할 것

(4) 지상에 설치된 저장탱크와 가스충전장소 사이에는 방호벽을 설치할 것

16 방호벽 기준

종류	두께	높이
철근콘크리트	12 cm 이상	2 m 이상
콘크리트 블록	15 cm 이상	
박강판	3.2 mm 이상	
후강판	6 mm 이상	

17 방호벽 설치장소

(1) 아세틸렌압축기와 충전용기 보관장소 사이

(2) 아세틸렌압축기와 충전용 주관밸브 조작장소 사이

(3) 압축가스압축기와 충전장소 사이

(4) 압축가스압축기와 충전용기 보관장소 사이

(5) 판매시설의 용기 보관실벽

18 역류방지밸브 설치장소

(1) 가연성 가스압축기와 충전용 주관 사이

(2) 아세틸렌압축기의 유분리기와 고압건조기 사이

(3) 감압설비와 당해가스의 반응설비 간의 배관 사이

19 역화방지장치 설치장소

(1) 가연성 가스를 압축하는 압축기와 오토클레이브 사이

(2) 아세틸렌의 고압 건조기와 충전 교체밸브 사이 배관

(3) 아세틸렌 충전용 지관

(4) 수소화염 또는 산소, 아세틸렌화염 사용시설

20 2중 배관 사용 독성 가스

포스겐, 황화수소, 시안화수소, 염소, 아황산가스, 산화에틸렌, 암모니아, 염화메탄

21 인터록 기구

가연성 가스 또는 독성 가스의 제조시설에서 자동으로 원재료의 공급을 차단시키는 등 제조설비 안의 제조를 제어할 수 있는 장치

02 고압가스 자동차 충전시설 기술 기준

1 안전거리

저장설비·처리설비·압축가스설비 및 충전설비	↔	사업소 경계	10 m 이상
	↔	철도	30 m 이상
충전설비	↔	도로 경계	5 m 이상
충전시설의 고압가스설비	↔	다른 가연성 가스 제조시설 고압가스설비	5 m 이상
	↔	산소 제조시설 고압가스설비	10 m 이상

2 액화천연가스 자동차 충전

(1) 안전거리

저장설비 저장능력	사업소 경계와의 안전거리
25톤 이하	10 m
25톤 초과 50톤 이하	15 m
50톤 초과 100톤 이하	25 m
100톤 초과	40 m

(2) 차량에 고정된 탱크 내용적이 5000 L 이상인 액화천연가스 이입 : 차량 정지목 사용

(3) 배관 온도는 항상 40 ℃ 이하 유지

(4) 저장탱크 내용적 90 % 넘지 않을 것

(5) 충전용 지관 가열 시 열습포 또는 40 ℃ 이하의 물 사용

(6) 충전설비는 1일 1회 이상 점검할 것

(7) 충전용 주관 압력계는 매월 1회 이상 검사할 것(그 밖의 압력계는 3개월에 1회 이상)

(8) 안전밸브는 1년에 1회 이상 적절한 조건의 압력에서 작동하도록 조정할 것

(9) 처리설비·압축가스설비 및 충전설비는 지상에 설치할 것

03 고압가스 저장·사용시설

1 고압가스 저장 기준

(1) 저장탱크 내진성능 확보 대상 : 저장능력 5톤 또는 500 m³ 이상
  ⇒ 가연성 또는 독성 가스가 아닌 경우 : 10톤 또는 1000 m³ 이상

(2) 가스설비 또는 저장설비는 그 외면으로부터 화기 취급 장소까지 2 m 이상 우회거리
  ⇒ 가연성 가스 또는 산소의 가스설비 또는 저장설비 : 8 m 이상 우회거리

(3) 용기보관장소 주위 2 m 이내에 화기 또는 인화성 물질이나 발화성 물질을 두지 않을 것

(4) 압력계는 3개월에 1회 이상 표준이 되는 압력계로 기능을 검사할 것

(5) 안전밸브 중 압축기 최종단에 설치한 것은 1년에 1회 이상, 그 밖의 안전밸브는 2년에 1회 이상 조정하여 적절한 압력 이하에서 작동되도록 점검할 것

2 특정고압가스

(1) 가스설비 또는 저장설비는 그 외면으로부터 화기 취급 장소까지 8 m 이상 우회거리

(2) 산소 저장설비 주위 5 m 이내에는 화기 취급 금지

(3) 액화염소사용시설 저장설비

액화염소사용시설 저장설비	↔	제1종 보호시설	17 m
		제2종 보호시설	12 m

04 고압가스 충전시설

1 시안화수소(HCN)

(1) <u>순도 : 98 % 이상</u>

(2) 안정제 : 황산, 동망, 오산화인, 염화칼슘, 인산, 아황산가스

(3) 용기충전 후 24시간 정치 후 1일 1회 이상 초산구리벤젠지 등으로 가스 누출검사

(4) <u>충전 후 60일 초과 전 다른 용기에 옮겨 충전</u>

2 산화에틸렌

(1) 저장탱크 : 내부에 질소가스, 탄산가스 등으로 치환하고 5 ℃ 이하로 유지

(2) 저장탱크 및 충전용기에는 45 ℃ 0.4 MPa 이상이 되도록 질소 또는 탄산가스를 충전

3 아세틸렌

(1) 2.5 MPa 압력으로 압축 시 첨가하는 희석제 : 프로판, 메탄, 에틸렌, 질소, 수소, 일산화탄소, 이산화탄소

(2) 습식 아세틸렌 발생기 표면온도 : 70 ℃ 이하

(3) 아세틸렌용기 다공도 : 75 % 이상 92 % 미만

(4) 아세틸렌 용제 : 아세톤, 다이메틸폼아마이드

05 고압가스 판매

1 기준

(1) 누출된 고압가스가 체류하지 않도록 환기구를 갖출 것

(2) 용기보관실 벽은 방호벽으로 할 것

(3) 용기보관실에는 독성 가스를 흡수·중화하는 설비와 연동되도록 경보장치를 설치할 것

(4) 독성 가스가 누출되었을 경우 흡수·중화설비 갖출 것

2 용기보관 장소

(1) 충전용기와 잔가스용기는 각각 구분하여 용기보관 장소에 놓을 것

(2) 용기보관장소 주위 2 m 이내에 화기 또는 인화성 물질이나 발화성 물질을 두지 않을 것

(3) 충전용기는 항상 40 ℃ 이하의 온도를 유지하고, 직사광선을 받지 않도록 조치할 것

(4) 충전용기밸브 또는 배관을 가열할 때는 열습포나 40 ℃ 이하의 더운물을 사용

(5) 충전용기는 서서히 개폐할 것

(6) 넘어짐 등으로 인한 충격 방지 조치를 하며 사용 후 밸브를 잠가둘 것

06 고압가스용기

1 재충전 금지용기

(1) 용기와 용기부속품을 분리할 수 없는 구조

(2) 최고충전압력(MPa)의 수치와 내용적(L)의 수치를 곱한 값이 100 이하일 것

(3) 최고충전압력 22.5 MPa 이하이며 내용적 25 L 이하일 것

(4) 최고충전압력 3.5 MPa 이상인 경우 내용적 5 L 이하일 것

(5) 가연성 가스 및 독성 가스 충전용이 아닐 것

2 용기 재검사기간

용기 종류		신규검사 후 경과 연수에 따른 재검사 주기		
		15년 미만	15년 이상 20년 미만	20년 이상
용접용기	500 L 이상	5년마다	2년마다	1년마다
	500 L 미만	3년마다	2년마다	1년마다
LPG용 용접용기	500 L 이상	5년마다	2년마다	1년마다
	500 L 미만	5년마다		2년마다
이음매 없는 용기	500 L 이상	5년마다		
	500 L 미만	신규검사 후 10년 이하 : 5년마다 신규검사 후 10년 초과 : 3년마다		
LPG 복합재료용기		5년마다		

07 가스 공급자

1 안전점검방법

(1) 가스 공급 시마다 점검

(2) 2년에 1회 이상 정기점검

2 점검기록

작성·보존 : 정기점검 실시기록을 작성하여 2년간 보존

08 고압가스 운반 기준

(1) 충전용기는 차량에 세워서 적재하여 운반할 것
(2) 독성 가스를 운반하는 차량에는 일반인이 쉽게 알아볼 수 있도록 붉은 글씨로 "위험 고압가스" 및 "독성 가스"라는 경계표시와 전화번호를 표시할 것
(3) 차량에 고정된 탱크 내용적 제한

차량에 고정된 탱크 운반차량	가연성 가스 및 산소	1만 8천 L
	독성 가스	1만 2천 L

(4) 고압가스를 200 km 이상의 거리를 운반할 때는 운반책임자를 동승시킴

[운반책임자 동승 기준]

	독성 가스	1000 kg 이상
액화가스	가연성 가스	3000 kg 이상
	조연성 가스	6000 kg 이상
	독성 가스	100 m^3 이상
압축가스	가연성 가스	300 m^3 이상
	조연성 가스	600 m^3 이상

09 특정설비

1 차량에 고정된 탱크 재검사 주기

15년 미만	15년 이상 20년 미만	20년 이상
5년마다	2년마다	1년마다

2 기타설비 재검사 주기

	저장탱크	5년마다(재검사 불합격 : 3년)
기화장치	저장탱크와 함께 설치한 것	검사 후 2년 경과하여 해당 탱크 재검사 시
	저장탱크 설치하지 않은 것	3년마다
안전밸브 및 긴급차단장치		검사 후 2년 경과하여 해당 안전밸브 또는 긴급차단장치가 설치된 저장탱크 또는 차량에 고정된 탱크 재검사 시
압력용기		4년마다

3 불합격용기 및 특정설비 파기

(1) 절단 등의 방법으로 파기하여 원형으로 가공할 수 없도록 할 것
(2) 잔가스는 전부 제거한 후 절단할 것
(3) 검사신청인에게 통지하고 파기할 것
(4) 파기할 때는 검사장소에서 검사원이 직접 실시하게 하거나 검사원 입회하에 용기 및 특정설비 사용자로 하여금 실시하게 할 것

⑩ 가스용기

1 용기 각인 표시

내압시험압력	TP
최고충전압력	FP
내용적	V
용기 질량	W

2 일반가스용기 도색

가스종류	도색	가스종류	도색
액화염소	갈색	암모니아	백색
액화탄산가스	청색	아세틸렌	황색
산소	녹색	질소	회색
액화석유가스	밝은 회색	수소	주황색

🔑 일반가스 : 염갈, 암백, 탄청, 아황, 산녹, 질회, 석회, 수주

3 의료용 가스용기 도색

가스종류	도색	가스종류	도색
사이클로프로판	주황색	헬륨	갈색
에틸렌	자색	산소	백색
질소	흑색	액화탄산가스	회색
아산화질소	청색	그 밖의 가스	회색

🔑 의료용 가스 : 사주, 헬갈, 에자, 산백, 질흑, 탄회, 아청

4 용기종류별 부속품

설비	기호
아세틸렌가스용	AG
압축가스용	PG
액화석유가스용	LPG
저온 및 초저온가스용	LT
그 밖의 가스용	LG

5 용기시험 기준

용기 내압시험	아세틸렌용기	최고충전압력 3배
	아세틸렌 이외의 압축가스와 액화가스용기	최고충전압력 5/3배
용기 기밀시험	아세틸렌용기	최고충전압력 1.8배
	초저온 및 저온가스용기	최고충전압력 1.1배
	기타 가스용기	최고충전압력 이상

6 에어졸용기

(1) 온수시험 탱크는 45 ℃ 이상 50 ℃ 미만에서 에어졸의 누설이 없을 것

(2) 35 ℃에서 내압이 0.8 MPa 이하 및 내용적의 90 % 이하로 충전할 것

(3) 50 ℃에서 용기 내의 가스 압력의 1.5배로 가압 시 변형이 없고 50 ℃에서 용기 내 가스 압력의 1.8배로 가압 시엔 파열되지 않을 것

⑪ 냉동기 제조의 시설·기술·검사 기준 NEW

1 시설 기준

(1) 냉동기를 제조하려는 자는 냉동기를 제조하기 위하여 필요한 제조설비를 갖출 것. 다만 기술검토 결과 부품생산 전문업체의 설비를 이용하거나 그로부터 부품을 공급받더라도 품질관리에 지장이 없다고 인정된 경우에는 그 부품생산에 필요한 설비를 갖추지 않을 수 있다.

(2) 냉동기를 제조하려는 자는 검사 기준에 따라 냉동기를 검사하기 위하여 필요한 검사설비를 갖출 것

2 기술 기준

(1) 냉동기의 설계는 그 냉동기의 안전성을 확보하기 위하여 사용하는 고압가스의 종류·압력·온도 및 사용환경에 따라 적합하도록 할 것

(2) 냉동기의 재료는 그 냉동기의 안전성을 확보하기 위하여 사용하는 고압가스의 종류·압력·온도 및 사용환경에 적절한 것일 것

(3) 냉동기의 두께는 그 냉동기의 안전성을 확보하기 위하여 그 냉동기에 사용한 재료, 그 냉동기 내의 고압가스의 종류·압력·온도 및 사용환경에 적합한 것일 것

(4) 냉동기의 구조는 그 냉동기의 안전성 및 편리성을 확보하기 위하여 그 냉동기 내의 고압가스의 종류·압력·온도 및 사용환경에 적합한 것일 것

(5) 냉동기의 가공은 그 냉동기의 기계적 강도 및 안전성을 확보하기 위하여 그 냉동기의 재료·두께 및 구조에 따라 적절한 방법으로 할 것

(6) 냉동기의 용접은 그 냉동기이음매의 기계적 강도를 확보하기 위하여 그 냉동기의 재료·구조 및 냉동기 내의 가스의 종류에 따라 적절한 방법으로 할 것

(7) 냉동기의 열처리는 그 냉동기의 안전성을 확보하기 위하여 필요한 경우 그 냉동기의 재료·두께 및 가공방법에 따라 적절한 방법으로 할 것

(8) 냉동기는 그 냉동기의 재료, 사용하는 가스의 종류 및 사용하는 환경에 따라 그 냉동기의 안전성을 확보하기 위하여 필요한 적절한 성능을 가지는 것일 것

3 검사 기준

(1) 제조시설 완성검사 기준

제조시설 완성검사는 제조설비 및 검사설비를 갖추었는지 확인하기 위하여 필요한 항목에 대하여 적절한 방법으로 할 것

(2) 냉동기검사 기준

① 가스히트펌프 냉·난방기

냉동기 중 액화석유가스 또는 도시가스를 연료로 하는 엔진으로 증기압축식 냉동사이클의 압축기를 구동하는 히트펌프식 냉·난방기(이하 "가스히트펌프 냉·난방기"라 한다)의 신규검사는 설계단계검사와 생산단계검사로 구분하여 할 것

㉠ 설계단계검사

- 설계단계검사는 가스히트펌프 냉·난방기의 엔진 및 엔진 관련 부분(이하 "엔진등"이라 한다)이 다음의 어느 하나에 해당하는 경우에 할 것
  ㉮ 제조사업자가 그 제조소에서 일정형식의 엔진등을 처음 제조하는 경우
  ㉯ 수입업자가 일정형식의 엔진등을 처음 수입하는 경우

㈐ 설계단계검사를 받은 형식의 엔진등 중 성능의 변경을 수반하는 재료 및 구조 등이 변경된 경우
- 설계단계검사는 가스히트펌프 냉·난방기의 엔진등이 안전하게 설계되었는지를 명확하게 판정할 수 있도록 이 별표에 따른 기술 기준과 다음의 성능 중 필요한 항목에 대하여 적절한 방법으로 할 것
  ㉮ 구조성능
  ㉯ 재료성능
  ㉰ 안전장치 작동성능
  ㉱ 절연저항성능
  ㉲ 그 밖에 엔진등의 안전 확보에 필요한 성능

ⓒ 생산단계검사
- 생산단계검사는 설계단계검사에 합격한 가스히트펌프 냉·난방기에 대하여 실시할 것
- 생산단계검사는 가스히트펌프 냉·난방기가 안전하게 제조되었는지를 명확하게 판정할 수 있도록 이 별표에 따른 기술 기준과 다음의 성능 중 필요한 항목에 대하여 적절한 방법으로 할 것
  ㉮ 재료의 기계적·화학적 성능
  ㉯ 용접부의 기계적 성능
  ㉰ 내압성능
  ㉱ 기밀성능
  ㉲ 구조성능
  ㉳ 안전장치 작동성능
  ㉴ 절연저항성능
  ㉵ 그 밖에 가스히트펌프 냉·난방기의 안전 확보에 필요한 성능

② 냉동기(가스히트펌프 냉·난방기는 제외한다)
냉동기의 검사는 그 냉동기가 안전하게 제조되었는지를 명확하게 판정할 수 있도록 기술 기준과 다음의 성능 중 필요한 항목에 대하여 적절한 방법으로 실시할 것
  ㉠ 재료의 기계적·화학적 성능
  ㉡ 용접부의 기계적 성능
  ㉢ 내압성능
  ㉣ 기밀성능
  ㉤ 그 밖에 냉동기의 안전 확보에 필요한 성능

OX퀴즈

※ OX퀴즈로 최다빈출 개념을 쉽게 정리하고 기출 유형까지 미리 익혀보세요.

1. 발한계의 상한과 하한의 차가 20 % 이상인 것은 가연성 가스이다. ⭕❌
2. -50 ℃ 이하인 액화가스 충전을 위한 용기를 저온용기라 한다. ⭕❌
3. 용기보관장소에 충전용기를 보관할 때 60 ℃ 이하 온도를 유지한다. ⭕❌
4. 시안화수소 충전 시 한 용기 내에 90일을 초과하면 안 된다. ⭕❌
5. 염소는 2중관으로 해야 하는 가스이다. ⭕❌
6. 차량에 고정된 탱크로 염소를 운반할 때 탱크 최대 내용적은 18000 L이다. ⭕❌
7. 공업용 산소용기는 녹색이다. ⭕❌
8. 아세틸렌 용접용기의 내압시험압력은 최고 충전압력의 3배이다. ⭕❌
9. 가스제조시설에 설치하는 방호벽 중 철근콘크리트의 두께는 15 cm 이상이며 높이는 1.5 m 이상이다. ⭕❌
10. 수소의 품질검사 합격 기준은 순도 99.5 % 이상이다. ⭕❌

정답 01 (O) 02 (X) 03 (X) 04 (X) 05 (O) 06 (X) 07 (O) 08 (O) 09 (X) 10 (X)

02 -50 ℃ 이하인 액화가스 충전을 위한 용기를 초저온용기라 한다.
03 용기보관장소에 충전용기를 보관할 때 40 ℃ 이하 온도를 유지한다.
04 시안화수소 충전 시 한 용기 내에 60일을 초과하면 안 된다.
06 차량에 고정된 탱크로 염소를 운반할 때 탱크 최대 내용적은 12000 L이다.
09 가스제조시설에 설치하는 방호벽 중 철근콘크리트의 두께는 12 cm 이상이며 높이는 2 m 이상이다.
10 수소의 품질검사 합격 기준은 순도 98.5 % 이상이다.

01 필수예제

01 고압가스 관련 법에서 사용되는 용어 정의로 틀린 것은?

① 가연성 가스는 공기 중에서 연소하는 가스로 폭발한계의 하한이 10 % 이하인 것과 폭발한계의 상한과 하한의 차가 20 % 이상인 것을 말한다.
② 독성 가스는 인체에 유해한 독성을 가진 가스로 허용농도 100만분의 300 이하인 것을 말한다.
③ 초저온저장탱크는 섭씨 영하 50도 이하의 저장탱크로, 단열재로 피복하거나 냉동설비로 냉각하는 등 방법으로 저장탱크내의 가스온도가 상용 온도를 초과하지 않도록 한 것을 말한다.
④ 액화가스는 가압·냉각 등 방법에 의하여 액체 상태로 되어 있는 것으로 대기압에서의 비점이 섭씨 40도 이하 또는 상용 온도 이하인 것을 말한다.

해설 독성 가스
허용농도가 100만 분의 5000 이하인 가스

02 내부용적 30000 L인 액화산소 저장탱크 저장능력은 얼마인가? (단, 비중은 1.14이다)

① 21930 kg   ② 24780 kg
③ 30780 kg   ④ 32000 kg

해설 저장능력
• 액화가스 : 내용적의 90 % 저장
• 저장능력 : G = V × 0.9 × 비중
• 저장능력 : G = 30000 × 1.14 × 0.9
              = 30780

03 고압가스용기보관실 안에 충전용기를 보관할 때의 기준으로 틀린 것은?

① 가연성 가스용기보관 장소에 방폭형 휴대용 손전등 외의 등화를 갖고 들어가지 아니한다.
② 용기보관 장소 주위 5 m 이내 화기 또는 인화성 물질이나 발화성 물질을 두지 아니한다.
③ 충전용기는 항상 40 ℃ 이하 온도 유지, 직사광선 받지 않도록 조치한다.
④ 충전용기와 잔 가스용기는 각각 구분하여 용기보관 장소에 놓는다.

해설 고압가스용기보관 장소 주위
2 m 이내에 화기 또는 인화성 물질이나 발화성 물질을 두지 않을 것

04 산소용기 최고 충전압력이 21 MPa일 때 내압 시험압력은 얼마인가?

① 30 MPa   ② 32.5 MPa
③ 33 MPa   ④ 35 MPa

해설 산소용기내압시험
용기내압시험 = 최고충전압력 × 5/3
            = 21 × 5/3 = 35 MPa

정답 01 ② 02 ③ 03 ② 04 ④

05 인체용 에어졸 제품용기에 기재하여야 할 사항으로 틀린 것은?

① 온도가 40 ℃ 이상 되는 장소에 보관하지 말 것
② 가능한 한 인체에서 10 cm 이상 떨어져서 사용할 것
③ 50 ℃에서 용기 내의 가스 압력의 1.5배로 가압 시 변형이 없을 것
④ 불 속에 버리지 말 것

해설 에어졸 제품
인체에서 20 cm 이상 이격거리 유지할 것

정답 05 ②

Chapter 02 액화석유가스법

핵심키워드 충전시설, 안전거리, 피해저감설비, 사용시설, 압력조정기, 방류둑

학습목표
1. 액화석유가스 용어와 저장 능력 기준에 대해 학습한다.
2. 충전용기 보관 기준, 판매, 사용, 충전시설 기준에 대해 학습한다.
3. 방류둑 설치 기준에 대해 학습한다.

01 액화석유가스

1 용어

(1) 액화석유가스 : 프로판이나 부탄을 주성분으로 한 가스를 액화한 것
(2) 저장설비 : 액화석유가스를 저장하기 위해 지상 또는 지하에 고정 설치된 탱크
  ⇒ 저장능력이 3톤 이상인 탱크
(3) 소형저장탱크 : 저장능력이 3톤 미만인 탱크
(4) 충전용기 : 가스 충전 질량의 2분의 1 이상이 충전되어 있는 상태의 용기
(5) 잔가스용기 : 가스 충전 질량의 2분의 1 미만이 충전되어 있는 상태의 용기

2 저장 능력 기준

액화석유가스 판매업자	저장능력 10톤 이하
액화석유가스 저장소	내용적 1 L 미만 : 500 kg
	저장설비 : 5톤 이상

3 충전시설 기준

(1) 저장설비 및 가스설비는 화기를 취급하는 장소까지 : 8 m 이상 우회거리 유지
(2) 충전시설 저장능력과 사업소경계와 거리

저장능력	사업소경계와 거리
10톤 이하	24 m
10톤 초과 20톤 이하	27 m
20톤 초과 30톤 이하	30 m
30톤 초과 40톤 이하	33 m
40톤 초과 200톤 이하	36 m
200톤 초과	39 m

(3) 저장탱크 저장능력

$$G = 0.9\,dV$$

W : 저장탱크의 저장능력(kg)
d : 액화석유가스 비중(kg/L)
V : 저장탱크 내용적(L)

(4) 용기 충전량

$$W = \frac{V}{C}$$

G : 액화석유가스 질량(kg)
C : 프로판(2.35), 부탄(2.05)
V : 내용적(L)

(5) 저장설비와 사업소경계까지 거리

저장능력	사업소경계와 거리
10톤 이하	17 m
10톤 초과 20톤 이하	21 m
20톤 초과 30톤 이하	24 m
30톤 초과 40톤 이하	27 m
40톤 초과	30 m

(6) 사업소 부지는 한 면이 폭 8 m 이상의 도로에 접할 것

(7) 자동차에 고정된 탱크 이·충전장소에는 정차위치를 지면에 표시하며 그 중심으로부터 사업소경계까지 24 m 이상 유지할 것

(8) 가스 충전 시 가스 용량이 저장탱크 내용적 90 %를 넘지 않을 것

(9) 자동차에 고정된 탱크는 저장탱크 외면으로부터 3 m 이상 떨어져 정지할 것

(10) 액화석유가스는 공기 중 혼합비율 용량이 1/1000의 상태에서 냄새로 감지할 것

(11) 자동차에 고정된 탱크(내용적이 5000 L 이상인 것에 한한다)로부터 가스를 이입받을 때에는 자동차가 고정되도록 자동차 정지목 등을 설치한다.

4 충전용기 보관 기준

(1) 작업에 필요한 물건 외에는 비치하지 않을 것

(2) 용기보관장소 주위 2 m 이내에는 화기 또는 인화성·발화성 물질을 두지 않을 것

(3) 충전용기는 항상 40 ℃ 이하를 유지하며, 직사광선을 받지 않을 것

(4) 용기보관장소에 충전용기와 잔가스용기를 각각 구분하여 둘 것

5 저장설비와 충전설비 외면으로부터 보호시설까지의 안전거리

저장능력	제1종 보호시설	제2종 보호시설
10 톤 이하	17 m	12 m
10 톤 초과 20 톤 이하	21 m	14 m
20 톤 초과 30 톤 이하	24 m	16 m
30 톤 초과 40 톤 이하	27 m	18 m
40 톤 초과	30 m	20 m

6 소형저장탱크 사이 거리

소형저장탱크 충전질량	탱크 간 거리
1000 미만	0.3 m 이상
1000 이상 2000 미만	0.5 m 이상

7 폭발방지장치를 설치한 것으로 보는 경우

(1) 물분무장치나 소화전을 설치한 저장탱크

(2) 저온저장탱크로서 단열재의 두께가 해당 탱크 주변 화재를 고려하여 설계된 저장탱크

(3) 지하에 매몰하여 설치하는 저장탱크

8 피해저감설비 기준

(1) 가스용 폴리에틸렌관은 노출배관으로 사용 금지

(2) 1년에 1회 이상 정기적으로 침하 상태를 측정할 것

(3) 배관 온도는 항상 40 ℃ 이하로 유지할 것

(4) 소형저장탱크 주위밸브 조작은 수동 조작할 것

(5) 가스 충전 시 탱크 내용적의 90 %를 넘지 않을 것

(6) 설비에 대한 작동상황은 1일 1회 이상 점검할 것

(7) 안전밸브는 1년에 1회 이상 설정 압력 이하의 압력에서 작동하도록 조정할 것

9 액화석유가스 판매, 충전 영업소

(1) 사업소 부지는 한 면이 폭 4 m 이상 도로에 접할 것

(2) 판매업소용기보관실 벽은 방호벽으로 할 것

(3) 용기보관실과 사무실은 동일 부지에 구분하여 설치할 것

(4) 용기보관실은 누출된 가스가 사무실로 유입되지 않는 구조로 할 것

(5) 용기보관실은 불연성 재료로 사용할 것

(6) 용기보관실 벽은 방호벽으로 할 것

10 액화석유가스 사용시설

(1) 저장능력과 화기와의 우회거리

저장능력	화기와 우회거리
1 톤 미만	2 m 이상
1 톤 이상 3 톤 미만	5 m 이상
3 톤 이상	8 m 이상

(2) 사용시설 저장설비용기는 저장능력이 500 kg 이하일 것

(3) 소형저장탱크와 기화장치 주위 5 m 이내에서 화기 사용 금지할 것

(4) 가스계량기 설치 높이는 바닥으로부터 1.6 m 이상, 2 m 이하에 고정할 것

(5) 입상관에 부착된 밸브는 바닥으로부터 1.6 m 이상, 2 m 이내에 설치할 것

(6) 가스용 폴리에틸렌관은 노출배관으로 사용하지 않을 것
⇒ 지상배관과 연결하기 위해서는 지면 30 cm 이하 사용 가능

(7) 가스보일러 설치시공확인서는 5년간 보존할 것

(8) 배관의 고정 부착

관지름 13 mm 미만	1 m마다
관지름 13 mm 이상 33 mm 미만	2 m마다
관지름 33 mm 이상	3 m마다

(9) 가스계량기와의 거리

전기계량기 및 전기개폐기	60 cm 이상
굴뚝 · 전기점멸기 및 전기 접속기	30 cm 이상
절연조치를 하지 않은 전선	15 cm 이상

11 액화석유가스검사

(1) 품질검사

생산공장 또는 수입기지의 액화석유가스	월 1회 이상
그 밖의 저장시설에 보관 중인 액화석유가스	분기 1회 이상

(2) 자체검사 : 주 1회 이상 실시(다만 공장 밖 저장시설의 액화석유가스는 월 1회 이상)

12 압력조정기

(1) 입구압력과 조정압력

조정기 종류	입구압력(MPa)	조정압력(kPa)
1단감압식 저압조정기	0.07 ~ 1.56	2.3 ~ 3.3
1단감압식 준저압조정기	0.1 ~ 1.56	5.0 ~ 30.0
2단감압식 1차용 조정기 (용량 100 kg/h 이하)	0.1 ~ 1.56	57 ~ 83
2단감압식 1차용 조정기 (용량 100 kg/h 초과)	0.3 ~ 1.56	57 ~ 83
2단감압식 2차용 저압조정기	0.01 ~ 0.1 0.025 ~ 0.1	2.3 ~ 3.3
2단감압식 2차용 준저압조정기	조정압력 이상 ~ 0.1	5.0 ~ 30.0
자동절체식 일체형 저압조정기	0.1 ~ 1.56	2.55 ~ 3.30
자동절체식 일체형 준저압조정기	0.1 ~ 1.56	5.0 ~ 30.0

(2) 조정압력 3.3 kPa 이하인 압력조정기의 안전장치 작동압력

작동개시압력	작동정지압력
5.6 ~ 8.4 kPa	5.04 ~ 8.4 kPa

※ 표준작동압력 : 7.0 kPa

(3) 내압시험

입구 쪽	3 MPa 이상으로 1분간 실시
	2단감압식 2차용 조정기 → 0.8 MPa 이상
출구 쪽	0.3 MPa 이상
	2단감압식 1차용 조정기 및 자동절체식 분리형 조정기 → 0.87 MPa 이상
	그 밖의 압력조정기 → 0.8 MPa 또는 조정압력 1.5배 이상 중 높은 압력

(4) 기밀시험 : 종류별 압력에서 1분간 실시

조정기 종류	입구압력(MPa)	조정압력(kPa)
1단감압식 저압조정기	1.56 MPa 이상	5.5 kPa
1단감압식 준저압조정기	1.56 MPa 이상	조정압력의 2배 이상
2단감압식 1차용 조정기	1.8 MPa 이상	0.15 MPa 이상
2단감압식 2차용 저압조정기	0.5 MPa 이상	5.5 kPa
2단감압식 2차용 준저압조정기	0.5 MPa 이상	조정압력의 2배 이상
자동절체식 일체형 저압조정기	1.8 MPa 이상	5.5 kPa
자동절체식 일체형 준저압조정기	1.8 MPa 이상	조정압력의 2배 이상
그 밖의 압력 조정기	최대입구압력의 1.1배 이상	조정압력의 1.5배 이상

(5) 조정기 최대 폐쇄압력

1단감압식 저압조정기 2단감압식 2차용 저압조정기 자동절체식 일체형 저압조정기	3.5 kPa 이하
2단감압식 1차용 조정기 자동절체식 분리형조정기	95 kPa 이하

13 방류둑 설치 기준

독성 가스	5톤 이상
가연성 가스	500톤 이상
산소	1000톤 이상
LPG	1000톤 이상
암모니아 액화가스	1만 톤 이상
액화질소	무독성 가스로 방류둑 불필요

02 OX퀴즈

※ OX퀴즈로 최다빈출 개념을 쉽게 정리하고 기출 유형까지 미리 익혀보세요.

1 액화석유가스를 저장하기 위해 지상 또는 지하에 고정설치된 탱크로 액화석유가스 안전관리 및 사업법에서 정한 "소형저장탱크"는 그 저장능력이 5톤 미만인 것을 말한다. O X

2 LPG용 압력조정기 중 자동절체식 일체형 저압조정기 조정압력의 범위는 2.55 ~ 3.30 kPa이다. O X

3 액화석유가스의 배관의 고정은 관지름 20 mm인 경우 3 m마다 한다. O X

4 액화석유가스 판매업소의 용기보관실 벽은 방호벽으로 한다. O X

5 가스 충전 시 탱크 내용적의 70 %를 넘지 않아야 한다. O X

6 충전용기는 가스 충전 질량의 2분의 1 이상이 충전되어 있는 상태의 용기이다. O X

7 자동차에 고정된 탱크는 저장탱크 외면으로부터 5 m 이상 떨어져 정지한다. O X

8 물분무장치나 소화전을 설치한 저장탱크는 폭발방지장치를 설치한 것으로 본다. O X

9 안전밸브는 3년에 1회 이상 설정 압력 이하의 압력에서 작동하도록 조정한다. O X

10 조정압력 3.3 kPa 이하인 압력조정기의 안전장치 표준작동압력은 7.0 kPa이다. O X

정답 01 (X) 02 (O) 03 (X) 04 (O) 05 (X) 06 (O) 07 (X) 08 (O) 09 (X) 10 (O)

01 액화석유가스를 저장하기 위해 지상 또는 지하에 고정설치된 탱크로 액화석유가스 안전관리 및 사업법에서 정한 "소형저장탱크"는 그 저장능력이 <u>3톤 미만</u>인 것을 말한다.
03 액화석유가스의 배관의 고정은 관지름 20 mm인 경우 <u>2 m마다</u> 한다.
05 가스 충전 시 탱크 내용적의 <u>90 %</u>를 넘지 않아야 한다.
07 자동차에 고정된 탱크는 저장탱크 외면으로부터 <u>3 m</u> 이상 떨어져 정지한다.
09 안전밸브는 <u>1년에 1회 이상</u> 설정 압력 이하의 압력에서 작동하도록 조정한다.

02 필수예제

01 액화석유가스 저장탱크에 가스를 충전하고자 한다. 내용적이 20 m³인 탱크에 안전하게 충전할 수 있는 최대 용량은 몇 m³인가?

① 16　　② 18
③ 19　　④ 20

해설 가스충전량
가스충전량 = 내용적 × 0.9 = 20 × 0.9 = 18 m³

02 LPG 충전, 집단공급 저장시설의 공기에 의한 내압시험 시, 상용압력의 일정 압력 이상으로 승압한 후 단계적 승압시킬 때, 상용압력의 몇 %씩 증가시켜 내압시험압력에 달하였을 때 이상이 없어야 하는가?

① 20　　② 10
③ 15　　④ 5

해설 공기에 의한 내압시험
상용압력의 10 %씩 증가시켜 내압시험

03 도시가스 사용시설의 배관은 움직이지 않도록 고정부착하는 조치를 하도록 규정하고 있다. 다음 중 배관의 호칭지름에 따른 고정 간격의 기준으로 옳은 것은?

① 배관의 호칭지름 30 mm인 경우 2 m 마다 고정
② 배관의 호칭지름 31 mm인 경우 3 m 마다 고정
③ 배관의 호칭지름 40 mm인 경우 4 m 마다 고정
④ 배관의 호칭지름 100 mm인 경우 5 m 마다 고정

해설 배관 호칭지름 고정 간격
- 호칭 13 mm 미만 배관 : 1 m
- 호칭 13 ~ 33 mm 미만 : 2 m
- 호칭 33 mm 이상 배관 : 3 m

04 가스용 폴리에틸렌관의 굴곡허용반경은 외경의 몇 배이어야 하는가?

① 20　　② 25
③ 30　　④ 40

해설 폴리에틸렌관
- 굴곡반경이 외경의 20배 미만 : 엘보사용
- 굴곡허용 반경 : 20배 이상

05 내용적 47 L인 LP가스용기 최대 충전량은 몇 kg인가? (단, LP가스 정수는 2.35이다)

① 20　　② 50
③ 80　　④ 110

해설 충전량
충전량(W) = V/C = 47/2.35 = 20 kg

정답 01 ②　02 ②　03 ①　04 ①　05 ①

Chapter 03 도시가스법

핵심키워드 특정가스 사용시설, 배관매설, 고정장치, 웨버지수, 허용응력, 스케줄 번호

학습목표
1. 도시가스법에서 사용하는 용어에 대해 학습한다.
2. 도시가스 도매사업의 가스공급시설 기준과 도시가스 공급배관 기준에 대해 학습한다.
3. 도시가스 유해성분 측정과 웨버지수에 관해 학습한다.
4. 도시가스 충전시설 기준에 대해 학습한다.
5. 배관의 허용응력과 스케줄 번호(배관 두께)를 구하는 공식을 익힌다.
6. 도시가스의 품질검사방법과 절차에 대해 학습한다.

01 도시가스

1 용어

(1) 배관 : 본관, 공급관 및 내관

(2) 본관 : 도시가스제조사업소의 부지 경계에서 정압기까지 이르는 배관

(3) 공급관 : 정압기에서 가스사용자가 구분하여 소유하는 부지 경계까지 이르는 배관

(4) 내관 : 가스소비자가 소유하고 있는 부지경계에서 연소기까지 이르는 배관

(5) 고압 : 1 MPa 이상의 압력

(6) 중압
  ① 0.1 MPa 이상, 1 MPa 미만의 압력
  ② 액화가스가 기화되고 다른 물질과 혼합되지 않은 경우 : 0.01 MPa 이상, 0.2 MPa 미만

(7) 저압 : 0.1 MPa 미만의 압력

(8) 액화가스 : 섭씨 35도에서 압력이 0.2 MPa 이상이 되는 것

(9) 처리능력 : 처리설비 또는 감압설비에 따라 압축·액화 또는 그 밖의 방법으로 1일 처리할 수 있는 도시가스 양

⑩ 도시가스 종류

천연가스	지하에서 생성되는 가연성 가스로서 메탄을 주성분으로 하는 가스
석유가스	석유가스를 공기와 혼합하여 제조한 가스
나프타부생가스	나프타 분해공정과정에서 부산물로 생성되는 가스
바이오가스	바이오매스로부터 생성된 기체를 정제한 가스

2 특정가스 사용시설

(1) 월 사용예정량 2000 m³ 이상인 가스사용시설

(2) 월 사용예정량 2000 m³ 미만인 가스사용시설 중 많이 이용하는 시설로서 안전관리를 위하여 필요하다고 인정하여 지정하는 가스사용시설

3 도시가스 도매사업의 가스공급시설 기준

(1) 액화천연가스 저장설비와 처리설비는 그 외면으로부터 사업소경계까지 다음 식에 따라 얻은 거리 이상을 유지할 것

$$L = C \times \sqrt[3]{143,000\,W}$$

L : 유지하여야 하는 거리(m)
C : 저압지하식 저장탱크는 0.24, 그 밖의 가스저장설비와 처리설비는 0.576
W : 저장탱크는 저장능력(톤)의 제곱근, 그 밖의 것은 그 시설 안의 액화천연가스의 질량(톤)

(2) 액화석유가스 저장설비와 처리설비는 외면으로부터 보호시설까지 30 m 이상 유지

(3) 가스공급시설은 외면으로부터 화기 취급 장소까지 8 m 이상 우회거리 유지

(4) 고압 가스공급시설은 안전구획 안에 설치하고 그 안전구역 면적은 20000 m² 미만

(5) 안전구역 안의 고압인 가스공급시설은 그 외면으로부터 다른 안전구역 안에 있는 시설까지 30 m 이상 유지

(6) 액화천연가스의 저장탱크는 그 외면으로부터 처리능력이 200000 m³ 이상인 압축기까지 30 m 이상의 거리 유지

(7) 저장탱크와 다른 저장탱크 또는 가스홀더와의 사이에는 두 저장탱크 최대 지름을 더한 길이의 4분의 1 이상에 해당하는 거리 유지

(8) 액화가스 저장탱크의 저장능력이 500톤 이상인 것의 주위에는 액상의 가스가 누출된 경우 그 유출 방지 위한 조치를 마련할 것

(9) 물분무장치는 매월 1회 이상 작동 확인

⑩ 긴급차단장치는 1년에 1회 이상 검사 실시

⑪ 제조소 및 공급소에 설치된 가스누출경보기는 1주일에 1회 이상 점검

⑫ 정압기는 설치 후 2년에 1회 이상 분해점검

4 가스도매사업 도시가스 공급배관 기준

(1) 배관매설 기준

배관 매설 위치	이격거리	이격 위치
지하 매설 배관	1 m	산이나 들
	1.2 m	그 밖의 지역
배관의 외면	1 m	도로 경계 수평
	0.3 m	다른 시설물
시가지 도로 노면 밑 배관	1.5 m	노면
방호구조물 내 배관	1.2 m	
시가지 외 도로 노면 밑 매설 배관	1.2 m	
포장되어 있는 차도 매설 배관	0.5 m	노반의 최하부
노면 외의 도로 밑 매설 배관	1.2 m	지표면
방호구조물 내 배관	0.6 m	
철도부지 매설 배관	4 m	궤도 중심
	1 m	철도부지 경계
	1.2 m	지표면
하천 밑 횡단 매설 배관	4 m	계획하상높이
중압 이하 배관	2 m	고압배관

(2) 배관 외부에 사용 가스명, 최고사용압력 및 가스의 흐름방향 표시

5 일반도시가스사업 도시가스 공급배관 기준

(1) 점검 기준

정압기 설치 후		2년에 1회 이상 분해점검
		1주일에 1회 이상 작동상황점검
필터 가스공급개시 후		1개월 이내 및 매년 1회 이상 분해점검

(2) 입상관밸브는 분리가 가능한 것으로 바닥으로부터 1.6 m 이상 2 m 이내 설치

(3) 배관 고정장치

관지름 13 mm 미만	1 m마다
관지름 13 mm 이상 ~ 33 mm 미만	2 m마다
관지름 33 mm 이상	3 m마다

(4) 배관이음매와의 이격거리

배관의 이음매	60 cm	전기계량기 및 전기개폐기
	15 cm	(사용시설) 전기점멸기 및 전기접속기
	10 cm	절연전선
	15 cm	절연조치를 하지 않은 전선 및 단열조치를 하지 않은 굴뚝

(5) 배관 매설 기준

공동주택 등의 부지 안	0.6 m 이상
폭 8 m 이상의 도로	1.2 m 이상
폭 4 m 이상 8 m 미만인 도로	1 m 이상

(6) 제조시설 및 공급소시설 배치 기준

가스혼합기·가스정제설비·배송기·압송기 그 밖에 가스공급시설 부대설비		3 m 이상	사업장 경계
최고사용압력이 고압인 것		20 m 이상	사업장 경계
		30 m 이상	제1종 보호시설
가스발생기와 가스홀더	최고사용압력 고압	20 m 이상	사업장 경계
	최고사용압력 중압	10 m 이상	
	최고사용압력 저압	5 m 이상	

6 가스사용시설 기준

(1) <u>압력조정기는 1년에 1회 이상 안전점검 실시</u>

(2) 정압기에는 안전밸브와 가스방출관 설치

(3) 가스방출관 방출구는 주위 불 등이 없는 안전한 위치로 지면부터 5 m 이상 높이 설치
  ⇒ 전기시설물과 접촉으로 사고의 우려가 있는 장소는 3 m 이상 설치 가능

(4) 가스보일러 온수기 설치 기준
  ① 전용보일러에 설치할 것
  ② 배기통 재료는 스테인리스 강판이나 배기가스 및 응축수에 내열·내식성이 있을 것

③ 환기가 잘되는 곳에 설치할 것
④ 시공자는 시공시설에 대해 관련 정보를 기록한 시공 표지판을 부착할 것
⑤ 시공자는 시공확인서를 작성하여 5년간 보존할 것

(5) 도시가스사용시설 월사용 예정량 산출식

$$Q = \frac{(A \times 240) + (B \times 90)}{11,000}$$

Q : 월 사용예정량(m^3)
A : 산업용으로 사용하는 연소기의 명판에 적힌 가스소비량 합계(kcal/h)
B : 산업용이 아닌 연소기의 명판에 적힌 가스소비량 합계(kcal/h)

7 도시가스 유해성분·압력 측정

(1) 가스홀더의 출구·정압기 출구 및 가스공급시설 끝부분 배관에서 자기압력계를 사용
(2) 정압기 출구 및 가스공급시설 끝부분의 배관에서 측정한 가스압력 : 1 kPa 이상 2.5 kPa 이내 유지

8 웨베지수(웨버지수)

도시가스 열량과 비중 계산식

$$WI = \frac{Hg}{\sqrt{d}}$$

WI : 웨베지수(웨버지수)
Hg : 도시가스 총발열량[kcal/m^3]
d : 도시가스 공기에 대한 비중

9 유해성분 측정

(1) 도시가스 황전량, 황화수소 및 암모니아는 매주 1회씩 가스홀더 출구에서 연소가스 특수성분 분석방법에 따른 분석방법에 따라 검사할 것

(2) 도시가스 유해성분 양 [0 ℃, 101325 Pa 압력에서 건조한 도시가스 1 m^3당]

황전량	0.5 g
황화수소	0.02 g
암모니아	0.2 g

10 도시가스 충전시설 기준

(1) 고정식 압축도시가스 자동차 충전시설
① 처리설비 및 압축가스설비로부터 30 m 이내 보호시설 : 주위에 도시가스폭발에 따른 충격을 견딜 수 있는 철근콘크리트제 방호벽 설치

② 충전설비 : 도로경계까지 5 m 이상 거리 유지
③ 저장설비·처리설비·압축가스설비·충전설비 : 철도까지 30 m 이상 유지
④ 저장설비·처리설비·압축가스설비·충전설비 : 사업소경계까지 10 m 이상 유지
⑤ 처리설비 및 압축가스설비 주위 철근콘크리트제 방호벽 설치 : 5 m 이상 유지
⑥ 저장능력 5 톤 또는 500 m^3 이상인 저장탱크 및 압력용기 : 지진발생 시 저장탱크 보호를 위해 내진성능 확보를 위한 조치
⑦ 5 m^3 이상의 도시가스를 저장하는 것에는 가스방출장치 설치
⑧ 배관은 안전율이 4 이상이 되도록 설계
⑨ 가스충전시설 : 충전설비 근처 및 충전설비로부터 5 m 이상 떨어진 장소에서 긴급 시 도시가스 누출을 차단할 수 있는 조치를 할 것

(2) 이동식 압축도시가스 자동차 충전 기준

가스배관구		가스배관구	3 m 이상 유지
이동충전차량	↔	충전설비	8 m 이상 유지
이동충전차량 및 충전설비		철도	15 m 이상 유지
사업소에서 주정차 또는 충전작업을 하는 이동충전차량 설치 : 3대 이하			

(3) 고정식 압축도시가스 이동충전차량 충전 기준
① 압축장치와 이동충전차량 충전설비 사이 : 방호벽 설치
② 압축가스설비와 이동충전차량 충전설비 사이 : 방호벽 설치
③ 이동충전차량 충전설비 : 이동충전차량 진입구 및 진출구까지 12 m 이상 유지
④ 이동충전차량의 사업소 외에서 이동충전차량에 충전 금지

(4) 액화도시가스 자동차 충전
① 저장능력과 사업소 경계까지의 안전거리

저장탱크 저장능력(W) [W = 0.9 dV]	사업소 경계와 안전거리
25톤 이하	10 m
25톤 초과 50톤 이하	15 m
50톤 초과 100톤 이하	25 m
100톤 초과	40 m

② 처리설비 및 충전설비와 사업소 경계까지의 안전거리 : 10 m
③ 처리설비 및 충전설비 주위 방호벽 설치 시 사업소 경계까지의 안전거리 : 5 m 이상

11 허용응력 및 스케줄 번호(배관 두께)

(1) 허용응력 $S(kg/mm^2)$ = 인장강도(kg/mm^2) / 안전율

(2) 스케줄 번호 Sch No = $10 \times (P/S)$

⊕ Level up

충전용기 부식여유 두께 수치		
암모니아	1000 L 이하	1 mm 이상
	1000 L 초과	2 mm 이상
염소	1000 L 이하	3 mm 이상
	1000 L 초과	5 mm 이상

02 도시가스의 품질검사 NEW

(1) 가스도매사업자, 석유가스를 제조하는 일반도시가스사업자, 도시가스충전사업자, 나프타부생가스·바이오가스제조사업자, 합성천연가스제조사업자, 자가소비용직수입자 및 액화천연가스 냉열이용자는 도시가스를 공급·소비하려는 경우 도시가스 품질 기준에 맞는지를 확인하기 위하여 대통령령으로 정하는 도시가스 품질검사기관으로부터 품질검사를 받아야 한다.

(2) 산업통상자원부장관, 시·도지사 또는 시장·군수·구청장은 도시가스의 품질 유지를 위하여 필요하면 도시가스사업자와 자가소비용직수입자가 공급·소비하거나 공급·소비할 목적으로 저장·운송 또는 보관하는 도시가스에 대하여 품질검사를 할 수 있다.

(3) 품질검사의 방법과 절차 등에 필요한 사항은 산업통상자원부령으로 정한다.

03 도시가스의 품질검사의 방법과 절차 NEW

1 품질검사 시기

(1) 가스도매사업자 : 도시가스제조사업소 이후 최초 정압기지와 액화천연가스 출하장소 등의 도시가스에 대해서는 <u>월 1회 이상</u>, 정압기지(도시가스제조사업소 이후 최초 정압기지는 제외한다)와 가스도매사업자가 공급하는 도시가스충전사업소의 도시가스에 대해서는 분기별 1회 이상

(2) 일반도시가스사업자(도시가스를 스스로 제조하는 일반도시가스사업자만 해당한다) : 도시가스제조사업소에서 제조한 도시가스에 대해서는 월 1회 이상

(3) 도시가스충전사업자 : 충전기 후단의 도시가스에 대해서는 반기별 1회 이상

(4) 나프타부생가스·바이오가스제조사업자 : 도시가스제조사업소 내 품질향상설비(품질향상설비가 없는 경우에는 전처리설비로 한다. 이하 이 호에서 같다) 후단의 도시가스에 대해서는 월 1회 이상, 가스도매사업자 또는 일반도시가스사업자의 공급시설에 혼입되는 가장 가까운 지점의 도시가스에 대해서는 분기별 1회 이상

(5) 합성천연가스제조사업자 : 도시가스제조사업소내 품질향상설비 후단의 도시가스에 대해서는 월 1회 이상, 가스도매사업자의 공급시설에 혼입되는 가장 가까운 지점의 도시가스에 대해서는 분기별 1회 이상

(6) 자가소비용직수입자 : 도시가스제조사업소에서 제조한 도시가스에 대해서는 월 1회 이상, 도시가스를 소비하는 도시가스사용시설의 도시가스에 대해서는 분기별 1회 이상

(7) 액화천연가스냉열이용자 : 가스도매사업자 또는 일반도시가스사업자의 공급시설에 혼입되는 가장 가까운 지점의 도시가스에 대해서는 월 1회 이상

2 시료채취와 검사방법

(1) 시료채취

「산업표준화법」 제12조에 따른 한국산업표준(이하 "한국산업표준"이라 한다)의 도시가스 시료채취방법에 따른다.

(2) 검사방법

① 한국산업표준에서 정한 시험방법에 따른다. 다만 한국산업표준에서 정한 것보다 개선된 시험방법이 있는 경우에는 그 시험방법에 따를 수 있다.

② 한국산업표준에 시험방법이 정해져 있지 않은 경우에는 산업통상자원부장관이 정하여 고시하는 검사방법에 따른다.

③ 산업통상자원부장관, 시·도지사 또는 시장·군수·구청장은 품질검사를 실시할 경우 품질검사기관의 협조를 받아 할 수 있다.

03 OX퀴즈

※ OX퀴즈로 최다빈출 개념을 쉽게 정리하고 기출 유형까지 미리 익혀보세요.

1 바이오가스는 도시가스 중 에틸렌, 프로필렌 등을 제조하는 과정에서 부산물로 생성되는 가스로, 메탄이 주성분인 가스이다. O X

2 도시가스배관을 지하에 설치 시공 할 때 다른 배관이나 타 시설들과 1 m 이상 유지한다. O X

3 일반 도시가스배관 중 중압 이하 배관과 고압배관을 매설하는 경우 서로 간 거리는 2 m 이상 유지한다. O X

4 도시가스 유해성분 측정에서 황화수소는 도시가스 1 m^3당 0.02 g을 초과하면 안 된다. O X

5 배관의 이음매와 전기계량기와는 60 cm 이상 이격거리를 유지한다. O X

6 도시가스 공급관은 도시가스제조사업소의 부지 경계에서 정압기까지 이르는 배관이다. O X

7 고압은 1 MPa 이상의 압력이다. O X

8 가스사용시설의 압력조정기는 1년에 1회 이상 안전점검을 실시한다. O X

9 가스보일러의 온수기는 환기가 잘 되는 곳에 설치한다. O X

10 도시가스 유해성분과 압력은 가스홀더의 입구, 정압기 입구 및 가스공급시설 끝부분 배관에서 자기압력계를 사용한다. O X

정답 01 (X) 02 (X) 03 (O) 04 (O) 05 (O) 06 (X) 07 (O) 08 (O) 09 (O) 10 (X)

01 <u>나프타부생가스</u>는 도시가스 중 에틸렌, 프로필렌 등을 제조하는 과정에서 부산물로 생성되는 가스로, 메탄이 주성분인 가스이다.
02 도시가스배관을 지하에 설치 시공 할 때 다른 배관이나 타 시설들과 <u>30 cm</u> 이상 유지한다.
06 도시가스 <u>본관</u>은 도시가스제조사업소의 부지 경계에서 정압기까지 이르는 배관이다.
10 도시가스 유해성분과 압력은 <u>가스홀더의 출구, 정압기 출구</u> 및 가스공급시설 끝부분 배관에서 자기압력계를 사용한다.

03 필수예제

01 가스누출자동차단장치 및 가스누출자동차단기 설치 기준으로 틀린 것은?

① 가스누출자동차단기를 설치하여도 설치목적을 달성할 수 없는 시설에는 가스누출자동차단장치를 설치하지 않을 수 있다.
② 가스공급이 불시에 자동 차단됨으로써 재해 및 손실이 클 우려가 있는 시설에는 가스누출경보차단장치를 설치하지 않을 수 있다.
③ 월사용예정량이 1000 m³ 미만으로서 연소기에 소화안전장치가 부착되어 있는 경우에는 가스누출경보차단장치를 설치하지 않을 수 있다.
④ 지하에 있는 가정용 가스사용시설은 가스누출경보차단장치의 설치대상에서 제외된다.

해설 가스누출자동차단기 설치 기준
월 사용예정량 2000 m³ 미만 : 설치 불필요

02 액화천연가스 저장설비 안전거리 산정식은? (단, L : 유지하여야 하는 거리[m], C : 상수, W : 저장능력[톤]의 제곱근이다)

① $L = C\sqrt[3]{143{,}000W}$
② $L = W\sqrt{143{,}000C}$
③ $L = C\sqrt{143{,}000W}$
④ $W = L\sqrt{143{,}000C}$

해설 LNG 저장설비 안전거리 산정식
• $L = C\sqrt[3]{143{,}000W}$
• C = 0.24 : 저압지하식 저장탱크
• C = 0.576 : 그 밖의 가스저장설비와 처리설비

03 도시가스배관의 철도궤도 중심과 이격거리 기준에 해당하는 것은?

① 1 m 이상
② 3 m 이상
③ 4 m 이상
④ 7 m 이상

해설 도시가스배관 이격거리
도시가스배관 ↔ 철도궤도 중심 : 4 m 이상

정답 01 ③ 02 ① 03 ③

04 일반도시가스사업의 설치하는 가스공급시설 중 정압기 설치에 대한 설명으로 틀린 것은?

① 건축물 내부에 설치된 도시가스사업자의 정압기로서 가스누출경보기와 연동하여 작동하는 기계환기설비를 설치하고 1일 1회 이상 안전점검을 실시하는 경우에는 건축물의 내부에 설치할 수 있다.
② 정압기에 설치되는 가스방출관 방출구는 주위에 불 등이 없는 안전한 위치로서 지면으로부터 3 m 이상의 높이에 설치하여야 하며, 전기시설물과의 접촉 등으로 사고의 우려가 있는 장소에서는 5 m 이상의 높이로 설치한다.
③ 정압기는 2년에 1회 이상 분해점검을 실시하고 필터는 가스공급 개시 후 1월 이내 및 가스공급개시 후 매년 1회 이상 분해점검을 실시한다.
④ 정압기에 설치하는 가스차단장치는 정압기의 입구 및 출구에 설치한다.

해설 도시가스 가스방출관 방출구
• 지면 : 5 m 이상
• 전기시설물 : 3 m 이상

05 압송기 출구에서 도시가스의 연소성을 측정한 결과 총발열량 10700 kcal/m³, 가스비중은 0.56이었다. 웨베지수(WI)는 얼마인가?

① 14298
② 19107
③ 1.9
④ 6.9×10^{-5}

해설 웨버지수(W)
• 가스의 연소성, 호환성을 판단하는 지수
• $W = \dfrac{Hg}{\sqrt{d}} = \dfrac{10,700}{\sqrt{0.56}} = 14,298$

Hg : 발열량, d : 비중

정답 04 ② 05 ①

Chapter 04 수소법

핵심키워드 수소경제, 연료전지, 수소용품, 안전관리자, 수소제조설비, 저장설비

학습목표
1. 수소법에서 사용하는 용어의 정의에 대해 학습한다.
2. 수소를 사용하는 곳 3가지를 학습한다.
3. 안전관리자 종류와 선임인원 및 직무범위에 대해 학습한다.
4. 수소용품 3가지를 학습한다.

01 수소경제 육성 및 수소 안전관리에 관한 법률

1 목적

수소경제 이행 촉진을 위한 기반 조성 및 수소산업의 체계적 육성을 도모하고 수소의 안전관리에 관한 사항을 정함으로써 국민경제의 발전과 공공의 안전확보에 이바지함을 목적

2 정의

1. "수소경제"란 수소의 생산 및 활용이 국가, 사회 및 국민생활 전반에 근본적 변화를 선도하여 새로운 경제성장을 견인하고 수소를 주요한 에너지원으로 사용하는 경제산업구조를 말한다.

2. "수소산업"이란 수소의 생산·저장·운송·충전·판매 및 연료전지, 수소가스터빈 등 수소를 활용하는 장비와 이에 사용되는 제품·부품·소재 및 장비의 제조 등 수소와 관련한 산업을 말한다.

3. "수소전문기업"이란 수소산업과 관련된 사업(이하 "수소사업"이라 한다)을 영위하는 기업으로서 다음 각 목의 어느 하나에 해당하는 기업을 말한다.
    가. 총매출액 중 수소사업과 관련된 매출액이 차지하는 비중이 대통령령으로 정하는 기준에 해당하는 기업
    나. 총매출액 대비 수소사업 관련 연구개발 등에 대한 투자금액이 차지하는 비중이 대통령령으로 정하는 기준에 해당하는 기업

4. "수소전문투자회사"란 자산을 운용하여 그 수익을 주주에게 배분하는 것을 목적으로 설립된 회사를 말한다.
5. "수소특화단지"란 수소경제 이행을 촉진하기 위하여 지정된 지역을 말한다.
6. "연료전지"란 「신에너지 및 재생에너지 개발·이용·보급 촉진법」 제2조 제1호에 따른 신에너지의 하나로서 수소와 산소의 전기화학적 반응을 통하여 전기와 열을 생산하는 설비와 그 부대설비를 말한다.
7. "수소연료공급시설"이란 수송·건물·발전 등의 용도로 사용되는 연료전지, 수소가스터빈 등 수소를 활용하는 장비에 수소를 공급하는 시설로서 산업통상자원부령으로 정하는 시설을 말한다.

   7의2. "청정수소"란 인증받은 수소 또는 수소화합물로서 다음 각 목의 어느 하나에 해당하는 것을 말한다.
      가. 무탄소수소 : 수소의 생산·수입 등의 과정에서 「기후위기 대응을 위한 탄소중립·녹색성장 기본법」 제2조 제5호에 따른 온실가스(이하 "온실가스"라 한다)를 배출하지 아니하는 수소
      나. 저탄소수소 : 수소의 생산·수입 등의 과정에서 온실가스를 대통령령으로 정하는 기준 이하로 배출하는 수소
      다. 저탄소수소화합물 : 수소의 운송 등을 위하여 생산된 수소화합물로서 생산·수입 등의 과정에서 온실가스를 대통령령으로 정하는 기준 이하로 배출하는 수소화합물
   7의3. "수소발전"이란 수소 또는 수소화합물을 연료로 전기 또는 전기와 열을 생산하는 것을 말한다.
   7의4. "수소발전사업자"란 「전기사업법」 제2조 제4호에 따른 발전사업자 또는 같은 조 제19호에 따른 자가용전기설비를 설치한 자로서 수소발전을 하는 사업자를 말한다.

8. "수소용품"이란 연료전지와 수소관련 용품으로서 산업통상자원부령으로 정하는 용품을 말한다.
9. "수소연료사용시설"이란 연료전지, 수소가스터빈 등을 설치하여 전기 또는 열을 사용하기 위한 시설로서 산업통상자원부령으로 정하는 시설을 말한다.
10. "수소가스터빈"이란 수소 또는 수소를 포함하는 연료를 연소하여 발생하는 열에너지를 운동에너지로 전환하는 원동기를 말한다.

3 안전관리자

① 수소용품 제조사업자는 수소용품 등의 안전 확보와 위해 방지에 관한 직무를 수행하기 위하여 산업통상자원부령으로 정하는 바에 따라 사업을 시작하기 전에 안전관리자를 선임하고, 그 사실을 시장·군수·구청장에게 신고하여야 한다.

② 제1항에 따라 선임된 안전관리자를 해임하거나 안전관리자가 퇴직한 경우에는 지체 없이 그 사실을 시장·군수·구청장에게 신고하고, 해임하거나 퇴직한 날부터 30일 이내에 다른 안전관리자를 선임하여야 한다. 다만 30일 이내에 선임할 수 없을 경우에는 시장·군수·구청장의 승인을 받아 그 기간을 연장할 수 있다.

③ 제1항에 따라 안전관리자를 선임한 자는 다음 각 호의 어느 하나에 해당하는 경우에는 대통령령으로 정하는 바에 따라 대리자를 지정하여 일시적으로 안전관리자의 직무를 대행하게 하여야 한다.

  1. 안전관리자가 여행·질병이나 그 밖의 사유로 일시적으로 그 직무를 수행할 수 없는 경우
  2. 안전관리자의 해임 또는 퇴직과 동시에 다른 안전관리자가 선임되지 아니한 경우

④ 안전관리자는 그 직무를 성실히 수행하여야 하며, 그 수소용품 제조사업자와 종사자는 안전관리자의 안전에 관한 의견을 존중하고 권고에 따라야 한다.

⑤ 시장·군수·구청장은 대통령령으로 정하는 안전관리자가 그 직무를 성실히 수행하지 아니하면 그 안전관리자를 선임한 수소용품 제조사업자에게 그 안전관리자의 해임을 요구할 수 있다.

⑥ 안전관리자의 종류·자격·인원·직무범위 및 안전관리자의 대리자의 대행 기간과 그 밖에 필요한 사항은 대통령령으로 정한다.

4 안전교육

① 수소용품 제조사업의 안전관리에 관계되는 업무를 하는 자는 시장·군수·구청장이 실시하는 교육을 받아야 한다.

② 수소용품 제조사업자는 그가 고용하고 있는 자 중에서 제1항에 따라 교육을 받아야 하는 자에게 안전교육을 받게 하여야 한다.

③ 제1항 및 제2항에 따른 안전교육대상자의 범위, 교육기간, 교육과정, 그 밖에 교육에 필요한 사항은 산업통상자원부령으로 정한다.

5 수소연료사용시설의 검사

① 수소연료사용시설을 설치하여 사용하려는 자(이하 "시설사용자"라 한다)는 산업통상자원부령으로 정하는 시설 기준과 기술 기준에 맞도록 수소연료사용시설을 갖추어야 한다.

② 시설사용자는 수소연료사용시설의 설치공사나 산업통상자원부령으로 정하는 변경공사를 완공하면 그 시설의 사용 전에 시장·군수·구청장의 완성검사를 받아야 하며, 완성검사에 합격한 후에만 그 시설을 사용할 수 있다.

③ 시설사용자는 수소연료사용시설에 대하여 대통령령으로 정하는 일정 기간마다 정기검사를 받아야 한다.

④ 제2항 및 제3항에 따른 완성검사 및 정기검사의 기준, 대상, 절차 및 방법에 관하여 필요한 사항은 산업통상자원부령으로 정한다.

6 수소 사용

1. 수소충전소
2. 수소자동차
3. 연료전지

7 수소자동차 저장용기 안전장치

1. 수소탱크 솔레노이드밸브 : 평상시 수소를 공급하고 긴급 시 수소 차단
2. 압력해제장치 : 수소탱크의 온도를 감지하여 화재 시에 수소를 주변 대기로 방출
3. 과류방지밸브 : 튜브가 고압으로 인해 손상될 경우 과도한 수소흐름을 감지하고 공급 차단
4. 압력완화밸브 : 압력 조절기에 설치되며 압력조절기의 이상 시 수소를 주변 대기로 방출하여 압력을 완화

8 수소충전소 안전장치

1. 긴급차단장치(가스방출관) : 충전 중 긴급한 상황이 발생했을 때 차단장치를 작동하여 시스템을 중단하고 방출관 통해 안전한 장소로 가스 방출
2. 가스누출 및 화재감지 경보장치 : 충전시설에 가스가 누출되거나 화재가 발생했을 때 신속하게 검지하여 대응할 수 있도록 하기 위해 가스누출 및 화재감지장치를 설치하며 검지 시 경보를 울리면서 자동으로 가스 차단
3. 수소충전노즐 : 오장착 방지구조로 설계

02 수소경제 육성 및 수소 안전관리에 관한 법률 시행령

1 안전관리자의 종류

1. 안전관리총괄자
2. 안전관리부총괄자
3. 안전관리책임자

4. 안전관리원

　① 안전관리총괄자는 해당 수소용품 제조사업자(법인인 경우에는 그 대표자를 말한다)로 한다.
　② 안전관리부총괄자는 해당 사업자의 수소용품 제조시설을 직접 관리하는 최고 책임자로 한다.
　③ 안전관리자의 자격과 선임 인원은 다음과 같다.

안전관리자의 구분	자격	선임 인원
안전관리총괄자	해당 사업자(법인인 경우에는 그 대표자를 말한다)	1명
안전관리부총괄자	해당 사업자의 수소용품 제조시설을 직접 관리하는 최고 책임자	1명
안전관리책임자	일반기계기사·화공기사·금속기사·가스산업기사 이상의 자격을 가진 사람 또는 일반시설 안전관리자 양성교육 이수자(「근로기준법」에 따른 상시 사용하는 근로자 수가 10명 미만인 시설로 한정한다)	1명 이상
안전관리원	가스기능사 이상의 자격을 가진 사람 또는 일반시설 안전관리자 양성교육 이수자	1명 이상

[비고]
1. 안전관리자를 해당 분야의 상위 자격자로 선임하는 경우 가스기술사·가스기능장·가스기사·가스산업기사·가스기능사의 순으로 먼저 규정한 자격을 상위 자격으로 본다.
2. 안전관리책임자 자격을 가진 사람은 안전관리원 자격을 가진다.
3. 고압가스기계기능사보·고압가스취급기능사보 및 고압가스화학기능사보의 자격소지자는 일반시설 안전관리자 양성교육 이수자로 본다.
4. 안전관리총괄자 또는 안전관리부총괄자가 해당 기술자격을 가지고 있으면 안전관리책임자를 겸할 수 있다.
5. 안전관리자는 제48조 제2항에도 불구하고 「산업안전보건법」 제17조에 따른 안전관리자의 직무를 겸할 수 있다.
6. 허가관청이 안전관리에 지장이 없다고 인정하면 수소용품 제조시설의 안전관리책임자를 가스기능사 이상의 자격을 가진 사람 또는 일반시설 안전관리자 양성교육 이수자로 선임할 수 있으며, 안전관리원을 선임하지 않을 수 있다.

2 안전관리자의 직무범위

① 안전관리자는 다음 각 호의 안전관리업무를 수행한다.
　1. 수소용품 제조시설의 안전유지 및 검사기록의 작성·보존
　2. 수소용품의 제조공정 관리
　3. 안전관리규정 이행 기록의 작성·보존
　4. 사업소의 종업원에 대한 안전관리를 위하여 필요한 사항의 지휘·감독

    5. 사업소를 개수(改修) 또는 보수하는 사람에 대한 안전관리를 위하여 필요한 사항의 지휘·감독
    6. 그 밖의 수소용품 등의 위해(危害) 방지 조치
② 안전관리책임자 및 안전관리원은 이 영에 특별한 규정이 있는 경우 외에는 제1항 각 호의 직무가 아닌 일을 맡아서는 안 된다.
③ 안전관리자는 다음 각 호의 구분에 따른 직무를 수행한다.
    1. 안전관리총괄자 : 사업소의 안전에 관한 업무의 총괄관리
    2. 안전관리부총괄자 : 안전관리총괄자를 보좌하여 그 수소용품 제조시설 안전의 직접 관리
    3. 안전관리책임자 : 다음 각 목의 직무
        가. 안전관리부총괄자를 보좌하여 사업장의 안전에 관한 기술적인 사항의 관리
        나. 안전관리원에 대한 지휘·감독
    4. 안전관리원 : 안전관리책임자의 지시에 따른 안전관리자의 직무

3 정기검사

수소연료사용시설을 설치하여 사용하려는 자(이하 "시설사용자"라 한다)는 완성검사 증명서를 발급받은 날을 기준으로 다음 각 호의 구분에 따른 시기에 정기검사를 받아야 한다. 다만 한국가스안전공사가 필요하다고 인정하는 경우에는 읍·면·동별로 같은 시기에 정기검사를 받게 할 수 있으며, 시설사용자가 요청하는 경우에는 한국가스안전공사와 시설사용자가 서로 협의하여 정한 시기에 정기검사를 받게 할 수 있다.

1. 다중이용시설의 시설사용자 : 매 6개월이 되는 날의 전후 30일 이내

2. 제1호 외의 시설사용자 : 매 1년이 되는 날의 전후 30일 이내

03 수소경제 육성 및 수소 안전관리에 관한 법률 시행규칙

1 정의

1. "수소제조설비"란 수소를 제조하기 위한 것으로서 다음 각 목의 설비를 말한다.
    가. 수전해설비 : 물을 전기분해하여 수소를 제조하는 설비
    나. 수소추출설비 : 도시가스 또는 액화석유가스 등으로부터 수소를 추출하여 제조하는 설비

2. "수소저장설비"란 수소를 충전·저장하기 위하여 지상 또는 지하에 고정 설치하는 저장탱크(수소의 품질을 균질화하기 위한 설비를 포함한다)를 말한다.

3. "수소가스설비"란 수소제조설비, 수소저장설비 및 연료전지와 이들 설비를 연결하는 배관 및 그 부속설비 중 수소가 통하는 설비를 말한다.

2 수소용품의 회수·교환·환불 및 공표 명령

① 회수·교환 및 환불(이하 "회수등"이라 한다) 명령에는 다음 각 호의 사항이 포함되어야 한다.
  1. 제품명과 제조번호
  2. 제조일 또는 수입일
  3. 제조자 또는 수입자 명칭
  4. 회수등의 사유
  5. 회수등의 시기·장소 및 방법

② 제1항에 따른 명령을 받은 자는 지체 없이 회수등의 대상이 되는 수소용품의 유통·판매를 중지시키거나 중지하고, 회수등에 관한 계획을 수립하여 산업통상자원부장관 또는 시장·군수·구청장에게 제출해야 한다.

③ 제1항에 따른 명령을 받은 자는 회수등의 결과를 산업통상자원부장관 또는 시장·군수·구청장에게 보고해야 한다.

④ 공표명령을 받은 자는 지체 없이 다음 각 호의 사항이 포함된 회수등에 관한 광고를 인터넷 홈페이지에 게시하고, 전국적으로 배포되는 둘 이상의 일간신문에 실어야 한다.
  1. 수소용품의 회수등을 한다는 내용의 표제
  2. 제품명과 제조번호
  3. 회수등의 대상이 되는 수소용품의 제조 연월 또는 수입 연월
  4. 회수등의 사유
  5. 회수등의 방법
  6. 회수등을 하는 제조자 또는 수입자의 명칭
  7. 그 밖에 회수등에 필요한 사항

⑤ 산업통상자원부장관 또는 시장·군수·구청장은 공표를 명하기 전에 공표명령 대상자에게 소명자료를 제출하거나 의견을 진술할 수 있는 기회를 주어야 한다.

3 수소용품 및 외국수소용품 제조의 시설·기술·검사 기준

1. 시설 기준

   가. 수소용품을 제조하려는 자는 제2호의 기술 기준에 따라 수소용품을 제조하는 데 기본적으로 필요한 제조설비를 갖출 것. 다만 허가관청이 부품의 품질향상을 위하여 필요하다고 인정하는 경우에는 그 부품을 제조하는 전문생산업체의 설비를 이용하거나 전문생산업체가 제조한 부품을 사용할 수 있고, 이 경우 허가관청은 그 필요성을 인정하기 전에 한국가스안전공사에 검토를 요청해야 한다.

   나. 수소용품을 제조하려는 자는 제품의 성능을 확인·유지할 수 있도록 다음 기준에 맞는 검사설비를 갖출 것. 다만 설계단계 검사항목의 검사설비에 대해 한국가스안전공사 또

는 「국가표준기본법」에 따른 해당 공인시험·검사기관에 의뢰하여 시험·검사를 하는 경우 또는 검사설비의 임대차계약을 체결한 경우에는 검사설비를 갖춘 것으로 본다.
　　1) 안전관리규정에 따른 자체검사를 수행할 수 있을 것
　　2) 해당 사업소의 제품생산능력에 맞는 처리능력을 가질 것

2. 기술 기준

　가. 수소용품의 재료는 그 수소용품의 안전을 위하여 사용하는 온도 및 환경에 적절한 것일 것

　나. 수소용품의 구조 및 치수는 그 수소용품의 안전성·편리성 및 호환성을 확보하기 위하여 그 수소용품의 재료 및 사용하는 환경에 적절한 것일 것

　다. 수소용품의 성능은 그 수소용품의 안전성과 편리성을 확보하기 위하여 그 수소용품의 재료 및 사용하는 환경에 적절한 성능을 갖춘 것일 것

　라. 수소용품에는 그 수소용품을 안전하게 사용할 수 있도록 하기 위하여 사용하는 환경에 따라 수소용품의 제조자, 수소용품 및 그 수소용품의 사용에 관한 정보 등에 대하여 적절한 표시를 할 것

　마. 수소용품을 안전하게 사용할 수 있도록 하기 위하여 필요한 경우 사용하는 환경에 적절한 취급설명서를 첨부할 것

　바. 수소용품에는 그 용품의 안전한 사용을 위하여 필요한 경우 사용하는 환경에 적절한 안전수칙을 표시할 것

　사. 수소용품에는 그 용품의 안전한 사용을 위하여 필요한 경우 배관표시와 시공표지판을 부착할 것

　아. 열처리가 필요한 재료로 제조한 수소용품의 경우 그 열처리는 안전을 위하여 그 수소용품의 재료와 두께에 따라 적절한 방법으로 할 것

　자. 수소용품에는 그 수소용품의 안전성과 편리성을 확보하기 위하여 그 수소용품의 종류와 사용하는 환경에 적절한 장치를 갖출 것

3. 검사 기준

　가. 제조시설검사 기준
　　수소용품 제조시설에 대한 검사는 제1호의 시설 기준에 따라 제조설비 및 검사설비를 갖추었는지를 확인하기 위하여 필요한 항목에 대하여 적절한 방법으로 실시할 것

　나. 제품검사 기준
　　수소용품에 대한 검사는 제2호의 기술 기준에 적합한지를 확인하기 위하여 설계단계검사와 생산단계검사로 구분하여 실시할 것

　　1) 설계단계검사
　　　다음 중 어느 하나에 해당하는 경우 설계단계검사를 받을 것. 다만 한국가스안전공사나 공인시험·검사기관이 부품의 성능을 인증한 시험성적서를 제출한 경우에는 그 부품에 대한 설계단계검사를 면제할 수 있다.

가) 수소용품 제조자가 그 사업소에서 일정 형식의 제품을 처음 제조할 경우
나) 수소용품 수입자가 일정형식의 제품을 처음 수입하는 경우
다) 설계단계검사를 받은 형식의 제품의 재료나 구조가 변경되어 성능이 변경된 경우
라) 설계단계검사를 받은 형식의 제품으로서 설계단계검사를 받은 날부터 매 5년이 지난 경우

2) 생산단계검사

가) 설계단계검사에 합격한 수소용품에 대하여 그 수소용품을 생산하는 경우에 실시할 것
나) 자체검사능력과 품질관리능력에 따라 구분된 다음 표의 검사 종류 중 어느 하나에 해당하는 검사를 실시할 것

검사 종류	대상	구성 항목	주기
(1) 제품확인검사	생산공정검사 또는 종합공정검사 대상 외의 품목	(가) 정기품질검사	2개월에 1회
		(나) 상시샘플검사	신청 시마다
(2) 생산공정검사	제조공정·자체검사 공정에 대한 품질 시스템의 적합성을 충족할 수 있는 품목	(가) 정기품질검사	3개월에 1회
		(나) 공정확인심사	3개월에 1회
		(다) 수시품질검사	1년에 2회 이상
(3) 종합공정검사	공정 전체(설계·제조·자체검사)에 대한 품질시스템의 적합성을 충족할 수 있는 품목	(가) 종합품질관리체계심사	6개월에 1회
		(나) 수시품질검사	1년에 1회 이상

다) 수소용품이 안전하게 제조되었는지를 명확하게 판정할 수 있도록 제2호의 기술기준에 대하여 적절한 방법으로 할 것
라) 생산공정검사와 종합공정검사의 대상 여부를 판정하기 위한 심사 기준은 전문성·객관성 및 투명성이 확보될 수 있도록 정할 것
마) 생산공정검사나 종합공정검사를 받고 있는 자가검사대상 품목의 생산을 6개월 이상 중단하거나 검사의 종류를 변경하려는 경우에는 한국가스안전공사에 신고하고 합격통지서를 반납할 것
바) 생산공정검사나 종합공정검사를 받고 있는 자가 다음의 어느 하나에 해당하는 경우에는 생산공정검사나 종합공정검사를 다시 받을 것
　(1) 사업소의 위치를 변경하는 경우
　(2) 품목을 추가한 경우
　(3) 생산공정검사나 종합공정검사 대상 심사에 합격한 날부터 3년이 지난 경우. 다만 수소용품의 품목을 추가하는 경우에는 기존 품목의 나머지 기간으로 한다.

4. 그 밖의 사항
   가. 기술개발에 따른 새로운 수소용품의 제조 및 검사방법이 이 별표에 따른 시설·기술 및 검사 기준에는 적합하지 않으나 안전관리를 저해하지 않는다고 산업통상자원부장관의 인정을 받은 경우에는 그 수소용품의 제조 및 검사방법을 그 수소용품에 한정하여 적용할 수 있다.

4 안전관리규정의 작성요령

1. 안전관리규정에는 다음의 사항이 포함되어야 한다.
   가. 목적
   나. 안전관리자의 직무·조직 및 책임에 관한 사항
   다. 종업원의 교육과 훈련에 관한 사항
   라. 위해 발생 시의 소집방법·조치·훈련에 관한 사항
   마. 검사장비에 관한 사항
   바. 수소용품의 공정검사·검사표 등에 관한 사항
   사. 하청업자 등 외부인의 안전관리규정 적용에 관한 사항
   아. 안전관리규정 위반행위자에 대한 조치에 관한 사항
   자. 그 밖에 안전관리의 유지에 관한 사항
2. 제1호에 따른 안전관리규정의 항목별 세부 작성 기준은 산업통상자원부장관이 정하여 고시한다.

5 안전교육 실시방법

1. 교육계획의 수립
   한국가스안전공사는 다음 연도의 전문교육과 양성교육 실시계획을 세워 매년 11월 30일까지 관할 시장·군수·구청장에게 보고해야 한다.

2. 교육 신청
   가. 전문교육의 대상자가 된 사람은 그날부터 1개월 이내에 교육 수강 신청을 해야 한다. 다만 부득이한 사유로 교육 수강 신청을 하지 못한 사람은 그 사유가 없어진 날부터 1개월 이내에 교육 수강 신청을 해야 한다.
   나. 양성교육을 이수하려는 사람은 한국가스안전공사가 매년 초에 지정하는 기간에 교육 수강 신청을 해야 한다.

3. 교육일시의 통보
   한국가스안전공사는 제2호에 따른 교육 신청이 있으면 교육 시작일 10일 전까지 교육대상자에게 교육장소와 교육일시를 알려야 한다.

4. 교육의 과정, 대상자 및 시기

교육과정	교육대상자	교육내용	교육시기
가. 전문교육	안전관리책임자와 안전관리원	수소용품검사실무, 검사장비 및 안전관리규정 운용 등	신규 종사 후 6개월 이내 및 그 후에는 3년이 되는 해마다 1회
나. 양성교육	일반시설 안전관리자가 되려는 사람	수소안전관리 관련 법규, 가스개론 등	

6 수소연료사용시설의 시설 · 기술 · 검사 기준

1. 시설 기준

    가. 배치 기준

    1) 수소저장설비[방호벽(「고압가스 안전관리법 시행규칙」 제2조 제1항 제22호에 따른 방호벽을 말한다. 이하 같다)을 설치한 수소저장설비는 제외한다]는 그 겉면으로부터 「도시가스사업법 시행규칙」 보호시설까지 다음 표에 따른 거리 이상으로 유지할 것. 다만 시장·군수·구청장이 공공의 안전을 위하여 필요하다고 인정하는 지역에 대해서는 다음 표에서 정한 거리에 일정거리를 더하여 정할 수 있다.

저장능력(단위 : m^3)	제1종 보호시설	제2종 보호시설
1만 이하	17 m	12 m
1만 초과 2만 이하	21 m	14 m
2만 초과 3만 이하	24 m	16 m
3만 초과 4만 이하	27 m	18 m
4만 초과	30 m	20 m

[비고] 1. 저장능력은 「고압가스 안전관리법 시행규칙」 별표 1 제1호 가목의 계산식에 따라 산정한 저장능력을 말한다.
   2. 한 사업소 안에 2개 이상의 수소저장설비가 있는 경우에는 그 저장능력별로 각각 안전거리를 유지해야 한다.

   2) 수소가스설비는 그 겉면으로부터 화기(그 설비 안의 것은 제외한다)를 취급하는 장소까지 8 m(연료전지가 설치된 건축물 내에 있는 연료전지와 배관 및 그 부속설비의 경우에는 2 m를 말한다)의 우회거리를 두거나, 그 설비에서 누출된 수소가 화기로 유동(流動)하는 것을 방지하기 위한 적절한 조치를 마련할 것

   3) 산소의 저장설비 주위 5 m 이내에서는 화기를 취급해서는 안 되며, 작업에 필요한 양 이상의 연소하기 쉬운 물질을 두지 않을 것

   4) 가스계량기는 다음 기준에 적합하게 설치할 것

      가) 가스계량기는 교체 및 유지관리가 쉽고, 환기가 양호한 장소에 설치할 것

      나) 가스계량기는 「건축법 시행령」 제46조 제4항에 따른 공동주택의 대피공간, 방·거실 및 주방 등으로서 사람이 거처하는 장소, 그 밖에 열이나 진동의 영향을 크

게 받는 등 가스계량기에 나쁜 영향을 미칠 우려가 있는 장소에는 설치하지 않을 것

다) 가스계량기와 다음에 해당하는 설비는 해당 구분에 따른 거리를 유지할 것
(1) 전기계량기 및 전기개폐기 : 60 cm 이상
(2) 굴뚝(단열조치를 하지 않은 경우만을 말한다)·전기점멸기 및 전기접속기 : 30 cm 이상
(3) 절연조치를 하지 않은 전선 : 15 cm 이상

5) 입상관(立上管)은 환기가 양호한 장소에 설치하고, 입상관의 밸브는 바닥으로부터 1.6 m 이상 2 m 이내(보호 상자 안에 설치하는 경우는 제외한다)에 설치할 것

나. 기초 기준
수소제조설비(압축기는 제외한다) 및 수소저장설비의 기초는 부등침하(不等沈下) 등에 의하여 그 설비에 유해한 영향을 끼칠 우려가 없도록 안전확보를 위하여 필요한 적절한 조치를 할 것

다. 수소제조설비 및 수소저장설비 설치실 기준
수소제조설비 및 수소저장설비를 실내에 설치하는 경우 해당 공간의 벽은 그 설비의 보호와 그 설비를 사용하는 시설의 안전 확보를 위하여 불연재료(「건축법 시행령」 제2조 제10호에 따른 것을 말한다)를 사용하고, 그 설치실의 지붕은 가벼운 불연재료 또는 난연재료(「건축법 시행령」 제2조 제9호에 따른 것을 말한다)를 사용할 것

라. 수소가스설비 기준
1) 수소가스설비(배관은 제외한다. 이하 라목에서 같다)의 재료는 그 수소를 취급하기에 적합한 기계적 성질 및 화학적 성분을 가지는 것일 것
2) 수소가스설비의 구조는 그 수소를 안전하게 취급할 수 있는 적절한 것일 것
3) 수소가스설비의 강도 및 두께는 그 수소를 안전하게 취급할 수 있는 적절한 것일 것
4) 수소가스설비는 그 수소를 안전하게 취급할 수 있는 적절한 성능을 가지는 것일 것
5) 수소연료사용시설에는 압력조정기·가스계량기·중간밸브 등 필요한 설비 및 장치를 설치하고, 그 시설의 안전 확보 및 정상작동을 위하여 필요한 적절한 조치를 할 것

마. 배관설비 기준
1) 배관의 재료는 수소의 수송에 적합한 기계적 성질 및 화학적 성분을 가지는 것일 것
2) 배관의 구조는 수소를 안전하게 수송하는 데 적절한 것일 것
3) 배관의 강도 및 두께는 그 수소를 안전하게 수송할 수 있는 적절한 것일 것
4) 배관의 접합은 수소의 누출을 방지할 수 있도록 확실한 방법으로 하고, 이를 확인하기 위하여 필요한 경우에는 비파괴시험을 할 것
5) 배관은 신축 등으로 수소가 누출되는 것을 방지하기 위하여 필요한 조치를 할 것
6) 배관은 수송하는 수소의 특성 및 설치 환경조건을 고려하여 위해의 우려가 없도록 설치하고, 배관의 안전한 유지·관리를 위하여 필요한 설비를 설치하거나 필요한 조치를 할 것

7) 배관은 수소를 안전하게 사용할 수 있도록 하기 위하여 내압성능(압력에 견디는 성능을 말한다)과 기밀성능(기체가 통하지 않게 밀봉하는 성능을 말한다)을 가지도록 할 것

8) 배관의 안전을 위하여 배관의 외부에는 수소를 사용하는 배관임을 명확하게 알아볼 수 있도록 칠하고 표시할 것

바. 연료전지 설치 기준

연료전지는 화재 및 폭발사고를 방지하기 위하여 수소연료사용시설의 안전 확보와 정상 작동이 가능하도록 설치할 것

사. 사고예방설비 기준

1) 수소가스설비에는 그 설비 안의 압력이 최고허용사용압력을 초과하는 경우 즉시 그 압력을 최고허용사용압력 이하로 되돌릴 수 있는 안전장치를 설치하는 등 필요한 조치를 할 것

2) 수소저장설비에는 필요에 따라 수소가 누출될 경우 이를 신속히 검지하여 효과적으로 대응할 수 있도록 하기 위하여 필요한 조치를 할 것

3) 배관에는 긴급 시 수소의 누출을 효과적으로 차단할 수 있는 조치를 할 것

4) 수소연료사용시설에 설치하는 전기설비는 그 설치장소에 따라 적절한 방폭성능(폭발을 방지하는 성능을 말한다)을 가진 것일 것

5) 수소가스설비를 실내에 설치하는 경우에는 누출된 수소가 체류하지 않도록 환기구를 갖추는 등 필요한 조치를 할 것

6) 수소저장설비 또는 배관에는 그 저장설비 또는 배관이 부식되는 것을 방지하기 위하여 필요한 조치를 할 것

7) 수소연료사용시설에는 그 설비에서 발생한 정전기가 점화원(點火源)이 되는 것을 방지하기 위하여 필요한 조치를 할 것

8) 연료전지, 수전해설비 및 수소추출설비에는 손상, 누출, 폭발 등을 방지하기 위하여 필요한 조치를 할 것

아. 피해저감설비 기준

1) 수소의 저장능력(「고압가스 안전관리법 시행규칙」 별표 1에 따라 산정한 저장능력을 말한다)이 60 m^3 이상인 수소저장설비를 실내에 설치하는 경우 해당 공간의 벽은 방호벽으로 할 것

2) 수소저장설비 또는 배관에는 그 저장설비 또는 배관을 보호하기 위하여 온도상승방지조치 등 필요한 조치를 할 것

자. 표시 기준

수소연료사용시설의 안전을 확보하기 위하여 필요한 곳에는 수소를 취급하는 시설 또는 일반인의 출입을 제한하는 시설이라는 것을 명확하게 알아볼 수 있도록 경계표지, 식별표지 및 위험표지 등 적절한 표지를 하고, 외부인의 출입을 통제할 수 있도록 적절한 경계울타리를 설치할 것

차. 그 밖의 기준
   1) 수소연료사용시설에 설치 또는 사용하는 설비가 다른 법령에 따른 검사대상인 경우에는 그 검사에 합격한 것일 것
   2) 수소연료사용시설에 설치 또는 사용하는 수소용품이 법 제44조에 따라 검사를 받아야 하는 것인 경우에는 그 검사에 합격한 것일 것

2. 기술 기준
   가. 안전유지 기준
      수소연료사용시설은 가스의 누출, 화재 및 폭발이 예방될 수 있도록 안전하게 유지·관리할 것
   나. 점검 기준
      1) 수소연료사용시설은 사용 시작 및 종료 시에 이상 유무를 점검하는 것 외에 1일 1회 이상 수소연료사용시설의 구조에 따라 수시로 소비설비의 작동 상황을 점검해야 하며 이상이 있을 때에는 이를 보수한 후 사용할 것
      2) 수소가 통하는 설비를 수리·청소 및 철거할 때에는 그 작업의 안전 확보를 위하여 필요한 안전수칙을 준수하고, 작업 후에는 그 설비의 성능유지와 작동성 확인 등 안전 확보를 위하여 필요한 조치를 마련할 것

3. 검사 기준
   가. 완성검사 및 정기검사의 검사항목은 시설이 적합하게 설치 또는 유지·관리되고 있는지를 확인하기 위하여 다음의 구분에 따를 것

검사종류	검사항목
1) 완성검사	제1호의 시설 기준에 규정된 항목
2) 정기검사	가) 제1호의 시설 기준에 규정된 항목 중 해당사항 나) 제2호의 기술 기준에 규정된 항목(나목은 제외한다) 중 해당사항

   나. 완성검사 및 정기검사는 시설이 검사항목에 적합한지를 명확하게 판정할 수 있는 방법으로 실시할 것

> **Level up**
>
> **수소용품**
> 1. 연료전지(「자동차관리법」 제2조 제1호에 따른 자동차에 장착되는 것은 제외한다)로서 다음 각 목의 어느 하나에 해당하는 것
>   가. 연료소비량이 232.6킬로와트 이하인 고정형 설비와 그 부대설비
>   나. 이동형 설비와 그 부대설비
> 2. 수전해설비
> 3. 수소추출설비

04 OX퀴즈

※ OX퀴즈로 최다빈출 개념을 쉽게 정리하고 기출 유형까지 미리 익혀보세요.

1 "수소용품"이란 연료전지와 수소관련 용품이다. ⊙⊗

2 "수소저장설비"란 수소를 저장하기만을 위하여 지상 또는 지하에 고정 설치하는 저장탱크(수소의 품질을 균질화하기 위한 설비를 포함한다)를 말한다. ⊙⊗

3 수소추출설비 : 도시가스 또는 액화석유가스 등으로부터 수소를 추출하여 제조하는 설비이다. ⊙⊗

> **정답** 01 (O) 02 (X) 03 (O)
>
> 02 "수소저장설비"란 수소를 <u>충전·저장</u>하기 위하여 지상 또는 지하에 고정 설치하는 저장탱크(수소의 품질을 균질화하기 위한 설비를 포함한다)를 말한다.

04 필수예제

01 수소용품의 종류에 해당하지 않는 것을 고르시오.

① 연료전지
② 수전해설비
③ 수소자동차
④ 수소추출설비

해설 수소용품
1. 연료전지(「자동차관리법」 제2조 제1호에 따른 자동차에 장착되는 것은 제외한다)로서 다음 각 목의 어느 하나에 해당하는 것
   가. 연료소비량이 232.6 킬로와트 이하인 고정형 설비와 그 부대설비
   나. 이동형 설비와 그 부대설비
2. 수전해설비
3. 수소추출설비

정답 01 ③

Chapter 05 고압가스 통합

핵심키워드 표지, 방폭전기기기, 통신시설, 제독설비, 전기방식, 안전성평가, 보일러

학습목표
1. 경계표지와 위험표지 설치 기준에 대해 학습한다.
2. 안전설비와 전기설비의 방폭성능, 정전기 제거 기준에 대해 학습한다.
3. 통신시설에 대해 학습한다.
4. 각 독성 가스별 제독제에 대해 학습하고, 독성 가스 사용 시 보호구 종류에 대해 학습한다.
5. 안전성평가기법과 특징에 대해 학습한다.
6. 가스용기 종류별 문자 색상을 암기한다.
7. 물분무장치와 냉각살수장치 설치 기준에 대해 학습한다.
8. 단독배기통방식의 가스보일러 설치 기준에 대해 학습한다.

01 경계표지

1 고압가스 운반 차량 경계표지

(1) 위험고압가스 표시 필수

(2) 경계표지 크기(직사각형)

가로	세로	면적
차체폭의 30 % 이상	가로치수의 20 % 이상	면적 600 cm² 이상

2 용기에 가스를 충전하거나 저장탱크 또는 용기 상호 간 경계표지

가스 이·충전 작업 시 고압가스설비 주변에 경계표지

3 배관의 표지판

(1) 지하에 설치된 배관 : 500 m 이하
    지상에 설치된 배관 : 1000 m 이하

(2) 표지판에 고압가스 종류, 설치 구역명, 배관 설치 위치, 회사명 및 연락처, 신고처 기재

02 위험표지

1 독성 가스 식별조치 및 위험표시

(1) 독성 가스 표시 기준

가스명칭 색	식별표지	문자의 크기
적색	• 바탕색 : 백색 • 글씨 : 흑색	• 가로·세로 : 10 cm 이상 • 30 m 이상 떨어진 곳에서 알아볼 수 있어야 함

🔑 독 명적 식바백글흑

(2) 독성 가스 위험표지

	위험표지	문자의 크기
다른 법령에 의한 지시사항 병기 가능	• 바탕색 : 백색 • 글씨 : 흑색 • 주의 : 적색	• 가로·세로 : 5 cm 이상 • 10 m 이상 떨어진 곳에서 알아볼 수 있어야 함

(3) 경계책
① 경계책 안에는 화기, 발화 물질을 휴대하고 들어가면 안 됨
② 저장설비·처리설비 및 감압설비 설치장소주위에는 높이 1.5 m 이상의 철책 또는 철망 등의 경계책 설치

(4) 누출 가연성 가스 유동방지시설 기준
① 유동 방지시설 : 높이 2 m 이상의 내화벽
② 가스설비와 화기를 취급하는 장소 : 8 m 이상 우회거리 유지
③ 건축물 개구부 : 방화문 또는 망입유리 사용
④ 사람이 출입하는 출입문 : 2중문

(5) 자동차용기 충전시설 "화기엄금" 표지 : 백색 바탕, 적색 문자

🔑 화 백바, 적문

2 가스설비 내진 설계 기준

(1) 적용 기준
① 고압가스안전관리법에 적용되는 5톤 또는 500 m³ 이상의 저장탱크 및 압력용기, 지지구조물 및 기초와 이것들의 연결부
② 세로방향으로 설치한 동체 길이가 5 m 이상인 원통형 응축기 및 내용적 5000 L 이상인 수액기, 지지구조물 및 기초와 이것들의 연결부

(2) 용어

내진 특등급	사회의 정상적인 기능 유지에 심각한 지장을 초래할 수 있는 것
내진 1등급	공공의 생명과 재산에 막대한 피해를 초래할 수 있는 것
내진 2등급	공공의 생명과 재산에 경미한 피해를 초래할 수 있는 것
제1종 독성 가스	염소, 시안화수소, 이산화질소, 불소, 포스겐과 허용농도 1 ppm 이하
제2종 독성 가스	염화수소, 삼불화붕소, 이산화유황, 불화수소, 브롬화메틸, 황화수소와 허용농도 1 ppm 초과 10 ppm 이하
제3종 독성 가스	제1종 및 제2종 독성 가스 이외의 것

03 안전설비

1 고압가스 안전설비

(1) 긴급이송설비에 부속된 처리설비 처리방법
   ① 벤트스택에서 안전하게 방출시킬 수 있어야 함
   ② 플레어스택에서 안전하게 연소시킬 수 있어야 함
   ③ 독성 가스는 제독조치 후 안전하게 폐기
   ④ 안전한 장소에 설치되어 저장탱크 등에 임시 이송할 수 있어야 함

(2) 벤트스택
   ① 독성 가스는 제독조치 후 방출
   ② 방출구 위치(작업원이 통행하는 장소로부터 기준)

긴급벤트스택	일반
10 m 이상	5 m 이상

(3) 플레어스택
   ① 설치 위치 : 바로 밑 지표면에 미치는 복사열이 $4000 \, kcal/m^2 \cdot hr$ 이하
   ② 구조 : 이송된 가스를 연소시켜 대기로 안정하게 방출시키도록 조치
   ③ 파일럿버너 또는 항상 작동할 수 있는 자동점화장치 설치
   ④ 역화 및 공기 등과의 혼합폭발 방지조치

2 가스누출 검지경보장치 설치 기준

(1) 성능

① 설치장소, 주위 분위기 온도에 따라 가연성 가스는 폭발한계의 1/4 이하, 독성 가스는 허용농도 이하로 할 것 ⇒ 암모니아는 50 ppm 이하

② 경보기 정밀도 경보농도 설정치

가연성 가스	독성 가스
± 25 % 이하	± 30 % 이하

③ 검지경보장치 검지에서 발신까지 걸리는 시간

경보농도의 1.6배 농도	암모니아, 일산화탄소
30초 이내	60초 이내

(2) 구조

① 충분한 강도를 가지며 취급 및 정비가 쉬울 것
② 가스 접촉부는 내식성 또는 충분한 부식방지 처리 재료 사용
③ 가연성 가스 검지경보장치는 방폭성능을 가질 것

(3) 검지경보장치 검출부 설치장소 및 개수

건축물 내에 설치된 압축기, 펌프, 저장탱크, 감압설비, 판매시설	가스가 누출하여 체류하기 쉬운 곳에 바닥면 둘레 10 m당 1개 이상
건축물 밖에 설치된 고압가스설비	가스가 누출하여 체류하기 쉬운 곳에 바닥면 둘레 20 m당 1개 이상
특수반응설비	가스가 누출하여 체류하기 쉬운 곳에 바닥면 둘레 10 m당 1개 이상
방류둑 내에 설치된 저장탱크	저장탱크마다 1개 이상

04 전기설비 방폭성능

1 방폭전기기기 분류

방폭전기기기 분류	특징	표시방법
내압방폭구조	방폭전기기기의 용기 내부에서 가연성 가스 폭발이 발생할 경우 인화되지 않도록 한 구조(1종 장소)	d
유입방폭구조	절연유를 주입하여 인화되지 않도록 한 구조	o
압력방폭구조	보호가스(불활성 가스)를 압입하여 내부압력을 유지 하며 가연성 가스가 용기 내부로 유입되지 않도록 한 구조	p
안전증방폭구조	정상운전 중 가연성 가스 점화원 발생 방지를 위해 기계적·전기적 구조·온도상승 안전도를 증가시킨 구조	e
본질안전방폭구조	정상 시 및 사고 시에 발생하는 전기불꽃에 의해 가연성 가스가 점화되지 않도록 한 구조(0종 장소)	ia, ib
특수방폭구조	방폭구조로서 가연성 가스에 점화를 방지할 수 있는 것이 확인된 구조(2종 장소)	s

2 위험장소 분류

0종 장소	상용 상태에서 가연성 가스농도가 연속해서 폭발하한계 이상으로 되는 장소
1종 장소	상용 상태에서 가연성 가스가 체류하여 위험하게 될 우려가 있는 장소
2종 장소	밀폐된 용기 또는 설비 내에 가연성 가스가 그 용기 또는 설비사고로 인해 파손되거나 오조작의 경우에만 누출할 위험이 있는 장소

3 정전기 제거 기준

(1) 탑류, 저장탱크, 열교환기, 벤트스택 등은 단독으로 정전기 제거조치

(2) 벤딩용 접속선 및 접지접속선 : 단면적 5.5 mm^2 이상 사용

(3) 접지저항치 : 총합 100 Ω 이하 ⇒ 피뢰설비를 설치한 것은 총합 10 Ω 이하

4 통신시설

사업소 내 긴급사태 발생 시 신속한 연락을 위한 통신시설 구비

통신범위	구비 통신설비
사업소 내 전체	1. 구내방송설비 2. 사이렌 3. 휴대용 확성기 4. 페이징설비 5. 메가폰
안전관리자 상주 사업소와 현장사업소 사이 또는 현장사무소 상호 간	1. 구내전화 2. 구내방송설비 3. 인터폰 4. 페이징설비
종업원 상호 간	1. 페이징설비 2. 휴대용 확성기 3. 트랜시버 4. 메가폰

05 제독설비

1 제독제

가스	제독제
염소	• 가성소다수용액 • 탄산소다수용액 • 소석회
포스겐	• 가성소다수용액 • 소석회
황화수소	• 가성소다수용액 • 탄산소다수용액
시안화수소	• 가성소다수용액
아황산가스	• 가성소다수용액 • 탄산소다수용액 • 물
암모니아, 산화에틸렌, 염화메탄	• 다량의 물

암기 염가탄소, 포가소, 황가탄, 시가, 아가탄물, 암산염물

2 보호구 종류

(1) 공기호흡기 또는 송기식 마스크

(2) 방독마스크

(3) 보호장갑 및 보호장화

06 고압가스설비 및 배관 두께 산정 기준

상용압력의 2배 이상 압력에서 항복을 일으키지 않는 고압가스설비 및 두께로 산정

07 전기방식 조치 기준

1 용어

전기방식	배관 외면에 전류 유입시켜 양극반응 저지함으로써 부식 방지
희생양극법	지중·수중 설치된 양극금속과 매설배관을 전선 연결하여 양극금속과 매설배관 등 사이의 전지작용에 의해 전기적 부식 방지
외부전원법	외부직류전원장치 양극(+)은 토양이나 수중 설치한 외부전원용 전극에 접속, 음극(-)은 매설배관에 접속시켜 전기적 부식 방지
배류법	매설배관 전위가 주위 다른 금속구조물 보다 높은 장소에서 전기적 접속시켜 유입된 누출전류를 복귀시키며 전기적 부식 방지

2 전기방식시설 시공

(1) 유지관리를 위해 전위측정용 터미널 설치
　① 희생양극법·배류법 : 배관길이 300 m 이내 간격
　② 외부전원법 : 배관길이 500 m 이내 간격

(2) 교량 및 횡단배관 양단부
　① 외부전원법 및 배류법에 의해 설치된 것으로 횡단길이 500 m 이하 배관 제외
　② 희생양극법에 의해 설치된 것으로 횡단길이 50 m 이하 배관 제외

(3) 전기방식전류가 흐르는 상태에서 토양에 있는 배관의 방식전위
　포화황산동 기준전극으로 -2.5 V 이상, -0.85 V 이하일 것

(4) 전기방식전류가 흐르는 상태에서 자연전위와 전위변화 : 최소 -300 mV 이하일 것

(5) 전기방식시설의 관대지전위 : 1년에 1회 이상 점검

(6) 외부전원법에 의한 전기방식시설 외부전원점 관대지전위, 정류기 출력, 전압, 전류 3개월에 1회 이상 점검

08 압축천연가스(CNG)

1 자동차연료장치 구조 기준

(1) 용기 : 보기 쉬운 위치에 "자동차용" 표시

(2) 용기밸브 및 안전밸브 : 용기 최고충전압력에 대해 내압성능을 가질 것

(3) 안전밸브로부터 방출된 가스 : 외부 안전한 장소로 방출될 수 있을 것

(4) 밀폐된 곳에 용기를 격납하는 경우 : 안전밸브에서 분출되는 가스를 차 밖으로 방출 가능할 것

(5) 상용압력의 1.5 배 이상 내압성능을 가질 것

(6) 사용압력 이상에서 기밀성능을 가질 것

(7) 감압밸브
   ① 상용압력의 1.5 배 이상 내압성능을 가질 것
   ② 상용압력 이상에서 기밀성능을 가질 것

(8) 배관 및 접합부 : 최소 60 cm마다 차체에 고정하여 충격 및 진동으로부터 보호할 것

(9) 배관 및 접합부
   ① 상용압력 1.5 배 이상의 내압성능을 가질 것
   ② 상용압력 이상에서 기밀성능을 가질 것

(10) 용기 : 배기판 및 소음기로부터 10 cm 이상 떨어진 곳에 부착할 것

(11) 적당한 방열조치가 설치된 당해 용기 및 용기부속품 : 4 cm 이상 떨어진 곳에 부착

(12) 용기
   ① 불꽃 발생 가능성이 있는 노출된 전기단자 및 전기개폐기로부터 20 cm 이상
   ② 배기판 출구로부터 30 cm 이상

(13) 주밸브
   ① 자동차 후단부로부터 30 cm 이상
   ② 자동차 외측으로부터 20 cm 이상

09 안전성평가 및 안전성향상계획서

1 용어

위험성평가기법 : 사업장 내에 존재하는 위험에 대해 위험성을 평가하는 방법

종류	영문약자	특징
체크리스트	-	공정 및 설비 오류, 결함 상태, 위험상황을 목록화한 형태로 작성하여 경험적 비교로 위험성을 정성적으로 파악하는 기법
결함수분석	FTA	사고를 일으키는 장치 이상이나 운전자 실수 조합을 연역적으로 분석하는 기법
이상위험도분석	FMECA	공정 및 설비 고장 형태 및 영향, 고장형태별 위험도 순위를 결정하는 기법
위험과운전 분석	HAZOP	공정에 존재하는 위험 요소와 공정 효율을 떨어뜨릴 수 있는 운전상의 문제점을 찾아 원인 제거 기법
사건수분석	ETA	초기사건으로 알려진 특정장치 이상이나 운전자 실수로부터 발생하는 잠재적 사고결과를 평가하는 기법
원인결과분석	CCA	잠재된 사고 결과와 근본적 원인을 찾아내고 결과와 원인의 상호관계를 예측·평가하는 기법
작업자 실수분석	HEA	설비 운전원, 정비보수원, 기술자 등의 작업에 영향을 미칠 요소를 평가하여 실수 원인을 파악 및 추적으로 상대적 순위를 결정하는 기법
사고예상질문분석	WHAT-IF	공정에 잠재하며 원하지 않는 나쁜 결과를 초래할 수 있는 사고에 대해 예상질문을 통해 사전 확인함으로써 위험을 줄이는 방법을 제시하는 기법
예비위험분석	PHA	공정 또는 설비에 관한 상세 정보를 얻을 수 없는 상황에서 위험물질과 공정 요소에 초점을 두어 초기위험을 확인하는 기법
공정위험분석	PHR	기존설비 또는 안전성향상계획서를 제출·심사 받은 설비에 대하여 설비 설계·건설·운전 및 정비 경험을 바탕으로 위험성 분석하는 방법
상대위험순위결정	-	설비 존재 위험에 대해 수치적으로 상대위험순위를 지표화하여 피해 정도를 나타내는 상대적 위험 순위를 정하는 안전성평가기법

⑩ 시험방법

1 내압시험

(1) 공기 등의 기체 압력에 의해 하는 경우 : 상용압력의 50 %까지 승압 후 상용압력의 10 %씩 단계적으로 승압하여 내압시험압력에 달하였을 때 누설 등의 이상이 없으며, 압력을 내려 상용압력으로 사였을 때 팽창, 누설 등의 이상이 없을 시 합격

(2) 내압시험 종사 인원수 : 작업에 필요한 최소인원으로 함

(3) 밸브몸통 : 2.6 MPa 이상 압력으로 2분간 유지하며 누출 또는 변형이 없을 것

2 기밀시험

(1) 원칙적으로 공기 또는 위험성 없는 기체 압력에 의해 실시할 것

(2) 설비가 취성 파괴를 일으킬 우려가 없는 온도에서 할 것

(3) 상용압력 이상으로 하나, 0.7 MPa를 초과할 시 0.7 MPa 이상으로 실시

(4) 밸브시트 기밀시험 : 2.7 MPa 압력으로 1분간 유지하며 누출이 없을 것

3 안전밸브 작동시험

2.0 MPa 이상 2.2 MPa 이하에서 작동하여 분출되며, 1.7 MPa 이하는 분출이 정지될 것

4 아세틸렌 충전용기

(1) 다공질물의 다공도 : 75 % 이상 92 % 미만

(2) 다공질물의 다공도 : 다공질물용기 충전 상태로 온도 20 ℃에서 측정

5 단열성능시험 및 기밀시험

(1) 시험용 가스 : 액화질소, 액화산소, 액화아르곤을 사용하여 실시

(2) 시험 시 충전량 : 충전 후 기화가스량이 거의 일정하게 되었을 때, 시험용 가스용적이 초저 온용기 내용적의 1/3 이상 1/2 이하가 되도록 충전할 것

6 재시험

단열성능시험에 합격하지 않은 초저온용기 : 단열재 교체 후 재시험 실시

7 초저온용기 기밀시험

(1) 외동, 단열재, 밸브를 부착한 상태로 실시

(2) 최고 충전압력의 1.1배 압력으로 실시

(3) 초저온용기를 상온까지 가열 후 공기 또는 가스로 기밀시험압력 이상이 되도록 하여 30분 이상 방치 후 압력계 지침 변화에 의해 "누출유무" 확인 후 이상이 없으면 합격

11 고압가스용기

1 표시방법 기준

(1) 문자 색상

가스 종류	문자 색상	
	공업용	의료용
액화석유가스	적색	-
아세틸렌	흑색	-
액화암모니아		-
액화염소	백색	-
수소		-
산소		녹색
액화탄산가스		백색
질소		
아산화질소		
헬륨		
에틸렌		
사이클로프로판		

암기 공 석적 아암흑, 의 산녹

(2) 가연성 및 독성 가스에 표시하는 "연", "독" 자는 적색, 수소는 백색으로 할 것

12 물분무장치

1 적용시설

가연성 가스저장탱크가 상호 인접한 경우 또는 산소저장탱크와 인접된 경우 상호 이격거리가 1 m 혹은 저장탱크 최대 직경의 1/4 중 큰 거리를 유지하지 못했을 때 적용

2 설치 기준

(1) 산소탱크와 가연성 가스 탱크 상호 인접 시

구분	노출된 경우	내화구조	준내화구조
물분무장치탱크 표면적 1 m²당 분사량	8 L/min	4 L/min	6.5 L/min
소화전 1개당 설치할 저장탱크 표면적	30 m²	60 m²	38 m²

(2) 가연성 가스탱크와 가연성 가스탱크 상호 인접 시

구분	노출된 경우	내화구조	준내화구조
물분무장치탱크 표면적 1 m²당 분사량	7 L/min	2 L/min	4.5 L/min
소화전 1개당 설치할 저장탱크 표면적	35 m²	125 m²	55 m²

(3) 소화전

① 위치 : 40 m 이내

② 호스끝수압 : 0.35 MPa 이상

③ 방수능력 : 400 L/min

④ 수원 : 최대수량 30분 이상 연속 방사 수원

⑤ 조작위치 : 저장탱크 외면 15 m 이상 떨어진 곳

⑬ 저장탱크 내열구조 및 냉각살수장치

1 적용범위

(1) 살수장치 구분

구분	저장탱크	준내화구조 저장탱크
살수장치탱크 표면적 1 m²당 분사량	5 L/min	2.5 L/min
소화전 1개당 설치할 저장탱크 표면적	40 m²	85 m²

(2) 소화전

① 위치 : 40 m 이내   ② 호스끝수압 : 0.25 MPa 이상

③ 방수능력 : 350 L/min   ④ 수원 : 최대수량 30분 이상 연속 방사 수원

(3) 높이 1 m 이상 지주 : 50 mm 이상 내화 콘크리트 피복 또는 분무장치 또는 소화전을 지주에 대해 살수할 것

　(4) 매월 1회 이상 작동상황점검 후 기록할 것

⑭ 방류둑

1 기준
(1) 저장탱크 내 액화가스가 액체 상태로 유출되는 것을 방지하기 위해 설치
(2) 저장탱크 저부가 지하에 있으며 주위피트상 구조로인 것으로 그 용량 이상일 것

2 설치 적용 범위
(1) 고압가스 제조시설의 가연성 및 산소 액화가스 저장능력 : 1000톤 이상
(2) 독성 가스 저장능력 : 5톤 이상
(3) 냉동제조시설 독성 가스를 냉매로 사용하는 수액기 내용적 : 10000 L 이상
(4) 액화석유가스 저장시설 LPG 저장능력 : 1000톤 이상
(5) 도시가스시설 중 가스도매사업에서 LPG 저장능력 : 500톤 이상
(6) 일반도시가스 : 1000톤 이상

3 방류둑 용량
(1) 저장탱크 저장능력에 상당하는 용적 이상으로 할 것
(2) 액화산소는 저장능력의 상당 용량의 60 % 이상으로 할 것

4 방류둑 구조 및 기준
(1) 재료 : 철근콘크리트, 금속, 흙 또는 이를 혼합한 액밀한 구조
(2) 액 체류 표면적 : 가능한 한 적게
(3) 배관관통부 틈새로부터 누설방지 및 방식조치
(4) 금속재료 : 부식되지 않게 방식 및 방청조치
(5) 방류둑 내 고인 물을 배출하기 위한 배수조치
(6) 가연성과 독성, 가연성과 조연성 액화가스 방류둑은 혼합배치하지 말 것
(7) 방류둑 내면과 외면으로부터 10 m 이내 : 저장탱크 부속설비 이외의 것은 설치 금지

(8) 성토 : 수평에 대해 45° 이하 구배를 가지고 성토 정상부 폭은 30 cm 이상

(9) 방류둑 계단 및 사다리 : 출입구 둘레 50 m마다 1개 이상 설치
  ⇒ 둘레 50 m 미만 : 2개소 이상 분산 설치

⑮ LPG 배관

1 지상 노출 배관

(1) 방호철판에 의한 방호구조물

크기	두께
0.8 m 이상	4 mm 이상

(2) 철근콘크리트재 방호구조물

크기	두께
1 m 이상	10 cm 이상

2 배관 지하 매설

(1) 지면으로부터 최소 1 m 이상 깊이에 매설

(2) 차량 교통량이 많은 횡단부 지하 : 지면으로부터 1.2 m 이상의 깊이에 매설

(3) 철도 횡단부 지하 : 지면으로부터 1.2 m 이상 깊이에 매설

⑯ 잔가스제거장치

(1) 압축기 : 유분리기 및 응축기가 부착되어 있으며 0 MPa 이상 0.05 MPa 이하에서 작동

(2) 액송용 펌프 : 잔류가스에 포함된 이물질을 제거할 수 있는 스트레이너 부착

(3) 회수한 잔가스 저장을 위한 전용 저장탱크 기준

저장탱크 내용적	1000 L 이상
압축기 사용	가목에서 규정하는 저장탱크 2기 이상 설치
열교환기 사용	당해 열교환기가 분리탱크 기능 만족시킬 경우 ⇒ 1기 가능

⑰ 가스용 폴리에틸렌관 설치 기준

(1) 관 : 매몰하여 시공

(2) 지상배관 연결 위해 금속관 사용 : 보호조치 후 지면에서 30 cm 이하 노출 시공 가능

(3) 관의 굴곡허용반경 : 외경의 20배 이상

(4) 굴곡반경이 외경의 20배 미만일 경우 : 엘보 사용

⑱ 가스보일러

1 설치 기준

(1) 바닥설치형 가스보일러 : 하중에 견디는 구조의 바닥면 위에 설치

(2) 벽걸이형 가스보일러 : 하중에 견디는 구조의 벽면에 견고하게 설치

(3) 기준

가스보일러	• 가연성 물질, 인화성 물질 취급 장소 아닐 것 • 전용보일러실에 설치 • 지하실 또는 반지하실에 설치 금지 • 내열실리콘 등으로 마감조치하여 기밀 유지
밀폐식 보일러	• 환기가 잘 안될 것 • 배기가스 누출 시 질식 우려 있는 곳 설치금지 • 반지하실 설치 가능
가스보일러의 가스접속배관	• 금속배관 호스 사용 • 가스용 금속플렉시블 호스 사용
가스보일러 설치·시공자	• 설치시공확인서를 작성하여 5년간 보존
배기통	• 재료 　① 스테인리스강관 　② 배기가스 및 응축수 내열·내식성 있는 것 • 가연성 벽 통과 부분 : 반화조치 • 호칭지름 : 보일러 배기통 접속부 지름과 동일

2 반밀폐식 보일러 급배기설비 설치 기준

(1) 자연배기식[단독배기통방식, 복합배기통방식, 공동배기방식]

단독배기통방식	복합배기통방식
• 배기통 굴곡수는 4개 이하일 것 • 배기통 입상높이는 10 m 이하일 것 • 10 m 초과일 시에는 보온조치 할 것 • 배기통 끝은 옥외로 뽑아낼 것 • 배기통 가로 길이는 5 m 이하일 것 • 배기통 앞끝의 기울기가 없도록 할 것 • 배기통 위치는 풍압대를 피해 바람이 잘 통하는 곳일 것 • 급기구 및 상부환기구 유효단면적은 배기통 단면적 이상일 것	• 동일 실내에서 벽면 상태 등에 의해 각각의 배기통을 설치할 수 없는 경우에 한하여 사용할 것 • 자연배기식 경우에만 사용할 것 • 연결하는 보일러 수는 2대에 한할 것 • 배기통 단면적은 보일러 접속부 단면적 이상일 것 • 보일러 단독배기통은 보일러 접속부로부터 300 mm 이상일 것 • 공용부 접속부는 250 mm 이상일 것
공동배기방식	
• 굴곡 없이 수직으로 설치할 것 • 동일층에서 공동배기구로 연결되는 보일러 수는 2대 이하일 것 • 재료는 내열·내식성이 좋을 것 • 최하부에 청소구와 수취기 설치할 것 • 공동배기구 및 배기통에는 방화댐퍼를 설치하지 않을 것 • 배기통 접속부 ~ 배기통 하단부까지 높이 30 cm 이상 60 cm 미만 : 배기통 수평길이를 1 m 이하로 할 것 • 배기통 접속부 ~ 배기통 하단부까지 높이 60 cm 이상 : 배기통 수평길이를 5 m 이하로 할 것 • 공동배기구와 배기통의 접속부는 기밀을 유지할 것 • 공동배기구톱은 풍압대 밖에 있을 것 • 배기통 유효단면적은 보일러 배기통 접속부 유효단면적 이상일 것 • 옥상·지붕면에서 공동배기구톱 개구부하단의 수직높이 : 1.5 m 이상일 것 • 급기 또는 배기형식이 다른 보일러는 함께 접속하지 않을 것	

(2) 강제배기식 [단독배기방식]

① 배기통 유효단면적은 보일러 또는 배기팬의 배기통 접속부 유효단면적 이상일 것

② 배기통톱 전방·측변·상하주위 60 cm 이내에 가연물이 없을 것

③ 배기통톱 개기구로부터 60 cm 이내 배기가스가 실내로 유입할 우려가 없을 것

(3) 밀폐식 보일러 급·배기설비 설치 일반사항

① 옥외에 물고임 등이 없을 정도의 기울기일 것

② 주위에 장애물이 없을 것

③ 최대연장길이는 바깥벽에 설치할 것

④ 눈내림 구역에 설치할 경우 주위에 적설 처리 가능한 구조일 것

(4) 자연 급·배기 외벽식

충분히 개방된 옥외 공간에 벽외부로 나오도록 설치하되 수평으로 할 것

⑲ 가스누출경보차단장치

1 분류

핸들작동식	밸브핸들을 움직여 차단
밸브직결식	차단부와 밸브스템이 직접 연결
전자밸브식	차단부를 솔레노이드밸브로 사용
플런저작동식	차단부가 유압액추에이터로 구동

2 가스누설 경보차단장치 구분

종류	사용압력
저압용	0.01 MPa 미만
준저압용	0.01 ~ 0.1 MPa 미만
중압용	0.1 MPa 이상

3 경보차단장치 기밀시험

구분		시험압력
저압용	내부누출	8.4 MPa 이상
	외부누출	0.035 MPa 이상
준저압용		0.15 MPa 이상
중압용		1.8 MPa 이상

05 OX퀴즈

※ OX퀴즈로 최다빈출 개념을 쉽게 정리하고 기출 유형까지 미리 익혀보세요.

1. 고압가스 운반차량의 경계표지 크기는 면적 300 cm² 이상이다. O X
2. 염소, 시안화수소, 이산화질소, 불소, 포스겐은 제1종 독성 가스이다. O X
3. 내압방폭구조의 표시방법은 p이다. O X
4. 포스겐의 제독제는 물이다. O X
5. 공정 및 설비 오류, 결함 상태, 위험상황을 목록화한 형태로 작성하여 경험적 비교로 위험성을 정성적으로 파악하는 기법은 체크리스트이다. O X
6. 공업용 아세틸렌용기의 문자색상은 흑색이다. O X
7. 액화석유가스 저장시설은 LPG의 저장능력이 1000톤 이상인 경우 방류둑을 설치한다. O X
8. 단독배기통방식의 배기통의 굴곡수는 10개 이하로 한다. O X
9. 단독배기통방식의 배기통의 입상높이는 10 m 이하로 한다. O X
10. 가스용 폴리에틸렌관은 매몰하여 시공한다. O X

정답 01 (X) 02 (O) 03 (X) 04 (X) 05 (O) 06 (O) 07 (O) 08 (X) 09 (O) 10 (O)

01 고압가스 운반차량의 경계표지 크기는 면적 <u>600 cm²</u> 이상이다.
03 내압방폭구조의 표시방법은 <u>d</u>이다.
04 포스겐의 제독제는 <u>가성소다수용액, 소석회</u>이다.
08 단독배기통방식의 배기통의 굴곡수는 <u>4개</u> 이하로 한다.

05 필수예제

01 고압가스를 운반하는 차량의 경계표지 세로 치수는 차체 가로 폭의 몇 % 이상이여야 하는가?

① 10   ② 18
③ 20   ④ 30

해설 **고압가스 운반 차량 차폭**
가로치수 : 30 % 이상
세로치수 : 가로치수의 20 % 이상 직사각형

02 고압가스 특정제조시설의 플레어스택 설치 기준으로 틀린 것은?

① 파이롯트버너를 항상 점화하여 두는 등 플레어스택에 관련된 폭발 방지 위한 조치가 되어 있는 것으로 한다.
② 긴급이송설비로 이송되는 가스를 대기로 방출할 수 있는 것으로 한다.
③ 플레어스택에서 발생하는 최대열량에 장시간 견딜 수 있는 재료 및 구조로 되어 있는 것으로 한다.
④ 플레어스택에서 발생하는 복사열이 다른 제조시설에 악영향을 미치지 않도록 안전한 높이 및 위치에 설치한다.

해설 **플레어스택 설치 기준**
• 공장에서 방출된 폐가스 중 유해성분을 연소시켜 무해화하는 소각탑
• 특정제조시설에서 플레어스택 : 파이어롯트 버너를 항상 켜두는 방식
• 플레어스택에 관련된 폭발 방지 조치 필요
→ 긴급이송설비로 이송되는 가스 : 대기로 방출 금지

03 도시가스 공급시설 중 저장탱크 주위 온도 상승 방지를 위하여 설치하는 고정식 냉각 살수장치의 단위면적당 방사능력 기준은? (단, 단열재를 피복한 준내화구조 저장탱크가 아님)

① 2.5 L/분·m^2 이상
② 5 L/분·m^2 이상
③ 10 L/분·m^2 이상
④ 7.5 L/분·m^2 이상

해설 **고정식 냉각살수장치**
• 탱크 주위 온도상승 방지 : 5 L/분·m^2 이상
• 저온저장탱크·단열재를 피복한 준내화구조 : 2.5 L/분·m^2 이상

04 저장탱크 방류둑 용량은 저장능력에 상당하는 용적 이상 용적이다. 다만 액화산소 저장탱크 경우는 저장능력 상당용적 몇 % 이상인가?

① 50   ② 60
③ 90   ④ 98

해설 **액화산소 방류둑 용량**
저장능력 상당 용량의 60 % 이상으로 할 것

05 고압가스 특정제조시설 중 가연성 가스의 저장탱크는 몇 m³ 이상일 경우 지진영향에 대한 안전한 구조로 설계하여야 하는가?

① 300
② 500
③ 5000
④ 7000

해설 지진 안전 구조설계
- 가연성 : 500 m³ 이상
- 비가연성 : 1000 m³ 이상

정답 05 ②

PART 04
가스사고 예방·관리

Chapter 01 폭발
Chapter 02 가스사고
Chapter 03 기타

Chapter 01 폭발

- **핵심키워드**: 폭발, 폭굉, 폭발등급, 안전간격
- **학습목표**:
  1. 폭발과 폭굉의 정의와 특징에 대해 학습한다.
  2. 가스폭발의 조건에 대해 학습한다.
  3. 폭발등급과 안전간격에 대해 학습한다.

01 폭발과 폭굉

1 폭발
격렬한 연소의 한 형태로서 급격한 압력의 발생, 해방의 결과로서 격렬한 음향과 폭풍을 수반하는 팽창현상

2 폭발 종류
(1) 화학적 폭발 : 폭발성 혼합가스에 점화할 때, 화약이 폭발할 때

(2) 압력폭발 : 고압가스용기, 보일러의 폭발

(3) 분해폭발 : 가압하에서 아세틸렌, 산화에틸렌, 히드라진 등
   ① 아세틸렌의 희석제 : 분해폭발 방지 목적
   아세틸렌 희석제 종류 : C_2H_4, CO, CH_4, H_2, C_3H_8, N_2
   ② 산화에틸렌의 분해폭발 : 액상에서는 안전하나 기상(3 ~ 80 %)에서 분해폭발이 일어나므로 액상으로 유지하기 위해 용기 상부에 45 ℃ 이상, 4 kg/cm^2 이상으로 가압하며 이때 가압매체는 N_2, CO_2

(4) 중합폭발 : HCN, C_2H_4O 등(중합열은 발열반응)

(5) 촉매폭발 : 수소, 염소 등에 직사일광을 쬘 때 염소폭명기

3 폭굉

데토네이션이라고 하며, 가스 중의 음속보다는 화염 전파속도가 큰 경우

(1) 마하 수(음속 대비 속도의 빠르기) : 3 ~ 5배

(2) 파면압력 : 초압의 10 ~ 50배

(3) 폭파속도 : 폭굉이 전하는 속도로 1000 ~ 3500 m/s(정상 연소속도는 0.03 ~ 10 m/s)

(4) DID(폭굉유도거리) : 완만한 연소가 폭굉으로 발전하는 거리로서 짧을수록 위험

※ DID가 짧아지는 요인
- 고압일수록
- 점화원의 에너지가 강할수록
- 관 속에 장애물이 있거나 관지름이 작을수록
- 정상 연소속도가 큰 혼합가스일수록

4 폭풍

큰 파이어볼, 폭발 및 폭굉으로부터 공기 중에 발사되는 압력파이며 발생된 충격파와 감쇠된 음파를 포함

> **Level up**
>
> **가스폭발의 조건**
> 가연성 혼합가스의 형성, 착화원의 존재, 밀폐성의 공간
> ※ 폭발의 파괴력은 밀폐의 정도에 따라 달라지며 밀폐성이 양호할수록 파괴력이 강하다. 따라서 가스사용자는 밀폐된 장소에서 더욱 가스사용 전 누출확인, 시설물 관리 등 세심한 안전관리를 해야 한다.
> - 파이어볼 : 액화석유가스와 같은 가연성 액화가스가 대량 유출하여 불이 붙었을 경우 혹은 액화석유가스 탱크가 외부화염으로 가열되어 내압이 상승하고 탱크벽의 일부에 구멍이 생겨 액화석유가스가 증기폭발을 일으킬 경우 공중에 커다란 볼 형태의 화염을 발생시키는 현상
> - 제트화염 : 분류화염이라 부르며 배관의 일부에서 생긴 구멍으로부터 가스가 분출한 경우 생기는 화염으로써 난류확산 화염

02 폭발등급과 안전간격

1 폭발에 영향을 주는 인자

온도, 압력, 용기의 모양과 크기, 조성(폭발 범위 %)

2 폭발등급과 안전간격

(1) 소염 : 온도, 압력, 조성의 세 가지 조건이 갖추어져도 용기가 작으면 발화하지 않고, 부분적으로 발화하여도 화염이 전파되지 않고 도중에 꺼져 버리는 현상

(2) 안전간격 : 화염이 틈새를 통하여 바깥쪽(B)의 폭발성 혼합가스까지 전달되는가를 측정할 때 화염이 전달되지 않는 한계의 틈새

(3) 폭발등급 : 안전간격에 따라서 구분
   ① 1급 : 안전간격이 0.6 mm 이상인 가스(CO, CH_4, C_3H_8, NH_3, n - 부탄, 벤젠, 가솔린)
   ② 2급 : 안전간격이 0.6 mm 미만, 0.4 mm 이상인 가스(에틸렌, 석탄가스)
   ③ 3급 : 안전간격이 0.4 mm 미만인 가스(수소, 수성 가스, 아세틸렌, 이황화탄소)
   ※ 급수가 클수록(3급 > 2급 > 1급) 위험

Chapter 02 가스사고

핵심키워드 분진사고, 통풍시설, 밸브, 충전용기, 일산화탄소, 전전기, 환기

학습목표
1. 고압가스의 사고 종류에 대해 학습한다.
2. 고압가스용기의 파열사고에 대해 학습한다.
3. 고압가스용기와 밸브의 안전관리에 관한 사항을 학습한다.
4. 일산화탄소, 이산화탄소, 산소 농도별 증상에 대해 학습한다.
5. 정전기 발생현상과 발생억제, 완화에 관한 내용을 학습한다.

01 고압가스의 사고 분류

(1) 고압용기가 파열, 분출, 분진

(2) 독성, 질식성 가스가 누설하면 중독, 질식

(3) 지연성, 가연성 가스가 공기 또는 다른 가스와 혼합되어 폭발할 때 고장 난 용기의 밸브에서 분출하는 가스에 인화

(4) 저온가스에 의해 동상을 고온가스에 의해 화상을 입음

(5) 용기 내 가스의 물리적, 화학적인 변화에 의해 폭발사고를 일으킴

(6) 용기의 무게에 의해 취급부주의로 부상을 입음

※ 고압가스설비는 항상 40 ℃ 이하로 유지하며, 직사광선, 빗물을 피할 것

02 고압가스용기의 파열사고

사용도수가 많은 용기, 노후화된 용기, 부식된 용기, 관리 부주의 등으로 파열하여 폭발, 화염과 파편에 의한 재해를 일으킴

(1) 용기의 내압 부족

(2) 용기의 압력 상승

(3) 용기검사의 태만, 부실, 기피

(4) 용기 재질의 불량

(5) 용기밸브의 불법 혼용

(6) 용접용기의 용접상의 결함, 이면용접의 불이행

(7) 충격, 낙하, 타격, 전도, 전락

(8) 가스의 과충전

(9) 사제용기의 불법 사용

(10) 균열, 내부에 이물질이나 오일 오염 등

(11) 가열, 일광, 주위의 화재에 의한 온도 상승

03 가스 분출과 분진사고

(1) 밸브, 안전밸브, 충전구 등에 타격을 줄 때 분출하여 분출할 때의 압력, 인화된 화염 등으로 중화상을 입음

(2) 용기의 전도, 전락 시 밸브의 절손 등을 방지하기 위해서는 캡을 씌우고 용기를 수송 중에는 로프로 결속할 것

※ 5 L 이상의 용기는 전도, 전락에 의한 밸브의 손상을 방지하기 위한 조치(캡, 프로텍터)를 강구할 것

※ 용기에 가스를 충전할 때
① 압축가스 : 최고충전압력 이하
② 액화가스 : 최대충전량 이하로 충전

04 가스 중량에 대한 주의사항

1 공기보다 가벼운 가스

수소, 아세틸렌 등은 통풍이 잘 되면 실외로 날아감

2 강제 통풍시설이 필요

(1) 가연성 가스 : 지면에 체류하므로 화기가 있으면 폭발

(2) 독성 가스 : 염소, 포스겐 등 인체, 동·식물의 중독사를 유발

3 가스누설경보기의 설치

(1) 작동 : 가연성 가스는 폭발하한의 1/4 이하, 독성 가스는 허용농도 이하에서 작동
(2) 설치위치 : 공기보다 가벼운 가스실은 천장 쪽 30 cm 부근, 공기보다 무거운 가스실은 바닥 쪽 30 cm 부근에 설치

4 통풍시설

(1) 통풍구의 크기 : 바닥면적 1 m^2에 대하여 300 cm^2 이상(즉, 바닥면적의 3 %), 2개 이상 설치
(2) 강제통풍 능력 : 바닥면적 1 m^2당 0.5 m^3/min 이상
(3) 배기가스 중의 가스농도가 0.5 % 이상일 때 가스누설 장소를 정밀조사 후 보수할 것

05 고압가스용기와 밸브의 안전관리

1 용기의 구분

(1) 용접용기(계목용기) : 주로 압력이 낮은 가스, 액화가스 충전
 ① LPG, NH_3, C_2H_2, C_2H_4 등
 ② 용접용기의 두께공차 : 평균값의 10 % 이하일 것
(2) 이음매 없는 용기(무계목용기) : 주로 압력이 높은 가스, 압축가스, 초저온 액화가스 등을 충전

2 밸브의 안전사항

(1) 충전구나사 : 오른나사로 하는 것이 원칙
 ① 가연성 가스는 왼나사로 하며, 왼나사임을 표시하기 위해 그랜드 너트에 V자 홈을 팔 것
 ② 가연성 가스 중 NH_3와 CH_3Br(브롬화메탄)은 오른나사로 할 것
(2) 밸브누설의 종류
 ① 본체누설 : 밸브 본체의 결함(균열, 부착불량 등)에 의함
 ② 시트누설(충전구누설) : 밸브를 닫았을 때 시트 패킹을 통하여 충전구 쪽으로 누설되는 형태
 ③ 패킹누설(스핀들누설) : 충전구를 차단하고 밸브를 열면 스핀들과 그랜드 너트 사이로 누설되는 형태

3 용기보관상 주의사항

(1) 도장 : 방청도장(하도) → 건조 → 색도장 (상도) → 건조

(2) 가스누설 : 정기적으로 검사(비눗물 등 발포액 사용)할 것

(3) 공병은 항상 닫아서 수분의 침입을 방지할 것

(4) 혼합저장 금지 : 가연성, 산소, 독성 가스는 각각 구분하여 설치할 것

(5) 습기와 수분, 직사광선 등을 피할 것

(6) 충전용기와 잔 가스용기는 구분하여 보관할 것

(7) 충격, 화재, 온도의 상승 등에 주의할 것

4 충전용기와 잔 가스용기

(1) 충전용기 : 충전압력, 충전량이 전체질량의 1/2 이상 충전된 용기

(2) 잔 가스용기 : 충전량이 전체량의 1/2 미만 들어 있는 용기

5 가스사고 방지상 주의사항

(1) 산소밸브, 조정기에 유지류가 묻어 있을 때 : 사염화탄소(CCl_4)로 세척

(2) 밸브에 얼음이 붙어 있을 때 : 40℃ 이하의 온수나 열습포로 녹일 것

(3) 밸브의 개폐 조작 : 서서히 하며, 핸들이 없는 것은 10인치 이하의 몽키스패너를 사용하여 조작

(4) 가스를 사용한 후 1/3 기압(게이지) 정도 남기고 밸브를 닫을 것

(5) 산소의 불법사용을 금지할 것

6 가스설비의 사고원인

(1) 용기의 결함

(2) 가스누설

(3) 밸브의 불량

(4) 기구의 연결 불량

(5) 저장법의 불량

(6) 밸브수리 부주의로 분출

(7) 밸브개폐의 조작 미숙

(8) 조정기의 접속 착오

(9) 재검사의 태만

06 일산화탄소

1 일산화탄소 중독

가연성 물질이 불완전연소 시 CO가 발생하며 CO는 인체의 혈액 중에 있는 헤모글로빈과 급격히 반응하여 산소의 순환을 방해

CO 농도[%]	호흡시간 및 증상
0.02	2 ~ 3시간 내 가벼운 두통
0.04	1 ~ 2시간 앞두통, 2.5 ~ 3.5시간 후두통
0.08	45분 두통, 메스꺼움, 구토, 2시간 내 실신
0.16	20분에 두통, 메스꺼움, 구토, 2시간 사망
0.32	5 ~ 10분 두통, 메스꺼움, 30분 사망
0.64	1 ~ 2분 두통, 메스꺼움, 10 ~ 15분 사망
1.28	1 ~ 3분 사망

Level up

일산화탄소 중독
- 초기 : 두통, 현기증, 메스꺼움, 구토
- 중기 : 머리가 몽롱하고 판단이 둔해지며 손발의 근육이 둔해짐
- 후기 : 맥박이 빠르고 호흡이 곤란해지며 얼굴색이 붉어짐

일산화탄소 중독 시 조치
- 창문을 개방하고 신선한 장소로 환자를 옮김
- 머리를 뒤로 젖히고 턱을 들어 올려 기도 유지
- 입안의 이물질 제거
- 호흡이 멈춘 경우엔 인공호흡 실시
- 고압산소 치료가 가능한 병원으로 이송

07 이산화탄소

CO_2 농도[%]	증상
2.5	몇 시간 흡입해도 장애는 없음
3.0	무의식중에 호흡수가 빨라짐
4.0	국부적인 자각증상
6.0	호흡량 증가
8.0	호흡 곤란
10.0	의식불명이 되며 사망
20.0	수초 내에 심장마비

08 산소

O_2 농도[%]	증상
21	정상
18 미만	산소결핍
16 ~ 12	맥박과 호흡수 증가, 정신집중 장애, 섬세한 근육작업이 되지 않으며 두통
14 ~ 9	판단력이 둔해지며, 흥분 상태, 불안정한 정신 상태, 취한 상태, 체온상승, 기억 희미
10 ~ 6	의식불명, 중추신경 장애, 찌아노제(혈액 중 산소가 부족하여 피부가 검푸르게 보이는 현상)
그 이하	6 ~ 8분 후 심장정지

09 정전기

LPG 또는 LNG 수입기지 및 가스충전시설 등과 가스공급시설, 사용시설에서 일어나는 가스폭발 사고의 상당수는 정전기가 점화원이다. 특히 가스를 이·충전작업 중에 발생하는 폭발사고 대부분은 정전기에 의한 것이다.

1 정전기 발생현상

(1) 마찰대전 : 마찰에 의해 전하분리가 일어나 정전기 발생

(2) 박리대전 : 서로 밀착된 물체가 박리될 때 전하분리가 일어나 정전기 발생

(3) 유동대전 : 액화가스가 배관을 흐를 때 액체와 배관 계면에 전기이중층이 형성되고 전하 일부가 액체와 함께 이동하여 정전기가 발생

(4) 분출대전 : 가스가 작은 구멍으로 분출될 때 마찰과 액체 충돌 등에 의해 정전기 발생

(5) 비말대전 : 공간에 분출된 액체의 미세한 입자가 비산하여 작은 입자가 될 때 정전기 발생

2 정전기 발생억제

(1) 유속 제한

(2) 협착물 제거

(3) 유체 분출방지

3 정전기 완화촉진

(1) 본딩, 접지

(2) 정치시간 설정

(3) 공기를 이온화

(4) 적절한 습도 유지

(5) 절연체에 도전성 부여

(6) 정전화, 제전봉 등 작업자 대전방지

⑩ 기타

1 탱크로리 이충전

(1) 안전관리자가 직접 이송작업 수행

(2) 차량 정비작업 금지

(3) 이송설비의 가동 상태, 가스 누출유무, 저장탱크 액면 등 감시

(4) 가스압축기는 가동 전 액트랩을 열어 잔류가스 제거

2 용기 충전

(1) 과충전 금지

(2) 용기를 굴리거나 충격은 주지 않아야 하며 안전하고 조심스럽게 취급

(3) 작업원에 의해 수행

(4) 작업에 적절한 복장을 착용

(5) 충전이 끝난 후 정량 충전 여부 및 가스누출 여부 확인

(6) 충전장 주위에서 화기사용 금지

(7) 충전작업 도중 용기를 물린 채로 자리이탈 금지

3 자동차 충전

(1) 과충전 금지(85 % 초과 금지)

(2) 반드시 충전 중 엔진정지

(3) 충전작업 중이나 충전장 가까이에서 차량정비 금지

(4) 충전장 주위 화기사용 금지

4 배관교체 작업

(1) 배관의 상류 측과 하류 측 밸브 등을 확실하게 잠금 조치

(2) 잠금조치 후 밸브 또는 플랜지에 맹판 삽입

(3) 다른 설비나 장치로부터 가스 침입 차단

(4) 부근 인화성가연물 제거 및 화기사용 금지

(5) 화기사용 시 소화기, 소화용수 비치

(6) 배관교체 후 가스누출 여부 확인

5 독성 가스 제독조치

(1) 물 또는 흡수제나 중화제에 의해 흡수 또는 중화

(2) 흡착제에 의해 흡착

(3) 플레어스택 및 보일러 등의 연소설비에서 조치

(4) 제독제 살포장치 또는 물로 제독이 가능한 경우 살수장치를 이용

6 가스사고 방지를 위한 급기 및 환기(환기 3대 조건)

(1) 공기 유입구(급기구)가 있을 것

(2) 공기 배출구(배기구)가 있을 것

(3) 공기의 흐름을 일으키는 힘이 있을 것(온도차에 의한 자연환기, 풍력, 기계환기)

Chapter 03 기타

핵심키워드: 연료, 공기비, 발화점, 사고의 통보, 속보, 상보

학습목표:
1. 고체연료, 액체연료, 기체연료의 장점과 단점에 대해 학습한다.
2. 각 연료의 특성에 대해 학습한다.
3. 공기비에 따른 연소에 미치는 영향을 학습한다.
4. 가스사고 조사에 관한 내용을 학습한다.
5. 사고 통보내용에 포함되어야 하는 사항에 대해 학습한다.

01 착화온도

1 감소 조건

(1) 발열량이 클수록

(2) 분자구조가 복잡할수록

(3) 산소량이 많을수록

(4) 압력이 높을수록

2 탄소량 증가 시

(1) 액체, 기체 연료의 발열량 감소, 매연 증가

(2) 고체연료는 발열량 증가, 매연 감소

3 발화점에 영향을 미치는 인자

온도, 압력, 조성, 용기의 크기 및 형태(탄화수소에서 탄소수 증가 시 감소)

4 연소반응속도

(1) 활성화 에너지가 작을수록 빨라짐

(2) 분자의 충돌횟수가 많을수록, 반응온도가 높을수록(10℃ 상승에 따라서 2배씩 증가) 빨라짐

02 연료의 시험방법

1 고체

(1) 시료 채취 : 계통 시료 채취, 층별 시료 채취, 이단 시료 채취

(2) 수분 측정 : (석탄 107 ± 2 ℃, 코크스 150 ± 5 ℃) 감량된 무게로 측정

(3) 석탄 : 고정탄소 % = 100 - (수분 % + 회분 % + 휘발유 %) → 항습베이스

(4) 코크스 : 고정탄소 %

(5) 원소 분석 : 탄소, 황, 질소, 인, 수소, 산소

2 액체

(1) 황분 측정법 : 램프식(용량법, 중량법), 봄브식, 연소관식(공기법, 산소법)

(2) 인화점 : 팬스키미아텐스식, 아벨펜스키식, 클리브랜식, 타크식
산화에 의한 온도 상승을 측정

(3) 착화점 : 산화에 의한 탄산가스 생성을 측정
산화에 의한 중량 변화를 측정

3 기체

(1) 비중 측정 : 유출법, 문젠시링법, 라이트법

※ 그레이엄의 법칙 : 유출속도는 밀도의 제곱근에 반비례한다. 즉, 유출시간은 가스밀도의 제곱근에 비례한다.

(2) 시료채취
① 1차 여과기 : 내열성이 좋고 제진효과가 좋은 아람단이나 카보런덤
② 2차 여과기 : 계기직전에 석면, 면, 유리솜

03 연료의 특징

1 고체연료

(1) 장점
① 연소 시 분무 등으로 인한 소음이 없음
② 역화 또는 폭발 등 사고가 없음

③ 수송이 편리
④ 화염에 의한 국부가열을 일으키지 않음

(2) 단점

① 사용 전 전처리(건조 및 분쇄)가 필요
② 발열량이 낮음
③ 연소 시 다량의 공기가 필요
④ 연소 후 잔재물이 남음
⑤ 연소 조절이 곤란하고 큰 열손실을 필요로 함
⑥ 연소 시 매연 발생이 많음

2 액체연료

(1) 장점

① <u>연소효율 및 열효율이 높음</u>
② 저장 및 운반이 용이
③ 저장 중의 변질이 적음
④ 회분이 거의 없음
⑤ 점화, 소화 및 연소의 조절과 계량, 기록이 비교적 용이
⑥ 균일한 품질의 것을 구할 수 있음

(2) 단점

① 화재, 역화 등의 위험이 크며 연소 온도가 높기 때문에 국부가열을 일으키기 쉬움
② 사용 버너의 종류에 따라서는 연소 시에 소음을 발생
③ 중질유는 많은 황분을 함유하고 있어 연소 시 SO_2를 발생

3 기체연료

(1) 장점

① 연소 조절이 용이
② 적은 과잉 공기로 완전연소가 됨
③ <u>연소효율이 높음</u>
④ 회분 및 매연 등의 오염물 생성량이 거의 없음
⑤ 황 성분이 거의 없음
⑥ 발열량이 매우 높음

(2) 단점

① 저장이 곤란
② 설비 및 연료가 많이 듦
③ 다른 연료에 비해 방사열이 적음

04 연료의 특성

※ <u>수분이 많은 연료 : 점화가 어렵고 열의 효율이 떨어짐</u>

※ 회분이 많은 연료 : 발열량이 낮고 클링커 발생으로 통풍력 저하

※ 휘발분이 많은 연료 : 점화는 쉬우나 발열량 저하

※ 고정탄소가 많은 연료 : 발열량이 높고 매연 감소, 연소속도가 늦어짐

1 공기비가 클 때 연소에 미치는 영향

(1) 연소실 내의 연소온도가 저하

(2) 통풍력이 강하여 배기가스에 의한 열손실이 많아짐

(3) 연소가스 중에 SO_3의 함유량이 많아져서 저온부식이 촉진

(4) 연소가스 중에 NO_2의 발생량이 심하여 대기오염이 유발

2 공기비가 작을 때 연소에 미치는 영향

(1) 불완전연소가 되어 매연 발생이 심해짐

(2) 미연소에 의한 열손실이 증가

(3) 미연소 가스로 인한 폭발사고가 일어나기 쉬움

3 발화점에 영향을 미치는 인자

온도, 압력, 조성, 용기의 크기 및 형태

4 연소온도에 영향을 미치는 인자

연료의 저위발열량, 공기비, 산소 농도, 열전달계수

5 예혼합연소(혼합기연소)

가연성 기체를 미리 공기와 혼합시켜 연소하는 방식

6 내부연소(자기연소)

외부로부터 산소 공급이 없더라도 자체 산소를 이용하여 연소

05 가스사고조사

1 고압가스사고의 통보

① 사업자등과 특정고압가스 사용신고자는 그의 시설이나 제품과 관련하여 다음의 어느 하나에 해당하는 사고가 발생하면 산업통상자원부령으로 정하는 바에 따라 즉시 한국가스안전공사에 통보하여야 하며, 통보를 받은 한국가스안전공사는 이를 시장·군수 또는 구청장에게 보고하여야 한다.

1. 사람이 사망한 사고
2. 사람이 부상당하거나 중독된 사고
3. 가스누출에 의한 폭발 또는 화재사고
4. 가스시설이 손괴되거나 가스누출로 인하여 인명대피나 공급중단이 발생한 사고
5. 그 밖에 가스시설이 손괴(損壞)되거나 가스가 누출된 사고로서 산업통상자원부령으로 정하는 사고

② 제1항에 따라 통보를 받은 한국가스안전공사는 사고재발 방지와 그 밖의 가스사고 예방을 위하여 필요하다고 인정하면 그 원인과 경위 등 사고에 관한 조사를 할 수 있다.

2 고압가스사고조사위원회의 구성·운영

① 가스사고조사위원회는 위원장 1명을 포함한 12명 이내의 위원으로 구성한다.

② 위원회의 위원은 다음의 어느 하나에 해당하는 사람 중에서 산업통상자원부장관이 임명 또는 위촉하고, 위원장은 위원 중에서 산업통상자원부장관이 임명 또는 위촉한다.

1. 가스안전 업무를 수행하는 공무원
2. 가스안전 업무와 관련된 단체 및 연구기관 등의 임직원
3. 가스안전 업무에 관한 학식과 경험이 풍부한 사람

3 액화석유가스사고의 통보

① 한국가스안전공사에 사고를 알려야 하는 자

1. 액화석유가스 충전사업자(그 영업소를 포함한다), 액화석유가스집단공급사업자, 가스용품 제조사업자, 액화석유가스 판매사업자와 법 제9조에 따른 등록을 한 액화석유가스 위탁운송사업자
2. 액화석유가스 저장소설치자
3. 액화석유가스 특정사용자(액화석유가스의 저장능력이 250킬로그램을 초과하는 경우만 해당한다)

사고 종류별 통보의 방법 및 기한은 다음 표와 같다.

사고 종류	통보방법	통보기한	
		속보	상보
가. 사람이 사망한 사고	전화나 팩스를 이용한 통보(이하 "속보"라 한다) 및 서면으로 제출하는 상세한 통보(이하 "상보"라 한다)	즉시	사고 발생 후 20일 이내
나. 사람이 부상하거나 중독된 사고	속보와 상보	즉시	사고 발생 후 10일 이내
다. 가스누출로 인한 폭발이나 화재사고(가목 및 나목의 경우는 제외한다)	속보	즉시	-
라. 가스시설이 손괴되거나 가스누출로 인하여 인명대피나 가스의 공급중단이 발생한 사고(가목부터 다목까지의 경우는 제외한다)	속보	즉시	-
마. 액화석유가스 사업자등의 저장탱크 또는 소형저장탱크에서 가스가 누출된 사고(가목부터 라목까지의 경우는 제외한다)	속보	즉시	-

Level up

사고 통보내용에 포함되어야 하는 사항
가. 통보자의 소속, 직위, 성명 및 연락처
나. 사고 발생 일시
다. 사고 발생 장소
라. 사고내용
마. 시설현황
바. 피해현황(인명과 재산)
※ 다만 속보인 경우에는 마목과 바목의 내용을 생략할 수 있다.

1~3 OX퀴즈

※ OX퀴즈로 최다빈출 개념을 쉽게 정리하고 기출 유형까지 미리 익혀보세요.

1 일산화탄소 중독 초기증상은 맥박이 빨라지며 호흡이 곤란해진다. O X

2 산소 농도가 18 % 미만이면 산소결핍이다. O X

3 독성 가스 누출 시 흡착제에 의해 흡착한다. O X

4 사고 통보내용에는 속보인 경우 피해현황을 상세히 포함해야 한다. O X

정답 01 (X) 02 (O) 03 (O) 04 (X)

01 일산화탄소 중독 <u>후기증상</u>은 맥박이 빨라지며 호흡이 곤란해진다.
04 사고 통보내용에는 속보인 경우 <u>피해현황과 시설현황을 생략할 수 있다</u>.

1~3 필수예제

01 일산화탄소 중독 시 조치사항으로 틀린 것을 고르시오.

① 창문을 개방하고 신선한 장소로 환자를 옮긴다.
② 머리를 아래로 내리고 기도를 유지한다.
③ 호흡이 멈춘 경우 인공호흡을 실시한다.
④ 고압산소 치료가 가능한 병원으로 이송한다.

해설 일산화탄소 중독 시 조치사항
1. 창문을 개방하고 신선한 장소로 환자를 옮김
2. 머리를 뒤로 젖히고 턱을 들어 올려 기도 유지
3. 입안의 이물질 제거
4. 호흡이 멈춘 경우엔 인공호흡 실시
5. 고압산소 치료가 가능한 병원으로 이송

정답 01 ②

모아북스

PART 05
CBT 복원문제

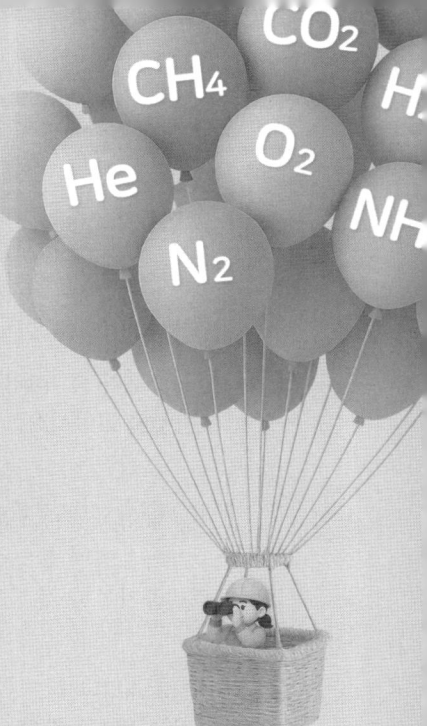

2025 CBT 복원 01 / CBT 복원 02 / CBT 복원 03 / CBT 복원 04
2024 CBT 복원 01 / CBT 복원 02
2023 CBT 복원 01 / CBT 복원 02
2022 CBT 복원 01 / CBT 복원 02
2021 CBT 복원 01 / CBT 복원 02
2020 CBT 복원 01 / CBT 복원 02
2019 CBT 복원 01 / CBT 복원 02

2025 CBT 복원 01

01 다음 보기 중 부타디엔에 대한 설명으로 틀린 것을 고르시오.

① 무색 무취인 가스이다.
② 합성고무의 원료이다.
③ 독성이며 불연성인 가스이다.
④ 공기보다 무거운 가스이다.

해설 부타디엔
- 부타디엔은 무색, 유독성, 가연성 가스이며 합성고무의 원료로 사용된다.
- 부타디엔의 분자량 : 54

02 하버보시법을 이용하여 암모니아 10 kg을 제조하려고 한다. 이때 필요한 수소는 몇 m³인지 계산하시오.

① 19.76
② 81.43
③ 39.53
④ 93.31

해설 하버보시법
반응식 : $N_2 + 3H_2 \rightarrow 2NH_3$
(2×17) kg : (3×22.4) m³ = 10 kg : x [m³]
$\therefore x = \dfrac{3 \times 22.4 \times 10}{34} = 19.76$

03 헴펠법으로 분석이 불가능한 가스를 고르시오.

① 이산화탄소
② 산소
③ 질소
④ 일산화탄소

해설 흡수분석법
혼합가스를 특정 흡수액에 흡수시켜 전후 가스용적 차에서 흡수된 가스량을 구하여 분석
(1) 헴펠법 분석순서
  ① CO_2(이산화탄소) : 수산화칼륨(KOH) 30 g/H_2O 100 ml
  ② CmHn(중탄화수소) : 무수황산 25 %를 포함한 발연황산
  ③ O_2(산소) : 수산화칼륨(KOH) 60 g/H_2O 100 ml + 피로카롤 12 g/H_2O 100 ml
  ④ CO(일산화탄소)

  암 이중산일 헴

(2) 오르자트법 분석순서
  ① CO_2(이산화탄소) : 수산화칼륨(KOH) 30 % 수용액
  ② O_2(산소) : 알칼리성 파이로갈롤 용액
  ③ CO(일산화탄소) : 암모니아성 염화 제1동 용액

  암 오 이산일

정답 01 ③ 02 ① 03 ③

04 수소와 산소의 혼합비가 얼마일 때 수소 폭명기라고 하는가?

① 1 : 4
② 2 : 1
③ 1 : 1
④ 1.5 : 2

해설 수소폭명기
수소와 산소의 혼합비가 2 : 1일 때 수소폭명기이다.

05 액화 석유가스 충전사업시설 중 저장탱크와 다른 저장탱크와의 사이에는 두 저장탱크의 최대직경을 합산한 길이의 1/4이 1 m 이상일 경우에 얼마의 간격을 유지해야 하는가?

① 2 m
② 그 길이의 간격
③ 그 길이의 간격의 1/2
④ 3 m

해설 이격거리
저장탱크 사이 거리는 두 탱크 최대지름 합의 1/4 이상일 것(단, 최소 1 m 이상을 확보해야 함)

06 최소점화에너지에 영향을 주는 인자로 틀린 것을 고르시오.

① 온도
② 조성
③ 압력
④ 색상

해설 최소점화에너지
최소점화에너지에 영향을 주는 인자 : 분자구조, 온도, 조성, 압력

07 저압압축기이며 대용량을 취급할 수 있는 압축기를 고르시오.

① 왕복동식
② 원심식
③ 흡수식
④ 회전식

해설 대용량 압축기
원심식은 터보형 압축기이며 저압 대용량 취급에 적합함

08 냉동기에 사용되는 냉매 구비조건으로 틀린 것을 고르시오.

① 비체적이 적을 것
② 부식성이 적을 것
③ 증발잠열이 클 것
④ 분해성이 클 것

해설 냉매 구비조건
(1) 물리적
  ① 저온에서도 높은 포화압력을 가지고 상온에서 응축액화가 잘될 것
  ② 응고온도가 낮을 것
  ③ 임계온도가 높을 것
  ④ 윤활유, 수분 등과 작용하여 냉동작용에 영향을 미치는 일이 없을 것
  ⑤ 증발잠열이 크고 액체비열이 작을 것
  ⑥ 점도와 표면장력이 작을 것
  ⑦ 누설 발견이 쉬울 것
  ⑧ 전열작용이 양호할 것
  ⑨ 비열비가 작을 것
  ⑩ 터보냉동기용 냉매는 가스 비중이 클 것
  ⑪ 전기적 절연내력이 크고 전기절연물질을 침식시키지 않을 것
(2) 화학적
  ① 인화, 폭발성이 없을 것
  ② 금속을 부식시키지 않을 것
  ③ 화학적으로 안정될 것

정답 04 ② 05 ② 06 ④ 07 ② 08 ④

09 암모니아를 사용하는 냉동장치의 시운전에 사용해서는 안 되는 기체는?

① 질소 ② 산소
③ 공기 ④ 이산화탄소

해설 암모니아
암모니아는 가연성이자 독성인 가스이므로 조연성 가스인 산소는 불가능하다.

10 저온 저장탱크의 부압으로 인한 탱크의 파괴를 방지하기 위한 설비와 관계가 없는 것은?

① 압력계 ② 진공 안전밸브
③ 송액설비 ④ 벤트스택

해설 저장탱크 파괴 방지설비
진공안전밸브, 압력계, 압력경보설비, 송액설비 → 벤트스택 : 가스제조과정 중 생성된 이상가스를 외부로 배출시키는 안전용 굴뚝

11 다공물질의 용적이 150 m³며 아세톤 침윤 잔용적이 30 m³일 때의 다공도는 몇 %인가?

① 30 ② 40
③ 80 ④ 120

해설 다공도 계산
- 내용적 - 침윤 잔용적 = 150 - 30 = 120 m³
- 다공도 = (120/150) × 100 = 80 %
- 다공도(%) = [(V - E)/V] × 100(V : 다공 물질 용적, E : 아세톤 침윤시킨 전용적)

12 도시가스는 무색무취이기 때문에 누출 시 중독 및 사고를 미연에 방지하기 위하여 부취제를 첨가 하는데 그 첨가 비율은?

① 0.1 % 이하 ② 0.01 % 이하
③ 0.2 % 이하 ④ 0.02 % 이하

해설 부취제
부취제 함량 : 1/1000 = 0.1 %

13 아세틸렌가스 충전 시에 희석제로서 부적합한 것은?

① 메탄 ② 프로판
③ 수소 ④ 이산화황

해설 아세틸렌가스 희석제
- 에틸렌
- 메탄
- 일산화탄소
- 질소

14 밸브 부근의 온도가 일정 온도를 넘으면 퓨즈메탈이 열려서 가스가 방출되는 안전밸브는?

① 가용전식 ② 스프링식
③ 중추식 ④ 병용식

해설 안전밸브
- 스프링식
  일반적으로 가장 널리 사용 → LPG
- 파열판식
  얇은 박판 주위를 홀더로 공정하여 보호하는 장치에 설치 → 암모니아
- 가용전식
  용기 내 온도가 규정온도 이상이면 용기 내 전체가스 배출 → 염소, 아세틸렌, 암모니아

15 크로스헤드의 본체 재료로 일반적으로 사용하지 은 것은?

① 반주강 ② 단강
③ 청동주물 ④ 주강

해설 **크로스헤드**
크로스헤드는 피스톤에 옆으로 전달되는 힘(압력)을 제거하기 위해 왕복압축기에서 사용되는 메커니즘이다. 강을 본체 재료로 사용한다.

16 100 ℉를 섭씨온도로 환산하면 몇 ℃인가?

① 20.8 ② 27.8
③ 37.8 ④ 50.8

해설 **온도 단위**
- 화씨온도(℉) : $\frac{9}{5} \times ℃ + 32$
- 섭씨온도(℃) : $\frac{5}{9} \times (℉ - 32)$
- $℃ = \frac{5}{9}(℉ - 32) = \frac{5}{9}(100 - 32) = 37.8℃$

17 자연발화 중 산화열에 해당되는 물질은?

① 시안수소 ② 염화비닐
③ 과산화질소 ④ 산화은

해설 **과산화질소**
다른 물질에 의한 산화열에 의해 발화할 수 있는 물질

18 가스설비 및 배관 도면의 기재사항 중 3150, 3/4B, SPP, 백이라고 하면 다음 중 틀린 것은?

① 3150 : 관의 길이(mm)
② 3/4B : 관의 내경이 3/4인치
③ SPP : 스텐레스 강관
④ 백 : 아연도금 관

해설 **배관 도면 표기**
- 3150 : 관 길이(mm)
- 3/4B : 호칭지름 3/4(일반적으로 내경을 뜻)
- 스테인리스(스텐레스) : 보통 STS
- 백 : 아연도금관(백관)

19 독성 가스를 운반 시 휴대하는 보호구가 아닌 것은?

① 방독마스크 ② 메가폰
③ 보호의 ④ 보호장화

해설 **독성 가스 운반 시**
(1) 공기호흡기 또는 송기식 마스크
(2) 방독마스크
(3) 보호장갑 및 보호장화

20 왕복펌프의 맥동을 감소시키기 위해 설치하는 것을 고르시오.

① 서지탱크 ② 체크밸브
③ 공기실 ④ 스트레이너

해설 **왕복펌프 맥동 저감**
공기실(에어챔버) 또는 서지탱크

정답 15 ③ 16 ③ 17 ③ 18 ③ 19 ② 20 ③

21 차량에 고정된 탱크가 있다. 차체 폭이 A, 차체길이가 B라고 할 때 이 탱크의 운반 시 표시해야 하는 경계표시의 크기는?

① 가로 A × 0.3 이상, 세로 B × 0.2 이상
② 가로 B × 0.3 이상, 세로 A × 0.2 이상
③ 가로 A × 0.3 이상, 세로 A × 0.3 × 0.2 이상
④ 가로 A × 0.3 이상, 세로 B × 0.3 × 0.2 이상

해설 고압가스 운반 차량 차폭
가로치수 : 30 % 이상
세로치수 : 가로치수의 20 % 이상 직사각형

22 원통형 저조의 경판 구조 중 내압강도가 가장 큰 것을 고르시오.

① 반구형 경판   ② 접시형 경판
③ 반타원형 경판 ④ 원추형 경판

해설 내압강도
반구형 > 반타원형 > 접시형 > 원추형

23 다음 압력단위 중 절대압력의 단위는?

① $kg/cm^2 \cdot g$ ② $kg/cm^2 \cdot vac$
③ $kg/cm^2 \cdot abs$ ④ $kg \cdot m$

해설 압력
- abs : 절대압력
- g : 게이지압력
- vac : 진공압력

24 아세틸렌 1 m³ 연소 시 소요되는 공기량은 몇 m³인가? (단, 공기 중 산소량은 21 %이다)

① 2   ② 10
③ 12   ④ 20

해설 소요 공기량
$C_2H_2 + 2.5 O_2 \rightarrow 2 CO_2 + H_2O$
$\therefore \dfrac{2.5}{0.21} = 12 m^3$

고난도! 25 가스밀도가 0.25인 기체의 비체적은?

① 0.25 L/g   ② 0.25 kg/L
③ 4.0 L/g   ④ 4.0 kg/L

해설 비체적 계산
비체적은 질량당 부피이다.
가스밀도가 0.25라는 말은
$\dfrac{질량}{부피} = 0.25$이므로 $\dfrac{질량}{22.4} = 0.25$이며
질량 = 22.4 × 0.25 = 5.6
따라서 비체적 = $\dfrac{부피}{질량} = \dfrac{22.4}{5.6} = 4$

26 저온부터 초저온까지 사용되는 금속재료로 알맞은 것을 고르시오.

① 몰리브덴   ② 티탄
③ 크롬   ④ 백금

해설 백금
백금은 초저온까지 사용이 가능한 금속재료다.

정답 21 ③ 22 ① 23 ③ 24 ③ 25 ③ 26 ④

27 고순도의 수소를 제조하기 위해 수소 중의 산소를 제거하는 방법으로 옳은 것은?

① 분해연소 ② 심랭분리
③ 원심분리 ④ 확산연소

해설 심랭분리
기체의 혼합물을 압축, 냉각하여 액체로 만든 후 다시 끓는점 차이에 의해 각 성분 물질로 분리하는 방법
(1) 공기를 액화하여 산소와 질소 아르곤으로 분리
(2) 천연가스를 분리 정제

28 BOG(Boil Off Gas)란 무슨 뜻인가?

① 엘엔지(LNG) 저장 중 열침입으로 발생한 가스
② 엘엔지(LNG) 저장 중 사용하기 위하여 기화시킨 가스
③ 정유탑 상부에 생성된 오프가스(Off Gas)
④ 정유탑 상부에 생성된 부생가스

해설 BOG(Boil Off Gas)
BOG(Boil-Off Gas)는 LNG가 저장·운송 중 외부 열침입으로 일부가 자연 기화되어 생기는 증발가스

29 수소 1 g이 1 L 부피와 0 ℃ 조건에서 나타내는 압력은 약 몇 기압인가?

① 8기압 ② 11기압
③ 13기압 ④ 15기압

해설 압력 계산
$PV = nRT$

$P = \dfrac{nRT}{V}$

$= \dfrac{0.5 \times 0.0821 \times (273+0)}{1} = 11$

(수소분자량은 2 g인데 문제에서 1 g이라고 하였으므로 0.5몰이다)

30 공기액화분리기에서 이산화탄소 7.2 kg을 제거하기 위해 필요한 건조제의 양은 약 몇 kg인가?

① 6 kg ② 9 kg
③ 13 kg ④ 15 kg

해설 이산화탄소 제거
- $2NaOH + CO_2 \rightarrow NaCO_3 + H_2O$
- NaOH 분자량 : 40
- CO_2 분자량 : 44
- CO_2 1 g 제거 시 NaOH :
  $(2 \times 40)/44 = 1.81$
- $1.81 \times 7.2 = 13$

31 가스 충전구의 나사방향이 왼나사이어야 하는 것은?

① 암모니아 ② 브롬화메틸
③ 산소 ④ 아세틸렌

해설 충전구 나사 방향
- 가연성 가스 : 왼나사
  → 단, 암모니아, 브롬화메탄은 오른나사
- 기타 : 오른나사

정답 27 ② 28 ① 29 ② 30 ③ 31 ④

32 가스용접 중 고무 호스에 역화가 일어났을 때 제일 먼저 해야 할 일은?

① 즉시 산소용기의 밸브를 닫는다.
② 토오치에서 고무관을 뺀다.
③ 안전기에 규정의 물을 넣어 다시 사용한다.
④ 토오치의 나사부를 충분히 조인다.

> **해설** 가스용접
> 역화 발생 시 산소용기에서 산소가 공급이 되면 폭발의 위험이 있음

33 다음 중 프레온가스의 용도로 옳은 것은?

① 형광등 등 방전관의 충진제
② 합성고무의 제조
③ 냉동기의 냉매로 사용
④ 알루미늄의 절단 및 용접용

> **해설** 가스 용도
> ① 네온·아르곤 등 불활성기체
> ② 부타디엔
> ④ 산소·아세틸렌(또는 LPG) 조합

34 LPG 충전소에는 시설의 안전확보상 "충전 중 엔진 정지"를 주위에 보기 쉬운 곳에 설치해야 한다. 이 표지판은?

① 흑색바탕에 백색 글씨
② 흑색바탕에 황색 글씨
③ 백색바탕에 흑색 글씨
④ 황색바탕에 흑색 글씨

> **해설** LPG 충전소 표지판 기준
> 충전 중 엔진 정지 : 황색바탕에 흑색글씨

35 공기 액화분리장치에 들어가는 공기 중에 아세틸렌가스가 혼입하면 안 되는 이유로 가장 옳은 것은?

① 산소의 순도가 나빠지기 때문에
② 분리기 내의 액화산소 탱크 내에 들어가 폭발하기 때문에
③ 배관 내에서 동결되어 막히므로
④ 질소와 산소의 분리에 방해가 되므로

> **해설** 공기 중 아세틸렌가스 혼입
> 아세틸렌은 액화산소에 농축 및 용해되어 폭발성 혼합가스를 만들 수 있으므로 혼입불가

36 아세틸렌용기에 표시하는 문자로 옳은 것은?

① 독   ② 연
③ 독, 연   ④ 지

> **해설** 용기 표시
> • 독 : 독성 가스
> • 연 : 가연성 가스

37 인화온도는 약 -30 ℃이고, 발화온도가 매우 낮아 전구표면이나 증기파이프 등의 열에 의해 발화할 수 있는 가스는?

① CS_2 ② C_2H_4
③ C_2H_2 ④ C_2H_8

> **해설** 이황화탄소(CS_2)
> • 폭발 범위 : 1.25 ~ 44 %
> • 인화점 : -30 ℃

38 헴펠법에 의한 가스분석 시 가장 먼저 흡수되는 가스는?

① C_2H_6 ② CO_2
③ O_2 ④ CO

해설 **흡수분석법**
- 오르자트법
  ㉠ CO_2 : KOH 30 % 수용액
  ㉡ O_2 : 알카리성피로카롤용액
  ㉢ CO : 암모니아성 염화제1동용액
- 헴펠법
  ㉠ CO_2 : KOH 30 % 수용액
  ㉡ $C_mH_m(C_2H_2)$: 발연황산 25 %
  ㉢ O_2 : 알카리성피롤카롤용액
  ㉣ CO : 암모니아성 염화제1동용액
- 게겔법
  ㉠ CO_2 : KOH 30 % 수용액
  ㉡ C_2H_2 : 요오드수은칼륨용액
  ㉢ $n-C_4H_8$: 87 % 황산
  ㉣ C_2H_4 : 취소수용액
  ㉤ O_2 : 알카리성피롤카롤용액
  ㉥ CO : 암모니아성 염화제1동용액

39 내압시험에 합격하려면 용기의 전증가량이 500 cc일 때 영구 증가량은 얼마인가? (단, 이음매 없는 용기는 신규검사 시)

① 80 cc 이하 ② 50 cc 이하
③ 60 cc 이하 ④ 70 cc 이하

해설 **가스용기 영구증가율**

$$영구증가율 = \frac{영구증가량}{전 증가량} \times 100$$

$$= \frac{영구증가량}{500} \times 100$$

계산 후 10 % 이하여야 합격이다.
따라서 50 cc 이하여야 합격

40 아세틸렌 제조시설에서 가스 발생기의 종류에 해당하지 않는 것은?

① 주수식
② 침지식
③ 투입식
④ 사관식

해설 **아세틸렌 제법**
(1) 투입식 : 물에 카바이드(탄화칼슘)을 넣는 방법
(2) 침지식 : 물과 카바이드(탄화칼슘)을 소량씩 접촉하는 방법
(3) 주수식 : 카바이드(탄화칼슘)에 물을 넣는 방법

41 가연성 고압가스 제조공장에 있어서 착화원인이 될 수 없는 것은?

① 정전기
② 베릴륨 합금제공구에 의한 타격
③ 사용 촉매의 접촉작용
④ 밸브의 급격한 조작

해설 **가연성 가스 제조소 착화원인**
- 밸브의 급격한 조작
- 사용 촉매의 접촉
- 정전기 → 베릴륨 합금제 공구에 의한 타격
  : 착화를 방지하여 가스사고 예방

정답 38 ② 39 ② 40 ④ 41 ②

42 다음 설명 중 옳지 않은 것은?

① 1 J은 1 N·m와 같다.
② 등엔트로피과정이란 가역단열과정을 말한다.
③ 1kcal는 427 kg·m와 같다.
④ 카르노사이클은 2개의 등온과정과 2개의 등압과정으로 구성된 사이클이다.

해설 카르노사이클
2개의 단열과정과 2개의 등온과정으로 구성된 열기관의 이론적인 사이클

43 독성인 냉매가스설비에서 기계 통풍장치 설치시 냉동능력 1톤당 환기능력은 얼마인가?

① 0.5 m³/분 이상
② 1 m³/분 이상
③ 2 m³/분 이상
④ 2.5 m³/분 이상

해설 환기능력
- 독성인 냉매가스설비에서 기계 통풍장치 설치 시 냉동능력 1톤당 환기능력 : 2 m³/분 이상
- 액화석유가스 저장시설의 통풍능력 바닥면적 1 m²마다 0.5 m³/분 이상

44 구리관의 특징이 아닌 것은?

① 내식성이 좋아 부식의 염려가 없다.
② 열전도율이 높아 복사난방용에 많이 사용된다.
③ 스케일 생성에 의한 열효율의 저하가 적다.
④ 굽힘, 절단, 용접 등의 가공이 복잡하여 공사비가 많이 든다.

해설 구리관
굽힘과 절단, 용접 등 가공이 용이하며 공사비가 적게 든다.

45 압축천연가스자동차 충전소에 설치하는 압축가스설비 설계압력이 25 MPa인 경우 이 설비에 설치하는 압력계 지시눈금은?

① 최소 25.0 MPa까지 지시 가능한 것
② 최소 32.5 MPa까지 지시 가능한 것
③ 최소 37.5 MPa까지 지시 가능한 것
④ 최소 50.0 MPa까지 지시 가능한 것

해설 압력계 지시눈금
압력계의 지시범위는 보통 설계압력의 1.5배 이상 2배 이하이므로
25 MPa × 1.5 = 37.5 이상
25 MPa × 2 = 50 이하

46 부탄가스 주된 용도가 아닌 것은?

① 산화에틸렌 제조
② 라이터 연료
③ 자동차 연료
④ 에어졸 제조

해설 부탄가스 용도
- 자동차 연료
- 라이터 연료
- 에어졸 제조

47 독성 가스 저장탱크에는 그 가스 용량이 탱크 내용적의 몇 %까지 채워야 하는가?

① 70 % ② 80 %
③ 90 % ④ 95 %

해설 독성 가스 저장탱크 용량
탱크 내용적의 90 %까지 채워야 함

48 염소의 일반적 성질에 대한 설명으로 틀린 것은?

① 수분과 작용하면 염산을 생성하여 철강을 심하게 부식시킨다.
② 무색의 자극적인 냄새를 가진 독성, 가연성 가스이다.
③ 암모니아와 반응하여 염화암모늄을 생성한다.
④ 수돗물의 살균 소독제, 표백분 제조에 이용된다.

해설 염소(Cl_2)
- 액체 : 담황색
- 기체 : 황록색

49 같은 조건일 때 액화하기 가장 쉬운 가스는?

① 수소   ② 암모니아
③ 네온   ④ 아세틸렌

해설 가스의 비점
- 비점이 낮을수록 액화가 어려움
- 수소(H_2) : -252 ℃
- 암모니아(NH_3) : -33.3 ℃
- 아세틸렌(C_2H_2) : -84 ℃
- 네온(Ne) : -249.9 ℃

50 표준냉동사이클의 p-h(압력-엔탈피) 선도에 대한 설명으로 틀린 것은?

① 응축과정에서는 압력이 일정하다.
② 압축과정에서는 엔트로피가 일정하다.
③ 증발과정에서는 온도와 압력이 일정하다.
④ 팽창과정에서는 엔탈피와 압력이 일정하다.

해설 표준냉동사이클의 P-h 선도
팽창과정에서는 엔탈피는 일정하고 압력이 내려간다.

51 다음 중 열과 같은 차원을 갖는 것은?

① 밀도   ② 비중
③ 비중량   ④ 에너지

해설 열
열은 물체 간 에너지 전달 형태이므로 차원이 에너지와 같음

정답 47 ③ 48 ② 49 ② 50 ④ 51 ④

52 15 ℃의 공기 15 kg과 30 ℃의 공기 5 kg을 혼합할 때 혼합 후의 공기온도는?

① 약 22.5 ℃ ② 약 20 ℃
③ 약 19.2 ℃ ④ 약 18.75 ℃

해설 혼합 후 공기온도

$$\frac{G_1C_1t_1 + G_2C_2t_2}{G_1C_1 + G_2C_2}$$
$$= \frac{(15 \times 1 \times 15) + (5 \times 1 \times 30)}{(15 \times 1) + (5 \times 1)}$$
$$= 18.75 \ ℃$$

53 열역학 제1법칙을 설명한 것으로 옳은 것은?

① 밀폐계가 변화할 때 엔트로피의 증가를 나타낸다.
② 밀폐계에 가해 준 열량과 내부에너지의 변화량의 합은 일정하다.
③ 밀폐계에 전달된 열량은 내부에너지 증가와 계가 한 일의 합과 같다.
④ 밀폐계의 운동에너지와 위치에너지의 합은 일정하다.

해설 열역학 제1법칙
밀폐계에 전달된 열량은 내부에너지 증가와 계가 한 일의 합과 같다.

54 다음 그림과 같은 건조 증기압축 냉동사이클의 성적계수는? (단, 엔탈피 a = 133.8 [kJ/kg], b = 397.1 [kJ/kg], c = 452.2 [kJ/kg]이다)

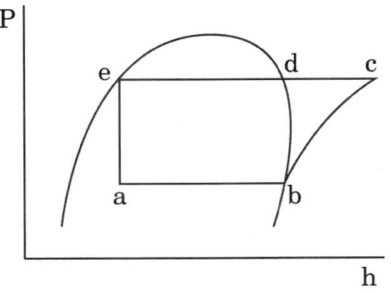

① 5.37 ② 5.11
③ 4.78 ④ 3.83

해설 성적계수(COP)

$$COP = \frac{q}{A_w} = \frac{397.1 - 133.8}{452.2 - 397.1} = 4.78$$

55 저장 능력 300 m³ 이상인 2개의 가스 홀더 A, B 사이에 유지해야 할 거리는? (단, A와 B의 최대 지름은 각각 8 m, 4 m이다)

① 1 m ② 2 m
③ 3 m ④ 5 m

해설 가스홀더 이격거리
- 가스홀더 2개 이상 인접 설치 : 각 지름 합산 값의 1/4 이상 거리 유지
- 8 m + 4 m = 12
- 12/4 = 3 m

정답 52 ④ 53 ③ 54 ③ 55 ③

56 천연가스 발열량이 10,400 kcal/Sm³다. SI 단위인 MJ/Sm³로 나타내면?

① 2.47
② 43.68
③ 2.476
④ 43,680

해설 발열량
- 1 kcal = 4.2 kJ
- 10400 × 4.2 = 43680 kJ = 43.68 MJ

57 지하에 설치하는 지역정압기에서 시설의 조작을 안전하고 확실하게 하기 위해서는 조명도를 얼마나 확보하여야 하는가?

① 80룩스
② 150룩스
③ 180룩스
④ 200룩스

해설 지역정압기 조명도
지하 설치 시 : 150 lux 필요

58 용기 종류별 부속품의 기호 중 압축가스를 충전하는 용기의 부속품은?

① LT
② PG
③ LG
④ AG

해설 압축가스 충전용기 기호
- LT : 저온 및 초저온 가스용
- PG : 압축가스용
- AG : 아세틸렌가스용
- LG : 그 밖의 가스용
- W : 질량
- V : 체적

59 직동식 정압기 기본 구성요소로 틀린 것은?

① 안전밸브
② 메인밸브
③ 스프링
④ 다이어프램

해설 정압기
- 직동식 : 메인밸브, 스프링, 다이어프램
- 파일럿식 : 파일럿, 스프링, 다이어프램

암 직메스다, 파파스다

60 0 ℃, 1 atm에서 6 L인 기체가 273 ℃, 1 atm일 때 몇 L인가?

① 4
② 10
③ 12
④ 24

해설 샤를의 법칙
- $\dfrac{V_1}{T_1} = \dfrac{V_2}{T_2}$
- $V_2 = V_1 \times \dfrac{T_2}{T_1} = 6 \times \dfrac{273+273}{273} = 12\,L$

정답 56 ② 57 ② 58 ② 59 ① 60 ③

2025 CBT 복원 02

01 액화 염소가스의 1일 처리능력이 38,000 kg 일 때 수용정원이 350명인 공연장과의 안전거리는 얼마로 유지해야 하는가?

① 11 m ② 18 m
③ 23 m ④ 27 m

해설 안전거리 계산

처리능력 및 저장능력	산소 처리·저장설비		독성, 가연성 가스 처리·저장설비		그 밖의 가스 처리·저장설비	
	제1종 보호시설	제2종 보호시설	제1종 보호시설	제2종 보호시설	제1종 보호시설	제2종 보호시설
1만 이하	12	8	17	12	8	5
1만 ~ 2만	14	9	21	14	9	7
2만 ~ 3만	16	11	24	16	11	8
3만 ~ 4만	18	13	27	18	13	9
4만 ~ 5만	20	14	30	20	14	10
5만 ~ 99만	-	-	30	20	-	-

(1) 제1종 보호시설
 ① 학교·유치원·어린이집·놀이방·어린이놀이터·학원·병원·도서관·청소년수련시설·경로당·시장·공중목욕탕·호텔·여관·극장·교회 및 공회당
 ② 사람을 수용하는 건축물로 독립된 부분의 연면적이 1000 m² 이상인 것
 ③ 예식장·장례식장 및 전시장, 유사한 시설로서 300명 이상 수용할 수 있는 건축물
 ④ 아동복지시설 또는 장애인복지시설로서 20명 이상 수용할 수 있는 건축물
 ⑤ 문화재보호법에 따라 지정문화재로 지정된 건축물
(2) 제2종 보호시설
 ① 주택
 ② 사람을 수용하는 건축물로 독립된 연면적 100 m² 이상 1000 m² 미만

염소가스이므로 독성이며, 350명인 공연장은 1종 보호시설이므로 27 m이다.

02 도시가스의 측정 사항에 있어서 반드시 측정하지 않아도 되는 것은?

① 농도 측정
② 연소성 측정
③ 압력 측정
④ 열량 측정

해설 도시가스 측정

도시가스는 유해성분, 열량, 압력, 연소성을 측정한다.
1. 열량 : 매일 6시 30분 ~ 9시 사이 / 17시 ~ 20시 30분 사이
2. 압력 : 가스홀더의 출구, 정압기 출구, 가스 공급시설의 끝부분 배관 자기압력계 사용
3. 연소성 : 매일 6시 30분 ~ 9시 사이 / 17시 ~ 20시 30분 사이 웨버지수가 표준 웨버지수의 ±4.5% 이내 유지
4. 도시가스 유해성분 : 황전량, 황화수소, 암모니아

정답 01 ④ 02 ①

03. 고압가스 냉매설비의 기밀시험 시 압축공기를 공급할 때 공기의 온도는?

① 40℃ 이하 ② 70℃ 이하
③ 100℃ 이하 ④ 140℃ 이하

해설 공기 온도

냉매설비에 대한 기밀시험은 다음 기준에 따른다. 다만 기밀시험을 실시하기 곤란한 경우에는 누출검사로 기밀시험에 갈음할 수 있고 설계압력의 1.25배 이상 기체압력에 의해 내압시험을 실시한 경우에는 그 내압시험으로 기밀시험에 갈음할 수 있다.
(1) 기밀시험은 합격한 압력용기 등의 조립품 또는 이들을 사용하여 냉매배관으로 연결한 냉매설비에 대하여 가스의 압력으로 실시한다.
(2) 기밀시험압력은 설계압력 이상의 압력으로 한다.
(3) 기밀시험에 사용하는 가스는 공기 또는 불연성 가스(산소 및 독성 가스를 제외한다)로 한다. 이때 공기압축기로 압축공기를 공급하는 경우에는 공기의 온도를 140℃ 이하로 할 수 있다.

04. 기동성이 있어 장·단거리 어느 경우도 적합하고 용기에 비해 다량 수송이 가능한 방식은?

① 용기에 의한 방법
② 탱크로리에 의한 방법
③ 철도 차량에 의한 방법
④ 유조선에 의한 방법

해설 가스 수송
(1) 용기 : 충전용기 자체가 저장설비로 이용 가능하며, 소량 수송의 경우 편리. 수송비가 많이 소요되고 취급 부주의로 사고 위험성이 높음
(2) 탱크로리 : 기동성이 있어 장.단거리에 적합하며 다량 수송 가능탱크로리의 탱크 필요
(3) 철도차량 : 철도에 부설된 유조차로 대량 수송 가능
(4) 유조선 : 해상수입설비가 있는 공급기지나 대량 소비자에게 수송
(5) 파이프 라인

05. 선박용 액화석유가스용기의 표시방법으로 옳은 것은?

① 용기의 상단부에 폭 2 cm의 황색 띠를 두 줄로 표시한다.
② 용기의 상단부에 폭 2 cm의 백색 띠를 두 줄로 표시한다.
③ 용기의 상단부에 폭 5 cm의 황색 띠를 한 줄로 표시한다.
④ 용기의 상단부에 폭 2 cm의 백색 띠를 한 줄로 표시한다.

해설 고압가스 안전관리법 시행규칙 [별표24] 용기등의 표시
(1) 가연성 가스(액화석유가스는 제외한다) 및 독성 가스는 각각 다음과 같이 표시한다.

[가연성 가스]   [독성 가스]

(2) 내용적 2 L 미만의 용기는 제조자가 정하는 바에 의한다.
(3) 액화석유가스용기 중 부탄가스를 충전하는 용기는 부탄가스임을 표시하여야 한다.

06 탄화수소에서 탄소수가 증가할수록 높아지는 것은?

① 증기압　② 발화점
③ 비등점　④ 폭발 하한계

해설 탄화수소
탄화수가 증가하면 분자 크기가 증가하여 반데르발스힘이 커져서 비등점이 높아짐

07 염화메탄의 특징에 대한 설명으로 틀린 것은?

① 무취이다.
② 공기보다 무겁다.
③ 수분존재 시 금속과 반응한다.
④ 유독한 가스이다.

해설 염화메탄(CH_3Cl)
고약한 냄새가 난다.

08 어떤 고압설비의 상용압력이 1.6 MPa일 때 이설비의 내압시험 압력은 몇 MPa 이상으로 실시하여야 하는가?

① 1.6　② 2.0
③ 2.4　④ 2.7

해설 내압시험 압력
① 압축가스 및 액화가스
= 최고충전압력(FP) × 5/3배
② 아세틸렌용기 내압시험
= 최고충전압력(FP) × 3배
③ 고압가스설비 내압시험 = 상용압력 × 1.5배 고압설비의 내압시험을 구하는 문제이므로, 1.6 × 1.5배 = 2.4배

09 압축기에서 두압이란?

① 흡입 압력이다.
② 증발기내의 압력이다.
③ 크랭크 케이스내의 압력이다.
④ 피스톤 상부의 압력이다.

해설 압축기 두압
• 피스톤 상부 : 피스톤 압축과정 시 상부에 형성되는 압력
• 피스톤 하부 : 흡입 압력

10 배관용 탄소강관에 아연(Zn)을 도금하는 주된 이유는?

① 미관을 아름답게 하기 위해
② 보온성을 증대하기 위해
③ 내식성을 증대하기 위해
④ 부식성을 증대하기 위해

해설 틀린 선지
① 공기 중에서 산화되어 아연 산화물 ZnO을 형성
② 녹는점 419도, 끓는점 907도
③ 부식에 대한 저항성이 뛰어남

11 다음 중 용기 파열사고의 원인으로 보기 어려운 것은?

① 용기의 내압력 부족
② 용기 내압의 상승
③ 안전밸브의 작동
④ 용기 내에서 폭발성혼합가스에 의한 발화

정답 06 ③　07 ①　08 ③　09 ④　10 ③　11 ③

해설 **안전밸브 작동**
안전밸브는 압력이 높아졌을 때 압력을 배출하는 장치이므로 파열사고의 원인이 아니다.

12 다음 중 부텐에 대한 설명으로 틀린 것을 고르시오.

① 가연성 가스이다.
② 분자식은 C_4H_8이다.
③ 무색 가스이다.
④ 무취 가스이다.

해설 **부텐(C_4H_8)**
부텐은 냄새가 고약한 가스이다.

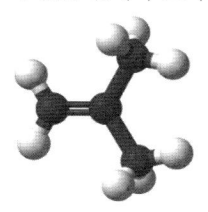

13 아르곤의 원자량으로 알맞은 것을 고르시오.

① 20
② 40
③ 62
④ 80

해설 **아르곤**
아르곤 Ar의 원자량 : 40

14 열전대 온도계 중 구리-콘스탄탄의 Type을 고르시오.

① R - Type
② K - Type
③ J - Type
④ T - Type

해설 **열전대 온도계**
- 백금 - 백금로듐(R) : 0 ~ 1600 ℃
- 크로멜 - 알루멜(K) : 0 ~ 1200 ℃
- 철 - 콘스탄탄(J) : -20 ~ 800 ℃
- 구리 - 콘스탄탄(T) : -200 ~ 350 ℃
- 수은 온도계 : -35 ~ 350 ℃

15 우주에서 가장 많이 차지하는 원소는?

① 산소 ② 질소
③ 수소 ④ 헬륨

해설 **우주 원소**
우주에서 가장 풍부한 원소는 수소이며(75 %), 두 번째로 풍부한 원소는 헬륨이다(25 %).

16 고압가스용기를 내압 시험한 결과 전증가량은 400 mL, 영구증가량은 20 mL였다. 영구증가율은 얼마인가?

① 0.3 %   ② 0.5 %
③ 5 %   ④ 10 %

해설 **가스용기 영구증가율**

$$영구증가율 = \frac{영구증가량}{전증가량} \times 100$$
$$= \frac{20}{400} \times 100 = 5$$

정답 12 ④ 13 ② 14 ④ 15 ③ 16 ③

17 다음 중 연소의 3요소가 아닌 것은? ✓최다빈출

① 점화원　　② 산소공급원
③ 가연물　　④ 인화점

> 해설　연소의 3요소
> 가연물, 산소공급원, 점화원

18 왕복압축기의 특징이 아닌 것은?

① 용적형이다.
② 효율이 낮다.
③ 고압에 적합하다.
④ 맥동현상을 갖는다.

> 해설　압축기 특징
> (1) 왕복압축기
> 　① 고압을 얻을 수 있음
> 　② 압축기 효율이 높음
> 　③ 용량조절이 용이하고 범위가 넓음
> 　④ 기체의 송출에 맥동이 있으므로 방진장치가 필요
> 　⑤ 저속회전이며, 형태가 크고 중량이 무겁고, 고가이며 설치 면적이 큼
> 　⑥ 용적형
> 　⑦ 윤활유식 또는 무급유식
> (2) 터보압축기
> 　① 무급유식이며 원심형
> 　② 기체의 맥동이 없고 연속적임
> 　③ 용량조절이 가능하나 비교적 어렵고 범위도 좁음
> 　④ 대용량에 적당하고 설치면적이 적음
> 　⑤ 서징현상이 있으므로 운전 중 주의할 것
> 　⑥ 고속회전이므로 형태가 적고 경량

19 아세틸렌용 용접용기 제조 시 다공질물의 다공도는 다공질물을 용기에 충전한 상태로 몇 ℃에서 아세톤 또는 물의 흡수량으로 측정하는가?

① 0 ℃　　② 15 ℃
③ 20 ℃　　④ 25 ℃

> 해설　아세틸렌용 용접용기 제조
> 다공질물의 다공도는 다공질물을 용기에 충전한 상태로 20 ℃에서 아세톤 또는 물의 흡수량으로 측정

20 액화석유가스설비의 가스안전사고 방지를 위한 기밀시험 시 사용이 부적합한 가스는?

① 공기　　② 탄산가스
③ 질소　　④ 산소

> 해설　기밀시험
> • 불연성 가스를 이용하여 실시
> • 산소, 불소, 염소, 이산화질소 : 조연성 가스

21 액화염소 2000 kg을 차량에 적재하여 운반할 때 휴대하여야 할 소석회는 몇 kg 이상을 기준으로 하는가?

① 10　　② 20
③ 30　　④ 40

> 해설　독성 가스 운반 시 휴대해야 할 약제
> • 1000 kg 미만 : 소석회 20 kg 이상 휴대
> • 1000 kg 이상 : 소석회 40 kg 이상 휴대

정답　17 ④　18 ②　19 ③　20 ④　21 ④

22 산소압축기의 내부 윤활유제로 이용되는 것은?

① 유지 ② 물
③ 석유 ④ 황산

해설 윤활제
- 염소압축기 : 황산
- 산소압축기 : 물 또는 글리세린수
- 아세틸렌압축기 : 광유

23 일산화탄소와 염소가 반응하여 생성되는 것은?

① 포스겐 ② 사염화탄소
③ 포스핀 ④ 카르보닐

해설 포스겐
$CO + Cl_2 \rightarrow COCl_2$(포스겐)

24 액화석유가스 판매업소 우전용기 보관실의 강제통풍장치 설치 시 통풍능력의 기준은?

① 바닥면적 1 m^2당 0.5 m^3/분 이상
② 바닥면적 1 m^2당 1.0 m^3/분 이상
③ 바닥면적 1 m^2당 1.5 m^3/분 이상
④ 바닥면적 1 m^2당 2.0 m^3/분 이상

해설 LPG 통풍능력 기준
바닥면적 1 m^2당 0.5 m^3/분 이상

25 오르자트법으로 시료가스를 분석할 때 성분분석 순서로 옳은 것은?

① $CO_2 \rightarrow O_2 \rightarrow CO$
② $O_2 \rightarrow CO \rightarrow CO_2$
③ $CO \rightarrow CO_2 \rightarrow O_2$
④ $O_2 \rightarrow CO_2 \rightarrow CO$

해설 오르자트법 가스분석 순서
$CO_2 \rightarrow O_2 \rightarrow CO$

26 이상 기체를 정적하에서 가열하면 압력과 온도 변화는?

① 압력 일정, 온도 증가
② 압력 증가, 온도 일정
③ 압력 증가, 온도 상승
④ 압력 일정, 온도 상승

해설 정적하에서 가열
압력 증가, 온도 상승

27 다음 중 가장 낮은 압력은?

① 10.33 mH_2O
② 1 kg/cm^2
③ 1 atm
④ 1 MPa

해설 1기압
- 10.33 mH$_2$O = 1atm
- 1 MPa ≒ 10 atm
  → 1 kg/cm^2 : 1 atm보다 작음
- 1기압(atm) = 760 mmHg
  = 10.332 mH$_2$O
  = 1.0332 kg/cm^2
  = 1.013 bar = 0.101325 MPa
  = 101.325 kPa
  = 14.7 Psi = 14.7 lb/in^2

28
LP가스 이송설비 중 압축기 부속장치로 토출 측과 흡입 측을 전환시키며 액송과 가스회수를 한 동작으로 할 수 있는 것은?

① 전자밸브
② 액가스분리기
③ 전자밸브액트랩
④ 사방밸브

해설 사방밸브
액송과 가스회수를 한 동작으로 가능

29
다음 가스 1몰을 완전연소시킬 때 공기가 가장 적게 필요한 것은? (최다빈출)

① 수소
② 에탄
③ 아세틸렌
④ 메탄

해설 가스 연소
- 수소 : H$_2$ + 0.5O$_2$ → H$_2$O
- 메탄 : CH$_4$ + 2O$_2$ → CO$_2$ + 2H$_2$O
- 아세틸렌 : C$_2$H$_2$ + 2.5O$_2$ → 2CO$_2$ + H$_2$O
- 에탄 : C$_2$H$_6$ + 3.5O$_2$ → 2CO$_2$ + 3H$_2$O

30
다음 설명과 관계있는 법칙은?

> 열은 스스로 저온에서 고온으로 이동하는 것은 불가능하다.

① 에너지보존의 법칙
② 열역학 제2법칙
③ 평형이동의 법칙
④ 보일 - 샤를의 법칙

해설 열역학 제2법칙
- 열을 일로 바꾸는 영구기관은 존재하지 않음
- 효율이 100 %인 기관은 존재하지 않음

31
가연성 가스 검출기 중 탄광에서 발생하는 CH$_4$ 농도 측정 시 주로 사용되는 것은?

① 열선형
② 안전등형
③ 간섭계형
④ 반도체형

해설 안전등형
탄광에서 발생하는 메탄(CH$_4$)의 농도 측정

32
정압비열(C$_p$)와 정적비열(C$_v$) 관계를 나타내는 비열비(k)를 옳게 나타낸 것은?

① k = C$_p$/C$_v$
② k = C$_v$/C$_p$
③ k = C$_v$-C$_p$
④ k < 1

해설 가스 비열비
- 비열비(K) = $\dfrac{정압비열}{정적비열}$
- 기체 : 정압비열 > 정적비열

정답 28 ④ 29 ① 30 ② 31 ② 32 ①

33 저장탱크 방류둑 용량은 저장능력에 상당하는 용적 이상 용적이다. 다만 액화산소 저장탱크의 경우는 저장능력 상당용적 몇 % 이상인가?

① 40 ② 60
③ 90 ④ 98

해설 액화산소 방류둑 용량
60 % 이상

34 용기 내용적이 105 L인 액화암모니아용기에 충전할 수 있는 가스 충전량은 몇 kg인가? (단, 액화암모니아의 가스정수 C값은 1.86이다)

① 20.5 ② 46.5
③ 56.5 ④ 127.5

해설 가스 충전량
W = V/C = 105/1.86 = 56.5 kg

35 도시가스사용시설 가스계량기 설치 기준으로 옳은 것은?

① 시설 안에서 사용하는 자체 화기를 제외한 화기와 가스계량기와 유지하여야 하는 거리는 3 m 이상이어야 한다.
② 시설 안에서 사용하는 자체 화기를 제외한 화기와 입상관과 유지하여야 하는 거리는 4 m 이상이어야 한다.
③ 가스계량기와 단열조치를 하지 아니한 굴뚝과의 거리는 4 cm 이상 유지하여야 한다.
④ 가스계량기와 전기개폐기와의 거리는 60 cm 이상 유지하여야 한다.

해설 가스계량기 설치 기준
① 2 m 이상
② 2 m 이상
③ 30 cm 이상

36 산소가스설비 수리를 위한 저장탱크 내 산소를 치환할 때 산소측정기 등으로 치환 결과를 수시로 측정하여 산소의 농도가 원칙적으로 몇 % 이하가 될 때까지 치환하여야 하는가?

① 18 % ② 21 %
③ 22 % ④ 25 %

해설 산소가스설비 수리
치환 결과 산소 농도 22 % 이하까지 치환

37 고압가스 제조시설에 설치되는 피해저감설비로 방호벽을 설치하는 경우로 틀린 것은?

① 충전장소와 충전용 주관밸브 조작밸브 사이
② 압축기와 가스충전용기 보관장소 사이
③ 압축기와 충전장소 사이
④ 압축기와 저장탱크 사이

해설 피해저감설비
압축기와 저장탱크 사이는 방호벽 설치 불필요

38 가스배관 내 잔류물질 제거 시 사용하는 것이 아닌 것은?

① 압력계　　② 거버너
③ 피그　　　④ 컴프레서

> 해설 **가스배관 내 잔류물질 제거**
> 압력계, 피그, 컴프레서 → 거버너 : 정압기

39 고압가스특정제조시설에서 상용압력 0.2 MPa 미만의 가연성 가스배관을 지상 노출 설치 시 유지해야 할 공지 폭 기준은?

① 3 m 이상　　② 5 m 이상
③ 10 m 이상　 ④ 15 m 이상

> 해설 **공지 폭**
> • 0.2 미만 : 5 m
> • 0.2 ~ 1 미만 : 9 m
> • 1 이상 : 15 m

40 도시가스 품질검사 시 허용 기준으로 틀린 것은?

① 전유황 : 30 mg/m³ 이하
② 암모니아 : 10 mg/m³ 이하
③ 실록산 : 10 mg/m³ 이하
④ 할로겐총량 : 10 mg/m³ 이하

> 해설 **도시가스 품질검사 기준**
> 암모니아 : 200 mg/m³ 이하

41 독성 가스용기 운반차량의 경계표지를 정사각형으로 할 경우 면적 기준은?

① 400 cm² 이상　② 600 cm² 이상
③ 900 cm² 이상　④ 1000 cm² 이상

> 해설 **독성 가스 운반차량 경계표지 면적**
> 정사각형 : 600 cm² 이상

42 독성 가스인 염소를 운반하는 차량에 반드시 갖추어야 할 용구나 물품이 아닌 것은?

① 소화장비　　② 누출 검지기
③ 내산장갑　　④ 제독제

> 해설 **독성 가스 운반차량 필요 물품**
> 방독면, 고무장갑, 제독제
> → 소화장비 : 가연성 가스에서 갖추어야 함

43 기체연료의 일반적 특징으로 틀린 것은?

① 고온을 얻을 수 있다.
② 완전연소가 가능하다.
③ 화재 및 폭발의 위험성이 적다.
④ 연소조절 및 점화, 소화가 용이하다.

> 해설 **기체연료**
> • 고온을 얻을 수 있음
> • 완전연소 가능
> • 연소조절 및 점화, 소화 용이
> 　→ 화재 및 폭발의 위험성이 큼

정답　38 ②　39 ②　40 ②　41 ②　42 ①　43 ③

44 독성 가스배관은 안전한 구조를 갖도록 하기 위해 2중관 구조가 필요하다. 다음 가스 중 2중관으로 하지 않아도 되는 가스는?

① 시안화수소　② 염화메탄
③ 암모니아　　④ 에틸렌

해설 독성 가스 2중관
- 염소
- 포스겐
- 불소
- 아크릴알데히드
- 아황산가스
- 시안화수소
- 황화수소
- 암모니아

45 용접용기 제조 시 용기동판의 최대 두께와 최소 두께의 차는 평균 두께의 몇 % 이하로 하여야 하는가?

① 5 %　② 10 %
③ 25 %　④ 40 %

해설 용접용기 동판
- 최대 두께와 최소 두께 차이 : 10 % 이하
- 심리스용기 : 평균 두께의 20 % 이하

46 시안화수소 가스는 위험성이 매우 높아 용기에 충전 보관할 때 안정제를 첨가하여야 한다. 적합한 안정제는?

① 질소　　② 이산화탄소
③ 황산　　④ 염산

해설 시안화수소
- 복숭아 향 가스
- 폭발 범위 : 6 ~ 41 %
- 중합폭발 방지 위해 황산, 동망, 염화칼슘, 인산, 아황산가스 등 첨가

47 질소에 대한 설명으로 옳지 않은 것은?

① 질소는 다른 원소와 반응하지 않아 기기의 기밀시험용 가스로 사용된다.
② 촉매 등을 사용하여 상온(35 ℃)에서 수소와 반응시키면 암모니아를 생성한다.
③ 비점이 대단히 낮아 극저온의 냉매로 이용된다.
④ 주로 액체 공기를 비점 차이로 분류하여 산소와 같이 얻는다.

해설 질소(N_2)
- 고온에서 수소와 반응시켜 암모니아 생성
- $N_2 + 3H_2 \rightarrow NH_3$

참조 분자량
- 공기 : 29
- 수산화나트륨(NaOH) : 40
- 염소(Cl_2) : 70
- 이산화탄소(CO_2) : 44
- 헬륨(He) : 4
- 메탄(CH_4) : 16
- 에틸렌(C_2H_4) : 28
- 프로판(C_3H_8) : 44
- 암모니아(NH_3) : 17
- 부탄(C_4H_{10}) : 58
- 수소(H_2) : 2
- 아세틸렌(C_2H_2) : 26
- 일산화탄소(CO) : 30

정답 44 ④　45 ②　46 ③　47 ②

48 저장 능력 300 m³ 이상인 2개의 가스 홀더 A, B 사이에 유지해야 할 거리는? (단, A와 B의 최대 지름은 각각 8 m, 4 m이다)

① 1 m
② 2 m
③ 3 m
④ 5 m

> 해설 가스 홀더 이격거리
> - 가스홀더 2개 이상 인접 설치 : 각 지름 합산 값의 1/4 이상 거리 유지
> - 8 m + 4 m = 12
> - 12/4 = 3 m

49 어떤 물질의 질량은 30 g이고, 부피는 600 cm³이다. 밀도(g/cm³)는 얼마인가?

① 0.02
② 0.05
③ 0.7
④ 1.05

> 해설 밀도계산
> $$밀도(\rho) = \frac{질량}{부피}$$
> $$= \frac{30g}{600cm^3} = 0.05 g/cm^3$$

50 고압가스안전관리법에서 정하고 있는 특수 고압가스에 해당하지 않는 것은?

① 아세틸렌
② 포스핀
③ 디실란
④ 압축모노실란

> 해설 특수고압가스
> 포스핀, 압축모노실란, 디실란, 게르만, 액화알진, 세렌화수소, 압축디보레인
> → 아세틸렌 : 고압가스

51 지하에 설치하는 지역정압기에서 시설의 조작을 안전하고 확실하게 하기 위해서는 조명도를 얼마나 확보하여야 하는가?

① 80룩스
② 150룩스
③ 180룩스
④ 200룩스

> 해설 지역정압기 조명도
> 지하 설치 시 : 150 lux 필요

52 도시가스사업법령에 따른 안전관리자의 종류가 아닌 것은?

① 안전관리 책임자
② 안전관리 총괄자
③ 안전관리 부책임자
④ 안전점검원

> 해설 도시가스 안전관리자
> - 안전관리 총괄자
> - 안전관리 책임자
> - 안전점검원

53 도시가스도매사업제조소에 설치된 비상공급시설 중 가스가 통하는 부분은 최소사용압력의 몇 배 이상 압력으로 기밀시험이나 누출검사를 실시하여야 하는가?

① 1.1
② 1.5
③ 1.7
④ 2.0

> 해설 기밀시험, 누출검사
> 비상공급시설 중 가스가 통하는 부분 : 최소사용압력의 1.1배 이상 압력으로 실시

54 수소취성을 방지하는 원소로 틀린 것은?

① 바나듐(V)
② 텅스텐(W)
③ 규소(Si)
④ 크롬(Cr)

해설 수소취성 방지 원소
티타늄(Ti), 몰리브덴(Mo), 바나듐(V), 크롬(Cr), 텅스텐(W)

암 티모부끄러워

55 고압가스 저장탱크 및 가스홀더 가스방출장치는 가스 저장량이 몇 m³ 이상인 경우여야 하는가?

① 2 m³
② 3 m³
③ 5 m³
④ 10 m³

해설 가스방출장치
고압가스 저장탱크 및 가스홀더 : 5 m³ 이상

56 펌프가 운전 중에 한숨을 쉬는 것과 같은 상태가 되어 토출구 및 흡입구에서 압력계의 바늘이 흔들리며 동시에 유량이 변화하는 현상은?

① 바이브레이션   ② 워터햄머링
③ 캐비테이션   ④ 서징

해설 서징현상
• 펌프 운전 중 한숨을 쉬는 것과 같은 상태
• 토출구와 흡입구에서 압력계의 바늘이 흔들림
• 유량이 변함

57 염소 특징에 대한 설명 중 틀린 것은?

① 상온에서 자극성의 냄새가 있는 맹독성 기체이다.
② 염소 자체는 폭발성, 인화성은 없다.
③ 염소와 산소의 1 : 1 혼합물을 염소폭명기라고 한다.
④ 수분이 있으면 염산이 생성되어 부식성이 강해진다.

해설 염소폭명기
염소와 수소를 1 : 1 비율로 혼합하여 생성

58 도시가스배관이 굴착으로 20 m 이상 노출되어 누출가스가 체류하기 쉬운 장소일 때 가스누출경보기는 몇 m마다 설치해야 하는가?

① 5   ② 15
③ 20   ④ 25

해설 가스누출경보기
20 m 이상 노출 : 20 m마다 설치

정답 54 ③ 55 ③ 56 ④ 57 ③ 58 ③

59 조정압력 2.8 kPa인 액화석유가스 압력조정기의 안전장치 작동표준압력은?

① 3.0 kPa ② 5.0 kPa
③ 7.0 kPa ④ 8.0 kPa

해설 조정압력 3.3 kPa 이하 LPG가스 압력조정기
- 작동개시압력 : 5.6 ~ 8.4 kPa
- 작동정지압력 : 5.04 ~ 8.4 kPa
- 작동표준압력 : 7.0 kPa

60 순수한 물 1 g을 온도 14.5 ℃에서 15.5 ℃까지 높이는 데 필요한 열량은?

① 1 cal ② 1 J
③ 1 BTU ④ 1 CHU

해설 1 cal
물 1 g의 온도 1 ℃ 올리는 데 필요한 열량

2025 CBT 복원 03

01 다음 중 밀도의 정의로 옳은 것은?

① 어떤 물질의 체적과 4℃의 물의 체적과의 비이다.
② 어떤 물질의 단위 체적당 질량이다.
③ 어떤 물질의 단위 질량당 체적이다.
④ 밀도는 단위가 없다.

해설 밀도

$$밀도 = \frac{질량}{부피(체적)}$$

02 −40℃를 절대온도로 변환하고, °R로 변환하면 얼마인가?

① 313 ② 420
③ 388 ④ 313

해설 랭킨온도 변환

$$°R = °F + 460℃ = K \times 1.8$$
$$= (-40 + 273) \times 1.8$$
$$= 420$$

03 가스 용접 중 고무호스에서 역화가 발생한 경우 가장 먼저 해야 할 일은?

① 안정기에 규정의 물을 주입한 뒤 다시 사용한다.
② 토치에서 고무관을 뺀다.
③ 산소밸브를 잠근다.
④ 토치의 나사를 조인다.

해설 가스 용접사고
역화발생 시 산소(조연성 가스)가 공급이 되면 폭발의 우려가 있기 때문에 가장 먼저 차단할 것

04 고압가스의 금속재료에서 내질화성을 증대시키는 원소는?

① Ni ② Al
③ Cr ④ Mo

해설 Cr 크롬
- 질소를 포함한 환경(예 암모니아, 질소가스 등)에 노출되었을 때, 질소와의 반응(질화)을 견디는 성질
- Cr은 안정한 질화물(CrN, Cr_2N)을 형성

05 다음 중 포스겐에 대한 설명으로 옳은 것은?

① 포스겐 자체로는 폭발성과 발화성은 없다.
② 가수분해하면 일산화탄소와 염산이 발생한다.
③ 물에 잘 녹는다.
④ 냄새가 없다.

정답 01 ② 02 ② 03 ③ 04 ③ 05 ①

해설 포스겐($COCl_2$)
- 가수분해는 물과 반응해서 분해하는 것이다. 물과 반응하면
  $COCl_2 + H_2O \rightarrow CO_2 + 2HCl$ 이므로 이산화탄소와 염산이 발생한다.
- 물에 잘 녹지 않고 냄새가 난다.

해설 일산화탄소의 성질
(1) 무미, 무취, 무색의 기체
(2) 독성이 강하며 환원성의 가연성 기체
(3) 물에는 잘 녹지 않으며 알코올에 녹음
(4) 금속(Fe, Ni)과 반응하면 금속 카르보닐을 생성 암 일산페닉
(5) 카르보닐 방지금속 : Cu, Ag, Al

06 외경이 300 mm이고 두께가 30 mm인 가스용 폴리에틸렌(PE)관의 허용압력 범위는?

① 0.2 MPa 이하
② 0.4 MPa 이하
③ 0.25 MPa 이하
④ 4.2 MPa 이하

해설 PE관 허용압력 범위
$SDR = \dfrac{외경(D)}{최소두께}$
$SDR = \dfrac{D}{t} = \dfrac{300}{30} = 10$
- SDR 11 이하(1호관) : 0.4 MPa 이하
- SDR 17 이하(2호관) : 0.25 MPa 이하
- SDR 21 이하(3호관) : 0.2 MPa 이하
SDR 값이 10이므로 11이하이며 0.4 MPa 이하가 답이다.

07 다음 중 일산화탄소와 반응하여 금속카르보닐을 만드는 것은?

① 은
② 니켈
③ 구리
④ 알루미늄

08 천연가스(NG), 액화석유가스(LPG), 액화천연가스(LNG)의 일반적인 특징에 대한 설명으로 틀린 것은?

① 회분, 황분 등이 발생하지 않는다.
② 연소제어가 용이하다.
③ 비교적 적은 공기로도 완전연소가 가능하다.
④ 초기시설비가 매우 적게 든다.

해설 NG, LPG, LNG
안전장치, 저장탱크, 배관 등 초기시설비가 많이 든다.

09 CH_4의 비점은 약 얼마인가?

① -120℃
② -82℃
③ -50℃
④ -162℃

해설 메탄
메탄의 비점 : -162℃

정답 06 ② 07 ② 08 ④ 09 ④

10 고압가스(산소, 아세틸렌, 수소)의 품질검사 주기 기준으로 옳은 것은?

① 1월 1회 이상   ② 1주 1회 이상
③ 5일 1회 이상   ④ 1일 1회 이상

해설 고압가스 품질검사 주기
• 산소, 아세틸렌, 수소 : 품질검사 필요
• 1일 1회 이상 실시

11 공급가스인 천연가스 비중이 0.6일 때 45 m 높이의 아파트 옥상까지 압력손실은 약 몇 mmH_2O인가?

① 18.0   ② 23.3
③ 34.9   ④ 27.0

해설 압력손실
• 압력손실(H) = 1.293 × (S - 1) × h
• H = 1.293 × (1 - 0.6) × 45
  = 23.3 mmH_2O

12 고압가스를 운반하는 차량의 경계표지의 가로 치수는 차체 폭의 몇 % 이상으로 하여야 하는가?

① 10   ② 18
③ 30   ④ 40

해설 고압가스 운반 차량 차폭
• 가로치수 : 30 % 이상
• 세로치수 : 가로치수의 20 % 이상 직사각형

13 도시가스배관이 하천을 횡단하는 배관 주위 흙이 사질토의 경우 방호구조물 비중은?

① 배관 내 유체 비중 이상의 값
② 물의 비중 이상의 값
③ 공기의 비중 이상의 값
④ 토양의 비중 이상의 값

해설 하천 횡단 배관
배관 주위 사질토 : 물 비중 이상의 방호구조물

14 굴착으로 인하여 도시가스배관이 65 m 노출되었을 경우 가스누출경보기 설치 개수는?

① 1개   ② 2개
③ 3개   ④ 4개

해설 가스누출경보기 설치 개수
• 노출배관 : 20 m마다 설치
• 65 m : 4개 필요
• 65/20 = 3.25 절상해서 4개

15 우주에서 가장 많이 차지하는 원소는?

① 산소   ② 질소
③ 수소   ④ 헬륨

해설 우주 원소
우주에서 가장 풍부한 원소는 수소이며(75 %), 두 번째로 풍부한 원소는 헬륨이다(25 %).

정답 10 ④ 11 ② 12 ③ 13 ② 14 ④ 15 ③

16 시안화수소 충전 시 사용되는 안정제가 아닌 것은?

① 암모니아 ② 인산
③ 염화칼슘 ④ 황산

해설 시안화수소 안정제
- 아황산가스
- 염화칼슘
- 오산화인
- 동망
- 황산
- 인산

암모니아는 시안화수소와 반응해서 시안염(NH_4CN)을 형성 폭발 위험 또는 고온에서 분해되어 유독한 HCN 가스를 다시 방출

17 다음 곡률 반지름(r)이 50 mm일 때 90° 구부림 곡선 길이는?

① 43.75 mm ② 53.75 mm
③ 68.75 mm ④ 78.75 mm

해설 곡선길이

$$곡선길이 = 2 \times 3.14 \times \frac{\theta}{360} \times R$$
$$= 2 \times 3.14 \times \frac{90}{360} \times 50 = 78.5$$

18 0 ℃, 1 atm인 표준 상태에서 공기와 같은 부피에 대한 무게비는 무엇이라고 하는가?

① 비중 ② 비열
③ 밀도 ④ 비체적

해설 비중
- 가스의 분자량/공기분자량(29)
- 표준 상태 공기와 같은 부피에 대한 무게비

19 독성 가스인 염소를 운반하는 차량에 반드시 갖추어야 할 용구나 물품이 아닌 것은?

① 소화장비 ② 누출 검지기
③ 내산장갑 ④ 제독제

해설 독성 가스 운반차량 필요 물품
방독면, 고무장갑, 제독제
→ 소화장비 : 가연성 가스에서 갖추어야 함

20 가스종류에 따른 용기 재질로 부적합한 것은?

① 수소 : 크롬강
② 암모니아 : 동
③ LPG : 탄소강
④ 염소 : 탄소강

해설 가스용기 재질
- 수소 : 크롬강
- LPG : 탄소강
- 염소 : 탄소강 → 암모니아는 강으로 제작한다(동으로 제작 : 착이온 생성하기 때문).

21 다음 중 헨리법칙에 잘 적용되지 않는 가스는?

① 암모니아 ② 산소
③ 수소 ④ 이산화탄소

해설 헨리의 법칙
- 기체용해도 : 온도↓, 압력↑ 수록 빠름
- 기체용해도 : 무게비로 압력에 비례
- 물에 잘 녹지 않는 기체만 적용
- 암모니아 : 물에 잘 녹음

정답 16 ① 17 ④ 18 ① 19 ① 20 ② 21 ①

22 공기 중 누출 시 폭발 위험이 가장 큰 가스는? ✓최다빈출

① CH_4　② C_4H_{10}
③ C_3H_8　④ C_2H_2

해설 위험도

- $H = \dfrac{상한치 - 하한치}{하한치}$
- 폭발 범위가 가장 넓은 가스가 가장 위험

[폭발 범위]
- 메탄(CH_4) : 5 ~ 15 %
- 프로판(C_3H_8) : 2.1 ~ 9.5 %
- 부탄(C_4H_{10}) : 1.8 ~ 8.4 %
- 아세틸렌(C_2H_2) : 2.5 ~ 81 %

암 [메]오시오, [프]트리구오, 십팔팔사[부], [싸이렌]삼팔광

23 차량에 고정된 고압가스 탱크를 운행할 경우 휴대해야 할 서류가 아닌 것은?

① 탱크 테이블(용량 환산표)
② 차량등록증
③ 고압가스 이동계획서
④ 탱크 제조시방서

해설 고압가스 탱크차량
- 차량등록증
- 탱크 테이블
- 고압가스 이동계획서

24 액화석유가스 충전사업장에서 가스충전준비 및 충전작업으로 틀린 것은?

① 안전밸브에 설치된 스톱밸브는 항상 열어둔다.
② 자동차에 고정된 탱크는 저장탱크의 외면으로부터 3 m 이상 떨어져 정지한다.
③ 자동차에 고정된 탱크(내용적이 1만 리터 이상의 것에 한한다)로부터 가스를 이입받을 때에는 자동차가 고정되도록 자동차정지목 등을 설치한다.
④ 자동차에 고정된 탱크로부터 저장탱크에 액화석유가스 이입받을 때는 5시간 이상 연속하여 자동차에 고정된 탱크를 저장탱크에 접속하지 아니한다.

해설 가스충전작업
자동차정지목 : 내용적 5000 L 이상에 설치

25 가스보일러 안전사항에 대한 설명이 아닌 것은?

① 가동 중지 후 노 내 잔류가스를 충분히 배출한다.
② 가동 중 연소 상태, 화염유무를 수시로 확인한다.
③ 수면계의 수위는 적정한가 자주 확인한다.
④ 점화전 연료가스를 노 내에 충분히 공급하여 착화를 원활하게 한다.

해설 가스보일러 안전사항
점화 전 역화 방지를 위해 연료가스 주입 금지

정답 22 ④　23 ④　24 ③　25 ④

26 공기 100 kg 중에 산소는 약 몇 Kg 포함되어 있는가?

① 13.3 kg
② 23.2 kg
③ 33.5 kg
④ 43.7 kg

해설 공기 중 산소
- 부피당 : 21 %
- 중량당 : 23.2 %
- 100 × 0.232 = 23.2 kg

27 다음 가연성 가스 중 공기 중 폭발 범위가 가장 좁은 것은? ✓최다빈출

① 수소
② 프로판
③ 아세틸렌
④ 일산화탄소

해설 폭발 범위
- 수소(H_2) : 4 ~ 75%
- 아세틸렌(C_2H_2) : 2.5 ~ 81 %
- 프로판(C_3H_8) : 2.1 ~ 9.5%
- 일산화탄소 CO : 12.5 ~ 74 %

암 [수]사치료, [아]이고팔자야, [프]트리구오, 씹이냐칠세[일산]

28 가연성 가스 정의에 대한 설명으로 알맞는 것은?

① 폭발한계의 하한이 10 % 이하인 것과 폭발한계의 상한과 하한의 차가 20 % 이상인 것을 말한다.
② 폭발한계의 상한이 10 % 이하인 것과 폭발한계의 상한과 하한의 차가 20 % 이하인 것은 말한다.
③ 폭발한계의 하한이 20 % 이하인 것과 폭발한계의 상한과 하한의 차가 10 % 이상인 것을 말한다.
④ 폭발한계의 상한이 10 % 이상인 것과 폭발한계의 상한과 하한의 차가 10 % 이하인 것은 말한다.

해설 가연성 가스
- 연소하는 가스
- 폭발한계의 하한이 10% 이하인 것
- 발한계의 상한과 하한의 차가 20 % 이상인 것

29 가스누출자동차단기 내압시험 조건에 해당하는 것은?

① 고압부 1.8 MPa 이상
  저압부 8.4 ~ 10 kPa
② 고압부 1.8 MPa 이상
  저압부 0.1 MPa 이상
③ 고압부 2 MPa 이상
  저압부 0.3 MPa 이상
④ 고압부 3 MPa 이상
  저압부 0.3 MPa 이상

해설 가스누출자동차단기 내압시험
- 고압부 : 3 MPa 이상
- 저압부 : 0.3 MPa 이상

정답 26 ② 27 ② 28 ① 29 ④

30 저장탱크 방류둑 용량은 저장능력에 상당하는 용적 이상 용적이다. 다만 액화산소 저장탱크의 경우는 저장능력 상당용적 몇 % 이상인가?

① 40　　② 60
③ 90　　④ 98

해설 액화산소 방류둑 용량
60 % 이상

31 증기 압축식 냉동기 냉매순환경로로 옳은 것은?

① 압축기 → 증발기 → 응축기 → 팽창밸브
② 증발기 → 응축기 → 압축기 → 팽창밸브
③ 증발기 → 팽창밸브 → 응축기 → 압축기
④ 압축기 → 응축기 → 팽창밸브 → 증발기

해설 증기압축기 냉동기

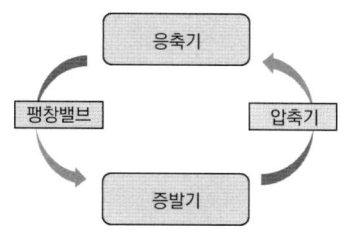

32 용기 내용적이 105 L인 액화암모니아용기에 충전할 수 있는 가스 충전량은 몇 kg인가? (단, 액화암모니아의 가스정수 C값은 1.86이다)

① 20.5　　② 46.5
③ 56.5　　④ 127.5

해설 가스 충전량
$W = V/C = 105/1.86 = 56.5$ kg

33 절대영도를 표시한 것 중 가장 거리가 먼 것은?

① -273.15 ℃　　② 0 R
③ 0 K　　④ 0 ℉

해설 절대영도
0 R, 0 K, -273.15 ℃
- 절대온도 랭킨(R) : ℉ + 460
- 절대온도 캘빈(K) : ℃ + 273

34 시안화수소 충전에 대한 설명으로 틀린 것은?

① 시안화수소를 충전한 용기는 충전 후 24시간 이상 정치한다.
② 용기에 충전하는 시안화수소는 순도가 98 % 이상이어야 한다.
③ 시안화수소는 충전 후 30일이 경과되기 전에 다른 용기에 옮겨 충전하여야 한다.
④ 시안화수소 충전용기는 1일 1회 이상 질산구리 벤젠 등의 시험지로 가스누출검사를 한다.

해설 시안화수소 충전
충전 후 60일 경과 전, 다른 용기에 옮겨 충전

35 액화석유가스 또는 도시가스용으로 사용되는 가스용 염화비닐호스는 그 호스의 안전성, 편리성 및 호환성 확보를 위해 안지름 치수를 규정하고 있는데, 그 치수에 해당하지 않는 것은?

① 3.8 mm ② 6.3 mm
③ 9.5 mm ④ 12.7 mm

해설 **염화비닐호스**
규격 : 6.3, 9.5, 12.7 mm
※ 3의 배수 3, 6, 9, 12 숫자를 생각할 것

36 도시가스계량기와 화기 사이 유지거리는?

① 2 m 이상 ② 5 m 이상
③ 12 m 이상 ④ 20 m 이상

해설 **도시가스계량기 유지거리**
도시가스계량기 ↔ 화기 : 2 m 이상 유지

37 산소의 물리적 성질에 대한 설명으로 틀린 것은?

① 물에 녹지 않으며 액화산소는 담녹색이다.
② 무색, 무취, 무미의 기체이다.
③ 기체, 액체, 고체 모두 자성이 있다.
④ 강력한 조연성 가스로서 자신은 연소하지 않는다.

해설 **액화산소**
담청색

38 방폭전기기기용기 내부에서 가연성 가스폭발 발생 시 그 용기가 폭발압력에 견디고, 접합면, 개구부 등을 통해 외부 가연성 가스에 인화되지 않도록 한 방폭구조는?

① 내압(耐壓)방폭구조
② 압력(壓力)방폭구조
③ 유입(油入)방폭구조
④ 본질안전방폭구조

해설 **방폭구조**
- 안전증방폭구조 : e
- 유입방폭구조 : o
- 내압방폭구조 : d
- 압력방폭구조 : p
- 본질안전방폭구조 : ia, ib
- 특수방폭구조 : s

39 LP가스 증발 시 흡수하는 열을 무엇이라 하는가?

① 비열 ② 현열
③ 잠열 ④ 융해열

해설 **열량**
- 현열 : 온도 변화만 일으키는 열(상태 변화 ✗)
- 잠열 : 상태 변화만 일으키는 열(온도 변화 ✗)

암 현온잠상

40 시내버스 연료로 사용되고 있는 CNG 주성분은?

① 메탄(CH_4) ② 프로판(C_3H_8)
③ 부탄(C_4H_{10}) ④ 수소(H_2)

정답 35 ① 36 ① 37 ② 38 ① 39 ③ 40 ①

해설 시내버스 연료

주성분 메탄인 CNG(압축천연가스) 사용

---

41 관 내를 흐르는 유체의 압력강하 설명으로 틀린 것은?

① 관 길이에 비례한다.
② 관 내경의 5승에 반비례한다.
③ 가스비중에 비례한다.
④ 압력에 비례한다.

해설 가스유량

- 가스유량 $(Q) = K\sqrt{\dfrac{D^5 h}{SL}}$
- 압력손실 $(h) = \dfrac{Q^2 \cdot S \cdot L}{K^2 \cdot D^5}$

→ 압력과는 관련이 없음

---

42 독성 가스인 염소를 운반하는 차량에 반드시 갖추어야 할 용구나 물품이 아닌 것은?

① 소화장비 ② 누출 검지기
③ 내산장갑 ④ 제독제

해설 독성 가스 운반차량 필요 물품

방독면, 고무장갑, 제독제
→ 소화장비 : 가연성 가스에서 갖추어야 함

---

43 가스사용시설연소기 각각에 대해 퓨즈콕을 설치하여야 하나, 연소기 용량이 몇 kcal/h를 초과할 때 배관용 밸브로 대용할 수 있는가?

① 12500 ② 15500
③ 19400 ④ 25500

해설 배관용 밸브

연소 용량 19,400 kcal/h 초과할 때 퓨즈콕 대신 사용 가능

---

44 차량에 고정된 탱크로 고압가스를 운반할 때 그 내용적 기준으로 틀린 것은?

① 수소 : 18,000 L
② 액화 암모니아 : 12,000 L
③ 산소 : 18,000 L
④ 액화 염소 : 12,000 L

해설 고압가스 운반

- 독성 가스(염소) : 12,000 L (암모니아 제외)
- 가연성 가스, 산소탱크 : 18,000 L

---

45 긴급차단장치 동력원으로 가장 부적당한 것은?

① 기압 ② X선
③ 스프링 ④ 전기

해설 긴급차단장치 동력원

- 스프링 • 기압
- 전기   • 액압

46 액체 산소의 색깔은?

① 회백색　　② 담적색
③ 담황색　　④ 담청색

> **해설** 액체 산소
> • 담청색
> • 상온 : 무색, 무미, 무취 기체

47 다음 중 압력단위가 아닌 것은?

① bar　　② atm
③ Pa　　④ N

> **해설** 압력단위
> bar, atm, Pa, mmHg 등
> → N (뉴턴) : 힘의 단위, 무게 단위

48 다음 가스분석법 중 흡수분석법에 해당하지 않는 것은?

① 게겔법　　② 구우데법
③ 오르자트법　　④ 헴펠법

> **해설** 흡수분석법
> • 게겔법, 오르자트법, 헴펠법
> • 구우데법 : 암모니아 합성공정 중 저압합성법

49 가연성 가스 검출기에서 탄광에서 발생하는 CH_4 농도를 측정하는 데 주로 사용되는 것은?

① 열선형　　② 안전등형
③ 간섭계형　　④ 반도체형

> **해설** 안전등형
> 탄광에서 발생하는 메탄(CH_4) 농도 측정

50 "성능계수(ε)가 무한정한 냉동기 제작은 불가능하다"라고 표현되는 법칙은?

① 열역학 제0법칙
② 열역학 제1법칙
③ 열역학 제2법칙
④ 열역학 제3법칙

> **해설** 열역학 제2법칙
> • 열을 일로 바꾸는 영구기관은 존재하지 않음
> • 효율이 100 %인 기관은 존재하지 않음

51 아세틸렌가스 압축 시 희석제로 적당하지 않은 것은?　　✅최다빈출

① 메탄　　② 질소
③ 일산화탄소　　④ 산소

> **해설** 아세틸렌가스 희석제
> • 에틸렌
> • 메탄
> • 일산화탄소
> • 질소
> • 산소 : 조연성 가스이므로 희석제 부적당

정답 46 ④　47 ④　48 ②　49 ②　50 ③　51 ④

52. 도시가스배관을 지하에 설치 시공할 때 다른 배관이나 타 시설들과의 이격거리 기준은?

① 30 cm 이상 ② 60 cm 이상
③ 1.5 m 이상 ④ 2.0 m 이상

해설 가스 지하 매설배관 이격거리
도시가스 지하 배관 ↔ 타 시설물
30 cm 이상

53. 고압가스배관재료로 사용되는 동관의 특징에 대한 설명 중 옳지 않은 것은?

① 가공성이 좋다.
② 열전도율이 적다.
③ 내식성이 크다.
④ 시공이 용이하다.

해설 동관 특징
• 가공성 좋음 • 열전도율 큼
• 시공성 용이 • 내식성 큼

54. 다음 중 상온에서 가장 안정한 것은?

 ✓최다빈출

① 프로판 ② 네온
③ 산소   ④ 부탄

해설 불활성 가스
• 네온(Ne), 헬륨(He), 아르곤(Ar), 크립톤(Kr)
• 상온에서 안정

55. 원거리 지역의 대량가스 공급을 위해 사용되는 가스 공급방식은?

① 초저압 공급 ② 저압 공급
③ 중압 공급   ④ 고압 공급

해설 원거리 지역 대량 가스 공급
고압방식 : 1 MPa 이상으로 원거리 지역에 대량 공급

56. 가연성 가스배관의 출구에서 공기 중으로 유출하면서 연소하는 경우는 어느 연소인가?

① 확산연소 ② 분해연소
③ 표면연소 ④ 증발연소

해설 가스연소
• 가연성 가스 + 공기 : 예혼합연소
• 가연성 가스연소 : 확산연소

57. 다음 중 2중관으로 하여야 하는 고압가스가 아닌 것은?

① 수소   ② 황화수소
③ 암모니아 ④ 아황산가스

해설 2중관 구조
• 아황산가스 • 염화메탄
• 산화에틸렌 • 암모니아
• 염소   • 포스겐
• 불소   • 시안화수소
• 황화수소

정답 52 ① 53 ② 54 ② 55 ④ 56 ① 57 ①

58 관 도중에 조리개(교축기구)를 넣어 조리개 전후 차압을 이용해 유량을 측정하는 계측기기는?

① 오벌식 유량계
② 오리피스유량계
③ 터빈유량계
④ 막식 유량계

> **해설** 차압식 유량계
> • 오리피스
> • 벤투리미터
> • 플로우 노즐

59 도시가스 총발열량이 10,400 kcal/m³, 공기에 대한 비중이 0.55이다. 웨베지수는 얼마인가? ✅최다빈출

① 11023 ② 12023
③ 13023 ④ 14023

> **해설** 웨베지수(웨버지수)
> $$W = \frac{Hg}{\sqrt{d}} = \frac{Q}{\sqrt{d}}$$
> $$W = \frac{10,400}{\sqrt{0.55}} = 14,023$$
> Hg : 총발열량
> d : 비중

60 서로 다른 두 종류의 금속을 연결하여 폐회로를 만든 후 양접점에 온도차를 두면 금속 내 열기전력이 발생한다. 이 원리를 이용한 온도계는?

① 광전관식 온도계
② 서미스터 온도계
③ 바이메탈 온도계
④ 열전대 온도계

> **해설** 열전대 온도계
> • 접촉식 온도계
> • 열기전력의 발생 원리를 이용
> • 백금 - 백금모듈 온도계

정답 58 ② 59 ④ 60 ④

2025 CBT 복원 04

01 품질검사 기준 중 산소의 순도측정에 사용되는 시약은?

① 동·암모니아 시약
② 발연황산 시약
③ 피로갈롤 시약
④ 하이드로 썰파이드 시약

해설 가스 품질검사
- 수소 : 피로카롤 시약
- 산소 : 동·암모니아성 시약
- 아세틸렌 : 발열황산 시약

02 용기의 내용적인 40 L이고, 내압시험 압력을 가하니 40.24 L가 되었고, 다시 대기압 상태로 하였더니 40.02 L가 되었다. 용기의 항구증가율과 내압시험의 합불 여부는?

① 8.33%, 불합격
② 8.33%, 합격
③ 16.33%, 불합격
④ 16.33%, 합격

해설 항구증가율 (영구증가율)
- 항구증가율
  = (항구증가율/전증가량) × 100
- 전증가율 → 40.24 - 40 = 0.24 L
- 항구증가량 → 40.02 - 40 = 0.02 L
- (0.02/0.24) × 100 = 8.3 %
- 항구증가율 10 % 이하 : 합격

03 내용적이 40 L인 산소용기의 기압이 90기압으로 측정되었다. 200 L/hr인 용접팁으로 용접할 수 있는 시간은? (단, 산소와 아세틸렌의 비율은 1 : 1이다)

① 6시간 ② 12시간
③ 18시간 ④ 20시간

해설 용접팁 용접시간
산소 내용적이 40 L이며 압력이 90기압이므로 대기압 1기압으로 환산 시
90 × 40 = 3600 L의 부피가 된다.
따라서 용접팁 소모량이 시간당 200 L이므로
$\dfrac{3600}{200}$ = 18시간

04 표준상태에서 에탄 2 mol, 프로판 5 mol, 부탄 3 mol로 구성된 LPG에서 부탄 중량은 몇 %인가?

① 13.5 ② 22.6
③ 38.3 ④ 44.5

해설 LPG 중량
에탄(C_2H_6) : 분자량(30) × 2 mol = 60
프로판(C_3H_8) : 분자량(44) × 5 mol
            = 220
부탄(C_4H_{10}) : 분자량(58) × 3 mol = 174
총 분자량 = 60 + 220 + 174 = 454
부탄의 중량(%) = 174/454 = 0.383

정답 01 ① 02 ② 03 ③ 04 ③

05 지하에서 채굴한 천연가스의 수분제거방법이 아닌 것은?

① 트리에틸렌글리콜과 같은 액체 흡수제 사용
② 단순 팽창 냉각법
③ 실리카겔계 흡착제 사용
④ 아민류계 흡착제 사용

해설 아민류계
산성가스 제거용으로 사용

06 내용적이 1000 L인 암모니아 용접용기 제작 시 부식여유 두께는?

① 1 mm 이상   ② 2 mm 이상
③ 3 mm 이상   ④ 5 mm 이상

해설 충전용기 부식여유 두께 수치

암모니아	1000 L 이하	1 mm 이상
	1000 L 초과	2 mm 이상
염소	1000 L 이하	3 mm 이상
	1000 L 초과	5 mm 이상

07 가스를 채취하여 착색층의 길이 변화와 색깔 변화를 이용하여 가스를 탐지하는 방법은?

① 적외선 조사
② 열전도도 측정
③ 접촉연소식 측정
④ 검지관법

해설 가스 탐지
검지관법은 유리 검지관 안의 시약층이 대상 가스와 반응하여 색변화가 일어나며 이때 착색층의 길이로 농도를 탐지하는 방식

08 아세틸렌을 용기에 충전할 때 미리 용기에 다공물질을 고루 채운 후 침윤 및 충전을 하여야 한다. 이때 다공도는 얼마로 하여야 하는가?

① 75 % 이상 92 % 미만
② 70 % 이상 95 % 미만
③ 62 % 이상 75 % 미만
④ 95 % 이상

해설 아세틸렌 가스
• 폭발 범위 넓음
• 분해폭발 방지
• 다공물질 : 75 ~ 92 % 미만

09 전압 100 atm 용기에 질소(N_2) 840 g, 탄산가스(CO_2) 3080 g이 있다. 탄산가스의 분압은 몇 atm인가?

① 70   ② 75
③ 80   ④ 90

해설 분압 계산
• 분압 = 전압$(P) \times \dfrac{성분기체몰수}{전몰수}$
• 질소 몰수 : $820/28 = 30$
• 탄산가스 몰수 : $3080/44 = 70$
• 탄산가스 분압 = $100 \times \dfrac{70}{100} = 70$

정답 05 ④ 06 ① 07 ④ 08 ① 09 ①

10
다음 중 이상기체에 대한 설명으로 틀린 것은?

① 아보가드로의 법칙을 만족한다.
② 보일-샤를의 법칙을 만족한다.
③ 기체의 분자력에 영향을 받지 않는다.
④ 비열비는 온도에 따라 달라진다.

해설 이상기체
비열비는 이상기체 가정하에서 상수로 취급한다.

11
10,000 kcal의 열로 0 °C의 물을 몇 kg 융해시킬 수 있는가?

① 60 kg ② 80 kg
③ 125 kg ④ 140 kg

해설 융해
$Q = G\gamma$
얼음의 융해잠열은 80 kcal/kg이므로
$G = \dfrac{Q}{\gamma} = \dfrac{10000}{80} = 125 kg$

12
차량에 고정된 산소용기 운반 차량에는 일반인이 쉽게 식별할 수 있도록 표시해야 한다. 운반차량에 표시하여야 하는 것은?

① 위험고압가스, 회사명
② 위험고압가스, 전화번호
③ 화기엄금, 전화번호
④ 화기엄금, 회사명

해설 산소용기 운반 차량 표시 사항
위험고압가스, 전화번호

13
다음 중 산소에 대한 설명으로 틀린 것은?

① 용접에 사용된다.
② 환원제이다.
③ 오존을 만든다.
④ 색깔이 없다.

해설 산소
산소는 강한 산화제이다.

14
다음 중 가스배관을 해저배관으로 설치할 경우에 대한 기준으로 틀린 것은?

① 다른 배관과 교차하지 않도록 한다.
② 해저의 지면 위에 설치한다.
③ 긴급차단장치를 설치한다.
④ 다른 배관과 수평거리를 30 m 이상 둔다.

해설 해저배관
해저면 밑에 매설하여 설치한다.

15
다음 중 0종 장소에 설치해야 하는 안전구조는?

① 본질안전방폭구조
② 내압방폭구조
③ 유입방폭구조
④ 안전증방폭구조

정답 10 ④ 11 ③ 12 ② 13 ② 14 ② 15 ①

해설 방폭전기기기 분류

방폭전기기기 분류	특징	표시방법
내압 방폭구조	방폭전기기기의 용기 내부에서 가연성가스폭발이 발생할 경우 인화되지 않도록 한 구조(1종 장소)	d
유입 방폭구조	절연유를 주입하여 인화되지 않도록 한 구조	o
압력 방폭구조	보호가스(불활성가스)를 압입하여 내부압력을 유지하며 가연성가스가 용기 내부로 유입되지 않도록 한 구조	p
안전증 방폭구조	정상운전 중 가연성가스 점화원 발생 방지를 위해 기계적·전기적 구조·온도상승 안전도를 증가시킨 구조	e
본질안전 방폭구조	정상 시 및 사고 시에 발생하는 전기불꽃에 의해 가연성가스가 점화되지 않도록 한 구조(0종 장소)	ia ib
특수 방폭구조	방폭구조로서 가연성가스에 점화를 방지할 수 있는 것이 확인된 구조(2종 장소)	s

16 다음 중 전기기기의 불꽃 등 점화원이 될 수 있는 부분을 오일 속에 잠기게 하여 외부의 폭발성 가스로 인한 발화위험을 차단하는 안전구조는?

① 본질안전방폭구조
② 내압방폭구조
③ 유입방폭구조
④ 안전증방폭구조

해설
15번 해설 참조

17 다음 중 지하공사를 할 경우 가스배관이 노출될 우려가 있어 가스안전영향평가를 받아야 하는 경우가 아닌 것은?

① 지하보도공사
② 지하차도공사
③ 지하도시철도공사
④ 지하하수관공사

해설 도시가스사업법
제18조(가스안전 영향평가) 법 제30조의4제1항에 따라 가스안전 영향평가를 하여야 하는 자는 산업통상부령으로 정하는 도시가스배관이 통과하는 지점에서 도시철도(지하에 설치하는 것만 해당한다)·지하보도·지하차도 또는 지하상가의 건설공사를 하려는 자로 한다.

18 오리피스 유량계는 어떤 형식 유량계인가?

① 차압식   ② 용적식
③ 면적식   ④ 터빈식

해설 차압식 유량계
- 오리피스
- 벤투리미터
- 플로우 노즐

19 단위 체적당 물체의 질량은 무엇을 나타내는가?

① 비체적   ② 비열
③ 중량   ④ 밀도

해설 가스밀도
$$밀도(\rho) = \frac{질량}{부피}$$

정답 16 ③ 17 ④ 18 ① 19 ④

20
도시가스 원료인 메탄가스를 완전연소시켰다. 이때 어떤 가스가 주로 발생되는가? ✓최다빈출

① 콜타르 ② 암모니아
③ 부탄 ④ 이산화탄소

해설 메탄연소
$CH_4 + 2O_2 \rightarrow CO_2 + 2H_2O$

21
일산화탄소와 공기 혼합가스의 압력이 높아지면 폭발 범위는 어떻게 되는가?

① 넓어진다. ② 좁아진다.
③ 변함없다. ④ 일정치 않다.

해설 일산화탄소
고압일수록 폭발 범위가 좁아짐

22
액화가스 이송펌프에서 발생하는 캐비테이션현상을 방지하기 위한 대책으로 틀린 것은? ✓최다빈출

① 펌프의 설치위치를 낮게 한다.
② 펌프의 회전수를 크게 한다.
③ 펌흡입 배관을 크게 한다.
④ 펌프의 흡입구 부근을 냉각한다.

해설 캐비테이션
- 액온 증기압보다 압력이 낮은 부분에서 발생
- 유체의 온도가 높을수록 생기기 쉬움
- 펌프의 회전수를 작게 하여 방지

23
LPG 자동차에 고정된 용기충전시설에서 저장탱크의 물분무장치는 최대수량을 몇 분 이상 연속방사할 수 있는 수원에 접속되어 있도록 하여야 하는가?

① 10분 ② 30분
③ 60분 ④ 90분

해설 물분무장치 최대 수량
동시에 방사할 수 있는 최대 수량
: 30분 이상 방사 가능한 수원에 접속

24
다음 중 비중이 가장 적은 것은? ✓최다빈출

① Cl_2 ② C_3H_8
③ CO ④ NH_3

해설 비중
- 분자량이 작을수록 비중이 적음
- CO : 28
- C_3H_8 : 44
- Cl_2 : 70
- NH_3 : 17

25
고압가스용 이음매 없는 용기 재검사 시 내압시험 합격 판정 기준이 되는 영구증가율은?

① 0.1 % 이하 ② 5 % 이하
③ 7 % 이하 ④ 10 % 이하

해설 이음매 없는 용기 재검사
내압시험 합격 기준 : 영구증가율 10 % 이하

정답 20 ④ 21 ② 22 ② 23 ② 24 ④ 25 ④

26 프로판을 사용하고 있던 버너에 부탄을 사용하려고 한다. 프로판보다 몇 배의 공기가 필요한가? ✓최다빈출

① 1.2배　　② 1.3배
③ 1.7배　　④ 2.5배

해설 소요 공기량
- 프로판 : $C_3H_8 + 5O_2 \rightarrow 3CO_2 + 4H_2O$
- 소요 공기량 : $5 \times \dfrac{1}{0.21} = 23.8$
- 부탄 : $C_4H_{10} + 6.5O_2 \rightarrow 4CO_2 + 5H_2O$
- 소요 공기량 : $6.5 \times \dfrac{1}{0.21} = 30.95$

Tip 공기 중 산소의 부피분율 : 21 %

27 가스사고가 발생하면 산업통상자원부령에서 정하는 바에 따라 관계기관에 가스사고를 통보하여야 한다. 다음 중 사고 통보내용이 아닌 것은?

① 통보자의 소속, 직위, 성명 및 연락처
② 사고원인자 인적사항
③ 시설현황 및 피해현황(인명 및 재산)
④ 사고발생 일시 및 장소

해설 가스사고 통보
- 통보자의 소속, 직위, 성명 및 연락처
- 사고발생 일시 및 장소
- 시설현황 및 피해현황

28 연소기연소상태 시험에 사용되는 도시가스 중 가장 역화하기 쉬운 가스는?

① 13A-1　　② 13A-2
③ 13A-3　　④ 13A-R

해설 역화하기 쉬운 가스
- 13A-1 : 메탄 87 %, 프로판 13 %
- 13A-2 : 수소 23 %, 메탄 66 %, 프로판 11 %
- 13A-3 : 메탄 96.5 %, 질소 3.5 %
- 13A-R : 메탄 96 %, 프로판 4 %

29 LP가스 자동차충전소에서 사용하는 디스펜서(Dispenser)에 대해 옳게 설명한 것은?

① LP가스 충전소에서 용기에 일정량의 LP가스를 충전하는 충전기기이다.
② 압축기를 이용하여 탱크로리에서 저장탱크로 LP가스를 이송하는 장치이다.
③ LP가스 충전소에서 용기에 충전하는 가스용적을 계량하는 기기이다.
④ 펌프를 이용하여 LP가스를 저장탱크로 이송할 때 사용하는 안전장치이다.

해설 LP가스 디스펜서
LP가스 용기에 가스를 충전하는 충전기기

30 압력이 일정할 때 기체 절대온도와 체적은 어떤 관계가 있는가?

① 절대온도와 체적은 비례한다.
② 절대온도는 체적 제곱에 반비례한다.
③ 절대온도는 체적의 제곱에 비례한다.
④ 절대온도와 체적은 반비례한다.

해설 일정압력에서 온도와 체적
- $PV = nRT$
- 압력이 일정할 때 체적은 절대온도에 비례

31 연소기 설치방법으로 틀린 것은?

① 개방형 연소기가 설치된 실내에는 환풍기를 설치한다.
② 밀폐형 연소기는 급기구 및 배기통을 설치하여야 한다.
③ 배기통의 재료는 불연성재료로 한다.
④ 환기가 잘되지 않은 곳에는 가스온수기를 설치하지 아니한다.

해설 연소기 설치방법
- 개방형 연소기가 설치된 실내 : 환풍기 설치
- 배기통 재료 : 불연성재료
- 환기 불가 장소 : 가스온수기 설치 금지
→ 밀폐형 연소기는 급·배기 혼합 설치하기 때문에 배기통 별도 필요 없음

32 A 분자량은 B의 2배다. A와 B의 확산속도 비는?

① 4 : 1   ② √2 : 1
③ 1 : 4   ④ 1 : √2

해설 확산속도
$$\frac{u_1}{u_2} = \frac{\sqrt{M_2}}{\sqrt{M_1}} = \sqrt{\frac{d_2}{d_1}} = \sqrt{\frac{1}{2}}$$

33 게이지압력 1520 mmHg는 절대압력으로는 몇 기압인가? ✓최다빈출

① 0.3 atm   ② 3 atm
③ 30 atm   ④ 33 atm

해설 절대압력
- 절대압력 = 대기압(1atm) + 게이지압력
- 1520 mmHg = 2 atm
- 절대압력 = 1 + 2 = 3 atm

34 가스난방기 명판에 기재하지 않아도 되는 것은?

① 제조자명이나 그 약호
② 제조자의 형식호칭(모델번호)
③ 품질보증기간과 용도
④ 열효율

해설 가스난방기 명판
- 제조자의 형식호칭
- 제조자명, 그 약호
- 품질 보증기간과 용도
→ 열효율 : 가스난방기 명판 기재 불필요

35 에틸렌(C_2H_4) 용도가 아닌 것은? 〈고난도!〉

① 산화에틸렌의 원료
② 폴리에틸렌의 제조
③ 초산비닐의 제조
④ 메탄올 합성의 원료

해설 에틸렌 용도
- 산화에틸렌 원료
- 폴리에틸렌 제조
- 초산비닐 제조
→ 메탄올 합성 : 일산화탄소 용도

36 도시가스 사용시설 중 가스계량기와 다음 설비와의 안전거리 기준으로 옳은 것은?

① 전기계량기와는 60 cm 이상
② 전기접속기와는 50 cm 이상
③ 전기점멸기와는 50 cm 이상
④ 절연조치를 하지 않는 전선과는 30 cm 이상

정답 31 ② 32 ④ 33 ② 34 ④ 35 ④ 36 ①

해설 **가스계량기와 안전거리**
- 전기계량기 : 60 cm 이상
- 전기접속기 : 30 cm 이상
- 전기점멸기 : 30 cm 이상
- 절연조치 하지 않은 전선 : 15 cm 이상
- 절연전선 : 10 cm 이상

해설 **가스 화학분석법**
분광광도법, 중량법, 요오드적정법
→ 가스크로마토그래피법 : 기기분석법

37 액화석유가스시설 기준 중 저장탱크 설치 방법으로 틀린 것은?

① 천장, 벽 및 바닥의 두께가 각각 30 cm 이상의 방수조치를 한 철근콘크리트구조로 한다.
② 저장탱크에 설치한 안전밸브에는 지면으로부터 5 m 이상의 방출관을 설치한다.
③ 저장탱크실 상부 윗면으로부터 저장탱크 상부까지의 깊이는 60 cm 이상으로 한다.
④ 저장탱크 주위 빈 공간에 세립분을 25 % 이상 함유한 마른 모래를 채운다.

해설 **LPG 저장탱크 설치**
탱크 주위는 마른모래로 빈 공간이 없도록 채움

39 표준상태에서 산소 밀도는 몇 g/L인가?

① 1.33   ② 1.43
③ 1.73   ④ 1.93

해설 **산소의 밀도**
밀도 = 분자량/22.4 = 32/22.4
= 1.43 g/L

40 도시가스 제조공정 중 접촉분해공정인 것은?

① 저온수증기 개질법
② 부분연소공정
③ 열분해공정
④ 수소화분해공정

해설 **접촉분해공정**
- 저온수증기 개질법
- 사이클링식 접촉분해법
- 고온 수증기 개질법

38 다음 가스 분석법 중 화학분석법에 속하지 않는 방법은?

① 가스크로마토그래피법
② 분광광도법
③ 중량법
④ 요오드적정법

41 독성가스 허용농도 종류가 아닌 것은?

① 시간가중 평균농도(TLV-TWA)
② 최고허용농도(TLV-C)
③ 단시간 노출허용농도(TLV-STEL)
④ 순간 사망허용농도(TLV-D)

해설 독성가스 허용농도
- 시간가중 평균농도
- 단시간 노출허용농도
- 최고허용농도

42 내용적 94 L인 액화프로판 용기 저장능력은 몇 kg인가? (단, 충전상수 C는 2.35이다) ✓최다빈출

① 30 ② 40
③ 50 ④ 80

해설 저장능력
저장능력(W) = V/C = 94/2.35 = 40 kg

43 고압가스특정제조시설에서 고압가스설비 설치 기준으로 틀린 것은?

① 아세틸렌의 충전용교체밸브는 충전하는 장소에 직접 설치한다.
② 공기액화분리기에 설치하는 피트는 양호한 환기구조로 한다.
③ 공기액화분리기로 처리하는 원료공기 흡입구는 공기가 맑은 곳에 설치한다.
④ 에어졸제조시설에는 정량을 충전할 수 있는 자동 충전기를 설치한다.

해설 고압가스특정제조시설
아세틸렌 충전용 교체밸브 : 충전기에 설치

44 LP가스 수송관이음부분에 사용할 수 있는 패킹재료로 적합한 것은?

① 구리 ② 천연고무
③ 종이 ④ 실리콘 고무

해설 LP가스 수송관이음부
패킹재료 : 실리콘 고무 사용

45 염화메탄 사용 배관에 사용해서 안 되는 금속은?

① 강 ② 철
③ 동합금 ④ 알루미늄

해설 염화메탄 배관
강, 철, 동합금
→ 알루미늄 : 염화메탄과 반응함

46 C_2H_2 제조설비에서 제조된 C_2H_2를 충전용기 충전 시 위험한 경우는?

① 아세틸렌이 접촉되는 설비부분에 동함량 72 %의 동합금을 사용하였다.
② 충전용 지관은 탄소함유량 0.1 % 이하의 강을 사용하였다.
③ 충전 후에 압력이 15 ℃에서 1.5 MPa 이하로 될 때까지 정치하였다.
④ 충전 중의 압력을 2.5 MPa 이하로 하였다.

해설 아세틸렌(C_2H_2)
동함량 62 % 이상 : 용기 충전 시 위험

정답 42 ② 43 ① 44 ④ 45 ④ 46 ①

47 도시가스 품질검사 시 허용 기준으로 틀린 것은?

① 전유황 : 30 mg/m^3 이하
② 암모니아 : 10 mg/m^3 이하
③ 실록산 : 10 mg/m^3 이하
④ 할로겐총량 : 10 mg/m^3 이하

해설 도시가스 품질검사 기준
암모니아 : 200 mg/m^3 이하

48 다음 중 LP가스의 성분이 아닌 것은?

① 이산화탄소   ② 프로판
③ iso-부탄   ④ n-부탄

해설 LP가스 주요성분
• 프로판, 부탄, 이소부탄
• 이산화탄소 : 불순물임

49 다음 중 고위발열량(kcal/m^3)이 가장 큰 가스는?

① 수성가스   ② 석탄가스
③ 고로가스   ④ 천연가스

해설 고위발열량
① 수성가스 : 3000 kcal/m^3
② 석탄가스 : 5000 kcal/m^3
③ 고로가스 : 1000 kcal/m^3
④ 천연가스 : 10000 kcal/m^3

50 도시가스사용시설에서 입상관과 화기 사이에 유지하여야 하는 우회거리는 몇 m 이상인가?

① 1 m   ② 2 m
③ 4 m   ④ 5 m

해설 도시가스사용시설 우회거리
입상관 ↔ 화기 사이 : 2 m 이상

51 일반도시가스사업자는 공급권역을 구역별로 분할하고 원격조작에 의한 긴급차단장치를 설치하여 대형가스누출, 지진발생 등 비상시 가스차단을 할 수 있도록 하고 있다. 이 구역의 설정 기준은?

① 수요자 수가 20만 미만이 되도록
② 수요자 수가 25만 미만이 되도록
③ 배관길이가 20 km 미만이 되도록
④ 배관길이가 25 km 미만이 되도록

해설 긴급차단장치 설정 기준
수요자 수가 20만 미만이 되도록 설정

52 가스누출자동차단기 내압시험 조건에 해당하는 것은?

① 고압부 1.8 MPa 이상, 저압부 8.4 ~ 10 kPa
② 고압부 1.8 MPa 이상, 저압부 0.1 MPa 이상
③ 고압부 2 MPa 이상, 저압부 0.3 MPa 이상
④ 고압부 3 MPa 이상, 저압부 0.3 MPa 이상

정답 47 ② 48 ① 49 ④ 50 ② 51 ① 52 ④

해설 가스누출자동차단기 내압시험
- 고압부 : 3 MPa 이상
- 저압부 : 0.3 MPa 이상

53 염화수소(HCl) 용도가 아닌 것은?

① 조미료 제조
② 필름 제조
③ 강판이나 강재의 녹 제거
④ 향료, 염료, 의약 등의 중간물 제조

해설 염화수소(HCl)
- 허용농도 : 5 ppm(독성가스)
- 녹 제거
- 조미료 제조
- 향료, 염료, 의약 등의 중간 제조

54 가연성가스 저온저장탱크 내부 압력이 외부 압력보다 낮아져 저장탱크가 파괴되는 것을 방지하기 위한 조치로 갖추어야 할 설비가 아닌 것은?

① 압력 경보설비
② 압력계
③ 정전기 제거설비
④ 진공 안전밸브

해설 저장탱크 파괴 방지 조치
- 압력 경보설비
- 압력계
- 진공 안전밸브
→ 정전기 제거설비는 가스의 발화나 폭발 방지 조치이다.

55 재검사 용기 및 특정설비 파기방법이 아닌 것은?

① 절단 등의 방법으로 파기하여 원형으로 가공할 수 없도록 한다.
② 잔가스를 전부 제거한 후 절단한다.
③ 파기 시에는 검사장소에서 검사원 입회하에 사용자가 실시할 수 있다.
④ 파기 물품은 검사 신청인이 인수시한 내에 인수하지 아니한 때도 검사인이 임의로 매각처분하면 안 된다.

해설 특정설비 파기방법
검사 신청인이 인수시한 내에 인수하지 않으면 검사기관으로 하여금 임의로 매각 처분

56 다음 중 가스에 의한 부식현상으로 틀린 것은?

① 암모니아에 의한 강의 질화
② 일산화탄소에 의한 금속의 카르보닐화
③ 황화수소에 의한 철의 부식
④ 수소원자에 의한 강의 탈수소화

해설 가스에 의한 부식현상
- 암모니아 : 강의 질화
- 일산화탄소 : 금속의 카르보닐화
- 황화수소 : 철의 부식
→ 수소 가스 : 탈탄작용
(방지 : Mo, V, W, Cr, Ti)

정답 53 ② 54 ③ 55 ④ 56 ④

57 유체가 5 m/s의 속도로 흐른다. 이 유체의 속도수두는 약 몇 m인가? (단, 중력가속도는 9.8 m/s²이다)

① 0.98　　② 1.28
③ 14.2　　④ 17.1

해설 속도수두
- 유속(V) = $\sqrt{2gh}$
- 속도수두(h) = $\dfrac{V^2}{2g} = \dfrac{5^2}{2 \times 9.8} = 1.28$ m

58 다음 보기에서 압력이 높은 순서로 나열된 것은? ✅최다빈출

　㉠ 100 atm
　㉡ 2 kg/mm²
　㉢ 15 m 수은

① ㉠ > ㉡ > ㉢
② ㉡ > ㉢ > ㉠
③ ㉢ > ㉡ > ㉠
④ ㉡ > ㉠ > ㉢

해설 표준대기압
- 100 atm : 1.033 × 100 = 103.3 kg/cm²
- 2 kg/mm² : 2 × 100 = 200 kg/cm²
- 15 mHg : 1.033 × (15/0.76) = 19.8 kg/cm²
- 1기압(atm) = 760 mmHg
　　　　　　= 10.332 mH₂O
　　　　　　= 1.0332 kg/cm²
　　　　　　= 1.013 bar
　　　　　　= 0.101325 MPa
　　　　　　= 101.325 kPa
　　　　　　= 14.7 Psi
　　　　　　= 14.7 lb/in²

59 황화수소의 주된 용도는?

① 냉매
② 도료
③ 형광 물질 원료
④ 합성고무

해설 황화수소(H_2S)
금속정련, 형광물질 원료, 공업약품, 의약품, 유황 생성

60 정전기에 대한 설명 중 옳지 않은 것은?

① 습도가 낮을수록 정전기를 축적하기 쉽다.
② 화학섬유로 된 의류는 흡수성이 높으므로 정전기가 대전하기 쉽다.
③ 재료 선택 시 접촉 전위차를 적게 하여 정전기 발생을 줄인다.
④ 액상의 LP가스는 전기 절연성이 높으므로 유동 시에는 대전하기 쉽다.

해설 정전기
화학섬유 옷 : 흡수성이 낮아 정전기 대전 용익

정답 57 ②　58 ④　59 ①　60 ②

2024 CBT 복원 01

01 이상 기체를 정적하에서 가열하면 압력과 온도 변화는?

① 압력일정, 온도증가
② 압력증가, 온도일정
③ 압력증가, 온도상승
④ 압력일정, 온도상승

해설 정적하에서 가열
압력증가, 온도상승

---

02 고압가스용 이음매 없는 용기 재검사 시 내압시험 합격 판정 기준이 되는 영구증가율은?

① 0.1 % 이하　② 5 % 이하
③ 7 % 이하　④ 10 % 이하

해설 이음매 없는 용기 재검사
내압시험 합격 기준
: 영구증가율 10 % 이하

영구증가율 = $\dfrac{영구증가량}{전 증가량} \times 100$

---

03 스카치요크장치에 대한 설명으로 옳지 않은 것을 고르시오.

① 회전운동을 직선 운동으로 변환하는 장치이다.
② 유체의 흐름을 제어하는 가스밸브에서 사용된다.
③ 주요 구성요소는 슬라이더와 요크이다.
④ 압축기를 통해 가스를 압축하는 데 사용한다.

해설 스카치 요크
압축기를 통해 가스를 압축하는 데 사용되는 것이 아닌, 유체의 흐름을 제어하는 밸브에서 사용하는 것
- 슬라이더 : 구르거나 미끄러짐을 방지하는 고정쐐기
- 요크 : 결합 클램프 (피스톤의 바가 직선운동을 요크를 이용하여 회전운동으로 변환)

---

04 기화기 성능에 대한 설명 중 틀린 것은?

① 온수가열방식은 그 온수의 온도가 90 ℃ 이하일 것
② 압력계는 그 최고눈금이 상용압력의 1.5 ~ 2배일 것
③ 증기가열방식은 그 증기의 온도가 120 ℃ 이하일 것
④ 기화통 안의 가스액이 토출배관으로 흐르지 않도록 적합한 자동제어장치를 설치할 것

해설 기화기 성능
온수가열방식 : 온수 온도 80 ℃ 이하

정답　01 ③　02 ④　03 ④　04 ①

05 염소 특징에 대한 설명 중 틀린 것은?

① 상온에서 자극성의 냄새가 있는 맹독성 기체이다.
② 염소 자체는 폭발성, 인화성은 없다.
③ 염소와 산소의 1 : 1 혼합물을 염소폭명기라고 한다.
④ 수분이 있으면 염산이 생성되어 부식성이 강해진다.

해설 염소폭명기
염소와 수소를 1 : 1 비율로 혼합하여 생성

06 액주식 압력계에 해당하지 않는 것은? ✅최다빈출

① U자관식   ② 단관식
③ 벨로우즈식   ④ 경사관식

해설 액주식 압력계
• 관을 이용한 압력계
• U자관식, 경사관식, 단관식
• 탄성식 압력계 : 벨로스식, 다이어프램식, 브르동관식

07 다음 가스분석법 중 흡수분석법에 해당하지 않는 것은?

① 게겔법   ② 구우데법
③ 오르자트법   ④ 헴펠법

해설 흡수분석법
게겔법, 오르자트법, 헴펠법
→ 구우데법 : 암모니아 합성공정 중 저압합성법
① **고**압법 : **클**로드법, **카**자레법
② **중**압법 : **IG**법, **JCI**법, **동**고시법, **뉴**파우더법
③ **저**압법 : **구**우데법, **케**로그법
  암 고급카레, 중아재동고료, 저구케로그

08 다음 가스계량기 중 측정 원리가 다른 것은?

① 플로노즐   ② 벤투리미터
③ 오리피스미터   ④ 로터미터

해설 가스계량기
• 차압식(압력차) : 오리피스, 벤투리
• 유속식(동압 이용) : 피토관
→ 로터미터 : 일정 압력에서 면적변화 이용

09 용기 내용적이 105 L인 액화암모니아용기에 충전할 수 있는 가스 충전량은 몇 kg인가? (단, 액화암모니아의 가스정수 C값은 1.86이다) ✅최다빈출

① 22.5   ② 45.5
③ 56.5   ④ 127.6

해설 가스 충전량
충전량(W) = V/C = 105/1.86 = 56.5 kg

10 다음 중 저온 재료로 사용할 수 없는 것은?

① 주철
② 9 % 니켈
③ 황동
④ 18-8 스테인리스강

해설 저온 재료
9 % 니켈, 황동, 18-8 스테인리스강
→ 주철
 : 충격값에 약해서 저온 재료 부적당

정답 05 ③ 06 ③ 07 ② 08 ④ 09 ③ 10 ①

11. 부취제 중 황화합물의 화학적 안정성을 바르게 나열한 것은?

① 메르캅탄 > 이황화물 > 환상황화물
② 이황화물 > 메르캅탄 > 환상황화물
③ 환상황화물 > 이황화물 > 메르캅탄
④ 이황화물 > 환상황화물 > 메르캅탄

해설 황화합물 부취제 화학적 안정성
환상황화물 > 이황화물 > 메르캅탄

12. 다음 중 가장 높은 압력은? ✅최다빈출

① 1013 hPa
② 10.33 mH$_2$O
③ 101.325 kPa
④ 30.69 psi

해설 기압
- 1013 hPa = 1기압
- 10.33 mH$_2$O = 1기압
- 101.325 kPa = 1기압
- 30.69 psi = 2.08기압
- 1기압(atm) = 760 mmHg
  = 10.332 mH$_2$O
  = 1.0332 kg/cm^2
  = 1.013 bar
  = 0.101325 MPa
  = 101.325 kPa
  = 14.7 psi

13. LPG가 충전된 납붙임 또는 접합용기는 어느 정도의 온도에서 가스누출시험을 할 수 있는 온수 시험탱크를 갖추어야 하는가?

① 20 ~ 32 ℃
② 60 ~ 80 ℃
③ 46 ~ 50 ℃
④ 35 ~ 45 ℃

해설 온수시험 탱크 온도
46 ~ 50 ℃

14. 일산화탄소에 대한 설명으로 옳지 않은 것은? ✅최다빈출

① 공기보다 가볍고 무색, 무취이다.
② 산화성이 매우 강한 기체이다.
③ 철족의 금속과 반응하여 금속카르보닐을 생성한다.
④ 독성이 강하고 공기 중에서 잘 연소한다.

해설 일산화탄소(CO)
- 산소를 받아 CO$_2$가 됨
- 환원성이 강한 기체

15. 고압가스설비에 장치하는 압력계 눈금은?

① 상용압력의 2배 이상, 2.5배 이하
② 상용압력의 2.5배 이상, 3배 이하
③ 상용압력의 1.5배 이상, 2배 이하
④ 상용압력의 1배 이상, 1.5배 이하

해설 고압가스설비 압력계 눈금
상용압력의 1.5배 이상 2배 이하

16. 독성 가스 저장시설 제독 조치로 옳지 않은 것은?

① 흡착 제거조치
② 흡수, 중화조치
③ 이송설비로 대기 중에 배출
④ 연소조치

해설 독성 가스 저장시설 제독
- 흡수, 중화조치
- 흡착 제거조치
- 연소조치
→ 대기 중에 배출하면 안 됨

정답 11 ③ 12 ④ 13 ③ 14 ② 15 ③ 16 ③

17 폭발등급은 안전간격에 따라 구분한다. 1등급이 아닌 것은?

① 메탄　　② 일산화탄소
③ 암모니아　④ 수소

> **해설** 폭발등급
> • 3등급 > 2등급 > 1등급 순으로 위험
> • 3등급 가스 : 수소, 이황화탄소, 아세틸렌

18 굴착공사자는 도시가스배관이 묻혀 있는지에 관하여 굴착공사를 시작하기 몇 시간 전까지 굴착공사정보지원센터에 확인을 요청해야 하는가?

① 1시간　　② 12시간
③ 24시간　 ④ 48시간

> **해설** 도시가스 굴착공사
> 굴착공사자는 도시가스배관이 묻혀 있는지에 관하여 굴착공사를 시작하기 24시간 전까지 법 제30조의2에 따른 굴착공사정보지원센터(이하 "정보지원센터"라 한다)에 확인을 요청해야 한다. 이 경우 토요일 및 「관공서의 공휴일에 관한 규정」 제2조에 따른 공휴일은 요청 시간에 포함하지 않는다.

19 충전용기 보관실의 온도는 몇 ℃ 이하를 유지하여야 하는가? ✅최다빈출

① 40 ℃　　② 45 ℃
③ 50 ℃　　④ 65 ℃

> **해설** 충전용기 보관실 온도
> 가스 충전용기는 항상 40 ℃ 이하 유지

20 다음 중 특정고압가스가 아닌 것은?

① 이산화탄소　② 산소
③ 수소　　　　④ 천연가스

> **해설** 특정고압가스
> 산소, 수소, 천연가스
> → 이산화탄소 : 불연성 가스

21 독성 가스배관을 지하에 매설할 경우에 배관은 그 가스가 혼입될 우려가 있는 수도시설과 몇 m 이격거리를 유지하여야 하는가?

① 70 m　　② 120 m
③ 200 m　 ④ 300 m

> **해설** 독성 가스배관 이격거리
> 독성 가스배관 ↔ 수도시설 : 300 m 이상 유지

22 LP가스 수송관이음부분에 사용할 수 있는 패킹재료로 적합한 것은?

① 구리　　② 천연고무
③ 종이　　④ 실리콘 고무

> **해설** LP가스 수송관이음부
> 패킹재료 : 실리콘 고무 사용

정답 17 ④　18 ③　19 ①　20 ①　21 ④　22 ④

23 회전펌프 특징으로 틀린 것은?

① 송출량의 맥동이 거의 없다.
② 점성이 있는 액체에 성능이 좋다.
③ 고압에 적당하다.
④ 왕복펌프와 같은 흡입·토출밸브가 있다.

해설 회전펌프
- 펌프 본체 속 회전자 이용
- 흡입·토출밸브 없음

24 내용적 47 L인 LP가스용기 최대 충전량은 몇 kg인가? (단, LP가스 정수는 2.35이다)

① 20   ② 50
③ 80   ④ 110

해설 충전량
충전량(W) = V/C = 47/2.35 = 20 kg

25 재료에 인장과 압축하중을 오랜 시간 반복작용시키면 그 응력이 인장강도보다 작은 경우에도 파괴되는 현상은?

① 취성파괴   ② 피로파괴
③ 인성파괴   ④ 크리프파괴

해설 피로파괴
- 재료에 인장과 압축하중 반복작용
- 응력이 인장강도보다 작은 경우에 파괴 가능
※ 크리프파괴 : 일정 온도 이상에서 응력이 작용할 때 변형과 파괴가 일어나는 현상
※ 취성파괴 : 외력에 의한 소성 변형을 동반하지 않고 갑작스럽게 파괴
※ 외력에 의해 변형을 일으키며 파괴

26 가스연소방식이 아닌 것은?

① 분젠식   ② 세미·분젠식
③ 적화식   ④ 원자식

해설 가스연소방식
- 분젠식 연소
 1차 공기는 40 ~ 70 %, 2차는 60 ~ 30 % 필요로 하며, 불꽃 표준 온도가 가장 높은 연소
 (1) 장점 : 급속한 연소가 되며, 염의 온도가 높음
 (2) 단점 : 역화, 선화의 현상이 나타남
- 적화식 연소
 가스를 그대로 대기 중으로 분출하여 연소시키는 방법. 연소에 필요한 공기 전부를 2차 공기로 취하며 1차 공기는 취하지 않는 연소
 (1) 장점
  ① 역화하지 않음
  ② 염의 온도가 비교적 낮음
 (2) 단점
  ① 연소실이 넓어야 함(2차 공기만으로 취하기 때문에 많은 공기량)
  ② 선화현상이 일어날 가능성이 있음
  ③ 고온을 얻기 힘듦
- 세미·분젠식 연소
 1차 공기를 40 % 이하로 제한하여 연소시키는 방법
- 전1차 공기식 연소
 연소에 필요한 공기를 전부 1차 공기로 혼합시켜 연소하는 방법

정답 23 ④   24 ①   25 ②   26 ④

27 다음 각 가스 특성으로 틀린 것은?

① 산소는 공기액화분리장치를 통해 제조하며, 질소와 분리 시 비등점 차이를 이용한다.
② 수소는 고온, 고압에서 탄소강과 반응하여 수소취성을 일으킨다.
③ 일산화탄소는 담황색의 무취 기체로 허용농도는 TLV-TWA 기준으로 50 ppm이다.
④ 암모니아는 붉은 리트머스를 푸르게 변화시키는 성질을 이용하여 검출할 수 있다.

해설 일산화탄소
- 무색, 무취 기체
- 허용농도 TLV - TWA 기준 50 ppm
- LC50 : 성숙한 흰쥐 집단에게 대기 중 1시간 동안 노출시킨 경우 14일 이내에 그 쥐의 2분의 1 이상이 죽게 되는 가스농도
- TLV-TWA : 하루 8시간, 주 40시간 노출되어도 건강장해를 일으키지 않는 지표 기준

28 루트미터에 대한 설명에 해당하는 것은?

① 스트레이너가 필요 없다.
② 일반 수용가에 적합하다.
③ 설치공간이 크다.
④ 대용량 가스 측정에 적합하다.

해설 루트미터 가스미터기
- 대용량 측정이 가능
- 설치 공간이 작음
- 스트레이너(여과기)를 설치

29 고압가스배관재료로 사용되는 동관의 특징에 대한 설명 중 맞지 않은 것은?

① 가공성이 좋다.
② 열전도율이 적다.
③ 내식성이 크다.
④ 시공이 용이하다.

해설 동관 특징
- 가공성 좋음
- 열전도율 큼
- 시공성 용이
- 내식성 큼

30 순수한 물의 증발 잠열은?

① 539 kcal/kg
② 539 cal/kg
③ 79.68 kcal/kg
④ 79.68 cal/kg

해설 증발 잠열
- 물의 증발잠열 : 539 kcal/kg
- 얼음의 융해잠열 : 79.68 kcal/kg

31 SNG에 대한 설명으로 적당한 것은?

① 정유가스 ② 액화천연가스
③ 액화석유가스 ④ 대체천연가스

해설 SNG(Natural Gas Substitutes)
대체천연가스

32 표준압력계로 주로 사용되며 피스톤게이지라고도 부르는 압력계는 무엇인가?

① 차압식 압력계
② 전기식 압력계
③ 액주식 압력계
④ 분동식 압력계

해설 분동식 압력계
표준압력계로 사용되며, 탄성식 압력계의 교정에도 사용한다.

33 일반도시가스사업자가 선임하여야 하는 안전점검원 선임 기준이 되는 배관길이를 산정할 때 포함되는 배관은?

① 내관
② 사용자공급관
③ 가스사용자 소유 토지 내의 본관
④ 공공 도로 내의 공급관

해설 안전점검원 선임 배관
공공 도로 내의 공급관

34 액상 염소가 피부에 닿았을 경우의 조치로 가장 적절한 것은?

① 이산화탄소로 씻어낸다.
② 암모니아로 씻어낸다.
③ 소금물로 씻어낸다.
④ 맑은 물로 씻어낸다.

해설 염소(Cl_2)
피부에 닿았을 경우 : 맑은 물로 씻어냄

35 도시가스 사용시설 배관 내용적이 10 L 초과 50 L 이하일 때 기밀시험압력 유지시간은?

① 7분 이상   ② 10분 이상
③ 15분 이상   ④ 30분 이상

해설 기밀시험압력 유지시간
• 10 L 이하 : 5분
• 10 ~ 50 L : 10분
• 50 L 초과 : 24분

36 액화석유가스(LPG)의 이송방법과 관련이 먼 것은?

① 압력차에 의한 방법
② 온도차에 의한 방법
③ 압축기에 의한 방법
④ 펌프에 의한 방법

해설 LP가스 이송방법
• 차압에 의한 방법
• 액펌프에 의한 방법
• 압축기에 의한 방법

37 산소 저장설비에서 저장능력 9000 m^3일 경우 1종 보호시설 및 2종 보호시설과 안전거리는?

① 7 m, 5 m   ② 9 m, 7 m
③ 12 m, 8 m   ④ 12 m, 9 m

해설 산소 저장설비

저장능력 1만 이하	1종	12 m
	2종	8 m

38 일반도시가스사업 가스공급시설의 입상관밸브는 분리 가능한 것으로 바닥부터 몇 m 범위에 설치하여야 하는가?

① 0.7 ~ 1.0 m ② 1.2 ~ 1.5 m
③ 1.6 ~ 2.0 m ④ 2.5 ~ 3.0 m

해설 가스공급시설 입상관밸브
바닥면에서 1.6 ~ 2.0 m 이내 설치

39 고압가스용기 파열사고 원인으로 가장 거리가 먼 것은?

① 압축산소를 충전한 용기를 차량에 눕혀서 운반하였을 때
② 균열되었을 때
③ 용기 재질의 불량으로 인하여 인장강도가 떨어질 때
④ 용기의 내압이 이상 상승하였을 때

해설 고압가스용기
부득이한 경우, 차량에 용기를 눕혀서 운반 가능

40 공기와 혼합된 가스가 압력이 높아지면 폭발 범위는 좁아지는 가스는?

① 아세틸렌   ② 프로판
③ 일산화탄소 ④ 메탄

해설 일산화탄소
고압일수록 폭발 범위가 좁아짐

41 도시가스사용시설에서 도시가스배관의 표시등에 대한 기준이 아닌 것은?

① 지하에 매설하는 배관은 그 외부에 사용 가스명, 최고사용압력, 가스의 흐름방향을 표시한다.
② 지상배관은 부식방지 도장 후 황색으로 도색한다.
③ 지하매설배관은 최고사용압력이 중압 이상인 배관은 적색으로 한다.
④ 지하매설배관은 최고사용압력이 저압인 배관은 황색으로 한다.

해설 도시가스배관 표시등
가스의 흐름 방향은 생략

42 고압가스설비 내압 및 기밀시험에 대한 설명으로 옳은 것은?

① 기체로 내압시험을 하는 것은 위험하므로 어떠한 경우라도 금지된다.
② 내압시험은 상용압력의 1.1배 이상의 압력으로 실시한다.
③ 내압시험을 할 경우에는 기밀시험을 생략할 수 있다.
④ 기밀시험은 상용압력 이상으로 하되, 0.7 MPa을 초과하는 경우 0.7 MPa 이상으로 한다.

해설 기밀시험
• 최고사용압력의 1.1배 또는 8.4 kPa 이상
• 0.7 MPa 초과 가스 : 0.7 MPa 이상 실시

정답 38 ③ 39 ① 40 ③ 41 ① 42 ④

43 차량에 고정된 저장탱크로 염소 운반 시 용기의 내용적(L)은 얼마 이하가 되어야 하는가?

① 9000
② 12000
③ 15000
④ 18000

해설 고압가스 운반
- 독성 가스(염소) : 12000 L(암모니아 제외)
- 가연성 가스, 산소탱크 : 18000 L

44 이동식 압축도시가스 자동차시설 기준에서 처리설비와 이동충전차량 및 충전설비의 외면으로부터 화기를 취급하는 장소까지 몇 m 이상 우회거리를 유지하여야 하는가?

① 5
② 8
③ 17
④ 22

해설 이동식 압축도시가스 자동차시설 우회거리
화기와 충전설비·이동충전차량 우회거리 : 8 m

45 고압가스설비 안전장치에 관한 설명으로 옳지 않은 것은?

① 펌프 및 배관에는 압력상승 방지를 위해 릴리프밸브가 사용된다.
② 액화가스용 안전밸브의 토출량은 저장탱크 등의 내부의 액화가스가 가열될 때의 증발량 이상이 필요하다.
③ 급격한 압력상승이 있는 경우에는 파열판은 부적당하다.
④ 고압가스용기에 사용되는 가용전은 열을 받으면 가용합금이 용해되어 내부의 가스를 방출한다.

해설 고압가스설비 안전장치
파열판 : 급격한 압력변화에 이용하는 설비

46 고압가스설비 중 축열식 반응기를 사용하여 제조하는 것은?

① 에틸벤젠
② 염화비닐
③ 아세틸렌
④ 아크릴로라이드

해설 아세틸렌
축열식 반응기를 사용하여 제조

47 다음 배관재료 중 사용온도 350 ℃ 이하, 압력 10 MPa 이상 고압관에 사용되는 것은?

① SPPW
② SPPH
③ SPP
④ SPPG

해설 관의 종류
- SPLT : 저온배관용 탄소강관
- SPHT : 고온배관용 탄소강관
- SPPH : 고압배관용 탄소강관
- SPPS : 압력 배관용 탄소강관

48 다음 중 암모니아 검출법이 아닌 것을 고르시오.

① 냄새로 검출
② 적색 리트머스 시험지가 청색으로 변함
③ 유황초에 불을 붙여 누설 개소에 대면 흑색 연기가 발생함
④ 페놀프탈레인 시험지를 물에 적셔 누설 개소에 대면 홍색으로 변함

해설 암모니아 검출
1. 냄새로 알 수 있음
2. 적색 리트머스 시험지가 청색으로 변함
3. 유황초에 불을 붙여 누설 개소에 대면 백색 연기가 발생함
4. 페놀프탈레인 시험지를 물에 적셔 누설 개소에 대면 홍색으로 변함

정답 43 ② 44 ② 45 ③ 46 ③ 47 ② 48 ③

5. 물 또는 브라인에 암모니아가 누설될 때는 물이나 브라인을 조금 떠서 네슬러시약 용액을 투입하면 소량 누설 시 황색, 다량 누설 시 자색으로 변함

49 압력조정기 종류에 따른 조정압력이 틀린 것은?

① 1단 감압식 저압조정기 : 2.3 ~ 3.3 kPa
② 1단 감압식 준저압조정기 : 5 ~ 30 kPa 이내에서 제조자가 설정한 기준압력의 ±20 %
③ 2단 감압식 2차용 저압조정기 : 2.3 ~ 3.3 kPa
④ 자동절체식 일체형 저압조정기 : 2.3 ~ 3.3 kPa

해설 자동절체식 일체형 저압조정기
조정압력 : 2.55 ~ 3.3 kPa

50 초저온 저장탱크의 측정에 많이 사용되며 차압을 이용하여 액면을 측정하는 액면계는?

① 햄프슨식 액면계
② 전기저항식 액면계
③ 크링카식 액면계
④ 초음파식 액면계

해설 햄프슨식 액면계
액화산소 등과 같은 극저온 저장탱크에 사용

51 배관 보호판의 방청도료의 도막두께는 몇 마이크로 이상인지 고르시오.

① 60   ② 70
③ 80   ④ 90

해설 배관 보호판
보호판은 숏블라스팅 등으로 내·외면의 이물질을 완전히 제거하고, 방청도료(Primer)를 1회 이상 도포한 후, 도막두께가 80 μm 이상 되도록 에폭시타입 도료를 2회 이상 코팅하거나, 이와 동등 이상의 방청 및 코팅효과를 갖도록 한다.

52 직동식 정압기 기본 구성요소로 틀린 것은?

① 안전밸브   ② 메인밸브
③ 스프링   ④ 다이어프램

해설 정압기
- 직동식 : 메인밸브, 스프링, 다이어프램
- 파일럿식 : 파일럿, 스프링, 다이어프램

암 직메스다, 파파스다

53 가스용품제조허가를 받아야 하는 품목에 해당하지 않는 것은?

① PE배관   ② 매몰형 정압기
③ 연료전지   ④ 로딩암

해설 가스용품제조허가 품목
- 매몰형 정압기
- 연료전지
- 로딩암
→ PE배관 : 플라스틱 배관으로 가스용품제조허가 불필요

정답 49 ④ 50 ① 51 ③ 52 ① 53 ①

54 공기 중 10 vol% 존재 시 폭발 위험성이 없는 가스는? ✅최다빈출
① CH_3Br ② C_2H_4O
③ C_2H_6 ④ H_2S

해설 **폭발 범위**
- 산화에틸렌(C_2H_4O) : 3~80 %
- 에탄(C_2H_6) : 3 ~ 12.5 %
- 브롬화메탄(CH_3Br) : 13.5 ~ 14.5 %
- 황화수소(H_2S) : 4.3 ~ 45 %

암 싸이렌삼팔광, 삼일이오에탄, 사삼시오황

55 다음 연소기 중 가스용품 제조 기술 기준에 따른 가스렌지가 아닌 것은? (단, 사용압력은 3.3 kPa 이하로 한다)

① 전가스소비량이 9000 kcal/h인 3구 버너를 가진 연소기
② 전가스소비량이 11000 kcal/h인 4구 버너를 가진 연소기
③ 전가스소비량이 12000 kcal/h인 6구 버너를 가진 연소기
④ 전가스소비량이 15000 kcal/h인 2구 버너를 가진 연소기

해설 **가스레인지 기준**
전기소비량 14400 kcal/h 이하 버너의 연소기

56 액화석유가스의 일반적 특성이 아닌 것은?
① 공기보다 무겁다.
② 기화 및 액화가 용이하다.
③ 액상 액화석유가스는 물보다 무겁다.
④ 증발잠열이 크다.

해설 **액화석유가스**
액상 가스 : 물 위에 뜸(물보다 가벼움)

57 같은 조건일 때 액화하기 가장 쉬운 가스는?
① 수소
② 암모니아
③ 네온
④ 아세틸렌

해설 **가스의 비점**
- 비점이 낮을수록 액화가 어려움
- 수소(H_2) : -252 ℃
- 암모니아(NH_3) : -33.3 ℃
- 아세틸렌(C_2H_2) : -84 ℃
- 네온(Ne) : -249.9 ℃

58 가스난방기 명판 기재해야 하는 사항으로 틀린 것을 고르시오.
① 연소기명 (난방기)
② 제조자의 형식호칭(모델번호)
③ 사용 가스명(도시가스용은 사용가능한 가스그룹) 및 사용 가스압력
④ 사용자 이름

해설 **가스난방기 명판 기재사항**
(1) 연소기명 (난방기)
(2) 제조자의 형식호칭(모델번호)
(3) 사용 가스명(도시가스용은 사용가능한 가스그룹) 및 사용 가스압력

정답 54 ① 55 ④ 56 ③ 57 ② 58 ④

(4) 가스소비량 : kW(액화석유가스는 kg/h, 도시가스는 kcal/h)
(5) 제조(로트)번호 및 제조연월 또는 그 약호 (수입품은 수입연월)
(6) 품질보증기간과 용도
(7) 제조자명이나 그 약호(수입품은 수입판매자명)
(8) 정격전압(V) 및 소비전력(W)(전기를 사용하는 가스난방기만을 말한다)

59 독성 가스인 염소를 운반하는 차량에 반드시 갖추어야 할 용구나 물품이 아닌 것은?

① 소화장비
② 누출 검지기
③ 내산장갑
④ 제독제

해설 독성 가스 운반차량 필요 물품
방독면, 고무장갑, 제독제
→ 소화장비 : 가연성 가스에서 갖추어야 함

60 다음 중 LP가스 특성 중 옳은 것은?

① LP가스의 액체는 물보다 가볍다.
② LP가스의 기체는 공기보다 가볍다.
③ LP가스는 알코올에는 녹지 않으나 물에는 잘 녹는다.
④ LP가스는 푸른 색상을 띠며 강한 취기를 가진다.

해설 LP가스
액비중 0.5 kg/L 로 물보다 가벼움

정답 59 ① 60 ①

2024 CBT 복원 02

01 다음 중 가스누출검지경보장치의 검지부 설치 기준으로 틀린 것을 고르시오.

① 가연성 가스 및 독성 가스를 이입·이송하는 로딩암의 관절부 등 가스가 누출할 우려가 있는 부근에 설치할 것
② 가스누출검지경보장치의 검지부를 로딩암의 투영면(로딩암의 이입·이송 작업 가능 범위 중 최대 거리에서의 투영면을 말한다) 둘레 10 m마다 1개 이상의 비율로 설치할 것
③ LPG는 바닥으로부터 30 cm 이내에 설치할 것
④ LNG는 천장으로부터 30 cm 이내에 설치할 것

해설 가스누출검지경보장치 검지부 설치 기준
가연성 가스 및 독성 가스를 이입·이송하는 로딩암의 관절부 등 가스가 누출할 우려가 있는 부근에는 가스누출검지경보장치의 검지부를 로딩암의 투영면(로딩암의 이입·이송 작업 가능 범위 중 최대 거리에서의 투영면을 말한다) 둘레 20 m마다 1개 이상의 비율로 설치한다.

02 한국가스안전공사에서 실시하는 교육으로 틀린 것을 고르시오.

① 일반교육   ② 양성교육
③ 전문교육   ④ 특별교육

해설 한국가스안전공사 실시 교육
1. 위탁교육   2. 전문교육
3. 특별교육   4. 양성교육

03 고압 가연성 가스 저장탱크 외부색상을 고르시오.

① 청색   ② 황색
③ 녹색   ④ 은백색

해설 고압 가연성 가스 저장탱크
은백색

04 다음 중 포스겐 화학식을 고르시오.

① $COCl_2$ ② CO
③ CO_2Cl ④ $COCl_3$

해설 포스겐 화학식
$COCl_2$

05 부탄 1 Nm^3을 완전연소시키는 데 필요한 이론 공기는 약 몇 Nm^3인가? (단, 공기 중의 산소 농도는 21 v%이다)

① 5   ② 7
③ 25   ④ 31

해설 부탄연소
$C_4H_{10} + 6.5O_2 \rightarrow 4CO_2 + 5H_2O$
이론 산소량 : 6.5
공기량 = 산소량 × 1/0.21
      = 6.5 × 1/0.21
      = 31

정답 01 ② 02 ① 03 ④ 04 ① 05 ④

06 처리능력이라 함은 처리설비 또는 감압설비에 의하여 며칠에 처리할 수 있는 가스량인가?

① 1일 ② 3일
③ 5일 ④ 7일

해설 처리능력
1일에 처리할 수 있는 가스량

07 기준물질 밀도에 대한 측정물질 밀도 비를 무엇이라고 하는가?

① 비중 ② 비체적
③ 비중량 ④ 비용

해설 비중
기준물질 밀도에 대한 측정물질 밀도 비

08 의료용 가스용기 도색구분으로 틀린 것은?

① 액화탄산가스 – 회색
② 산소 – 백색
③ 질소 – 흑색
④ 에틸렌 – 갈색

해설 에틸렌가스용기 도색
- 의료용 : 자색
- 공업용 : 백색

09 가스배관 주위 굴착하고자 할 때 가스배관의 좌우 얼마 이내의 부분은 인력 굴착해야 하는가?

① 40 cm 이내 ② 60 cm 이내
③ 1 m 이내   ④ 1.5 m 이내

해설 가스배관 주위 굴착
배관의 좌우 1 m 이내의 부분은 인력으로 굴착해야 함

10 가스 충전구의 나사방향이 왼나사이어야 하는 것은?

① 암모니아 ② 브롬화메틸
③ 산소   ④ 아세틸렌

해설 충전구 나사 방향
- 가연성 가스 : 왼나사
  → 단, 암모니아, 브롬화메탄은 오른나사
- 기타 : 오른나사

11 내용적이 25000 L인 액화산소 저장탱크의 저장능력은 얼마인가? (단, 비중은 1.04이다)

① 26000 kg ② 23400 kg
③ 22780 kg ④ 21930 kg

해설 저장능력
- 액화가스 저장탱크
$W = 0.9dV = 0.9 \times 1.04 \times 25,000$
$= 23,400 kg$
W : 저장능력 $[kg]$
d : 액화가스 비중
- 액화가스용기 (충전용기, 탱크로리)
$W = \dfrac{V}{C}$
- 압축가스, 저장탱크 및 용기
$Q = (P+1)V$
Q : 저장능력 $[m^3]$
P : 최고 충전 압력 $[MPa]$
V : 내용적 $[m^3]$

12 비중이 공기보다 커서 바닥에 체류하는 가스로 나열된 것은?

① 염소, 암모니아, 아세틸렌
② 프로판, 염소, 포스겐
③ 프로판, 수소, 아세틸렌
④ 염소, 포스겐, 암모니아

해설 비중
- 비중 = 가스분자량/공기분자량(29)
- 염소 : 71
- 프로판 : 44
- 포스겐 : 99
- 암모니아 : 17
- 아세틸렌 : 26
- 수소 : 2

13 고압가스 저장탱크 및 가스홀더 가스방출장치는 가스 저장량이 몇 m^3 이상인 경우여야 하는가?

① $2\,m^3$ ② $3\,m^3$
③ $5\,m^3$ ④ $10\,m^3$

해설 가스방출장치
고압가스 저장탱크 및 가스홀더 : $5\,m^3$ 이상

14 도시가스배관 지름이 15 mm인 배관에 대한 고정장치 설치간격은 몇 m마다 설치해야 하는가?

① 1   ② 2
③ 3   ④ 5

해설 도시가스배관 고정장치
- 13 mm 미만 : 1 m 이내
- 13 ~ 33 mm : 2 m 이내
- 33 mm 이상 : 3 m 이내

15 가연성 가스 검출기에서 탄광에서 발생하는 CH_4 농도를 측정하는 데 주로 사용되는 것은?

① 열선형   ② 안전등형
③ 간섭계형   ④ 반도체형

해설 안전등형
탄광에서 발생하는 메탄(CH_4) 농도 측정

16 다음 중 독성(TLV-TWA)이 가장 강한 가스에 해당하는 것은?

① 암모니아   ② 일산화탄소
③ 황화수소   ④ 아황산가스

해설 독성농도
- 암모니아 : 25 ppm
- 황화수소 : 10 ppm
- 일산화탄소 : 50 ppm
- 아황산가스 : 5 ppm

17 내용적 47 L인 LP가스용기 최대 충전량은 몇 kg인가? (단, LP가스 정수는 2.35이다)

① 20   ② 50
③ 80   ④ 110

해설 충전량
충전량(W) = V/C = 47/2.35 = 20 kg

18 이상기체를 정적하에서 가열하면 압력과 온도의 변화는 어떻게 되는가?

① 압력 증가, 온도 상승
② 압력 일정, 온도 일정
③ 압력 일정, 온도 상승
④ 압력 증가, 온도 일정

> **해설** 이상기체
> 이상기체를 정적하에서 가열 시 압력은 증가하며 온도는 상승

19 "압력이 일정할 때 기체의 부피는 온도에 비례하여 변화한다"라는 법칙은? ✔최다빈출

① 보일(Boyle)의 법칙
② 샤를(Charles)의 법칙
③ 보일 - 샤를의 법칙
④ 아보가드로의 법칙

> **해설** 이상기체법칙
> • 보일법칙 : 일정온도에서 압력과 부피는 서로 반비례한다.
> $P_1 V_1 = P_2 V_2$
> • 샤를법칙 : 일정압력에서 부피는 절대온도에 서로 비례한다.
> $\dfrac{V_1}{T_1} = \dfrac{V_2}{T_2}$
> • 보일 - 샤를의 법칙 : 기체의 부피는 압력과 서로 반비례하고 절대온도와 정비례한다.
> $\dfrac{P_1 V_1}{T_1} = \dfrac{P_2 V_2}{T_2}$

20 다음 중 희가스가 아닌 것을 고르시오.

① He   ② Ar
③ Ne   ④ CO

> **해설** 희가스
> 공기에 들어 있는 양이 희박한 가스
> 아르곤(Ar)·헬륨(He)·네온(Ne)·크립톤(Kr)·제논(Xe)·라돈(Rn)

21 가스미터 선정 시 고려할 사항으로 틀린 것은?

① 가스의 최대사용유량에 적합한 계량능력인 것을 선택한다.
② 가스의 기밀성이 좋고 내구성이 큰 것을 선택한다.
③ 사용 시 기차가 커서 정확하게 계량할 수 있는 것을 선택한다.
④ 내열성, 내압성이 좋고 유지관리가 용이한 것을 선택한다.

> **해설** 가스미터 선정 시 고려사항
> • 사용 시 기차가 작아서 정확하게 계량할 수 있는 것을 선택
> • 사용 시 기차가 작아야 하며 사용 기차는 ± 4 % 이하로 적을 것

22 가스를 충전하는 경우에 밸브 및 배관이 얼었을 때의 응급조치하는 방법으로 부적절한 것은?

① 열습포를 사용한다.
② 미지근한 물로 녹인다.
③ 석유 버너 불로 녹인다.
④ 40 ℃ 이하의 물로 녹인다.

> **해설** 배관이 얼었을 경우 응급조치
> • 열습포를 사용
> • 미지근한 물로 녹일 것
> • 40 ℃ 이하의 물로 녹일 것

정답 18 ① 19 ② 20 ④ 21 ③ 22 ③

23 가정에서 액화석유가스(LPG)가 누출될 때 가장 쉽게 식별할 수 있는 방법은?

① 성냥 등으로 점화시켜 봄으로써 식별
② 리트머스 시험지 색깔로 식별
③ 냄새로서 식별
④ 누출 시 발생되는 흰색 연기로 식별

해설 가정용 LPG 누출 식별
부취제를 넣어 냄새로써 식별

24 공기액화분리장치 내부 세정액으로 적당한 것은?

① 가성소다 ② 사염화탄소
③ 물 ④ 묽은 염산

해설 공기액화 분리장치 세정액
사염화탄소(1년에 1회)

25 다음 중 표준 상태에서 가스상 탄화수소 점도가 가장 높은 가스는?

① 부탄 ② 메탄
③ 에탄 ④ 프로판

해설 탄화수소의 점도
• 탄소 하나당 갖고 있는 수소의 개수
• 에탄 : C_2H_6
• 메탄 : CH_4
• 부탄 : C_4H_{10}
• 프로판 : C_3H_3

26 공급가스인 천연가스 비중이 0.6일 때 45 m 높이의 아파트 옥상까지 압력손실은 약 몇 mm H_2O인가?

① 18.0 ② 23.3
③ 34.9 ④ 27.0

해설 압력손실
• 압력손실(H) = 1.293 × (S − 1) × h
• H = 1.293 × (1 − 0.6) × 45
 = 23.3 mmH_2O

27 가스제조시설에 설치하는 방호벽 규격으로 옳은 것은?

① 철근콘크리트 벽으로 두께 12 cm 이상, 높이 2 m 이상
② 철근콘크리트블록 벽으로 두께 20 cm 이상, 높이 2 m 이상
③ 박강판 벽으로 두께 3.2 cm 이상, 높이 2 m 이상
④ 후강판 벽으로 두께 16 mm 이상, 높이 2.5 m 이상

해설 방호벽 규격
• 철근콘크리트 : 두께 12 cm, 높이 2 m 이상
• 콘크리트블록 : 두께 15 cm, 높이 2 m 이상
• 박강판 : 두께 3.2 mm, 높이 2 m 이상
• 후강판 : 두께 6 mm, 높이 2 m 이상

정답 23 ③ 24 ② 25 ② 26 ② 27 ①

28 재검사용기에 대한 파기방법 기준에서 틀린 것은?

① 절단 등의 방법으로 파기하여 원형으로 가공할 수 없도록 할 것
② 허가관청에 파기의 사유·일시·장소 및 인수시한 등에 대한 신고를 하고 파기할 것
③ 잔가스를 전부 제거한 후 절단할 것
④ 파기하는 때에는 검사원이 검사장소에서 직접 실시하게 할 것

해설 재검사용기 파기방법 기준
• 원형으로 가공할 수 없도록
• 파기할 때는 검사원이 직접 실시
• 잔가스를 전부 제거한 후 절단
→ 허가관청에 파기에 대한 신고절차는 필요 없음

29 도시가스 제조시설의 플레어스택 기준으로 적합하지 않은 것은?

① 스택에서 방출된 가스가 지상에서 폭발한계에 도달하지 않도록 할 것
② 스택에서 발생하는 최대열량에 장시간 견딜 수 있는 재료 및 구조로 되어 있을 것
③ 폭발을 방지하기 위한 조치가 되어 있을 것
④ 연소능력은 긴급이송설비로 이송되는 가스를 안전하게 연소시킬 수 있을 것

해설 플레어스택 설치 기준
스택에서 방출된 가스
: 지면에서 폭발한계에 도달하지 않도록 함

30 저온장치용 금속재료 중에 납땜 또는 용접 재료로서 응력이 없는 부분에 사용되는 용접재는?

① 온납
② 연납
③ 아르곤용접
④ 강용접

해설 아르곤용접
• 저온장치용 금속재료
• 응력이 없는 부분에 사용

31 나사압축기에서 숫로터의 직경 150 mm, 로터 길이 100 mm 회전수 350 rpm일 때 이론적 토출량은 약 몇 m^3/min인가? (단, 로터 형상에 의한 계수[Cv]는 0.476이다)

① 0.11
② 0.31
③ 0.37
④ 0.57

해설 토출량
$Q = K \times D^3 \times (L/D) \times n \times 60$(시간당)
$= 0.476 \times (0.15)^3 \times (0.1/0.15) \times 350 \times 60$
$= 22.49 \ m^3/h = 0.37 \ m^3/min$(분당)

32 H_2와 O_2 등에는 감응이 없고 탄화수소에 대한 감응이 아주 우수한 검출기는?

① 열이온(TID) 검출기
② 전자포획(ECD) 검출기
③ 열전도도(TCD) 검출기
④ 불꽃이온화(FID) 검출기

정답 28 ② 29 ① 30 ③ 31 ③ 32 ④

해설 **가스 검지기**
- 열전도형 검출기(TCD) : 캐리어가스와 시료성분 가스의 열전도도차 검출
- 수소이온화 검출기(FID) : 염으로 시료성분이 이온화됨으로써 염증에 놓여진 전극 간의 전기전도도가 증대하는 것을 이용
  ⇒ 탄화수소에서의 감도가 최고
  ⇒ 탄화수소의 상대감도는 탄소수에 비례
  ⇒ 도시가스 매설배관의 누출 유무를 확인하는 검출기로 사용
- 전자포획이온화 검출기(ECD) : 이온전류가 감소하는 것을 이용한 것으로 할로겐 및 산화물에서는 감도가 최고

해설 **2단 감압식 조정기**
- 장점
  ⊙ 가스배관이 길어도 공급압력이 안정
  ⊙ 배관의 지름이 가늘어도 됨
  ⊙ 각 연소기구에 알맞은 압력으로 공급 가능
  ⊙ 입상배관에 의한 압력손실 보정 가능
- 단점
  ⊙ 설비가 복잡하고 검사방법이 복잡
  ⊙ 부탄의 경우 재액화의 우려가 있음
  ⊙ 조정기 수가 많아서 점검 부분이 많음
  ⊙ 시설 압력이 높아서 이음방식에 주의할 것

33 메탄 50 %, 에탄 40 %, 프로판 5 %, 부탄 5 %인 혼합가스의 공기 중 폭발하한 값(%)은? (단, 폭발하한 값은 메탄 5 %, 에탄 3 %, 프로판 2.1 %, 부탄 1.8 %이다)

① 3.51
② 3.61
③ 3.71
④ 3.81

해설 혼합가스의 공기 중 폭발하한값
$$\frac{100}{L} = \frac{50}{5} + \frac{40}{3} + \frac{5}{2.1} + \frac{5}{1.8}$$
∴ $L = 3.51$

34 조정기 감압방식 중 2단 감압방식의 장점이 아닌 것은?

① 공급압력이 안정하다.
② 장치와 조작이 간단하다.
③ 배관의 지름이 가늘어도 된다.
④ 각 연소기구에 알맞은 압력으로 공급이 가능하다.

35 다음 중 대기로 분출되었을 시 핑크색을 띄는 가스를 고르시오.

① 수소
② 수은
③ 산소
④ 질소

해설 **수소**
수소는 대기로 분출 시 핑크색을 띈다.

36 2개 이상의 용기를 집합(集合)하여 액화석유가스를 저장하기 위한 설비로서 용기·용기집합장치·자동절체기(사용 중인 용기의 가스공급압력이 떨어지면 자동적으로 예비용기에서 가스가 공급되도록 하는 장치를 말한다)와 이를 접속하는 관 및 그 부속설비를 의미하는 것을 고르시오.

① 특정고압설비
② 정압기설비
③ 용기집합설비
④ 특수설비

정답 33 ① 34 ② 35 ① 36 ③

해설 **용기집합설비**
2개 이상의 용기를 집합(集合)하여 액화석유가스를 저장하기 위한 설비로서 용기·용기집합장치·자동절체기(사용 중인 용기의 가스공급압력이 떨어지면 자동적으로 예비용기에서 가스가 공급되도록 하는 장치를 말한다)와 이를 접속하는 관 및 그 부속설비

37 다음 중 유리 온도계 특징으로 틀린 것을 고르시오.

① 급격한 온도변화 측정에는 적합하지 않음
② 파손되기 쉽고 연속기록이 불가능함
③ 원격온도 측정이 가능
④ 수은, 콜 온도계가 대표적

해설 **유리 온도계**
- 유리관에 유체를 봉입하여 유체팽창과 수축 상태를 눈금으로 읽는 온도계
- 급격한 온도변화 측정에는 사용하지 않음
- 취급이 간편
- 파손되기 쉽고 연속기록과 자동제어가 불가능
- 원격 측정이 불가능
- 수은, 알콜 온도계

38 탱크로리로부터 저장탱크로 LPG 이송 시 잔가스 회수가 가능한 이송방법은?

① 압축기 이용법
② 액송펌프 이용법
③ 차압에 의한 방법
④ 압축가스용기 이용법

해설 **압축기에 의한 이송방법 특징**
- 펌프에 비해 이송시간이 짧음
- 잔가스 회수가 가능
- 베이퍼록현상이 없음
- 부탄의 경우 재액화현상이 일어남
- 압축기 오일이 유입되어 드레인의 원인이 됨

39 고압가스 제조허가의 종류가 아닌 것은?

① 고압가스 특정제조
② 고압가스 일반제조
③ 고압가스 충전
④ 독성 가스제조

해설 **고압가스 제조허가 종류**
- 고압가스 특정제조
- 고압가스 일반제조
- 고압가스 충전
- 냉동제조

40 아세틸렌에 대한 설명이 옳은 것으로만 나열된 것은?

㉠ 아세틸렌이 누출하면 낮은 곳으로 체류한다.
㉡ 아세틸렌은 폭발 범위가 비교적 광범위하고, 아세틸렌 100 %에서도 폭발하는 경우가 있다.
㉢ 발열화합물이므로 압축하면 분해폭발할 수 있다.

① ㉠ ② ㉡
③ ㉡, ㉢ ④ ㉠, ㉡, ㉢

해설 **아세틸렌**
- 3중 결합을 가진 무색의 탄화수소
- 구리(Cu), 수은(Hg), 은(Ag) 등의 금속과 결합하여 금속 아세틸라이드 생성
- 흡열화합물이므로 압축하면 분해폭발의 위험이 있음
- 폭발 범위가 비교적 광범위(2.5 ~ 81 %)
- 공기보다 가벼워 누설 시 높은 곳에 체류

정답 37 ③ 38 ① 39 ④ 40 ②

41 다음 중 불연성 가스인 것은?

① CO_2
② C_3H_8
③ C_2H_4
④ C_2H_2

해설 가연성 가스
- 가연성 가스 : C_3H_8, C_2H_2, C_2H_4
- 불연성 가스 : CO_2

42 부탄의 C/H 중량비는 얼마인가?

① 3
② 4
③ 4.5
④ 4.8

해설 부탄의 중량비
- 부탄 : C_4H_{10}
- $\dfrac{C}{H} = \dfrac{12 \times 4}{1 \times 10} = 4.8$

43 시안화수소를 충전할 때 한 용기에서 60일 초과 가능 경우는?

① 순도가 90 % 이상으로 착색되지 아니한 경우
② 순도가 90 % 이상으로 착색된 경우
③ 순도가 98 % 이상으로 착색된 경우
④ 순도가 98 % 이상으로서 착색되지 아니한 경우

해설 시안화수소 충전용기
순도 98 % 이상, 착색되지 않았을 경우는 60일 초과 가능

44 가연성 가스와 동일차량에 적재하여 운반할 경우 충전용기의 밸브가 서로 마주보지 않도록 적재해야 할 가스는?

① 질소
② 산소
③ 수소
④ 아르곤

해설 마주보도록 적재 금지 가스
- 가연성 가스와 산소
- 산소 : 조연성 가스, 가연성 가스 발화를 도움

45 불화수소 성질로 틀린 것은?

① 공기보다 가볍다.
② 불연성 기체이다.
③ 무색이다.
④ 냄새가 없다.

해설 불화수소(HF)
- 불연성 기체
- 공기보다 가벼움(분자량 : 20)
- 무색
→ 자극적인 냄새

46 자동교체식 조정기 사용 장점으로 틀린 것은?

① 배관의 압력손실을 크게 해도 된다.
② 잔액이 거의 없어질 때까지 소비된다.
③ 용기 교환주기의 폭을 좁힐 수 있다.
④ 전체용기 수량이 수동식보다 적어도 된다.

해설 자동교체식 조정기 장점
- 잔액이 거의 없어질 때까지 소비
- 배관의 압력손실을 크게 해도 됨
- 전체용기 수량이 수동식보다 적어도 됨
→ 용기 교환주기 폭을 넓힐 수 있음

정답 41 ① 42 ④ 43 ④ 44 ② 45 ④ 46 ③

47 보온재 구비조건 중 틀린 것은?

① 시공이 용이할 것
② 열전도율이 적을 것
③ 비중이 작고 적당한 강도가 있을 것
④ 흡습·흡수성이 클 것

해설 보온재 구비조건
- 열전도율이 적을 것
- 시공이 용이할 것
- 비중이 작도 적당한 강도가 있을 것
- → 흡습·흡수성이 작을 것(온도 하강 방지)

48 물질의 상태는 변하지 않고, 온도 변화만 시키는 열은?

① 단열   ② 비열
③ 잠열   ④ 현열

해설 열량
- 현열 : 온도 변화만 일으키는 열(상태 변화×)
- 잠열 : 상태 변화만 일으키는 열(온도 변화×)

암 현온잠상

49 가스도매사업의 가스공급시설에서 배관을 지하에 매설할 경우 틀린 것은?

① 배관을 시가지 외의 도로 노면 밑에 매설할 경우 노면으로부터 배관 외면까지 1.2 m 이상 이격할 것
② 배관을 시가지의 도로 노면 밑에 매설할 경우 노면으로부터 배관 외면까지 1.5 m 이상 이격할 것
③ 배관의 깊이는 산과 들에서는 1 m 이상으로 할 것
④ 배관을 철도부지에 매설할 경우 배관 외면으로부터 궤도 중심까지 5 m 이상 이격할 것

해설 도시가스 지하매설 이격거리
배관 외면 ↔ 철도부지 궤도 중심 : 4 m 이상

50 고압가스 제조설비에서 누출가스 확산방지 제해조치가 필요한 가스가 아닌 것은?

① 이산화탄소   ② 염화메틸
③ 염소   ④ 암모니아

해설 누출가스 확산방지 필요 가스
염화메틸, 염소, 암모니아
→ 이산화탄소 : 무독성, 불연성 가스

51 가연성 물질을 공기로 연소시키는 경우에 공기 중의 산소 농도를 높게 하면 연소속도와 발화온도는 어떻게 되는가?

① 연소속도는 느리게 되고, 발화온도는 높아진다.
② 연소속도는 빠르게 되고, 발화온도도 높아진다.
③ 연소속도는 빠르게 되고, 발화온도는 낮아진다.
④ 연소속도는 느리게 되고, 발화온도도 낮아진다.

해설 공기 중 산소 농도
공기 중의 산소 농도를 높게 하면 연소속도는 빠르게 되고, 발화온도는 낮아짐

52 MAX 1.0 m³/h, 0.5 L/rev로 표기된 가스미터가 시간당 50회전하였을 경우 가스 유량은?

① 0.5 m³/h   ② 25 L/h
③ 25 m³/h   ④ 50 L/h

정답 47 ④ 48 ④ 49 ④ 50 ① 51 ③ 52 ②

해설 가스 유량
- 0.5 L/rev : 계량실 1주기 체적이 0.5 L를 의미
- 유량 = 50 × 0.5 = 25 L/h

53 기화장치의 구성이 아닌 것은?
① 검출부　　② 기화부
③ 제어부　　④ 조압부

해설 기화장치 구성
- 조압부
- 제어부
- 기화부

54 운반책임자를 동승시켜 운반해야 되는 경우에 해당되지 않는 것은?
① 압축산소 : 100 m³ 이상
② 독성압축가스 : 100 m³ 이상
③ 액화산소 : 6000 kg 이상
④ 독성액화가스 : 1000 kg 이상

해설 운반책임자 동승 기준

액화가스	독성 가스	1000 kg 이상
	가연성 가스	3000 kg 이상
	조연성 가스	6000 kg 이상
압축가스	독성 가스	100 m³ 이상
	가연성 가스	300 m³ 이상
	조연성 가스	600 m³ 이상

55 루트가스미터에서 일반적으로 일어나는 고장의 형태가 아닌 것은?
① 부동　　② 불통
③ 감도　　④ 기차불량

해설 가스미터 고장
- 부동 : 가스는 미터를 통과하나 계량막의 파손, 밸브의 탈락 등으로 계량기 지침이 작동하지 않는 것
- 불통 : 회전장치의 고장으로 가스가 미터를 통과하지 못하는 고장
- 기차불량 : 설치 오류, 충격, 부품의 마모

56 연료를 구성하는 가연원소로 틀린 것은?
① H　　② N
③ C　　④ S

해설 질소(N)
불연성 기체이기 때문에 연료로 사용 불가

57 "기체 혼합물의 전 부피는 동일 온도 및 압력에서 각 성분 기체의 부분부피 합과 같다"는 혼합기체의 법칙은?
① Dalton의 법칙
② Charles의 법칙
③ Boyle의 법칙
④ Amagat의 법칙

정답 53 ① 54 ① 55 ③ 56 ② 57 ④

해설 아마갓법칙

기체 혼합물의 전 부피는 동일 온도 및 압력에서 각 성분 기체의 부분부피의 합과 같다.
① 돌턴법칙 : 전체 압력은 각 성분 분압의 합과 같다.
② 샤를의 법칙 : 온도가 일정할 때 기체의 압력과 부피가 서로 반비례
③ 보일의 법칙 : 압력이 일정할 때 기체의 부피와 온도가 서로 비례

58 다음 ( ) 안에 알맞은 용어는?

> 도시가스용 압력조절기 유량시험은 조절스프링을 고정하고 표시된 입구압력 범위에서 (㉠)를 통과시킬 경우 출구압력은 제조사가 제시한 설정압력의 ±(㉡) % 이내로 한다.

① ㉠ 최대표시유량, ㉡ 20
② ㉠ 최대출구유량, ㉡ 15
③ ㉠ 최대표시유량, ㉡ 15
④ ㉠ 최대출구유량, ㉡ 20

해설 압력조절기 유량시험
최대표시유량 통과 시 출구압력 : 제조사가 제시한 설정압력의 ± 20 % 이내

59 캐비테이션현상의 발생 방지책에 대한 설명으로 가장 거리가 먼 것은?

① 펌프의 회전수를 높인다.
② 흡입 관경을 크게 한다.
③ 펌프의 위치를 낮춘다.
④ 양흡입펌프를 사용한다.

해설 캐비테이션 방지법
- 양흡입펌프를 사용
- 수직축펌프를 사용하고 회전차를 수중에 잠기게 할 것
- 펌프의 회전수를 낮출 것
- 펌프의 설치위치를 낮춰 흡입양정을 짧게 할 것
- 펌프를 두 대 이상 설치할 것
- 관지름을 크게 하고 흡입 측의 저항을 최소로 줄일 것

60 전압 100 atm 용기에 질소(N_2) 840 g, 탄산가스(CO_2) 3080 g이 있다. 탄산가스의 분압은 몇 atm인가?

① 70 ② 75
③ 80 ④ 90

해설 분압 계산
- 분압 = 전압(P) × $\dfrac{성분기체몰수}{전몰수}$
- 질소 몰수 : 840/28 = 30
- 탄산가스 몰수 : 3080/44 = 70
- 탄산가스 분압 = $100 \times \dfrac{70}{100} = 70$

2023 CBT 복원 01

01 60 K를 랭킨온도로 환산하면 약 몇 R인가? ✓최다빈출

① 108　② 127
③ 130　④ 145

해설 **랭킨온도 환산**
R = °F + 460 = K × 1.8 = 60 × 1.8
　= 108 R

02 프로판 15 vol%와 부탄 85 vol%로 혼합된 가스의 공기 중 폭발하한 값은 약 몇 %인가? (단, 프로판의 폭발하한 값은 2.1 %이고, 부탄은 1.8 %이다) ✓최다빈출

① 1.84　② 1.89
③ 1.94　④ 1.97

해설 **폭발하한 값**
$$\frac{100}{L} = \frac{V_1}{L_1} + \frac{V_2}{L_2} = \frac{15}{2.1} + \frac{85}{1.8} = 54.36,$$
$$\frac{100}{L} = 54.36, \quad L = \frac{100}{54.36} = 1.84$$

03 다음 중 염소의 용도로 적합하지 않은 것은?

① 수돗물 살균
② 표백제로 사용된다.
③ 염화비닐 제조의 원료이다.
④ 냉매로 사용된다.

해설 **염소 용도**
- 염산 제조, 포스겐 원료
- 수돗물 살균, 섬유 표백분
- 염화비닐, 클로로포름, 사염화탄소의 원료
- 펄프 및 종이 제조용
→ 냉매 : 프레온의 용도

04 다음 각 금속재료 가스작용에 대한 설명으로 옳은 것은?

① 아세틸렌은 강과 직접반응하여 폭발성의 금속 아세틸라이드를 생성한다.
② 수분을 함유한 염소는 상온에서도 철과 반응하지 않으므로 철강의 고압용기에 충전할 수 있다.
③ 일산화탄소는 철족의 금속과 반응하여 금속카르보닐을 생성한다.
④ 수소는 저온, 저압하에서 질소와 반응하여 암모니아를 생성한다.

해설 **금속재료의 가스작용**
- 수분 함유 염소 : 철과 반응하여 부식
- 아세틸렌 : Cu, Hg, Ag 등과 반응하여 금속 아세틸라이드 생성
- 수소 : 고온, 고압에서 질소와 반응하여 암모니아 생성

정답　01 ①　02 ①　03 ④　04 ③

05 다음 중 지진감지장치가 반드시 필요한 도시가스시설은?

① 가스도매사업자 인수기지
② 가스도매사업자 정압기지
③ 일반도시가스사업자 정압기
④ 일반도시가스사업자 제조소

해설 지진감지장치 설치 대상
- 가스도매사업자 정압기지
- 이유 : 중요사업자로서 지진에 안전해야 함

06 체적 0.8 m³ 용기에 16 kg의 가스가 들어 있다. 가스의 밀도는?

① 6 kg/m³   ② 8 kg/m³
③ 0.05 kg/m³   ④ 20 kg/m³

해설 가스밀도

밀도 = $\dfrac{질량[kg]}{부피[m^3]} = \dfrac{16}{0.8} = 20 kg/m^3$

07 고압가스용기의 파열사고의 직접적인 원인으로 가장 거리가 먼 것은?

① 용기 재질 불량
② 수소용기에 질소가 일부 존재
③ 용기의 충격 및 타격
④ 가스의 과잉충전

해설 질소
질소는 안정한 가스이므로 수소용기에 질소가 존재하는 것은 직접적인 원인으로 거리가 멀다.

08 독성 가스 TLV-TWA농도는 1일 몇 시간 작업을 기준으로 하는가?

① 1시간   ② 6시간
③ 12시간   ④ 8시간

해설 독성 가스 허용농도
TLV-TWA농도는 1일 8시간(1주일 40시간) 작업을 기준으로 한다.

09 다음 연료 중 분해연소를 하는 것은?

① 양초   ② 석탄
③ 유황   ④ 휘발유

해설 분해연소
고체 가연물이 온도 상승 시 열분해를 통해 발생하는 가연성 가스가 연소하는 것이며, 종이, 목재, 석탄 등이 대표적이다.

10 뉴턴의 점성법칙과 관련이 있는 것으로 나열된 것은?

① 압력, 전단응력, 점성계수
② 동점성계수, 속도, 전단응력
③ 점성계수, 온도, 속도구배
④ 전단응력, 점성계수, 속도구배

해설 뉴턴의 점성법칙
평행하게 흐르는 유체 내부에는 그 흐름을 방해하는 점성이 있음.
뉴턴의 점성법칙은 그 유체의 흐름에 평행하게 작용하는 전단응력이 유체의 속도의 수직 방향 높이에 대한 변화량에 비례한다는 법칙

정답 05 ② 06 ④ 07 ② 08 ④ 09 ② 10 ④

11 산소의 물성치로 틀린 것은?

① 녹는점 : 54 K
② 임계온도 : -183 ℃
③ 끓는점 : 90 K
④ 밀도 : 1.43 g/L

해설 산소의 물성
- 산소의 녹는점 : -218.79 ℃
- 산소의 끓는점 : -182.95 ℃

12 특정설비가 아닌 것은?

① 차량에 고정된 탱크
② 긴급차단장치
③ 안전밸브
④ 압력조정기

해설 특정설비
- 차량에 고정된 탱크
- 긴급차단장치
- 안전밸브
- 역화방지장치
- 자동차용 가스 자동주입기
→ 압력조정기 : 가스압력 감압을 위한 가스용기기

13 다음 중 산소 없이 분해폭발을 일으키는 물질로 틀린 것은?

① 산화에틸렌   ② 히드라진
③ 아세틸렌   ④ 시안화수소

해설 시안화수소
- 가연성 가스이며, 독성 가스
- 중합폭발을 일으킴

14 수성 가스(Water Gas) 조성에 해당하는 것은?

① $CO + H_2$ ② $CO + N_2$
③ $CO_2 + H_2$ ④ $CO_2 + N_2$

해설 수성 가스
- 수성 가스 : 연료와 수증기, 산소의 혼합기체를 고온에서 반응시켜 생성된 가스이며 수소와 일산화탄소가 주성분이다.
- 수소 49 %, 일산화탄소 42 %, 이산화탄소 4 %, 질소 4.5 %
- 주성분 : $CO + H_2$

15 고압가스의 운반 기준에 대한 설명 중 틀린 것은?

① 충전용기를 차에 실을 때에는 넘어지거나 부딪침 등으로 충격을 받지 않도록 주의하여 취급한다.
② 밸브가 돌출한 충전용기는 고정식 프로텍터나 캡을 부착하여 밸브의 손상을 방지한다.
③ 소방기본법이 정하는 위험물과 충전용기를 동일 차량에 적재 시에는 1 m 정도 이격시킨 후 운반한다.
④ 염소와 아세틸렌·암모니아 또는 수소는 동일 차량에 적재하여 운반하지 않는다.

해설 고압가스 운반 기준
충전용기와 소방기본법이 정하는 위험물은 동일 차량에 적재하지 않음

16 1몰의 프로판을 완전연소시킬 때 필요한 산소의 몰수는?

① 2   ② 4
③ 5   ④ 7

해설 프로판연소
- $C_3H_8 + 5O_2 \rightarrow 3CO_2 + 4H_2O$
- 1몰, 5몰 → 3몰, 4몰

17 다음 중 냄새로 누출 여부를 알 수 있는 가스는?

① 일산화탄소, 아르곤
② 질소, 이산화탄소
③ 염소, 암모니아
④ 에탄, 부탄

해설 독성 가스
- 염소 : 독성허용농도 1 ppm
- 암모니아 : 독성허용농도 25 ppm

18 충전용기 보관실의 온도는 몇 ℃ 이하를 유지하여야 하는가? (최다빈출)

① 40 ℃   ② 45 ℃
③ 50 ℃   ④ 65 ℃

해설 충전용기 보관실 온도
가스 충전용기는 항상 40 ℃ 이하 유지

19 다음 중 비중이 가장 작은 가스로 옳은 것은?

① 수소   ② 프로판
③ 부탄   ④ 질소

해설 가스 비중
- 비중 = $\dfrac{가스분자량}{공기분자량(29)}$
- 분자량이 적을수록 비중이 작음
- 분자량 : 수소(2), 질소(28), 부탄(58), 프로판(44)

20 가스용 폴리에틸렌관의 굴곡허용반경은 외경의 몇 배 이상인가?

① 15   ② 20
③ 30   ④ 40

해설 폴리에틸렌관
- 굴곡허용 반경 : 20배 이상
- 굴곡반경이 외경의 20배 미만 : 엘보 사용

21 저장 능력 300 m³ 이상인 2개의 가스 홀더 A, B 사이에 유지해야 할 거리는? (단, A와 B의 최대 지름은 각각 8 m, 4 m이다)

① 1 m   ② 2 m
③ 3 m   ④ 5 m

해설 가스 홀더 이격거리
- 가스홀더 2개 이상 인접 설치 : 각 지름 합산 값의 1/4 이상 거리 유지
- 8 m + 4 m = 12
- 12/4 = 3 m

22 원통형의 관을 흐르는 물의 중심부의 유속을 피토관으로 측정하였더니 수주 높이가 10 m이었다. 유속은 약 몇 m/s인가?

① 12   ② 14
③ 25   ④ 30

해설 유속(V)

$$유속(V) = \sqrt{2gh}\,(m/s) = \sqrt{2 \times 9.8 \times 10} = 14 \text{m/s}$$

정답 17 ③ 18 ① 19 ① 20 ② 21 ③ 22 ②

23 다음 중 동일차량에 적재하여 운반할 수 없는 가스는?

① 질소와 탄산가스
② 산소와 질소
③ 탄산가스와 아세틸렌
④ 염소와 아세틸렌

해설 염소와 동일차량 적재 불가
아세틸렌, 수소, 암모니아

24 자연발화의 열 발생속도에 대한 설명으로 틀린 것은?

① 발열량이 큰 쪽이 일어나기 쉽다.
② 표면적이 작을수록 일어나기 쉽다.
③ 초기 온도가 높은 쪽이 일어나기 쉽다.
④ 촉매 물질이 존재하면 반응속도가 빨라진다.

해설 자연발화 열 발생속도
표면적이 클수록 일어나기 쉬움

25 아황산가스의 제독제로 알맞지 않은 것은?

① 탄산소다수용액
② 소석회
③ 가성소다수용액
④ 물

해설 아황산가스 제독제
• 가성소다수용액
• 탄산소다수용액
• 물
→ 소석회 : 포스겐, 염소의 제독제

26 온도계 선정방법에 대한 설명 중 틀린 것은?

① 지시 및 기록 등을 쉽게 행할 수 있을 것
② 견고하고 내구성이 있을 것
③ 취급하기가 쉽고 측정하기 간편할 듯
④ 피측온체의 화학반응 등으로 온도계에 영향이 있을 것

해설 온도계 선정방법
피측온체의 화학반응으로 영향이 없어야 함

27 다음 중 수소가스와 반응하여 격렬히 폭발하는 원소로 틀린 것은?

① Cl_2 ② N_2
③ O_2 ④ F_2

해설 수소가스와 반응
• 폭발하는 원소 : 산소, 염소, 플루오린
• N_2(질소) : 안정한 가스

28 고압가스배관에 대하여 수압에 의한 내압시험을 하려고 할 때 압력은 얼마 이상으로 하는가?

① 사용압력 × 1.1배
② 사용압력 × 2배
③ 상용압력 × 1.5배
④ 상용압력 × 2배

해설 고압가스배관 내압시험
수압에 의한 시험 : 상용압력 × 1.5배

정답 23 ④ 24 ② 25 ② 26 ④ 27 ② 28 ③

29 액화석유가스 저장탱크에 가스를 충전하고자 한다. 내용적이 15 m³인 탱크에 안전하게 충전할 수 있는 최대 용량은 몇 m³인가?

① 12.75 ② 13.5
③ 14.25 ④ 14.7

해설 가스충전량
가스충전량 = 내용적 × 0.9
= 15 × 0.9 = 13.5 m³

30 염소 특징에 대한 설명 중 틀린 것은?

① 상온에서 자극성의 냄새가 있는 맹독성 기체이다.
② 염소 자체는 폭발성, 인화성은 없다.
③ 염소와 산소의 1 : 1 혼합물을 염소폭명기라고 한다.
④ 수분이 있으면 염산이 생성되어 부식성이 강해진다.

해설 염소폭명기
염소와 수소를 1 : 1 비율로 혼합하여 생성

31 도시가스 사용시설에서 배관 호칭지름이 25 mm인 배관은 몇 m 간격으로 고정하여야 하는가? ⊙최다빈출

① 1 m마다 ② 2 m마다
③ 5 m마다 ④ 10 m마다

해설 도시가스배관 고정장치
• 13 mm 미만 : 1 m 이내
• 13 ~ 33 mm : 2 m 이내
• 33 mm 이상 : 3 m 이내

32 공기 중 폭발 범위가 가장 넓은 가스는? ⊙최다빈출

① 에탄   ② 프로판
③ 메탄   ④ 일산화탄소

해설 폭발 범위
• 에탄(C_2H_6) : 3 ~ 12.5 %
• 메탄(CH_4) : 5 ~ 15 %
• 프로판(C_3H_8) : 2.1 ~ 9.5 %
• 일산화탄소(CO) : 12.5 ~ 74 %

암 삼일이오[에탄], [메]오시오
[프]트리구오, 씹이냐칠사[일산]

33 어떤 도시가스 발열량이 15000 Kcal/Sm³일 때 웨버지수는 얼마인가? (단, 가스의 비중은 0.5로 한다)

① 12121   ② 15000
③ 21213   ④ 35000

해설 웨버지수(W)
• 가스의 연소성, 호환성을 판단하는 지수
• $W = \dfrac{Hg}{\sqrt{d}} = \dfrac{15,000}{\sqrt{0.5}} = 21,213$
• Hg : 발열량, d : 비중

34 순수한 물 1 g을 온도 14.5 ℃에서 15.5 ℃까지 높이는 데 필요한 열량은?

① 1 cal   ② 1 J
③ 1 BTU ④ 1 CHU

해설 1 cal
물 1 g의 온도 1 ℃ 올리는 데 필요한 열량

정답 29 ② 30 ③ 31 ② 32 ④ 33 ③ 34 ①

35 도시가스 사용시설 중 가스계량기와 다음 설비와의 안전거리 기준으로 옳은 것은?

① 전기계량기와는 60 cm 이상
② 전기접속기와는 50 cm 이상
③ 전기점멸기와는 50 cm 이상
④ 절연조치를 하지 않는 전선과는 30 cm 이상

해설 가스계량기와 안전거리
- 전기계량기 : 60 cm 이상
- 전기접속기 : 30 cm 이상
- 전기점멸기 : 30 cm 이상
- 절연조치 하지 않은 전선 : 15 cm 이상
- 절연전선 : 10 cm 이상

36 냉동기의 성적(성능)계수를 ϵR로 하고 열펌프의 성적계수를 ϵH로 할 때 ϵR과 ϵH 사이에는 어떤 관계가 있는가?

① $\epsilon R = \epsilon H$
② $\epsilon R > \epsilon H$
③ $\epsilon R > \epsilon H$ 또는 $\epsilon R < \epsilon H$
④ $\epsilon R < \epsilon H$

해설 성적계수
열펌프(히트펌프)의 성적계수가 냉동기의 성적계수보다 항상 크다.

37 계측에 사용되는 열전대 중 다음(보기)의 특징을 가지는 온도계는?

1. 열기전력이 크고 저항 및 온도계수가 작다.
2. 수분에 의한 부식이 강하므로 저온 측정에 적합하다.
3. 비교적 저온의 실험용으로 사용한다.

① R형   ② T형
③ J형   ④ K형

해설 열전대 온도계
- 백금 - 백금로듐(R) : 0 ~ 1600 ℃
- 크로멜 - 알루멜(K) : 0 ~ 1200 ℃
- 철 - 콘스탄탄(J) : -20 ~ 800 ℃
- 구리 - 콘스탄탄(T) : -200 ~ 350 ℃
- 수은 온도계 : -35 ~ 350 ℃

38 우주에서 가장 많이 차지하는 원소는?

① 산소   ② 질소
③ 수소   ④ 헬륨

해설 우주 원소
우주에서 가장 풍부한 원소는 수소이며(75 %), 두 번째로 풍부한 원소는 헬륨이다(25 %).

39 메탄의 물성치로 틀린 것은?

① 녹는점 : -183 ℃
② 끓는점 : -162 ℃
③ 임계온도 : -240 ℃
④ 밀도 : 0.71 g/L

정답 35 ① 36 ④ 37 ② 38 ③ 39 ③

> **해설** 메탄의 물성
> 메탄의 임계온도 : -82.1 ℃
> 액체와 기체가 상평형이 될 수 있는 한계 온도이며 액화 가능한 최고 온도이다.

40 다음 중 고압가스 성질에 따른 분류에 속하지 않는 것은? ✅최다빈출

① 조연성 가스 ② 액화가스
③ 가연성 가스 ④ 불연성 가스

> **해설** 고압가스 분류
> • 가연성 가스
> • 조연성 가스
> • 불연성 가스

41 LP가스 증발 시 흡수하는 열을 무엇이라 하는가?

① 비열 ② 현열
③ 잠열 ④ 융해열

> **해설** 열량
> • 현열 : 온도 변화만 일으키는 열(상태 변화 ×)
> • 잠열 : 상태 변화만 일으키는 열(온도 변화 ×)
> 　　　　　　　　　　　　　　암 현온잠상

42 공기 중에서 프로판의 폭발 범위(하한과 상한)를 바르게 나타낸 것은? ✅최다빈출

① 1.8 ~ 8.4 %   ② 2.2 ~ 9.5 %
③ 2.1 ~ 10.4 % ④ 1.8 ~ 9.5 %

> **해설** 프로판폭발 범위
> 2.2 ~ 9.5 %

43 도시가스에 사용되는 부취제 중 DMS 냄새는?

① 양파 썩는 냄새
② 마늘 냄새
③ 석탄가스 냄새
④ 암모니아 냄새

> **해설** 부취제
> • THT : 석탄가스 냄새
> • TBM : 양파 썩는 냄새
> • DMS : 마늘 썩는 냄새

44 독성 가스인 염소를 운반하는 차량에 반드시 갖추어야 할 용구나 물품이 아닌 것은?

① 소화장비   ② 누출 검지기
③ 내산장갑   ④ 제독제

> **해설** 독성 가스 운반차량 필요 물품
> 방독면, 고무장갑, 제독제
> → 소화장비 : 가연성 가스에서 갖추어야 함

정답 40 ② 41 ③ 42 ② 43 ② 44 ①

45 긴급차단장치 동력원으로 가장 부적당한 것은?

① 기압　② X선
③ 스프링　④ 전기

해설　긴급차단장치 동력원
- 스프링
- 기압
- 전기

46 수소와 산소 또는 공기와 혼합기체에 점화하면 급격히 화합하여 폭발하므로 위험하다. 이 혼합기체를 무엇이라고 하는가?

① 산소 폭명기　② 수소 폭명기
③ 염소 폭명기　④ 공기 폭명기

해설　수소 폭명기
수소와 산소 또는 공기와의 혼합기체에 점화하여 급격히 폭발하는 기체

47 LPG사용시설에서 가스누출경보장치 검지부 설치높이 기준은?

① 지면에서 30 cm 이내
② 지면에서 50 cm 이내
③ 천장에서 30 cm 이내
④ 천장에서 50 cm 이내

해설　가스누출경보장치

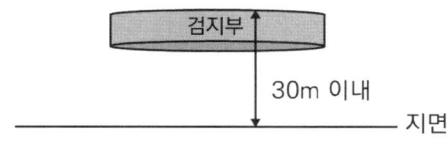

48 시안화수소 충전 시 사용되는 안정제가 아닌 것은?

① 암모니아　② 인산
③ 염화칼슘　④ 황산

해설　시안화수소 안정제
- 아황산가스　・ 염화칼슘
- 오산화인　・ 동망
- 황산　・ 인산

49 LP가스 이송설비 중 압축기 부속장치로 토출 측과 흡입 측을 전환시키며 액송과 가스회수를 한 동작으로 할 수 있는 것은?

① 전자밸브
② 액가스분리기
③ 전자밸브액트랩
④ 사방밸브

해설　사방밸브
액송과 가스회수를 한 동작으로 가능

50 밀도 단위로 옳은 것은?

① L/g　② g/cm³
③ g/s²　④ Ib/in²

해설　밀도 단위
밀도 : [g/cm³], [kg/m³]

정답　45 ②　46 ②　47 ①　48 ①　49 ④　50 ②

51 고압가스 특정제조시설에서 긴급이송설비에 의해 이송되는 가스를 안전하게 연소시킬 수 있는 장치는?

① 플레어스택 ② 인터록기구
③ 벤트스택 ④ 긴급차단장치

해설 **플레어스택**
긴급이송설비에 의한 이송 가스안전 연소장치

52 가스사고가 발생하면 산업통상자원부령에서 정하는 바에 따라 관계기관에 가스사고를 통보하여야 한다. 다음 중 사고 통보내용이 아닌 것은?

① 통보자의 소속, 직위, 성명 및 연락처
② 사고원인자 인적사항
③ 시설현황 및 피해현황(인명 및 재산)
④ 사고발생 일시 및 장소

해설 **가스사고 통보**
- 통보자의 소속, 직위, 성명 및 연락처
- 사고발생 일시 및 장소
- 시설현황 및 피해현황

53 재료가 일정 온도 이상에서 응력이 작용할 때 시간이 경과함에 따라 변형이 증대되거나 파괴되는 현상을 무엇이라 하는가?

① 에로숀 ② 크리프
③ 피로 ④ 탈탄

해설 **크리프**
일정 온도 이상에서 응력이 작용할 때 변형과 파괴가 일어나는 현상

54 LP가스 충전설비 작동 상황점검주기는?

① 1일 1회 이상 ② 1주일 1회 이상
③ 1월 1회 이상 ④ 1년 1회 이상

해설 **LPG 충전설비 작동점검주기**
1일 1회 이상

55 다음은 어떤 안전기구에 대한 설명인가?

> 설비가 잘못 조작되거나 정상적인 제조를 할 수 없는 경우 자동으로 원재료의 공급을 차단시키는 등 고압가스 제조설비 안의 제조를 제어하는 기능을 한다.

① 안전밸브 ② 인터록기구
③ 긴급이송설비 ④ 벤트스택

해설 **인터록기구**
설비 잘못 조작 및 정상동작 불가능 시 : 고압가스 제조설비 안의 제조 제어 기능

56 다음 중 확산속도가 가장 빠른 기체는?

① CO_2 ② N_2
③ CH_4 ④ O_2

해설 **확산속도**
- 가벼울수록 확산속도가 빠름
- 산소 : 32
- 질소 : 28
- 메탄 : 16
- 탄산가스 : 44

정답 51 ① 52 ② 53 ② 54 ① 55 ② 56 ③

57 가연성 가스용 가스누출경보 및 자동차단장치 경보농도설정치 기준은?

① ±5 % 이하
② ±10 % 이하
③ ±15 % 이하
④ ±25 % 이하

해설 가스 누출경보
- 독성 가스 : ±30 % 이하
- 가연성 가스 : ±25 % 이하

58 공급가스인 천연가스 비중이 0.6일 때 45 m 높이의 아파트 옥상까지 압력손실은 약 몇 mmH_2O인가?

① 18.0
② 23.3
③ 34.9
④ 27.0

해설 압력손실
- 압력손실(H) = 1.293 × (S-1) × h
- H = 1.293 × (1-0.6) × 45
    = 23.3 mmH_2O

59 다음 중 절대압력을 정하는 기준은?

① 게이지압력
② 국소대기압
③ 완전진공
④ 표준대기압

해설 절대압력
- 절대압력 : 완전진공 상태에서 정하는 압력
- 절대압력 = 대기압 + 게이지압력(계기압력)
- 게이지압력 = 절대압력 - 대기압

암 절대게

60 일반도시가스사업의 가스공급시설 기준에서 배관을 지상 설치할 경우 가스배관 표면 색상은?

① 적색
② 청색
③ 흑색
④ 황색

해설 도시가스배관 색상
- 지상 : 황색
- 지하 : 저압(황색), 중압(적색)

정답 57 ④ 58 ② 59 ③ 60 ④

2023 CBT 복원 02

01 비등액체팽창증기폭발(BLEVE)이 일어날 가능성이 가장 적은 곳은?

① 액화가스 탱크로리
② LPG 저장탱크
③ 천연가스 지구정압기
④ LNG 저장탱크

해설 비등액체팽창증기폭발
천연가스 지구정압기는 비등액체팽창증기폭발이 일어날 가능성이 가장 적다.

02 다음 중 지식경제부령이 정하는 특정설비에 해당하지 않는 것은?

① 저장탱크의 안전밸브
② 저장탱크
③ 조정기
④ 기화기

해설 조정기
일정 값으로 유지하기 위한 기기로, 특정설비에 해당하지 않는다.

03 액화석유가스(LPG)의 이송방법과 관련이 먼 것은?

① 압력차에 의한 방법
② 온도차에 의한 방법
③ 압축기에 의한 방법
④ 펌프에 의한 방법

해설 LP가스 이송방법
• 차압에 의한 방법
• 액펌프에 의한 방법
• 압축기에 의한 방법

04 자동차용기 충전시설에 "화기엄금"이라 표시한 게시판의 색상은?

① 황색바탕에 흑색문자
② 백색바탕에 적색문자
③ 적색바탕에 황색문자
④ 흑색바탕에 백색문자

해설 화기엄금 표시 색상
• 바탕색 : 백색
• 문자색 : 적색   **암** 바백 문적

05 다음 중 아황산가스 제독제로 쓰이지 않는 것은?

① 소석회
② 물
③ 탄산소다 수용액
④ 가성소다 수용액

해설 아황산가스의 제독제
가성소다 수용액·탄산소다 수용액·물
→ 소석회 : 포스겐의 제독제   **암** 아가탄물

정답 01 ③ 02 ③ 03 ② 04 ② 05 ①

06
천연가스 발열량이 10.400 kcal/Sm³다. SI 단위인 MJ/Sm³로 나타내면?

① 2.47
② 43.68
③ 2.476
④ 43680

해설 발열량
- 1 kcal = 4.2 kJ
- 10400 × 4.2 = 43680 kJ = 43.68 MJ

07
조정압력 3.3 kPa 이하의 LP가스용 조정기 안전장치의 작동정지 압력은?

① 5.60 ~ 8.4 kPa
② 5.60 ~ 7.0 kPa
③ 5.04 ~ 8.4 kPa
④ 5.04 ~ 7.0 kPa

해설 3.3 kPa 안전장치 작동정지 압력
- 작동 정지 압력 : 5.04 ~ 8.4 kPa
- 작동 개시 압력 : 5.6 ~ 8.4 kPa
※ 표준작동압력 : 7.0 kPa

08 고난도!
압력용기의 내압부분에 대한 비파괴시험으로 실시되는 초음파 탐상시험 대상에 해당되는 것은?

① 두께가 30 mm인 저합금강
② 두께가 5 mm인 9 % 니켈강
③ 두께가 15 mm인 니켈강
④ 두께가 5 mm인 탄소강

해설 초음파 탐상시험
1. 두께 50 mm 이상인 탄소강
2. 두께 13 mm 이상인 2.5 % 니켈강 및 3.5 % 니켈강
3. 두께 38 mm 이상인 저합금강

09
고압가스(산소, 아세틸렌, 수소)의 품질검사 주기 기준으로 옳은 것은?

① 1월 1회 이상
② 1주 1회 이상
③ 5일 1회 이상
④ 1일 1회 이상

해설 고압가스 품질검사 주기
- 산소, 아세틸렌, 수소 : 품질검사 필요
- 1일 1회 이상 실시

10
저장탱크 지하설치 기준으로 틀린 것은?

① 저장탱크를 매설한 곳의 주위에는 지상에 경계표지를 설치한다.
② 지면으로부터 저장탱크의 정상부까지의 깊이는 1 m 이상으로 한다.
③ 저장탱크에 설치한 안전밸브에는 지면에서 5 m 이상의 높이에 방출구가 있는 가스 방출구가 있는 가스방출관을 설치한다.
④ 천정, 벽 및 바닥의 두께가 각각 30 cm 이상 인 방수 조치를 한 철근콘크리트로 만든 곳에 설치한다.

해설 저장탱크 지하설치 기준

11
염소가스 저장탱크 내의 과충전 방지장치는 가스 충전량이 저장탱크 내용적 몇 %를 초과할 때 가스충전이 불가하도록 동작하는가?

① 80 %
② 70 %
③ 60 %
④ 90 %

해설 **염소가스 저장탱크**
과충전 방지장치 작동 : 내용적 90 % 초과 시

12 충전용기를 차량에 적재하여 운반할 때 차량의 앞뒤 보기 쉬운 곳에 표기하는 경계표시의 글자 색과 내용으로 적합한 것은?

① 노랑 글씨 - 위험고압가스
② 붉은 글씨 - 위험고압가스
③ 붉은 글씨 - 주의고압가스
④ 노랑 글씨 - 주의고압가스

해설 **충전용기 차량 경계표시**
- 글씨 색 : 적색
- 내용 : 위험고압가스

13 다음 중 특정고압가스가 아닌 것은?

① 이산화탄소　② 산소
③ 수소　　　　④ 천연가스

해설 **특정고압가스**
산소, 수소, 천연가스
→ 이산화탄소 : 불연성 가스

14 터보(Turbo)형 펌프가 아닌 것은?

① 축류펌프　② 사류펌프
③ 원심펌프　④ 플런저펌프

해설 **터보형 펌프**
축류펌프, 원심펌프, 사류펌프
→ 플런저펌프 : 왕복동식 펌프

15 아세틸렌 제조설비의 방호벽 설치 기준으로 옳지 않은 것은?

① 압축기와 충전용 주관밸브 조작밸브 사이
② 충전장소와 충전용 주관밸브 조작밸브 사이
③ 충전장소와 가스충전용기 보관장소 사이
④ 압축기와 가스충전용기 보관장소 사이

해설 **아세틸렌 방호벽**
압축기와 충전용 주관밸브 조작밸브
: 설치하지 않음
(1) 아세틸렌압축기와 충전용기 보관장소 사이
(2) 아세틸렌압축기와 충전용 주관밸브 조작장소 사이
(3) 압축가스압축기와 충전장소 사이
(4) 압축가스압축기와 충전용기 보관장소 사이
(5) 판매시설의 용기 보관실벽

16 용접용기 제조 시, 용기동판의 최대 두께와 최소 두께의 차는 평균 두께의 몇 % 이하로 하여야 하는가?

① 15 %　② 10 %
③ 25 %　④ 40 %

해설 **용접용기**
용기 동판의 최대 최소 두께 차 : 10 % 이하
(심리스용기일 때는 20 % 이하)

17 과압안전장치 형식에서 용전의 용융온도로 옳은 것은? (단, 저압부에 사용하는 것은 제외한다)

① 45 ℃ 이하　② 70 ℃ 이하
③ 75 ℃ 이하　④ 105 ℃ 이하

정답　12 ②　13 ①　14 ④　15 ①　16 ②　17 ③

해설 용전 용융온도
암모니아가스 안전장치 : 용전의 용융온도 75 ℃

18 윤활유 선택 시 유의할 사항으로 틀린 것은?
① 사용 기체와 화학반응을 일으키지 않을 것
② 전기 전열 내력이 클 것
③ 인화점이 낮을 것
④ 점도가 적당할 것

해설 윤활유 선택 유의 사항
인화점 높을 것(인화점 낮으면 연소가 일어남)

19 긴급차단장치 동력원으로 가장 부적당한 것은?
① 기압 ② X선
③ 스프링 ④ 전기

해설 긴급차단장치 동력원
- 스프링
- 기압
- 전기

20 고압가스용기에 사용되는 강의 성분원소 중 탄소, 인, 황 및 규소의 작용에 대한 설명으로 틀린 것은?
① 탄소량이 증가하면 인장강도는 증가한다.
② 인은 상온취성의 원인이 된다.
③ 황은 적열취성의 원인이 된다.
④ 규소량이 증가하면 충격치 증가한다.

해설 고압가스용기에 사용되는 강의 성분특징
- 탄소량 증가 : 인장강도 증가
- 황 : 800 ℃에서 적열취성의 원인
  (적열취성 : 빨갛게 달았을 때 부스러지는 성질)
- 인 : 상온에서 취성 발생
  (취성 : 힘을 받았을 때 깨지거나 부러지는 성질)
- 규소량 증가 : 내열성 증가, 자기특성 발생
  (규소량은 충격치와 관련 없음)

21 산소에 대한 설명으로 알맞은 것은?
① 안전밸브는 파열판식을 주로 사용한다.
② 의료용 용기는 녹색으로 도색한다.
③ 용기는 탄소강으로 된 용접용기이다.
④ 압축기 내부 윤활유는 양질의 광유를 사용한다.

해설 산소
- 용기 : 탄소강 무계 목 용기(용접하지 않음)
- 용기 색 : 공업용(녹색), 의료용(백색)
- 압축기 내부 윤활유 : 물 또는 글리세린수
- 안전밸브 : 파열판식

22 다공물질 내용적이 100 m³, 아세톤 침윤 잔용적이 20 m³일 때 다공도는 몇 %인가?
① 50 % ② 70 %
③ 80 % ④ 90 %

해설 다공도 계산
내용적 - 침윤 잔용적 = 100 - 20 = 80 m³
다공도 = (80/100) × 100 = 80 %

정답 18 ③ 19 ② 20 ④ 21 ① 22 ③

23 고압가스 특정제조시설 중 비가연성 가스의 저장탱크는 몇 m³ 이상일 경우 지진영향에 대한 안전한 구조로 설계하여야 하는가?

① 300 ② 700
③ 1000 ④ 1500

> **해설** 지진 안전 구조설계
> • 가연성 : 500 m³ 이상
> • 비가연성 : 1000 m³ 이상

24 에어졸 시험방법에서 불꽃길이 시험을 위해 채취한 시료 온도 조건은?

① 24 ℃ 이상, 26 ℃ 이하
② 60 ℃ 이상, 66 ℃ 미만
③ 46 ℃ 이상, 50 ℃ 미만
④ 26 ℃ 이상, 30 ℃ 미만

> **해설** 에어졸 시불꽃길이 시험 온도
> 24 ~ 26 ℃ 이하

25 고압가스 특정제조시설 중 철도부지 밑 매설 배관에 대한 설명으로 틀린 것은?

① 배관의 외면으로부터 그 철도부지의 경계까지는 1 m 이상의 거리를 유지한다.
② 지표면으로부터 배관의 외면까지의 깊이를 60 cm 이상 유지한다.
③ 지하철도 등을 횡단하여 매설하는 배관에는 전기방식조치를 강구한다.
④ 배관은 그 외면으로부터 궤도 중심과 4 m 이상 유지한다.

> **해설** 철도부지 매설 배관
> 지표면으로부터 배관까지 깊이 : 1.2 m 이상

26 다음 중 폭발성이 예민하므로 마찰 및 타격으로 격렬히 폭발하는 물질이 아닌 것은?

① 황화질소   ② 메틸아민
③ 아세틸라이드 ④ 염화질소

> **해설** 마찰 및 타격으로 인한 폭발물질
> 황화질소, 아세틸라이드, 염화질소
> → 메틸아민 : 마찰에 의한 폭발 위험이 적음

27 오리피스미터 특징으로 옳은 것은?

① 내구성이 좋다.
② 침전물이 관벽에 부착되지 않는다.
③ 압력손실이 매우 작다.
④ 제작이 간단하고 교환이 쉽다.

> **해설** 오리피스미터
> • 차압식 유량계
> • 압력손실이 큼
> • 침전물의 생성 우려
> • 제작 간단, 교환 용이
> • 유량 신뢰도가 큼

28 다음 설명과 관계있는 법칙은?

> 열은 스스로 저온에서 고온으로 이동하는 것은 불가능하다.

① 에너지보존의 법칙
② 열역학 제2법칙
③ 평형이동의 법칙
④ 보일 - 샤를의 법칙

> **해설** 열역학 제2법칙
> • 열을 일로 바꾸는 영구기관은 존재하지 않음
> • 효율이 100 %인 기관은 존재하지 않음

29. 다음 중 표준대기압에 대하여 맞게 나타낸 것은?

① 완전진공을 0으로 했을 때의 압력
② 토리첼리의 진공실험에서 얻어진 압력
③ 대기압을 0으로 보고 측정한 압력
④ 적도지방 연평균 기압

해설 표준대기압
- 지구상의 표면에 작용하는 압력
- 토리첼리의 진공실험 수은 76 cm
- 1기압(atm) = 760 mmHg
  = 10.332 mH_2O
  = 1.0332 kg/cm^2
  = 1.013 bar
  = 0.101325 MPa
  = 101.325 kPa
  = 14.7 psi
  = 14.7 lb/in^2

30. 건축물 안 매설할 수 없는 도시가스배관재료는?

① 동관
② 스테인리스강관
③ 가스용 금속플렉시블호스
④ 가스용 탄소강관

해설 건축물 안 매설 배관재료
- 동관
- 스테인리스강관
- 가스용 금속플렉시블호스
→ 가스용 탄소강관 : 부식성이 높아 사용 불가

31. 암모니아 취급 시 피부에 닿았을 때 조치사항으로 적당한 것은?

① 아연화 연고를 바른다.
② 열습포로 감싸준다.
③ 산으로 중화시키고 붕대로 감는다.
④ 다량의 물로 세척 후 붕산수 바른다.

해설 암모니아 취급
피부에 닿았을 때 : 다량의 물로 세척 후 붕산수

32. 다음 중 폭발방지대책으로 가장 거리가 먼 것은?

① 압력계 설치
② 방폭성능 전기설비 설치
③ 정전기 제거를 위한 접지
④ 폭발하한 이내로 불활성 가스에 의한 희석

해설 압력계
압력측정기기로 폭발방지대책과는 거리가 멀다.

33. 독성 가스용 가스누출검지경보장치 경보농도는 얼마 이하로 정해져 있는가?

① ±25 %   ② ±10 %
③ ±5 %   ④ ±30 %

해설 가스누출 경보농도
- 독성 가스 : ± 30 % 이하
- 가연성 가스 : ± 25 % 이하

정답 29 ② 30 ④ 31 ④ 32 ① 33 ④

34 다음 중 흡수분석법의 종류로 틀린 것은?

① 게겔법
② 활성알루미나겔법
③ 오르자트법
④ 헴펠법

> 해설 가스 흡수분석법
> • 헴펠법
> • 오르자트법
> • 게겔법
> → 활성알루미나겔법 : 없음

35 가연성 가스는 폭발한계의 상한과 하한의 차가 몇 % 이상인 것을 말하는가? ◎최다빈출

① 10 %   ② 20 %
③ 40 %   ④ 30 %

> 해설 가연성 가스
> • 연소하는 가스
> • 폭발한계의 하한이 10 % 이하인 것
> • 폭발한계의 상한과 하한의 차 20 % 이상인 것

36 파일럿 정압기 중 구동압력이 증가하면 개도 또한 증가하는 방식으로, 정특성, 동특성이 양호하고 비교적 컴팩트한 구조의 로딩형 정압기는?

① Fisher식   ② Axial Flow식
③ KRF식   ④ Reynolds식

> 해설 피셔(Fisher)식 정압기
> • 구동압력 증가 시 개도 증가
> • 정특성·동특성 양호
> • 비교적 컴팩트

37 저온장치 진공단열법이 아닌 것은?

① 분말진공단열법
② 격막진공단열법
③ 고진공단열법
④ 다층진공단열법

> 해설 저온단열법
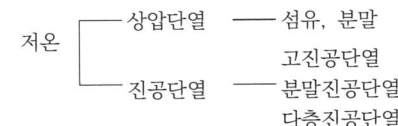

38 LNG와 LPG에 대한 설명으로 알맞은 것은?

① LPG는 대체천연가스 또는 합성천연가스를 말한다.
② LNG는 각종 석유가스의 총칭이다.
③ 액체 상태의 나프타를 LNG라 한다.
④ LNG는 액화 천연가스를 말한다.

> 해설 LNG, LPG
> • LNG(CH_4) : 액화천연가스
> • LPG(C_3H_8, C_4H_{10}) : 액화석유가스

39 "성능계수(ε)가 무한정한 냉동기 제작은 불가능하다"라고 표현되는 법칙은?

① 열역학 제0법칙
② 열역학 제1법칙
③ 열역학 제2법칙
④ 열역학 제3법칙

> 해설 열역학 제2법칙
> • 열을 일로 바꾸는 영구기관은 존재하지 않음
> • 효율이 100 %인 기관은 존재하지 않음

정답 34 ② 35 ② 36 ① 37 ② 38 ④ 39 ③

40 포스겐 취급방법에 대한 설명 중 틀린 것은?

① 포스겐을 함유한 폐기액은 산성 물질로 충분히 처리한 후 처분한다.
② 취급 시에는 반드시 방독마스크를 착용한다.
③ 누출 시 용기가 부식되는 원인이 되므로 약간의 누출에도 주의한다.
④ 환기시설을 갖추어 작업한다.

해설 포스겐($COCl_2$)
- 수산화 나트륨에 흡수됨
- $COCl_2 + 4NaOH \rightarrow Na_2CO_3 + 2NaCl + 2H_2O$
- 포스겐 제해제 : 가성소다, 수산화나트륨, 소석회의 알칼리성 물질

41 도시가스에 첨가하는 부취제가 갖추어야 할 성질로 옳지 않은 것은?

① 극히 낮은 농도에서도 냄새가 확인될 수 있을 것
② 독성이 없을 것
③ 가스관이나 가스미터에 흡착이 잘 될 것
④ 배관 내의 상용온도에서 응축하지 않을 것

해설 부취제
가스관이나 가스미터에 흡착되지 않아야 함

42 산소압축기의 내부 윤활유제로 이용되는 것은?

① 유지 ② 물
③ 석유 ④ 황산

해설 윤활제
- 염소압축기 : 황산
- 산소압축기 : 물 또는 글리세린수
- 아세틸렌압축기 : 광유

43 프로판을 완전연소시켰을 때 생성되는 물질은?

① C_2H_4, H_2O ② CO_2, H_2O
③ CO_2, H_2 ④ C_4H_{10}, CO

해설 프로판연소식
$C_3H_8 + 5O_2 \rightarrow 3CO_2 + 4H_2O$

44 다음 중 아세틸렌 발생방식이 아닌 것은?

① 투입식 : 물에 카바이드를 넣는 방법
② 주수식 : 카바이드에 물을 넣는 방법
③ 접촉식 : 물과 카바이드를 소량씩 접촉시키는 방법
④ 가열식 : 카바이드를 가열하는 방법

해설 아세틸렌 발생방식
주수식, 투입식, 접촉식
→ 카바이드를 가열하는 가열식은 없음

45 가스설비를 수리할 때 산소 농도가 약 몇 % 이하가 되면 산소 결핍현상을 초래하게 되는가?

① 8 % ② 15 %
③ 16 % ④ 22 %

해설 산소 결핍현상
산소 농도 16 % 이하일 때 초래

정답 40 ① 41 ③ 42 ② 43 ② 44 ④ 45 ③

46 암모니아가스 검지경보장치는 검지에서 발신까지 얼마 이내의 시간이 걸리도록 하는가?

① 20초　　② 1분
③ 2분　　　④ 3분

해설　검지경보장치 발신시간
- 가스누출 시 : 30초 이내
- 암모니아와 일산화탄소 : 1분 이내

47 고압장치 재료로 가장 적합하게 연결된 것은?

① 압축기의 베어링 - 13 % 크롬강
② 액화염소용기 - 화이트메탈
③ LNG 탱크 - 9 % 니켈강
④ 고온고압의 수소반응탑 - 탄소강

해설　고압장치 재료
- 염소용기 : 탄소강
- LNG 탱크 : 9 % 니켈강
- 압축기 : 주철 또는 단조강
- 수소반응탑 : 특수강

48 독성 가스 제독제로 물을 사용하는 가스는?

① 황화수소　　② 포스겐
③ 염소　　　　④ 산화에틸렌

해설　독성 가스 제독제
- 염소 : 가성소다 수용액
- 포스겐 : 가성소다 수용액
- 황화수소 : 탄산소다 수용액
- 산화에틸렌 : 물

49 도시가스배관을 지상 설치 시 검사 및 보수를 위하여 지면부터 몇 cm 이상 거리를 유지하는가?

① 12 cm　　② 15 cm
③ 20 cm　　④ 30 cm

해설　도시가스배관 설치

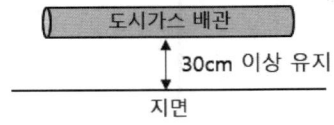

50 운반 책임자를 동승시키지 않고 운반하는 액화석유가스용 차량에서 고정된 탱크에 설치하여야 하는 장치로 알맞은 것은?

① 누설경보장치　　② 누설방지장치
③ 폭발방지장치　　④ 살수장치

해설　액화석유가스용 차량 고정된 탱크
운반 책임자를 동승시키지 않았을 경우
: 폭발방지장치 설치

51 독성 가스 저장탱크에는 그 가스용량이 탱크 내용적의 몇 %까지 채워야 하는가?

① 70 %　　② 80 %
③ 90 %　　④ 95 %

해설　독성 가스 저장탱크 용량
탱크 내용적의 90 %까지 채워야 함

52 LP가스 공급방식 중 자연기화방식 특징에 대한 설명으로 틀린 것은?

① 기화능력이 좋아 대량 소비 시 적당
② 설비장소가 크게 된다.
③ 가스 조성의 변화량이 크다.
④ 발열량의 변화량이 크다.

해설 LP가스 자연기화방식
기화능력이 강제기화방식보다 좋지 않음

53 고압가스 성질에 따른 분류가 아닌 것은?

① 조연성 가스   ② 액화가스
③ 가연성 가스   ④ 불연성 가스

해설 고압가스 분류
- 가연성 가스
- 조연성 가스
- 불연성 가스

54 공기비가 클 경우 나타나는 현상이 아닌 것은?

① 연소가스 중 SO_3의 양이 증대되어 저온 부식 촉진
② 불완전연소에 의한 매연발생이 심함
③ 통풍력이 강하여 배기가스에 의한 열손실 증대
④ 연소가스 중 NO_2의 발생이 심하여 대기오염 유발

해설 공기비
- 실제공기량/이론공기량
- 열손실 증가
- 공기비가 크면 완전연소 가능

55 프로판의 착화온도는 몇 ℃ 정도인가?

① 460 ~ 520   ② 680 ~ 740
③ 600 ~ 660   ④ 550 ~ 590

해설 프로판가스(C_3H_8)
- 착화온도 : 약 460 ~ 520 ℃ 정도
- 폭발 범위 : 2.1 ~ 9.5 %이다.

56 압력에 대한 설명은?

① 절대압력 = 게이지압력 + 대기압이다.
② 대기압은 진공압보다 낮다.
③ 절대압력 = 대기압 + 진공압이다.
④ 1 atm은 1033.2 kg/m²이다.

해설 압력
- 절대압력 = 대기압 − 진공압
- 대기압 = 절대압력 + 진공압
- 1atm = 1.0332 kg/cm³

57 황화수소의 주된 용도는?

① 냉매
② 도료
③ 형광 물질 원료
④ 합성고무

해설 황화수소(H_2S)
금속정련, 형광물질 원료, 공업약품, 의약품, 유황생성

정답 52 ① 53 ② 54 ② 55 ① 56 ① 57 ③

58 연소 배기가스 분석목적으로 거리가 먼 것은?
① 열정산 자료를 얻기 위하여
② 연소가스 조성에 따른 연소 상태를 파악하기 위하여
③ 연소가스 조성을 알기 위하여
④ 열전도도를 측정하기 위하여

> **해설** 연소 배기가스 분석 목적
> • 연소가스 조성 파악
> • 연소가스 조성에 따른 연소 상태 파악
> • 열정산 자료

59 유량 측정 시 사용하는 계측기기가 아닌 것은?
① 피토관　　② 벤투리
③ 벨로우즈　　④ 오리피스

> **해설** 유량 측정 계측기기
> 오리피스, 피토관, 벤투리
> → 벨로우즈 : 저압 압력계

60 독성 가스용기 운반 기준으로 틀린 것은?
① 충전용기는 자전거나 오토바이에 적재하여 운반하지 아니한다.
② 차량의 최대 적재량을 초과하여 적재하지 아니한다.
③ 독성 가스 중 가연성 가스와 조연성 가스는 같은 차량의 적재함으로 운반하지 아니한다.
④ 충전용기를 차량에 적재하여 운반할 때에는 적재함에 넘어지지 않게 뉘어서 운반한다.

> **해설** 독성 가스용기 운반 기준
> 충전용기 적재 : 세워서 운반

> **참조** 가스의 비점
> • 비점이 낮을수록 액화가 어려움
> • 수소(H_2) : -252 ℃
> • 헬륨(He) : -272.2 ℃
> • 질소(N_2) : -196 ℃
> • 메탄(CH_4) : -162 ℃
> • 암모니아(NH_3) : -33.3 ℃
> • 프로판(C_3H_8) : -42 ℃
> • 나프타 : 30 ~ 200 ℃
> • 에틸렌(C_2H_4) : -103.7 ℃
> • 에탄(C_2H_6) : -161.5 ℃
> • 부탄(C_4H_{10}) : -0.5 ℃

정답 58 ④　59 ③　60 ④

2022 CBT 복원 01

01 공기 중 가스폭발 범위가 가장 넓은 가스는?

① C_2H_4O ② C_2H_4
③ CH_4 ④ C_3H_8

해설 가스폭발 범위
- 산화에틸렌(C_2H_4O) : 3 ~ 80 %
- 메탄(CH_4) : 5 ~ 15 %
- 에틸렌(C_2H_4) : 2.7 ~ 36 %
- 프로판(C_3H_8) : 2.1 ~ 9.5 %

암 [싸이렌]삼팔광, [메]오시오
[에]이칠쓰루, [프]트리구오

02 프로판 15 vol%와 부탄 85 vol%로 혼합된 가스의 공기 중 폭발하한 값은 약 몇 %인가? (단, 프로판의 폭발하한 값은 2.1 %이고, 부탄은 1.8 %이다)

① 1.84 ② 1.89
③ 1.94 ④ 1.97

해설 폭발하한 값

$$\frac{100}{L} = \frac{V_1}{L_1} + \frac{V_2}{L_2} = \frac{15}{2.1} + \frac{85}{1.8} = 54.36$$

$$\frac{100}{L} = 54.36, \quad L = \frac{100}{54.36} = 1.84$$

03 고압용기에 각인되어 있는 내용적 기호는?

① V ② FP
③ W ④ TP

해설 용기 기호
- PG : 압축가스용
- LT : 저온 및 초저온 가스용
- AG : 아세틸렌가스용
- FP : 최고충전 압력
- TP : 테스트 압력
- LG : 그 밖의 가스용
- W : 질량
- V : 체적

04 다음 중 2중관으로 하여야 하는 고압가스가 아닌 것은?

① 수소 ② 황화수소
③ 암모니아 ④ 아황산가스

해설 2중관 구조
- 아황산가스
- 산화에틸렌
- 염소
- 불소
- 황화수소
- 염화메탄
- 암모니아
- 포스겐
- 시안화수소

정답 01 ① 02 ① 03 ① 04 ①

05
고압가스용기를 내압 시험한 결과 전증가량은 400 mL, 영구증가량은 20 mL였다. 영구증가율은 얼마인가? ✓최다빈출

① 0.3 % ② 0.5 %
③ 5 %   ④ 10 %

해설 가스용기 영구증가율

$$영구증가율 = \frac{영구증가량}{전증가량} \times 100$$
$$= \frac{20}{400} \times 100 = 5$$

06
독성 가스인 염소를 운반하는 차량에 반드시 갖추어야 할 용구나 물품이 아닌 것은?

① 소화장비   ② 누출 검지기
③ 내산장갑   ④ 제독제

해설 독성 가스 운반차량 필요 물품
방독면, 고무장갑, 제독제
→ 소화장비 : 가연성 가스에서 갖추어야 함

07
도시가스 제조소 저장탱크 방류둑에 대한 설명으로 틀린 것은?

① 방류둑의 재료는 철근콘크리트, 금속, 흙, 철골·철근 콘크리트 또는 이들을 혼합하여야 한다.
② 방류둑의 용량은 저장탱크 저장능력의 90 %에 상당하는 용적 이상이어야 한다.
③ 지하에 묻은 저장탱크 내의 액화가스가 전부 유출된 경우에 그 액면이 지면보다 낮도록 된 구조는 방류둑을 설치한 것으로 본다.
④ 방류둑은 액밀한 것이어야 한다.

해설 저장탱크 방류둑
용량 : 저장탱크 저장능력에 상당하는 용적

08
의료용 가스용기 도색구분으로 틀린 것은?

① 액화탄산가스 – 회색
② 산소 – 백색
③ 질소 – 흑색
④ 에틸렌 – 갈색

해설 에틸렌가스용기 도색
• 의료용 : 자색
• 공업용 : 백색

09
고압가스용 냉동기에 설치하는 안전장치 구조로 틀린 것은?

① 안전밸브는 작동압력을 설정한 후 봉인될 수 있는 구조로 한다.
② 고압차단장치는 원칙적으로 자동복귀 방식으로 한다.
③ 고압차단장치는 그 설정압력이 눈으로 판별할 수 있는 것으로 한다.
④ 안전밸브 각부의 가스통과 면적은 안전밸브의 구경면적 이상으로 한다.

해설 고압가스용 냉동기 안정장치
원칙적으로 수동복귀식으로 함

10
공정과 설비의 고장형태 및 영향, 고장형태별 위험도 순위를 결정하는 안전성평가기법은?

① 예비위험분석(PHA)
② 결함수분석(FTA)
③ 위험과 운전분석(HAZOP)
④ 이상위험도분석(FMECA)

정답 05 ③ 06 ① 07 ② 08 ④ 09 ② 10 ④

해설 이상위험도분석

공정 및 설비고장의 형태, 영향, 고장형태별 위험도순위 결정기법

종류	영문약자	특징
체크리스트	-	공정 및 설비 오류, 결함 상태, 위험상황을 목록화한 형태로 작성하여 경험적 비교로 위험성을 정성적으로 파악하는 기법
결함수분석	FTA	사고를 일으키는 장치 이상이나 운전사 실수 조합을 연역적으로 분석하는 기법
이상위험도분석	FMECA	공정 및 설비 고장형태 및 영향, 고장형태별 위험도 순위를 결정하는 기법
위험과운전분석	HAZOP	공정에 존재하는 위험 요소와 공정 효율을 떨어뜨릴 수 있는 운전상의 문제점을 찾아 원인 제거 기법
사건수분석	ETA	초기사건으로 알려진 특정장치 이상이나 운전자 실수로부터 발생하는 잠재적 사고결과를 평가하는 기법
원인결과 분석	CCA	잠재된 사고 결과와 근본적 원인을 찾아내고 결과와 원인의 상호관계를 예측·평가하는 기법
작업자 실수분석	HEA	설비 운전원, 정비보수원, 기술자 등의 작업에 영향을 미칠 요소를 평가하여 실수 원인을 파악 및 추적으로 상대적 순위를 결정하는 기법
사고예상질문분석	WHAT-IF	공정에 잠재하며 원하지 않는 나쁜 결과를 초래할 수 있는 사고에 대해 예상질문을 통해 사전 확인함으로써 위험을 줄이는 방법을 제시하는 기법
예비위험분석	PHA	공정 또는 설비에 관한 상세 정보를 얻을 수 없는 상황에서 위험물질과 공정 요소에 초점을 두어 초기위험을 확인하는 기법
공정위험분석	PHR	기존설비 또는 안전성향상계획서를 제출·심사 받은 설비에 대하여 설비 설계·건설·운전 및 정비 경험을 바탕으로 위험성 분석하는 방법
상대위험 순위결정	-	설비 존재 위험에 대해 수치적으로 상대위험순위를 지표화하여 피해 정도를 나타내는 상대적 위험 순위를 정하는 안전성평가기법

11 가연성 가스와 동일 차량에 적재하여 운반할 경우 충전용기의 밸브가 서로 마주보지 않도록 적재해야 할 가스는?

① 질소
② 산소
③ 수소
④ 아르곤

> **해설** 마주보도록 적재 금지 가스
> • 가연성 가스와 산소
> • 산소 : 조연성 가스, 가연성 가스 발화를 도움

12 다음 중 연소의 3요소가 아닌 것은? ✓최다빈출

① 점화원
② 산소공급원
③ 가연물
④ 인화점

> **해설** 연소의 3요소
> 가연물, 산소공급원, 점화원

13 액화산소 저장탱크 저장능력이 1000 m³일 때 방류둑 용량은 얼마 이상으로 설치해야 하는가?

① 400 m³
② 500 m³
③ 600 m³
④ 1000 m³

> **해설** 액화산소 저장탱크 방류둑 용량
> • 저장능력당 방류둑 기준 : 60 %
> • 1000 × 0.6 = 600 m³

14 가스도매사업의 가스공급시설에서 배관을 지하에 매설할 경우 틀린 것은?

① 배관을 시가지 외의 도로 노면 밑에 매설할 경우 노면으로부터 배관 외면까지 1.2 m 이상 이격할 것
② 배관을 시가지의 도로 노면 밑에 매설할 경우 노면으로부터 배관 외면까지 1.5 m 이상 이격할 것
③ 배관의 깊이는 산과 들에서는 1 m 이상으로 할 것
④ 배관을 철도부지에 매설할 경우 배관 외면으로부터 궤도 중심까지 5 m 이상 이격할 것

> **해설** 도시가스 지하매설 이격거리
> 배관 외면 ↔ 철도부지 궤도 중심 : 4 m 이상

15 다음 중 가연성이면서 독성인 가스는? ✓최다빈출

① 수소, 이산화탄소
② 아세틸렌, 프로판
③ 암모니아, 산화에틸렌
④ 아황산가스, 포스겐

> **해설** 암모니아, 산화에틸렌
> 가연성이면서 독성인 가스
> • 수소 : 가연성 가스
> • 이산화탄소 : 불연성, 무독성 가스
> • 아세틸렌 : 가연성 가스
> • 프로판 : 가연성 가스
> • 아황산가스 : 가연성, 독성 가스
> • 포스겐 : 독성 가스

정답 11 ② 12 ④ 13 ③ 14 ④ 15 ③

16 LP가스가 누출될 때 감지 가능하도록 첨가하는 냄새가 나는 물질 측정방법이 아닌 것은?

① 유취실법
② 냄새주머니법
③ 주사기법
④ 오더(Odor)미터법

해설 LPG 냄새 측정법
• 주사기법
• 냄새주머니법
• 오더미터법
  → 무취실법으로 냄새농도 측정

17 LPG가 충전된 납붙임 또는 접합용기는 어느 정도의 온도에서 가스누출시험을 할 수 있는 온수시험탱크를 갖추어야 하는가?

① 20 ~ 32 ℃   ② 60 ~ 80 ℃
③ 46 ~ 50 ℃   ④ 35 ~ 45 ℃

해설 온수시험탱크 온도
46 ~ 50 ℃

18 조정압력 3.3 kPa 이하의 LP가스용 조정기 안전장치의 작동정지 압력은?

① 5.60 ~ 8.4 kPa
② 5.60 ~ 7.0 kPa
③ 5.04 ~ 8.4 kPa
④ 5.04 ~ 7.0 kPa

해설 3.3 kPa 안전장치 작동정지 압력
• 작동정지 압력 : 5.04 ~ 8.4 kPa
• 작동개시 압력 : 5.6 ~ 8.4 kPa

19 도시가스 사용시설 배관 내용적이 10 L 초과 50 L 이하일 때 기밀시험압력 유지시간은?

① 7분 이상   ② 10분 이상
③ 15분 이상   ④ 30분 이상

해설 기밀시험압력 유지시간
• 10 L 이하 : 5분
• 10 ~ 50 L : 10분
• 50 L 초과 : 24분

20 독성 가스용기 운반차량의 경계표지를 정사각형으로 할 경우 면적 기준은?

① 400 cm² 이상
② 600 cm² 이상
③ 900 cm² 이상
④ 1000 cm² 이상

해설 독성 가스 운반차량 경계표지 면적
정사각형 : 600 cm² 이상

21 독성 가스를 사용하는 내용적이 몇 L 이상인 수액기 주위에 액상 가스가 누출될 경우를 대비하여 방류둑을 설치하여야 하는가?

① 5000   ② 7000
③ 9000   ④ 10000

해설 방류둑 기준
• 독성 액화가스 : 5톤
• 산소 : 1천 톤
• 암모니아 액화가스 : 1만 톤

정답 16 ① 17 ③ 18 ③ 19 ② 20 ② 21 ④

22 다음 중 독성(TLV-TWA)이 가장 강한 가스에 해당하는 것은?

① 암모니아 ② 일산화탄소
③ 황화수소 ④ 아황산가스

해설 독성농도
- 암모니아 : 25 ppm
- 황화수소 : 10 ppm
- 일산화탄소 : 50 ppm
- 아황산가스 : 5 ppm

23 가연성 가스, 독성 가스 및 산소설비 수리 시 설비 내 가스 치환용으로 사용하는 가스는?

① 질소 ② 수소
③ 일산화탄소 ④ 염소

해설 질소(N_2)
가연성, 독성 가스 수리 시 설비 내 가스 치환용(질소는 불연성 가스이기 때문에)

24 액화가스를 운반하는 탱크로리(차량에 고정된 탱크)의 내부에 설치하는 것으로, 탱크 내 액화가스 액면요동 방지를 위해 설치하는 것은?

① 압력방출장치 ② 방파판
③ 폭발방지장치 ④ 다공성 충진제

해설 방파판
탱크 내 액화가스 액면요동 방지

25 차량에 고정된 탱크로 고압가스를 운반할 때 그 내용적 기준으로 틀린 것은?

① 수소 : 18000 L
② 액화 암모니아 : 12000 L
③ 산소 : 18000 L
④ 액화 염소 : 12000 L

해설 고압가스 운반
- 독성 가스(염소) : 12000 L(암모니아 제외)
- 가연성 가스, 산소탱크 : 18000 L

26 내용적 47 L인 LP가스용기 최대 충전량은 몇 kg인가? (단, LP가스 정수는 2.35이다)

① 20 ② 50
③ 80 ④ 110

해설 충전량
충전량(W) = V/C = 47/2.35 = 20 kg

27 배관 속을 흐르는 액체속도를 급격히 변화시키면 물이 관벽을 치는 현상이 일어난다. 이런 현상을 무엇이라 하는가?

① 서징현상
② 워터해머링현상
③ 캐비테이션현상
④ 맥동현상

해설 워터해머링현상
배관 내 유체의 속도가 급격히 변했을 때 물이 관 벽을 치는 현상

정답 22 ④ 23 ① 24 ② 25 ② 26 ① 27 ②

28 압력단위를 나타낸 것은?

① kg/cm^2 ② kL/m^2
③ kV/km^2 ④ $kcal/mm^2$

해설 압력
- 1기압(atm) = 760 mmHg
  = 10.332 mH$_2$O
  = 1.0332 kg/cm^2
  = 1.013 bar
  = 0.101325 MPa
  = 101.325 kPa
  = 14.7 Psi
  = 14.7 lb/in^2

29 고압가스 제조설비에서 누출가스 확산방지 제해조치가 필요한 가스가 아닌 것은?

① 이산화탄소   ② 염화메틸
③ 염소   ④ 암모니아

해설 누출가스 확산방지 필요 가스
염화메틸, 염소, 암모니아
→ 이산화탄소 : 무독성, 불연성 가스

30 다음 중 고압가스 성질에 따른 분류에 속하지 않는 것은?

① 조연성 가스   ② 액화가스
③ 가연성 가스   ④ 불연성 가스

해설 고압가스 분류
- 가연성 가스
- 조연성 가스
- 불연성 가스

31 독성 가스 저장탱크에는 그 가스 용량이 탱크 내용적의 몇 %까지 채워야 하는가?

① 70 %   ② 80 %
③ 90 %   ④ 95 %

해설 독성 가스 저장탱크 용량
탱크 내용적의 90 %까지 채워야 함

32 나사압축기에서 숫로터의 직경 150 mm, 로터 길이 100 mm 회전수 350 rpm일 때 이론적 토출량은 약 몇 m^3/min인가? (단, 로터 형상에 의한 계수[Cv]는 0.476이다)

① 0.11   ② 0.31
③ 0.37   ④ 0.57

해설 토출량
Q = K × D^3 × (L/D) × n × 60(시간당)
  = 0.476 × (0.15)^3 × (0.1/0.15)
    × 350 × 60
  = 22.49 m^3/h = 0.37 m^3/min(분당)

33 가스배관 주위 굴착하고자 할 때 가스배관의 좌우 얼마 이내의 부분은 인력 굴착해야 하는가?

① 40 cm 이내   ② 60 cm 이내
③ 1 m 이내   ④ 1.5 m 이내

해설 가스배관 주위 굴착
배관의 좌우 1 m 이내의 부분은 인력으로 굴착해야 함

정답 28 ① 29 ① 30 ② 31 ③ 32 ③ 33 ③

34 윤활유 선택 시 유의할 사항으로 틀린 것은?

① 사용 기체와 화학반응을 일으키지 않을 것
② 전기 절연 내력이 클 것
③ 인화점이 낮을 것
④ 점도가 적당할 것

해설 윤활유 선택 시 유의 사항
인화점 높을 것(인화점 낮으면 연소가 일어남)

35 압송기 출구에서 도시가스의 연소성을 측정한 결과 총발열량 10700 kcal/m³, 가스비중은 0.56이었다. 웨베지수(WI)는 얼마인가?

① 14298
② 19107
③ 1.9
④ 6.9 × 10⁻⁵

해설 웨버지수(W)
- 가스의 연소성, 호환성을 판단하는 지수
- $W = \dfrac{Hg}{\sqrt{d}} = \dfrac{10{,}700}{\sqrt{0.56}} = 14{,}298$
- Hg : 발열량, d : 비중

36 특정설비가 아닌 것은?

① 차량에 고정된 탱크
② 긴급차단장치
③ 안전밸브
④ 압력조정기

해설 특정설비
- 차량에 고정된 탱크
- 긴급차단장치
- 안전밸브
- 역화방지장치
- 자동차용 가스 자동주입기
→ 압력조정기 : 가스압력 감압을 위한 가스용 기기

37 고압가스용기보관실 안에 충전용기를 보관할 때의 기준으로 틀린 것은?

① 가연성 가스용기보관 장소에는 방폭형 휴대용 손전등 외의 등화를 휴대하고 들어가지 아니한다.
② 용기보관 장소의 주위 5 m 이내에는 화기 또는 인화성 물질이나 발화성 물질을 두지 아니한다.
③ 충전용기는 항상 40 ℃ 이하 온도 유지, 직사광선을 받지 않도록 조치한다.
④ 충전용기와 잔 가스용기는 각각 구분하여 용기보관 장소에 놓는다.

해설 고압가스용기보관 장소 주위
2 m 이내에는 화기·인화성 물질·발화성 물질을 두지 아니한다.

38 1기압, 25 ℃ 온도에서 어떤 기체 부피가 88 mL이었다. 표준 상태에서의 부피는 얼마인가? (단, 기체는 이상기체로 간주한다)

① 66.8 mL
② 73.3 mL
③ 80.6 mL
④ 83.3 mL

해설 샤를의 법칙

샤를의 법칙 : $\dfrac{V_1}{T_1} = \dfrac{V_2}{T_2}$

$V_2 = V_1 \times \dfrac{T_2}{T_1} = 88 \times \dfrac{273}{273+25}$
$= 80.6\, mL$

정답 34 ③ 35 ① 36 ④ 37 ② 38 ③

39 액주식 압력계에 해당하지 않는 것은?

① U자관식   ② 단관식
③ 벨로우즈식   ④ 경사관식

해설 액주식 압력계
- 관을 이용한 압력계
- U자관식, 경사관식, 단관식
- 탄성식 압력계 : 벨로스식, 다이어프램식, 브르동관식

40 시안화수소를 충전할 때 한 용기에서 60일 초과 가능 경우는?

① 순도가 90 % 이상으로 착색되지 아니한 경우
② 순도가 90 % 이상으로 착색된 경우
③ 순도가 98 % 이상으로 착색된 경우
④ 순도가 98 % 이상으로서 착색되지 아니한 경우

해설 시안화수소 충전용기
순도 98 % 이상, 착색되지 않았을 경우는 60일 초과 가능

41 다음 중 가장 높은 온도는?

① 450 °R   ② 2 °F
③ 220 K   ④ -5 ℃

해설 온도 단위
① 450 R : 450 - 460 = -10 °F
③ 220 K : 220 × 1.8 - 460 = -64 °F
④ -5 ℃ : 9/5 × (-5) + 32 = 23 °F
- 화씨온도(°F) : $\frac{9}{5} \times °C + 32$
- 섭씨온도(℃) : $\frac{5}{9} \times (°F - 32)$
- 절대온도 랭킨(R) : °F + 460 = K × 1.8
- 절대온도 캘빈(K) : ℃ + 273

42 저온장치 가스 액화사이클이 아닌 것은?

① 클라우드식 사이클
② 린데식 사이클
③ 필립스식 사이클
④ 카자레식 사이클

해설 저온장치 가스 액화사이클
클라우드식, 린데식, 필립스식
→ 카자레식 : 암모니아 고압합성법
- 고압법 : 클로드법, 카자레법
- 중앙법 : IG법, JCI법, 동고시법, 뉴파우더법, 뉴우데법, 케미크법
- 저압법 : 구우데법, 케로그법

43 고압이 쉽게 얻어지고 유량조정범위가 넓어 LPG 충전소에 주로 설치되어 있는 압축기는?

① 스크롤압축기   ② 스크류압축기
③ 베인압축기   ④ 왕복식 압축기

해설 왕복식 압축기
- 쉽게 고압이 얻어짐
- 유량조정범위가 넓음

44 1몰의 프로판을 완전연소시킬 때 필요한 산소의 몰수는?

① 2   ② 4
③ 5   ④ 7

해설 프로판연소
- $C_3H_8 + 5O_2 \rightarrow 3CO_2 + 4H_2O$
- 1몰, 5몰 → 3몰, 4몰

정답 39 ③ 40 ④ 41 ④ 42 ④ 43 ④ 44 ③

45 다음 보기에서 설명하는 열전대 온도계는?

> - 열전대 중 내열성이 가장 우수하다.
> - 측정온도 범위가 0 ~ 1600 ℃ 정도이다.
> - 환원성 분위기에 약하고 금속 증기 등에 침식하기 쉽다.

① 백금 - 백금·로듐 열전대
② 크로멜 - 알루멜 열전대
③ 철 - 콘스탄탄 열전대
④ 동 - 콘스탄탄 열전대

해설 열전대 온도계
- 백금 - 백금로듐(R) : 0 ~ 1600 ℃
- 크로멜 - 알루멜(K) : 0 ~ 1200 ℃
- 철 - 콘스탄탄(J) : -20 ~ 800 ℃
- 구리 - 콘스탄탄(T) : -200 ~ 350 ℃
- 수은 온도계 : -35 ~ 350 ℃

46 고압가스용기의 안전밸브 중 밸브 부근의 온도가 일정 온도를 넘으면 퓨즈 메탈이 녹아 가스를 전부 방출시키는 방식은?

① 가용전식   ② 스프링식
③ 파열판식   ④ 수동식

해설 안전밸브
- 스프링식
  일반적으로 가장 널리 사용 ⇒ LPG
- 파열판식
  얇은 박판 주위를 홀더로 공정하여 보호하는 장치에 설치 ⇒ 암모니아
- 가용전식
  용기 내 온도가 규정온도 이상이면 용기 내 전체가스 배출 ⇒ 염소, 아세틸렌, 암모니아

47 가스분석에서 흡수분석법에 해당하는 것은?

① 적정법   ② 중량법
③ 흡광광도법   ④ 헴펠법

해설 흡수분석법
- 오르자트법
  ㉠ CO_2 : KOH 30 % 수용액
  ㉡ O_2 : 알카리성피롤카롤용액
  ㉢ CO : 암모니아성 염화제1동용액
- 헴펠법
  ㉠ CO_2 : KOH 30 % 수용액
  ㉡ $C_mH_m(C_2H_2)$: 발연황산 25 %
  ㉢ O_2 : 알카리성피롤카롤용액
  ㉣ CO : 암모니아성 염화제1동용액
- 게겔법
  ㉠ CO_2 : KOH 30 % 수용액
  ㉡ C_2H_2 : 요오드수은칼륨용액
  ㉢ $n-C_4H_8$: 87 % 황산
  ㉣ C_2H_4 : 취소수용액
  ㉤ O_2 : 알카리성피롤카롤용액
  ㉥ CO : 암모니아성 염화제1동용액

48 고압가스 특정제조시설의 저장탱크 설치방법 중 위해방지를 위하여 고압가스 저장탱크를 지하에 매설할 경우 저장탱크 주위에 무엇으로 채워야 하는가?

① 흙   ② 콘크리트
③ 모래   ④ 자갈

해설 고압가스 저장탱크를 지하에 매설할 경우
저장탱크의 주위에는 마른 모래를 채울 것

정답 45 ① 46 ① 47 ④ 48 ③

49 부탄의 C/H 중량비는 얼마인가?

① 3
② 4
③ 4.5
④ 4.8

해설 부탄의 중량비
- 부탄 : C_4H_{10}
- $\dfrac{C}{H} = \dfrac{12 \times 4}{1 \times 10} = 4.8$

50 계량기의 감도가 좋으면 어떠한 변화가 오는가?

① 측정시간이 짧아진다.
② 측정범위가 좁아진다.
③ 측정범위가 넓어지고, 정도가 좋다.
④ 폭 넓게 사용할 수가 있고, 편리하다.

해설 계량기
계량기의 감도가 좋으면 측정범위가 좁아짐

51 가스미터의 구비조건으로 옳지 않은 것은?

① 감도가 예민할 것
② 기계오차 조정이 쉬울 것
③ 대형이며 계량용량이 클 것
④ 사용 가스량을 정확하게 지시할 수 있을 것

해설 가스미터 구비조건
- 내구성이 클 것
- 감도가 좋고 압력손실이 적을 것
- 구조가 간단하고 수리가 용이할 것
- 소형경량이며 용량이 클 것
- 수리가 쉬울 것
- 정확히 계량할 것
- 오차조정이 용이할 것

52 동일 차량에 적재하여 운반할 수 없는 가스는?

① C_2H_4와 HCN
② C_2H_4와 NH_3
③ CH_4와 C_2H_2
④ Cl_2와 C_2H_2

해설 고압가스 운반 등의 기준
- 염소와 수소, 염소와 암모니아, 염소와 아세틸렌은 동일차량에 적재하여 운반하지 않을 것
- 가연성 가스와 산소는 충전용기의 밸브가 서로 마주 보지 않게 하고 적재할 수 있음
- 충전용기와 경유는 동일차량에 적재하여 운반할 수 있음

53 가연성 가스 및 독성 가스용기의 도색 구분이 옳지 않은 것은?

① LPG - 회색
② 액화암모니아 - 백색
③ 수소 - 주황색
④ 액화염소 - 청색

해설 용기 도색

가스종류	도색
액화염소	갈색
액화탄산가스	청색
산소	녹색
액화석유가스	회색
암모니아	백색
아세틸렌	황색
질소	회색
수소	주황색

정답 49 ④ 50 ② 51 ③ 52 ④ 53 ④

54 이상기체를 정적하에서 가열하면 압력과 온도의 변화는 어떻게 되는가?

① 압력 증가, 온도 상승
② 압력 일정, 온도 일정
③ 압력 일정, 온도 상승
④ 압력 증가, 온도 일정

> **해설** 이상기체
> 이상기체를 정적하에서 가열 시 압력은 증가하며 온도는 상승

55 자연발화를 방지하는 방법으로 옳지 않은 것은?

① 통풍을 잘 시킬 것
② 저장실의 온도를 높일 것
③ 습도가 높은 것을 피할 것
④ 열이 축적되지 않게 연료의 보관방법에 주의할 것

> **해설** 자연발화 방지법
> • 통풍을 잘 시킬 것
> • 저장실의 온도를 낮출 것
> • 습도가 높은 것을 피할 것
> • 열이 축적되지 않게 연료의 보관방법에 주의할 것

56 다음 중 불연성 가스가 아닌 것은?

① 아르곤   ② 탄산가스
③ 질소   ④ 일산화탄소

> **해설** 불연성 가스
> • 연소하지 않는 가스
>   ⇒ 일산화탄소 : 가연성 가스
> ※ 불활성 가스 : 다른 원소와 화학반응을 일으키기 어려운 기체로 헬륨, 네온, 아르곤, 크립톤, 크세논, 라돈이 있음

57 가연성 가스를 운반하는 경우 반드시 휴대하여야 하는 장비가 아닌 것은?

① 소화설비
② 방독마스크
③ 가스누출 검지기
④ 누출방지 공구

> **해설** 방독마스크
> 독성 가스 운반 시 휴대

58 왕복압축기의 특징이 아닌 것은?

① 용적형이다.
② 효율이 낮다.
③ 고압에 적합하다.
④ 맥동현상을 갖는다.

> **해설** 압축기 특징
> • 왕복압축기
>   ㉠ 고압을 얻을 수 있음
>   ㉡ 압축기 효율이 높음
>   ㉢ 용량조절이 용이하고 범위가 넓음
>   ㉣ 기체의 송출에 맥동이 있으므로 방진장치가 필요
>   ㉤ 저속회전이며, 형태가 크고 중량이 무겁고, 고가이며 설치 면적이 큼
>   ㉥ 용적형
>   ㉦ 윤활유식 또는 무급유식
> • 터보압축기
>   ㉠ 무급유식이며 원심형
>   ㉡ 기체의 맥동이 없고 연속적임
>   ㉢ 용량조절이 가능하나 비교적 어렵고 범위도 좁음
>   ㉣ 대용량에 적당하고 설치면적이 적음
>   ㉤ 서징현상이 있으므로 운전 중 주의할 것
>   ㉥ 고속회전이므로 형태가 적고 경량

59 가연성 물질을 공기로 연소시키는 경우에 공기 중의 산소 농도를 높게 하면 연소속도와 발화온도는 어떻게 되는가?

① 연소속도는 느리게 되고, 발화온도는 높아진다.
② 연소속도는 빠르게 되고, 발화온도도 높아진다.
③ 연소속도는 빠르게 되고, 발화온도는 낮아진다.
④ 연소속도는 느리게 되고, 발화온도도 낮아진다.

해설 공기 중 산소 농도
공기 중의 산소 농도를 높게 하면 연소속도는 빠르게 되고, 발화온도는 낮아짐

60 H_2와 O_2 등에는 감응이 없고 탄화수소에 대한 감응이 아주 우수한 검출기는?

① 열이온(TID) 검출기
② 전자포획(ECD) 검출기
③ 열전도도(TCD) 검출기
④ 불꽃이온화(FID) 검출기

해설 가스 검지기
- 열전도형 검출기(TCD) : 캐리어가스와 시료성분 가스의 열전도도차 검출
- 수소이온화 검출기(FID) : 염으로 시료성분이 이온화됨으로써 염증에 놓여진 전극 간의 전기전도도가 증대하는 것을 이용
  ⇒ 탄화수소에서의 감도가 최고
  ⇒ 탄화수소의 상대감도는 탄소수에 비례
  ⇒ 도시가스 매설배관의 누출 유무를 확인하는 검출기로 사용
- 전자포획이온화 검출기(ECD) : 이온전류가 감소하는 것을 이용한 것으로 할로겐 및 산화물에서는 감도가 최고

정답 59 ③ 60 ④

2022 CBT 복원 02

01 도시가스 제조공정이 아닌 것은?

① 접촉분해공정
② 열분해공정
③ 수소화분해공정
④ 상압증류공정

해설 도시가스 제조
- 열분해
- 접촉분해
- 수소화분해
- 부분연소

02 다음 중 불연성 가스인 것은? 〔최다빈출〕

① CO_2 ② C_3H_8
③ C_2H_4 ④ C_2H_2

해설 가연성 가스
- 가연성 가스 : C_3H_8, C_2H_2, C_2H_4
- 불연성 가스 : CO_2

03 다음 괄호 안에 알맞은 LC_{50}값은?

"독성 가스"라 함은 공기 중에 일정량 이상 존재하는 경우 인체에 유해한 독성을 가진 가스로서 허용농도가 ( ) 이하인 것을 말한다.

① 100만분의 1000
② 100만분의 2000
③ 100만분의 3000
④ 100만분의 5000

해설 독성 가스
LC_{50} 허용농도 100만분의 5000 이하인 가스

04 가스미터의 구비조건으로 틀린 것은?

① 내구성이 클 것
② 소형으로 계량용량이 적을 것
③ 감도가 좋고 압력손실이 적을 것
④ 구조가 간단하고 수리가 용이할 것

해설 가스미터 구비조건
- 내구성이 클 것
- 감도가 좋고 압력손실이 적을 것
- 구조가 간단하고 수리가 용이할 것
- 소형경량이며 용량이 클 것
- 수리가 쉬울 것
- 정확히 계량할 것
- 오차조정이 용이할 것

05 오리피스, 플로노즐, 벤튜리유량계의 공통점은?

① 직접식
② 열전대를 사용
③ 압력강하 측정
④ 초음속 유체만의 유량측정

해설 차압식 유량계
- 관 내 교축기구를 설치하여 그 전·후 압력차를 이용하여 순간 유량을 측정
- 오리피스, 플로노즐, 벤투리

정답 01 ④ 02 ① 03 ④ 04 ② 05 ③

06 고압가스 특정제조시설에서 저장량 15톤인 액화산소 저장탱크의 설치에 대한 설명으로 틀린 것은?

① 저장탱크 외면으로부터 인근 주택과의 안전거리는 9 m 이상 유지하여야 한다.
② 저장탱크 또는 배관에는 그 저장탱크 또는 배관을 보호하기 위하여 온도상승방지 등 필요한 조치를 하여야 한다.
③ 저장탱크는 그 외면으로부터 화기를 취급하는 장소까지 2 m 이상의 우회거리를 유지하여야 한다.
④ 저장탱크 주위에는 액상의 가스가 누출한 경우에 그 유출을 방지하기 위한 조치를 반드시 할 필요는 없다.

해설 액화산소 저장탱크의 설치
저장탱크는 그 외면으로부터 화기를 취급하는 장소까지 <u>8 m 이상</u>의 우회거리를 유지할 것

07 시안화수소를 용기에 충전한 후 정치해두어야 할 기준은?

① 6시간   ② 12시간
③ 20시간 ④ 24시간

해설 시안화수소
용기에 충전한 시안화수소는 순도 98 % 이상으로서 착색되지 않은 것을 제외하고는 60일이 경과되기 전에 다른 용기에 충전할 것
※ 시안화수소를 용기에 충전한 후 <u>24시간</u> 정치해둘 것

08 MAX 1.0 m³/h, 0.5 L/rev로 표기된 가스미터가 시간당 50회전 하였을 경우 가스 유량은?

① 0.5 m³/h   ② 25 L/h
③ 25 m³/h   ④ 50 L/h

해설 가스 유량
• 0.5 L/rev : 계량실 1주기 체적이 0.5 L를 의미
• 유량 = 50 × 0.5 = 25 L/h

09 메탄 50 %, 에탄 40 %, 프로판 5 %, 부탄 5 %인 혼합가스의 공기 중 폭발하한 값(%)은? (단, 폭발하한 값은 메탄 5 %, 에탄 3 %, 프로판 2.1 %, 부탄 1.8 %이다)

① 3.51   ② 3.61
③ 3.71   ④ 3.81

해설 혼합가스의 공기 중 폭발하한값
$$\frac{100}{L} = \frac{50}{5} + \frac{40}{3} + \frac{5}{2.1} + \frac{5}{1.8}$$
$\therefore L = 3.51$

10 공기 중에 누출되었을 때 바닥에 고이는 가스로만 나열된 것은?

① 프로판, 에틸렌, 아세틸렌
② 에틸렌, 천연가스, 염소
③ 염소, 암모니아, 포스겐
④ 부탄, 염소, 포스겐

해설 공기 중 누출 시 바닥에 고이는 가스
공기(29 g)보다 무거우면 바닥으로 고임
• 부탄의 분자량 : 58 g
• 염소의 분자량 : 71 g
• 포스겐의 분자량 : 99 g

정답 06 ③ 07 ④ 08 ② 09 ① 10 ④

11 정확한 계량이 가능하여 기준기로 주로 이용되는 것은?

① 막식 가스미터
② 습식 가스미터
③ 회전자식 가스미터
④ 벤투리식 가스미터

> **해설** 가스미터 특징
> - 막식 가스미터
>   ① 값이 쌈
>   ② 설치 후 유지관리에 시간이 많이 필요하지 않음
>   ③ 대용량은 설치면적이 큼
> - 습식 가스미터
>   ① 계량이 정확
>   ② 사용 중 기차의 변동이 크지 않음
>   ③ 사용 중 수위조정 등의 관리가 필요
>   ④ 설치면적이 큼
>   ⑤ 실험실용으로 사용
> - 루츠식 가스미터
>   ① 대용량 가스 측정에 적합
>   ② 설치면적이 작음
>   ③ 중압가스의 계량 가능
>   ④ 소유량은 부동의 우려가 있음
>   ⑤ 여과기 설치 및 설치 후 관리 필요

12 다음 중 분리분석법에 해당하는 것은?

① 광흡수분석법
② 전기분석법
③ Polarography
④ Chromatography

> **해설** 가스크로마토그래피
> 캐리어가스 유량을 조절하면서 흘려 넣고 측정가스는 시료 도입부를 통하여 공급하면, 측정가스와 캐리어가스가 분리관에서 분리되어 시료 성분을 검출기에서 측정
> - 캐리어가스 : 수소, 헬륨, 질소, 아르곤 등 시료와 반응하지 않는 불활성기체

- 구성 요소 : 검출기, 컬럼, 기록계
- 충진제 : 활성탄, 실리카겔, 몰레큘러시브, 소바비드

13 인화성 물질이나 가연성 가스가 폭발성 분위기를 생성할 우려가 있는 장소 중 가장 위험한 장소 등급은?

① 1종 장소 ② 2종 장소
③ 3종 장소 ④ 0종 장소

> **해설** 위험장소 분류
> - 0종 장소 : 상용 상태에서 가연성 가스농도가 연속해서 폭발하한계 이상으로 되는 장소
> - 1종 장소 : 상용 상태에서 가연성 가스가 체류하여 위험하게 될 우려가 있는 장소
> - 2종 장소 : 밀폐된 용기 또는 설비 내에 가연성 가스가 그 용기 또는 설비사고로 인해 파손되거나 오조작의 경우에만 누출할 위험이 있는 장소

14 폭발 범위가 넓은 것부터 옳게 나열된 것은?

① $H_2 > CO > CH_4 > C_3H_8$
② $CO > H_2 > CH_4 > C_3H_8$
③ $C_3H_8 > CH_4 > CO > H_2$
④ $H_2 > CH_4 > CO > C_3H_8$

> **해설** 폭발 범위
> - 수소 : 4 ~ 75 %
> - 일산화탄소 : 12.5 ~ 74 %
> - 메탄 : 5 ~ 15 %
> - 프로판 : 2.1 ~ 9.5 %
>
> **보충** 폭발 범위
> - 산화에틸렌(C_2H_4O) : 3 ~ 80 %
> - 메탄(CH_4) : 5 ~ 15 %
> - 에틸렌(C_2H_4) : 2.7 ~ 36 %
> - 프로판(C_3H_8) : 2.1 ~ 9.5 %
> - 황화수소(H_2S) : 4.3 ~ 45 %

정답 11 ② 12 ④ 13 ④ 14 ①

- 암모니아(NH$_3$) : 15 ~ 28 %
- 부탄(C$_4$H$_{10}$) : 1.8 ~ 8.4 %
- 시안화수소(HCN) : 6 ~ 41 %
- 수소(H$_2$) : 4 ~ 75 %
- 아세틸렌(C$_2$H$_2$) : 2.5 ~ 81 %
- 일산화탄소(CO) : 12.5 ~ 74 %

15 아세틸렌용 용접용기 제조 시 다공질물의 다공도는 다공질물을 용기에 충전한 상태로 몇 ℃에서 아세톤 또는 물의 흡수량으로 측정하는가?

① 0 ℃   ② 15 ℃
③ 20 ℃   ④ 25 ℃

해설 아세틸렌용 용접용기 제조
다공질물의 다공도는 다공질물을 용기에 충전한 상태로 20 ℃에서 아세톤 또는 물의 흡수량으로 측정

16 가스미터에서 감도유량의 의미를 가장 바르게 설명한 것은?

① 가스미터 유량이 최대유량의 50 %에 도달했을 때의 유량
② 가스미터가 작동하기 시작하는 최소유량
③ 가스미터가 정상 상태를 유지하는 데 필요한 최소유량
④ 가스미터 유량이 오차 한도를 벗어났을 때의 유량

해설 감도 유량
가스미터가 작동하기 시작하는 최소유량
- 막식 가스미터 : 3 L/h
- LPG용 가스미터 : 15 L/h

17 연소의 3요소 중 가연물에 대한 설명으로 옳은 것은?

① 0족 원소들은 모두 가연물이다.
② 가연물은 산화반응 시 발열반응을 일으키며 열을 축적하는 물질이다.
③ 질소와 산소가 반응하여 질소산화물을 만들므로 질소는 가연물이다.
④ 가연물은 반응 시 흡열반응을 일으킨다.

해설 가연물
- 18족(0족) 원소 : 모두 비가연물
- 질소 : 불연성 가스
- 가연물반응 시 : 발열반응

18 기화장치의 구성이 아닌 것은?

① 검출부   ② 기화부
③ 제어부   ④ 조압부

해설 기화장치 구성
- 조압부
- 제어부
- 기화부

19 독성의 액화가스 저장탱크 주위에 설치하는 방류둑의 저장능력은 몇 톤 이상의 것에 한하는가?

① 3톤   ② 5톤
③ 10톤   ④ 50톤

해설 방류둑
- 설치
  (1) 저장탱크 내 액화가스가 액체 상태로 유출되는 것을 방지하기 위해 설치
  (2) 저장탱크 저부가 지하에 있으며 주위피트상 구조로인 것으로 그 용량 이상일 것

정답 15 ③ 16 ② 17 ② 18 ① 19 ②

- 설치 적용 범위
    (1) 고압가스 제조시설의 가연성 및 산소 액화가스 저장능력 : 1000톤 이상
    (2) 독성 가스 저장능력 : 5톤 이상
    (3) 냉동제조시설 독성 가스를 냉매로 사용하는 수액기 내용적 : 10000 L 이상
    (4) 액화석유가스 저장시설 LPG 저장능력 : 1000톤 이상
    (5) 도시가스시설 중 가스도매사업에서 LPG 저장능력 : 500톤 이상
    (6) 일반도시가스 : 1000톤 이상
- 용량
    (1) 저장탱크 저장능력에 상당하는 용적 이상으로 할 것
    (2) 액화산소는 저장능력의 상당 용량의 60 % 이상으로 할 것
- 방류둑 구조 및 기준
    (1) 재료 : 철근콘크리트, 금속, 흙 또는 이를 혼합한 액밀한 구조
    (2) 액 체류 표면적 : 가능한 한 적게
    (3) 배관관통부 틈새로부터 누설방지 및 방식조치
    (4) 금속재료 : 부식되지 않게 방식 및 방청조치
    (5) 방류둑 내 고인 물을 배출하기 위한 배수조치
    (6) 가연성과 독성, 가연성과 조연성 액화가스 방류둑은 혼합배치하지 말 것
    (7) 방류둑 내면과 외면으로부터 10 m 이내 : 저장탱크 부속설비 이외의 것은 설치 금지
    (8) 성토 : 수평에 대해 45° 이하 구배를 가지고 성토 정상부 폭은 30 cm 이상
    (9) 방류둑 계단 및 사다리 : 출입구 둘레 50 m마다 1개 이상 설치
        ⇒ 둘레 50 m 미만 : 2개소 이상 분산 설치

20 일반적으로 기체 크로마토그래피 분석방법으로 분석하지 않는 가스는?

① 염소(Cl_2)
② 물(H_2O)
③ 이산화탄소(CO_2)
④ 부탄($n-C_4H_{10}$)

해설 기체크로마토그래피 분석 가스
물, 이산화탄소, 부탄 등이 있으며 <u>염소는 맹독성 가스이므로 분석 불가</u>

21 다음 중 폭굉(Detonation)의 화염전파속도는?

① 0.1 ~ 10 m/s
② 10 ~ 100 m/s
③ 1000 ~ 3500 m/s
④ 5000 ~ 10000 m/s

해설 연소속도
- 정상연소속도 : 0.03 ~ 10 m/sec
- <u>폭굉연소속도 : 1000 ~ 3500 m/sec</u>

22 폴리에틸렌관(Polyethylene Pipe)의 일반적인 성질에 대한 설명으로 틀린 것은?

① 인장강도가 적다.
② 내열성과 보온성이 나쁘다.
③ 염화비닐관에 비해 가볍다.
④ 상온에도 유연성이 풍부하다.

해설 폴리에틸렌관의 일반적인 성질
- 인장강도가 적음
- 내열성이 좋음
- 염화비닐관에 비해 가벼움
- 상온에도 유연성이 풍부
- <u>보온성이 좋음</u>

정답 20 ① 21 ③ 22 ②

23 내용적 70 L의 LPG용기에 프로판 가스를 충전할 수 있는 최대량은 몇 kg인가?

① 50　　② 45
③ 40　　④ 30

해설 저장능력
- 액화가스 저장탱크
  $W = 0.9dV$
  W : 저장능력 [kg]
  d : 액화가스 비중
- 액화가스용기 (충전용기, 탱크로리)
  $W = \dfrac{V}{C} = \dfrac{70}{2.35} = 29.78k$
※ C시정수 : 프로판(2.35)
　　　　　부탄(2.05)
　　　　　암모니아(1.86)
　　　　　탄산가스(1.34)
　　　　　프레온(0.86)
- 압축가스, 저장탱크 및 용기
  $Q = (P+1)V$
  Q : 저장능력 [m^3]
  P : 최고충전압력 [MPa]
  V : 내용적 [m^3]

24 아세틸렌에 대한 설명이 옳은 것으로만 나열된 것은?

> ㉠ 아세틸렌이 누출하면 낮은 곳으로 체류한다.
> ㉡ 아세틸렌은 폭발 범위가 비교적 광범위하고, 아세틸렌 100 %에서도 폭발하는 경우가 있다.
> ㉢ 발열화합물이므로 압축하면 분해폭발할 수 있다.

① ㉠　　② ㉡
③ ㉡, ㉢　　④ ㉠, ㉡, ㉢

해설 아세틸렌
- 3중 결합을 가진 무색의 탄화수소
- 구리(Cu), 수은(Hg), 은(Ag) 등의 금속과 결합하여 금속 아세틸라이드 생성
- 흡열화합물이므로 압축하면 분해폭발의 위험이 있음
- 폭발 범위가 비교적 광범위(2.5 ~ 81 %)
- 공기보다 가벼워 누설 시 높은 곳에 체류

25 운반책임자를 동승시켜 운반해야 되는 경우에 해당되지 않는 것은?

① 압축산소 : 100 m^3 이상
② 독성압축가스 : 100 m^3 이상
③ 액화산소 : 6000 kg 이상
④ 독성액화가스 : 1000 kg 이상

해설 운반책임자 동승 기준

	독성 가스	1000 kg 이상
액화가스	가연성 가스	3000 kg 이상
	조연성 가스	6000 kg 이상
	독성 가스	100 m^3 이상
압축가스	가연성 가스	300 m^3 이상
	조연성 가스	600 m^3 이상

26 액화석유가스설비의 가스안전사고 방지를 위한 기밀시험 시 사용이 부적합한 가스는?

① 공기　　② 탄산가스
③ 질소　　④ 산소

해설 기밀시험
- 불연성 가스를 이용하여 실시
- 산소, 불소, 염소, 이산화질소 : 조연성 가스

정답　23 ④　24 ②　25 ①　26 ④

27 게이지압력(Gauge Pressure)의 의미를 가장 잘 나타낸 것은?

① 절대압력 0을 기준으로 하는 압력
② 표준대기압을 기준으로 하는 압력
③ 임의의 압력을 기준으로 하는 압력
④ 측정위치에서의 대기압을 기준으로 하는 압력

해설 압력
- 절대압력 = 대기압 + 게이지압력
- 절대압력 = 대기압 - 진공압력

28 "압력이 일정할 때 기체의 부피는 온도에 비례하여 변화한다"라는 법칙은?

① 보일(Boyle)의 법칙
② 샤를(Charles)의 법칙
③ 보일 - 샤를의 법칙
④ 아보가드로의 법칙

해설 이상기체법칙
- 보일법칙 : 일정온도에서 압력과 부피는 서로 반비례한다.
  $P_1 V_1 = P_2 V_2$
- 샤를법칙 : 일정압력에서 부피는 절대온도에 서로 비례한다.
  $\dfrac{V_1}{T_1} = \dfrac{V_2}{T_2}$
- 보일 - 샤를의 법칙 : 기체의 부피는 압력과 서로 반비례하고 절대온도와 정비례한다.
  $\dfrac{P_1 V_1}{T_1} = \dfrac{P_2 V_2}{T_2}$

29 연소기의 이상연소현상 중 불꽃이 염공 속으로 들어가 혼합관 내에서 연소하는 현상을 의미하는 것은?

① 황염　　② 역화
③ 리프팅　④ 블로우 오프

해설 역화와 선화
- 역화 : 연소속도가 유출속도보다 클 때 불꽃이 연소기 내부로 침입하여 폭발하는 현상
  ㉠ 가스의 압력이 너무 낮을 때
  ㉡ 노즐의 구경이 너무 작을 때
  ㉢ 콕의 먼지나 이물질이 부착되었을 때
- 리프팅(선화) : 연소속도보다 유출속도가 커서 불꽃이 노즐에 정착되지 않고 노즐에서 떨어져 연소하는 현상
  ㉠ 가스의 공급압력이 너무 높을 때
  ㉡ 노즐의 구경이 너무 클 때
  ㉢ 염공이 적을 때
  ㉣ 댐퍼를 너무 많이 열었을 때
  ㉤ 연소가스의 배기 및 환기 불충분시

30 용기의 내압시험 시 항구증가율이 몇 % 이하인 용기를 합격한 것으로 하는가?

① 3　　② 5
③ 7　　④ 10

해설 용기 내압시험
- 항구증가율이 10 % 이하 시 합격
- 항구증가율
  $= \dfrac{\text{항구증가량(영구증가량)}}{\text{전증가량}} \times 100$

정답　27 ④　28 ②　29 ②　30 ④

31 가스를 연료로 사용하는 연소의 장점이 아닌 것은?

① 연소의 조절이 신속, 정확하며 자동제어에 적합하다.
② 온도가 낮은 연소실에서도 안정된 불꽃으로 높은 연소 효율이 가능하다.
③ 연소속도가 커서 연료로서 안전성이 높다.
④ 소형 버너를 병용 사용하여 로내 온도 분포를 자유로이 조절할 수 있다.

해설 기체연료
가스 누설 시 폭발의 위험이 있음

32 유체에 대한 저항은 크나 개폐가 쉽고 유량 조절에 주로 사용되는 밸브는?

① 글로브밸브　② 게이트밸브
③ 플러그밸브　④ 버터플라이밸브

해설 밸브
• 게이트밸브 : 구조상 퇴적물이 체류하지 않으며, 유체의 차단을 주목적으로 일반 배관용으로 가장 많이 사용
• 글로브밸브 : 구조상 유량조절용으로 사용되는밸브
• 버터플라이밸브 : 나비형 밸브로 원통형의 몸체 속에서밸브 스템을 축으로 하여 원관이 회전함으로써 개폐를 행하는 밸브
• 체크밸브 : 유체를 한 방향으로 유동시키고 보일러 급수배관에서 급수의 역류를 방지하기 위한 밸브
• 플러그밸브 : 중·고압용이며 개폐가 신속하고 가스관 중의 불순물에 따라 차단효과가 불량해짐

33 기체연료의 주된 연소형태는?

① 확산연소　② 증발연소
③ 분해연소　④ 표면연소

해설 연소형태
• 확산연소 : 가연성 가스 분자와 공기 분자가 확산에 의해 급격하게 혼합되면서 연소가 일어나는 것으로 수소, 아세틸렌 등이 있음
• 증발연소 : 인화성 액체의 온도 상승에 따른 증발에 의해 연소가 일어나는 것으로 알코올, 에테르, 등유, 경유 등이 있음
• 분해연소 : 연소 시 열분해에 의해 가연성 가스를 방출시켜 연소가 일어나는 것으로 중유, 석유, 목재, 종이, 고체 파라핀 등이 있음
• 표면연소 : 고체 표면과 공기와 접촉되는 부분에서 연소가 일어나는 것으로 숯, 알루미늄박, 마그네슘 리본 등이 있음

34 가연성 물질을 공기로 연소시키는 경우 공기 중의 산소 농도를 높게 하면 어떻게 되는가?

① 연소속도는 빠르게 되고, 발화온도는 높게 된다.
② 연소속도는 빠르게 되고, 발화온도는 낮게 된다.
③ 연소속도는 느리게 되고, 발화온도는 높게 된다.
④ 연소속도는 느리게 되고, 발화온도는 낮게 된다.

해설 공기 중 산소 농도
공기 중 산소 농도가 높으면
• 연소속도는 빨라짐
• 발화온도는 낮아짐

35 가스미터 선정 시 고려할 사항으로 틀린 것은?

① 가스의 최대사용유량에 적합한 계량 능력인 것을 선택한다.
② 가스의 기밀성이 좋고 내구성이 큰 것을 선택한다.
③ 사용 시 기차가 커서 정확하게 계량할 수 있는 것을 선택한다.
④ 내열성, 내압성이 좋고 유지관리가 용이한 것을 선택한다.

해설 가스미터 선정 시 고려사항
- 사용 시 기차가 작아서 정확하게 계량할 수 있는 것을 선택
- 사용 시 기차가 작아야 하며 사용 기차는 ±4 % 이하로 적을 것

36 액화석유가스 가스집단공급시설의 점검 기준에 대한 설명으로 옳은 것은?

① 충전용주관의 압력계는 매분기 1회 이상 국가표준 기본법에 따른 교정을 받은 압력계로 그 기능을 검사한다.
② 안전밸브는 매월 1회 이상 설정되는 압력이하의 압력에서 작동하도록 조정한다.
③ 물분무장치, 살수장치와 소화전은 매월 1회 이상 작동상황을 점검한다.
④ 집단공급시설 중 충전설비의 경우에는 매월 1회 이상 작동상황을 점검한다.

해설 액화석유가스 가스집단공급시설의 점검 기준
물분무장치, 살수장치와 소화전은 매월 1회 이상 작동상황을 점검

37 다음 중 고압가스 충전용기 운반 시 운반책임자의 동승이 필요한 경우는? (단, 독성 가스는 허용농도가 100만분의 200을 초과한 경우이다)

① 독성압축가스 100 m³ 이상
② 독성액화가스 500 kg 이상
③ 가연성압축가스 100 m³ 이상
④ 가연성액화가스 1000 kg 이상

해설 운반책임자 동승 기준

액화가스	독성 가스	1000 kg 이상
	가연성 가스	3000 kg 이상
	조연성 가스	6000 kg 이상
압축가스	독성 가스	100 m³ 이상
	가연성 가스	300 m³ 이상
	조연성 가스	600 m³ 이상

38 가연성 가스에 대한 정의로 옳은 것은?

① 폭발한계의 하한 20 % 이하, 폭발 범위 상한과 하한의 차가 20 % 이상인 것
② 폭발한계의 하한 20 % 이하, 폭발 범위 상한과 하한의 차가 10 % 이상인 것
③ 폭발한계의 하한 10 % 이하, 폭발 범위 상한과 하한의 차가 20 % 이상인 것
④ 폭발한계의 하한 10 % 이하, 폭발 범위 상한과 하한의 차가 10 % 이상인 것

해설 가연성 가스
- 연소하는 가스
- 폭발한계의 하한이 10 % 이하인 것
- 발한계의 상한과 하한의 차가 20 % 이상인 것

정답 35 ③ 36 ③ 37 ① 38 ③

39 고압가스 제조허가의 종류가 아닌 것은?

① 고압가스 특정제조
② 고압가스 일반제조
③ 고압가스 충전
④ 독성 가스제조

해설 고압가스 제조허가 종류
- 고압가스 특정제조
- 고압가스 일반제조
- 고압가스 충전
- 냉동제조

40 산소가스설비를 수리 또는 청소를 할 때는 안전관리상 탱크 내부의 산소를 농도가 몇 % 이하로 될 때까지 계속 치환하여야 하는가?

① 22 %   ② 28 %
③ 31 %   ④ 35 %

해설 치환농도
- 독성 가스 : 허용농도 이하
- 가연성 가스 : 폭발 범위 하한의 1/4 이사
- 산소 농도 22 % 이하 : 산소설비 개방검사
- 산소 농도 18 ~ 22 % : 설비 내부에 사람이 있을 때

41 차량에 고정된 탱크의 운반 기준에서 가연성 가스 및 산소탱크의 내용적은 얼마를 초과할 수 없는가?

① 18000 L   ② 12000 L
③ 10000 L   ④ 8000 L

해설 고압가스 운반
- 독성 가스(염소) : 12000 L(암모니아 제외)
- 가연성 가스, 산소탱크 : 18000 L
위의 기준을 초과하지 않을 것

42 내용적이 25000L인 액화산소 저장탱크의 저장능력은 얼마인가? (단, 비중은 1.04이다)

① 26000 kg   ② 23400 kg
③ 22780 kg   ④ 21930 kg

해설 저장능력
- 액화가스 저장탱크
$$W = 0.9 dV = 0.9 \times 1.04 \times 25,000$$
$$= 23,400 kg$$
W : 저장능력 $[kg]$
d : 액화가스 비중
- 액화가스용기(충전용기, 탱크로리)
$$W = \frac{V}{C}$$
- 압축가스, 저장탱크 및 용기
$$Q = (P+1)V$$
Q : 저장능력 $[m^3]$
P : 최고 충전 압력 $[MPa]$
V : 내용적 $[m^3]$

43 액화염소 2000 kg을 차량에 적재하여 운반할 때 휴대하여야 할 소석회는 몇 kg 이상을 기준으로 하는가?

① 10   ② 20
③ 30   ④ 40

해설 독성 가스 운반 시 휴대해야 할 약제
- 1000 kg 미만 : 소석회 20 kg 이상 휴대
- 1000 kg 이상 : 소석회 40 kg 이상 휴대

44 루트가스미터에서 일반적으로 일어나는 고장의 형태가 아닌 것은?

① 부동   ② 불통
③ 감도   ④ 기차불량

> **해설** 가스미터 고장
> - 부동 : 가스가 미터는 통과하나 계량막의 파손, 밸브의 탈락 등으로 계량기 지침이 작동하지 않는 것
> - 불통 : 회전장치의 고장으로 가스가 미터를 통과하지 못하는 고장
> - 기차불량 : 설치 오류, 충격, 부품의 마모 등을 계량정밀도가 저하되는 경우

45 B, C급 분말소화기의 용도가 아닌 것은?

① 유류 화재   ② 가스 화재
③ 전기 화재   ④ 일반 화재

> **해설** 화재의 분류
> - A급 : 목재, 종이와 같은 일반 가연물의 화재
> - B급 : 석유류, 가스와 같은 인화성 물질의 화재
> - C급 : 전기 화재
> - D급 : 금속 화재

46 탱크로리로부터 저장탱크로 LPG 이송 시 잔가스 회수가 가능한 이송방법은?

① 압축기 이용법
② 액송펌프 이용법
③ 차압에 의한 방법
④ 압축가스용기 이용법

> **해설** 압축기에 의한 이송방법 특징
> - 펌프에 비해 이송시간이 짧음
> - 잔가스 회수가 가능
> - 베이퍼록현상이 없음
> - 부탄의 경우 재액화현상이 일어남
> - 압축기 오일이 유입되어 드레인의 원인이 됨

47 가스 충전구의 나사방향이 왼나사이어야 하는 것은?

① 암모니아   ② 브롬화메틸
③ 산소   ④ 아세틸렌

> **해설** 충전구 나사 방향
> - 가연성 가스 : 왼나사
>   → 단, 암모니아, 브롬화메탄은 오른나사
> - 기타 : 오른나사

48 루트미터에 대한 설명으로 가장 옳은 것은?

① 설치면적이 작다.
② 실험실용으로 적합하다.
③ 사용 중에 수위 조정 등의 유지 관리가 필요하다.
④ 습식 가스미터에 비해 유량이 정확하다.

> **해설** 가스미터 특징
> - 막식 가스미터
>   ① 값이 쌈
>   ② 설치 후 유지관리에 시간이 많이 필요하지 않음
>   ③ 대용량은 설치면적이 큼
> - 습식 가스미터
>   ① 계량이 정확
>   ② 사용 중 기차의 변동이 크지 않음
>   ③ 사용 중 수위조정 등의 관리가 필요
>   ④ 설치면적이 큼
>   ⑤ 실험실용으로 사용
> - 루츠식 가스미터
>   ① 대용량 가스 측정에 적합
>   ② 설치면적이 작음
>   ③ 중압가스의 계량 가능
>   ④ 소유량은 부동의 우려가 있음
>   ⑤ 여과기 설치 및 설치 후 관리 필요

정답 44 ③ 45 ④ 46 ① 47 ④ 48 ①

49 공업용 액면계가 갖추어야 할 조건으로 옳지 않은 것은?

① 자동제어장치에 적용 가능하고, 보수가 용이해야 한다.
② 지시, 기록 또는 원격측정이 가능해야 한다.
③ 연속측정이 가능하고 고온, 고압에 견디어야 한다.
④ 액위의 변화속도가 느리고, 액면의 상, 하한계의 적용이 어려워야 한다.

해설 액면계 구비조건
- 내식성이 있을 것
- 고온, 고압에 견딜 것
- 구조가 간단하고 수리가 용이할 것
- 지시, 기록 또는 원격 측정이 가능할 것
- 연속 측정이 가능할 것
- 자동제어장치에 적용이 용이할 것
- 액면의 상, 하한계를 간단히 계측할 수 있어야 하며, 적용이 용이할 것

50 완전연소의 구비조건으로 틀린 것은?

① 연소에 충분한 시간을 부여한다.
② 연료를 인화점 이하로 냉각하여 공급한다.
③ 적정량의 공기를 공급하여 연료와 잘 혼합한다.
④ 연소실 내의 온도를 연소 조건에 맞게 유지한다.

해설 완전연소 구비조건
- 연소에 충분한 시간을 부여할 것
- 적정량의 공기를 공급하여 연료와 잘 혼합할 것
- 연소실 내의 온도를 연소 조건에 맞게 유지할 것
- 연료와 공기의 온도를 높게 유지할 것
- 연료와 공기의 혼합을 촉진시킬 것

51 시안화수소 위험도(H)는 약 얼마인가?

① 5.8   ② 8.8
③ 11.8 ④ 14.8

해설 위험도
- $H = \dfrac{상한치 - 하한치}{하한치}$
- 시안화수소폭발 범위 : 6~41 vol%
- $\dfrac{41-6}{6} = 5.833$
- 위험도가 클수록 위험

52 조정압력이 3.3 kPa 이하인 액화석유가스 조정기의 안정장치 작동정지 압력은?

① 7 kPa
② 5.04 ~ 8.4 kPa
③ 5.6 ~ 8.4 kPa
④ 8.4 ~ 10 kPa

해설 조정압력이 3.3 kPa 이하인 조정기의 안전장치 압력
- 작동개시압력 : 5.60 ~ 8.40 kPa
- 작동정지압력 : 5.04 ~ 8.40 kPa
- 작동표준압력 : 7.0 kPa

정답 49 ④ 50 ② 51 ① 52 ②

53 캐비테이션현상의 발생 방지책에 대한 설명으로 가장 거리가 먼 것은?

① 펌프의 회전수를 높인다.
② 흡입 관경을 크게 한다.
③ 펌프의 위치를 낮춘다.
④ 양흡입펌프를 사용한다.

해설 캐비테이션 방지법
- 양흡입펌프를 사용
- 수직축펌프를 사용하고 회전차를 수중에 잠기게 할 것
- 펌프의 회전수를 낮출 것
- 펌프의 설치위치를 낮춰 흡입양정을 짧게 할 것
- 펌프를 두 대 이상 설치할 것
- 관지름을 크게 하고 흡입 측의 저항을 최소로 줄일 것

54 가스를 충전하는 경우에 밸브 및 배관이 얼었을 때의 응급조치하는 방법으로 부적절한 것은?

① 열습포를 사용한다.
② 미지근한 물로 녹인다.
③ 석유 버너 불로 녹인다.
④ 40℃ 이하의 물로 녹인다.

해설 배관이 얼었을 경우 응급조치
- 열습포를 사용
- 미지근한 물로 녹일 것
- 40℃ 이하의 물로 녹일 것

55 아세틸랜용 용접용기 제조 시 내압시험압력이란 최고충전압력 수치의 몇 배의 압력을 말하는가?

① 1.2   ② 1.8
③ 2   ④ 3

해설 시험압력
- 내압시험
  ① 압축가스 및 액화가스
     = 최고충전압력(FP) × 5/3배
  ② 아세틸렌용기 내압시험
     = 최고충전압력(FP) × 3배
  ③ 고압가스설비 내압시험
     = 상용압력 × 1.5배
- 기밀시험
  ① 초저온 및 저온용기 기밀시험
     = 최고충전압력(FP) × 1.1배
  ② 아세틸렌용기 기밀시험
     = 최고충전압력(FP) × 1.8 배
  ③ 기타 용기 기밀시험 = 최고충전압력 이상

56 질소 충전용기에서 질소가스의 누출여부를 확인하는 방법으로 가장 쉽고 안전한 방법은?

① 기름 사용   ② 소리 감지
③ 비눗물 사용 ④ 전기스파크 이용

해설 질소가스 누출여부
고압가스 충전용기에서 가스의 누출 여부를 확인하는 가장 쉽고 안전한 방법은 비눗물을 이용하여 검사하는 것

57 다음 가스 분석법 중 흡수분석법에 해당되지 않는 것은?

① 햄펠법
② 게겔법
③ 오르자트법
④ 우인클러법

해설 흡수분석법

- 오르자트법
  ㉠ CO_2 : KOH 30 % 수용액
  ㉡ O_2 : 알카리성피롤카롤용액
  ㉢ CO : 암모니아성 염화제1동용액
- 햄펠법
  ㉠ CO_2 : KOH 30 % 수용액
  ㉡ $C_mH_m(C_2H_2)$: 발연황산 25 %
  ㉢ O_2 : 알카리성피롤카롤용액
  ㉣ CO : 암모니아성 염화제1동용액
- 게겔법
  ㉠ CO_2 : KOH 30 % 수용액
  ㉡ C_2H_2 : 요오드수은칼륨용액
  ㉢ n-C_4H_8 : 87 % 황산
  ㉣ C_2H_4 : 취소수용액
  ㉤ O_2 : 알카리성피롤카롤용액
  ㉥ CO : 암모니아성 염화제1동용액

58 실측식 가스미터가 아닌 것은?

① 터빈식
② 건식
③ 습식
④ 막식

해설 가스미터

- 실측식
  ㉠ 건식 : 막식형(독립내기식, 클로버식)
  ㉡ 회전형 : 루트형, 오벌식, 로터리피스
  ㉢ 습식
- 추량식 : 델타식, 터빈식, 오리피스식, 벤투리식

59 조정기 감압방식 중 2단 감압방식의 장점이 아닌 것은?

① 공급압력이 안정하다.
② 장치와 조작이 간단하다.
③ 배관의 지름이 가늘어도 된다.
④ 각 연소기구에 알맞은 압력으로 공급이 가능하다.

해설 2단 감압식 조정기

- 장점
  ㉠ 가스배관이 길어도 공급압력이 안정
  ㉡ 배관의 지름이 가늘어도 됨
  ㉢ 각 연소기구에 알맞은 압력으로 공급 가능
  ㉣ 입상배관에 의한 압력손실 보정 가능
- 단점
  ㉠ 설비가 복잡하고 검사방법이 복잡
  ㉡ 부탄의 경우 재액화의 우려가 있음
  ㉢ 조정기 수가 많아서 점검 부분이 많음
  ㉣ 시설 압력이 높아서 이음방식에 주의할 것

60 시안화수소를 용기에 충전하는 경우 품질검사 시 합격 최저 순도는?

① 98 %
② 98.5 %
③ 99 %
④ 99.5 %

해설 시안화수소

용기에 충전한 시안화수소는 순도 98 % 이상으로서 착색되지 않은 것을 제외하고는 60일이 경과되기 전에 다른 용기에 충전할 것

2021 CBT 복원 01

01 도시가스 웨버지수에 대한 설명 중 옳은 것은?

① 도시가스의 총발열량(kcal/m³)을 가스 비중의 평방근으로 나눈 값
② 도시가스의 총발열량(kcal/m³)을 가스 비중으로 나눈 값
③ 도시가스의 가스 비중을 총발열량(kcal/m³)의 평방근으로 나눈 값
④ 도시가스의 가스 비중을 총발열량(kcal/m³)으로 나눈 값

해설 웨버지수(W)
- 가스의 연소성, 호환성 판단 지수
- $W = \dfrac{Hg}{\sqrt{d}}$
- Hg : 발열량, d : 비중

02 도시가스사용시설의 정압기실에 설치된 가스누출경보기점검주기는?

① 1일 1회 이상
② 1주일 1회 이상
③ 2주일 1회 이상
④ 1개월 1회 이상

해설 정압기 내 가스누출경보기점검주기
1주일 1회 이상

03 가연물 종류에 따른 화재 구분이 잘못된 것은?

① A급 : 일반 화재
② B급 : 유류 화재
③ C급 : 전기 화재
④ D급 : 식용유 화재

해설 화재 종류
- A급 화재 : 일반 화재
- B급 화재 : 유류, 가스
- C급 화재 : 전기
- D급 화재 : 금속 화재

암 에일, 비유가, 씨전, 지금

04 다음 중 가장 높은 압력은?

① 1.5 kg/cm²
② 10 mH₂O
③ 0.6 atm
④ 745 mmHg

해설 압력 계산
- 1기압(atm) = 760 mmHg
  = 10.332 mH₂O
  = 1.0332 kg/cm²
  = 1.013 bar
  = 0.101325 MPa
  = 101.325 kPa
  = 14.7 Psi
  = 14.7 lb/in²
- 10.332 : 1.0332 = 10 : x
  x = 1 kg/cm²

정답 01 ① 02 ② 03 ④ 04 ①

- $1 : 1.0332 = 0.6 : x$
  $x = 0.61992 \text{ kg/cm}^2$
- $760 : 1.0332 = 745 : x$
  $x = 1.0128 \text{ kg/cm}^2$

05 착화원이 있을 때 가연성 액체나 고체의 표면에 연소하한계농도의 가연성 혼합기가 형성되는 최저온도는 무엇이라 하는가?

① 인화온도　　② 포화온도
③ 발화온도　　④ 임계온도

해설　인화온도
점화원이 있을 때 연소하한계농도의 가연성 혼합기가 형성되는 최저온도
[가스연소]
- 점화원이 있을 때 : 인화온도
- **점화원이 없을 때 : 발화온도**

암　발전없다

06 다음 중 포스겐 화학식을 고르시오.

① $COCl_2$　　② CO
③ CO_2Cl　　④ $COCl_3$

해설　포스겐 화학식
$COCl_2$

07 SNG에 대한 설명으로 적당한 것은?

① 정유가스　　② 액화천연가스
③ 액화석유가스　④ 대체천연가스

해설　SNG(Natural Gas Substitutes)
대체천연가스

08 다음 중 가연성이면서 독성인 가스는?

① NH_3　　② N_2
③ CH_4　　④ H_2

해설　암모니아
- 폭발 범위 : 15 ~ 28 %
- 독성허용농도 : 25 ppm

09 가스제조시설에 설치하는 방호벽 규격으로 옳은 것은?

① 철근콘크리트 벽으로 두께 12 cm 이상, 높이 2 m 이상
② 철근콘크리트블록 벽으로 두께 20 cm 이상, 높이 2 m 이상
③ 박강판 벽으로 두께 3.2 cm 이상, 높이 2 m 이상
④ 후강판 벽으로 두께 16 mm 이상, 높이 2.5 m 이상

해설　방호벽 규격
- <u>철근콘크리트 : 두께 12 cm, 높이 2 m 이상</u>
- 콘크리트블록 : 두께 15 cm, 높이 2 m 이상
- 박강판 : 두께 3.2 mm, 높이 2 m 이상
- 후강판 : 두께 6 mm, 높이 2 m 이상

10 습식 아세틸렌 발생기 표면온도로 적당한 것은?

① 50 ℃ 이하　② 60 ℃ 이하
③ 65 ℃ 이하　④ 70 ℃ 이하

해설　아세틸렌
- 습식 아세틸렌 발생기 표면온도 : 70 ℃ 이하
- 아세틸렌용기 다공도 : 75 ~ 92 %
- 아세틸렌 용제 : 아세톤, 다이메틸폼아마이드

정답　05 ①　06 ①　07 ④　08 ①　09 ①　10 ④

11 300 kg 액화프레온12(R-12)가스를 내용적 50L 용기에 충전할 때 필요한 용기 개수는? (단, 가스정수 C는 0.86이다)

① 3개　　　② 6개
③ 7개　　　④ 10개

> 해설 용기 개수
> • 용기 1개당 질량 W = V/C
> • 50/0.86 = 58.14 kg
> • 300/58.14 = 6개

12 도시가스 사용시설에서 배관 호칭지름이 25 mm인 배관은 몇 m 간격으로 고정하여야 하는가? ✓최다빈출

① 1 m마다　　　② 2 m마다
③ 5 m마다　　　④ 10 m마다

> 해설 도시가스배관 고정장치
> • 13 mm 미만 : 1 m 이내
> • 13 ~ 33 mm : 2 m 이내
> • 33 mm 이상 : 3 m 이내

13 도시가스 사용시설 중 가스계량기와 다음 설비와의 안전거리 기준으로 옳은 것은?

① 전기계량기와는 60 cm 이상
② 전기접속기와는 50 cm 이상
③ 전기점멸기와는 50 cm 이상
④ 절연조치를 하지 않는 전선과는 30 cm 이상

> 해설 가스계량기와 안전거리
> • 전기계량기 : 60 cm 이상
> • 전기접속기 : 30 cm 이상
> • 전기점멸기 : 30 cm 이상
> • 절연조치하지 않은 전선 : 15 cm 이상
> • 절연전선 : 10 cm 이상

14 상용압력이 10 MPa인 고압설비 안전밸브 작동압력은 얼마인가?

① 9 MPa　　　② 12 MPa
③ 15 MPa　　　④ 22 MPa

> 해설 상용압력 10 MPa 안전밸브 작동압력
> 상용압력 × 1.2 = 12 MPa

15 가스 중 음속보다 화염전파속도가 큰 경우 충격파가 발생한다. 이 가스의 연소속도는?

① 0.3 ~ 100 m/s
② 200 ~ 500 m/s
③ 700 ~ 800 m/s
④ 1000 ~ 3500 m/s

> 해설 폭굉
> • 가스 중 음속보다 화염전파속도가 큰 경우
> • 연소속도 : 1000 ~ 3500 m/s 이내

16 부탄 1 Nm³을 완전연소시키는 데 필요한 이론 공기는 약 몇 Nm³인가? (단, 공기 중의 산소 농도는 21 v%이다) ✓최다빈출

① 5　　　② 7
③ 25　　　④ 31

> 해설 부탄연소
> $C_4H_{10} + 6.5O_2 \rightarrow 4CO_2 + 5H_2O$
> 이론 산소량 : 6.5
> 공기량 = 산소량 × 1/0.21
> 　　　 = 6.5 × 1/0.21
> 　　　 = 31

정답　11 ②　12 ②　13 ①　14 ②　15 ④　16 ④

17 섭씨온도의 눈금과 일치하는 화씨온도는?

① 0   ② -20
③ -30   ④ -40

해설 온도 단위
- 화씨온도(℉) : $\frac{9}{5} \times ℃ + 32$
- ℉ = 9/5 + 32 = 9/5 × (-40) + 32 = -40

18 다음 중 연소의 3요소가 아닌 것은? ✓최다빈출

① 점화원   ② 산소공급원
③ 가연물   ④ 인화점

해설 연소의 3요소
가연물, 산소공급원, 점화원

19 다음 각 금속재료 가스작용에 대한 설명으로 옳은 것은?

① 아세틸렌은 강과 직접반응하여 폭발성의 금속 아세틸라이드를 생성한다.
② 수분을 함유한 염소는 상온에서도 철과 반응하지 않으므로 철강의 고압용기에 충전할 수 있다.
③ 일산화탄소는 철족의 금속과 반응하여 금속카르보닐을 생성한다.
④ 수소는 저온, 저압 하에서 질소와 반응하여 암모니아를 생성한다.

해설 금속재료의 가스작용
- 수분 함유 염소 : 철과 반응하여 부식
- 아세틸렌 : Cu, Hg, Ag등과 반응하여 금속 아세틸라이드 생성
- 수소 : 고온, 고압에서 질소와 반응하여 암모니아 생성

20 다공물질 내용적이 100 m³, 아세톤 침윤 잔용적이 20 m³일 때 다공도는 몇 %인가?

① 50 %   ② 70 %
③ 80 %   ④ 90 %

해설 다공도 계산
내용적 - 침윤 잔용적 = 100 - 20 = 80 m³
다공도 = (80/100) × 100 = 80 %

21 압력이 커지면 폭발 범위 하한값과 상한값은 각각 어떻게 되는가?

① 상한값과 하한값 둘 다 커진다.
② 상한값은 크게 변하지 않지만 하한값은 커진다.
③ 하한값은 크게 변하지 않지만 상한값은 커진다.
④ 상한값 하한값 둘 다 변하지 않는다.

해설 폭발 범위
압력이 커지면 폭발 범위 상한값이 커짐
→ 하한값은 크게 변하지 않음

22 다음 중 가스에 의한 부식현상 중 틀린 것은?

① 암모니아에 의한 강의 질화
② 일산화탄소에 의한 금속의 카르보닐화
③ 황화수소에 의한 철의 부식
④ 수소원자에 의한 강의 탈수소화

해설 가스에 의한 부식현상
- 암모니아 : 강의 질화
- 일산화탄소 : 금속의 카르보닐화
- 황화수소 : 철의 부식
  → 수소가스 : 탈탄작용(방지 : W, Cr, Ti)

정답 17 ④ 18 ④ 19 ③ 20 ③ 21 ③ 22 ④

23 압력조정기 출구에서 연소기 입구까지 호스는 얼마 이상 압력으로 기밀시험을 실시하는가?

① 2.33 kPa ② 3.3 kPa
③ 5.8 kPa ④ 8.4 kPa

해설 기밀시험 기준
최고사용압력의 1.1배 또는 8.4 kPa 이상

24 불꽃 표준온도가 가장 높은 연소방식은?

① 세미분젠식 ② 적화식
③ 전 1차 공기식 ④ 분젠식

해설 분젠식 연소방식
- 1차 공기 60 %, 2차 공기 40 % 연소
- 불꽃의 표준온도가 가장 높은 연소방식

25 압축기 윤활에 대한 설명으로 옳은 것은?

① 산소압축기의 윤활유로는 물을 사용한다.
② 수소압축기의 윤활유로는 식물성유가 사용된다.
③ 염소압축기의 윤활유로는 양질의 광유가 상용된다.
④ 공기압축기의 윤활유로는 식물성유가 사용된다.

해설 압축기 윤활유
- 공기압축기 : 양질의 광유
- 수소압축기 : 양질의 광유
- 염소압축기 : 진한 황산
- 산소압축기 : 물

26 기화기에 대한 설명으로 틀린 것은?

① 기화장치의 구성요소 중에는 기화부, 제어부, 조압부 등이 있다.
② 기화기 사용 시 장점은 LP가스 종류에 관계없이 한냉 시에도 충분히 기화시킨다.
③ 감압가열방식은 열교환기에 의해 액상의 가스를 기화시킨 후 조정기로 감압시켜 공급하는 방식이다.
④ 기화기를 증발형식에 의해 분류하면 순간 증발식과 유입 증발식이 있다.

해설 감압가열방식
저온 액화가스 감압 후 강제 기화 공급방식

27 조정압력이 2.8 kPa인 액화석유가스 압력조정기의 안전장치 작동표준압력으로 옳은 것은?

① 5.0 kPa ② 6.0 kPa
③ 8.06 kPa ④ 7.0 kPa

해설 조정압력 3.3 kPa 이하 LPG가스 압력조정기
- 작동개시압력 : 5.6 ~ 8.4 kPa
- 작동정지압력 : 5.04 ~ 8.4 kPa
- 작동표준압력 : 7.0 kPa

28 냉동기 제조시설의 내압성능 확인을 위한 시험압력 기준은?

① 설계압력 이상
② 설계압력의 1.2배 이상
③ 설계압력의 1.5배 이상
④ 설계압력의 2.5배 이상

해설 냉동기 제조시설 내압시험
내압성능 확인 : 설계압력의 1.5배 이상

정답 23 ④ 24 ④ 25 ① 26 ③ 27 ④ 28 ③

29 땅속 애노드에 강제 전압을 가하여 피방식 금속제를 캐소드로 하는 전기방식법은?

① 선택배류법 ② 외부전원법
③ 희생양극법 ④ 강제배류법

해설 외부전원법
- 직류전원장치
- 장거리에 사용
- 전류·전압 조정 가능

30 원심펌프를 직렬로 연결하여 운전한다. 양정과 유량의 변화는?

① 양정 : 증가, 유량 : 증가
② 양정 : 일정, 유량 : 일정
③ 양정 : 증가, 유량 : 일정
④ 양정 : 일정, 유량 : 증가

해설 원심펌프 연결
- 직렬 연결 : 양정 증가, 유량 일정
- 병렬 연결 : 양정 일정, 유량 증가

암 직양증, 병양일

31 압축기를 이용한 LP가스 이·충전 작업에 대한 설명 중 옳은 것은?

① 잔류가스를 회수하기 어렵다.
② 충전시간이 길다.
③ 베이퍼록현상이 일어난다.
④ 드레인현상이 일어난다.

해설 LPG 이송설비
- 펌프 이용 : ①, ②, ③
- 압축기 이용 : 드레인현상 발생

32 액주식 압력계에 해당하지 않는 것은?

① U자관식   ② 단관식
③ 벨로우즈식 ④ 경사관식

해설 액주식 압력계
- 관을 이용한 압력계
- U자관식, 경사관식, 단관식
- 탄성식 압력계 : 벨로스식, 다이어프램식, 브르동관식

33 가연성 가스 검출기에서 탄광에서 발생하는 CH_4 농도를 측정하는 데 주로 사용되는 것은?

① 열선형   ② 안전등형
③ 간섭계형 ④ 반도체형

해설 안전등형
탄광에서 발생하는 메탄(CH_4) 농도 측정

34 다음 중 흡수분석법의 종류로 틀린 것은?

① 게겔법
② 활성알루미나겔법
③ 오르자트법
④ 헴펠법

해설 가스흡수분석법
- 헴펠법
- 오르자트법
- 게겔법
  → 활성알루미나겔법 : 없음

정답 29 ② 30 ③ 31 ④ 32 ③ 33 ② 34 ②

35 100 A용 가스누출 경보차단장치 차단시간은 얼마 이내이어야 하는가?

① 15초 ② 30초
③ 1분 20초 ④ 3분

해설 **가스누출 경보차단장치**
- 경보농도 1.6배 : 30초 이내
- 암모니아, 일산화탄소 : 60초 이내

36 흡수식 냉동설비 냉동능력 정의로 옳은 것은?

① 발생기를 가열하는 1시간의 입열량 3천 320 kcal를 1일의 냉동능력 1톤으로 본다.
② 발생기를 가열하는 1시간의 입열량 6천 640 kcal를 1일의 냉동능력 1톤으로 본다.
③ 발생기를 가열하는 24시간의 입열량 6천 640 kcal를 1일의 냉동능력 1톤으로 본다.
④ 발생기를 가열하는 24시간의 입열량 3천 320 kcal를 1일의 냉동능력 1톤으로 본다.

해설 **흡수식 냉동설비 냉동능력**
발생기를 가열하는 입열량 6640 kcal/h를 1일 냉동능력 1톤으로 본다.

37 다음 중 백색으로 용기를 도색하는 가스는? (단, 의료용 가스용기를 제외한다) 최다빈출

① 액화염소
② 산소
③ 질소
④ 액화암모니아

해설 **용기 도색**
- 액화염소 : 갈색
- 질소 : 회색
- 산소 : 녹색
- 액화암모니아 : 백색

암 염갈, 질회, 산녹, 암백

38 처리능력이라 함은 처리설비 또는 감압설비에 의하여 며칠에 처리할 수 있는 가스량인가?

① 1일 ② 3일
③ 5일 ④ 7일

해설 **처리능력**
1일에 처리할 수 있는 가스량

39 이동식 압축도시가스 자동차시설 기준에서 처리설비와 이동충전차량 및 충전설비의 외면으로부터 화기를 취급하는 장소까지 몇 m 이상 우회거리를 유지하여야 하는가?

① 5 ② 8
③ 17 ④ 22

해설 **이동식 압축도시가스 자동차시설 우회거리**
화기와 충전설비 · 이동충전차량 우회거리 : 8 m

정답 35 ② 36 ② 37 ④ 38 ① 39 ②

40 액화석유가스 충전사업장에서 가스충전준비 및 충전작업으로 틀린 것은?

① 안전밸브에 설치된 스톱밸브는 항상 열어둔다.
② 자동차에 고정된 탱크는 저장탱크의 외면으로부터 3 m 이상 떨어져 정지한다.
③ 자동차에 고정된 탱크(내용적이 1만 리터 이상의 것에 한한다)로부터 가스를 이입받을 때에는 자동차가 고정되도록 자동차정지목 등을 설치한다.
④ 자동차에 고정된 탱크로부터 저장탱크에 액화석유가스 이입받을 때는 5시간 이상 연속하여 자동차에 고정된 탱크를 저장탱크에 접속하지 아니한다.

해설 가스충전작업
자동차정지목 : 내용적 5000 L 이상에 설치

41 액화석유가스 지상 저장탱크 주위에는 저장능력이 얼마 이상일 때 방류둑을 설치하는가?

① 1000톤   ② 300톤
③ 1000 kg ④ 300 kg

해설 방류둑 설치 기준
• 독성 가스 : 5톤 이상
• 가연성 가스 : 500톤 이상
• 산소 : 1000톤 이상
• LPG : 1000톤 이상

42 일반도시가스사업의 가스공급시설 중 정압기 분해점검 주기 기준은?

① 1년에 1회 이상
② 2년에 1회 이상
③ 3년에 1회 이상
④ 5년에 1회 이상

해설 일반도시가스사업 가스공급시설
정압기 분해점검 : 2년에 1회 이상

43 염소가스 저장탱크 과충전 방지장치는 가스충전량이 저장탱크 내용적의 몇 %를 초과할 때 가스충전이 되지 않도록 동작하는가?

① 60 %   ② 80 %
③ 90 %   ④ 95 %

해설 염소가스 과충전 방지장치
저장탱크 내용적의 90 % 초과 시 작동 중지

44 다음은 어떤 안전설비에 대한 설명인가?

> 설비가 잘못 조작되거나 정상적인 제조를 할 수 없는 경우, 자동으로 원재료 공급을 차단시키는 등 고압가스 제조설비 안의 제조를 제어하는 기능을 한다.

① 벤트스택   ② 긴급차단장치
③ 인터록기구   ④ 안전밸브

해설 인터록기구
설비 잘못 조작 및 정상동작 불가능 시
: 고압가스 제조설비 안의 제조 제어 기능

정답 40 ③ 41 ① 42 ② 43 ③ 44 ③

45 고압가스 제조설비에서 정전기 발생 또는 대전 방지에 대한 설명에 해당하는 것은?

① 가연성 가스 제조설비의 탑류, 벤트스택 등은 단독으로 접지한다.
② 제조장치 등에 본딩용 접속선은 단면적이 5.5 mm² 미만의 단선을 사용한다.
③ 접지 저항치 총합이 100 Ω 이하의 경우에는 정전기 제거 조치가 필요하다.
④ 대전 방지를 위하여 기계 및 장치에 절연재료를 사용한다.

해설 고압가스 정전기, 대전 방지
- 제조설비의 탑류, 벤트스택 : 단독접지
- 본딩용 접속선 : 단면적 5.5 mm² 이상
- 대전 방지 : 기계 및 장치에 접지
- 접지저항치 총합 100 Ω 이하 : 접지

46 고압가스 특정제조시설의 플레어스택 설치 기준으로 틀린 것은?

① 파이롯트버너를 항상 점화하여 두는 등 플레어스택에 관련된 폭발 방지 위한 조치가 되어 있는 것으로 한다.
② 긴급이송설비로 이송되는 가스를 대기로 방출할 수 있는 것으로 한다.
③ 플레어스택에서 발생하는 최대열량에 장시간 견딜 수 있는 재료 및 구조로 되어 있는 것으로 한다.
④ 플레어스택에서 발생하는 복사열이 다른 제조시설에 악영향을 미치지 않도록 안전한 높이 및 위치에 설치한다.

해설 플레어스택 설치 기준
- 공장에서 방출된 폐가스 중 유해성분을 연소시켜 무해화하는 소각탑
- 특정제조시설에서 플레어스택
  : 파이어롯트버너를 항상 켜두는 방식
- 플레어스택에 관련된 폭발 방지 조치 필요
  → 대기로 방출 금지

47 가정에서 액화석유가스(LPG)가 누출될 때 가장 쉽게 식별할 수 있는 방법은?

① 성냥 등으로 점화시켜 봄으로써 식별
② 리트머스 시험지 색깔로 식별
③ 냄새로서 식별
④ 누출 시 발생되는 흰색 연기로 식별

해설 가정용 LPG 누출 식별
부취제를 넣어 냄새로써 식별

48 가연성 가스배관의 출구에서 공기 중으로 유출하면서 연소하는 경우는 어느 연소인가?

① 확산연소   ② 분해연소
③ 표면연소   ④ 증발연소

해설 가스연소
- 가연성 가스 + 공기 : 예혼합연소
- 가연성 가스연소 : 확산연소

49 도시가스 중 음식물쓰레기, 가축 분뇨, 하수 슬러지 등 유기성폐기물로부터 생성된 기체를 정제한 가스로 메탄이 주성분인 가스는?

① 석유가스   ② 나프타부생가스
③ 천연가스   ④ 바이오가스

해설 바이오가스
- 유기성폐기물로 생성된 기체를 정제한 가스
- 주성분 : 메탄

정답 45 ① 46 ② 47 ③ 48 ① 49 ④

50 다음 유량 측정방법 중 직접법은?

① 습식 가스미터   ② 피토튜브
③ 오리피스미터   ④ 벤투리미터

해설 가스미터
- 실측식 : 건식 [막식, 회전식], 습식
- 추측식 : 터빈식, 오리피스식, 선근차식

51 비중이 공기보다 커서 바닥에 체류하는 가스로 나열된 것은? ✓최다빈출

① 염소, 암모니아, 아세틸렌
② 프로판, 염소, 포스겐
③ 프로판, 수소, 아세틸렌
④ 염소, 포스겐, 암모니아

해설 비중
- 비중 = 가스분자량/공기분자량(29)
- 염소 : 71
- 프로판 : 44
- 포스겐 : 99
- 암모니아 : 17
- 아세틸렌 : 26
- 수소 : 2

52 충전용기를 차량에 적재하여 운반할 때 차량의 앞뒤 보기 쉬운 곳에 표기하는 경계표시의 글자 색과 내용으로 적합한 것은?

① 노랑 글씨 - 위험고압가스
② 붉은 글씨 - 위험고압가스
③ 붉은 글씨 - 주의고압가스
④ 노랑 글씨 - 주의고압가스

해설 충전용기 차량 경계표시
- 글씨 색 : 적색
- 내용 : 위험고압가스

53 지하에 설치하는 지역정압기에서시설의 조작을 안전하고 확실하게 하기 위해서는 조명도를 얼마나 확보하여야 하는가?

① 80룩스   ② 150룩스
③ 180룩스   ④ 200룩스

해설 지역정압기 조명도
지하 설치 시 : 150 Lux 필요

54 가스도매사업의 가스공급시설에서 배관을 지하에 매설할 경우 틀린 것은?

① 배관을 시가지 외의 도로 노면 밑에 매설할 경우 노면으로부터 배관 외면까지 1.2 m 이상 이격할 것
② 배관을 시가지의 도로 노면 밑에 매설할 경우 노면으로부터 배관 외면까지 1.5 m 이상 이격할 것
③ 배관의 깊이는 산과 들에서는 1 m 이상으로 할 것
④ 배관을 철도부지에 매설할 경우 배관 외면으로부터 궤도 중심까지 5 m 이상 이격할 것

해설 도시가스 지하매설 이격거리
배관 외면 ↔ 철도부지 궤도 중심 : 4 m 이상

55 "기체 혼합물의 전 부피는 동일 온도 및 압력에서 각 성분 기체의 부분부피 합과 같다"는 혼합기체의 법칙은?

① Amagat의 법칙
② Charles의 법칙
③ Boyle의 법칙
④ Dalton의 법칙

정답 50 ① 51 ② 52 ② 53 ② 54 ④ 55 ①

해설 Amagat법칙
전체의 부피는 각 성분의 부분부피의 합과 같다.

56 고압가스 차량 운반 시 몇 km 이상 거리를 운행하는 경우에 중간에 휴식을 취한 후 운행하는가?
① 300 km ② 200 km
③ 500 km ④ 100 km

해설 독성 가스용기 운반차량
200 km 이상의 거리 운행할 때 휴식 필요

57 가스배관의 시공 신뢰성을 높이는 일환으로 실시하는 비파괴검사방법 중 내부선원법, 이중벽 이중상법을 이용하는 방법은?
① 자분탐상시험
② 초음파탐상시험
③ 방사선투과시험
④ 침투탐상방법

해설 방사선투과시험
비파괴검사 중 내부선원법, 이중벽 이중상법을 이용하는 방법

58 프로판의 착화온도는 몇 ℃ 정도인가?
① 460 ~ 520 ② 680 ~ 740
③ 600 ~ 660 ④ 550 ~ 590

해설 프로판가스(C_3H_8)
• 착화온도 : 약 460 ~ 520 ℃ 정도
• 폭발 범위 : 2.1 ~ 9.5 %이다.

59 에어졸이 충전된 용기에 대한 불꽃길이 시험 시 버너의 불꽃길이로 알맞은 것은?
① 3.5 ~ 4.5 cm
② 5.5 ~ 6.5 cm
③ 6.5 ~ 7.5 cm
④ 4.5 ~ 5.5 cm

해설 에어졸 충전용기 불꽃길이 시험
버너의 불꽃길이 : 4.5 ~ 5.5 cm

60 독성 가스 허용농도 종류가 아닌 것은?
① 시간가중 평균농도(TLV-TWA)
② 최고허용농도(TLV-C)
③ 단시간 노출허용농도(TLV-STEL)
④ 순간 사망허용농도(TLV-D)

해설 독성 가스 허용농도
• 시간가중 평균농도
• 단시간 노출허용농도
• 최고허용농도

정답 56 ② 57 ③ 58 ① 59 ④ 60 ④

2021 CBT 복원 02

01 고압가스 일반제조시설 중 액화가스배관에 반드시 설치하여야 하는 장치는? (단, 초저온 또는 저온의 액화가스배관의 경우를 제외한다)

① 온도계, 압력계
② 수취기
③ 역류방지밸브
④ 압력계, 안전밸브

해설 액화가스배관 필수장치
온도계, 압력계

02 고압가스 제조시설에 설치하는 방류둑의 내측과 그 외면으로부터 얼마 이내에 그 저장탱크의 부속설비 외의 것을 설치하면 안 되는가?

① 3 m 이내
② 5 m 이내
③ 10 m 이내
④ 20 m 이내

해설 방류둑 내측 및 외면
저장탱크 외면으로부터 10 m 이내 : 부속설비 외의 것을 설치하지 않음

- 설치
  (1) 저장탱크 내 액화가스가 액체 상태로 유출되는 것을 방지하기 위해 설치
  (2) 저장탱크 저부가 지하에 있으며 주위피트상 구조로인 것으로 그 용량 이상일 것
- 설치 적용 범위
  (1) 고압가스 제조시설의 가연성 및 산소 액화가스 저장능력 : 1000톤 이상
  (2) 독성 가스 저장능력 : 5톤 이상
  (3) 냉동제조시설 독성 가스를 냉매로 사용하는 수액기 내용적 : 10000 L 이상
  (4) 액화석유가스 저장시설 LPG 저장능력 : 1000톤 이상
  (5) 도시가스시설 중 가스도매사업에서 LPG 저장능력 : 500톤 이상
  (6) 일반도시가스 : 1000톤 이상
- 용량
  (1) 저장탱크 저장능력에 상당하는 용적 이상으로 할 것
  (2) 액화산소는 저장능력의 상당 용량의 60 % 이상으로 할 것
- 방류둑 구조 및 기준
  (1) 재료 : 철근콘크리트, 금속, 흙 또는 이를 혼합한 액밀한 구조
  (2) 액 체류 표면적 : 가능한 한 적게
  (3) 배관관통부 틈새로부터 누설방지 및 방식조치
  (4) 금속재료 : 부식되지 않게 방식 및 방청조치
  (5) 방류둑 내 고인 물을 배출하기 위한 배수조치
  (6) 가연성과 독성, 가연성과 조연성 액화가스 방류둑은 혼합배치하지 말 것
  (7) 방류둑 내면과 외면으로부터 10 m 이내 : 저장탱크 부속설비 이외의 것은 설치 금지
  (8) 성토 : 수평에 대해 45° 이하 구배를 가지고 성토 정상부 폭은 30 cm 이상
  (9) 방류둑 계단 및 사다리 : 출입구 둘레 50 m마다 1개 이상 설치 ⇒ 둘레 50 m 미만 : 2개소 이상 분산 설치

정답 01 ① 02 ③

03 액화석유가스를 충전용기 집적에 의한 저장 시 용기 단위 집적량은 얼마 이상을 넘어서는 아니 되는가?

① 20톤 ② 30톤
③ 40톤 ④ 50톤

해설 액화석유가스 충전용기 집적량
30톤 이상 초과 금지

04 재검사용기에 대한 파기방법 기준에서 틀린 것은?

① 절단 등의 방법으로 파기하여 원형으로 가공할 수 없도록 할 것
② 허가관청에 파기의 사유·일시·장소 및 인수시한 등에 대한 신고를 하고 파기할 것
③ 잔가스를 전부 제거한 후 절단할 것
④ 파기하는 때에는 검사원이 검사 장소에서 직접 실시하게 할 것

해설 재검사용기 파기방법 기준
• 원형으로 가공할 수 없도록
• 파기할 때는 검사원이 직접 실시
• 잔가스를 전부 제거한 후 절단
 → 허가관청에 파기에 대한 신고절차 필요 없음

05 보온재 구비조건 중 틀린 것은?

① 시공이 용이할 것
② 열전도율이 적을 것
③ 비중이 작고 적당한 강도가 있을 것
④ 흡습·흡수성이 클 것

해설 보온재 구비조건
• 열전도율이 적을 것
• 시공이 용이할 것
• 비중이 작도 적당한 강도가 있을 것
 → 흡습·흡수성이 작을 것(온도 하강 방지)

06 시안화수소 충전 시 한 용기 내에서 60일을 초과할 수 있는 경우는?

① 순도 98 % 이상으로서 착색이 된 경우
② 순도 98 % 이상으로서 착색되지 아니한 경우
③ 순도 90 % 이상으로서 착색이 된 경우
④ 순도 90 % 이상으로서 착색되지 아니한 경우

해설 시안화수소 충전 시 60일 초과 가능
순도 98 % 이상, 착색되지 않았을 때

07 다음 중 연소를 도와주는 가스인 것은?

① 이산화탄소 ② 암모니아
③ 산소   ④ 아황산가스

해설 산소
연소를 도와주는 조연성 가스

08 고압장치 운전 중 점검 사항으로 거리가 가장 먼 것은?

① 벨트의 이완 상태
② 가스경보기의 상태
③ 배관 등의 진동 및 이상음
④ 가스설비로부터의 누출

해설 고압장치 운전 중 점검 사항
• 가스설비로부터의 누출
• 배관 등의 진동 및 이상음
• 가스경보기의 상태

정답 03 ② 04 ② 05 ④ 06 ② 07 ③ 08 ①

09
다음 중 상온에서 압축 시 액화가 불가능한 가스는?

① 부탄 ② 메탄
③ 프로판 ④ 염소

해설 메탄(CH_4)
상온에서 액화되지 않는 압축가스

10
다음 중 비접촉식 온도계인 것은?

① 바이메탈식 온도계
② 열전대 온도계
③ 방사 온도계
④ 전기저항식 온도계

해설 온도계

접촉식 온도계	열팽창을 이용한 팽창식 온도계	유리제 온도계	알코올 온도계
			수은 온도계
			베크만 온도계
		압력식 온도계	액체 팽창식
			기체 팽창식
			증기 팽창식
	고체 팽창식 온도계	바이메탈 온도계	
	전기저항을 이용한 저항 온도계	저항치 증가	백금 저항체 / 측정범위가 넓고 안정
			니켈 저항체 / 가격이 저렴
			동 저항체 / 고온에서 산화
		저항치 감소	서미스터 / 온도상승에 따라 저항률 감소
	열기전력을 이용한 열전대 온도계	열전대 온도계 (제백효과)	백금-백금로듐 / 0~1600℃의 고온 측정용
			크로멜-알루멜 / 0~1200℃ 비금속 열전대
			철-콘스탄탄 / -20~800℃ 기전력이 크고 값이 쌈
			동-콘스탄탄 / -200~350℃의 저온용
비접촉식 온도계	방사 온도계	열전대를 직렬로 접촉시켜 물체에서 나오는 복사열 측정	
	색 온도계	-	
	광고 온도계		
	광전관식 온도계		

11
일정한 압력에서 20℃인 기체 부피가 2배가 되었을 때의 온도는 몇 ℃인가?

① 283 ② 333
③ 476 ④ 313

해설 보일-샤를의 법칙

- 보일-샤를의 법칙 : $\dfrac{P_1V_1}{T_1}=\dfrac{P_2V_2}{T_2}$

- 등압과정 : $\dfrac{V_1}{T_1}=\dfrac{V_1}{T_2}$

$T_2 = \dfrac{2V_1}{V_1} \times (273+20) = 586K$
$= 313°C$

12 다음 ( ) 안에 알맞은 용어는?

> 도시가스용 압력조절기 유량시험은 조절스프링을 고정하고 표시된 입구압력 범위에서 (㉠)를 통과시킬 경우 출구압력은 제조사가 제시한 설정압력의 ±(㉡)% 이내로 한다.

① ㉠ 최대표시유량, ㉡ 20
② ㉠ 최대출구유량, ㉡ 15
③ ㉠ 최대표시유량, ㉡ 15
④ ㉠ 최대출구유량, ㉡ 20

해설 압력조절기 유량시험
최대표시유량 통과 시 출구압력 : 제조사가 제시한 설정압력의 ± 20 % 이내

13 도시가스 중 에틸렌, 프로필렌 등을 제조하는 과정에서 부산물로 생성되는 가스로, 메탄이 주성분인 가스는?

① 바이오가스
② 석유가스
③ 나프타부생가스
④ 액화천연가스

해설 나프타부생가스
• 에틸렌, 프로필렌 제조과정에서 부산물로 생성되는 가스
• 주성분 : 메탄

14 〔고난도!〕 가스공급자는 안전유지를 위하여 안전관리자를 선임한다. 다음 중 안전관리자 업무가 아닌 것은?

① 안전관리규정의 시행 및 그 기록의 작성·보존
② 용기 또는 작업과정의 안전유지
③ 사업소 종사자에 대한 안전관리를 위하여 필요한 지휘·감독
④ 공급시설의 정기검사

해설 안전관리자 업무
• 용기 또는 작업과정의 안전유지
• 안전관리규정의 시행 및 그 기록 작성, 보존
• 안전관리를 위해 필요한 지휘·감독
  → 공급시설 정기검사 : 한국가스안전공사의 업무

15 천연가스 발열량이 10400 Kcal/Sm^3이다. SI 단위인 MJ/Sm^3으로 나타내면?

① 43.68
② 4.47
③ 4476
④ 43680

해설 발열량
• 1 kcal = 4.2 kJ
• 10400 × 4.2 = 43680 kJ = 43.68 MJ

16 다음 중 게이지압력을 옳게 나타낸 것은? 〔최다빈출〕

① 게이지압력 = 대기압 + 절대압력
② 게이지압력 = 대기압 − 절대압력
③ 게이지압력 = 절대압력 − 진공압력
④ 게이지압력 = 절대압력 − 대기압

해설 게이지압력
게이지압력 = 절대압력 − 대기압

정답 12 ① 13 ③ 14 ④ 15 ① 16 ④

17 다음 중 플랜지 패킹으로 틀린 것은?

① 몰드 패킹
② 석면 패킹
③ 합성수지 패킹
④ 금속 패킹

해설 플랜지 패킹
- 고무 패킹
- 합성수지 패킹
- 금속 패킹
- 석면 패킹
- 오일실 패킹

→ 몰드 패킹 : 그랜드 패킹(축이 회전하는 기기나 피스톤펌프와같이 왕복운동하는 축과 밸브 스템처럼 나선형 운동하는 축에 대해 유체가 유출되는 것을 방지하기 위해 사용)

18 기준물질 밀도에 대한 측정물질 밀도 비를 무엇이라고 하는가?

① 비중
② 비체적
③ 비중량
④ 비용

해설 비중
기준물질 밀도에 대한 측정물질 밀도 비

19 "기체 혼합물의 전 부피는 동일 온도 및 압력에서 각 성분 기체의 부분부피 합과 같다"는 혼합기체의 법칙은?

① Dalton의 법칙
② Charles의 법칙
③ Boyle의 법칙
④ Amagat의 법칙

해설 아마갓법칙
기체 혼합물의 전 부피는 동일 온도 및 압력에서 각 성분 기체의 부분부피의 합과 같다.
① 돌핀법칙 : 전체 압력은 각 성분 분압의 합과 같다.
② 샤를의 법칙 : 온도가 일정할 때 기체의 압력과 부피가 서로 반비례
③ 보일의 법칙 : 압력이 일정할 때 기체의 부피와 온도가 서로 비례

20 액화석유가스 지상 저장탱크 주위에는 저장능력이 얼마 이상일 때 방류둑을 설치하는가?

① 1000톤
② 300톤
③ 1000 kg
④ 300 kg

해설 방류둑 설치 기준
- 독성 가스 : 5톤 이상
- 가연성 가스 : 500톤 이상
- 산소 : 1000톤 이상
- LPG : 1000톤 이상

21 에어졸 제조는 다음 기준에 적합한 용기를 사용하여야 한다. 이에 대한 설명으로 틀린 것은?

① 용기 내용적이 $100\ cm^3$를 초과하는 용기의 재료는 강 또는 경금속을 사용한 것 일 것
② 금속제의 용기는 그 두께가 0.125 mm 이상이고, 내용물에 의한 부식을 방지할 수 있는 조치를 할 것
③ 내용적이 $30\ cm^3$ 이상인 용기는 에어졸의 충전에 재사용하지 아니할 것
④ 내용적이 $50\ cm^3$를 초과하는 용기는 그 용기의 제조자의 명칭이 명시되어 있을 것

해설 **에어졸 제조 기준**
내용적 100 cm³ 초과 용기 : 제조자 명칭 명시

22 도로에 매설된 도시가스배관의 누출 여부를 검사하는 장비로, 적외선 흡광 특성을 이용한 가스누출 검지기는?

① OMD
② FID
③ CO 검지기
④ 반도체식 검지기

해설 **OMD**
적외선 흡광 특성을 이용한 가스누출 검지기

23 내용적 1000 L 이하인 암모니아 충전용기 제조 시 부식 여유 두께는 몇 mm 이상이어야 하는가?

① 2   ② 1
③ 3   ④ 5

해설 **부식 여유치**

용기종류		부식 여유치
암모니아 충전용기	1000 L 이하	1
	1000 L 초과	2
염소 충전용기	1000 L 이하	3
	1000 L 초과	5

24 불꽃 표준온도가 가장 높은 연소방식은?

① 세미분젠식   ② 적화식
③ 전 1차 공기식   ④ 분젠식

해설 **분젠식 연소방식**
- 1차 공기 60 %, 2차 공기 40 % 연소
- 불꽃의 표준온도가 가장 높은 연소방식

25 동이나 동합금이 함유된 장치를 사용하였을 때 폭발 위험성이 가장 큰 가스는?

① 아르곤   ② 헬륨
③ 황화수소   ④ 수소

해설 **동 및 동합금 사용 불가 가스**
- 아세틸렌
- 암모니아
- 황화수소

26 고압가스안전관리법의 적용을 받는 고압가스 종류 및 범위로 틀린 것은?

① 섭씨 35 ℃에서 압력이 0 Pa를 초과하는 아세틸렌가스
② 상용 온도에서 압력이 0.2 MPa 이상이 되는 액화가스
③ 상용 온도에서 압력이 1 MPa 이상이 되는 압축가스
④ 섭씨 35 ℃에서 압력이 0 Pa을 초과하는 액화가스 중 액화시안화수소

정답 22 ① 23 ② 24 ④ 25 ③ 26 ①

해설 고압가스 종류 및 범위
1. 상용(常用)의 온도에서 압력(게이지압력을 말한다. 이하 같다)이 1메가파스칼 이상이 되는 압축가스로서 실제로 그 압력이 1메가파스칼 이상이 되는 것 또는 섭씨 35도의 온도에서 압력이 1메가파스칼 이상이 되는 압축가스(아세틸렌가스는 제외한다)
2. 섭씨 15도의 온도에서 압력이 0파스칼을 초과하는 아세틸렌가스
3. 상용의 온도에서 압력이 0.2메가파스칼 이상이 되는 액화가스로서 실제로 그 압력이 0.2메가파스칼 이상이 되는 것 또는 압력이 0.2메가파스칼이 되는 경우의 온도가 섭씨 35도 이하인 액화가스
4. 섭씨 35도의 온도에서 압력이 0파스칼을 초과하는 액화가스 중 액화시안화수소·액화브롬화메탄 및 액화산화에틸렌가스

27 다음 중 일반 기체상수(R)의 단위는?

① $kg \cdot m/m^2 \cdot K$
② $kcal/kg \cdot ℃$
③ $kg \cdot m/kmol \cdot K$
④ $kg \cdot m/kcal \cdot K$

해설 기체상수(R) 단위
$kg \cdot m / kmol \cdot K$

28 전압 100 atm 용기에 질소(N_2) 840 g, 탄산가스(CO_2) 3080 g이 있다. 탄산가스의 분압은 몇 atm인가?

① 70 ② 75
③ 80 ④ 90

해설 분압 계산
- 분압 = 전압(P) × $\dfrac{성분기체몰수}{전몰수}$
- 질소 몰수 : 840/28 = 30
- 탄산가스 몰수 : 3080/44 = 70
- 탄산가스 분압 = $100 \times \dfrac{70}{100} = 70$

29 산화에틸렌 성질에 대한 설명으로 틀린 것은?

① 물, 아세톤, 사염화탄소에 불용이다.
② 암모니아와 반응하여 에탄올아민을 생성한다.
③ 알코올과 반응하여 글리콜에테르를 생성한다.
④ 무색의 유독한 기체이다.

해설 산화에틸렌
- 물, 아세톤, 사염화탄소에 불용
- 무색의 유독한 기체
- 암모니아와 반응하여 에탄올아민 생성
 → 물과 반응하여 글리콜에테르 생성

30 표준 상태에서 산소 밀도(g/L)는?

① 0.7   ② 1.43
③ 2.72 ④ 2.88

해설 산소 밀도
$밀도(\rho) = \dfrac{분자량}{22.4}$

$산소밀도(\rho) = \dfrac{산소분자량(32)}{22.4} = 1.43$

31 액화독성 가스 1000 kg 이상 이동 시 휴대해야 할 제독제인 소석회는 몇 kg 이상이어야 하는가?

① 20 kg ② 40 kg
③ 50 kg ④ 70 kg

해설 소석회
- 1000 kg 미만 : 소석회 20 kg 이상 휴대
- <u>1000 kg 이상 : 소석회 40 kg 이상 휴대</u>

32 처리능력이라 함은 처리설비 또는 감압설비에 의하여 며칠에 처리할 수 있는 가스량인가?

① 1일 ② 3일
③ 5일 ④ 7일

해설 처리능력
1일에 처리할 수 있는 가스량

33 용기보관장소에 충전용기를 보관할 때 기준으로 틀린 것은?

① 충전용기는 항상 50 ℃ 이하의 온도를 유지하고, 직사광선을 받지 아니하도록 할 것
② 용기보관 장소의 주위 2 m 이내에는 화기 또는 인화성 물질이나 발화성 물질을 두지 아니할 것
③ 충전용기와 잔가스용기는 각각 구분하여 보관할 것
④ 가연성 가스, 독성 가스 및 산소의 용기는 각각 구분하여 보관할 것

해설 충전용기 보관 기준
항상 40 ℃ 이하 온도 유지

34 고압가스배관 설치 기준 중 하천과 병행하여 매설하는 경우로 틀린 것은?

① 배관은 견고하고 내구력을 갖는 방호구조를 안에 설치한다.
② 배관손상으로 인한 가스누출 등 위급한 상황이 발생한 때에 그 배관에 유입되는 가스를 신속히 차단할 수 있는 장치를 설치한다.
③ 배관의 외면으로부터 2.5 m 이상의 매설심도를 유지한다.
④ 하상을 포함한 하천구역에 하천과 병행하여 설치한다.

해설 고압가스 하천 병행 매설배관
- 위급 상황 발생 시 유입가스를 신속히 차단할 수 있는 장치 설치
- 견고하고 내구력을 갖는 방호구조 설치
- 외면으로부터 2.5 m 이상의 매설심도 유지
→ 하상을 포함한 하천구역에 <u>하천과 병행 설치 금지</u>

35 장기간 보존 시 수분과 반응하여 중합폭발을 일으키는 가스는?

① 수소 ② 아세틸렌
③ 메탄 ④ 시안화수소

해설 시안화수소
소량의 수분(H_2O)이나 알칼리성 물질을 함유 : 중합폭발 발생(독성, 가연성 가스)

정답 31 ② 32 ① 33 ① 34 ④ 35 ④

36 조정압력이 2.8 kPa인 액화석유가스 압력조정기의 안전장치 작동표준압력으로 옳은 것은?

① 5.0 kPa   ② 6.0 kPa
③ 8.06 kPa ④ 7.0 kPa

해설 조정압력 3.3 kPa 이하 LPG가스 압력조정기
- 작동개시압력 : 5.6 ~ 8.4 kPa
- 작동정지압력 : 5.04 ~ 8.4 kPa
- 작동표준압력 : 7.0 kPa

37 압송기 출구에서 도시가스연소성 측정 결과 증발열량이 10700 kcal/m², 가스비중이 0.56이었다. 웨버지수(W)는 얼마인가?

① 1.8   ② 6.9 × 10⁻³
③ 19107   ④ 14298

해설 웨버지수(W)
- 가스의 연소성, 호환성을 판단하는 지수
- $W = \dfrac{Hg}{\sqrt{d}} = \dfrac{10,700}{\sqrt{0.56}} = 14,298$
- Hg : 발열량, d : 비중

38 공기액화분리장치 내부 세정액으로 적당한 것은?

① 가성소다   ② 사염화탄소
③ 물   ④ 묽은 염산

해설 공기액화 분리장치 세정액
사염화탄소(1년에 1회)

39 연료를 구성하는 가연 원소로 틀린 것은?

① H   ② N
③ C   ④ S

해설 질소(N)
불연성 기체이기 때문에 연료로 사용 불가

40 노출배관의 점검통로는 배관의 길이가 몇 m를 넘는 경우에 설치해야 하는가?

① 1 m   ② 3 m
③ 10 m ④ 15 m

해설 노출 배관점검통로 기준
길이 15 m 이상 : 점검통로 및 조명시설

41 에어졸이 충전된 용기에 대한 불꽃길이 시험 시 버너의 불꽃길이로 알맞은 것은?

① 3.5 ~ 4.5 cm
② 5.5 ~ 6.5 cm
③ 6.5 ~ 7.5 cm
④ 4.5 ~ 5.5 cm

해설 에어졸 충전용기 불꽃길이 시험
버너의 불꽃길이 : 4.5 ~ 5.5 cm

정답 36 ④ 37 ④ 38 ② 39 ② 40 ④ 41 ④

42 도시가스 제조시설의 플레어스택 기준으로 적합하지 않은 것은?

① 스택에서 방출된 가스가 지상에서 폭발한계에 도달하지 않도록 할 것
② 스택에서 발생하는 최대열량에 장시간 견딜 수 있는 재료 및 구조로 되어 있을 것
③ 폭발을 방지하기 위한 조치가 되어 있을 것
④ 연소능력은 긴급이송설비로 이송되는 가스를 안전하게 연소시킬 수 있을 것

해설 플레어스택 설치 기준
스택에서 방출된 가스 : 지면에서 폭발한계에 도달하지 않도록 함

43 수소 위험성에 대한 설명 중 틀린 것은?

① 고온에서 철과 반응한다.
② 가연성 기체이다.
③ 열전도도가 적다.
④ 폭발 범위가 넓다.

해설 수소(H_2)
• 가연성 기체
• 고온에서 철과 반응
• 넓은 폭발 범위
→ 열전도도가 큼

44 자동교체식 조정기 사용 장점으로 틀린 것은?

① 배관의 압력손실을 크게 해도 된다.
② 잔액이 거의 없어질 때까지 소비된다.
③ 용기 교환주기의 폭을 좁힐 수 있다.
④ 전체용기 수량이 수동식보다 적어도 된다.

해설 자동교체식 조정기 장점
• 잔액이 거의 없어질 때까지 소비
• 배관의 압력손실을 크게 해도 됨
• 전체용기 수량이 수동식보다 적어도 됨
→ 용기 교환주기 폭을 넓힐 수 있음

45 다음 중 가장 가벼운 가스인 것은?

① 산소　② 불소
③ 질소　④ 수소

해설 분자량
• 불소 : 20　• 산소 : 32
• 질소 : 28　• 수소 : 2

46 LP가스의 불완전연소 원인으로 가장 거리가 먼 것은?

① 산소 공급이 과잉일 때
② 가스의 조성이 맞지 않을 때
③ 가스기구 및 연소기구가 맞지 않을 때
④ 공기 공급량 부족 시

해설 LP가스 불완전연소 원인
• 가스의 조성이 맞지 않을 때
• 가스기구 및 연소기구가 맞지 않을 때
• 공기 공급량 부족
→ 산소 공급 과잉 : 완전연소

정답　42 ①　43 ③　44 ③　45 ④　46 ①

47 다음에서 설명하는 열역학법칙은?

> 어떤 물체의 외부에서 일정량의 열을 가하면 물체는 이 열량의 일부분을 소비하여 외부에 대하여 일을 하고 남은 부분은 전부 내부에너지로 내부에 저장되고, 그 사이에 소비된 열은 발생되는 일과 같다.

① 열역학 제0법칙
② 열역학 제1법칙
③ 열역학 제2법칙
④ 열역학 제3법칙

해설 열역학 제1법칙
일은 열로, 열은 일로 교환할 수 있다.

48 가정에서 액화석유가스(LPG)가 누출될 때 가장 쉽게 식별할 수 있는 방법은?

① 성냥 등으로 점화시켜 봄으로써 식별
② 리트머스 시험지 색깔로 식별
③ 냄새로서 식별
④ 누출 시 발생되는 흰색 연기로 식별

해설 가정용 LPG 누출 식별
부취제를 넣어 냄새로써 식별

49 고압가스용기 파열사고 원인 중 가장 거리가 먼 것은?

① 용기의 내압력 부족
② 이상압력 저하
③ 용접상의 결함
④ 용기의 매질불량

해설 고압가스용기 파열사고 원인
• 용기의 내압력 부족
• 용기의 매질불량
• 용접상의 결함
→ 이상압력 초과일 때 파열 발생

50 가스 분석 시 이산화탄소 흡수제는?

① NH_3Cl ② KOH
③ $CaCl_2$ ④ H_2SO_2

해설 수산화칼륨(KOH)
가스 분석 시 이산화탄소 흡수제

51 저온장치용 금속 재료 중에 납땜 또는 용접 재료로서 응력이 없는 부분에 사용되는 용접재는?

① 온납 ② 연납
③ 아르곤용접 ④ 강용접

해설 아르곤용접
• 저온장치용 금속 재료
• 응력이 없는 부분에 사용

52 물질의 상태는 변하지 않고, 온도 변화만 시키는 열은?

① 단열 ② 비열
③ 잠열 ④ 현열

해설 열량
• **현열** : 온도 변화만 일으키는 열(상태 변화×)
• **잠열** : 상태 변화만 일으키는 열(온도 변화×)

암 현온잠상

53 2차 압력계이며 탄성을 이용하는 압력계는?

① 자유피스톤형 압력계
② 수은주 압력계
③ U자관형 압력계
④ 부르동관식 압력계

해설 부르동관식 압력계
• 2차 압력계
• 탄성 이용

54 가스보일러 본체에 표시된 가스소비량이 100000 kcal/h이고, 버너에 표시된 가스소비량은 120000 kcal/h이다. 도시가스 소비량 선정은 얼마를 기준으로 하는가?

① 100000 kcal/h
② 105000 kcal/h
③ 110000 kcal/h
④ 120000 kcal/h

해설 도시가스 소비량 선정 기준
보일러 본체에 표시된 가스소비량

55 고압가스 차량 운반 시 몇 km 이상 거리를 운행하는 경우에 중간에 휴식을 취한 후 운행는가?

① 300 km ② 200 km
③ 500 km ④ 100 km

해설 독성 가스용기 운반차량
200 km 이상의 거리 운행할 때 휴식 필요

56 불화수소 성질로 틀린 것은?

① 공기보다 가볍다.
② 불연성 기체이다.
③ 무색이다.
④ 냄새가 없다.

해설 불화수소(HF)
• 불연성 기체
• 공기보다 가벼움(분자량 : 20)
• 무색
→ 자극적인 냄새

57 다음 각 가스에 의한 부식현상으로 틀린 것은?

① 일산화탄소에 의한 금속의 카르보닐화
② 암모니아에 의한 강의 질화
③ 중화수소에 의한 철의 부식
④ 수소원자에 의한 강의 탈수소화

해설 수소(H_2)
고온 고압 : 탄소와 반응하여 메탄 생성(탈탄)

58 가연성 가스 저온저장탱크에서 그 저장탱크 내부압력이 외부압력보다 저하됨에 따라 그 저장탱크가 파괴되는 것을 방지하기 위한 조치로 갖추지 않아도 되는 설비는?

① 물분무설비
② 압력과 연동하는 긴급차단장치를 설치한 송액설비
③ 진공 안전밸브
④ 다른 저장탱크로부터의 가스도입 배관

정답 53 ④ 54 ① 55 ② 56 ④ 57 ④ 58 ①

해설 저장탱크 파괴 방지 조치설비
- 압력 연동하는 긴급차단장치를 설치한 송액 설비
- 진공 안전밸브
- 다른 저장탱크로부터의 가스도입 배관
  → 물분무장치 : 탱크 주위 온도 상승 방지장치

59 가스용 폴리에틸렌관의 굴곡허용반경은 외경의 몇 배이어야 하는가?
① 20 ② 25
③ 30 ④ 40

해설 폴리에틸렌관
- 굴곡반경이 외경의 20배 미만 : 엘보 사용
- 굴곡허용 반경 : 20배 이상

60 특정고압가스 사용시설 중 역화방지장치가 필요한 시설은?
① 염소화염 사용시설
② 일메탄화염 사용시설
③ 수소화염 사용시설
④ 암모니아화염 사용시설

해설 역화방지장치 필요시설
- 아세틸렌 사용시설
- 수소화염 사용시설

참조 가스의 비점
- 비점이 낮을수록 액화가 어려움
- 수소(H_2) : -252 ℃
- 헬륨(He) : -272.2 ℃
- 질소(N_2) : -196 ℃
- 메탄(CH_4) : -162 ℃
- 암모니아(NH_3) : -33.3 ℃
- 프로판(C_3H_8) : -42 ℃
- 나프타 : $30 \sim 200$ ℃
- 에틸렌(C_2H_4) : -103.7 ℃
- 에탄(C_2H_6) : -161.5 ℃
- 부탄(C_4H_{10}) : -0.5 ℃

정답 59 ① 60 ③

2020 CBT 복원 01

01 고압가스 용어에 대한 설명으로 맞지 않은 것은?

① 가연성 가스라 함은 공기 중에서 연소하는 가스로 폭발한계의 하한이 10% 이하인 것과 폭발한계의 상한과 하한의 차가 20% 이상인 것을 말한다.
② 독성 가스란 공기 중에 일정량이 존재하는 경우 인체에 유해한 독성을 가진 가스로서 허용농도가 100만분의 2000 이하인 가스를 말한다.
③ 초저온저장탱크라 함은 섭씨 영하 50도 이하의 액화가스를 저장하기 위한 저장탱크로서 단열재로 씌우거나 냉동설비로 냉각하는 등 방법으로 저장탱크 내의 가스온도가 상용 온도를 초과하지 아니하도록 한 것을 말한다.
④ 액화가스란 가압, 냉각 등의 방법에 의해 액체 상태로 되어 있는 것으로 대기압에서 끓는점이 섭씨 40도 이하 또는 상용 온도 이하인 것을 말한다.

해설 독성 가스 허용농도
200/100만 이하 가스(TLV-TWA)
5000/100만(LC50)

02 다음 중 폭발성이 예민해서 마찰 및 타격으로 격렬히 폭발하는 물질에 해당되지 않는 것은?

① 메틸아민 ② 염화질소
③ 아세틸라이드 ④ 유화질소

해설 메틸아민
• 허용농도 : 10 ppm 독성 가스
• <u>폭발 범위 : 4.9 ~ 20.7 %(폭발 범위가 좁음)</u>
• 특이한 냄새
• 상온 상압 : 기체
• 액화 : 무색
• 저급알코올, 물에 잘 녹음

03 건축물 안 매설할 수 없는 도시가스배관 재료는?

① 동관
② 스테인리스강관
③ 가스용 금속플렉시블호스
④ 가스용 탄소강관

해설 건축물 안 매설배관 재료
• 동관
• 스테인리스강관
• 가스용 금속플렉시블호스
→ 가스용 탄소강관 : 부식성이 높아 사용 불가

정답 01 ② 02 ① 03 ④

04. 아세틸렌용기를 제조하고자 하는 자가 갖춰야 할 설비가 아닌 것은?

① 원료혼합기 ② 원료충전기
③ 건조로 ④ 소결로

해설 아세틸렌용기 제조
- 원료혼합기
- 원료충전기
- 건조로

05. 겨울철 LP가스용기 표면에 성에가 생겨 가스가 잘 나오지 않을 경우 가스 사용을 위한 가장 적절한 조치는?

① 용기를 힘차게 흔든다.
② 연탄불로 쪼인다.
③ 열 습포를 사용한다.
④ 90 ℃ 정도의 물을 용기에 붓는다.

해설 LP가스용기 성에
열 습포 사용하여 가스가 증발기화 하도록 함

06. 아세틸렌은 폭발 형태에 따라서 3가지로 분류된다. 이에 해당되지 않는 폭발은?

① 산화폭발 ② 중합폭발
③ 화합폭발 ④ 분해폭발

해설 아세틸렌폭발
화합폭발, 화합폭발, 산화폭발
→ 중합폭발 : 시안화수소

07. 공기 중 폭발하한치가 가장 낮은 것은?

① 에틸렌 ② 암모니아
③ 시안화수소 ④ 부탄

해설 폭발 범위
- 에틸렌(C_2H_4) : 2.7 ~ 36 %
- 암모니아(NH_3) : 15 ~ 28 %
- 부탄(C_4H_{10}) : 1.8 ~ 8.4 %
- 시안화수소(HCN) : 6 ~ 41 %

암 에이칠쓰루, 일러어이십팔니아
  십팔팔사부, 육사일시

08. 아세틸렌용기 충전 시 미리 용기에 다공물질을 채운다. 이때 다공도 기준은?

① 75 % 이상 92 % 미만
② 80 % 이상 95 % 미만
③ 98 % 이상
④ 95 % 이상

해설 아세틸렌가스 다공도
75 ~ 92 % 이하

암 아 실어구미호

09. 다음은 어떤 안전설비에 대한 설명인가?

> 설비가 잘못 조작되거나 정상적인 제조를 할 수 없는 경우, 자동으로 원재료 공급을 차단시키는 등 고압가스 제조설비 안의 제조를 제어하는 기능을 한다.

① 벤트스택 ② 긴급차단장치
③ 인터록기구 ④ 안전밸브

해설 인터록기구
설비 잘못 조작 및 정상동작 불가능 시
: 고압가스 제조설비 안의 제조 제어 기능

정답 04 ④ 05 ③ 06 ② 07 ④ 08 ① 09 ③

10 내용적이 1천 L 초과하는 염소용기의 부식 여유 두께의 기준은?

① 1 mm 이상 ② 3 mm 이상
③ 3.5 mm 이상 ④ 5 mm 이상

해설 부식 여유 두께

용기종류		부식 여유치
암모니아 충전용기	1000 L 이하	1
	1000 L 초과	2
염소 충전용기	1000 L 이하	3
	1000 L 초과	5

11 고압가스 일반제조소에서 저장탱크를 설치할 때 물 분무장치는 동시에 방사할 수 있는 최대 수량을 몇 분 이상 연속하여 방사할 수 있는 수원에 접속되어 있어야 하는가?

① 30분 ② 50분
③ 60분 ④ 90분

해설 물분무장치 최대 수량
동시에 방사할 수 있는 최대 수량
: 30분 이상 방사 가능한 수원에 접속

12 고압가스용기를 내압 시험한 결과 전증가량은 400 mL, 영구증가량은 20 mL였다. 영구증가율은 얼마인가?

① 0.3 % ② 0.5 %
③ 5 % ④ 10 %

해설 가스용기 영구증가율

$$영구증가율 = \frac{영구증가량}{전증가량} \times 100$$

$$= \frac{20}{400} \times 100 = 5$$

13 수소가스 위험도(H)는 약 얼마인가?

① 13.5 ② 17.8
③ 18.5 ④ 22.3

해설 위험도

• $H = \dfrac{상한치 - 하한치}{하한치}$

• 수소가스폭발 범위 : 4 ~ 75 %

• $H = \dfrac{75 - 4}{4} = 17.8$

• 위험도가 클수록 위험

14 고압가스를 운반하는 차량의 경계표지의 가로 치수는 차체 폭의 몇 % 이상으로 하여야 하는가?

① 10 ② 18
③ 30 ④ 40

해설 고압가스 운반 차량 차폭
• 가로치수 : 30 % 이상
• 세로치수 : 가로치수의 20 % 이상 직사각형

15 LPG 저장탱크의 저장능력 산정 시 저장능력은 몇 ℃에서의 액비중을 기준으로 계산하는가?

① 0 ② 15
③ 30 ④ 40

해설 LPG 저장능력 산정
40 ℃에서 액비중으로 저장탱크 저장능력 계량

16 액화석유가스(LPG)의 이송방법과 관련이 먼 것은?

① 압력차에 의한 방법
② 온도차에 의한 방법
③ 압축기에 의한 방법
④ 펌프에 의한 방법

해설 LP가스 이송방법
- 차압에 의한 방법
- 액펌프에 의한 방법
- 압축기에 의한 방법

17 다음 고압가스 용량을 차량에 적재하여 운반 시 운반책임자를 동승시키지 않아도 되는 경우는?

① 아세틸렌 : 330 m³
② 일산화탄소 : 500 m³
③ 액화염소 : 2500 kg
④ 액화석유가스 : 2000 kg

해설 고압가스 운반책임자

가스 종류		기준
액화 가스	독성	1000 kg
	가연성	3000 kg
	조연성	6000 kg
압축 가스	독성	100 m³
	가연성	300 m³
	조연성	600 m³

18 가스공급 배관 용접 후 검사하는 비파괴 검사방법에 해당하지 않는 것은?

① 방사선투과검사
② 자분탐상검사
③ 초음파탐상검사
④ 주사전자현미경검사

해설 비파괴검사
- 방사선투과검사
- 초음파탐상검사
- 자분탐상검사
- 음향검사

19 도시가스배관을 노출하여 설치할 때 배관 손상방지를 위한 방호조치 기준으로 옳은 것은?

① 방호철판 두께는 최소 10 mm 이상으로 한다.
② 방호철판 크기는 0.8 m 이상으로 한다.
③ 철근 콘크리트재 방호 구조물은 높이가 1.5 m 이상이어야 한다.
④ 철근 콘크리트재 방호 구조물은 두께가 15 cm 이상이어야 한다.

해설 노출 배관 방호조치
- 방호철판 두께 : 4 mm
- 방호철판 크기 : 0.8 m
- 철근 콘크리트재 두께 : 10 cm
- 철근 콘크리트재 높이 : 1 m

20 누출 시 다량의 물로 제독 가능한 가스는?

① 산화에틸렌   ② 황화수소
③ 일산화탄소   ④ 염소

해설 물로 제독 가능한 가스
- 산화에틸렌
- 암모니아
- 염화메탄
- 아황산가스

21 도시가스배관 지름이 15 mm인 배관에 대한 고정장치 설치간격은 몇 m마다 설치해야 하는가? ✓최다빈출

① 1   ② 2
③ 3   ④ 5

> 해설 도시가스배관 고정장치
> • 13 mm 미만 : 1 m 이내
> • 13 ~ 33 mm : 2 m 이내
> • 33 mm 이상 : 3 m 이내

22 독성 가스인 암모니아 저장탱크에는 그 가스의 용량이 그 저장탱크 내용적 몇 %를 초과하지 않아야 하는가? ✓최다빈출

① 60 %   ② 75 %
③ 90 %   ④ 95 %

> 해설 암모니아 저장탱크 내용적
> 내용적 90 % 초과 금지
> (안전공간 : 10 % 이상 확보)

23 산화에틸렌 취급 시 사용되는 제독제는?

① 나산소다 수용액
② 가성소다 수용액
③ 소석회 수용액
④ 물

> 해설 산화에틸렌 제독제
> 다량의 물

24 방류둑의 내측 및 그 외면으로부터 몇 m 이내에 그 저장탱크의 부속설비 외의 것을 설치하지 못하는가?

① 2 m   ② 5 m
③ 9 m   ④ 10 m

> 해설 저장탱크 부속설비 설치 기준
> 방류둑 내측 및 외면으로부터 10 m 이내
> : 부속설비 외의 것을 설치하지 않음

25 다음 중 독성(LC_{50})이 가장 강한 것은?

① 브롬화메탄   ② 디메틸아민
③ 암모니아   ④ 아크릴로니트릴

> 해설 LC_{50} 독성 가스 허용농도
> • 수치가 적을수록 독성이 강함
> • 암모니아 : 4230
> • 브롬화메탄 : 850
> • 아크릴로니트릴 : 660

26 냉동기 제조시설의 내압성능 확인을 위한 시험압력 기준은?

① 설계압력 이상
② 설계압력의 1.2배 이상
③ 설계압력의 1.5배 이상
④ 설계압력의 2.5배 이상

> 해설 냉동기 제조시설 내압시험
> 내압성능 확인 : 설계압력의 1.5배 이상

정답 21 ② 22 ③ 23 ④ 24 ④ 25 ④ 26 ③

27 가스배관 주위 굴착하고자 할 때, 가스배관의 좌우 얼마 이내의 부분은 인력 굴착해야 하는가?

① 40 cm 이내 ② 60 cm 이내
③ 1 m 이내 ④ 1.5 m 이내

해설 가스배관 주위 굴착
배관의 좌우 1 m 이내의 부분 : 인력으로 굴착

28 고압가스 저장탱크 및 가스홀더 가스방출장치는 가스 저장량이 몇 m³ 이상인 경우여야 하는가?

① 2 m³ ② 3 m³
③ 5 m³ ④ 10 m³

해설 가스방출장치
고압가스 저장탱크 및 가스홀더 : 5 m³ 이상

29 다음 중 지연성 가스가 아닌 것은?

① 불소 ② 염소
③ 이산화질소 ④ 이황화탄소

해설 지연성(조연성)가스
• 연소를 도와주는 가스
• 산소, 공기, 이산화질소, 불소, 염소
→ 이황화탄소 : 가연성 가스이면서 독성 가스

30 흡수식냉동기에서 물을 냉매로 사용할 경우 흡수제로 사용하는 것은?

① 파라핀유
② 사염화에탄
③ 리튬브로마이드
④ 암모니아

해설 리튬브로마이드
물을 사용하는 흡수식냉동기에서 흡수제 역할

31 LP가스 이송설비 중 압축기 부속장치로 토출 측과 흡입 측을 전환시키며 액송과 가스회수를 한 동작으로 할 수 있는 것은?

① 전자밸브 ② 액가스분리기
③ 전자밸브액트랩 ④ 사방밸브

해설 사방밸브
액송과 가스회수를 한 동작으로 가능

32 아세틸렌용기에 주로 사용되는 안전밸브 종류는?

① 압전식 ② 가용전식
③ 파열판식 ④ 스프링식

해설 아세틸렌용기 안전밸브
가용전식

33 도시가스사용시설의 정압기실에 설치된 가스누출경보기점검주기는?

① 1일 1회 이상
② 1주일 1회 이상
③ 2주일 1회 이상
④ 1개월 1회 이상

해설 정압기 내 가스누출경보기점검주기
1주일 1회 이상

정답 27 ③ 28 ③ 29 ④ 30 ③ 31 ④ 32 ② 33 ②

34 오리피스유량계 특징으로 옳은 것은?

① 저압, 저유량에 적당하다.
② 내구성이 좋다.
③ 유체의 압력손실이 크다.
④ 협소한 장소에는 설치가 어렵다.

해설 오리피스유량계
유체의 압력손실이 큼

35 암모니아를 사용하는 고온, 고압가스장치 재료로 가장 적당한 것은?

① PVC 코팅강
② 동
③ 알루미늄 합금
④ 18-8 스테인리스강

해설 암모니아 고온·고압장치 재료
18-8 스테인리스강

36 특정설비가 아닌 것은?

① 차량에 고정된 탱크
② 긴급차단장치
③ 안전밸브
④ 압력조정기

해설 특정설비
• 차량에 고정된 탱크
• 긴급차단장치
• 안전밸브
• 역화방지장치
• 자동차용 가스 자동주입기
→ 압력조정기 : 가스압력 감압을 위한 가스용기기

37 수소와 염소에 직사광선이 작용하여 폭발하였다. 폭발 종류는?

① 중합폭발   ② 분해폭발
③ 산화폭발   ④ 촉매폭발

해설 수소, 염소
직사광선작용 : 촉매폭발

38 압축도시가스 자동차 충전의 냄새첨가장치에서 냄새 나는 물질의 공기 중 혼합비율은 얼마인가?

① 공기 중 혼합비율 용량의 10분의 1
② 공기 중 혼합비율 용량의 100분의 1
③ 공기 중 혼합비율 용량의 1000분의 1
④ 공기 중 혼합비율 용량의 10000분의 1

해설 부취제
부취제 함량 : 1/1000 = 0.1 %

39 터보압축기 특징으로 틀린 것은?

① 유량이 크므로 설치면적이 적다.
② 압축비가 적어 효율이 낮다.
③ 고속회전이 가능하다.
④ 유량조절 범위가 넓으나 맥동이 많다.

해설 터보압축기
• 날개 바퀴 회전으로 원심력 이용한 압축기
• 유량조절이 비교적 어렵고 조정범위가 좁음

정답 34 ③ 35 ④ 36 ④ 37 ④ 38 ③ 39 ④

40 다음 열전대 중 측정온도가 가장 높은 것은?

① 백금 - 백금·로듐형
② 철 - 콘스탄탄형
③ 크로멜 - 알루멜형
④ 동 - 콘스탄탄형

해설 열전대 측정온도
- 크로멜 - 알루멜 : 0 ~ 1200 ℃
- 백금 - 백금·로듐 : 0 ~ 1600 ℃
- 철 - 콘스탄탄 : -200 ~ 800 ℃
- 동 - 콘스탄탄 : -200 ~ 350 ℃

41 1.0332 kg/cm²·a는 게이지 압력(kg/cm²·g)으로 얼마인가? (단, 대기압은 1.0332 kg/cm²이다) ⊙최다빈출

① 0   ② 1.0332
③ 1   ④ 2.0664

해설 게이지 압력
- 절대압력 = 대기압 + 게이지압력(계기압력)
- 게이지압력 = 절대압력 - 대기압
  = 1.0332 - 1.0332 = 0 kg/cm²·g

암 절대게

42 다음 중 일산화탄소 용도가 아닌 것은? (고난도)

① 요소나 소다회 원료
② 포스겐 원료
③ 메탄올 합성
④ 개미산이나 화학공업 원료

해설 일산화탄소 용도
- 메탄올 합성
- 포스겐 원료
- 개미산이나 화학공업 원료
→ 요소의 원료 : 이산화탄소

43 다음 중 LPG(액화석유가스) 성분 물질로 가장 거리가 먼 것은?

① n-부틸렌   ② 이소부탄
③ 프로판   ④ 메탄

해설 LPG(액화석유가스) 성분 물질
프로판, 부탄, 이소부탄, n-부틸렌
→ 메탄 : LNG(액화천연가스)의 주성분

44 70 ℃는 랭킨온도로 몇 °R인가?

① 618   ② 693
③ 736   ④ 892

해설 온도 단위
- 화씨온도($°F$) = $\frac{9}{5} \times °C + 32$
  = $\frac{9}{5} \times 70 + 32 = 158$
- 랭킨온도($°R$) = $°F + 460$
  = $158 + 460 = 618$

45 프로판을 완전연소시켰을 때 생성되는 물질은? ⊙최다빈출

① C_2H_4, H_2O
② CO_2, H_2O
③ CO_2, H_2
④ C_4H_{10}, CO

해설 프로판연소식
$C_3H_8 + 5O_2 \rightarrow 3CO_2 + 4H_2O$

정답 40 ① 41 ① 42 ① 43 ④ 44 ① 45 ②

46 가스 액화사이클 중 비점이 점차 낮은 냉매를 사용하여 저비점 기체를 액화하는 사이클로, 다원 액화사이클이라고도 하는 것은?

① 캐피자식 공기액화사이클
② 클라우드식 공기액화사이클
③ 필립스의 공기액화사이클
④ 캐스케이드식 공기액화사이클

> 해설 캐스케이드식 사이클
> • 다원 액화사이클
> • 비점이 낮은 냉매 사용하여 저비점 기체 액화

47 다음 중 공기보다 가벼운 가스로 알맞은 것은? ✓최다빈출

① SO_2 ② O_2
③ CO ④ CO_2

> 해설 분자량
> • 공기 : 29
> • 산소(O_2) : (16 × 2) = 32
> • 아황산(SO_2) : 32 + (16 × 2) = 64
> • 일산화탄소(CO) : 12 + 16 = 28
> • 탄산가스(CO_2) : 12 + (16 × 2) = 44

48 화학적 부식이나 전기적 부식 염려가 없으며, 0.4 MPa 이하의 매몰배관으로 주로 사용하는 배관의 종류는?

① 배관용 탄소강관
② 스테인리스강관
③ 폴리에틸렌피복강관
④ 폴리에틸렌관

> 해설 폴리에틸렌관(PE관)
> • 전기 절연체로 많이 사용
> • 화학적 부식이나 전기적 부식의 염려 없음

49 다음 중 엔트로피 단위는?

① kcal/kg·m ② kcal/kg
③ kcal/h ④ kcal/kg·K

> 해설 엔트로피
> $$\triangle S = \frac{dQ}{T}(kcal/kg \cdot T)$$

50 순수한 물 1 kg을 1 ℃ 높이는 데 필요한 열량은?

① 1 kcal ② 1 B.T.U
③ 1 KJ ④ 1 C.H.U

> 해설 1 kcal
> 물 1 kg을 1 ℃ 높이는 데 필요한 열량

51 표준 상태에서 분자량 44인 기체 밀도는?

① 1.96 g/L ② 1.55 g/L
③ 1.96 kg/L ④ 1.55 kg/L

> 해설 기체 밀도
> 밀도(P) = 질량/부피 = 44/22.4
>   = 1.96 g/L

정답 46 ④ 47 ③ 48 ④ 49 ④ 50 ① 51 ①

52
다음 중 확산속도가 가장 빠른 기체는?

① CO_2 ② N_2
③ CH_4 ④ O_2

해설 확산속도
- 가벼울수록 확산속도가 빠름
- 산소 : 32
- 질소 : 28
- 메탄 : 16
- 탄산가스 : 44

53
'효율이 100 %인 열기관은 제작 불가능하다'라고 표현되는 법칙은?

① 열역학 제0법칙
② 열역학 제1법칙
③ 열역학 제2법칙
④ 열역학 제3법칙

해설 열역학 제2법칙
효율 100 %인 열기관은 제작 불가능하다.

54
SNG에 대한 설명으로 적당한 것은?

① 정유가스
② 액화천연가스
③ 액화석유가스
④ 대체천연가스

해설 SNG
대체천연가스

55
다음 중 아세틸렌 발생방식이 아닌 것은?

① 투입식 : 물에 카바이드를 넣는 방법
② 주수식 : 카바이드에 물을 넣는 방법
③ 접촉식 : 물과 카바이드를 소량씩 접촉시키는 방법
④ 가열식 : 카바이드를 가열하는 방법

해설 아세틸렌 발생방식
주수식, 투입식, 접촉식
→ 카바이드를 가열하는 가열식은 없음

56
암모니아 성질에 대한 설명으로 옳지 않은 것은?

① 가스일 때 공기보다 무겁다.
② 자극성 냄새가 있다.
③ 구리에 대하여 부식성이 강하다.
④ 물에 잘 녹는다.

해설 암모니아(NH_3)
분자량이 17이기 때문에 공기(29)보다 가벼움

57
황화수소의 주된 용도는?

① 냉매   ② 도료
③ 형광 물질 원료   ④ 합성고무

해설 황화수소(H_2S)
금속정련, 형광물질 원료, 공업약품, 의약품, 유황생성

정답 52 ③ 53 ③ 54 ④ 55 ④ 56 ① 57 ③

58 다음 F₂의 성질로 틀린 것은?

① 활성이 강한 원소로 거의 모든 원소와 화합한다.
② 담황색의 기체로 특유의 자극성을 가진 유독한 기체이다.
③ 전기음성도가 작은 원소로서 강한 환원제이다.
④ 수소와 냉암소에서도 폭발적으로 반응한다.

해설 플루오린(F_2)
- 활성이 강하며 대부분 원소와 화합
- 담황색의 기체
- 유독한 기체
- 수소와 냉암소에서 폭발적으로 반응
→ 전기음성도가 작은 환원성 가스 : 일산화탄소

59 대기압하의 공기로부터 순수한 산소분리를 위해 이용되는 액체산소의 끓는점은 몇 ℃인가?

① -140　　② -183
③ -200　　④ -253

해설 액체산소 끓는점(비점)
-183 ℃

60 다음 암모니아 제법 중 중압 합성방법으로 틀린 것은?

① 카자레법
② 뉴우데법
③ 케미크법
④ 뉴파우더법

해설 암모니아 제법
- **고**압법 : 클로드법, 카자레법
- **중**앙법 : IG법, JCI법, 동고시법, 뉴파우더법, 뉴우데법, 케미크법
- **저**압법 : 구우데법, 케로그법
  　암 고급카레, 중아재동고료, 저구케로그

📁 참조 가스의 비점
- 비점이 낮을수록 액화가 어려움
- 수소(H_2) : -252 ℃
- 헬륨(He) : -272.2 ℃
- 질소(N_2) : -196 ℃
- 메탄(CH_4) : -162 ℃
- 암모니아(NH_3) : -33.3 ℃
- 프로판(C_3H_8) : -42 ℃
- 나프타 : 30 ~ 200 ℃
- 에틸렌(C_2H_4) : -103.7 ℃
- 에탄(C_2H_6) : -161.5 ℃
- 부탄(C_4H_{10}) : -0.5 ℃

정답 58 ③　59 ②　60 ①

2020 CBT 복원 02

01 독성 가스배관은 안전한 구조를 갖도록 하기 위해 2중관 구조가 필요하다. 다음 가스 중 2중관으로 하지 않아도 되는 가스는?

① 시안화수소   ② 질소
③ 암모니아   ④ 포스겐

해설 독성 가스 2중관
- 염소
- 포스겐
- 불소
- 아크릴알데히드
- 아황산가스
- 시안화수소
- 황화수소
- 암모니아

02 도시가스 누출 시 폭발사고 예방을 위하여 냄새가 나는 물질인 부취제를 혼합시킨다. 이때 부취제의 공기 중 혼합비율의 용량은?

① 1/1000   ② 1/2000
③ 1/3000   ④ 1/5000

해설 부취제 혼합비율
혼합비율 용량은 1/1000

03 다이어프램식 압력계 특징 중 틀린 것은?

① 정확성이 높다.
② 미소압력을 측정할 때 유리하다.
③ 온도에 따른 영향이 적다.
④ 반응속도가 빠르다.

해설 다이어프램식 압력계
- 탄성식 압력계
- 부식성 유체 측정 가능
- 정확성이 높음
- <u>온도에 따른 영향이 큼</u>
- 반응속도가 빠름
- 미소압력 측정 유리

04 다음 중 임계압력(atm)이 가장 높은 가스는?

① HCN   ② C_2H_4
③ CO   ④ Cl_2

해설 임계압력
- 액화 가능한 최고 압력
- <u>염소 : 76.1 atm</u>
- 일산화탄소 : 35 atm
- 에틸렌 : 50.1 atm
- 시안화수소 : 53.2 atm

05 가스계량기와 전기계량기는 최소 몇 cm 이상의 거리를 유지하여야 하는가?

① 15 cm   ② 50 cm
③ 60 cm   ④ 90 cm

해설 가스계량기 이격거리
전기 계량기와는 60 cm 이상 이격거리 유지

정답 01 ② 02 ① 03 ③ 04 ④ 05 ③

06 LPG 저장탱크의 저장능력 산정 시 저장능력은 몇 ℃에서의 액비중을 기준으로 계산하는가?

① 0   ② 15
③ 30 ④ 40

해설 LPG 저장능력 산정
40 ℃에서 액비중으로 저장탱크 저장능력 계량

---

07 염화메탄 사용 배관에 사용해서 안 되는 금속은?

① 강   ② 철
③ 동합금 ④ 알루미늄

해설 염화메탄 배관
강, 철, 동합금
→ 알루미늄 : 염화메탄과 반응함

---

08 도시가스사용시설에서 배관의 용접부 중 비파괴시험이 필요한 것은?

① 가스용 폴리에틸렌관
② 호칭지름 65 mm인 매몰된 저압배관
③ 호칭지름 150 mm인 노출된 저압배관
④ 호칭지름 65 mm인 노출된 중압배관

해설 비파괴시험 대상
• 호칭지름 65 mm인 노출된 중압배관
• 도시가스 중압의 용접부와 저압의 용접부
  (80 mm는 제외)

---

09 독성 가스 허용농도 종류가 아닌 것은?

① 시간가중 평균농도(TLV-TWA)
② 최고허용농도(TLV-C)
③ 단시간 노출허용농도(TLV-STEL)
④ 순간 사망허용농도(TLV-D)

해설 독성 가스 허용농도
• 시간가중 평균농도
• 단시간 노출허용농도
• 최고허용농도

---

10 도시가스배관의 철도궤도 중심과 이격거리 기준에 해당하는 것은?

① 1 m 이상   ② 3 m 이상
③ 4 m 이상   ④ 7 m 이상

해설 도시가스배관 이격거리
도시가스배관 ↔ 철도궤도 중심 : 4 m 이상

---

11 압축기에서 다단 압축 목적으로 틀린 것은?

① 이용 효율의 증대
② 소요 일량의 감소
③ 힘의 평형 향상
④ 토출온도 상승

해설 다단압축 목적
• 소요 일량 감소
• 이용 효율 증대
• 힘의 평형 향상
→ 토출온도 : 하강

정답 06 ④ 07 ④ 08 ④ 09 ④ 10 ③ 11 ④

12 다음 중 표준 상태에서 가스상 탄화수소 점도가 가장 높은 가스는?

① 부탄 ② 메탄
③ 에탄 ④ 프로판

해설 탄화수소의 점도
- 탄소 하나당 갖고 있는 수소의 개수
- 에탄 : C_2H_6
- 메탄 : CH_4
- 부탄 : C_4H_{10}
- 프로판 : C_3H_8

13 방류둑 성토 윗부분 폭은 얼마 이상으로 규정되어 있는가?

① 30 cm 이상 ② 70 cm 이상
③ 100 cm 이상 ④ 150 cm 이상

해설 방류둑
성토 윗부분 폭 : 30 cm 이상

14 에틸렌의 제조원료로 사용되지 않는 것은?

① 프로판 ② 에탄올
③ 나프타 ④ 염화메탄

해설 에틸렌 제조 원료
- 나프타
- 아세틸렌
- 탄화수소(프로판, 에탄올)

15 다음 중 가스폭발 범위로 틀린 것은?

① 일산화탄소 : 12.5 ~ 74 %
② 수소 : 4 ~ 75 %
③ 메탄 : 2.1 ~ 9.3 %
④ 아세틸렌 : 2.5 ~ 81 %

해설 메탄폭발 범위
메탄가스 : 5 ~ 15 %(가연성 가스)

16 액화산소와 LNG에 사용할 수 없는 재질은?

① Cu합금
② Al합금
③ Cr강
④ 18-8스테인리스강

해설 액화산소·LNG용기 재질
Cu합금, Al합금, 18-8스테인리스강
→ Cr강 : 열성, 내식성, 내마모성, 담금질성 강이므로 초저온용기엔 부적합

17 고압가스(산소, 아세틸렌, 수소)의 품질검사 주기 기준으로 옳은 것은?

① 1월 1회 이상 ② 1주 1회 이상
③ 5일 1회 이상 ④ 1일 1회 이상

해설 고압가스 품질검사 주기
- 산소, 아세틸렌, 수소 : 품질검사 필요
- 1일 1회 이상 실시

정답 12 ② 13 ① 14 ④ 15 ③ 16 ③ 17 ①

18 가스폭발사고의 근본적 원인으로 가장 거리가 먼 것은?

① 누출경보장치의 미비
② 화학반응열 또는 잠열의 축적
③ 내용물의 누출 및 확산
④ 착화원 또는 고온물의 생성

해설 가스폭발
화학반응 열 또는 잠열과는 관련성 없음

19 다음 중 암모니아 건조제로 사용 가능한 것은?

① 황산동 수용액   ② 할로겐 화합물
③ 소다석회   ④ 진한 황산

해설 암모니아 건조제
- NaOH(수산화나트륨 → 소다석회)
- CaO
- KOH

20 액화석유가스의 일반적 특성이 아닌 것은?

① 공기보다 무겁다.
② 기화 및 액화가 용이하다.
③ 액상 액화석유가스는 물보다 무겁다.
④ 증발잠열이 크다.

해설 액화석유가스
액상 가스 : 물 위에 뜸(물보다 가벼움)

21 가스설비를 수리할 때 산소 농도가 약 몇 % 이하가 되면 산소 결핍현상을 초래하게 되는가?

① 8 %   ② 15 %
③ 16 %   ④ 22 %

해설 산소 결핍현상
산소 농도 16 % 이하일 때 초래

22 고압가스 저장탱크 및 가스홀더 가스방출장치는 가스 저장량이 몇 m^3 이상인 경우여야 하는가?

① $2\ m^3$ ② $3\ m^3$
③ $5\ m^3$ ④ $10\ m^3$

해설 가스방출장치
고압가스 저장탱크 및 가스홀더 : $5\ m^3$ 이상

23 공급가스인 천연가스 비중이 0.6일 때 45 m 높이의 아파트 옥상까지 압력손실은 약 몇 mmH_2O인가?

① 18.0   ② 23.3
③ 34.9   ④ 27.0

해설 압력손실
- 압력손실(H) = 1.293 × (S - 1) × h
- H = 1.293 × (1 - 0.6) × 45
   = 23.3 mmH_2O

정답 18 ② 19 ③ 20 ③ 21 ③ 22 ③ 23 ②

24 황화수소의 주된 용도는?

① 냉매
② 도료
③ 형광 물질 원료
④ 합성고무

해설 황화수소(H_2S)
금속정련, 형광물질 원료, 공업약품, 의약품, 유황생성

25 다음은 도시가스사용시설의 월사용예정량 산출 식이다. 이 중 기호 "A"가 의미하는 것은?

$$Q = \frac{[(A \times 240) + (B \times 90)]}{11000}$$

① 산업용이 아닌 연소기의 명판에 기재된 가스소비량의 합계
② 산업용으로 사용하는 연소기의 명판에 기재된 가스 소비량의 합계
③ 월사용예정량
④ 가정용 연소기의 가스소비량 합계

해설 도시가스 월사용예정량 산출식
- Q : 월사용예정량
- A : 산업용 가스 소비량 합계
- B : 산업용이 아닌 가스소비량 합계

26 고압가스 저장시설에서 가연성 가스시설에 설치하는 유동방지시설 기준은?

① 높이 2 m 이상의 내화성 벽으로 한다.
② 높이 2 m 이상의 불연성 벽으로 한다.
③ 높이 1.5 m 이상의 내화성 벽으로 한다.
④ 높이 1.5 m 이상의 불연성 벽으로 한다.

해설 가연성 가스 저장시설
유동 방지시설 : 높이 2 m 이상의 내화성 벽

27 부취체를 외기로 분출하거나 부취설비로부터 부취제가 흘러나오는 경우 냄새를 감소시키는 방법이 아닌 것은?

① 화학적 산화처리
② 수동조절
③ 연소법
④ 활성탄에 의한 흡착

해설 부취제 냄새감소방법
연소법, 화학적 산화, 활성탄에 의한 흡착

28 배관용 보온재 구비조건으로 틀린 것은?

① 장시간 사용온도에 견디며, 변질되지 않을 것
② 흡습, 흡수성이 적을 것
③ 시공이 용이하고 열전도율이 클 것
④ 가공이 균일하고 비중은 적을 것

해설 배관용 보온재
열전도율 적을 것(열전달이 잘 안될 것)

29 공기 중에서 프로판의 폭발 범위(하한과 상한)를 바르게 나타낸 것은?

① 1.8 ~ 8.4 %   ② 2.2 ~ 9.5 %
③ 2.1 ~ 10.4 %   ④ 1.8 ~ 9.5 %

해설 프로판폭발 범위
2.2 ~ 9.5 %

30 면적 가변식 유량계의 특징으로 틀린 것은?

① 소용량 측정이 가능하다.
② 압력손실이 크고 거의 일정하다.
③ 직접 유량을 측정한다.
④ 유효 측정범위가 넓다.

> **해설** 면적 가변식 유량계
> - 압력손실이 작음
> - 고점도 유체나 소유량 측정이 가능한 직접식
> - 액체나 기체 또는 부식성 유체 측정에 적합
> - 플로트식과 게이트식이 있음

31 염소에 대한 설명으로 틀린 것은?

① 황록색을 띠며 독성이 강하다.
② 비교적 쉽게 액화된다.
③ 액상은 물보다 무겁고 기상은 공기보다 가볍다.
④ 표백작용이 있다.

> **해설** 염소(Cl_2)
> 공기보다 무거움

32 LPG용 압력조정기 중 1단 감압식 저압조정기 조정압력의 범위는?

① 2.3 ~ 3.3 kPa
② 2.55 ~ 3.3 kPa
③ 57 ~ 83 kPa
④ 5.0 ~ 30 kPa 이내에서 제조사가 설정한 기준압력의 ±20 %

> **해설** 조정압력범위
>
> | 조정기 종류 | 입구압력 (MPa) | 조정압력 (kPa) |
> | --- | --- | --- |
> | 1단감압식 저압조정기 | 0.07 ~ 1.56 | 2.3 ~ 3.3 |
> | 1단감압식 준저압조정기 | 0.1 ~ 1.56 | 5.0 ~ 30.0 |
> | 2단감압식 1차용 조정기 (용량 100 kg/h 이하) | 0.1 ~ 1.56 | 57 ~ 83 |
> | 2단감압식 1차용 조정기 (용량 100 kg/h 초과) | 0.3 ~ 1.56 | 57 ~ 83 |
> | 2단감압식 2차용 저압조정기 | 0.01 ~ 0.1 / 0.025 ~ 0.1 | 2.3 ~ 3.3 |
> | 2단감압식 2차용 준저압조정기 | 조정압력 이상 ~ 0.1 | 5.0 ~ 30.0 |
> | 자동절체식 일체형 저압조정기 | 0.1 ~ 1.56 | 2.55 ~ 3.30 |
> | 자동절체식 일체형 준저압조정기 | 0.1 ~ 1.56 | 5.0 ~ 30.0 |

33 다음 중 방류둑을 설치해야 할 기준으로 옳지 않은 것은?

① 저장능력이 5톤 이상인 독성 가스 저장탱크
② 저장능력이 300톤 이상인 가연성 가스 저장탱크
③ 저장능력이 1000톤 이상인 액화산소 저장탱크
④ 저장능력이 1000톤 이상인 액화석유가스 저장탱크

해설 방류둑 설치 기준
- 독성 가스 : 5톤 이상
- 가연성 가스 : 500톤 이상
- 산소 : 1000톤 이상
- LPG : 1000톤 이상

34 고압가스를 운반하는 차량의 경계표지의 가로 치수는 차체 폭의 몇 % 이상으로 하여야 하는가?

① 10   ② 18
③ 30   ④ 40

해설 고압가스 운반 차량 차폭
- 가로치수 : 30 % 이상
- 세로치수 : 가로치수의 20 % 이상 직사각형

35 도시가스는 무색, 무취이기 때문에 누출 시 중독 및 사고 방지를 위하여 부취제를 첨가하는데 그 첨가비율 용량이 얼마인 상태에서 냄새를 감지할 수 있어야 하는가?

① 0.1 %   ② 0.01 %
③ 0.2 %   ④ 0.02 %

해설 부취제
부취제 함량 : 1/1000 = 0.1 %

36 독성 가스배관을 지하에 매설할 경우에 배관은 그 가스가 혼입될 우려가 있는 수도시설과 몇 m 이격거리를 유지하여야 하는가?

① 70 m   ② 120 m
③ 200 m   ④ 300 m

해설 독성 가스배관 이격거리
독성 가스배관 ↔ 수도시설 : 300 m 이상 유지

37 저온 액체 저장설비에서 열의 침입요인으로 거리가 먼 것은?

① 연결 파이프를 통한 열전도
② 단열재를 직접 통한 열대류
③ 외면으로부터의 열복사
④ 밸브 등에 의한 열전도

해설 열의 침입 요인
- 외면으로부터 열복사
- 연결 파이프를 통한 열전도
- 밸브에 의한 열전도
- 단열재 공간에 남은 가스 분자 열전도
→ 열대류 : 열의 침입요인과 거리가 멂

38 부탄가스용 연소기 명판의 기재 사항이 아닌 것은?

① 제조자의 형식호칭
② 연소기명
③ 연소기 재질
④ 제조(로트)번호

해설 부탄가스용 연소기 기재 사항
- 연소기명
- 제조자의 형식 호칭
- 제조 번호
→ 연소기 재질 : 기재 사항에 해당 없음

정답 33 ② 34 ③ 35 ① 36 ④ 37 ② 38 ③

39 다음 중 같은 성질을 가진 가스로 나열된 것은?

① 에탄, 에틸렌
② 헬륨, 염소
③ 오존, 아황산가스
④ 암모니아, 산소

해설 가스 종류
- 가연성 : 에탄(C_2H_6), 에틸렌(C_2H_4)
- 독성 : 오존(O_3), 아황산가스(SO_2), 염소(Cl_2)
- 무독성 : 산소(O_2), 헬륨(He)
- 조연성 : 산소(O_2), 오존(O_3), 염소(Cl_2)

40 다음 펌프 중 시동하기 전 프라이밍이 필요한 펌프는?

① 축류펌프   ② 원심펌프
③ 기어펌프   ④ 왕복펌프

해설 원심펌프
시동 전 공기 제거 위한 프라이밍(물주입) 필요

41 부양기구의 수소 대체용 가스는?

① 질소   ② 헬륨
③ 아르곤   ④ 공기

해설 부양기구
- 공기보다 매우 가벼운 가스 사용
- 헬륨 : 분자량 4

42 LNG와 LPG에 대한 설명으로 알맞은 것은?

① LPG는 대체천연가스 또는 합성천연가스를 말한다.
② LNG는 각종 석유가스의 총칭이다.
③ 액체 상태의 나프타를 LNG라 한다.
④ LNG는 액화 천연가스를 말한다.

해설 LNG, LPG
- LNG(CH_4) : 액화천연가스
- LPG(C_3H_8, C_4H_{10}) : 액화석유가스

43 절대영도를 표시한 것 중 가장 거리가 먼 것은?

① -273.15 ℃   ② 0 R
③ 0 K   ④ 0 °F

해설 절대영도
: 0 R, 0 K, -273.15 ℃
- 절대온도 랭킨(R) : °F + 460
- 절대온도 캘빈(K) : ℃ + 273

44 100 A용 가스누출 경보차단장치 차단시간은 얼마 이내이어야 하는가?

① 15초   ② 30초
③ 1분20초   ④ 3분

해설 가스누출 경보차단장치
- 경보농도 1.6배 : 30초 이내
- 암모니아, 일산화탄소 : 60초 이내

정답 39 ① 40 ② 41 ② 42 ④ 43 ④ 44 ②

45 압축 또는 액화의 방법으로 처리할 수 있는 가스 용적이 1일 100 m³ 이상인 사업소는 압력계를 몇 개 이상 비치하도록 되어 있는가?

① 1　　② 2
③ 3　　④ 4

해설 압력계 비치 기준
1일 100 m³ 이상인 사업소 : 2개 이상

46 도시가스시설의 설치공사 또는 변경공사를 할 때 이루어지는 전공정 시공감리 대상은?

① 도시가스사업자외의 가스공급시설 설치자의 배관 설치공사
② 가스도매사업자의 가스공급시설 설치공사
③ 일반도시가스사업자 제조소 설치공사
④ 일반도시가스사업자 정압기 설치공사

해설 전공전 시공감리 대상
도시가스사업자 외의 가스공급시설 설치자의 배관 설치공사

47 LP가스 자동차연료 사용 시 장점이 아닌 것은?

① 배기가스의 독성이 가솔린보다 적다.
② 균일하게 연소되므로 엔진수명이 연장된다.
③ 옥탄가가 높아서 녹킹현상이 없다.
④ 완전연소로 발열량이 높고 청결하다.

해설 LP가스 자동차연료 사용
옥탄가 : 휘발유의 고급 정도를 재는 수치

48 일산화탄소와 염소가 반응하여 생성되는 것은?

① 포스겐　　② 사염화탄소
③ 포스핀　　④ 카르보닐

해설 포스겐
$CO + Cl_2 \rightarrow COCl_2$(포스겐)

49 펌프 운전할 때 송출 압력과 송출 유량이 주기적으로 변동하여 펌프 토출구 및 흡입구에서 압력계 지침이 흔들리는 현상을 무엇이라고 하는가?

① 맥동(Surging)현상
② 공동(Cavitation)현상
③ 진동(Vibration)현상
④ 수격(Water Hammering)현상

해설 맥동현상
펌프 토출구 및 흡입구에서 진공계와 압력계 지침이 흔들리며 펌프 유출량이 변하는 현상

50 이동식 압축도시가스 자동차시설 기준에서 처리설비와 이동충전차량 및 충전설비의 외면으로부터 화기를 취급하는 장소까지 몇 m 이상 우회거리를 유지하여야 하는가?

① 5　　② 8
③ 17　　④ 22

해설 이동식 압축도시가스 자동차시설 우회거리
화기와 충전설비 · 이동충전차량 우회거리 : 8 m

정답 45 ②　46 ①　47 ③　48 ①　49 ①　50 ②

51 건축물 안 매설할 수 없는 도시가스배관 재료는?

① 동관
② 스테인리스강관
③ 가스용 금속플렉시블호스
④ 가스용 탄소강관

해설 건축물 안 매설배관 재료
• 동관
• 스테인리스강관
• 가스용 금속플렉시블호스
→ 가스용 탄소강관 : 부식성이 높아 사용 불가

52 헤라이드 토치를 사용하여 프레온 누출검사를 할 때, 다량으로 누출될 때의 색깔은?

① 청색 ② 황색
③ 녹색 ④ 자색

해설 프레온가스 누출색상
• 누설이 없을 때 : 청색
• 소량누설 시 : 녹색
• 다량누설 시 : 자색
• 극심할 때 : 불이 꺼짐

53 냉동기 제조시설의 내압성능 확인을 위한 시험압력 기준은?

① 설계압력 이상
② 설계압력의 1.2배 이상
③ 설계압력의 1.5배 이상
④ 설계압력의 2.5배 이상

해설 냉동기 제조시설 내압시험
내압성능 확인 : 설계압력의 1.5배 이상

54 독성 가스 허용농도 종류가 아닌 것은?

① 시간가중 평균농도(TLV-TWA)
② 최고허용농도(TLV-C)
③ 단시간 노출허용농도(TLV-STEL)
④ 순간 사망허용농도(TLV-D)

해설 독성 가스 허용농도
• 시간가중 평균농도
• 단시간 노출허용농도
• 최고허용농도

55 고압가스용기 파열사고 원인으로 가장 거리가 먼 것은?

① 압축산소를 충전한 용기를 차량에 눕혀서 운반하였을 때
② 균열되었을 때
③ 용기 재질의 불량으로 인하여 인장강도가 떨어질 때
④ 용기의 내압이 이상 상승하였을 때

해설 고압가스용기
부득이한 경우, 차량에 용기를 눕혀서 운반 가능

56 용기에 표시된 기호 중 연결이 잘못된 것은?

① FP - 최고 충전압력
② TP - 검사일
③ W - 질량
④ V - 내용적

정답 51 ④ 52 ④ 53 ③ 54 ④ 55 ① 56 ②

해설 용기 기호
- PG : 압축가스용
- LT : 저온 및 초저온 가스용
- AG : 아세틸렌가스용
- FP : 최고충전 압력
- TP : 테스트 압력
- LG : 그 밖의 가스용
- W : 질량
- V : 체적

57 가스용품제조허가를 받아야 하는 품목에 해당하지 않는 것은?

① PE배관
② 매몰형 정압기
③ 연료전지
④ 로딩암

해설 가스용품제조허가 품목
- 매몰형 정압기
- 연료전지
- 로딩암
→ PE배관 : 플라스틱 배관으로 가스용품제조허가 불필요

58 정압기(Governor)의 기능을 옳게 나열한 것은?

① 정압기능
② 감압기능
③ 감압기능, 정압기능
④ 감압기능, 정압기능, 폐쇄기능

해설 정압기 기능
감압기능, 정압기능, 폐쇄기능

59 도시가스 유해성분 측정에 있어서 암모니아는 도시가스 1 m3당 몇 g을 초과해서는 안 되는가?

① 0.02   ② 0.2
③ 0.7   ④ 1.5

해설 도시가스 유해성분 측정 [1 m³당]
- 암모니아 : 0.2 g
- 황전량 : 0.5 g
- 황화수소 : 0.02 g

60 다음 중 이음매 없는 용기 특징으로 틀린 것은?

① 독성 가스를 충전하는 데 사용한다.
② 용접용기에 비해 값이 비싸다.
③ 고압에 견디기 어려운 구조이다.
④ 내압에 대한 응력 분포가 균일하다.

해설 이음매 없는 용기
고압용 용기에 이용

정답 57 ① 58 ④ 59 ② 60 ③

2019 CBT 복원 01

01 독성 가스배관은 안전한 구조를 갖도록 하기 위해 2중관 구조가 필요하다. 다음 가스 중 2중관으로 하지 않아도 되는 가스는?

① 시안화수소 ② 염화메탄
③ 암모니아   ④ 에틸렌

해설 독성 가스 2중관
- 염소
- 포스겐
- 불소
- 아크릴알데히드
- 아황산가스
- 시안화수소
- 황화수소
- 암모니아

02 일반도시가스사업자가 선임하여야 하는 안전점검원 선임 기준이 되는 배관길이를 산정할 때 포함되는 배관은?

① 내관
② 사용자공급관
③ 가스사용자 소유 토지 내의 본관
④ 공공 도로 내의 공급관

해설 안전점검원 선임 배관
공공 도로 내의 공급관

03 도시가스사용시설에서 배관의 용접부 중 비파괴시험이 필요한 것은?

① 가스용 폴리에틸렌관
② 호칭지름 65 mm인 매몰된 저압배관
③ 호칭지름 150 mm인 노출된 저압배관
④ 호칭지름 65 mm인 노출된 중압배관

해설 비파괴시험 대상
- 호칭지름 65 mm인 노출된 중압배관
- 도시가스 중압의 용접부와 저압의 용접부 (80 mm는 제외)

04 고압가스 특정제조시설 중 비가연성 가스의 저장탱크는 몇 m^3 이상일 경우 지진영향에 대한 안전한 구조로 설계하여야 하는가?

① 300   ② 700
③ 1000   ④ 1500

해설 지진 안전 구조설계
- 가연성 : 500 m^3 이상
- 비가연성 : 1000 m^3 이상

정답 01 ④ 02 ④ 03 ④ 04 ③

05 액상 염소가 피부에 닿았을 경우의 조치로 가장 적절한 것은?

① 이산화탄소로 씻어낸다.
② 암모니아로 씻어낸다.
③ 소금물로 씻어낸다.
④ 맑은 물로 씻어낸다.

해설 염소(Cl_2)
피부에 닿았을 경우 : 맑은 물로 씻어냄

06 독성 가스 허용농도 종류가 아닌 것은?

① 시간가중 평균농도(TLV-TWA)
② 최고허용농도(TLV-C)
③ 단시간 노출허용농도(TLV-STEL)
④ 순간 사망허용농도(TLV-D)

해설 독성 가스 허용농도
• 시간가중 평균농도
• 단시간 노출허용농도
• 최고허용농도

07 에어졸 시험방법에서 불꽃길이 시험을 위해 채취한 시료 온도 조건은?

① 24℃ 이상, 26℃ 이하
② 60℃ 이상, 66℃ 미만
③ 46℃ 이상, 50℃ 미만
④ 26℃ 이상, 30℃ 미만

해설 에어졸 시불꽃길이 시험 온도
24 ~ 26℃ 이하

08 운반 책임자를 동승시키지 않고 운반하는 액화석유가스용 차량에서 고정된 탱크에 설치하여야 하는 장치로 알맞은 것은?

① 누설경보장치   ② 누설방지장치
③ 폭발방지장치   ④ 살수장치

해설 액화석유가스용 차량 고정된 탱크
운반 책임자를 동승시키지 않았을 경우
: 폭발방지장치 설치

09 고압가스 저장시설에서 가연성 가스시설에 설치하는 유동방지시설 기준은?

① 높이 2 m 이상의 내화성 벽으로 한다.
② 높이 2 m 이상의 불연성 벽으로 한다.
③ 높이 1.5 m 이상의 내화성 벽으로 한다.
④ 높이 1.5 m 이상의 불연성 벽으로 한다.

해설 가연성 가스 저장시설
유동 방지시설 : 높이 2 m 이상의 내화성 벽

10 부탄가스용 연소기 명판의 기재 사항이 아닌 것은?

① 제조자의 형식호칭
② 연소기명
③ 연소기 재질
④ 제조(로트)번호

해설 부탄가스용 연소기 기재 사항
• 연소기명
• 제조자의 형식 호칭
• 제조 번호
→ 연소기 재질 : 기재 사항에 해당 없음

정답 05 ④ 06 ④ 07 ① 08 ③ 09 ① 10 ③

11 가스설비를 수리할 때 산소 농도가 약 몇 % 이하가 되면 산소 결핍현상을 초래하게 되는가?

① 8 % ② 15 %
③ 16 % ④ 22 %

해설 산소 결핍현상
산소 농도 16 % 이하일 때 초래

12 도시가스 유해성분 측정에 있어서 암모니아는 도시가스 1 m³당 몇 g을 초과해서는 안 되는가?

① 0.02 ② 0.2
③ 0.7 ④ 1.5

해설 도시가스 유해성분 측정 [1 m³당]
- 암모니아 : 0.2 g
- 황전량 : 0.5 g
- 황화수소 : 0.02 g

13 도시가스 사용시설 배관 내용적이 10 L 초과 50 L 이하일 때 기밀시험압력 유지시간은?

① 7분 이상 ② 10분 이상
③ 15분 이상 ④ 30분 이상

해설 기밀시험압력 유지시간
- 10 L 이하 : 5분
- 10 ~ 50 L : 10분
- 50 L 초과 : 24분

14 액화석유가스(LPG)의 이송방법과 관련이 먼 것은?

① 압력차에 의한 방법
② 온도차에 의한 방법
③ 압축기에 의한 방법
④ 펌프에 의한 방법

해설 LP가스 이송방법
- 차압에 의한 방법
- 액펌프에 의한 방법
- 압축기에 의한 방법

15 고압가스 특정제조시설 중 철도부지 밑 매설 배관에 대한 설명으로 틀린 것은?

① 배관의 외면으로부터 그 철도부지의 경계까지는 1 m 이상의 거리를 유지한다.
② 지표면으로부터 배관의 외면까지의 깊이를 60 cm 이상 유지한다.
③ 지하철도 등을 횡단하여 매설하는 배관에는 전기방식조치를 강구한다.
④ 배관은 그 외면으로부터 궤도 중심과 4 m 이상 유지한다.

해설 철도부지 매설 배관
지표면으로부터 배관까지 깊이
 : 1.2 m 이상

정답 11 ③ 12 ② 13 ② 14 ② 15 ②

16 산소 저장설비에서 저장능력 9000 m³일 경우 1종 보호시설 및 2종 보호시설과 안전거리는?

① 7 m, 5 m   ② 9 m, 7 m
③ 12 m, 8 m   ④ 12 m, 9 m

해설 산소 저장설비

저장능력 1만 이하	1종	12 m
	2종	8 m

17 일반도시가스사업 가스공급시설의 입상관밸브는 분리 가능한 것으로 바닥부터 몇 m 범위에 설치하여야 하는가?

① 0.7 ~ 1.0 m   ② 1.2 ~ 1.5 m
③ 1.6 ~ 2.0 m   ④ 2.5 ~ 3.0 m

해설 가스공급시설 입상관밸브
바닥면에서 1.6 ~ 2.0 m 이내 설치

18 고압가스용기 파열사고 원인으로 가장 거리가 먼 것은?

① 압축산소를 충전한 용기를 차량에 눕혀서 운반하였을 때
② 균열되었을 때
③ 용기 재질의 불량으로 인하여 인장강도가 떨어질 때
④ 용기의 내압이 이상 상승하였을 때

해설 고압가스용기
부득이한 경우, 차량에 용기를 눕혀서 운반 가능

19 산소압축기의 내부 윤활유제로 이용되는 것은?

① 유지   ② 물
③ 석유   ④ 황산

해설 윤활제
• 염소압축기 : 황산
• 산소압축기 : 물 또는 글리세린수
• 아세틸렌압축기 : 광유

20 공기와 혼합된 가스가 압력이 높아지면 폭발범위는 좁아지는 가스는?

① 아세틸렌   ② 프로판
③ 일산화탄소 ④ 메탄

해설 일산화탄소
고압일수록 폭발 범위가 좁아짐

21 도시가스사용시설에서 도시가스배관의 표시등에 대한 기준이 아닌 것은?

① 지하에 매설하는 배관은 그 외부에 사용 가스명, 최고사용압력, 가스의 흐름방향을 표시한다.
② 지상배관은 부식방지 도장 후 황색으로 도색한다.
③ 지하매설배관은 최고사용압력이 중압 이상인 배관은 적색으로 한다.
④ 지하매설배관은 최고사용압력이 저압인 배관은 황색으로 한다.

해설 도시가스배관 표시등
가스의 흐름 방향은 생략

22 고압가스설비 내압 및 기밀시험에 대한 설명으로 옳은 것은?

① 기체로 내압시험을 하는 것은 위험하므로 어떠한 경우라도 금지된다.
② 내압시험은 상용압력의 1.1배 이상의 압력으로 실시한다.
③ 내압시험을 할 경우에는 기밀시험을 생략할 수 있다.
④ 기밀시험은 상용압력 이상으로 하되, 0.7 MPa을 초과하는 경우 0.7 MPa 이상으로 한다.

해설 기밀시험
- 최고사용압력의 1.1배 또는 8.4 kPa 이상
- 0.7 MPa 초과 가스 : 0.7 MPa 이상 실시

23 다음 중 특정고압가스가 아닌 것은?

① 이산화탄소 ② 산소
③ 수소 ④ 천연가스

해설 특정고압가스
산소, 수소, 천연가스
→ 이산화탄소 : 불연성 가스

24 독성 가스 저장탱크에는 그 가스 용량이 탱크 내용적의 몇 %까지 채워야 하는가?

① 70 % ② 80 %
③ 90 % ④ 95 %

해설 독성 가스 저장탱크 용량
탱크 내용적의 90 %까지 채워야 함

25 다음 중 폭발성이 예민하므로 마찰 및 타격으로 격렬히 폭발하는 물질이 아닌 것은?

① 황화질소 ② 메틸아민
③ 아세틸라이드 ④ 염화질소

해설 마찰 및 타격으로 인한 폭발물질
황화질소, 아세틸라이드, 염화질소
→ 메틸아민 : 마찰에 의한 폭발 위험이 적음

26 다음은 도시가스사용시설의 월사용예정량 산출식이다. 이 중 기호 "A"가 의미하는 것은?

$$Q = \frac{[(A \times 240) + (B \times 90)]}{11000}$$

① 산업용이 아닌 연소기의 명판에 기재된 가스소비량의 합계
② 산업용으로 사용하는 연소기의 명판에 기재된 가스 소비량의 합계
③ 월사용예정량
④ 가정용 연소기의 가스소비량 합계

해설 도시가스 월사용예정량 산출식
- Q : 월사용예정량
- A : 산업용 가스 소비량 합계
- B : 산업용이 아닌 가스소비량 합계

27 고압가스 저장탱크 및 가스홀더 가스방출장치는 가스 저장량이 몇 m³ 이상인 경우여야 하는가?

① 2 m³ ② 3 m³
③ 5 m³ ④ 10 m³

해설 가스방출장치
고압가스 저장탱크 및 가스홀더 : 5 m³ 이상

정답 22 ④ 23 ① 24 ③ 25 ② 26 ② 27 ③

28
독성 가스배관을 지하에 매설할 경우에 배관은 그 가스가 혼입될 우려가 있는 수도시설과 몇 m 이격거리를 유지하여야 하는가?

① 70 m ② 120 m
③ 200 m ④ 300 m

해설 독성 가스배관 이격거리
독성 가스배관 ↔ 수도시설 : 300 m 이상 유지

29
도시가스배관의 철도궤도 중심과 이격거리 기준에 해당하는 것은?

① 1 m 이상 ② 3 m 이상
③ 4 m 이상 ④ 7 m 이상

해설 도시가스배관 이격거리
도시가스배관 ↔ 철도궤도 중심 : 4 m 이상

30
다음 중 같은 성질을 가진 가스로 나열된 것은?

① 에탄, 에틸렌
② 헬륨, 염소
③ 오존, 아황산가스
④ 암모니아, 산소

해설 가스 종류
- 가연성 : 에탄(C_2H_6), 에틸렌(C_2H_4)
- 독성 : 오존(O_3), 아황산가스(SO_2), 염소(Cl_2)
- 무독성 : 산소(O_2), 헬륨(He)
- 조연성 : 산소(O_2), 오존(O_3), 염소(Cl_2)

31
고압가스설비 안전장치에 관한 설명으로 옳지 않은 것은?

① 펌프 및 배관에는 압력상승 방지를 위해 릴리프밸브가 사용된다.
② 액화가스용 안전밸브의 토출량은 저장탱크 등의 내부의 액화가스가 가열될 때의 증발량 이상이 필요하다.
③ 급격한 압력상승이 있는 경우에는 파열판은 부적당하다.
④ 고압가스용기에 사용되는 가용전은 열을 받으면 가용합금이 용해되어 내부의 가스를 방출한다.

해설 고압가스설비 안전장치
파열판 : 급격한 압력변화에 이용하는 설비

32
고압가스설비 중 축열식 반응기를 사용하여 제조하는 것은?

① 에틸벤젠 ② 염화비닐
③ 아세틸렌 ④ 아크릴로라이드

해설 아세틸렌
축열식 반응기를 사용하여 제조

33
다음 중 이음매 없는 용기 특징으로 틀린 것은?

① 독성 가스를 충전하는 데 사용한다.
② 용접용기에 비해 값이 비싸다.
③ 고압에 견디기 어려운 구조이다.
④ 내압에 대한 응력 분포가 균일하다.

해설 이음매 없는 용기
고압용 용기에 이용

34 다음 배관재료 중 사용온도 350 ℃ 이하, 압력 10 MPa 이상 고압관에 사용되는 것은?

① SPPW ② SPPH
③ SPP   ④ SPPG

해설 관의 종류
- SPLT : 저온배관용 탄소강관
- SPHT : 고온배관용 탄소강관
- SPPH : 고압배관용 탄소강관
- SPPS : 압력 배관용 탄소강관

35 가연성 가스 검출기 중 탄광에서 발생하는 CH_4 농도 측정 시 주로 사용되는 것은?

① 열선형   ② 안전등형
③ 간섭계형   ④ 반도체형

해설 안전등형
탄광에서 발생하는 메탄(CH_4)의 농도 측정

36 압력조정기 종류에 따른 조정압력이 틀린 것은?

① 1단 감압식 저압조정기 : 2.3 ~ 3.3 kPa
② 1단 감압식 준저압조정기 : 5 ~ 30 kPa 이내에서 제조자가 설정한 기준압력의 ±20 %
③ 2단 감압식 2차용 저압조정기 : 2.3 ~ 3.3 kPa
④ 자동절체식 일체형 저압조정기 : 2.3 ~ 3.3 kPa

해설 자동절체식 일체형 저압조정기
조정압력 : 2.55 ~ 3.3 kPa

37 오리피스미터 특징으로 옳은 것은?

① 내구성이 좋다.
② 침전물이 관벽에 부착되지 않는다.
③ 압력손실이 매우 작다.
④ 제작이 간단하고 교환이 쉽다.

해설 오리피스미터
- 차압식 유량계
- 압력손실이 큼
- 침전물의 생성 우려
- 제작 간단, 교환 용이
- 유량 신뢰도가 큼

38 압축기에서 다단 압축 목적으로 틀린 것은?

① 이용 효율의 증대
② 소요 일량의 감소
③ 힘의 평형 향상
④ 토출온도 상승

해설 다단압축 목적
- 소요 일량 감소
- 이용 효율 증대
- 힘의 평형 향상
- → 토출온도 : 하강

39 초저온 저장탱크의 측정에 많이 사용되며 차압을 이용하여 액면을 측정하는 액면계는?

① 햄프슨식 액면계
② 전기저항식 액면계
③ 크링카식 액면계
④ 초음파식 액면계

해설 햄프슨식 액면계
액화산소 등과 같은 극저온 저장탱크에 사용

정답 34 ② 35 ② 36 ④ 37 ④ 38 ④ 39 ①

40
프로판을 완전연소시켰을 때 생성되는 물질은? ✓최다빈출

① C_2H_4, H_2O
② CO_2, H_2O
③ CO_2, H_2
④ C_4H_{10}, CO

해설 프로판연소식
$C_3H_8 + 5O_2 \rightarrow 3CO_2 + 4H_2O$

41
도시가스 웨버지수에 대한 설명 중 옳은 것은?

① 도시가스의 총발열량(kcal/m³)을 가스 비중의 평방근으로 나눈 값
② 도시가스의 총발열량(kcal/m³)을 가스 비중으로 나눈 값
③ 도시가스의 가스 비중을 총발열량(kcal/m³)의 평방근으로 나눈 값
④ 도시가스의 가스 비중을 총발열량(kcal/m³)으로 나눈 값

해설 웨버지수 (W)
• 가스의 연소성, 호환성 판단 지수
• $W = \dfrac{Hg}{\sqrt{d}}$
• Hg : 발열량, d : 비중

42
직동식 정압기 기본 구성요소로 틀린 것은?

① 안전밸브   ② 메인밸브
③ 스프링   ④ 다이어프램

해설 정압기
• 직동식 : 메인밸브, 스프링, 다이어프램
• 파일럿식 : 파일럿, 스프링, 다이어프램
  암 직메스다, 파파스다

43
염소 특징에 대한 설명 중 틀린 것은?

① 상온에서 자극성의 냄새가 있는 맹독성 기체이다.
② 염소 자체는 폭발성, 인화성은 없다.
③ 염소와 산소의 1 : 1 혼합물을 염소폭명기라고 한다.
④ 수분이 있으면 염산이 생성되어 부식성이 강해진다.

해설 염소폭명기
염소와 수소를 1 : 1 비율로 혼합하여 생성

44
공기 중 10 vol% 존재 시 폭발 위험성이 없는 가스는?

① CH_3Br ② C_2H_4O
③ C_2H_6 ④ H_2S

해설 폭발 범위
• 산화에틸렌(C_2H_4O) : 3 ~ 80 %
• 에탄(C_2H_6) : 3 ~ 12.5 %
• 브롬화메탄(CH_3Br) : 13.5 ~ 14.5 %
• 황화수소(H_2S) : 4.3 ~ 45 %
  암 사이렌삼팔광, 삼일이오에탄, 사삼시오황

45
다음 펌프 중 시동하기 전 프라이밍이 필요한 펌프는?

① 축류펌프   ② 원심펌프
③ 기어펌프   ④ 왕복펌프

해설 원심펌프
시동 전 공기 제거 위한 프라이밍(물주입) 필요

정답 40 ② 41 ① 42 ① 43 ③ 44 ① 45 ②

46 다음 설명과 관계있는 법칙은?

> 열은 스스로 저온에서 고온으로 이동하는 것은 불가능하다.

① 에너지보존의 법칙
② 열역학 제2법칙
③ 평형이동의 법칙
④ 보일 - 샤를의 법칙

해설 열역학 제2법칙
• 열을 일로 바꾸는 영구기관은 존재하지 않음
• 효율이 100 %인 기관은 존재하지 않음

47 LP가스 공급방식 중 자연기화방식 특징에 대한 설명으로 틀린 것은?

① 기화능력이 좋아 대량 소비 시 적당
② 설비장소가 크게 된다.
③ 가스 조성의 변화량이 크다.
④ 발열량의 변화량이 크다.

해설 LP가스 자연기화방식
기화능력이 강제기화방식보다 좋지 않음

48 공급가스인 천연가스 비중이 0.6일 때 45 m 높이의 아파트 옥상까지 압력손실은 약 몇 mmH₂O인가?

① 18.0   ② 23.3
③ 34.9   ④ 27.0

해설 압력손실
• 압력손실(H) = 1.293 × (S - 1) × h
• H = 1.293 × (1 - 0.6) × 45
    = 23.3 mmH₂O

49 다음 연소기 중 가스용품 제조 기술 기준에 따른 가스렌지가 아닌 것은? (단, 사용압력은 3.3 kPa 이하로 한다)

① 전가스소비량이 9000 kcal/h인 3구 버너를 가진 연소기
② 전가스소비량이 11000 kcal/h인 4구 버너를 가진 연소기
③ 전가스소비량이 12000 kcal/h인 6구 버너를 가진 연소기
④ 전가스소비량이 15000 kcal/h인 2구 버너를 가진 연소기

해설 가스레인지 기준
전기소비량 14400 kcal/h 이하 버너의 연소기

50 70 ℃는 랭킨온도로 몇 °R인가? ✅최다빈출

① 618   ② 693
③ 736   ④ 892

해설 온도 단위
• 화씨온도(°F) = $\frac{9}{5}$ × °C + 32
             = $\frac{9}{5}$ × 70 + 32 = 158
• 랭킨온도(°R) = °F + 460
             = 158 + 460 = 618

정답 46 ② 47 ① 48 ② 49 ④ 50 ①

51 액화석유가스의 일반적 특성이 아닌 것은?

① 공기보다 무겁다.
② 기화 및 액화가 용이하다.
③ 액상 액화석유가스는 물보다 무겁다.
④ 증발잠열이 크다.

해설 액화석유가스
액상가스 : 물 위에 뜸(물보다 가벼움)

52 같은 조건일 때 액화하기 가장 쉬운 가스는?

① 수소   ② 암모니아
③ 네온   ④ 아세틸렌

해설 가스의 비점
• 비점이 낮을수록 액화가 어려움
• 수소(H_2) : -252 ℃
• 암모니아(NH_3) : -33.3 ℃
• 아세틸렌(C_2H_2) : -84 ℃
• 네온(Ne) : -249.9 ℃

53 고압가스 성질에 따른 분류가 아닌 것은?

① 조연성 가스
② 액화가스
③ 가연성 가스
④ 불연성 가스

해설 고압가스 분류
• 가연성 가스
• 조연성 가스
• 불연성 가스

54 도시가스는 무색, 무취이기 때문에 누출 시 중독 및 사고 방지를 위하여 부취제를 첨가하는데 그 첨가비율 용량이 얼마인 상태에서 냄새를 감지할 수 있어야 하는가?

① 0.1 %   ② 0.01 %
③ 0.2 %   ④ 0.02 %

해설 부취제
부취제 함량 : 1/1000 = 0.1 %

55 이상 기체를 정적하에서 가열하면 압력과 온도 변화는?

① 압력일정, 온도증가
② 압력증가, 온도일정
③ 압력증가, 온도상승
④ 압력일정, 온도상승

해설 정적하에서 가열
압력증가, 온도상승

56 부양기구의 수소 대체용 가스는?

① 질소   ② 헬륨
③ 아르곤   ④ 공기

해설 부양기구
• 공기보다 매우 가벼운 가스 사용
• 헬륨 : 분자량 4

57 다음 중 LP가스 특성 중 옳은 것은?

① LP가스의 액체는 물보다 가볍다.
② LP가스의 기체는 공기보다 가볍다.
③ LP가스는 알코올에는 녹지 않으나 물에는 잘 녹는다.
④ LP가스는 푸른 색상을 띠며 강한 취기를 가진다.

해설 **LP가스**
액비중 0.5 kg/L로 물보다 가벼움

58 다음 중 표준대기압에 대하여 맞게 나타낸 것은?

① 완전진공을 0으로 했을 때의 압력
② 토리첼리의 진공실험에서 얻어진 압력
③ 대기압을 0으로 보고 측정한 압력
④ 적도지방 연평균 기압

해설 **표준대기압**
- 지구상의 표면에 작용하는 압력
- 토리첼리의 진공실험 수은 76 cm
- 1기압(atm) = 760 mmHg
  = 10.332 mH$_2$O
  = 1.0332 kg/cm^2
  = 1.013 bar
  = 0.101325 MPa
  = 101.325 kPa
  = 14.7 psi
  = 14.7 lb/in^2

59 다음 중 표준 상태에서 가스상 탄화수소 점도가 가장 높은 가스는?

① 부탄   ② 메탄
③ 에탄   ④ 프로판

해설 **탄화수소의 점도**
- 탄소 하나당 갖고 있는 수소의 개수
- 에탄 : C$_2$H$_6$
- 메탄 : CH$_4$
- 부탄 : C$_4$H$_{10}$
- 프로판 : C$_3$H$_8$

60 황화수소의 주된 용도는?

① 냉매
② 도료
③ 형광 물질 원료
④ 합성고무

해설 **황화수소(H$_2$S)**
금속정련, 형광물질 원료, 공업약품, 의약품, 유황생성

정답 57 ① 58 ② 59 ② 60 ③

2019 CBT 복원 02

01 LNG와 LPG에 대한 설명으로 알맞은 것은?

① LPG는 대체천연가스 또는 합성천연가스를 말한다.
② LNG는 각종 석유가스의 총칭이다.
③ 액체 상태의 나프타를 LNG라 한다.
④ LNG는 액화 천연가스를 말한다.

해설 LNG, LPG
- LNG(CH_4) : 액화천연가스
- LPG(C_3H_8, C_4H_{10}) : 액화석유가스

02 방호벽이 필요하지 않는 곳은?

① 아세틸렌가스압축기와 충전장소 사이
② 고압가스 저장설비와 사업소안의 보호시설과의 사이
③ 판매소의 용기 보관실
④ 아세틸렌가스 발생장치와 당해 가스 충전용기 보관장소 사이

해설 방호벽
가스 발생장치와 충전용기 보관장소 사이 : 설치하지 않음

03 고압가스 특정제조 허가 대상이 아닌 것은?

① 석유정제시설에서 고압가스를 제조하는 것으로서 그 저장능력이 100톤 이상인 것
② 비료제조시설에서 고압가스를 제조하는 것으로서 그 저장능력이 100톤 이상인 것
③ 철강공업시설에서 고압가스를 제조하는 것으로서 그 처리능력이 1만 세제곱미터 이상인 것
④ 석유화학공업시설에서 고압가스를 제조하는 것으로서 그 처리능력이 1만 세제곱미터 이상인 것

해설 고압가스 특정제조 허가 대상
철강공업시설에서 처리능력이 10만 m^3 이상인 것

04 도시가스사업법에서 정한 특정가스사용시설이 아닌 것은?

① 제2종 보호시설 내 월 사용 예정량 2000 m^3 이상인 가스 사용시설
② 제1종 보호시설 내 월 사용 예정량 1000 m^3 이상인 가스 사용시설
③ 월 사용 예정량 2000 m^3 이하인 가스 사용시설 중 많은 사람이 이용하는 시설로 시·도지사가 지정하는 시설
③ 전기사업법, 에너지이용합리화법에 의한 가스사용시설

정답 01 ④ 02 ④ 03 ③ 04 ③

해설 **특정가스사용시설 제외시설**
전기사업, 에너지이용합리화법 의한 시설

05 일반도시가스사업 정압기실에 설치되는 기계 환기설비 중 배기구 관경은 얼마 이상인가?

① 10 cm   ② 25 cm
③ 30 cm   ④ 40 cm

해설 **기계환기설비**
일반도시가스사업 정압기 배기구 관경
: 10 cm

06 다음에서 설명하는 정압기 종류는?

- loading형이다.
- 본체는 복좌밸브로 되어 있어 상부에 다이어프램을 가진다.
- 정특성은 아주 좋으나, 안정성은 떨어진다.
- 다른 형식에 비하여 크기가 크다.

① 레이놀드 정압기
② 피셔식 정압기
③ 엠코 정압기
④ 엑셀 플로우식 정압기

해설 **레이놀드 정압기**
• 언로딩형 정압기
• 정특성이 좋음
• 안정성이 떨어짐
• 대형 정압기에 사용

07 다음 중 가연성이면서 유독 가스는? ✅최다빈출

① NH_3 ② N_2
③ CH_4 ④ H_2

해설 **암모니아(NH_3)**
가연성, 독성 가스

08 공기 중 폭발 범위에 따른 위험도가 가장 큰 가스는? ✅최다빈출

① 황화수소   ② 암모니아
③ 석탄가스   ④ 이황화탄소

해설 **위험도**
• $H = \dfrac{\text{상한치} - \text{하한치}}{\text{하한치}}$
• 폭발 범위가 넓을수록 위험도는 큼

[폭발 범위]
• 황화수소(H_2S) : 4.3 ~ 45 %
• 암모니아(NH_3) : 15 ~ 28 %
• 이황화탄소(CS_2) : 1.25 ~ 44 %

암 사삼사오[황], 일러어이십팔[니아]

09 시안화수소(HCN) 위험성에 대한 설명으로 틀린 것은?

① 오래된 시안화수소는 자체 폭발할 수 있다.
② 인화온도가 아주 낮다.
③ 용기에 충전한 후 60일을 초과하지 않아야 한다.
④ 호흡 시 흡입하면 위험하나 피부에 묻으면 아무 이상이 없다.

정답 05 ① 06 ① 07 ① 08 ④ 09 ④

해설 시안화수소
- 허용농도 10 ppm의 독성 가스
- 피부에 묻으면 위험

10 연소기연소 상태 시험에 사용되는 도시가스 중 가장 역화하기 쉬운 가스는?
① 13A-1   ② 13A-2
③ 13A-3   ④ 13A-R

해설 역화하기 쉬운 가스
- 13A-1 : 메탄 87 %, 프로판 13 %
- 13A-2 : 수소 23 %, 메탄 66 %, 프로판 11 %
- 13A-3 : 메탄 96.5 %, 질소 3.5 %
- 13A-R : 메탄 96 %, 프로판 4 %

11 어떤 도시가스 웨버지수를 측정하였더니 36.52 MJ/m³였다. 품질검사 기준에 합격 여부는?
① 웨버지수 허용 기준보다 낮으므로 합격이다.
② 웨버지수 허용 기준보다 높으므로 합격이다.
③ 웨버지수 허용 기준보다 높으므로 불합격이다.
④ 웨버지수 허용 기준보다 낮으므로 불합격이다.

해설 웨버지수(W)
- 가스의 연소성, 호환성을 판단하는 지수
- Hg : 발열량, d : 비중
- 36.52 MJ/m³ = 8722 kcal/m³
- 도시가스 표준 발열량 : 10550 kcal/m³
∴ 도시가스 표준 발열량보다 낮으므로 불합격이다.

12 가스의 경우 폭굉(Detonation)연소속도는 약 몇 m/s 정도인가?
① 0.03 ~ 10   ② 10 ~ 50
③ 100 ~ 600   ④ 1000 ~ 3000

해설 폭굉속도
연소속도 : 1000 ~ 3000 m/s 이내

13 어떤 액 비중을 측정하였더니 2.5이었다. 이 액의 액주 6 m 압력은 몇 kg/cm²인가?
① 0.15 kg/cm²   ② 1.5 kg/cm²
③ 15 kg/cm²   ④ 0.015 kg/cm²

해설 압력
- H_2O 10 m = 1 kg_f/cm^2
- 1 × 2.5 × (6/10) = 1.5 kg_f/cm^2

14 "압축된 가스를 단열 팽창시키면 온도는 강하한다"는 것은 무슨 효과인가?
① 정류효과   ② 줄 - 톰슨효과
③ 단열효과   ④ 팽윤효과

해설 줄 - 톰슨효과
압축된 가스를 단열 팽창시키면 온도는 하강

15 표준 상태에서 1몰 아세틸렌이 완전연소될 때 필요한 산소 몰 수는?
① 1몰   ② 1.5몰
③ 2몰   ④ 2.5몰

해설 아세틸렌연소식
$C_2H_2 + 2.5O_2 \rightarrow 2CO_2 + H_2O$

정답 10 ② 11 ④ 12 ④ 13 ② 14 ② 15 ④

16 기화기에 대한 설명으로 틀린 것은?

① 기화장치의 구성요소 중에는 기화부, 제어부, 조압부 등이 있다.
② 기화기 사용 시 장점은 LP가스 종류에 관계없이 한냉 시에도 충분히 기화시킨다.
③ 감압가열방식은 열교환기에 의해 액상의 가스를 기화시킨 후 조정기로 감압시켜 공급하는 방식이다.
④ 기화기를 증발형식에 의해 분류하면 순간 증발식과 유입 증발식이 있다.

해설 감압가열방식
저온 액화가스 감압 후 강제 기화 공급방식

17 다음 중 1차 압력계는? ✓최다빈출

① 전기 저항식 압력계
② 부르동관 압력계
③ U자관형 마노미터
④ 벨로우즈 압력계

해설 1차 압력계
- U자관형 마노미터
- U자관형 압력계
- 경사관식 압력계
- 호르단형 압력계
- 침종식 압력계

18 고압가스용기에서 실시하는 재검사 대상이 아닌 것은?

① 충전할 고압가스 종류가 변경된 경우
② 손상이 발생된 경우
③ 용기밸브를 교체한 경우
④ 합격표시가 훼손된 경우

해설 고압가스용기 재검사 대상
- 충전할 고압가스의 종류 변경 시
- 손상 발생
- 합격표시 훼손
→ 용기밸브 교체 : 고압가스 수리

19 다음 중 액화석유가스 주성분이 아닌 것은?

① 프로판   ② 헵탄
③ 부탄   ④ 프로필렌

해설 LPG 주성분
- 부탄
- 프로판
- 프로필렌
- 부틸렌
- 부타디엔

20 관 내를 흐르는 유체의 압력강하 설명으로 틀린 것은? 고난도!

① 관 길이에 비례한다.
② 관 내경의 5승에 반비례한다.
③ 가스비중에 비례한다.
④ 압력에 비례한다.

해설 가스유량

가스유량$(Q) = K\sqrt{\dfrac{D^5 h}{SL}}$

압력손실$(h) = \dfrac{Q^2 \cdot S \cdot L}{K^2 \cdot D^5}$

→ 압력과는 관련이 없음

21 독성 가스 저장탱크에는 그 가스 용량이 탱크 내용적의 몇 %까지 채워야 하는가?

① 70 %
② 80 %
③ 90 %
④ 95 %

해설 독성 가스 저장탱크 용량
탱크 내용적의 90 %까지 채워야 함

22 -10 ℃ 얼음 10 kg을 1기압에서 증기로 변화시킬 때 필요한 열량은 몇 kcal인가? (단, 얼음 비열은 0.5 kcal/kg·℃, 얼음 용해열은 80 kcal/kg, 물 기화열은 539 kcal/kg이다)

① 5400
② 5900
③ 6240
④ 7240

해설 열량 계산
Q(현열) = GC△t, Q(잠열) = Gh
-10 ℃ 열량 = 10 kg × 0.5 × 10
           = 50 kcal
0 ℃ 물 열량 = 10 kg × 80 = 800 kcal
100 ℃ 물 열량 = 10 kg × 1 × 100
             = 1000 kcal
증기 열량 = 10 kg × 539 = 5390 kcal
50 + 800 + 1000 + 5390 = 7240 kcal

23 방폭전기기기용기 내부에서 가연성 가스폭발 발생 시 그 용기가 폭발압력에 견디고, 접합면, 개구부 등을 통해 외부 가연성 가스에 인화되지 않도록 한 방폭구조는?

① 내압(耐壓)방폭구조
② 압력(壓力)방폭구조
③ 유입(油入)방폭구조
④ 본질안전방폭구조

해설 방폭구조
- 안전증방폭구조 : e
- 유입방폭구조 : o
- 내압방폭구조 : d
- 압력방폭구조 : p
- 본질안전방폭구조 : ia, ib
- 특수방폭구조 : s

24 공기 100 kg 중에 산소는 약 몇 kg 포함되어 있는가?

① 13.3 kg
② 23.2 kg
③ 33.5 kg
④ 43.7 kg

해설 공기 중 산소
- 부피당 : 21 %
- 중량당 : 23.2 %
- 100 × 0.232 = 23.2 kg

25 다음 중 비점이 가장 낮은 것은?
① 산소   ② 헬륨
③ 수소   ④ 네온

해설 가스의 비점
- 비점이 낮을수록 액화가 어려움
- 수소(H_2) : -252 ℃
- 헬륨(He) : -272.2 ℃
- 산소(O_2) : -183 ℃
- 네온(Ne) : -248.67 ℃

26 다음 중 용적식 유량계는?
① 플로노즐유량계
② 오리피스유량계
③ 벤투리관유량계
④ 오벌 기어식 유량계

해설 용적식 유량계
- 오벌 기어식
- 가스미터기
- 루트식
- 회전원판식

27 다음 중 방류둑을 설치해야 할 기준으로 옳지 않은 것은?
① 저장능력이 5톤 이상인 독성 가스 저장탱크
② 저장능력이 300톤 이상인 가연성 가스 탱크
③ 저장능력이 1000톤 이상인 액화산소 저장탱크
④ 저장능력이 1000톤 이상인 액화석유가스 저장탱크

해설 방류둑 설치 기준
- 독성 가스 : 5톤 이상
- 가연성 가스 : 500톤 이상
- 산소 : 1000톤 이상
- LPG : 1000톤 이상

28 다음 중 암모니아 가스 검출방법이 아닌 것은?
① 네슬러시약을 넣어 본다.
② 초산연 시험지를 대어본다.
③ 붉은 리트머스지를 대어본다.
④ 진한 염산에 접촉시켜 본다.

해설 암모니아 가스 검출방법
네슬러시약, 붉은 리트머스지, 진한 염산
→ 초산연 시험지 : 황화수소 누설검지 이용

29 왕복식 압축기에서 피스톤과 크랭크샤프트를 연결하여 왕복운동시키는 역할을 하는 것은?
① 크랭크
② 피스톤링
③ 톱클리어런스
④ 커넥팅로드

해설 커넥팅로드
왕복동압축기에서 피스톤과 크랭크샤프트 연결

30 고압가스특정제조시설에서 플레어스택의 설치 기준으로 옳지 않은 것은?

① 파이롯트버너를 항상 꺼두는 등 플레어스택에 관련된 폭발을 방지하기 위한 조치가 되어 있는 것으로 한다.
② 긴급이송설비로 이송되는 가스를 안전하게 연소시킬 수 있는 것으로 한다.
③ 플레어스택에서 발생하는 최대열량에 장시간 견딜 수 있는 재료 및 구조로 되어 있는 것으로 한다.
④ 플레어스택에서 발생하는 복사열이 다른 제조시설에 나쁜 영향을 미치지 아니하도록 안전한 높이 및 위치에 설치한다.

해설 플레어스택
- 공장에서 방출된 폐가스 중 유해성분을 연소시켜 무해화하는 소각탑
- 특정제조시설에서 플레어스택 : 파이어롯트버너를 항상 켜두는 방식
- 플레어스택에 관련된 폭발 방지 조치 필요

31 0 ℃, 1 atm에서 6 L인 기체가 273 ℃, 1 atm일 때 몇 L인가?

① 4 ② 10
③ 12 ④ 24

해설 샤를의 법칙
- $\dfrac{V_1}{T_1} = \dfrac{V_2}{T_2}$
- $V_2 = V_1 \times \dfrac{T_2}{T_1} = 6 \times \dfrac{273+273}{273} = 12 L$

32 직동식 정압기 기본 구성요소로 틀린 것은?

① 안전밸브 ② 메인밸브
③ 스프링 ④ 다이어프램

해설 정압기
- 직동식 : 메인벨브, 스프링, 다이어프램
- 파일럿식 : 파일럿, 스프링, 다이어프램
  암 직메스다, 파파스다

33 조정기를 사용하여 공급가스를 감압하는 2단 감압방법의 장점으로 틀린 것은?

① 중간배관이 가늘어도 된다.
② 공급압력이 안정하다.
③ 각 연소기구에 알맞은 압력으로 공급이 가능하다.
④ 장치가 간단하다.

해설 2단 감압법 장점
- 중간배관이 가늘음
- 공급압력 안정
- 각 연소기구에 알맞은 압력 공급 가능
→ 그러나 단단감압에 비해 장치가 복잡

34 독성 가스 제조시설 식별표지의 글자 색상은? (단, 가스의 명칭은 제외한다)

① 적색 ② 백색
③ 황색 ④ 흑색

해설 독성 가스 식별표지
- 바탕 : 백색
- 글씨 : 흑색
- 문자와의 크기 : 가로 × 세로 10 cm 이상
- 30 m 이상 떨어진 위치에서 식별 가능

정답 30 ① 31 ③ 32 ① 33 ④ 34 ④

35 고압가스를 제조할 때 가스를 압축해서는 안 되는 경우에 해당하지 않는 것은?

① 가연성 가스(아세틸렌, 에틸렌 및 수소 제외) 중 산소량이 전체용량의 4 % 이상인 것
② 산아세틸렌, 에틸렌 또는 수소 중의 산소용량이 전체 용량의 2 % 이상인 것
③ 산소 중의 가연성 가스의 용량이 전체 용량의 4 % 이상인 것
④ 산소 중의 아세틸렌, 에틸렌 및 수소의 용량 합계가 전체용량의 4 % 이상인 것

해설 고압가스 압축
산소 내 아세틸렌, 에틸렌, 수소의 용량 합계가 전체의 2 % 이상이면 압축하지 않음

36 설비나 장치 및 용기 등에서 취급 또는 운용되고 있는 통상의 온도를 어떤 온도라고 하는가?

① 상용온도　② 캘빈온도
③ 화씨온도　④ 표준온도

해설 상용온도
설비나 장치 및 용기에서 취급되는 통상 온도

고난도! 37 원통형의 관을 흐르는 물의 중심부의 유속을 피토관으로 측정하였더니 수주 높이가 10 m이었다. 유속은 약 몇 m/s인가?

① 12　② 14
③ 25　④ 30

해설 유속(V)
$$유속(V) = \sqrt{2gh}\,(m/s) = \sqrt{2 \times 9.8 \times 10} = 14 m/s$$

38 도시가스배관을 지하에 설치 시공할 때 다른 배관이나 타 시설들과의 이격거리 기준은?
✓최다빈출

① 30 cm 이상　② 60 cm 이상
③ 1.5 m 이상　④ 2.0 m 이상

해설 가스 지하 매설배관 이격거리
도시가스 지하 배관 ↔ 타 시설물
30 cm 이상

39 도시가스 유해성분 측정에 있어서 암모니아는 도시가스 1 m³당 몇 g을 초과해서는 안 되는가?

① 0.02　② 0.2
③ 0.7　④ 1.5

해설 도시가스 유해성분 측정 [1 m³당]
• 암모니아 : 0.2 g
• 황전량 : 0.5 g
• 황화수소 : 0.02 g

40 지상에 설치하는 액화석유가스의 저장탱크 안전밸브에 가스 방출관을 설치하려고 한다. 저장탱크의 정상부가 8 m일 경우 방출관의 방출구 높이는 지상에서 얼마 이상의 높이에 설치하여야 하는가?

① 6 m　② 9 m
③ 10 m　④ 12 m

해설 방출구 높이
• 저장탱크의 정상부 + 2 m 이상 설치
• 8 m + 2 m = 10 m

정답 35 ④　36 ①　37 ②　38 ①　39 ②　40 ③

41 자동절체식 조정기의 경우 사용 쪽 용기 안 압력이 얼마 이상일 때 표시 용량의 범위에서 예비 쪽 용기에서 가스가 공급되지 않아야 하는가?

① 0.07 MPa
② 0.1 MPa
③ 0.20 MPa
④ 0.25 MPa

> **해설** 자동절체식 조정기
> 0.1 MPa 이상 : 가스 공급불가

42 가스용품제조허가를 받아야 하는 품목에 해당하지 않는 것은?

① PE배관
② 매몰형 정압기
③ 연료전지
④ 로딩암

> **해설** 가스용품제조허가 품목
> • 매몰형 정압기
> • 연료전지
> • 로딩암
> → PE배관 : 플라스틱 배관으로 가스용품제조허가 불필요

43 다음 그림에 해당하는 공기 액화장치는?

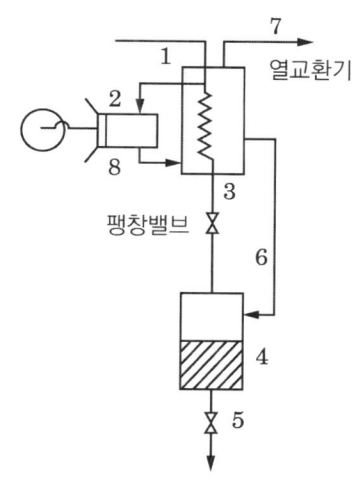

① 클라우드식 액화장치
② 필립스식 액화장치
③ 캐피자식 액화장치
④ 린데식 액화장치

> **해설** 클라우드식 액화장치
> • 줄-톰슨효과 이용
> • 피스톤식 팽창기 이용

44 시안화수소 가스는 위험성이 매우 높아 용기에 충전 보관할 때 안정제를 첨가하여야 한다. 적합한 안정제는?

① 질소   ② 이산화탄소
③ 황산   ④ 염산

> **해설** 시안화수소
> • 복숭아 향 가스
> • 폭발 범위 : 6~41%
> • 중합폭발 방지 위해 황산, 동망, 염화칼슘, 인산, 아황산가스 등 첨가

정답 41 ② 42 ① 43 ① 44 ③

45 저장능력이 1ton인 액화염소용기의 내용적은 몇 L인가? (단, 액화염소 정수(C)는 0.80이다) 〔최다빈출〕

① 500 ② 600
③ 800 ④ 1200

해설 저장능력
저장능력 W = V/C
V = W × C
V = (1×1000) × 0.8 = 800 L

46 가연성 가스로 인한 화재는?

① A급 화재 ② B급 화재
③ C급 화재 ④ D급 화재

해설 화재 종류
- A급 화재 : 일반 화재
- B급 화재 : 유류, 가스
- C급 화재 : 전기
- D급 화재 : 금속 화재

암 에일, 비유가, 씨전, 지금

47 자연환기설비 설치 시 LP가스의 용기 보관실 바닥 면적이 3 m²이다. 이때 통풍구의 크기는 몇 cm² 이상으로 하도록 되어 있는가? (단, 철망 등이 부착되어 있지 않은 것으로 간주한다)

① 500 ② 800
③ 900 ④ 1500

해설 통풍구 크기
- 바닥면적 1 m²당 300 cm²
- 300 × 3 = 900 cm²

48 아세틸렌가스 압축 시 희석제로 적당하지 않은 것은?

① 메탄 ② 질소
③ 일산화탄소 ④ 산소

해설 아세틸렌가스 희석제
- 에틸렌
- 메탄
- 일산화탄소
- 질소
→ 산소 : 조연성 가스이므로 희석제 부적당

49 도시가스사업법령에 따른 안전관리자의 종류가 아닌 것은?

① 안전관리 책임자
② 안전관리 총괄자
③ 안전관리 부책임자
④ 안전점검원

해설 도시가스 안전관리자
- 안전관리 총괄자
- 안전관리 부총괄자
- 안전관리 책임자
- 안전점검원

50 "모든 기체 1몰의 체적(V)은 같은 온도(T), 같은 압력(P)에서 모두 일정하다"에 해당하는 법칙은?

① Henry의 법칙
② Dalton의 법칙
③ Avogadro의 법칙
④ Hess의 법칙

정답 45 ③ 46 ② 47 ③ 48 ④ 49 ③ 50 ③

해설 **아보가드로법칙**
0 ℃, 1 atm 기체 1 mol의 부피는 22.4 L이고, 그 속에 존재하는 분자수는 6.02×10^{23}개이다.

51 국가표준기본법에서 정의하는 기본단위가 아닌 것은?

① 질량 - kg
② 전류 - A
③ 시간 - s
④ 온도 - ℃

해설 **국가표준기본단위 온도**
절대온도 켈빈(K)

52 공기 중 10 vol% 존재 시 폭발 위험성이 없는 가스는?

① CH_3Br
② C_2H_4O
③ C_2H_6
④ H_2S

해설 **폭발 범위**
- 산화에틸렌(C_2H_4O) : 3 ~ 80 %
- 에탄(C_2H_6) : 3 ~ 12.5 %
- 브롬화메탄(CH_3Br) : 13.5 ~ 14.5 %
- 황화수소(H_2S) : 4.3 ~ 45 %

    암 [사이렌]삼팔광, 삼일이오[에탄], 사삼시오[황]

53 비등액체팽창증기폭발(BLEVE)이 일어날 가능성이 가장 적은 곳은?

① 액화가스 탱크로리
② LPG 저장탱크
③ 천연가스 지구정압기
④ LNG 저장탱크

해설 **비등액체팽창증기폭발**
탱크에서 일어날 가능성이 큼

54 다음 보기의 독성 가스 중 독성(LC_{50})이 가장 강한 것과 가장 약한 것을 순서대로 나열한 것은?

① 염화수소
② 암모니아
③ 황화수소
④ 일산화탄소

① ①, ②
② ①, ④
③ ③, ②
④ ③, ④

해설 LC_{50}(치사농도)
- 염화수소 : 3124
- 암모니아 : 7338
- 황화수소 : 750
- 일산화탄소 : 3760

55 LPG(C_4H_{10}) 공급방식에서 공기를 3배 희석하면 발열량은 약 몇 $kcal/Sm^3$이 되는가? (단, C_4H_{10}의 발열량은 30000 $kcal/Sm^3$으로 가정한다)

① 7000
② 7500
③ 9000
④ 11000

해설 **희석 발열량**
Q = 표준발열량/(1 + 희석배수)
  = 30000/(1 + 3) = 7500 $kcal/m^3$

정답 51 ④ 52 ① 53 ③ 54 ③ 55 ②

56 가스배관 내 잔류물질 제거 시 사용하는 것이 아닌 것은?

① 압력계 ② 거버너
③ 피그 ④ 컴프레서

> **해설** 가스배관 내 잔류물질 제거
> 압력계, 피그, 컴프레서
> → 거버너 : 정압기

57 산소에 대한 설명 중 틀린 것은?

① 고압 산소와 유지류 접촉은 위험하다.
② 산소 화학반응에서 과산화물은 위험성이 있다.
③ 내산화성 재료로서는 주로 납(Pb)이 사용된다.
④ 과잉 산소는 인체에 유해하다.

> **해설** 내산화성 재료
> 크롬(Cr), 규소(Si), 알루미늄(Al)

58 공기액화분리기에서 이산화탄소 7.2 kg 제거를 위해 필요한 건조제(NaOH)는 약 몇 kg인가?

① 7 ② 9
③ 13 ④ 18

> **해설** 이산화탄소 제거
> • $2NaOH + CO_2 \rightarrow NaCO_3 + H_2O$
> • NaOH 분자량 : 40
> • CO_2 분자량 : 44
> • CO_2 1 g 제거 시 NaOH :
> $(2 \times 40)/44 = 1.81$
> • $1.81 \times 7.2 = 13$

59 가연성 가스 제조설비 중 전기설비는 방폭성능을 가지는 구조이어야 한다. 다음 중 반드시 방폭성능을 가지는 구조가 아닌 가스는?

① 프로판 ② 수소
③ 아세틸렌 ④ 암모니아

> **해설** 전기설비 방폭성능
> 폭발 하한치 10 % 이하일 때 필요
> → 암모니아 : 하한치 10 % 초과이어서 불필요

60 산소 농도 증가에 대한 설명으로 틀린 것은? ✓최다빈출

① 연소속도가 빨라진다.
② 발화온도가 올라간다.
③ 폭발력이 세어진다.
④ 화염온도가 올라간다.

> **해설** 산소 농도 증가
> 발화온도 하강(낮은 온도에서 발화 가능)

정답 56 ② 57 ③ 58 ③ 59 ④ 60 ②

PART 06
PBT 복원문제

2016 01월 24일 / 04월 02일 / 07월 10일
2015 01월 25일 / 04월 04일 / 07월 19일 / 10월 10일
2014 01월 26일 / 04월 06일 / 07월 20일 / 10월 11일
2013 01월 27일 / 04월 14일 / 07월 21일 / 10월 12일
2012 02월 12일 / 04월 08일 / 07월 22일 / 10월 20일

2016 01월 24일

01 특정고압가스 사용시설 기준 및 기술 기준으로 틀린 것은?

① 지하에 매설하는 배관에는 전기부식 방지조치를 한다.
② 가연성 가스의 사용설비에는 정전기 제거설비를 설치한다.
③ 독성 가스의 저장설비에는 가스가 누출될 때 이를 흡수 또는 중화할 수 있는 장치를 설치한다.
④ 산소를 사용하는 밸브에는 밸브가 잘 동작할 수 있도록 석유류 및 유지류를 주유하여 사용한다.

해설 특정고압가스 사용시설 기준
산소 사용 밸브 : 석유류나 유지류 주입 금지

02 액화석유가스 자동차에 고정된 용기충전시설에 설치하는 긴급차단장치에 접속하는 배관에 대해서는 어떠한 조치를 하도록 되어 있는가?

① 워터햄머가 발생하지 않도록 조치
② 긴급차단에 따른 정전기 등이 발생하지 않도록 하는 조치
③ 바이패스 배관을 설치하여 차단성능을 향상시키는 조치
④ 체크밸브를 설치하여 과량 공급이 되지 않도록 조치

해설 LPG 긴급차단장치
워터해머가 발생하지 않도록 조치

03 액화석유가스 자동차에 고정된 용기충전시설에 게시한 "화기엄금"이라 표시한 게시판 색상은?

① 흑색바탕에 황색글씨
② 황색바탕에 흑색글씨
③ 백색바탕에 적색글씨
④ 적색바탕에 백색글씨

해설 화기엄금 표시
백색바탕에 적색글씨

04 고압가스 제조설비에서 기밀시험용으로 사용할 수 없는 가스는?

① 산소   ② 공기
③ 질소   ④ 탄산가스

해설 고압가스 기밀시험 사용 불가 가스
산소(조연성 가스이기 때문)

05 다음 중 가연성이면서 독성인 가스는?

① C_2H_2 ② HCl
③ $CHClF_2$ ④ HCN

해설 시안화수소(HCN)
가연성이면서 독성인 가스

정답 01 ④ 02 ① 03 ③ 04 ① 05 ④

06 액화석유가스 집단공급시설에서 가스설비의 상용압력이 1 MPa이다. 이 설비의 내압시험 압력은 몇 MPa으로 하는가?

① 1
② 1.2
③ 1.5
④ 2.0

해설 내압시험 압력 기준
상용압력의 1.5배 = 1 × 1.5 = 1.5 MPa

07 아세틸렌가스 압력이 9.8 MPa 이상인 압축가스를 용기에 충전하는 경우 방호벽을 설치하지 않아도 되는 곳은?

① 압축가스 충전장소와 그 가스충전용기 보관장소 사이
② 압축기와 충전장소 사이
③ 압축기와 그 가스 충전용기 보관장소 사이
④ 압축가스를 운반하는 차량과 충전용기 사이

해설 아세틸렌가스 방호벽 설치장소
- 압축기와 충전장소 사이
- 압축가스 충전장소와 그 가스충전용기 보관장소 사이
- 압축기와 그 가스 충전용기 보관장소 사이

08 고압가스안전관리법 적용범위에서 제외되는 고압가스가 아닌 것은?

① 내연기관의 시동, 타이어의 공기 충전, 리벳팅, 착암 또는 토목공사에 특정고압가스 사용시설
② 섭씨 35 ℃의 온도에서 압력이 0 Pa을 초과하는 아세틸렌가스
③ 섭씨 35 ℃의 온도에서 게이지압력이 4.9 MPa 이하인 유니트형 공기압축장치 안의 압축공기
④ 냉동능력이 3톤 미만인 냉동설비 안의 고압가스

해설 고압가스안전관리법 적용범위
15 ℃ 게이지압력 0 Pa 초과

09 가스제조시설에 설치하는 방호벽 규격으로 옳은 것은?

① 후강판 벽으로 두께 10 mm 이상, 높이 3 m 이상
② 박강판 벽으로 두께 3.2 cm 이상, 높이 3 m 이상
③ 철근 콘크리트 벽으로 두께 12 cm 이상, 높이 2 m 이상
④ 철근콘크리트블록 벽으로 두께 20 cm 이상, 높이 2 m 이상

해설 방호벽 규격

종류	두께	높이
철근콘크리트	12 cm	2 m
콘크리트블록	15 cm	2 m
박강판	3.2 mm	2 m
후강판	6 mm	2 m

정답 06 ③ 07 ④ 08 ② 09 ③

10 저장탱크에 의한 액화석유가스 저장소에서 지상에 노출된 배관을 차량으로부터 보호하기 위해 설치하는 방호철판 두께는 얼마 이상인가?

① 1 mm ② 2 mm
③ 4 mm ④ 5 mm

해설 **방호철판 두께**

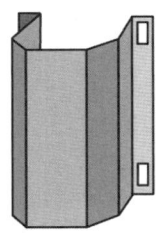

방호철판의 두께는 4 mm 이상이고 크기는 0.8 m 이상이어야 한다.

11 도시가스배관 설치 희생양극법에 의한 전위 측정용 터미널은 몇 m 이내 간격이어야 하는가?

① 100 m ② 300 m
③ 400 m ④ 600 m

해설 **희생양극법에 의한 전위 측정**
전위 측정용 터미널 : 300 m 이내 간격

12 고압가스용기 취급 또는 보관할 때 기준으로 옳은 것은? 최다빈출

① 충전용기와 잔가스용기는 각각 구분하여 용기보관장소에 놓는다.
② 용기 보관장소의 주위 5 m 이내에는 화기, 인화성 물질을 두지 아니한다.
③ 충전용기는 통풍이 잘 되고 직사광선을 받을 수 있는 따스한 곳에 둔다.
④ 용기는 항상 60 ℃ 이하의 온도를 유지한다.

해설 **고압가스용기 보관 기준**
• 충전용기와 잔가스용기는 구분하여 놓음
• 항상 40 ℃ 이하 온도 유지
• 직사광선을 받지 않는 곳
• 주위 2 m 이내에 화기, 인화성 물질 금지

13 도시가스배관에는 도시가스를 사용하는 배관임을 명확하게 식별할 수 있도록 표시를 한다. 그 표시방법에 대한 설명으로 옳은 것은?

① 지상에 설치하는 배관 외부에는 사용가스명, 최고사용압력 및 가스의 흐름방향을 표시한다.
② 매설배관의 표면색상은 최고사용압력이 중압인 경우 황색으로 도색한다.
③ 매설배관의 표면색상은 최고사용압력이 저압인 경우 녹색으로 도색한다.
④ 지상배관의 표면색상은 백색으로 도색한다. 다만 흑색으로 2중 띠를 표시한 경우 백색으로 하지 않아도 된다.

해설 **도시가스배관 표시방법**
• 매설배관 : 저압(황색), 중압(적색)
• 지상배관 : 황색 띠로 표시

정답 10 ③ 11 ② 12 ① 13 ①

14 고압가스 용어에 대한 설명으로 틀린 것은?

① 액화가스란 가압, 냉각 등의 방법에 의하여 액체 상태로 되어 있는 것으로서 대기압에서의 끓는점이 섭씨 40도 이하 또는 사용의 온도 이하인 것을 말한다.
② 독성 가스란 공기 중에 일정량이 존재하는 경우 인체에 유해한 독성을 가진 가스로서 허용농도가 100만분의 2000 이하인 가스를 말한다.
③ 가연성 가스는 공기 중에서 연소하는 가스로서 폭발한계의 하한이 10 % 이하인 것과 폭발한계의 상한과 하한의 차가 20 % 이상인 것을 말한다.
④ 초저온저장탱크라 함은 섭씨 영하 50도 이하의 액화가스를 저장하기 위한 저장탱크로서 단열재로 씌우거나 냉동설비로 냉각하는 등의 방법으로 저장탱크 내의 가스 온도가 상용의 온도를 초과하지 않도록 한 것을 말한다.

해설 독성 가스
- TLV-TWA : 100만분의 200 이하
- LC_{50} : 100만분의 5000 이하

15 도시가스에 대한 설명으로 틀린 것은?

① 도시가스는 주로 배관을 통하여 수요가에게 공급된다.
② 국내에서 공급하는 대부분의 도시가스는 메탄을 주성분으로 하는 천연가스이다.
③ 도시가스의 원료로 LPG를 사용할 수 있다.
④ 도시가스는 공기와 혼합만 되면 폭발한다.

해설 도시가스
점화원이 있으면 폭발
(연소의 3요소 : 가연성 물질, 산소공급원, 점화원)

16 고압가스 특정제조시설에서 선임하여야 하는 안전관리원 선임인원 기준은?

① 1명 이상   ② 2명 이상
③ 5명 이상   ④ 10명 이상

해설 고압가스 특정제조시설 안전관리원 선임 기준
2명 이상

17 일반도시가스 공급시설에 설치하는 정압기 분해점검 주기는?

① 1년에 1회 이상
② 2년에 1회 이상
③ 3년에 1회 이상
④ 1주일에 1회 이상

해설 정압기 분해점검 주기
일반도시가스 정압기 : 2년에 1회 이상

18 액화석유가스 용기보관소시설 기준으로 틀린 것은?

① 용기보관실 창의 유리는 망입유리 또는 안전유리로 한다.
② 저장설비는 용기 집합식으로 한다.
③ 용기보관실은 불연재료를 사용한다.
④ 용기보관실은 사무실과 구분하여 동일 부지에 설치한다.

정답 14 ② 15 ④ 16 ② 17 ② 18 ②

해설 LPG용기보관소시설 기준
저장설비 : 용기 집합식으로 하지 않음

19 자연환기설비 설치 시 LP가스용기 보관실 바닥 면적이 3 m²이라면 통풍구 크기는 몇 cm² 이상 되어 있는가? (단, 철망 등이 부착되어 있지 않은 것으로 간주한다)

① 600   ② 700
③ 900   ④ 1200

해설 통풍구 크기
- 1 m²당 300 cm²
- 3 × 300 = 900

20 고속도로 휴게소에서 액화석유가스 저장능력이 얼마를 초과하는 경우 소형저장탱크를 설치하여야 하는가?

① 200 kg   ② 500 kg
③ 1000 kg ④ 1500 kg

해설 LPG 저장능력 설치 기준
고속도로 휴게소에서 500 kg 초과할 경우 소형저장탱크를 설치한다.

21 방폭전기 기기구조별 표시방법 중 "e" 표시는? ✅최다빈출

① 안전증방폭구조
② 유입방폭구조
③ 내압방폭구조
④ 압력방폭구조

해설 방폭구조
- 내압방폭구조 : d
- 안전증방폭구조 : e
- 유입방폭구조 : o
- 압력방폭구조 : p
- 본질안전방폭구조 : ia, ib
- 특수방폭구조 : s

22 액화석유가스 사용시설연소기 설치방법으로 옳지 않은 것은?

① 밀폐형 연소기는 급기구, 배기통과 벽과의 사이에 배기가스가 실내로 들어올 수 없게 한다.
② 개방형 연소기를 설치한 실에는 환풍기 또는 환기구를 설치한다.
③ 반밀폐형 연소기는 급기구와 배기통을 설치한다.
④ 배기통이 가연성 물질로 된 벽을 통과 시에는 금속 등 불연성 재료로 단열조치를 한다.

해설 LPG 사용시설연소기 설치법
배기통이 가연성 물질로 된 벽 통과 시 - 방화조치

23 상용압력이 10 MPa인 고압설비 안전밸브 작동압력은 얼마인가?

① 9 MPa   ② 12 MPa
③ 15 MPa   ④ 22 MPa

해설 상용압력 10 MPa 안전밸브 작동압력
상용압력 × 1.2 = 12 MPa

정답 19 ③ 20 ② 21 ① 22 ④ 23 ②

24 LPG충전자가 실시하는 용기 안전점검 기준에서 내용적은 얼마 이하의 용기에 대하여 "실내보관 금지" 표시 여부를 확인하여야 하는가?

① 15 L   ② 25 L
③ 30 L   ④ 70 L

해설 LPG용기 안전점검 기준
내용적 15 L 이하 : 실내보관 금지 표시

25 특정고압가스 사용시설에서 취급하는 용기의 안전조치사항 중 틀린 것은?

① 고압가스 충전용기 밸브는 서서히 개폐하고 밸브 또는 배관을 가열하는 때에는 열습포나 40 ℃ 이하의 더운 물을 사용한다.
② 고압가스 충전용기는 항상 40 ℃ 이하를 유지한다.
③ 고압가스 충전용기를 사용한 후에는 폭발을 방지하기 위하여 밸브를 열어둔다.
④ 용기보관실에 충전용기를 보관하는 경우에는 넘어짐 등으로 충격 및 밸브 등의 손상을 방지하는 조치를 한다.

해설 특정고압가스 안전조치사항
충전용기 사용 후 : 밸브 닫아둠

26 다음 중 독성(LC₅₀)이 가장 강한 것은?

① 브롬화메탄   ② 디메틸아민
③ 암모니아   ④ 아크릴로니트릴

해설 LC₅₀ 독성 가스 허용농도
• 수치가 적을수록 독성이 강함
• 암모니아 : 4230
• 브롬화메탄 : 850
• 아크릴로니트릴 : 660

27 독성 가스 충전용기를 차량에 적재할 때 기준으로 틀린 것은?

① 차량의 적재함을 초과하여 적재하지 아니한다.
② 운반차량에 세워서 운반한다.
③ 차량의 최대적재량을 초과하여 적재하지 아니한다.
④ 충전용기는 2단 이상으로 겹쳐 쌓아 용기가 서로 이격되지 않도록 한다.

해설 독성 가스 충전용기
차량 적재 시 : 2단 이상으로 겹쳐 쌓지 않음

28 허용농도 100만분의 200 이하인 독성 가스 용기 중 내용적이 얼마 미만인 충전용기를 운반하는 차량의 적재함에 대해 밀폐된 구조로 하여야 하는가?

① 700 L   ② 1000 L
③ 1200 L   ④ 3000 L

해설 독성 충전용기 운반 차량
허용농도 100만분의 200 이하
: 1000 L 미만

정답 24 ① 25 ③ 26 ④ 27 ④ 28 ②

29 도시가스배관 굴착작업 시 배관 보호를 위해 배관 주위 얼마 이내 인력으로 굴착해야 하는가?

① 0.3 m ② 0.6 m
③ 1 m   ④ 2 m

해설 지하 도시가스배관

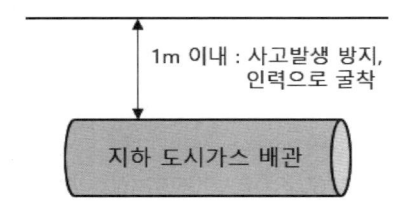

1m 이내 : 사고발생 방지, 인력으로 굴착

30 차량에 고정된 고압가스 탱크를 운행할 경우 휴대해야 할 서류가 아닌 것은?

① 탱크 테이블(용량 환산표)
② 차량등록증
③ 고압가스 이동계획서
④ 탱크 제조시방서

해설 고압가스 탱크차량
• 차량등록증
• 탱크 테이블
• 고압가스 이동계획서

31 수은을 이용한 U자관 압력계에서 액주높이 (h) 600 mm, 대기압(P_1) 1 kg/cm²일 때 P_2는 몇 kg/cm²인가?

① 0.25   ② 0.92
③ 1.82   ④ 3.16

해설 U자관 압력계

$P_2 = P_1 + h = 1 + (1.033 \times 600/760)$
$= 1.82 \text{ kg/cm}^2$

h=600mmHg

32 LP가스의 자동 교체식 조정기 설치 시 장점 중 틀린 것은?

① 도관의 압력손실을 적게 해야 한다.
② 용기 교환 주기의 폭을 넓힐 수 있다.
③ 용기 숫자가 수동식보다 적어도 된다.
④ 잔액이 거의 없어질 때까지 소비가 가능하다.

해설 LP가스 자동 교체식 조정기 설치
도관의 압력손실을 크게 해도 됨

33 다단 왕복동압축기의 중간단 토출온도가 상승하는 주원인이 아닌 것은?

① 압축비 감소
② 전단쿨러 불량에 의한 고온가스 흡입
③ 흡입밸브 불량에 의한 고온가스 흡입
④ 토출밸브 불량에 의한 역류

해설 다단 왕복동압축기 토출온도 상승 원인
• 전단쿨러 불량에 의한 고온가스 흡입
• 흡입밸브 불량에 의한 고온가스 흡입
• 토출밸브 불량에 의한 역류
→ 압축비 증가 : 토출온도 상승

정답 29 ③ 30 ④ 31 ③ 32 ① 33 ①

34 오리피스유량계 특징으로 옳은 것은?
① 저압, 저유량에 적당하다.
② 내구성이 좋다.
③ 유체의 압력손실이 크다.
④ 협소한 장소에는 설치가 어렵다.

해설 오리피스유량계
유체의 압력손실이 큼

35 공기액화 분리장치 내부를 세척하고자 할 때 세정액으로 적당한 것은?
① 염산(HCl)
② 탄산나트륨(Na_2CO_3)
③ 사염화탄소(CCl_4)
④ 가성소다(NaOH)

해설 공기액화 분리장치 세척
세정액 : 사염화탄소(1년에 1회)

36 가스 유량 2.03 kg/h, 관의 내경 1.61 cm, 길이 20 m 직관에서 압력손실은 약 몇 mm 수주인가? (단, 온도 15 ℃에서 비중 1.58, 밀도 2.04 kg/m³, 유량계수 0.436이다)
① 12.4   ② 14.0
③ 15.2   ④ 22.5

해설 압력손실
- $Q = K\sqrt{\dfrac{D^5 \times h}{S \cdot L}}$
- $Q = \dfrac{2.03 \text{kg/h}}{2.04 \text{kg/m}^3} = 0.995 \text{m}^3/\text{h}$
- $h = \left(\dfrac{Q}{K}\right)^2 \times \left(\dfrac{S \cdot L}{D^5}\right)$
- $h = \left(\dfrac{0.995}{0.436}\right)^2 \times \left(\dfrac{1.58 \times 20}{1.61^5}\right) = 15.2$

37 암모니아를 사용하는 고온, 고압가스장치 재료로 가장 적당한 것은?
① PVC 코팅강
② 동
③ 알루미늄 합금
④ 18-8 스테인리스강

해설 암모니아 고온·고압장치 재료
18-8 스테인리스강

38 다음 중 다공도 측정 시 사용되는 식은? (단, V : 다공물질의 용적, E : 아세톤 침윤잔용적이다)
① 다공도 = V/(V - E)
② 다공도 = (V - E) × (100/V)
③ 다공도 = (V + E) × (V/100)
④ 다공도 = (V + E) × V

해설 다공도
다공도 = [(V - E)/V] × 100

39 공기액화 분리장치 부산물로 얻어지는 아르곤가스는 불활성 가스이다. 아르곤가스 원자가는?
① 0   ② 2
③ 3   ④ 8

해설 아르곤가스
불활성기체의 원자가 : 0
불활성 가스는 화학반응을 하지 않는 안정한 가스로써 자유전자가 0이다.

정답 34 ③ 35 ③ 36 ③ 37 ④ 38 ② 39 ①

40 가스보일러의 본체에 표시된 가스소비량이 100000 kcal/h이고, 버너에 표시된 가스소비량이 120000 kcal/h일 때 도시가스 소비량 산정의 기준은?

① 100000 kcal/h
② 105000 kcal/h
③ 120000 kcal/h
④ 150000 kcal/h

해설 도시가스 소비량 산정
보일러 본체에 표시된 가스소비량 기준

41 로터미터는 어떤 형식 유량계인가?

① 회전식   ② 터빈식
③ 차압식   ④ 면적식

해설 유량계
• 차압식 : 오리피스, 플오우노즐, 벤투리
• 터빈식
• 회전식 : 오벌기어, 루트
• 면적식 : 플로트(로터미터), 게이트

42 LP가스 사용 시 주의사항으로 틀린 것은?

① 용기밸브, 콕 등은 신속하게 열 것
② 가스누출 유무를 냄새로 확인할 것
③ 연소기구 주위에 가연물을 두지 말 것
④ 고무호스의 노화, 갈라짐 등은 항상 점검할 것

해설 LP가스 사용 시 주의사항
• 가스누출 유무는 냄새로 확인
• 연소기구 주위 가연물 비치 금지
• 고무호스 노화, 갈라짐 등은 항상 점검
→ 용기밸브, 콕 : 서서히 열 것

43 임계온도에 대한 설명 중 옳은 것은?

① 기체를 액화할 수 있는 평균온도
② 기체를 액화할 수 있는 절대온도
③ 기체를 액화할 수 있는 최저의 온도
④ 기체를 액화할 수 있는 최고의 온도

해설 임계온도
기체를 액화할 수 있는 최고 온도

44 조정압력 2.8 kPa인 액화석유가스 압력조정기의 안전장치 작동표준압력은?

① 3.0 kPa   ② 5.0 kPa
③ 7.0 kPa   ④ 8.0 kPa

해설 조정압력 3.3 kPa 이하 LPG가스 압력조정기
• 작동개시압력 : 5.6 ~ 8.4 kPa
• 작동정지압력 : 5.04 ~ 8.4 kPa
• 작동표준압력 : 7.0 kPa

45 오스트나이트계 스테인리스강에 대한 설명 중 틀린 것은?

① 내식성이 우수하다.
② Fe - Cr - Ni 합금이다.
③ 강한 자성을 갖는다.
④ 18-8 스테인리스강이 대표적이다.

해설 오스트나이트계 스테인리스강
비자성체이며, 전기저항이 크고, 경도가 작음

정답 40 ① 41 ④ 42 ① 43 ④ 44 ③ 45 ③

46 원심펌프의 양정과 회전속도 관계는? (단, N_1 : 처음 회전수, N_2 : 변화된 회전수)

① (N_2/N_1) ② $(N_2/N_1)^2$
③ $(N_2/N_1)^3$ ④ $(N_2/N_1)^5$

해설 유량과 양정

동력	동력 = $L_1(\frac{N_2}{N_1})^3$
양정	양정 = $H_1(\frac{N_2}{N_1})^2$
유량	유량 = $Q_1(\frac{N_2}{N_1})$

47 암모니아에 대한 설명으로 틀린 것은?

① 비료의 제조에 이용된다.
② 무색, 무취의 가스이다.
③ 물에 잘 용해된다.
④ 암모니아가 분해하면 질소와 수소가 된다.

해설 암모니아
상온, 상압에서 자극성 냄새를 가진 무색 기체

48 LNG 특징 중 틀린 것은?

① LNG는 도시가스, 발전용 이외에 일반 공업용으로도 사용된다.
② 천연에서 산출한 천연가스를 약 -162℃까지 냉각하여 액화시킨 것이다.
③ 냉열을 이용할 수 있다.
④ LNG로부터 기화한 가스는 부탄이 주성분이다.

해설 LNG 주성분
메탄

49 불꽃의 적황색으로 연소하는 현상은? ✓최다빈출

① 캐비테이션 ② 옐로우팁
③ 리프트 ④ 워터해머

해설 옐로우팁
불꽃이 적황색으로 연소하는 현상

50 다음 중 1 MPa과 같은 것은?

① 10 N/cm²
② 100 N/cm²
③ 10000 N/cm²
④ 100000 N/cm²

해설 압력
• 1 MPa = 10 kg/cm²
• 1 kgf = 1 kg × 9.8 m/s² = 9.8 N
• 10 kg/cm² = 100 N/cm²

51 도시가스 제조공정이 아닌 것은?

① 접촉분해공정
② 열분해공정
③ 수소화분해공정
④ 상압증류공정

해설 도시가스 제조공정
• 열분해공정
• 접촉분해공정
• 수소화분해공정

정답 46 ② 47 ② 48 ④ 49 ② 50 ② 51 ④

52 포화온도에 대해 가장 잘 나타낸 것은?

① 액체가 증발하기 시작할 때의 온도
② 액체가 증발하여 어떤 용기 안이 증기로 꽉 차 있을 때의 온도
③ 액체가 증발현상 없이 기체로 변하기 시작할 때의 온도
④ 액체의 증기가 공존할 때 그 압력에 상당한 일정한 값의 온도

해설 포화온도
액체와 증기가 공존할 때 그 압력에 상당한 일정 값의 온도

53 랭킨온도 420 R일 때 섭씨온도로 환산한 값은? ✓최다빈출

① -25 ℃   ② -40 ℃
③ -55 ℃   ④ -60 ℃

해설 온도 환산
°F = 420 R - 460 = -40 °F
℃ = 5/9 × (-40 °F - 32) = -40 ℃

보충 온도
• 화씨온도(°F) : $\frac{9}{5} \times °C + 32$
• 섭씨온도(℃) : $\frac{5}{9} \times (°F - 32)$
• 절대온도 랭킨(R) : °F + 460
• 절대온도 캘빈(K) : ℃ + 273

54 20 ℃의 물 50 kg을 90 ℃로 올리기 위해 LPG를 사용하였다. 이때 필요한 LPG의 양은 몇 kg인가? (단, LPG발열량은 10000 kcal/kg이고, 열효율은 50 %이다)

① 0.2   ② 0.5
③ 0.7   ④ 0.9

해설 LPG 소비량
• 물의 현열(Q) = m × c × △T
• Q = 50 × 1 × (90 - 20) ℃ = 3500 kcal
• LPG 소비량 = 3500/(10000 × 0.5)
  = 0.7

55 진공도 200 mmHg는 절대압력으로는 약 몇 $kg/cm^2 \cdot abs$인가?

① 0.76   ② 0.90
③ 0.94   ④ 1.23

해설 절대압력
• 절대압력(abs) = 대기압 - 진공압
  = 760 - 200
  = 560 mmHg
• 1.033 × (560/760) = 0.76 $kg/cm^2 abs$

56 다음 중 엔트로피 단위는?

① kcal/kg·m   ② kcal/kg
③ kcal/h   ④ kcal/kg·K

해설 엔트로피 단위
kcal/kg·K

정답 52 ④ 53 ② 54 ③ 55 ① 56 ④

57 다음 중 압력단위로 사용하지 않는 것은?

① mmHg ② Pa
③ kg/cm² ④ kg/m³

해설 표준대기압
- 지구상의 표면에 작용하는 압력
- 토리첼리의 진공 수은 76 cm
- 1기압(atm) = 760 mmHg
  = 10.332 mH₂O
  = 1.0332 kg/cm²
  = 1.013 bar
  = 0.101325 MPa
  = 101.325 kPa
  = 14.7 Psi
  = 14.7 lb/in²

58 다음 중 압축가스인 것은?

① 산소 ② 탄산가스
③ 염소 ④ 암모니아

해설 압축가스
- 비점이 낮은 가스
- 산소(O_2) 비점 : -183 ℃

59 다음 각 가스별 특성 중 틀린 것은?

① 산소는 공기액화 분리장치를 통해 제조하며, 질소와 분리 시 비등점 차이를 이용한다.
② 수소는 고온, 고압에서 탄소강과 반응하여 수소취성을 일으킨다.
③ 일산화탄소는 담황색의 무취기체로 허용농도는 TLV-TWA 기준으로 50 ppm이다.
④ 암모니아는 붉은 리트머스를 푸르게 변화시키는 성질을 이용하여 검출할 수 있다.

해설 일산화탄소
무색무취의 허용농도 50 ppm 독성 가스

60 대기압하에서 다음 각 물질별 온도를 바르게 나타낸 것은?

① 질소 비등점 : -183 ℃
② 물의 동결점 : -273 K
③ 물의 동결점 : 32 ℉
④ 산소 비등점 : -196 ℃

해설 물질별 온도
물의 동결점 : 0 ℃ = 32 ℉

정답 57 ④ 58 ① 59 ③ 60 ③

2016 04월 02일

01 공정에 존재하는 위험요소와 비록 위험하지는 않더라도 공정의 효율을 떨어뜨릴 수 있는 운전상 문제를 파악하기 위한 안전성 평가 기법은?

① 안전성 검토(Safety Review) 기법
② 사고예상 질문(What If Analysis) 기법
③ 예비위험성 평가 기법
④ 위험과 운전분석(HAZOP) 기법

해설 위험과 운전분석 기법
공정에 존재하는 위험요소들과 공정의 효율을 떨어뜨릴 수 있는 운전상의 문제를 파악하는 기법

02 다음 중 특정고압가스가 아닌 것은?

① 이산화탄소 ② 천연가스
③ 산소   ④ 수소

해설 특정고압가스
천연가스, 산소, 수소, 포스핀, 게르만, 삼불화질소, 사불화규소 등
이산화탄소 → 불연성 가스

03 내부용적 25000 L인 액화산소 저장탱크 저장능력은 얼마인가? (단, 비중은 1.14이다)

① 21930 kg   ② 24780 kg
③ 25650 kg   ④ 28500 kg

해설 저장능력
• 액화가스 : 내용적의 90 % 저장
• 저장능력 $G = V \times 0.9 \times$ 비중
• 저장능력 $G = 25000 \times 1.14 \times 0.9$
　　　　　$= 25650$

04 배관의 설치방법으로 산소 또는 천연메탄 수송을 위한 배관과 이에 접속하는 압축기 사이에 반드시 설치하여야 하는 것은?

① 솔레노이드 ② 방파판
③ 수취기   ④ 안전밸브

해설 천연메탄 수송
배관과 접속하는 압축기 사이 : 수취기 설치

05 다음 중 전기설비 방폭구조 종류가 아닌 것은?

① 접지방폭구조
② 압력방폭구조
③ 유입방폭구조
④ 안전증방폭구조

해설 전기설비방폭구조
• 유입방폭구조
• 압력방폭구조
• 안전증방폭구조
• 본질안전방폭구조
• 내압방폭구조
• 특수방폭구조

정답 01 ④ 02 ① 03 ③ 04 ③ 05 ①

06 다음 중 특정설비 재검사 대상은?

① 독성 가스배관용 밸브
② 차량에 고정된 탱크
③ 역화방지장치
④ 자동차용 가스 자동주입기

해설 차량에 고정된 탱크(특정설비) 재검사 주기
- 15년 미만 : 5년마다
- 15 ~ 20년 미만 : 2년마다
- 20년 이상 : 1년마다

07 독성 가스 외의 고압가스 충전용기를 차량에 적재하여 운반할 때의 경계표지로 옳은 것은?

① 적색글씨로 "위험 고압가스"라고 표시
② 황색글씨로 "위험 고압가스"라고 표시
③ 황색글씨로 "주의 고압가스"라고 표시
④ 적색글씨로 "주의 고압가스"라고 표시

해설 고압가스 충전용기 차량 경계표지
적색 글씨 "위험 고압가스"

08 공기보다 비중이 가벼운 도시가스의 공급시설로서 공급시설이 지하에 설치된 경우 통풍구조 기준으로 틀린 것은?

① 배기구는 천장면으로부터 30 cm 이내에 설치한다.
② 통풍구조는 환기구를 2방향 이상 분산하여 설치한다.
③ 흡입구 및 배기구 관경은 500 mm 이상으로 하되, 통풍이 양호하도록 한다.
④ 배기가스 방출구는 지면에서 3 m 이상의 높이에 설치하되, 화기가 없는 안전한 장소에 설치한다.

해설 지하 도시가스 통풍구조 기준
흡입구 및 배기구 관경 100 mm 이상, 통풍 양호하도록 설치

09 고압가스특정제조시설 중 도로 밑에 매설하는 배관 기준으로 틀린 것은?

① 시가지의 도로 밑에 배관을 설치하는 경우에는 보호판을 배관의 정상부로부터 30 cm 이상 떨어진 그 배관의 직상부에 설치한다.
② 배관은 원칙적으로 자동차 등의 하중의 영향이 적은 곳에 매설한다.
③ 배관은 그 외면으로부터 도로의 경계와 수평거리로 1 m 이상을 유지한다.
④ 배관은 그 외면으로부터 도로 밑의 다른 시설물과 60 cm 이상의 거리를 유지한다.

해설 도로 밑 매설 배관
외면으로부터 도로 밑 다른 시설물과 30 cm 이상 거리 유지

10 LP가스설비 수리 시 내부의 LP가스를 질소 또는 물로 치환하고, 치환에 사용된 가스나 액체를 공기로 재치환하여야 하는데, 이때 공기에 의한 재치환 결과가 산소 농도 측정기로 측정하여 산소 농도가 얼마의 범위 내에 있을 때까지 공기로 재치환하여야 하는가?

① 2 ~ 7 %   ② 7 ~ 11 %
③ 12 ~ 16 %   ④ 18 ~ 22 %

해설 LP가스설비 수리
공기 재치환 시 산소 농도 : 18 ~ 22 %

정답 06 ② 07 ① 08 ③ 09 ④ 10 ④

11 다음 중 폭발한계 범위가 가장 좁은 것은?

① 프로판 ② 아세틸렌
③ 수소   ④ 암모니아

해설 폭발 범위
- 프로판(C_3H_8) : 2.1 ~ 9.5 %
- 암모니아(NH_3) : 15 ~ 28 %
- 수소(H_2) : 4 ~ 75%
- 아세틸렌(C_2H_2) : 2.5 ~ 81 %

암 [프]트리구오, 일러어십팔[니아]
　　　[수]사치료, 이오팔일[아]

12 도시가스 사용시설에서 정한 액화가스란 상용 온도 또는 섭씨 35도 온도에서 압력이 얼마 이상인 것을 말하는가?

① 0.1 MPa ② 0.2 MPa
③ 0.3 MPa ④ 0.8 MPa

해설 액화가스
상용온도 섭씨 35 ℃에서 압력 0.2 MPa 이상

13 염소가스 저장탱크 과충전 방지장치는 가스 충전량이 저장탱크 내용적의 몇 %를 초과할 때 가스충전이 되지 않도록 동작하는가?

① 60 % ② 80 %
③ 90 % ④ 95 %

해설 염소가스 과충전 방지장치
저장탱크 내용적의 90 % 초과 시 작동 중지

14 초저온용기 단열 성능시험용 저온액화가스가 아닌 것은?

① 액화산소 ② 액화아르곤
③ 액화공기 ④ 액화질소

해설 초저온 단열 성능시험용 저온액화가스
액화아르곤, 액화산소, 액화질소

15 가연성 가스 저온저장탱크 내부 압력이 외부 압력보다 낮아져 저장탱크가 파괴되는 것을 방지하기 위한 조치로 갖추어야 할 설비가 아닌 것은?

① 압력 경보설비
② 압력계
③ 정전기 제거설비
④ 진공 안전밸브

해설 저장탱크 파괴 방지 조치
- 압력 경보설비
- 압력계
- 진공 안전밸브
→ 정전기 제거설비는 가스의 발화나 폭발 방지 조치이다.

16 일반 도시가스배관 중 중압 이하 배관과 고압배관을 매설하는 경우 서로 간 거리를 몇 m 이상 유지하여야 하는가?

① 1 ② 2
③ 5 ④ 7

해설 도시가스배관 매설 이격거리
중압이하 배관 ↔ 고압 배관 매설 : 2 m 이상

정답 11 ① 12 ② 13 ③ 14 ③ 15 ③ 16 ②

17 도시가스사고 유형이 아닌 것은?

① 시설 부적합   ② 시설부식
③ 보호포 설치   ④ 연결부 이완

해설 도시가스사고 유형
시설 부적합, 시설부식, 연결부 이완
→ 보호포 : 안전관리 차원에서 설치

18 고압가스 판매소시설 기준에 대한 설명이 아닌 것은?

① 가연성 가스·산소 및 독성 가스의 저장실은 각각 구분하여 설치한다.
② 충전용기 보관실 불연재료 사용
③ 용기보관실 및 사무실은 부지를 구분하여 설치한다.
④ 산소, 독성 가스 또는 가연성 가스를 보관하는 용기보관실의 면적은 각 고압가스별로 10 m² 이상으로 한다.

해설 고압가스 판매소시설 기준
용기보관실·사무실은 구분하지 않고 함께 설치

19 운전 중인 액화석유가스 충전설비의 작동상황에 대해 주기적으로 점검하여야 한다. 점검주기는? (단, 철망 등이 부착되어 있지 않은 것으로 간주한다)

① 1일에 1회 이상
② 1주일에 1회 이상
③ 1월에 1회 이상
④ 3월에 1회 이상

해설 운전 중 LPG 충전설비점검주기
1일 1회 이상 점검

20 도시가스배관이 굴착으로 20 m 이상 노출되어 누출가스가 체류하기 쉬운 장소일 때 가스누출경보기는 몇 m마다 설치해야 하는가?

① 5   ② 15
③ 20   ④ 25

해설 가스누출경보기
20 m 이상 노출 : 20 m마다 설치

21 재검사용기 및 특정설비 파기방법이 아닌 것은?

① 절단 증의 방법으로 파기하여 원형으로 가공할 수 없도록 한다.
② 잔가스를 전부 제거한 후 절단한다.
③ 파기 시에는 검사장소에서 검사원 입회하에 사용자가 실시할 수 있다.
④ 파기 물품은 검사 신청인이 인수시한 내에 인수하지 아니한 때도 검사인이 임의로 매각처분하면 안 된다.

해설 특정설비 파기방법
검사 신청인이 인수시한 내에 인수하지 않으면 검사기관으로 하여금 임의로 매각 처분

22 시안화수소의 중합폭발 방지를 위하여 주로 사용할 수 있는 안정제는?

① 질소   ② 황산
③ 탄산가스   ④ 일산화탄소

해설 시안화수소 중합방지제
황산, 동망, 염화칼슘, 인산, 오산화인

정답 17 ③ 18 ③ 19 ① 20 ③ 21 ④ 22 ②

23 고압가스 용접용기 동체 내경은 약 몇 mm 인가?

- 동체두께 : 2 mm
- 최고충전압력 : 2.5 MPa
- 인장강도 : 480 N/mm²
- 부식여유 : 0
- 용접효율 : 1

① 190 mm ② 290 mm
③ 660 mm ④ 760 mm

해설 동체 내경

- 동판 두께(t) = $\dfrac{P \cdot D}{2s \cdot \eta - 1.2p} + C$

- $2 = \dfrac{2.5 \cdot D}{2 \times \left(\dfrac{480}{4} \times 1\right) - 1.2 \times 2.5}$

- 동체 내경(D) = $\dfrac{237}{2.5} \times 2 = 190$

24 고압가스 관련 법에서 사용되는 용어 정의로 틀린 것은?

① 가연성 가스는 공기 중에서 연소하는 가스로 폭발한계의 하한이 10 % 이하인 것과 폭발한계의 상한과 하한의 차가 20 % 이상인 것을 말한다.
② 독성 가스는 인체에 유해한 독성을 가진 가스로 허용농도 100만분의 100 이하인 것을 말한다.
③ 초저온저장탱크는 섭씨 영하 50도 이하의 저장탱크로, 단열재로 피복하거나 냉동설비로 냉각하는 등 방법으로 저장탱크 내의 가스온도가 상용 온도를 초과하지 않도록 한 것을 말한다.
④ 액화가스는 가압·냉각 등 방법에 의하여 액체 상태로 되어 있는 것으로 대기압에서의 비점이 섭씨 40도 이하 또는 상용 온도 이하인 것을 말한다.

해설 독성 가스
허용농도가 100만 분의 5000 이하인 가스

25 다음 고압가스 압축작업 중 작업을 즉시 중단해야 하는 경우는?

① 산소 중의 아세틸렌, 에틸렌 및 수소의 용량합계가 전체 용량의 2% 이상인 것
② 시안화수소중의 산소용량이 전체 용량의 2 % 이상의 것
③ 산소 중의 가연성 가스(아세틸렌, 에틸렌 및 수소를 제외한다)의 용량이 전체 용량의 2 % 이하의 것
④ 아세틸렌 중의 산소용량이 전체 용량의 1 % 이하의 것

해설 고압가스 압축작업 중단
- 산소 중 아세틸렌, 에틸렌, 수소의 합계 : 전체 용량의 2 % 이상
- 아세틸렌 중 산소 : 전체의 4 % 이상
- 산소 중 가연성 가스 : 전체의 4 % 이상
- 시안화수소 중 산소 : 전체의 4 % 이상

26 가스 충전용기 운반 시 동일 차량에 적재할 수 없는 것은?

① 염소와 아세틸렌
② 염소와 산소
③ 프로판과 아세틸렌
④ 질소와 아세틸렌

해설 염소와 동일 적재 금지
- 아세틸렌
- 수소
- 암모니아

정답 23 ① 24 ② 25 ① 26 ①

27 고압가스 저장시설에 설치하는 방류둑에는 계단, 사다리 또는 토사를 높이 쌓아올림에 의한 출입구를 둘레 몇 m마다 1개 이상 두어야 하는가?

① 30   ② 50
③ 80   ④ 90

해설 고압가스 저장시설 방류둑 설치
계단, 사다리, 토사
: 둘레 50 m마다 1개 이상 출입구 필요

28 LPG용기 및 저장탱크에 주로 사용되는 안전밸브형식은? ✓최다빈출

① 중추식   ② 파열판식
③ 가용전식   ④ 스프링식

해설 안전장치
• 파열판식 : 산소, 수소, 질소, 아르곤
• 가용전식 : 염소, 아세틸렌
• 스프링식 : LPG

29 가스사고 분류의 일반적 방법이 아닌 것은?

① 사용처에 따른 분류
② 원인에 따른 분류
③ 사고형태에 따른 분류
④ 사용자의 연령에 따른 분류

해설 가스사고 분류
원인, 사용처, 사고형태에 따라 분류

30 다음 ( ) 안에 들어갈 수 있는 경우가 아닌 것은?

> 액화천연가스의 저장설비와 처리설비는 그 외면으로부터 사업소 경계까지 일정규모 이상의 안전거리를 유지하여야 한다. 이때 사업소 경계가 ( )의 경우에는 이들의 반대 편 끝을 경계로 보고 있다.

① 산   ② 하천
③ 호수   ④ 바다

해설 LNG 저장설비, 처리설비
그 외면부터 사업소 경계가 하천, 호수, 바다 : 이들의 반대 편 끝을 경계로

31 비중 0.5인 LPG 제조 공장에서 1일 10만L를 생산하여 24시간 정치 후 모두 산업현장으로 보낸다. 이 회사에서 생산하는 LPG를 저장하려면 저장용량 5톤인 저장탱크가 몇 개가 필요한가?

① 1   ② 5
③ 7   ④ 10

해설 저장탱크 필요 개수
• LPG 저장용량 = 10만 L × 0.5
              = 50000 kg
• 저장용량 5톤 탱크 수량 = $\dfrac{50,000}{5 \times 10^3}$

32 고압용기나 탱크 및 라인(Line) 등 퍼지(Perge)용으로 주로 쓰이는 기체는?

① 수소   ② 산소
③ 산화질소   ④ 질소

정답 27 ② 28 ④ 29 ④ 30 ① 31 ④ 32 ④

해설 질소(N_2)
고압용기, 탱크, 라인의 퍼지용으로 쓰임

33 가연성 가스 누출검지 경보장치 경보농도는 얼마인가?

① LC_{50} 기준농도 이하
② 폭발 하한계 이하
③ 폭발 하한계 1/4 이하
④ TLV-TWA 기준농도 이하

해설 누출검지 경보장치 경보농도
폭발 하한계 1/4 이하

34 LPG기화장치 작동원리에 따른 구분으로 저온의 액화가스를 조정기를 통하여 감압한 후 열교환기에 공급해 강제 기화시켜 공급하는 방식은?

① 중간매체방식   ② 가온감압방식
③ 감압가열방식   ④ 해수가열방식

해설 감압가열방식
가스 감압 후, 강제 기화시켜 공급하는 방식

35 도시가스사업법령에서는 도시가스를 압력에 따라 고압, 중압, 저압으로 구분한다. 중압 범위로 옳은 것은? (단, 액화가스가 기화되고 다른 물질과 혼합되지 않은 경우로 가정한다)

① 0.1 MPa 이상, 1 MPa 미만
② 0.2 MPa 이상, 1 MPa 미만
③ 0.1 MPa 이상, 0.2 MPa 미만
④ 0.01 MPa 이상, 0.2 MPa 미만

해설 도시가스 공급압력
• 저압 : 0.1 MPa/cm^2 미만
• 중압 : 0.1 ~ 1 MPa/cm^2 미만
• 고압 : 1 MPa/cm^2 이상
• 기화된 후 다른 물질과 혼합되지 않은 경우 : 0.01 ~ 0.2 MPa

36 고압가스제조소의 작업원은 얼마 기간 이내에 1회 이상 보호구 사용훈련을 받아 사용방법을 숙지하여야 하는가?

① 1개월   ② 3개월
③ 5개월   ④ 6개월

해설 고압가스제조소 작업원 사용훈련
3개월 이내에 1회 이상

37 내용적 47 L인 LP가스용기 최대 충전량은 몇 kg인가? (단, LP가스 정수는 2.35이다)

① 20   ② 42
③ 52   ④ 120

해설 충전량
충전량(W) = V/C = 47/2.35 = 20 kg

38 부식성 유체나 고점도 유체 및 소량 유체 측정에 적합한 유량계는?

① 용적식 유량계
② 면적식 유량계
③ 차압식 유량계
④ 유속식 유량계

해설 면적식 유량계
부식성, 고점도, 소량의 유체 측정에 적합

정답 33 ③ 34 ③ 35 ④ 36 ② 37 ① 38 ②

39 LP가스 이송설비 중 압축기에 의한 이송방식으로 틀린 것은?

① 펌프에 비해 이송시간이 짧다.
② 베이퍼록현상이 없다.
③ 잔가스 회수가 용이하다.
④ 저온에서 부탄가스가 재액화되지 않는다.

> **해설** LP가스압축기 이송방식
> • 펌프에 비해 이송시간이 짧음
> • 베이퍼록현상이 없음
> • 잔가스 회수 용이
> → 부탄가스는 높은 비점, 저온에서 재액화 용이

40 압축기 중 두압이란?

① 증발기 내의 압력이다.
② 흡입 압력이다.
③ 피스톤 상부의 압력이다.
④ 크랭크 케이스 내의 압력이다.

> **해설** 두압
> 압축기에서 피스톤 상부의 압력

41 다기능 가스안전계량기 설명이 아닌 것은?

① 사용자가 쉽게 조작할 수 있는 테스트 차단 기능이 있는 것으로 한다.
② 통상의 사용 상태에서 빗물, 먼지 등이 침입할 수 없는 구조로 한다.
③ 복원을 위한 버튼이나 레버 등은 조작을 쉽게 실시할 수 있는 위치에 있는 것으로 한다.
④ 차단밸브가 작동한 후에는 복원조작을 하지 아니하는 한 열리지 않는 구조로 한다.

> **해설** 다기능 가스안전계량기
> 사용자가 쉽게 조작이 불가능한 테스트 차단 기능

42 계측기기 구비조건으로 틀린 것은?

① 원거리 지시 및 기록이 가능할 것
② 설비비 및 유지비가 적게 들 것
③ 구조가 간단하고 정도가 낮을 것
④ 설치장소 및 주위조건에 대한 내구성이 클 것

> **해설** 계측기기 구비조건
> • 원거리 지시 및 기록이 가능할 것
> • 설비비 및 유지비가 적게 들 것
> • 설치장소 및 주위조건에 대한 내구성이 클 것
> → 정도가 높을 것(신뢰성이 클 것)

43 공기, 질소, 산소, 헬륨과 같이 임계온도가 낮은 기체를 액화하는 액화사이클 종류가 아닌 것은?

① 구데 공기액화사이클
② 필립스 공기액화사이클
③ 린데 공기액화사이클
④ 캐스케이드 공기액화사이클

> **해설** 낮은 임계온도 기체 액화사이클
> 린데, 필립스, 캐스케이드, 다원액화, 클로우드식

44 반밀폐식 보일러의 급·배기설비에 대한 설명 중 틀린 것은?

① 배기통의 입상높이는 원칙적으로 10 m 이하로 한다.
② 배기통의 굴곡수는 5개 이하로 한다.
③ 배기통의 가로 길이는 5 m 이하로서 될 수 있는 한 짧게 한다.
④ 배기통의 끝은 옥외로 뽑아낸다.

해설 반밀폐식 보일러
배기통 굴곡수 : 4개 이하

45 흡입압력이 대기압과 같으며 최종압력은 15 kgf/cm²·g인 4단 공기압축기의 압축비는 약 얼마인가? (단, 대기압은 1 kgf/cm²로 한다)

① 2   ② 4
③ 8   ④ 16

해설 압축비

압축비 = $\sqrt[s]{\dfrac{P_2}{P_1}} = \sqrt[4]{\dfrac{15+1}{1}} = 2$

P_2 : 흡입압력 + 최종압력
P_1 : 흡입압력

46 LNG 성질에 대한 설명 중 틀린 것은?

① 무독, 무공해의 청정가스로 발열량이 약 9500 kcal/m³ 정도이다.
② LNG가 액화되면 체적이 약 1/600로 줄어든다.
③ 메탄올 주성분으로 하며 에탄, 프로판 등이 포함되어 있다.
④ LNG는 기체 상태에서는 공기보다 가벼우나 액체 상태에서는 물보다 무겁다.

해설 LNG(CH_4)
• 기체 상태 : 공기보다 가벼움
• 액체 상태 : 물보다 가벼움

47 다음 중 비점이 가장 높은 가스는?

① 산소   ② 수소
③ 아세틸렌 ④ 프로판

해설 가스의 비점
• 비점이 낮을수록 액화가 어려움
• 수소(H_2) : -252 ℃
• 프로판(C_3H_8) : -42 ℃
• 산소(O_2) : -183 ℃
• 아세틸렌(C_2H_2) : -84 ℃

48 단위질량인 물질 온도를 단위온도차만큼 올리는 데 필요한 열량은?

① 비중   ② 비열
③ 일률   ④ 엔트로피

해설 비열
어떤 물질의 온도를 1 ℃ 높이는 데 필요한 열량

49 순수한 것은 안정하나 소량의 수분이나 알칼리성 물질을 함유하면 중합이 촉진되며 독성이 매우 강한 가스는?

① 포스겐   ② 염소
③ 황화수소 ④ 시안화수소

해설 시안화수소
소량의 수분(H_2O)이나 알칼리성 물질을 함유 : 중합폭발 발생(독성, 가연성 가스)

정답 44 ② 45 ① 46 ④ 47 ④ 48 ② 49 ④

50 압력에 대한 설명 중 틀린 것은?

① 게이지압력은 절대압력에 대기압을 더한 압력이다.
② 1.0332 kg/cm² 의 대기압을 표준대기압이라고 한다.
③ 압력이란 단위 면적당 작용하는 힘의 세기를 말한다.
④ 대기압은 수은주를 76 cm 만큼의 높이로 밀어 올릴 수 있는 힘이다.

해설 절대압력
- 절대압력 : 대기압력 + 게이지압력
- 게이지압력 : 절대압력 - 대기압력

51 프로판을 완전연소시켰을 때 생성되는 물질은?

① CO_2, H_2 ② CO_2, H_2O
③ C_2H_4, H_2O ④ C_4H_{10}, CO

해설 프로판연소
$C_3H_8 + 5O_2 \rightarrow 3CO_2 + 4H_2O$

52 부탄 1 Nm³을 완전연소시키는 데 필요한 이론 공기는 약 몇 Nm³인가? (단, 공기 중의 산소 농도는 21 v%이다)

① 5   ② 7
③ 25   ④ 31

해설 부탄연소
$C_4H_{10} + 6.5O_2 \rightarrow 4CO_2 + 5H_2O$
이론 산소량 : 6.5
공기량 = 산소량 × 1/0.21
     = 6.5 × 1/0.21 = 31

53 수분 존재 시 일반 강재를 부식시키는 가스는?

① 황화수소   ② 질소
③ 일산화탄소   ④ 수소

해설 황화수소
- $H_2S + 1.5O_2 \rightarrow H_2O + SO_2$(아황산가스)
- $SO_2 + H_2O \rightarrow H_2SO_3$(무수황산)
- $H_2SO_3 + (1/2)O_2 \rightarrow H_2SO_4$(진한황산)
  : 부식

54 폭발위험에 대한 설명이 아닌 것은?

① 폭발 범위의 하한값이 낮을수록 폭발위험은 커진다.
② 폭발 범위의 상한값과 하한값의 차가 작을수록 폭발위험은 커진다.
③ 프로판보다 부탄의 폭발 범위 상한값이 낮다.
④ 프로판보다 부탄의 폭발 범위 하한값이 낮다.

해설 폭발위험
- 폭발 범위 상한값 - 하한값이 클수록 위험 커짐
- 프로판 : 2.1 ~ 9.5 %
- 부탄 : 1.8 ~ 8.4 %

55 액체가 기체로 변하기 위해서 필요한 열은?

① 승화열   ② 응축열
③ 융해열   ④ 기화열

해설 기화열
액체가 기체로 변하기 위해 필요한 열

정답 50 ① 51 ② 52 ④ 53 ① 54 ② 55 ④

56 요소비료 제조 시 사용되는 가스는?
① 질소 ② 염화수소
③ 일산화탄소 ④ 암모니아

해설 암모니아
요소비료($(NH_2)_2CO$) 제조 시 사용

57 온도 410 °F을 절대온도로 나타내면?
① 273 K ② 483 K
③ 542 K ④ 612 K

해설 온도
- 섭씨온도 $= \frac{5}{9} \times (°F - 32)$
  $= \frac{5}{9} \times (410 - 32) = 210 °C$
- 절대온도 K = 210 + 273 = 483

58 도시가스에 사용되는 부취제 중 DMS의 냄새는?
① 양파 썩는 냄새
② 마늘 냄새
③ 석탄가스 냄새
④ 암모니아 냄새

해설 부취제
- THT : 석탄가스 냄새
- TBM : 양파 썩는 냄새
- DMS : 마늘 썩는 냄새

59 다음에서 설명하는 기체법칙은?

> 기체의 종류에 관계없이 모든 기체 1몰은 표준 상태(0 ℃, 1기압)에서 22.4 L의 부피를 차지한다.

① 헨리의 법칙
② 보일의 법칙
③ 아보가드로의 법칙
④ 아르키메데스의 법칙

해설 아보가드로법칙
기체 1몰은 표준 상태에서 22.4 L이다.

60 내용적 47 L인 용기에 C_3H_8 15 kg이 충전되어 있다. 용기 내 안전공간은 약 몇 %인가? (단, C_3H_8의 액 밀도는 0.5 kg/L이다)
① 20 ② 25.2
③ 36.1 ④ 40.1

해설 안전공간
- 밀도 = 질량/부피
- 질량 = 밀도 × 부피
- 용기 내 가스 질량 = 47 × 0.5 = 23.5 kg
- 안전공간 = (1 - 15/23.5) × 100
  = 36.17 %

참조 가스의 비점
- 비점이 낮을수록 액화가 어려움
- 수소(H_2) : -252 ℃
- 헬륨(He) : -272.2 ℃
- 질소(N_2) : -196 ℃
- 메탄(CH_4) : -162 ℃
- 암모니아(NH_3) : -33.3 ℃
- 프로판(C_3H_8) : -42 ℃
- 나프타 : 30 ~ 200 ℃
- 에틸렌(C_2H_4) : -103.7 ℃
- 에탄(C_2H_6) : -161.5 ℃
- 부탄(C_4H_{10}) : -0.5 ℃

정답 56 ④ 57 ② 58 ② 59 ③ 60 ③

2016 07월 10일

01 다음 가스의 품질검사 합격 기준으로 옳은 것은?

① 산소 : 98.5 % 이상
② 수소 : 99.0 % 이상
③ 아세틸렌 : 98.0 % 이상
④ 모든 가스 : 99.5 % 이상

해설 품질검사 합격 기준
• 수소 : 98.5 % 이상
• 산소 : 99.5 % 이상
• 아세틸렌 : 98 % 이상

02 다음의 독성 가스 중 독성(LC_{50})이 가장 강한 것과 약한 것을 바르게 나열한 것은?

| ㉠ 염화수소 | ㉡ 암모니아 |
| ㉢ 황화수소 | ㉣ 일산화탄소 |

① ㉠, ㉣   ② ㉢, ㉡
③ ㉠, ㉡   ④ ㉢, ㉣

해설 LC_{50}(치사농도)
• 염화수소 : 3124
• 암모니아 : 7338
• 황화수소 : 750
• 일산화탄소 : 3760

03 가연성 가스 발화점이 낮아지지 않는 경우는? ✅최다빈출

① 산소 농도가 높을수록
② 압력이 높을수록
③ 탄화수소의 탄소수가 많을수록
④ 화학적으로 발열량이 낮을수록

해설 발화점
발열량이 높을수록 발화점이 낮아짐
발화점이 낮아지면 발화의 가능성이 높아지기 때문에 위험해짐

04 가스 공급시설 임시사용 기준 항목이 아닌 것은?

① 공급의 이익 여부
② 도시가스의 공급이 가능한지의 여부
③ 도시가스의 수급 상태를 고려할 때 해당지역에 도시가스의 공급이 필요한지의 여부
④ 가스공급시설을 사용할 때 안전을 해칠 우려가 있는지의 여부

해설 가스공급시설 임시사용 기준 항목
• 도시가스 공급이 가능한지
• 수급 상태 고려 시 해당지역 필요 여부
• 가스공급시설 이용 시 안전의 우려
→ 공급 이익 여부 : 기준 항목에서 제외

정답 01 ③ 02 ② 03 ④ 04 ①

05 0 ℃에서 10 L의 용기 속에 32 g의 산소가 들어 있다. 온도를 150 ℃로 가열할 때 압력은?

① 0.11 atm   ② 3.47 atm
③ 34.7 atm   ④ 111 atm

해설 보일 – 샤를의 법칙

$$\frac{P_1 V_1}{T_1} = \frac{P_2 V_2}{T_2}$$

$$P_2 = \frac{T_2}{T_1} \times \frac{V_1}{V_2} \times P_1$$

$$= \frac{273 + 150}{273 + 0} \times 1 \times \frac{22.4 L}{10 L} = 3.47$$

06 염소에 다음 가스를 혼합하였을 때 가장 위험할 수 있는 가스는?

① 이산화탄소   ② 수소
③ 일산화탄소   ④ 산소

해설 염소와 동일차량 적재 금지
아세틸렌, 암모니아, 수소

07 고압가스 특정제조시설에서 배관을 해저에 설치하는 경우로 틀린 것은?

① 배관은 원칙적으로 다른 배관과 교차하지 아니하여야 한다.
② 배관은 해저면 밑에 매설한다.
③ 배관은 원칙적으로 다른 배관과 수평거리로 30 m 이상 유지하여야 한다.
④ 배관의 입상부에는 방호시설물을 설치하지 아니한다.

해설 해저 배관 매설
배관 입상부 : 방호시설물 반드시 설치

08 폭발 범위 설명으로 옳은 것은? ✓최다빈출

① 공기 중 아세틸렌가스의 폭발 범위는 약 4 ~ 71 %이다.
② 공기 중의 폭발 범위는 산소 중의 폭발 범위보다 넓다.
③ 한계산소 농도치 이하에서는 폭발성 혼합가스가 생성된다.
④ 고온, 고압일 때 폭발 범위는 대부분 넓어진다.

해설 폭발 범위
• 아세틸렌가스 : 2.5 ~ 81 %
• 공기 중보다 산소 중 폭발 범위가 더 넓음

09 압축도시가스 이동식 충전차량 충전시설에서 가스누출 검지경보장치 설치위치로 틀린 것은?

① 압축설비 주변
② 펌프 주변
③ 압축가스설비 주변
④ 개별 충전설비 본체 외부

해설 가스누출 검지경보장치
개별 충전설비 본체 외부 : 설치하지 않음

정답 05 ② 06 ② 07 ④ 08 ④ 09 ④

10 흡수식 냉동설비 냉동능력 정의로 옳은 것은?

① 발생기를 가열하는 1시간의 입열량 3320 kcal를 1일의 냉동능력 1톤으로 본다.
② 발생기를 가열하는 1시간의 입열량 6640 kcal를 1일의 냉동능력 1톤으로 본다.
③ 발생기를 가열하는 24시간의 입열량 6640 kcal를 1일의 냉동능력 1톤으로 본다.
④ 발생기를 가열하는 24시간의 입열량 3320 kcal를 1일의 냉동능력 1톤으로 본다.

해설 흡수식 냉동설비 냉동능력
발생기를 가열하는 입열량 6640 kcal/h를 1일 냉동능력 1톤으로 본다.

11 고압가스 특정제조시설 중 비가연성 가스의 저장탱크는 몇 m³ 이상일 경우 지진영향에 대한 안전한 구조로 설계하여야 하는가?

① 500   ② 700
③ 1000 ④ 1200

해설 비가연성 가스탱크 지진 안전구조 설계
1000 m³ 이상일 경우

12 도시가스사용시설에서 배관의 이음부와 절연전선과 이격거리는 몇 cm 이상이어야 하는가?

① 10   ② 20
③ 30   ④ 40

해설 배관이음부 이격거리

60 cm	전기계량기 및 전기개폐기
15 cm	(사용시설) 전기점멸기 및 전기접속기
10 cm	절연전선
15 cm	절연조치를 하지 않은 전선 및 단열조치를 하지 않은 굴뚝

13 압축기 최종단에 설치된 고압가스 냉동제조시설 안전밸브의 작동압력 주기는?

① 1개월에 1회 이상
② 6개월에 1회 이상
③ 1년에 1회 이상
④ 2년에 1회 이상

해설 고압가스 안전밸브 작동압력 주기
• 압축기 최종단 : 1년에 1회 이상
• 그 밖의 안전밸브 : 2년에 1회 이상

14 20 kg LPG용기 내용적은 몇 L인가? (단, 충전상수 C는 2.35이다)

① 8.51   ② 18
③ 42.3   ④ 47

해설 내용적
내용적(V) = W × C = 20 × 2.35 = 47 L

정답 10 ② 11 ③ 12 ① 13 ③ 14 ④

15 액화석유가스판매시설에 설치되는 용기보관실에 대한 시설 기준이 아닌 것은?

① 용기보관실에는 가스가 누출될 경우 이를 신속히 검지하여 효과적으로 대응할 수 있도록 하기 위하여 반드시 일체형 가스누출경보기를 설치한다.
② 용기보관실에 설치되는 전기설비는 누출된 가스의 점화원이 되는 것을 방지하기 위하여 반드시 방폭구조로 한다.
③ 용기보관실에는 용기가 넘어지는 것을 방지하기 위해 적절한 조치를 마련한다.
④ 용기보관실에는 누출된 가스가 머물지 않도록 하기 위하여 그 용기보관실의 구조에 따라 환기구를 갖추고 환기가 잘 되지 아니하는 곳에는 강제통풍시설을 설치한다.

> **해설** LPG 판매시설 용기보관실시설 기준
> 가스누출경보기는 일체형이 아닌 분리형으로 설치

16 고압가스 특정제조시설의 플레어스택 설치 기준으로 틀린 것은?

① 파이롯트버너를 항상 점화하여 두는 등 플레어스택에 관련된 폭발 방지 위한 조치가 되어 있는 것으로 한다.
② 긴급이송설비로 이송되는 가스를 대기로 방출할 수 있는 것으로 한다.
③ 플레어스택에서 발생하는 최대열량에 장시간 견딜 수 있는 재료 및 구조로 되어 있는 것으로 한다.
④ 플레어스택에서 발생하는 복사열이 다른 제조시설에 악영향을 미치지 않도록 안전한 높이 및 위치에 설치한다.

> **해설** 플레어스택 설치 기준
> • 공장에서 방출된 폐가스 중 유해성분을 연소시켜 무해화하는 소각탑
> • 특정제조시설에서 플레어스택
> : 파이어롯트버너를 항상 켜두는 방식
> • 플레어스택에 관련된 폭발 방지 조치 필요
> → 대기로 방출 금지

17 독성 가스용기를 운반할 때는 보호구를 갖추어야 한다. 비치하여야 하는 기준은?

① 종류별로 1개 이상
② 종류별로 2개 이상
③ 종류별로 3개 이상
④ 그 차량의 승무원수에 상당한 수량

> **해설** 독성 가스 운반 시 보호구
> 차량의 승무원수에 상당한 수량 비치

18 가스보일러 안전사항에 대한 설명이 아닌 것은?

① 가동 중지 후 노 내 잔류가스를 충분히 배출한다.
② 가동 중 연소 상태, 화염유무를 수시로 확인한다.
③ 수면계의 수위는 적정한가 자주 확인한다.
④ 점화전 연료가스를 노 내에 충분히 공급하여 착화를 원활하게 한다.

> **해설** 가스보일러 안전사항
> 점화 전 역화 방지를 위해 연료가스 주입 금지

정답 15 ① 16 ② 17 ④ 18 ④

19 고압가스배관의 설치 기준 중 하천과 병행해서 매설하는 경우로 적합하지 않은 것은?

① 배관은 견고하고 내구력을 갖는 방호 구조물 안에 설치한다.
② 매설심도는 배관의 외면으로부터 1.5 m 이상 유지한다.
③ 배관 손상으로 인한 가스누출 등 위급한 상황이 발생한 때에 그 배관에 유입되는 가스를 신속히 차단할 수 있는 장치를 설치한다.
④ 설치지역은 하상(河床, 하천의 바닥)이 아닌 곳으로 한다.

해설 고압가스배관 하천 매설
매설심도는 배관 외면으로부터 2.5 m 이상 유지

20 액화독성 가스 운반질량이 1000 kg 미만 이동 시 휴대해야 할 소석회는 몇 kg 이상인가?

① 20 kg
② 30 kg
③ 40 kg
④ 100 kg

해설 소석회
• 1000 kg 미만 : 소석회 20 kg 이상 휴대
• 1000 kg 이상 : 소석회 40 kg 이상 휴대

21 도시가스 매설배관 주위에 파일박기 작업 시 손상방지를 위하여 유지해야 할 최소거리는?

① 30 cm   ② 60 cm
③ 1 m   ④ 1.5 m

해설 도시가스 매설배관
1. 공사착공 전에 도시가스사업자와 현장 협의를 통하여 공사 장소, 공사 기간 및 안전조치에 관하여 서로 확인할 것
2. 도시가스배관과 수평 최단거리 2 m 이내에서 파일박기를 하는 경우에는 도시가스사업자의 참관 아래 시험굴착으로 도시가스배관의 위치를 정확히 확인할 것
3. 도시가스배관의 위치를 파악한 경우에는 도시가스배관의 위치를 알리는 표지판을 설치할 것
4. 도시가스배관과 수평거리 30 cm 이내에서는 파일박기를 하지 말 것
5. 항타기는 도시가스배관과 수평거리가 2 m 이상 되는 곳에 설치할 것. 다만 부득이하여 수평거리 2 m 이내에 설치할 때에는 하중진동을 완화할 수 있는 조치를 할 것
6. 파일을 뺀 자리는 충분히 메울 것

22 LP GAS 사용 시 주의사항으로 틀린 것은?

① 연소기는 급배기가 충분히 행해지는 장소에 설치하여 사용하도록 한다.
② 사용 시 조정기 압력은 적당히 조절
③ 완전연소되도록 공기조절기 조절
④ 중간밸브 개폐는 서서히 한다.

해설 LP가스 사용 시 주의사항
조정기 압력은 법에서 정하는 범위 이내로 조정

정답 19 ② 20 ① 21 ① 22 ②

23 고압가스 취급자가 용기 안전점검 시 하지 않아도 되는 것은?

① 재검사 기간 확인
② 도색 표시 확인
③ 프로텍터의 변형 여부 확인
④ 밸브의 개폐조작이 쉬운 핸들 부착 여부 확인

> **해설** 고압가스용기 안전점검
> • 재검사 기간 확인
> • 도색 표시 확인
> • 밸브 핸들 부착 여부 확인
> → 프로텍터 : 부착 여부 확인

24 도시가스 도매사업 가스공급시설 기준으로 옳은 것은?

① 안전구역 안의 고압인 가스공급시설은 그 외면부터 다른 안전구역 안에 있는 고압인 가스공급시설 외면까지 20 m 이상 거리를 유지한다.
② 고압 가스공급시설은 안전구획 안에 설치하고 그 안전구역 면적은 1만 m^2 미만으로 한다.
③ 액화천연가스의 저장탱크는 그 외면으로부터 처리능력이 20만 m^3 이상인 압축기까지 30 m 이상의 거리를 유지한다.
④ 두 개 이상 제조소가 인접하여 있는 경우 가스공급시설은 그 외면부터 그 제조소와 다른 제조소 경계까지 10 m 이상 거리를 유지한다.

> **해설** 도시가스 도매사업 가스공급시설 기준
> • 안전구역 면적 : 2만 m^2 미만
> • 다른 안전구역시설 외면까지 : 30 m 이상
> • <u>LNG 저장탱크</u>
> : 20만 m^3 압축기까지 30 m
> • 두 개 이상 제조소 : 20 m 이상

25 공기액화 분리장치폭발원인이 아닌 것은?

① 액체공기 중의 아르곤의 흡입
② 공기 중 질소화합물(NO, NO_2) 혼입
③ 공기 취입구로부터 아세틸렌 혼입
④ 압축기용 윤활유 분해에 따른 탄화수소 생성

> **해설** 공기액화 분리장치폭발원인
> • 공기 중 질소화합물 혼입
> • 공기 취입구로부터 아세틸렌 혼입
> • 압축기용 윤활유 분해에 따른 탄화수소 생성
> → 액체 공기 중 오존의 혼입 : 폭발

26 수소 성질 중 옳지 않은 것은?

① 열전도도가 적다.
② 고온에서 철과 반응한다.
③ 열에 대하여 안정하다.
④ 확산속도가 빠른 무취의 기체이다.

> **해설** 수소(H_2)
> • 열에 대해 안정
> • 고온에서 철과 반응
> • 확산속도가 빠른 무취 기체
> → 열전도도가 큼

27 용기종류별 부속품 기호로 옳지 않은 것은?

① AG : 아세틸렌가스 충전 용기 부속품
② LPG : 액화석유가스 충전 용기 부속품
③ TL : 초저온용기 및 저온용기 부속품
④ PG : 압축가스 충전 용기 부속품

해설 압축가스 충전용기 기호
- PG : 압축가스용
- AG : 아세틸렌가스용
- LT : 저온 및 초저온 가스용
- LG : 그 밖의 가스용

28 가연성 가스의 폭발등급 및 이에 대응하는 본질안전방폭구조의 폭발등급 분류 시 사용하는 최소점화전류비는 어느 가스를 기준으로 하는가?

① 메탄   ② 아세틸렌
③ 수소   ④ 프로판

해설 본질안전방폭구조의 최소점화전류비 기준
메탄가스 점화전류

29 고압가스 충전용기 운반 시 운반책임자를 동승시키지 않아도 되는 경우는?

① 가연성 압축가스 - 300 m³
② 조연성 액화가스 - 5000 kg
③ 독성 압축가스(허용농도가 100만분의 200 초과, 100만분의 5000 이하) - 1000 kg
④ 독성 압축가스(허용농도가 100만분의 200 초과, 100만분의 5000 이하) - 100 m³

해설 고압가스 충전용기 운반책임자 동승 기준
조연성 액화가스 : 6000 kg 이상

30 다음 중 폭발 범위 상한값이 가장 낮은 가스는? ✅최다빈출

① 메탄   ② 프로판
③ 암모니아   ④ 일산화탄소

해설 폭발 범위
- 메탄(CH_4) : 5 ~ 15 %
- 프로판(C_3H_8) : 2.1 ~ 9.5 %
- 암모니아(NH_3) : 15 ~ 28 %
- 일산화탄소(CO) : 12.5 ~ 74 %

암 [메]오시오, [프]트리구오
일러어이십팔[니아], 씹이냐칠세[일산]

31 수소(H_2)가스 분석법으로 적당한 것은?

① 팔라듐관연소법
② 황산바륨 침전법
③ 헴펠법
④ 흡광광도법

해설 수소가스분석
- 열전도도법
- 폭발법
- 산화동연소법
- 팔라듐관 흡수법

정답 27 ③ 28 ① 29 ② 30 ② 31 ①

32 자동절체식 일체형 저압조정기 조정압력은?

① 2.30 ~ 3.30 kPa
② 2.55 ~ 3.30 kPa
③ 57 ~ 83 kPa
④ 5.0 ~ 30 kPa 이내에서 제조자가 설정한 기준압력의 ±10 %

해설 저압조정기 조정압력
- 자동절체식 일체형 : 2.55 ~ 3.30 kPa
- 자동절체식 분리형 : 0.032 ~ 0.083 MPa
- 1단 감압식 : 2.30 ~ 3.30 kPa
- 2단 감압식 : 57 ~ 83 kPa
- 1단 감압식 준저압조정기 : 5.0 ~ 30 kPa

33 고압가스배관재료로 사용되는 동관 특징으로 틀린 것은?

① 시공이 용이하다.
② 열전도율이 적다.
③ 가공성이 좋다.
④ 내식성이 크다.

해설 동관(구리관) 특징
- 시공이 용이
- 가공성이 좋음
- 내식성이 큼
→ 열전도율 : (332 kcal/m·h·℃)로 매우 큼

34 터보압축기 구성이 아닌 것은?

① 디퓨저   ② 피스톤
③ 임펠러   ④ 증속기어장치

해설 터보압축기 구성
- 임펠러, 디퓨저, 증속기어장치
- 피스톤 : 왕복식 압축기 구성

35 피토관 사용에 적당한 유속은?

① 0.001 m/s 이상
② 1 m/s 이상
③ 2 m/s 이상
④ 5 m/s 이상

해설 피토관 유속
5 m/s 이상일 때 정밀도 우수

36 수소를 취급하는 고온, 고압장치용 재료로 사용할 수 있는 것은?

① 탄소강, 망간강
② 탄소강, 니켈강
③ 탄소강, 18-8 스테인리스강
④ 18-8 스테인리스강, 크롬 - 바나듐강

해설 수소취성 방지금속
18-8 스테인리스강, 크롬, 티타늄, 바나지움

37 원심식 압축기 중 터보형 날개출구각도에 해당하는 것은?

① 90°보다 작다.   ② 90°보다 크다.
③ 90°이다.   ④ 평행이다.

해설 터보형 원심식 압축기
임펠러 출구각 : 90° 이하

38 나사압축기에서 숫로터 직경 150 mm, 회전수가 350 rpm이라고 할 때 이론적 토출량은 약 몇 m^3/min? (단, 로터 형상에 의한 계수[C_V]는 0.476이다)

① 0.12   ② 0.30
③ 0.37   ④ 0.45

해설 **토출량**
$Q = K \times D^3 \times (L/D) \times n \times 60$(시간당)
$= 0.476 \times (0.15)^3 \times (0.1/0.15)$
$\quad \times 350 \times 60$
$= 22.49 \ m^3/h = 0.37 \ m^3/min$(분당)

39 액면측정장치가 아닌 것은?

① 임펠러식 액면계
② 부자식 액면계
③ 유리관식 액면계
④ 퍼지식 액면계

해설 **액면측정장치**
부자식(플로트식), 유리관식, 퍼지식
→ 임펠러식 : 압축기, 유량계 이용

40 압력변화에 의한 탄성변위를 이용한 탄성압력계가 아닌 것은?

① 플로트식 압력계
② 벨로우즈식 압력계
③ 부르동관식 압력계
④ 다이어프램식 압력계

해설 **탄성압력계**
벨로우즈식, 부르동관식, 다이어프램식
→ 플로트식 : 유량계, 액면계 이용

41 아세틸렌 정성시험에 사용되는 시약은?

① 질산은
② 염산
③ 구리암모니아
④ 피로카롤

해설 **아세틸렌 정성시험 사용 시약**
질산은($AgNO_3$)

42 정압기를 평가·선정할 경우 고려할 특성이 아닌 것은?

① 동특성
② 정특성
③ 유량특성
④ 압력특성

해설 **정압기 평가·선정**
(1) 정특성 : 정상 상태에서 유량과 2차 압력과의 관계
(2) 동특성 : 부하변동에 대한 응답의 신속성과 안정성 요구
(3) 유량특성 : 메인밸브의 열림과 유량과의 관계

43 액화석유가스 소형저장탱크가 외경 1000 mm, 로터길이 100 mm, 길이 2000 mm, 충전상수 0.03125, 온도보정계수 2.15일 때 자연기화능력(kg/h)은?

① 11.2
② 13.4
③ 15.7
④ 17.2

해설 **자연기화능력**
$W = 0.9 \ G$
G(가스량) $= \pi Dl = 3.14 \times 1 \times 2 = 6.28 \ m^3$
$G = 6.28 \times 44$(프로판 분자량)$/22.4$
$\quad = 12.4 \ kg/h$
$W = 0.9 \times 12.4 = 11.2 \ kg/h$

44 가스누출 감지, 차단하는 가스누출 자동차단기 구성요소가 아닌 것은?

① 검지부
② 중앙통제부
③ 제어부
④ 차단부

해설 **가스누출 자동차단기**
• 제어부 • 검지부
• 차단부

45 다음 중 유리병에 보관이 불가능한 가스는?

① O_2 ② Xe
③ HF ④ Cl_2

> 해설 유리병 보관 가능 가스
> O_2(산소), Xe(제논), Cl_2(염소)
> → 불화수소 (HF) : 맹독성 가스, 유리 부식

46 C_3H_8 비중이 1.5라 할 때 20 m 높이 옥상까지의 압력손실은 약 몇 mmH_2O인가?

① 12.9 ② 16.9
③ 19.4 ④ 21.4

> 해설 압력손실
> 압력손실 (H) = 1.293 × (S - 1) × h
> H = 1.293 × (1.5 - 1) × 20
>   = 12.93 mmH_2O

47 실제기체가 이상기체 상태식을 만족할 때는?

① 압력과 온도가 낮을 때
② 압력과 온도가 높을 때
③ 압력이 높고 온도가 낮을 때
④ 압력이 낮고 온도가 높을 때

> 해설 이상기체 상태식
> 실제기체의 압력이 낮고, 온도가 높을 때 만족

48 단별 최대 압축비를 가질 수 있는 압축기는?

① 축류식 ② 왕복식
③ 원심식 ④ 회전식

> 해설 왕복식 압축기
> 단별 최대 압축비를 가질 수 있음

49 황화수소에 대한 설명이 아닌 것은?

① 공기 중에서 연소가 잘 된다.
② 무색의 기체로서 유독하다.
③ 산화하면 주로 황산이 생성된다.
④ 형광물질 원료의 제조 시 사용된다.

> 해설 황화수소
> • 무색의 계란 썩은 냄새
> • 공기 중에서 연소가 잘 됨
> • 형광물질 원료 제조 시 사용
> • 폭발 범위 : 4.3 ~ 45 %
> → 산화하면 주로 아황산가스 생성

50 다음 중 가연성 가스에 해당하지 않는 것은? ✓최다빈출

① 에탄 ② 질소
③ 일산화탄소 ④ 에틸렌

> 해설 가연성 가스
> 에탄, 일산화탄소, 에틸렌
> → 질소 : 상온에서 다른 원소와 반응하지 않음

정답 45 ③ 46 ① 47 ④ 48 ② 49 ③ 50 ②

51 나프타의 성상과 가스화에 미치는 영향 중 PONA 값의 의미에 대하여 잘못 나타낸 것은?

① P : 파라핀계 탄화수소
② O : 올레핀계 탄화수소
③ N : 나프텐계 탄화수소
④ A : 지방족 탄화수소

해설 나프타 성상, 가스화
- P : 파라핀계 탄화수소
- O : 올레핀계 탄화수소
- N : 나프텐계 탄화수소
- A : 방향족 탄화수소

52 가스의 연소와 관련하여 공기 중 점화원 없이 연소하기 시작하는 최저온도를 무엇이라 하는가?

① 끓는점   ② 발화점
③ 인화점   ④ 융해점

해설 가스연소
- 착화원이 있을 때 : 인화온도
- 착화원이 없을 때 : 발화온도

53 다음에서 설명하는 법칙은?

> 같은 온도(T)와 압력(P)에서 같은 부피(V)의 기체는 같은 분자수를 가진다.

① Henry의 법칙
② Dalton의 법칙
③ Avogadro의 법칙
④ Hess의 법칙

해설 아보가드로법칙
0 ℃, 1 atm 모든 기체 1 mol의 부피는 22.4 L이고, 그 속에 존재하는 분자수는 6.02×10^{23}개

54 LP가스 제법으로 가장 거리가 먼 것은?

① 석유정제공정에서 부산물로 생산
② 원유를 정제하여 부산물로 생산
③ 석탄을 건류하여 부산물로 생산
④ 나프타 분해공정에서 부산물로 생산

해설 LP가스 제법
- 석유정제공정에서 부산물로 생산
- 원유를 정제하여 부산물로 생산
- 나프타 분해공정에서 부산물로 생산
→ 석탄 건류 부산물로 생산 : LN가스 제법

55 25 ℃ 물 10 kg을 대기압하에서 비등시켜 모두 기화시키는 데 약 몇 kcal의 열이 필요한가? (단, 물의 증발잠열은 540 kcal/kg이다)

① 750   ② 5400
③ 6150   ④ 7200

해설 물의 기화
- 물의 현열 : 10 kg × 1 kcal/kg℃ × (100 - 25) = 750 kcal
- 물 잠열 : 10 kg × 540 kcal/kg = 5400 kcal
- Q = 750 + 5400 = 6150 kcal

정답 51 ④ 52 ② 53 ③ 54 ③ 55 ③

56 아세틸렌가스폭발 종류로 가장 거리가 먼 것은? ✓최다빈출

① 중합폭발 ② 화합폭발
③ 분해폭발 ④ 산화폭발

> **해설** 아세틸렌가스
> 산화폭발, 분해폭발, 화합폭발
> → 중합폭발 : 시안화수소

57 도시가스 제조 시 사용되는 부취제 중 T.H.T 냄새는?

① 암모니아 냄새
② 양파 썩는 냄새
③ 석탄가스 냄새
④ 마늘 냄새

> **해설** 부취제
> • THT : 석탄가스 냄새
> • TBM : 양파 썩는 냄새
> • DMS : 마늘 썩는 냄새

58 압력에 대한 설명으로 옳지 않은 것은?

① 수주 280 cm는 0.28 kg/cm²와 같다.
② 1 kg/cm²은 수은주 760 mm와 같다.
③ 1 atm이란 1cm²당 1.033 kg의 무게와 같다.
④ 160 kg/mm²은 16000 kg/cm²에 해당한다.

> **해설** 대기압
> • 1기압(atm) = 760 mmHg
>   = 10.332 mH₂O
>   = 1.0332 kg/cm²
>   = 1.013 bar
>   = 0.101325 MPa
>   = 101.325 kPa
>   = 14.7 Psi
>   = 14.7 lb/in²
> • 1 kg/cm² = 735 mmHg
> • 160 kg/mm² = 16000 kg/cm²
> • 수주 10 m = 1 kg/cm²,
>   280 cm = 0.28 kg/cm²

59 다음 중 가장 낮은 온도는? ✓최다빈출

① -40 °F   ② 240 K
③ -50 ℃   ④ 430 °R

> **해설** 온도단위
> • -40 °F : 5/9 × (-40 - 32) = -40 ℃
> • 240 K = ℃ + 273
>   ℃ : 240 - 273 = -33 ℃
> • 430 R = °F + 460
>   °F : 430 - 460 = -30 °F = -34.4 ℃
> • 화씨온도(°F) : $\frac{9}{5} \times °C + 32$
> • 섭씨온도(℃) : $\frac{5}{9} \times (°F - 32)$
> • 절대온도 랭킨(R) : °F + 460
> • 절대온도 캘빈(K) : ℃ + 273

60 프레온(Freon) 성질로 틀린 것은?

① 무색, 무취이다.
② 불연성이다.
③ 증발잠열이 적다.
④ 가압에 의해 액화되기 쉽다.

> **해설** 프레온
> • 무색, 무취
> • 불연성 가스
> • 가압에 의해 액화되기 쉬움
> • 냉매가스
> → 증발잠열이 큼

정답 56 ① 57 ③ 58 ② 59 ③ 60 ③

2015 01월 25일

01 처리능력이 1일 35000 m³인 산소 처리설비로 전용공업지역이 아닌 지역일 경우 처리설비 외면과 사업소 밖에 있는 병원은 몇 m 이상 안전거리를 유지하여야 하는가?

① 15 m ② 17 m
③ 18 m ④ 22 m

해설 병원 안전거리
- 제1종 보호시설
- 산소 처리설비와 18 m 이상 안전거리 유지
- 제2종 보호시설 13 m 이상 안전거리 유지

02 도시가스 매설 배관에 설치하는 보호판은 누출가스가 지면으로 확산되도록 구멍을 뚫는다. 그 간격의 기준으로 옳은 것은?

① 1 m 이하 간격 ② 1.2 m 이하 간격
③ 3 m 이하 간격 ④ 7 m 이하 간격

해설 배관 보호판 구멍 기준
누출 가스가 지면으로 확산되도록 3 m 간격

03 도시가스사업자는 굴착공사정보지원센터로부터 굴착계획의 통보내용을 통지받은 때에 얼마 이내에 매설된 배관이 있는지 확인하고, 그 결과를 굴착공사정보지원센터에 통지하여야 하는가?

① 24시간 ② 36시간
③ 48시간 ④ 72시간

해설 굴착공사정보지원센터 통지 기준
굴착계획 시 확인 통보시간 : 24시간 이내

04 공기 중에서 폭발 범위가 가장 좁은 것은?

① 수소 ② 프로판
③ 메탄 ④ 아세틸렌

해설 폭발 범위
- 메탄(CH_4) : 5 ~ 15 %
- 프로판(C_3H_8) : 2.1 ~ 9.5 %
- 수소(H_2) : 4 ~ 75 %
- 아세틸렌(C_2H_2) : 2.5 ~ 81 %

암 [메]오시오, [프]트리구오
[수]사치료, 이오팔일[아]

05 용기에 의한 액화석유가스 저장소에서 실외 저장소 주위의 경계 울타리와 용기보관장소 사이는 얼마 이상 거리를 유지하여야 하는가?

① 3 m ② 12 m
③ 15 m ④ 20 m

해설 용기 액화석유가스 저장소

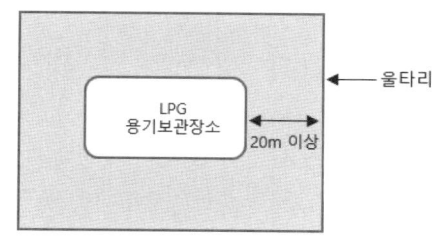

정답 01 ③ 02 ③ 03 ① 04 ② 05 ④

06 고압가스 특정제조 허가 대상이 아닌 것은?

① 석유정제시설에서 고압가스를 제조하는 것으로서 그 저장능력이 100톤 이상인 것
② 비료제조시설에서 고압가스를 제조하는 것으로서 그 저장능력이 100톤 이상인 것
③ 철강공업시설에서 고압가스를 제조하는 것으로서 그 처리능력이 1만 세제곱미터 이상인 것
④ 석유화학공업시설에서 고압가스를 제조하는 것으로서 그 처리능력이 1만 세제곱미터 이상인 것

해설 고압가스 특정제조 허가 대상
철강공업시설에서 처리능력이 10만 m³ 이상인 것

07 일반도시가스사업의 가스공급시설 기준에서 배관을 지상 설치할 경우 가스배관 표면 색상은?

① 적색　　② 청색
③ 흑색　　④ 황색

해설 도시가스배관 색상
• 지상 : 황색
• 지하 : 저압(황색), 중압이상(적색)

08 가스도매사업 제조소의 배관장치에 설치하는 경보장치가 울려야 하는 시기로 잘못된 것은?

① 배관 안의 압력이 정상운전 때의 압력보다 15 % 이상 강하한 경우 이를 검지한 때
② 배관 안의 압력이 상용압력의 1.05배를 초과한 때
③ 긴급차단밸브의 조작회로가 고장난 때 또는 긴급차단밸브가 폐쇄된 때
④ 상용압력이 5 MPa 이상인 경우에는 상용압력에 0.5 MPa를 더한 압력을 초과한 때

해설 배관장치 경보 시기
상용압력 5 MPa 이상
: 배관 내 유량 정상 시보다 7 % 이상 변동

09 다음 중 상온에서 가스를 압축, 액화 상태로 용기에 충전시키기 가장 어려운 가스는?

① Cl_2　　② CH_4
③ C_3H_8　　④ CO_2

해설 가스의 비점
• 비점이 낮을수록 액화가 어려움
• 메탄(CH_4) : -162 ℃
• 염소(Cl_2) : -34 ℃
• 이산화탄소(CO_2) : -78.5 ℃
• 프로판(C_3H_8) : -42 ℃

10 가연성 가스 제조설비 중 전기설비를 방폭성능을 가지는 구조로 갖추지 않아도 되는 가스는?

① 암모니아　　② 산화에틸렌
③ 아크릴알데히드　④ 염화메탄

정답　06 ③　07 ④　08 ④　09 ②　10 ①

해설 방폭성능 구조
- 좁은 폭발 범위 : 방폭성능 구조는 필요 없음
- 암모니아 : 15 ~ 28 %

11 가스도매사업의 가스공급시설 중 배관을 지하에 매설할 때 기준으로 틀린 것은?

① 배관은 그 외면으로부터 수평거리로 건축물까지 1.0 m 이상을 유지한다.
② 배관은 지반 동결로 손상을 받지 아니하는 깊이로 매설한다.
③ 배관을 산과 들에 매설할 때는 지표면으로부터 배관의 외면까지의 매설깊이를 1 m 이상으로 한다.
④ 배관은 그 외면으로부터 지하의 다른 시설물과 0.3 m 이상의 거리를 유지한다.

해설 지하배관 매설

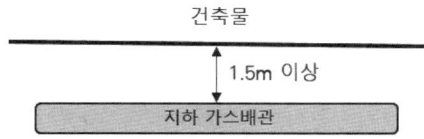

12 운반 책임자를 동승시키지 않고 운반하는 액화석유가스용 차량에서 고정된 탱크에 설치하여야 하는 장치로 알맞은 것은?

① 누설경보장치   ② 누설방지장치
③ 폭발방지장치   ④ 살수장치

해설 액화석유가스용 차량 고정된 탱크
운반 책임자를 동승시키지 않았을 경우
: 폭발방지장치 설치

13 가연성 가스와 동일차량에 적재하여 운반할 경우 충전용기의 밸브가 서로 마주보지 않도록 적재해야 할 가스는?

① 질소   ② 산소
③ 수소   ④ 아르곤

해설 마주보도록 적재 금지 가스
- 가연성 가스와 산소
- 산소 : 조연성 가스, 가연성 가스 발화를 도움

14 다음 중 제1종 보호시설에 해당하지 않는 것은?

① 가설건축물이 아닌 사람을 수용하는 건축물로서 사실상 독립된 부분의 연면적이 1500 m²인 건축물
② 어린이집 및 어린이놀이시설
③ 수용 능력이 100인(人) 이상인 공연장
④ 문화재보호법에 의하여 지정문화재로 지정된 건축물

해설 제1종 보호시설 기준
공연장 : 수용능력 300인 이상

15 수소의 특징으로 옳은 것은?

① 가스의 비중이 커서 확산이 느리다.
② 폭발 범위가 넓다.
③ 조연성 기체이다.
④ 저온에서 탄소와 수소취성을 일으킨다.

해설 수소(H_2)
- 분자량 : 2(비중 = 2/29 로 매우 작음)
- 가연성 기체
- 비중이 작기 때문에 확산 빠름
→ 수소(H_2)폭발 범위 : 4 ~ 75 %

16 천연가스 발열량이 10400 kcal/Sm³이다. SI 단위인 MJ/Sm³으로 나타내면?

① 2.47
② 43.68
③ 247.6
④ 436.80

해설 발열량
- 1 kcal = 4.2 kJ
- 10400 × 4.2 = 43680 kJ = 43.68 MJ

17 다음 중 연소의 3요소가 아닌 것은?

① 점화원
② 산소공급원
③ 가연물
④ 인화점

해설 연소의 3요소
가연물, 산소공급원, 점화원

18 허가대상 가스용품에 해당하지 않는 것은?

① 용접절단기용으로 사용되는 LPG 압력조정기
② 가스소비량이 132.6 kW인 연료전지
③ 가스용 폴리에틸렌 플러그형 밸브
④ 도시가스정압기에 내장된 필터

해설 허가대상 가스용품
정압기용 필터
→ 정압기에 내장된 필터 : 제외

19 고압가스 저장시설에서 가연성 가스시설에 설치하는 유동방지시설 기준은?

① 높이 2 m 이상의 내화성 벽으로 한다.
② 높이 2 m 이상의 불연성 벽으로 한다.
③ 높이 1.5 m 이상의 내화성 벽으로 한다.
④ 높이 1.5 m 이상의 불연성 벽으로 한다.

해설 가연성 가스 저장시설
유동 방지시설 : 높이 2 m 이상의 내화성 벽

20 고압가스안전관리법상 독성 가스는 공기 중 일정량 이상 존재하는 경우 인체에 유해한 독성을 가진 가스로서 허용농도(해당가스를 성숙한 흰쥐 집단에게 대기 중에서 1시간 동안 계속하여 노출시킨 경우 14일 이내에 그 흰쥐의 2분의 1 이상이 죽게 되는 가스의 농도)가 얼마인 것을 말하는가?

① 100만분의 2000 이하
② 100만분의 3000 이하
③ 100만분의 4000 이하
④ 100만분의 5000 이하

해설 독성 가스 허용농도
LC50 기준
5000 ppm = 100만분의 5000

21 가연성 가스 충전용기 보관실 벽 재료 기준은?

① 불연재료
② 가벼운 재료
③ 난연재료
④ 불연 또는 난연재료

해설 가연성 가스 충전용기
보관실 벽 재료 : 불연재료
지붕 재료 : 불연 또는 난연재료

정답 16 ② 17 ④ 18 ④ 19 ① 20 ④ 21 ①

22 고압가스용기 재료 구비조건이 아닌 것은?

① 용접성이 좋고 가공 중 결함이 생기지 않을 것
② 무겁고 충분한 강도를 가질 것
③ 내식성, 내마모성을 가질 것
④ 저온 및 사용온도에 견디는 연성과 점성강도를 가질 것

해설 고압가스용기재료
- 용접성이 좋고 가공 중 결함이 생기지 않을 것
- 내식성, 내마모성을 가질 것
- 저온에 견디는 연성과 점성강도를 가질 것
- → 가볍고 충분한 강도를 가질 것

23 LPG충전소에는 시설의 안전확보상 "충전 중 엔진 정지"를 보기 쉬운 곳에 설치해야 한다. 표지판의 바탕색과 문자색은?

① 흑색바탕에 백색글씨
② 백색바탕에 흑색글씨
③ 흑색바탕에 황색글씨
④ 황색바탕에 흑색글씨

해설 LPG 충전소 표지판 기준
충전 중 엔진 정지 : 황색바탕에 흑색글씨

24 도시가스배관 지름이 15 mm인 배관에 대한 고정장치 설치간격은 몇 m마다 설치해야 하는가? ⓒ최다빈출

① 1   ② 2
③ 3   ④ 5

해설 도시가스배관 고정장치
- 13 mm 미만 : 1 m 이내
- 13 ~ 33 mm : 2 m 이내
- 33 mm 이상 : 3 m 이내

25 가스 운반 시 차량 비치 항목이 아닌 것은?

① 가스 표시 색상
② 가스 특성(온도와 압력과의 관계, 비중, 색깔 냄새)
③ 화재, 폭발의 위험성 유무
④ 인체에 대한 독성 유무

해설 가스 운반 차량 비치 항목
가스 특성, 화재폭발 위험성, 독성 유무
[가스 표시 색상]
- 가연성 가스 및 독성 가스의 용기
- 의료용 가스용기
- 그 밖의 가스용기

26 액화 암모니아 10 kg을 기화시키면 표준 상태에서 약 몇 m³의 기체로 되는가?

① 5   ② 7
③ 13 ④ 25

해설 암모니아
- 분자량 : 17(= 22.4 m³)
- 22.4 × 10/17 = 13 m³

27 독성 가스인 암모니아 저장탱크에는 그 가스의 용량이 그 저장탱크 내용적 몇 %를 초과하지 않아야 하는가? ⓒ최다빈출

① 60 %   ② 75 %
③ 90 %   ④ 95 %

해설 암모니아 저장탱크 내용적
내용적 90 % 초과 금지
(안전공간 : 10 % 이상 확보)

정답 22 ② 23 ④ 24 ② 25 ① 26 ③ 27 ③

28 고압가스판매자가 실시하는 용기 안전점검 및 유지관리 기준으로 틀린 것은?

① 용기 아래 부분의 부식 상태를 확인할 것
② 완성검사 도래 여부를 확인할 것
③ 용기캡이 씌워져 있거나 프로텍터가 부착되어 있는지의 여부를 확인할 것
④ 밸브의 그랜드너트가 고정핀으로 이탈방지를 위한 조치가 되어 있는지의 여부를 확인할 것

> **해설** 용기 안전점검 및 유지관리
> 충전기한의 도래 여부를 확인할 것

29 용기에 의한 고압가스 판매시설의 충전용기 보관실 기준이 아닌 것은?

① 공기보다 무거운 가연성 가스의 용기 보관실에는 가스누출검지경보장치를 설치한다.
② 가연성 가스 충전용기 보관실은 불연성 재료나 난연성의 재료를 사용한 가벼운 지붕을 설치한다.
③ 충전용기 보관실은 가연성 가스가 새어나오지 못하도록 밀폐구조로 한다.
④ 용기보관실의 주변에는 화기 또는 인화성 물질이나 발화성 물질을 두지 않는다.

> **해설** 충전용기보관실 기준
> 가스 누설 시 공기와의 희석 위해 개방구조

30 도시가스배관 용어로 틀린 것은?

① 본관이란 도시가스제조사업소의 부지 경계에서 정압기까지 이르는 배관을 말한다.
② 배관이란 본관, 공급관, 내관 또는 그 밖의 관을 말한다.
③ 사용자 공급관이란 공급관 중 정압기에서 가스사용자가 구분하여 소유하는 건축물의 외벽에 설치된 계량기까지 이르는 배관을 말한다.
④ 내관이란 가스사용자가 소유하거나 점유하고 있는 토지의 경계에서 연소기까지 이르는 배관을 말한다.

> **해설** 도시가스배관 용어
> 사용자 공급관이란 가스사용자가 구분해 소유하는 건축물 외벽 설치된 전단밸브이다.

31 측정압력이 0.01 ~ 10 kg/cm²이고, 오차가 ±1 ~ 2 %이며 유체내의 먼지 등의 영향이 적으나, 압력 변동에 적응하기 어렵고 주위 온도 도차에 의한 충분한 주의를 요하는 압력계는?

① 피스톤 압력계
② 벨로우즈(Bellows) 압력계
③ 부르동(Bourdon)관 압력계
④ 전기저항 압력계

> **해설** 벨로우즈압력계
> • 주름관 사용 신축 압력계
> • 진공압 및 차압 측정용
> • 탄성식 압력계
> • 측정압력 범위 : 0.01 ~ 10 kg/cm²

32 분말진공단열법에서 충진용 분말로 사용되지 않는 것은?

① 탄화규소   ② 규조토
③ 펄라이트   ④ 알루미늄 분말

해설 충진용 분말
- 펄라이트
- 규조토
- 알루미늄 분말

33 초저온 저장탱크에 주로 사용되며, 차압에 의해 측정하는 액면계는?

① 부자식   ② 햄프슨식
③ 시창식   ④ 회전 튜브식

해설 햄프슨식 액면계
극저온 저장탱크를 이용하는 차압식 액면계

34 1단 감압식 저압조정기 조정압력(출구압력)은?

① 2.3 ~ 3.3 kPa
② 5 ~ 30 kPa
③ 32 ~ 83 kPa
④ 57 ~ 83 kPa

해설 조정기 조정압력
① 1단 감압식 저압조정기 조정압력
② 1단 감압식 준저압조정기 조정압력
③ 자동절체식 분리형 조정기
④ 2단 감압식 1차용 조정기

35 압축기에서 다단 압축 목적으로 틀린 것은?

① 이용 효율의 증대
② 소요 일량의 감소
③ 힘의 평형 향상
④ 토출온도 상승

해설 다단압축 목적
- 소요 일량 감소
- 이용 효율 증대
- 힘의 평형 향상
→ 토출온도 : 하강

36 1000 L 액산 탱크에 액산을 넣어 방출밸브를 개방하여 12시간 방치하였더니 탱크 내의 액산이 4.8 kg 방출되었다. 1시간당 탱크에 침입하는 열량은 약 몇 kcal인가? (단, 액산의 증발잠열은 60 kcal/kg이다)

① 17   ② 24
③ 70   ④ 100

해설 침입 열량 계산
- 액산의 총 증발열 = 4.8 × 60 = 288 kcal
- 12 : 288 = 1 : x
- x = 288/12 = 24 kcal/h

정답 32 ① 33 ② 34 ① 35 ④ 36 ②

37 도시가스용 압력조정기 설명으로 옳은 것은?

① 입구 측 연결배관 관경은 50 A 이상의 배관에 연결되어 사용되는 조정기이다.
② 합격표시는 바깥지름이 5 mm의 "k"자 각인을 한다.
③ 유량성능은 제조자가 제시한 설정압력의 ±10 % 이내로 한다.
④ 최대 표시유량 300 Nm^3/h 이상인 사용처에 사용되는 조정기이다.

해설 도시가스용 압력조정기
합격표시 : 바깥지름 5 mm, "K" 각인

38 다음 중 아세틸렌과 치환반응을 하지 않는 것은?

① Hg   ② Ag
③ Cu   ④ Ar

해설 아세틸렌 치환반응 금속
구리(Cu), 은(Ag), 수은(Hg)

39 질소를 취급하는 금속재료에서 내질화성을 증대시키는 원소는?

① Ni   ② Cr
③ Al   ④ Ti

해설 질소 취급 금속재료
• 내질화성 증대 원소 : 니켈(Ni)
• 질화작용 원소 : Mg, Li, Ca

40 다음 중 가스에 의한 부식현상으로 틀린 것은?

① 암모니아에 의한 강의 질화
② 일산화탄소에 의한 금속의 카르보닐화
③ 황화수소에 의한 철의 부식
④ 수소원자에 의한 강의 탈수소화

해설 가스에 의한 부식현상
• 암모니아 : 강의 질화
• 일산화탄소 : 금속의 카르보닐화
• 황화수소 : 철의 부식
→ 수소 가스 : 탈탄작용(방지 : W, Cr, Ti)

41 오리피스유량계는 어떤 형식 유량계인가?

① 차압식   ② 용적식
③ 면적식   ④ 터빈식

해설 차압식 유량계
• 오리피스
• 벤투리미터
• 플로우 노즐

42 비점이 점차 낮은 냉매를 사용하여 저비점 기체를 액화하는 사이클은?

① 플립스 액화사이클
② 클라우드 액화사이클
③ 캐스케이드 액화사이클
④ 캐피자 액화사이클

해설 캐스케이드식 공기액화사이클
• 다원 액화사이클
• 비점이 낮은 냉매 사용하여 저비점 기체 액화

43 유체가 5 m/s의 속도로 흐른다. 이 유체의 속도수두는 약 몇 m인가? (단, 중력가속도는 9.8 m/s²이다)

① 0.98 ② 1.28
③ 14.2 ④ 17.1

해설 속도수두
유속(V) = $\sqrt{2gh}$
속도수두(h) = $\dfrac{V^2}{2g} = \dfrac{5^2}{2 \times 9.8} = 1.28$ m

44 빙점 이하의 낮은 온도에서 사용되며 LPG탱크, 저온에도 인성이 감소되지 않는 화학공업 배관의 종류는?

① SPLT ② SPHT
③ SPPS ④ SPPH

해설 관의 종류
- SPLT : 저온배관용 탄소강관
- SPHT : 고온배관용 탄소강관
- SPPH : 고압배관용 탄소강관
- SPPS : 압력 배관용 탄소강관

45 하버 – 보시법으로 암모니아 44 g을 제조하려면 표준 상태에서 수소는 약 몇 L 필요한가?

① 22 ② 44
③ 87 ④ 100

해설 암모니아 제조
- $N_2 + 3H_2 \rightarrow 2NH_3$(질소 1몰, 수소 3몰 합성 : 암모니아 2몰 생성)
- $34 : (3 \times 22.4) = 44 : x$
- $x = \dfrac{44}{34} \times (3 \times 22.4) = 87$ L

46 섭씨온도로 측정할 때 상승된 온도가 5 ℃이었다. 화씨온도로 측정하면 상승온도는 몇 도인가? ⓒ최다빈출

① 6.5 ② 7.5
③ 9.0 ④ 31

해설 상승온도 측정
- 화씨온도 상승값 = 섭씨온도 상승값 × 1.8
- 5 × 1.8 = 9 ℉

47 어떤 물질의 고유의 양으로, 측정장소에 따라 변함이 없는 물리량은?

① 질량 ② 중량
③ 밀도 ④ 부피

해설 질량
- 물질의 고유 양
- 측정 장소에 따라 변함 없음
- 중량 : 측정 장소의 압력에 따라 변함

48 고압가스용 이음매 없는 용기에서 내력비는?

① 내력과 압궤강도의 비를 말한다.
② 내력과 압축강도의 비를 말한다.
③ 내력과 파열강도의 비를 말한다.
④ 내력과 인장강도의 비를 말한다.

해설 이음매 없는 용기 내력비
내력/인장강도(내력과 인장강도의 비)

정답 43 ② 44 ① 45 ③ 46 ③ 47 ① 48 ④

49 기체연료연소 특성으로 틀린 것은?

① 연소율의 가변범위가 넓다.
② 하나의 연료 공급원으로부터 다수의 연소로와 버너에 쉽게 공급된다.
③ 미세한 연소 조정이 어렵다.
④ 소형의 버너도 매연이 적고, 완전연소가 가능하다.

해설 기체연료
- 연소율 가변범위가 넓음
- 다수의 연소로와 버너에 쉽게 공급
- 소형 버너도 매연이 적고, 완전연소 가능
→ 미세한 연소 조정 용이 : 버너연소

50 비중이 13.6인 수은은 76 cm의 높이를 갖는다. 비중이 0.5인 알코올로 환산하면 그 수주는 몇 m인가?

① 20.67   ② 15.2
③ 13.6   ④ 7

해설 비중
- 비중이 무거울수록 적게 올라감
- 76 cm = 0.76 m
- 알코올 비중 = 13.6/0.5 = 27.2배
- 0.76 × 27.2 = 20.67 m

51 SNG에 대한 설명으로 적당한 것은?

① 정유가스   ② 액화천연가스
③ 액화석유가스 ④ 대체천연가스

해설 SNG
대체천연가스

52 메탄가스 특성으로 틀린 것은?

① 메탄은 프로판에 비해 연소에 필요한 산소량이 많다.
② 무색, 무취이다.
③ 폭발하한농도가 프로판보다 높다.
④ 폭발상한농도가 부탄보다 높다.

해설 메탄가스(CH_4)
프로판(C_3H_8)에 비해 탄소수가 적음
: 연소에 필요한 산소량이 적음

53 단위 체적당 물체의 질량은 무엇을 나타내는가?

① 비체적   ② 비열
③ 중량   ④ 밀도

해설 가스밀도

$$밀도(\rho) = \frac{질량}{부피}$$

54 다음 중 지연성 가스로 구성되어 있는 것은?

① 질소, 아르곤
② 일산화탄소, 수소
③ 산소, 이산화질소
④ 석탄가스, 수성 가스

해설 지연성(조연성) 가스
- 연소를 도와주는 가스
- 산소, 공기, 이산화질소, 불소, 염소

정답 49 ③ 50 ① 51 ④ 52 ① 53 ④ 54 ③

55 액체는 무색투명하며 복숭아 향을 가진 맹독성 가스는? ✓최다빈출

① 포스겐 ② 일산화탄소
③ 시안화수소 ④ 메탄

해설 시안화수소
- 복숭아 향 가스
- 폭발 범위 : 6 ~ 41 %
- 중합폭발 방지 위해 황산, 동망, 염화칼슘, 인산, 아황산가스 첨가

56 암모니아 성질에 대한 설명으로 옳지 않은 것은?

① 가스일 때 공기보다 무겁다.
② 자극성 냄새가 있다.
③ 구리에 대하여 부식성이 강하다.
④ 물에 잘 녹는다.

해설 암모니아(NH_3)
분자량이 17이기 때문에 공기(29)보다 가벼움

57 수소에 대한 설명으로 틀린 것은?

① 상온에서 자극성을 가지는 가연성 기체이다.
② 고온·고압에서 강재 중 탄소와 반응하여 수소취성을 일으킨다.
③ 염소와 반응하여 폭명기를 형성한다.
④ 폭발 범위는 공기 중에서 약 4~75 %이다.

해설 수소(H_2)
상온에서 자극성이 없는 기체

58 다음 중 표준 상태에서 가스상 탄화수소 점도가 가장 높은 가스는?

① 부탄
② 메탄
③ 에탄
④ 프로판

해설 탄화수소의 점도
- 탄소 하나당 갖고 있는 수소의 개수
- 에탄 : C_2H_6
- 메탄 : CH_4
- 부탄 : C_4H_{10}
- 프로판 : C_3H_8

59 표준대기압하에서 물 1 kg의 온도를 1 ℃ 올리는 데 필요한 열량은?

① 0 kcal
② 1 kcal
③ 79 kcal
④ 540 kcal/kg·℃

해설 물의 비열
표준대기압하에서 물 1 kg 온도를 1 ℃ 올리는 데 필요한 열량

정답 55 ③ 56 ① 57 ① 58 ② 59 ②

60 도시가스 원료인 메탄가스를 완전연소시켰다. 이때 어떤 가스가 주로 발생되는가? 최다빈출

① 콜타르
② 암모니아
③ 부탄
④ 이산화탄소

해설 메탄연소
$CH_4 + 2O_2 \rightarrow CO_2 + 2H_2O$

참조 가스의 비점
- 비점이 낮을수록 액화가 어려움
- 수소(H_2) : -252 ℃
- 헬륨(He) : -272.2 ℃
- 질소(N_2) : -196 ℃
- 메탄(CH_4) : -162 ℃
- 암모니아(NH_3) : -33.3 ℃
- 프로판(C_3H_8) : -42 ℃
- 나프타 : 30 ~ 200 ℃
- 에틸렌(C_2H_4) : -103.7 ℃
- 에탄(C_2H_6) : -161.5 ℃
- 부탄(C_4H_{10}) : -0.5 ℃

정답 60 ④

2015 04월 04일

01 천연가스 지하 매설 배관 퍼지용으로 사용되는 가스는?

① N_2 ② H_2
③ Cl_2 ④ O_2

해설 퍼지용 배관
- 지하매설가스 : N_2
- 지상가스 : CO_2, N_2

02 방호벽이 필요하지 않는 곳은?

① 아세틸렌가스압축기와 충전장소 사이
② 고압가스 저장설비와 사업소안의 보호시설과의 사이
③ 판매소의 용기 보관실
④ 아세틸렌가스 발생장치와 당해 가스 충전용기 보관장소 사이

해설 방호벽
가스 발생장치와 충전용기 보관장소 사이 : 설치하지 않음

03 공기와 혼합된 가스가 압력이 높아지면 폭발범위는 좁아지는 가스는?

① 아세틸렌   ② 프로판
③ 일산화탄소   ④ 메탄

해설 일산화탄소
고압일수록 폭발 범위가 좁아짐

04 액화석유가스의 안전관리 및 사업법에서 정한 용어로 틀린 것은?

① 저장탱크란 액화석유가스를 저장하기 위하여 지상 또는 지하에 고정 설치된 탱크로서 그 저장능력이 3톤 이상인 탱크를 말한다.
② 저장설비란 액화석유가스를 저장하기 위한 설비로서 각종 저장탱크 및 용기를 말한다.
③ 용기집합설비란 2개 이상의 용기를 집합하여 액화석유가스를 저장하기 위한 설비를 말한다.
④ 충전용기란 액화석유가스 충전 질량의 90 % 이상이 충전되어 있는 상태의 용기를 말한다.

해설 충전용기
고압가스 충전질량 또는 충전압력의 1/2 이상이 충전되어 있는 용기

05 산소압축기의 내부 윤활유제로 이용되는 것은?

① 유지   ② 물
③ 석유   ④ 황산

해설 윤활제
- 염소압축기 : 황산
- 산소압축기 : 물 또는 글리세린수
- 아세틸렌압축기 : 광유

정답 01 ① 02 ④ 03 ③ 04 ④ 05 ②

06 지하에 매설된 도시가스배관의 전기방식 기준이 아닌 것은?

① 전기방식전류가 흐르는 상태에서 토양 중에 있는 배관 등의 방식전위 상한값은 포화황산동 기준전극으로 -0.85 V 이하일 것
② 배관에 대한 전위측정은 가능한 배관 가까운 위치에서 실시할 것
③ 전기방식전류가 흐르는 상태에서 자연전위와의 전위변화가 최소 -300 mV 이하일 것
④ 전기방식시설의 관대지전위 등을 2년에 1회 이상 점검할 것

해설 지하 매설 배관 전기방식 기준
전기방식시설 관대지전위 : 1년에 1회 이상

※ 외부전원법에 의한 전기방식시설 외부전원점 관대지전위, 정류기 출력, 전압, 전류 : 3개월에 1회 이상 점검

07 일반도시가스사업의 설치하는 가스공급시설 중 정압기 설치에 대한 설명으로 틀린 것은?

① 건축물 내부에 설치된 도시가스사업자의 정압기로서 가스누출경보기와 연동하여 작동하는 기계환기설비를 설치하고 1일 1회 이상 안전점검을 실시하는 경우에는 건축물의 내부에 설치할 수 있다.
② 정압기에 설치되는 가스방출관 방출구는 주위에 불 등이 없는 안전한 위치로서 지면으로부터 3 m 이상의 높이에 설치하여야 하며, 전기시설물과의 접촉 등으로 사고의 우려가 있는 장소에서는 5 m 이상의 높이로 설치한다.
③ 정압기는 2년에 1회 이상 분해점검을 실시하고 필터는 가스공급 개시 후 1월 이내 및 가스공급개시 후 매년 1회 이상 분해점검을 실시한다.
④ 정압기에 설치하는 가스차단장치는 정압기의 입구 및 출구에 설치한다.

해설 도시가스 가스방출관 방출구
• 지면 : 5 m 이상
• 전기시설물 : 3 m 이상

08 도시가스 사용시설에서 안전을 확보하기 위하여 최고사용 압력의 1.1배 또는 얼마의 압력으로 실시하는 기밀시험에 이상이 없어야 하는가?

① 3.4 kPa ② 5.4 kPa
③ 7.4 kPa ④ 8.4 kPa

해설 기밀시험 압력 기준
최고사용압력의 1.1배 또는 8.4 kPa 이상

09 다음 폭발 종류와 그 관계로서 맞지 않은 것은?

① 압력폭발 : 보일러의 폭발
② 화학폭발 : 화약의 폭발
③ 촉매폭발 : C_2H_2의 폭발
④ 중합폭발 : HCN의 폭발

해설 폭발 종류
• 보일러 : 압력폭발
• 화약 : 화학폭발
• 시안화수소 : 중합폭발
→ 아세틸렌 : 산화폭발, 분해폭발, 치환폭발

정답 06 ④ 07 ② 08 ④ 09 ③

10 충전용기 등을 적재한 차량의 운반 개시 전 용기 적재 상태점검내용으로 알맞지 않는 것은?

① 차량의 적재중량 확인
② 용기 보호캡의 부착유무 확인
③ 용기 고정 상태 확인
④ 운반계획서 확인

해설 충전용기 적재 차량점검내용
- 차량의 적재중량 확인
- 용기 보호캡 부착유무 확인
- 용기 고정 상태 확인
→ 운반계획서 : 점검내용에서 제외

11 아세틸렌(C_2H_2)에 대한 설명으로 틀린 것은?

① 구리, 은, 수은 및 그 합금과 폭발성 화합물을 만든다.
② 공기보다 무겁고 황색의 가스이다.
③ 공기와 혼합되지 않아도 폭발하는 수가 있다.
④ 폭발 범위는 수소보다 넓다.

해설 아세틸렌(C_2H_2)
분자량 26으로 공기(29)보다 가벼움

12 고압가스 충전용기는 항상 몇 ℃ 이하 온도를 유지하여야 하는가?

① 5 ℃   ② 10 ℃
③ 40 ℃   ④ 50 ℃

해설 고압가스 충전용기
항상 40 ℃ 이하 온도 유지

13 용기에 의한 고압가스 운반 기준으로 틀린 것은?

① 3000 kg의 액화 조연성 가스를 차량에 적재하여 운반할 때에는 운반책임자가 동승하여야 한다.
② 충전용기와 위험물 안전관리법에서 정하는 위험물과는 동일 차량에 적재하여 운반할 수 없다.
③ 허용농도가 500 ppm인 액화 독성 가스 1000 kg을 차량에 적재하여 운반할 때에는 운반책임자가 동승하여야 한다.
④ 300 m^3의 압축 가연성 가스를 차량에 적재하여 운반할 때에는 운전자가 운반책임자의 자격을 가진 경우에는 자격이 없는 사람을 동승시킬 수 있다.

해설 조연성 가스 운반 기준
- 액화가스 : 6000 kg 이상 운반책임자 동승
- 압축가스 : 600 m^3 이상

14 액화석유가스 저장탱크 벽면의 국부적인 온도 상승에 따른 저장탱크 파열을 방지하기 위해 저장탱크 내벽에 설치하는 폭발방지장치 재료로 옳은 것은?

① 다공성 아연판
② 다공성 알루미늄판
③ 다공성 철판
④ 오스테나이트계 스테인리스판

해설 LPG 저장탱크 파열방지 재료
다공성 알루미늄판(온도 상승에 따른 파열 방지)

15 신규검사 후 20년이 경과한 용접용기(액화석유가스용 용기는 제외) 재검사 주기는?

① 5년마다   ② 2년마다
③ 1년마다   ④ 3개월마다

해설 용접용기 재검사 주기

15년 미만	500 L 이상	5년
	500 L 미만	3년
15년 이상 20년 미만	500 L 이상	2년
	500 L 미만	2년
20년 이상	1년	

16 공기 중으로 누출 시 냄새로 쉽게 알 수 있는 가스로 나열된 것은? 〔최다빈출〕

① Cl_2, NH_3 ② C_2H_2, CO
③ CO, Ar   ④ O_2, Cl_2

해설 염소, 암모니아
자극성 냄새 가스

17 최대지름이 6 m인 가연성 가스 저장탱크 2개가 유지하여야 할 최소 거리는?

① 0.3 m   ② 1 m
③ 2 m   ④ 3 m

해설 가연성 가스 저장탱크
가연성 저장탱크 2개 이상 인접 설치
: 저장탱크 최대지름 더한 값의 1/4 이상
→ (6+6)/4 = 3 m

18 다음 중 연소의 형태로 틀린 것은?

① 증발연소   ② 확산연소
③ 분해연소   ④ 물리연소

해설 연소 종류
- 분해연소
- 증발연소
- 확산연소
- 분무연소

19 고압가스 일반제조시설 중 에어졸 제조 기준에 대한 설명으로 틀린 것은?

① 35 ℃에서 그 용기의 내압이 0.8 MPa 이하로 한다.
② 에어졸의 분사제는 독성 가스를 사용하지 아니한다.
③ 에어졸 제조설비는 화기 또는 인화성 물질과 5 m 이상의 우회거리를 유지한다.
④ 내용적이 30 m^3 이상인 용기는 에어졸의 제조에 재사용하지 아니한다.

해설 에어졸 제조 기준
인화성 물질과 우회거리 : 8 m 이상 유지

20 용기 신규검사에 합격된 용기 부속품기호 중 압축가스를 충전하는 기호는?

① LG   ② PG
③ AG   ④ LT

해설 압축가스 충전용기 기호
- PG : 압축가스용
- LT : 저온 및 초저온 가스용
- AG : 아세틸렌가스용

정답 15 ③ 16 ① 17 ④ 18 ④ 19 ③ 20 ②

- LG : 그 밖의 가스용
- W : 질량
- V : 체적

21 가스용기의 취급 및 주의사항에 대한 설명 중 틀린 것은?

① 용기 내에 잔류물이 있을 때에는 잔류물을 제거하고 충전한다.
② LPG용기나 밸브를 가열할 때는 뜨거운 물(40℃ 이상)을 사용한다.
③ 충전한 후에는 용기밸브의 누출 여부를 확인한다.
④ 충전 시 용기는 용기 재검사 기간이 지나지 않았는지 확인한다.

해설 가스용기 취급 및 주의사항
가스용기나 밸브를 가열할 때는 40℃ 이하 물 습포를 사용한다.

22 가스누출검지경보장치 설치에 대한 설명으로 틀린 것은?

① 통풍이 잘 되는 곳에 설치한다.
② 가스의 누출을 신속하게 검지하고 경보하기에 충분한 개수 이상 설치한다.
③ 가스가 체류할 우려가 있는 장소에 적절하게 설치한다.
④ 장치의 기능은 가스의 종류에 적절한 것으로 한다.

해설 가스누출검지경보장치 설치 기준
실내 통풍이 잘 되지 않는 곳에 설치

23 일반 액화석유가스 압력조정기 표시사항이 아닌 것은?

① 제조번호나 로트번호
② 제조자명이나 그 약호
③ 입구압력(기호 : P, 단위 : MPa)
④ 검사 연월일

해설 LPG 압력조정기 표시사항
- 제조자명, 그 약호
- 제조번호, 로트번호
- 입구압력
→ 검사 연월일 : 표시사항에 해당 없음

24 산화에틸렌 취급 시 사용되는 제독제는?

① 나산소다 수용액
② 가성소다 수용액
③ 소석회 수용액
④ 물

해설 산화에틸렌 제독제
다량의 물

25 고압가스설비에 설치하는 압력계의 최고눈금에 대한 측정범위는?

① 상용압력의 1.0배 이상, 1.2배 이하
② 상용압력의 1.5배 이상, 1.5배 이하
③ 상용압력의 1.5배 이상, 2.0배 이하
④ 상용압력의 2.0배 이상, 3.0배 이하

해설 고압가스 압력계 최고눈금
상용압력의 1.5배 이상 2.0배 이하

정답 21 ② 22 ① 23 ④ 24 ④ 25 ③

26 방류둑의 내측 및 그 외면으로부터 몇 m 이내에 그 저장탱크의 부속설비 외의 것을 설치하지 못하는가?

① 2 m ② 5 m
③ 9 m ④ 10 m

해설 **저장탱크 부속설비 설치 기준**
방류둑 내측 및 외면으로부터 10 m 이내
: 부속설비 외의 것을 설치하지 않음

27 도시가스 사용시설에서 PE배관은 온도가 몇 ℃ 이상이 되는 장소에 설치하지 않는가?

① 30 ℃ ② 35 ℃
③ 40 ℃ ④ 60 ℃

해설 **PE배관 설치**
40 ℃ 이상이 되는 장소에 설치하지 않음

28 충전용 주관 압력계는 정기적으로 표준압력계로 기능을 검사하여야 한다. 검사의 기준으로 옳은 것은?

① 매월 1회 이상
② 6개월에 1회 이상
③ 9개월에 1회 이상
④ 1년에 1회 이상

해설 **압력계검사 기준**
• 충전용 주관 : 매월 1회 이상
• 그 외 : 3개월에 1회 이상

29 다음 중 0종 장소에는 어떤 방폭구조로 하여야 하는가?

① 특수방폭구조
② 본질안전방폭구조
③ 내압방폭구조
④ 안전증방폭구조

해설 **방폭구조**
• 1종 장소 : 내압방폭구조(d)
• 2종 장소 : 특수방폭구조(s)
• 0종 장소 : 본질안전방폭구조(ia, ib)

30 가스 성질에 대하여 옳은 것으로만 나열된 것은?

ㄱ. 일산화탄소는 가연성이다.
ㄴ. 산소는 조연성이다.
ㄷ. 질소는 가연성도 조연성도 아니다.
ㄹ. 아르곤은 공기 중에 함유되어 있는 가스로서 가연성이다.

① ㄱ, ㄴ, ㄹ ② ㄱ, ㄴ, ㄷ
③ ㄴ, ㄷ, ㄹ ④ ㄱ, ㄷ, ㄹ

해설 **가스 성질**
• 일산화탄소 : 가연성, 독성
• 산소 : 조연성
• 질소 : 불연성
• 아르곤 : 불활성, 불연성

정답 26 ④ 27 ③ 28 ① 29 ② 30 ②

31 부취체를 외기로 분출하거나 부취설비로부터 부취제가 흘러나오는 경우 냄새를 감소시키는 방법이 아닌 것은?

① 화학적 산화처리
② 수동조절
③ 연소법
④ 활성탄에 의한 흡착

해설 부취제 냄새감소방법
연소법, 화학적 산화, 활성탄에 의한 흡착

32 고압식 액화분리장치 작동 개요에 대한 설명이 아닌 것은?

① 압축기를 빠져나온 원료 공기는 열교환기에서 약간 냉각되고 건조기에서 수분이 제거된다.
② 원료 공기는 여과기를 통하여 압축기로 흡입하여 약 150 ~ 200 kg/cm²으로 압축시킨다.
③ 압축 공기는 수세정탑을 거쳐 축냉기로 송입되어 원료공기와 불순 질소류가 서로 교환된다.
④ 액체 공기는 상부 정류탑에서 약 0.5 atm 정도의 압력으로 정류된다.

해설 공기액화 분리장치
• 하부탑 정류판 : 공기가 정류
• 하부탑 상부 : 액체질소, 산소 분리
• 상부탑 하부 : 산소 분리
• 축랭기 : 수분, 이산화탄소가 분리

33 압력배관용 탄소강관 사용압력 범위는?

① 1 ~ 2 MPa
② 1 ~ 10 MPa
③ 10 ~ 20 MPa
④ 10 ~ 50 MPa

해설 압력배관용 탄소강관(SPPS) 사용 범위
1 ~ 10 MPa(10 ~ 100 kg/cm²)

34 정압기(Governor)의 기능을 옳게 나열한 것은?

① 정압기능
② 감압기능
③ 감압기능, 정압기능
④ 감압기능, 정압기능, 폐쇄기능

해설 정압기 기능
(1) 2차 측 압력을 허용범위 내의 압력으로 유지하는 정압기능
(2) 도시가스 압력을 사용처에 맞게 낮춰주는 감압기능
(3) 가스의 흐름이 없을 때는 밸브를 완전히 폐쇄하여 압력상승을 방지하는 폐쇄기능

35 고압가스 매설배관에 실시하는 전기방식 중 외부 전원법의 장점이 아닌 것은?

① 과방식의 염려가 없다.
② 전극의 소모가 적어서 관리가 용이하다.
③ 전식에 대해서도 방식이 가능하다.
④ 전압, 전류의 조정이 용이하다.

해설 외부 전원법
• 전극 소모가 적어 관리가 용이
• 전식에 대해서도 방식이 가능
• 전압, 전류 조정 용이
→ 과방식의 배려가 필요

정답 31 ② 32 ③ 33 ② 34 ④ 35 ①

36 정압기 분해점검 및 고장에 대비하여 예비정압기를 설치하여야 한다. 예비정압기를 설치하지 않아도 되는 경우는?

① 바이패스관이 설치되어 있는 경우
② 캐비넷형 구조의 정압기실에 설치된 경우
③ 단독사용자에게 가스를 공급하는 경우
④ 공동사용자에게 가스를 공급하는 경우

해설 예비정압기
단독사용자에게 가스 공급하는 경우에는 불필요

37 부유 피스톤형 압력계에서 실린더 지름 0.02 m, 추와 피스톤의 무게가 20000 g일 때 이 압력계에 접속된 부르동관의 압력계 눈금이 7 kg/cm²이다. 이 부르동관 압력계 오차는 몇 %인가?

① 5　　② 10
③ 17　　④ 22

해설 압력

압력 = $\dfrac{무게}{면적}$

단면적 = $\dfrac{\pi}{4}d^2 = \dfrac{3.14}{4}(0.02)^2 = 3.14 \text{ cm}^2$

압력 = $\dfrac{20 \text{ kg}}{3.14 \text{ cm}^2} = 6.37 \text{ kg/cm}^2$

$\dfrac{7-6.37}{6.37} \times 100 = 10\%$

38 저비점(低沸點) 액체용 펌프 사용상 주의사항으로 틀린 것은?

① 펌프의 흡입, 토출관에는 신축 죠인트를 장치한다.
② 밸브와 펌프 사이에 기화가스를 방출할 수 있는 안전밸브를 설치한다.
③ 펌프는 가급적 저장용기(貯槽)로 부터 멀리 설치한다.
④ 운전 개시 전에는 펌프를 청정(淸淨)하여 건조한 다음 펌프를 충분히 예냉(豫冷)한다.

해설 저비점 액체용 펌프
저장용기로부터 가까이에 설치

39 금속재료의 저온에서 성질에 대한 설명으로 거리가 먼 것은?

① 구리는 액화분리장치용 금속재료로서 적당하다.
② 탄소강은 저온도가 될수록 인장강도가 감소한다.
③ 강은 암모니아 냉동기용 재료로서 적당하다.
④ 18-8 스테인리스강은 우수한 저온장치용 재료이다.

해설 금속재료 성질
탄소강 : 상온보다 낮아지면 인장강도 증가

정답　36 ③　37 ②　38 ③　39 ②

40 수소불꽃을 이용하여 탄화수소 누출을 검지할 수 있는 가스누출 검출기는?

① FID
② 접촉연소식
③ OMD
④ 반도체식

해설 FID
가스크로마토 분석기에서 수소이온화 검출기

41 상용압력 15 MPa, 배관 내경 15 mm, 재료의 인장강도 480 N/mm², 관 내면 부식여유 1 mm, 안전율 4, 외경과 내경의 비가 1.2 미만인 경우 배관 두께는?

① 2 mm
② 4 mm
③ 5 mm
④ 7 mm

해설 배관 두께
- $t = \dfrac{P \cdot D}{200S \cdot \eta - 1.2P} + C = \dfrac{PDS}{2\eta} + C$
- $t = \dfrac{15 \times 15 \times 4}{2 \times 480} + 1 = 2mm$

42 압축기에 사용하는 윤활유 선택 시 주의사항이 아닌 것은?

① 잔류탄소의 양이 적을 것
② 인화점이 높을 것
③ 점도가 적당하고 항유화성이 적을 것
④ 사용 가스와 화학반응을 일으키지 않을 것

해설 압축기 윤활유
점도가 적당하고 황유화성이 클 것

43 공기에 의한 전열은 어느 압력까지 내려가면 급히 압력에 비례하여 적어지는 성질을 이용하는 저온장치에 사용된다. 이 진공단열법은?

① 고진공 단열법
② 다층진공 단열법
③ 분말 진공 단열법
④ 자연진공 단열법

해설 고진공 단열법
공기에 의한 전열이 특정 압력까지 내려가면 급히 압력에 비례하여 적어지는 성질 이용

44 다음 화합물 중 탄소 함유율이 가장 많은 것은?

① CO
② CH_4
③ C_2H_4
④ CO_2

해설 탄소 함유율
탄소의 개수가 많을수록 탄소 함유율이 높음

45 백금 – 백금로듐 열전대 온도계 온도 측정 범위로 알맞은 것은?

① -180 ~ 350 ℃
② -20 ~ 800 ℃
③ 0 ~ 1700 ℃
④ 300 ~ 2000 ℃

해설 열전대 측정온도
- 크로멜 - 알루멜 : 0 ~ 1200 ℃
- 백금 - 백금·로듐 : 0 ~ 1600 ℃
- 철 - 콘스탄탄 : -20 ~ 800 ℃
- 동 - 콘스탄탄 : -200 ~ 350 ℃

정답 40 ① 41 ① 42 ③ 43 ① 44 ③ 45 ③

46 비열에 대한 설명이 아닌 것은?

① 비열비는 항상 1보다 크다.
② 단위는 kcal/kg·℃이다.
③ 정적비열은 정압비열보다 크다.
④ 물의 비열은 얼음의 비열보다 크다.

> **해설** 비열
> - 비열비(K) = $\dfrac{\text{정압비열}}{\text{정적비열}}$
> - 정압비열 > 정적비열

47 1단 감압식 저압조정기 성능에서 조정기 최대 폐쇄압력은?

① 2.7 kPa 이하
② 3.5 kPa 이하
③ 4.0 kPa 이하
④ 5.2 kPa 이하

> **해설** 1단 감압식 저압조정기
> - 입구압력 : 0.7 ~ 15.6 kg/cm²
> - 조정압력 : 2.3 ~ 3.3 kPa
> - 최대 폐쇄 압력 : 3.5 kPa 이하

48 수소(H_2)에 대한 설명으로 옳은 것은?

① 3중 수소는 방사능을 갖는다.
② 금속재료를 취화시키지 않는다.
③ 밀도가 크다.
④ 열전달율이 아주 작다.

> **해설** 수소(H_2)
> - 3중 수소는 방사능을 가짐
> - 수소 분자량 : 2
> - 밀도 : 2/22.4 = 0.089 g/L
> - 열전도율이 큼

49 샤를의 법칙에서 기체 압력이 일정할 때 모든 기체의 부피는 온도가 1 ℃ 상승함에 따라 0 ℃ 때의 부피보다 어떻게 되는가?

① 22.4배씩 증가한다.
② 22.4배씩 감소한다.
③ 1/273씩 증가한다.
④ 1/273씩 감소한다.

> **해설** 샤를의 법칙
> - $\dfrac{V_1}{T_1} = \dfrac{V_2}{T_2}$
> - 온도 1 ℃ 상승 : 부피 1/273 증가

50 다음 중 가장 높은 온도로 알맞은 것은?

① -40 ℃
② -45 ℉
③ 235 K
④ 450 °R

> **해설** 온도 단위
> - -45 ℉ = 5/9(-45 - 32) = -42 ℃
> - 568 K = 235 - 273 = -38 ℃
> - 450 R = 450/1.8
>   = 250 K, 250 K - 273
>   = -23 ℃
> - 화씨온도(℉) : $\dfrac{9}{5} \times$ ℃ + 32
> - 섭씨온도(℃) : $\dfrac{5}{9} \times$ (℉ - 32)
> - 절대온도 랭킨(R) : ℉ + 460 = K × 1.8
> - 절대온도 캘빈(K) : ℃ + 273

정답 46 ③ 47 ② 48 ① 49 ③ 50 ④

51 현열에 대해 적절히 설명한 것은?

① 물질이 상태 변화 없이 온도가 변할 때 필요한 열이다.
② 물질이 상태, 온도 모두 변할 때 필요한 열이다.
③ 물질이 온도 변화 없이 상태가 변할 때 필요한 열이다.
④ 물질이 온도 변화 없이 압력이 변할 때 필요한 열이다.

해설 현열
물질이 상태 변화 없이 온도 변할 때 필요한 열

52 산소에 대한 설명으로 알맞은 것은?

① 안전밸브는 파열판식을 주로 사용한다.
② 의료용 용기는 녹색으로 도색한다.
③ 용기는 탄소강으로 된 용접용기이다.
④ 압축기 내부 윤활유는 양질의 광유를 사용한다.

해설 산소
• 용기 : 탄소강 무계 목 용기(용접하지 않음)
• 용기 색 : 공업용(녹색), 의료용(백색)
• 압축기 내부 윤활유 : 물 또는 글리세린수
• 안전밸브 : 파열판식

53 다음 보기에서 압력이 높은 순서로 나열된 것은? ✅최다빈출

㉠ 100 atm
㉡ 2 kg/mm²
㉢ 15 m 수은

① ㉠ > ㉡ > ㉢
② ㉡ > ㉢ > ㉠
③ ㉢ > ㉡ > ㉠
④ ㉡ > ㉠ > ㉢

해설 표준대기압
• 100 atm : 1.033×100
  $= 103.3\ kg/cm^2$
• 2 kg/mm² : $2 \times 100 = 200\ kg/cm^2$
• 15 mHg : $1.033 \times (15/0.76)$
  $= 19.8\ kg/cm^2$
• 1기압(atm) = 760 mmHg
  = 10.332 mH$_2$O
  = 1.0332 kg/cm²
  = 1.013 bar
  = 0.101325 MPa
  = 101.325 kPa
  = 14.7 Psi
  = 14.7 lb/in²

54 일산화탄소와 염소가 반응하여 생성되는 것은?

① 포스겐   ② 사염화탄소
③ 포스핀   ④ 카르보닐

해설 포스겐
$CO + Cl_2 \rightarrow COCl_2$(포스겐)

55 다음 가스 중 가장 무거운 것은? ✓최다빈출

① 암모니아   ② 프로판
③ 메탄   ④ 헬륨

> **해설** 분자량
> - 메탄 : $CH_4(16)$
> - <u>프로판 : $C_3H_8(44)$</u>
> - 암모니아 : $NH_3(17)$
> - 헬륨 : $He(4)$

56 대기압하에서 0 ℃ 기체 부피가 500 mL이었다. 이 기체의 부피가 2배일 때의 온도는 몇 ℃인가? (단, 압력은 일정하다)

① -150   ② 42
③ 273   ④ 400

> **해설** 보일 - 샤를의 법칙
> - 보일 - 샤를의 법칙 : $\dfrac{P_1V_1}{T_1} = \dfrac{P_2V_2}{T_2}$
> - 등압과정 : $\dfrac{V_1}{T_1} = \dfrac{V_1}{T_2}$
> - $\dfrac{500}{273} = \dfrac{1000}{T_2}$
> - $T_2 = \dfrac{1000}{500} \times 273 = 546K = 273\ ℃$

57 다음에서 설명하는 열역학법칙은?

> 어떤 물질의 외부에서 일정량의 열을 가하면 물체는 이 열량의 일부분을 소비하여 외부에 대하여 일을 하고 남은 부분은 전부 내부에너지로 내부에 저장되고, 그 사이에 소비된 열은 발생 되는 일과 같다.

① 열역학 제0법칙
② 열역학 제1법칙
③ 열역학 제2법칙
④ 열역학 제3법칙

> **해설** 열역학 제1법칙
> 일은 열로, 열은 일로 교환할 수 있다.

58 다음 중 불연성 가스는? ✓최다빈출

① CO_2 ② C_2H_4
③ C_2H_2 ④ C_3H_8

> **해설** 탄산가스(CO_2)
> 불연성 가스

59 황화수소의 주된 용도는?

① 냉매   ② 도료
③ 형광 물질 원료   ④ 합성고무

> **해설** 황화수소(H_2S)
> 금속정련, 형광물질 원료, 공업약품, 의약품, 유황 생성

60 에틸렌(C_2H_4)이 수소와 반응할 때 일으키는 반응은?

① 분해반응 ② 환원반응
③ 제거반응 ④ 첨가반응

해설 에틸렌(C_2H_4)
수소와 반응 : 첨가반응

📁 **참조** 가스의 비점

- 비점이 낮을수록 액화가 어려움
- 수소(H_2) : -252 ℃
- 헬륨(He) : -272.2 ℃
- 질소(N_2) : -196 ℃
- 메탄(CH_4) : -162 ℃
- 암모니아(NH_3) : -33.3 ℃
- 프로판(C_3H_8) : -42 ℃
- 나프타 : 30 ~ 200 ℃
- 에틸렌(C_2H_4) : -103.7 ℃
- 에탄(C_2H_6) : -161.5 ℃
- 부탄(C_4H_{10}) : -0.5 ℃

정답 60 ④

2015년 07월 19일

01 압축 또는 액화의 방법으로 처리할 수 있는 가스 용적이 1일 100 m³ 이상인 사업소는 압력계를 몇 개 이상 비치하도록 되어 있는가?

① 1
② 2
③ 3
④ 4

해설 압력계 비치 기준
1일 100 m³ 이상인 사업소 : 2개 이상

02 도시가스 제조시설의 플레어스택 기준으로 적합하지 않은 것은?

① 스택에서 방출된 가스가 지상에서 폭발한계에 도달하지 아니하도록 할 것
② 연소능력은 긴급이송설비로 이송되는 가스를 안전하게 연소시킬 수 있을 것
③ 폭발을 방지하기 위한 조치가 되어 있을 것
④ 스택에서 발생하는 최대열량에 장시간 견딜 수 있는 재료 및 구조로 되어 있을 것

해설 플레어스택 기준
스택에서 방출된 가스 : 지면에서 폭발한계에 도달하지 않도록 함

03 암모니아 200 kg을 내용적 50 L 용기에 충전할 경우 필요한 용기 개수는? (단, 충전 정수를 1.86으로 한다)

① 5개
② 6개
③ 8개
④ 10개

해설 필요 용기 개수
용기 1개당 질량 $W = V/C$
$50/1.86 = 26.88$ kg
$200/26.88 = 8$개

04 가스도매사업자 가스공급시설의 시설 기준 및 기술 기준에 의한 배관의 해저 설치 기준에 대한 설명 중 틀린 것은?

① 배관은 원칙적으로 다른 배관과 교차하지 아니한다.
② 배관이 부양하거나 이동할 우려가 있는 경우에는 이를 방지하기 위한 조치를 한다.
③ 두 개 이상의 배관을 동시에 설치하는 경우에는 배관이 서로 접촉하지 아니하도록 필요한 조치를 한다.
④ 배관은 원칙적으로 다른 배관과 20 m 이상의 수평거리를 유지한다.

해설 배관 설치 기준
해저 설치 : 30 m 이상의 수평거리 유지

정답 01 ② 02 ① 03 ③ 04 ④

05 고압가스의 충전용기는 항상 몇 ℃ 이하 온도를 유지하여야 하는가? ✓최다빈출

① 15
② 25
③ 30
④ 40

해설 **고압가스 충전용기 온도**
항상 40 ℃ 이하의 온도 유지

06 초저온용기에 대한 정의 중 옳은 것은?

① 임계온도가 50 ℃ 이하인 액화가스를 충전하기 위한 용기
② 단열재로 피복하여 용기 내의 가스온도가 상용의 온도를 초과하도록 조치된 용기
③ -50 ℃ 이하인 액화가스를 충전하기 위한 용기로서 용기 내 가스온도가 상용의 온도를 초과하지 않도록 한 용기
④ 강판과 동판으로 제조된 용기

해설 **초저온용기**
-50 ℃ 이하인 액화가스 충전을 위한 용기

07 독성 가스 제독제로 물을 사용하는 가스는? ✓최다빈출

① 황화수소
② 포스겐
③ 염소
④ 산화에틸렌

해설 **독성 가스 제독제**
- 염소 : 가성소다 수용액
- 포스겐 : 가성소다 수용액
- 황화수소 : 탄산소다 수용액
- 산화에틸렌 : 물

08 액화산소 저장탱크 저장능력이 1000 m^3일 때 방류둑 용량은 얼마 이상으로 설치해야 하는가?

① 400 m^3
② 500 m^3
③ 600 m^3
④ 1000 m^3

해설 **액화산소 저장탱크 방류둑 용량**
- 저장능력당 방류둑 기준 : 60 %
- 1000 × 0.6 = 600 m^3

09 아세틸렌 제조설비의 방호벽 설치 기준으로 옳지 않은 것은?

① 압축기와 충전용 주관밸브 조작밸브 사이
② 충전장소와 충전용 주관밸브 조작밸브 사이
③ 충전장소와 가스충전용기 보관장소 사이
④ 압축기와 가스충전용기 보관장소 사이

해설 **아세틸렌 방호벽**
압축기와 충전용 주관밸브 조작밸브 : 설치하지 않음

10 용기 파열사고 원인으로 거리가 먼 것은?

① 용기 내 규정압력의 초과
② 용기의 내압력 부족
③ 용기 내에서 폭발성 혼합가스에 의한 발화
④ 안전밸브의 작동

해설 용기 파열사고 원인
- 용기 내 규정압력 초과
- 용기 내압력 부족
- 용기 내 폭발성 혼합가스에 의한 발화
→ 안전밸브 : 안전장치 작동하면 파열사고 방지

11 특정설비 중 압력용기 재검사 주기는?

① 1년마다 ② 4년마다
③ 7년마다 ④ 10년마다

해설 압력용기 재검사 주기
4년마다

12 당해설비 내의 압력이 상용압력을 초과할 경우 즉시 상용압력 이하로 되돌릴 수 있는 안전장치의 종류로 틀린 것은?

① 파열판 ② 감압밸브
③ 바이패스밸브 ④ 안전밸브

해설 감압밸브
- 압력을 일정하게 공급해주는 장치
- 고압을 저압으로 감압

13 일반도시가스배관을 지하에 매설하는 경우에는 표지판을 설치해야 한다. 몇 m 간격으로 1개 이상 설치해야 하는가?

① 100 m ② 200 m
③ 300 m ④ 500 m

해설 지하매설 배관 표지판 기준
200 m 간격으로 표지판 설치

14 도시가스 보일러 중 전용 보일러실에 반드시 설치하여야 하는 것은?

① 밀폐식 보일러
② 옥외에 설치하는 가스보일러
③ 반밀폐형 자연 배기식 보일러
④ 전용급기통을 부착시키는 구조로 검사에 합격한 강제배기식 보일러

해설 반밀폐형 자연 배기식 보일러
전용보일러실에 설치(급기, 배기 가능)

15 도시가스배관이음부와 전기점멸기, 전기접속기는 몇 cm 이상 거리를 유지해야 하는가?

① 12 cm
② 15 cm
③ 20 cm
④ 30 cm

해설 배관이음부

60 cm	전기계량기 및 전기개폐기
15 cm	(사용시설) 전기점멸기 및 전기접속기
10 cm	절연전선
15 cm	절연조치를 하지 않은 전선 및 단열조치를 하지 않은 굴뚝

정답 11 ② 12 ② 13 ② 14 ③ 15 ②

16 용기 제조시설 기준에 대한 설명으로 옳은 것은?

① 초저온용기는 고압배관용 탄소강관으로 제조한다.
② 용접용기 동판의 최대두께와 최소두께와의 차이는 평균 두께의 5% 이하로 한다.
③ 아세틸렌용기에 충전하는 다공질물은 다공도가 72 ~ 95 % 미만으로 한다.
④ 용접용기에는 그 용기의 부속품을 보호하기 위하여 프로텍터 또는 캡을 고정식 또는 체인식으로 부착한다.

해설 용기 제조시설 기준
- 용접용기 동판 최대두께와 최소두께 차이 : 10 %
- 초저온용기 : 니켈 등의 금속 재료
- 아세틸렌용기 다공질물 : 다공도 75 ~ 92 %

17 산소압축기 내부 윤활제로 적당한 것은?

① 광유　　② 황산
③ 물　　　④ 유지류

해설 산소압축기 윤활제
- 물
- 10 % 이하의 묽은 글리세린 수

18 용기종류별 부속품의 기호 표시로 틀린 것은?

① PG : 압축가스를 충전하는 용기의 부속품
② AG : 아세틸렌가스를 충전하는 용기의 부속품
③ LG : 액화석유가스를 충전하는 용기의 부속품
④ LT : 초저온용기 및 저온용기의 부속품

해설 압축가스 충전용기 기호
- PG : 압축가스용
- LT : 저온 및 초저온 가스용
- AG : 아세틸렌가스용
- LG : 그 밖의 가스용
- W : 질량
- V : 체적

19 독성 가스 제독작업에 필요한 보호구의 보관에 대한 설명으로 틀린 것은?

① 항상 청결하고 그 기능이 양호한 장소에 보관한다.
② 긴급 시 독성 가스에 접하고 반출할 수 있는 장소에 보관한다.
③ 정화통 등의 소모품은 정기적 또는 사용 후에 점검하여 교환 및 보충한다.
④ 독성 가스가 누출할 우려가 있는 장소에 가까우면서 관리하기 쉬운 장소에 보관한다.

해설 독성 가스 제독작업 보호구 보관
긴급 시 독성 가스에서 떨어진 곳에 반출 가능하다.

20 1 %에 해당하는 ppm 값은?

① 10^2 ppm ② 10^3 ppm
③ 10^4 ppm ④ 10^5 ppm

해설 ppm
- ppm = $\frac{1}{10^6}$
- 1 % = $\frac{0.01}{0.000001}$ = 10,000 = 10^4

21 액화석유가스의 안전관리 및 사업법에 규정된 용어의 정의로 틀린 것은?

① 자동차에 고정된 탱크라 함은 액화석유가스의 수송, 운반을 위하여 자동차에 고정 설치된 탱크를 말한다.
② 저장설비라 함은 액화석유가스를 저장하기 위한 설비로서 저장탱크, 마운드형 저장탱크, 소형저장탱크 및 용기를 말한다.
③ 소형저장탱크라 함은 액화석유가스를 저장하기 위하여 지상 또는 지하에 고정 설치된 탱크로서 그 저장능력이 3톤 미만인 탱크를 말한다.
④ 가스설비라 함은 저장설비외의 설비로서 액화석유가스가 통하는 설비(배관을 포함한다)와 그 부속설비를 말한다.

해설 액화석유가스 가스설비
저장설비 외의 설비로 배관을 제외한 부속설비

22 일반 공업용 용기 도색 기준으로 틀린 것은?

① 액화암모니아 – 백색
② 액화염소 – 갈색
③ 아세틸렌 – 황색
④ 수소 – 회색

해설 공업용 용기 도색
- 액화암모니아 : 백색
- 액화염소 : 갈색
- 아세틸렌 : 황색
→ 수소가스 : 주황색

23 가스배관의 시공 신뢰성을 높이는 일환으로 실시하는 비파괴검사방법 중 내부선원법, 이중벽 이중상법을 이용하는 방법은?

① 자분탐상시험
② 초음파탐상시험
③ 방사선투과시험
④ 침투탐상방법

해설 방사선투과시험
비파괴검사 중 내부선원법, 이중벽 이중상법을 이용하는 방법

24 차량에 고정된 저장탱크로 염소를 운반할 때 용기 내용적(L)은 얼마 이하이어야 하는가?

① 10000 ② 12000
③ 15000 ④ 18000

해설 고압가스 운반
- 독성 가스(염소) : 12000 L(암모니아 제외)
- 가연성 가스, 산소탱크 : 18000 L

정답 20 ③ 21 ④ 22 ④ 23 ③ 24 ②

25 일산화탄소와 공기 혼합가스의 압력이 높아지면 폭발 범위는 어떻게 되는가?

① 넓어진다.　② 좁아진다.
③ 변함없다.　④ 일정치 않다.

해설　일산화탄소
고압일수록 폭발 범위가 좁아짐

26 도시가스배관을 폭 8 m 이상 도로에서 지하에 매설 시 지표면으로부터 배관의 외면까지의 매설깊이의 기준은?

① 0.6 m 이상　② 1.0 m 이상
③ 1.2 m 이상　④ 1.5 m 이상

해설　도시가스 지하 매설

공동주택 등의 부지 안	0.6 m 이상
폭 8 m 이상의 도로	1.2 m 이상
폭 4 m 이상 8 m 미만인 도로	1 m 이상

27 액화석유가스 판매업소 우전용기 보관실의 강제통풍장치 설치 시 통풍능력의 기준은?

① 바닥면적 1 m^2당 0.5 m^3/분 이상
② 바닥면적 1 m^2당 1.0 m^3/분 이상
③ 바닥면적 1 m^2당 1.5 m^3/분 이상
④ 바닥면적 1 m^2당 2.0 m^3/분 이상

해설　LPG 통풍능력 기준
바닥면적 1 m^2당 0.5 m^3/분 이상

28 고압가스 공급자의 안전점검 항목이 아닌 것은?

① 충전용기와 화기와의 거리
② 충전용기의 운반방법 및 상태
③ 충전용기의 설치위치
④ 독성 가스의 경우 합수장치, 제해장치 및 보호구 등에 대한 적합 여부

해설　고압가스 공급자 안전점검 항목
• 충전용기와 화기 거리
• 충전용기 설치위치
• 독성 가스 : 합수장치, 제해장치 및 등에 대한 적합 여부
→ 충전용기 운반방법 및 상태는 안전점검 항목에서 제외

29 도시가스시설의 설치공사 또는 변경공사를 할 때 이루어지는 주요공정 시공감리 대상은?

① 도시가스사업자외의 가스공급시설설치자의 배관 설치공사
② 일반도시가스사업자의 정압기 설치공사
③ 가스도매사업자의 가스공급시설 설치공사
④ 일반도시가스사업자의 제조소 설치공사

해설　도시가스시설 주요 공정 시공감리 대상
도시가스사업자 외의 가스공급시설 설치자의 배관 설치 공사

정답　25 ②　26 ③　27 ①　28 ②　29 ①

30 다음 중 동일차량에 적재하여 운반할 수 없는 가스는? ✓최다빈출

① 질소와 탄산가스
② 산소와 질소
③ 탄산가스와 아세틸렌
④ 염소와 아세틸렌

해설 염소와 동일차량 적재 불가 가스
아세틸렌, 암모니아, 수소

31 액화가스 이송펌프에서 발생하는 캐비테이션현상을 방지하기 위한 대책으로 틀린 것은? ✓최다빈출

① 펌프의 설치위치를 낮게 한다.
② 펌프의 회전수를 크게 한다.
③ 펌흡입 배관을 크게 한다.
④ 펌프의 흡입구 부근을 냉각한다.

해설 캐비테이션
• 액온 증기압보다 압력이 낮은 부분에서 발생
• 유체의 온도가 높을수록 생기기 쉬움
• 펌프의 회전수를 작게 하여 방지

32 다음 중 차압식 유량계는?

① 오리피스미터   ② 마노미터
③ 로터미터   ④ 습식 가스미터

해설 차압식 유량계
• 오리피스
• 벤투리미터
• 플로우 노즐

33 공기액화분리기 내 CO_2 제거를 위해 NaOH 수용액을 사용한다. 1.0 kg의 CO_2를 제거하기 위해서는 약 몇 kg의 NaOH를 가해야 하는가?

① 0.9   ② 1.8
③ 2.0   ④ 2.8

해설 공기액화분리기 CO_2 제거
$2NaOH + CO_2 \rightarrow Na_2CO_3 + H_2O$
NaOH 분자량 : 40
CO_2 분자량 : 44
$(2 \times 40)/44 = 1.81$

34 다음 중 정압기의 부속설비가 아닌 것은?

① 이상 압력 상승 방지장치
② 불순물 제거장치
③ 검사용 맨홀
④ 압력기록장치

해설 정압기 부속설비
• 불순물 제거장치
• 이상 압력 상승 방지장치
• 압력기록장치

35 LP가스에 공기를 희석시키는 목적이 아닌 것은?

① 연소효율 증대
② 발열량조절
③ 누설 시 손실 감소
④ 재액화 촉진

해설 LP가스 공기 희석 목적
• 발열량 조절
• 연소효율 증대
• 누설 시 손실 감소
→ 재액화 : 방지 위해

정답 30 ④ 31 ② 32 ① 33 ② 34 ③ 35 ④

36 왕복동압축기 용량 조정 방법 중 단계적 조절방법에 해당되는 것은?

① 흡입 주밸브를 폐쇄하는 방법
② 회전수를 변경하는 방법
③ 타임드밸브 제어에 의한 방법
④ 클리어런스밸브에 의해 용적 효율을 낮추는 방법

해설 클리어런스밸브
왕복동압축기 중 단계적으로 용량 조절

37 금속재료 중 저온 재료가 아닌 것은?

① 탄소강
② 9% 니켈강
③ 황동
④ 18-8 스테인리스강

해설 저온 금속재료
9% 니켈강, 황동, 18-8 스테인리스강
→ 탄소강 : 열전도율, 취성, 전기저항 등에 관계

38 터보압축기에 주로 발생할 수 있는 현상은?

① 서징(Surging)
② 베이퍼 록(Vapor Lock)
③ 수격작용(Water Hammer)
④ 캐비테이션(Cavitation)

해설 터보압축기
서징(맥동)현상 발생

39 파이프 커터로 강관을 절단하면 거스러미(Burr)가 생긴다. 이를 제거하는 공구는?

① 파이프바이스   ② 파이프렌치
③ 파이프벤더   ④ 파이프리머

해설 파이프리머
강관 절단면 거스러미 제거

40 고속회전하는 임펠러의 원심력에 의해 속도에너지를 압력에너지로 바꾸어 압축하는 형식으로, 유량이 크고 설치면적은 적게 차지하는 압축기 종류는?

① 회전식   ② 터보식
③ 왕복식   ④ 흡수식

해설 터보식 압축기
고속회전하는 임펠러의 원심력을 이용한 압축기

41 오르자트법으로 시료가스를 분석할 때 성분 분석 순서로 옳은 것은?

① $CO_2 \to O_2 \to CO$
② $O_2 \to CO \to CO_2$
③ $CO \to CO_2 \to O_2$
④ $O_2 \to CO_2 \to CO$

해설 오르자트법 가스분석 순서
$CO_2 \to O_2 \to CO$

정답 36 ④ 37 ① 38 ① 39 ④ 40 ② 41 ①

42 가스종류에 따른 용기 재질로 부적합한 것은?

① 수소 : 크롬강
② 암모니아 : 동
③ LPG : 탄소강
④ 염소 : 탄소강

해설 가스용기 재질
• 수소 : 크롬강
• LPG : 탄소강
• 염소 : 탄소강
→ 암모니아는 강으로 제작한다.
　(동으로 제작 : 착이온 생성하기 때문)

43 가스홀더의 압력을 이용하여 가스를 공급하며 가스제조공장과 공급지역이 가깝거나 공급면적이 좁을 때 사용하는 가스공급방법은?

① 저압공급방식　② 고압공급방식
③ 중앙공급방식　④ 초 고압공급방식

해설 저압공급방식
• 가스제조공장과 공급지역이 가까울 때
• 공급면적이 좁을 때

44 수소염 이온화식(FID) 가스 검출기에 대한 설명으로 틀린 것은?

① CO_2와 NO_2는 검출할 수 없다.
② 감도가 우수하다.
③ 연소하는 동안 시료가 파괴된다.
④ 무기화합물의 가스검지에 적합하다.

해설 FID(가스크로마토기기)
유기화합물에 적합

45 다음 [보기]에 관련된 분석방법은?

- 쌍극자모멘트의 알짜변화
- 진동 짝지움
- Nernst 백열등
- Fourier 변환분광계

① 질량분석법
② 킬레이트 적정법
③ 적외선 분광분석법
④ 흡광광도법

해설 적외선 분광분석법
• 진동에 의해서 적외선의 흡수
• 쌍극자모멘트의 알짜변화 이용
• Fourier 변환분광계
• Nernst 백열등

46 열역학 제1법칙에 대한 설명으로 틀린 것은?

① 에너지보존의 법칙이라고 한다.
② 열은 항상 고온에서 저온으로 흐른다.
③ 제1종 영구기관이 영구적으로 일하는 것은 불가능하다는 것을 알려준다.
④ 열과 일은 일정한 관계로 상호 교환된다.

해설 열역학 제1법칙
• 에너지보존의 법칙
• 제1종 영구기관은 영구적으로 일하는 것 불가
• 열과 일은 일정한 관계로 상호 교환 가능
→ 열은 항상 고온에서 저온으로 : 제2법칙

47 다음 중 일반 기체상수(R) 단위는?

① kg·m/kmol·K
② kg·m/m³·K
③ kg·m/kcal·K
④ kcal/kg·℃

해설 기체상수 R
R = 848 kg·m/kmol·K

48 표준 상태에서 1000 L의 체적을 갖는 가스 상태의 부탄은 몇 kg인가?

① 2.6   ② 4.1
③ 5.0   ④ 6.0

해설 부탄
- C_4H_{10} 분자량 : 58
- 부탄 1000 L = 1000/22.4 = 44.64몰
- 58 × 44.64 = 약 2.6 kg

49 표준 상태 가스 1 m³를 완전연소시키기 위해 필요한 최소한의 공기를 이론공기량이라고 한다. 다음 중 이론공기량으로 적합한 것은? (단, 공기 중에 산소는 21 % 존재한다)

① 메탄 : 9.5배   ② 프로판 : 15배
③ 메탄 : 12.5배 ④ 프로판 : 30배

해설 메탄 이론공기량
- $CH_4 + 2O_2 \rightarrow CO_2 + 2H_2O$
- 공기 중에 산소 : 21 %
- 2 × (1/0.21) = 9.52

50 다음 중 액화가 가장 어려운 가스는?

① N_2 ② He
③ H_2 ④ CH_4

해설 가스의 비점
- 비점이 낮을수록 액화가 어려움
- 수소(H_2) : -252 ℃
- 질소(N_2) : -196 ℃
- 메탄(CH_4) : -162 ℃
- 헬륨(He) : -272.2 ℃

51 다음 중 아세틸렌 발생방식이 아닌 것은?

① 투입식 : 물에 카바이드를 넣는 방법
② 주수식 : 카바이드에 물을 넣는 방법
③ 접촉식 : 물과 카바이드를 소량씩 접촉시키는 방법
④ 가열식 : 카바이드를 가열하는 방법

해설 아세틸렌 발생방식
주수식, 투입식, 접촉식
→ 카바이드를 가열하는 가열식은 없음

52 이상기체 등온과정에서 압력이 증가하면 엔탈피(H)는?

① 감소한다.
② 증가한다.
③ 일정하다.
④ 증가하다가 감소한다.

해설 엔탈피
- $\Delta H = mC_P(T_1 - T_2)$
- $T_1 = T_2$
- $\Delta H = 0$: 일정

정답 47 ① 48 ① 49 ① 50 ② 51 ④ 52 ③

53 어떤 기구가 1 atm, 30 ℃에서 10000 L의 헬륨으로 채워져 있다. 이 기구가 압력이 0.6 atm이고 온도가 −20 ℃인 고도까지 올라갔을 때 부피는 몇 L가 되는가?

① 11000　　② 12000
③ 14000　　④ 17000

해설　보일 – 샤를의 법칙

- 보일 – 샤를의 법칙 : $\dfrac{P_1V_1}{T_1} = \dfrac{P_2V_2}{T_2}$
- $V_2 = V_1 \times \dfrac{T_2}{T_1} \times \dfrac{P_1}{P_2}$

$V_2 = 10,000 \times \dfrac{273-20}{273+30} \times \dfrac{1}{0.6} = 14,000$

54 섭씨온도와 화씨온도가 같은 경우는? ✅최다빈출

① −40 ℃　　② 273 ℃
③ 32 ℉　　④ 45 ℉

해설　온도 단위

- 화씨온도(℉) : $\dfrac{9}{5} \times$ ℃ $+ 32$
- ℉ = 9/5 + 32 = 9/5 × (−40) + 32
  　 = −40

55 다음 중 1기압(1 atm)과 같지 않은 것은?

① 10.332 mH$_2$O
② 0.9807 bar
③ 760 mmHg
④ 101.3 kPa

해설　표준대기압

- 1기압(atm) = 760 mmHg
  　　　　　= 10.332 mH$_2$O
  　　　　　= 1.0332 kg/cm^2
  　　　　　= 1.013 bar
  　　　　　= 0.101325 MPa
  　　　　　= 101.325 kPa
  　　　　　= 14.7 Psi
  　　　　　= 14.7 lb/in^2

56 수성 가스 조성에 해당하는 것은?

① CO, H$_2$　　② CO, N$_2$
③ CO$_2$, H$_2$　　④ CO$_2$, N$_2$

해설　수성 가스 조성
CO, H$_2$

57 다음 중 절대온도 단위는? ✅최다빈출

① K　　② ℉
③ ˚R　　④ ℃

해설　절대온도
절대온도 캘빈(K) : ℃ + 273

58 이상 기체를 정적하에서 가열하면 압력과 온도 변화는?

① 압력 일정, 온도 증가
② 압력 증가, 온도 일정
③ 압력 증가, 온도 상승
④ 압력 일정, 온도 상승

해설　정적하에서 가열
압력 증가, 온도 상승

59 산소의 물리적 성질에 대한 설명으로 틀린 것은?

① 무색, 무취의 기체이며, 물에는 약간 녹는다.
② 액체산소는 청색으로 비중이 약 1.13 이다.
③ 산소는 약 -183 ℃에서 액화한다.
④ 강력한 조연성 가스이므로 자신이 연소한다.

해설 산소(O_2)
조연성 가스로, 가연성 가스를 연소시킴 (자신이 연소하지 않음)

60 도시가스 주원료인 메탄(CH_4)의 비점은 약 얼마인가? ⊙최다빈출

① -60 ℃   ② -82 ℃
③ -146 ℃ ④ -162 ℃

해설 메탄(CH_4)의 비점
메탄(CH_4) : -162 ℃

참조 **가스의 비점**
- 비점이 낮을수록 액화가 어려움
- 수소(H_2) : -252 ℃
- 헬륨(He) : -272.2 ℃
- 질소(N_2) : -196 ℃
- 메탄(CH_4) : -162 ℃
- 암모니아(NH_3) : -33.3 ℃
- 프로판(C_3H_8) : -42 ℃
- 나프타 : 30 ~ 200 ℃
- 에틸렌(C_2H_4) : -103.7 ℃
- 에탄(C_2H_6) : -161.5 ℃
- 부탄(C_4H_{10}) : -0.5 ℃

정답 59 ④ 60 ④

2015 10월 10일

01 고압가스용 저장탱크 및 압력용기 제조시설에 대하여 실시하는 내압검사에서, 압력용기의 재질이 주철인 경우 내압시험압력 기준은?

① 설계압력의 1.2배의 압력
② 설계압력의 1.5배의 압력
③ 설계압력의 2배의 압력
④ 설계압력의 2.5배의 압력

해설 고압가스 저장탱크 내압검사
용기 재질 주철인 경우 : 설계압력의 2배

02 LP가스 저장탱크를 지하에 설치하는 기준에 대한 설명으로 틀린 것은?

① 저장탱크실 상부 윗면으로부터 저장탱크 상부까지 깊이는 1 m 이상 한다.
② 저장탱크를 2개 이상 인접하여 설치하는 경우에는 상호 간에 1 m 이상의 거리를 유지한다.
③ 저장탱크 주위 빈 공간에는 세립분을 함유하지 않은 것으로서 손으로 만졌을 때 물이 손에서 흘러내리지 않는 상태의 모래를 채운다.
④ 저장탱크실은 천장, 벽 및 바닥의 두께가 30 cm 이상의 방수조치를 한 철근 콘크리트구조로 한다.

해설 고압가스 지하탱크

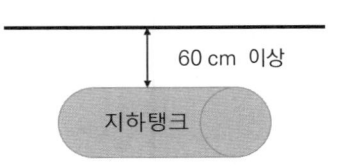

03 용기 설계단계검사 항목으로 틀린 것은?

① 내압성능
② 단열성능
③ 작동성능
④ 용접부의 기계적 성능

해설 용기 설계단계검사
• 단열성능
• 내압성능
• 용접부의 기계적 성능
→ 작동성능 : 용기 제작 후 검사 실시

04 다음 중 사용신고가 필요한 특정고압가스에 해당하지 않는 것은?

① 삼불화질소   ② 게르만
③ 사불화규소   ④ 오불화붕소

해설 특정고압가스
삼불화질소, 게르만, 사불화규소
→ 오불화붕소 : 특수가스

정답 01 ③ 02 ① 03 ③ 04 ④

05 초저온용기 단열성능 시험에 있어 침입열량 산식은 다음과 같다. "q"가 의미하는 것은?

$$Q = \frac{W \cdot q}{H \cdot \Delta t \cdot V}$$

① 측정시간
② 침입열량
③ 기화된 가스량
④ 시험용 가스의 기화잠열

해설 침입열량 산식
- W : 기화된 가스량
- q : 시험용 가스의 기화 잠열
- H : 측정시간
- △t : 시험용 가스의 비점과 외기온도차
- V : 용기 내 용적

06 인체용 에어졸 제품용기에 기재하여야 할 사항으로 틀린 것은?

① 온도가 40 ℃ 이상 되는 장소에 보관하지 말 것
② 가능한 한 인체에서 10 cm 이상 떨어져서 사용할 것
③ 불속에 버리지 말 것
④ 특정부위에 장시간 사용하지 말 것

해설 인체용 에어졸 제품 기재 사항
가능한 한 인체에서 20 cm 이상 떨어져 사용

07 발열량이 9500 kcal/m³이고 가스비중이 0.65인(공기1) 가스 웨버지수는 약 얼마인가?

① 6175   ② 9500
③ 11780 ④ 14615

해설 웨버지수(W)
- 가스의 연소성, 호환성을 판단하는 지수
- $W = \dfrac{Hg}{\sqrt{d}} = \dfrac{9{,}500}{\sqrt{0.65}} = 11{,}780$
- Hg : 발열량, d : 비중

08 자연발화 열 발생속도 설명으로 틀린 것은?

① 촉매 물질이 존재하면 반응속도가 빨라진다.
② 표면적이 적을수록 일어나기 쉽다.
③ 초기 온도 높은 쪽이 일어나기 쉽다.
④ 발열량이 큰 쪽이 일어나기 쉽다.

해설 자연발화 열 발생속도
표면적이 클수록 일어나기 쉬움

09 다음 가스의 용기보관실 중 가스가 누출된 때에 체류하지 않도록 통풍구를 갖추고, 통풍이 잘 되지 않는 곳에는 강제환기시설을 설치하여야 하는 곳은?

① 질소 저장소
② 헬륨 저장소
③ 탄산가스 저장소
④ 부탄 저장소

해설 강제환기시설 설치장소
공기(29)보다 무거운 부탄(58) 저장소

10 비등액체팽창증기폭발(BLEVE)이 일어날 가능성이 가장 낮은 곳은?

① LNG 저장탱크
② LPG 저장탱크
③ 액화가스 탱크로리
④ 천연가스 지구정압기

> 해설 비등액체팽창증기폭발
> 가연성 액체 저장탱크 주변에서 일어남

11 도시가스배관의 매설심도가 확보 불가능 하거나 타 시설물과 이격거리를 유지하지 못하는 경우 등에는 보호판을 설치한다. 압력이 중압 배관일 경우 보호판의 두께 기준은?

① 2 mm ② 4 mm
③ 7 mm ④ 9 mm

> 해설 중압 배관 보호판
> 1. 보호판은 배관 정상부에서 30 cm 이상 높이에 설치한다.
> 2. 도시가스 저압, 중압배관용 : 두께 4 mm 이상
> 3. 도시가스 고압배관 : 두께 6 mm 이상

12 고압가스안전관리법의 적용을 받는 고압가스 종류 및 범위로 틀린 것은?

① 상용의 온도에서 압력이 0.2 MPa 이상이 되는 액화가스
② 섭씨 35도의 온도에서 압력이 0 MPa를 초과하는 아세틸렌가스
③ 상용의 온도에서 압력이 1 MPa 이상이 되는 압축가스
④ 섭씨 35도의 온도에서 압력이 0 Pa을 초과하는 액화가스 중 액화시안화수소

> 해설 고압가스안전관리법 적용 범위
> 아세틸렌가스 : 15 ℃ 온도, 압력 0 Pa 초과

13 LPG 자동차에 고정된 용기충전시설에서 저장탱크의 물분무장치는 최대수량을 몇 분 이상 연속방사할 수 있는 수원에 접속되어 있도록 하여야 하는가?

① 10분   ② 30분
③ 60분   ④ 90분

> 해설 물분무장치 최대 수량
> 동시에 방사할 수 있는 최대 수량
> : 30분 이상 방사 가능한 수원에 접속

14 암모니아 충전용기로 내용적이 1000 L 이하인 것은 부식여유 두께 수치가 (A) mm 이고, 염소 충전용기로서 내용적 1000 L 초과하는 것은 부식여유 두께의 수치가 (B) mm이다. A와 B에 알맞은 부식 여유치는?

① A : 1, B : 3   ② A : 2, B : 3
③ A : 1, B : 5   ④ A : 2, B : 5

> 해설 부식 여유치
> [암모니아]
> • 1천 L 이하 : 1 mm 이상
> • 1천 L 초과 : 2 mm 이상
> [염소]
> • 1천 L 이하 : 3 mm 이상
> • 1천 L 초과 : 5 mm 이상

정답 10 ④ 11 ② 12 ② 13 ② 14 ③

15 고압가스 제조허가 종류가 아닌 것은?

① 고압가스 특수제조
② 고압가스 충전
③ 고압가스 일반제조
④ 냉동제조

해설 고압가스 제조허가 종류
- 고압가스 충전
- 고압가스 일반제조
- 냉동제조
→ 고압가스 특수제조가 아닌 고압가스 특정제조일 때 제조허가 필요

16 산화에틸렌 충전용기에는 질소 또는 탄산가스를 충전하는데 그 내부가스 압력 기준은?

① 상온에서 0.2 MPa 이상
② 35℃에서 0.2 MPa 이상
③ 40℃에서 0.4 MPa 이상
④ 45℃에서 0.4 MPa 이상

해설 산화에틸렌 충전용기 내부가스 압력 기준
질소 또는 탄산가스의 내부압력 기준은 45℃에서 0.4 MPa 이상이다.

17 다음 중 보일러 중독사고 주원인이 되는 가스는?

① 이산화탄소 ② 염소
③ 질소 ④ 일산화탄소

해설 일산화탄소(CO)
보일러 중독사고의 주원인

18 플레어스택에 대한 설명으로 틀린 것은?

① 플레어스택에서 발생하는 복사열이 다른 제조시설에 나쁜 영향을 미치지 아니하도록 안전한 높이 및 위치에 설치한다.
② 파일럿트버너를 항상 점화하여 두는 등 플레어스택에 관련된 폭발을 방지하기 위한 조치가 되어 있는 것으로 한다.
③ 플레어스택에서 발생하는 최대열량에 장시간 견딜 수 있는 재료 및 구조로 되어 있는 것으로 한다.
④ 특수반응설비 또는 이와 유사한 고압가스설비에는 그 특수반응설비 또는 고압가스설비마다 설치한다.

해설 플레어스택
- 공장에서 방출된 폐가스 중 유해성분을 연소시켜 무해화하는 소각탑
- 특정제조시설에서 플레어스택 : 파이어롯트버너를 항상 켜두는 방식
- 플레어스택에 관련된 폭발 방지 조치 필요
- 특수반응설비 : 제일 높은 곳에 설치

19 일반도시가스배관을 철도부지 밑에 매설할 경우 배관의 외면과 지표면과 거리는 몇 m 이상으로 하여야 하는가?

① 1.0 m ② 1.2 m
③ 1.5 m ④ 2.0 m

해설 철도부지 도시가스배관

정답 15 ① 16 ④ 17 ④ 18 ④ 19 ②

20 특정고압가스 사용시설에 용기 안전조치 방법으로 틀린 것은?

① 고압가스의 충전용기는 항상 40℃ 이하를 유지하도록 한다.
② 고압가스의 충전용기밸브는 서서히 개폐한다.
③ 고압가스의 충전용기를 사용한 후에는 밸브를 열어 둔다.
④ 고압가스의 충전용기밸브 또는 배관을 가열할 때에는 열습포는 40℃ 이하의 더운 물을 사용한다.

해설 특정고압가스 사용시설용기 안전조치 방법
고압가스 충전용기 사용 후 : 밸브를 잠가 둠

21 도시가스사용시설에서 도시가스배관의 표시등에 대한 기준이 아닌 것은?

① 지하에 매설하는 배관은 그 외부에 사용 가스명, 최고사용압력, 가스의 흐름방향을 표시한다.
② 지상배관은 부식방지 도장 후 황색으로 도색한다.
③ 지하매설배관은 최고사용압력이 중압 이상인 배관은 적색으로 한다.
④ 지하매설배관은 최고사용압력이 저압인 배관은 황색으로 한다.

해설 도시가스배관 표시등
가스의 흐름 방향은 생략

22 가스도매사업시설에서 배관 지하매설 설치기준으로 옳은 것은?

① 산과 들 이외의 지역에서 배관의 매설 깊이는 1.5 m 이상
② 산과 들에서의 배관의 매설깊이는 1 m 이상
③ 배관은 그 외면으로부터 지하의 다른 시설물과 1.2 m 이상 거리 유지
④ 배관은 그 외면으로부터 수평거리로 건축물까지 1.2 m 이상 거리 유지

해설 도시가스 지하매설

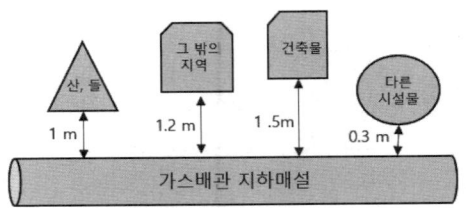

23 인화온도는 약 -30℃이고, 발화온도가 매우 낮아 전구표면이나 증기파이프 등의 열에 의해 발화할 수 있는 가스는?

① CS_2 ② C_2H_4
③ C_2H_2 ④ C_2H_8

해설 이황화탄소(CS_2)
• 폭발 범위 : 1.25 ~ 44 %
• 인화점 : -30℃

24 지하에 매몰하는 도시가스배관 재료로 사용할 수 없는 것은?

① 압출식 폴리에틸렌 피복강관
② 압력 배관용 탄소강관
③ 가스용 폴리에틸렌관
④ 분말융착식 폴리에틸렌 피복강관

해설 도시가스 지하 배관 재료
- 압출식 폴리에틸렌 피복강관
- 가스용 폴리에틸렌관
- 분말용착식 폴리에틸렌 피복강관
→ 탄소강관 : 부식 발생(사용 불가)

25 가연성 가스의 지상저장탱크의 경우 외부에 바르는 도료 색깔은 무엇인가?
① 청색　　② 검정색
③ 은·백색　　④ 녹색

해설 가연성 가스 지상저장탱크
도료 색깔 : 은·백색

26 아르곤(Ar)가스 충전용기는 어떤 색상인가?
① 갈색　　② 녹색
③ 백색　　④ 회색

해설 아르곤(Ar) 충전용기
회색

27 액화가스를 충전하는 차량에 고정된 탱크는 그 내부에 액면요동을 방지하기 위하여 액면요동방지조치가 필요하다. 다음 중 액면요동 방지조치로 올바른 것은?
① 방파판　　② 온도계
③ 액면계　　④ 스톱밸브

해설 방파판
액면요동 방지 조치

28 아세틸렌용기에 대한 다공물질 충전검사 적합판정 기준으로 알맞은 것은?
① 다공물질은 용기 벽을 따라서 용기 안지름인 1/200 또는 1 mm를 초과하는 틈이 없는 것으로 한다.
② 다공물질은 용기 벽을 따라서 용기 안지름인 1/200 또는 3 mm를 초과하는 틈이 없는 것으로 한다.
③ 다공물질은 용기 벽을 따라서 용기 안지름인 1/100 또는 3 mm를 초과하는 틈이 없는 것으로 한다.
④ 다공물질은 용기 벽을 따라서 용기 안지름인 1/100 또는 5 mm를 초과하는 틈이 없는 것으로 한다.

해설 아세틸렌용기 다공물질 적합판정 기준
용기 안지름 1/200 또는 3 mm를 초과하는 틈이 없도록

29 액화석유가스가 공기 중에 얼마의 비율로 혼합되었을 때 그 사실을 알 수 있도록 냄새 나는 물질을 섞어 용기에 충전하여야 하는가?
① 1/1000　　② 1/10000
③ 1/100000　　④ 1/1000000

해설 부취제
- 냄새로 누설 파악, 폭발사고나 중독사고방지
- 1/1000의 비율로 사용

정답 25 ③　26 ④　27 ①　28 ②　29 ①

30 가스누출자동차단장치의 구성요소가 아닌 것은?

① 지시부　　② 차단부
③ 검지부　　④ 제어부

해설 가스누출자동차단장치
검지부, 차단부, 제어부

---

31 이동식부탄연소기의 용기 연결방법에 따른 분류로 틀린 것은?

① 용기이탈식　　② 직결식
③ 카세트식　　　④ 분리식

해설 이동식 부탄연소기용기 연결방법
분리식, 카세트식, 직결식
→ 용기이탈식은 이동식부탄연소기에 사용 불가

---

32 고압가스 제조설비에서 정전기 발생 또는 대전 방지에 대한 설명에 해당하는 것은?

① 가연성 가스 제조설비의 탑류, 벤트스택 등은 단독으로 접지한다.
② 제조장치 등에 본딩용 접속선은 단면적이 5.5 mm² 미만의 단선을 사용한다.
③ 접지 저항치 총합이 100 Ω 이하의 경우에는 정전기 제거 조치가 필요하다.
④ 대전 방지를 위하여 기계 및 장치에 절연재료를 사용한다.

해설 고압가스 정전기, 대전 방지
• 제조설비의 탑류, 벤트스택 : 단독접지
• 본딩용 접속선 : 단면적 5.5 mm² 이상
• 대전 방지 : 기계 및 장치에 접지
• 접지저항치 총합 100 Ω 이하 : 접지

---

33 도시가스사용시설의 정압기실에 설치된 가스누출경보기점검주기는?

① 1일 1회 이상
② 1주일 1회 이상
③ 2주일 1회 이상
④ 1개월 1회 이상

해설 정압기 내 가스누출경보기점검주기
1주일 1회 이상

고난도!

34 액화산소, LNG 등에 일반적으로 사용될 수 있는 재질에 해당하지 않는 것은?

① Cu 및 Cu합금
② Al 및 Al합금
③ 고장력 주철강
④ 18-8 스테인리스강

해설 액화산소, LNG 재질
• Cu 및 Cu합금
• Al 및 Al합금
• 18-8 스테인리스강
→ 주철강 : 초저온 가스용기에 사용 불가

---

35 저압식(Linde-Frankl식) 공기액화 분리장치의 정류탑 하부의 압력은 어느 정도인가?

① 3기압　　② 5기압
③ 10기압　④ 15기압

해설 저압식 공기액화분리장치
• 정류탑 하부 : 5기압
• 원료공기 압축 : 150 ~ 200기압
• 중간단 압축 : 15기압
• 상부탑 : 0.5기압

정답　30 ①　31 ①　32 ①　33 ②　34 ③　35 ②

36 LP가스 저압배관 공사를 완료하여 기밀시험을 하기 위해서 공기압을 1000 mmH₂O로 하였다. 이때 관지름 25 mm, 길이 30 m로 할 경우 배관 전체 부피는 약 몇 L인가?

① 5.7 L ② 12.7 L
③ 14.7 L ④ 23.7 L

해설 배관 부피

부피(Q) = 단면적$(\frac{\pi}{4}d^2)$ × 길이

$Q = \frac{3.14}{4}(0.025)^2 \times 30 \times 1000 = 14.7 L$

37 액주식 압력계에 대한 설명으로 옳지 않은 것은?

① 단관식은 차압계로도 사용된다.
② 경사관식은 정도가 좋다.
③ 링 밸런스식은 저압가스의 압력측정에 적당하다.
④ U자관은 메니스커스의 영향을 받지 않는다.

해설 액주식 압력계
U자관은 메니스커스(모세관현상)의 영향을 받음

38 연소에 필요한 공기를 전부 2차 공기로 취하며 불꽃 길이가 길고, 온도가 가장 낮은 방식은?

① 세미분젠식 ② 분젠식
③ 적화식 ④ 전1차 공기식

해설 연소방식
- 분젠식 : 1차 공기 60 %, 2차 공기 40 %
- 세미분젠식 : 1차 공기량 분젠식보다 적음
- 전1차 공기식 : 연소공기 전부 1차 공기
- 적화식 : 연소공기 전부 2차 공기이며, 온도 낮음

39 저온, 고압의 액화석유가스 저장탱크가 있다. 이 탱크를 퍼지하여 수리점검 작업할 때의 설명으로 옳지 않은 것은?

① 공기로 재치환하여 산소 농도가 최소 18 %인지 확인한다.
② 단시간에 고온으로 가열하면 탱크가 손상될 우려가 있으므로 국부가열이 되지 않게 한다.
③ 질소가스로 충분히 퍼지하여 가연성 가스의 농도가 폭발하한계의 1/4 이하가 될 때까지 치환을 계속한다.
④ 가스는 공기보다 가벼우므로 상부 맨홀을 열어 자연적으로 퍼지가 되도록 한다.

해설 액화석유가스
C_3H_8, C_4H_{10} : 공기보다 무거움

40 압축천연가스자동차 충전소에 설치하는 압축가스설비 설계압력이 25 MPa인 경우 이 설비에 설치하는 압력계 지시눈금은?

① 최소 25.0 MPa까지 지시 가능한 것
② 최소 32.5 MPa까지 지시 가능한 것
③ 최소 37.5 MPa까지 지시 가능한 것
④ 최소 50.0 MPa까지 지시 가능한 것

해설 압축가스설비 압력계 지시눈금
- 설계압력의 1.5배 이상 ~ 2배 이하
- 25 × (1.5 ~ 2) = 37.5 ~ 50 MPa

해설 부탄가스 비중
- 공기 분자량 : 29, 부탄 분자량 : 58
- 비중 : 58/29 = 2

41 저온장치에서 열의 침입 원인으로 틀린 것은?
① 내면으로부터의 열전도
② 지지 요크 등에 의한 열전도
③ 연결 배관 등에 의한 열전도
④ 단열재를 넣은 공간에 남은 가스의 분자 열전도

해설 저온장치 열 침입 원인
- 지지 요크 등에 의한 열전도
- 연결 배관 등에 의한 열전도
- 단열재를 넣은 공간에 남은 가스분자 열전도
→ 외면으로부터의 열전도

42 저장탱크 내부 압력이 외부 압력보다 낮아져 탱크가 파괴되는 것을 방지하기 위한 설비와 관계없는 것은?
① 진공안전밸브   ② 압력계
③ 압력경보설비   ④ 벤트스택

해설 저장탱크 파괴 방지설비
진공안전밸브, 압력계, 압력경보설비
→ 벤트스택 : 가스제조과정 중 생성된 이상가스를 외부로 배출시키는 안전용 굴뚝

43 표준 상태에서 부탄가스 비중은 얼마인가? (단, 부탄의 분자량은 58이다)
① 1.5   ② 1.6
③ 2.0   ④ 2.2

44 도시가스 공급시설에 해당하지 않는 것은?
① 정압기   ② 홀더
③ 압축기   ④ 용기

해설 도시가스 공급시설
정압기, 홀더, 압축기
→ 용기가 아닌 배관으로 공급

45 암모니아용기 재료로 주로 사용되는 것은?
① 동합금   ② 알루미늄합금
③ 동   ④ 탄소강

해설 암모니아용기 재료
탄소강

46 공기액화분리장치는 다음 중 어떤 가스 때문에 가연성 물질을 단열재로 사용할 수 없는가?
① 수소   ② 아르곤
③ 산소   ④ 질소

해설 공기액화분리장치
가연성 가스의 연소를 도와주는 조연성 가스인 산소 때문에 가연성 물질을 단열재로 사용 불가

정답 41 ① 42 ④ 43 ③ 44 ④ 45 ④ 46 ③

47 메탄(CH_4) 공기 중 폭발 범위 값에 가까운 것은? ✓최다빈출

① 5 ~ 15.4 %
② 3.2 ~ 12.5 %
③ 2.4 ~ 9.5 %
④ 1.9 ~ 8.4 %

해설 메탄(CH_4) 폭발 범위
5~15 %

48 다음 중 가장 낮은 압력은? ✓최다빈출

① 10.33 mH_2O ② 1 kg/cm^2
③ 1 atm   ④ 1 MPa

해설 1기압
- 10.33 mH_2O = 1atm
- 1 MPa ≒ 10 atm
→ 1 kg/cm^2 : 1 atm보다 작음
- 1기압(atm) = 760 mmHg
  = 10.332 mH_2O
  = 1.0332 kg/cm^2
  = 1.013 bar = 0.101325 MPa
  = 101.325 kPa
  = 14.7 Psi = 14.7 lb/in^2

49 부탄가스 주된 용도가 아닌 것은?

① 산화에틸렌 제조
② 라이터 연료
③ 자동차 연료
④ 에어졸 제조

해설 부탄가스 용도
- 자동차 연료   - 라이터 연료
- 에어졸 제조

50 부양기구의 수소 대체용 가스는?

① 질소   ② 헬륨
③ 아르곤   ④ 공기

해설 부양기구
- 공기보다 매우 가벼운 가스 사용
- 헬륨 : 분자량 4

51 다음 중 헨리법칙에 잘 적용되지 않는 가스는?

① 암모니아   ② 산소
③ 수소   ④ 이산화탄소

해설 헨리의 법칙
- 기체용해도 : 온도↓, 압력↑수록 빠름
- 기체용해도 : 무게비로 압력에 비례
- 물에 잘 녹지 않는 기체만 적용
- 암모니아 : 물에 잘 녹음

52 착화원이 있을 때 가연성 액체나 고체의 표면에 연소하한계농도의 가연성 혼합기가 형성되는 최저온도는?

① 인화온도   ② 발화온도
③ 임계온도   ④ 포화온도

해설 가스연소
- 착화원이 없을 때 : 발화온도
- 착화원이 있을 때 : 인화온도

정답 47 ① 48 ② 49 ① 50 ② 51 ① 52 ①

53 포스겐 화학식은?

① $COCl_2$ ② $COCl_3$
③ PH_3 ④ PH_2

해설 포스겐 화학식
$COCl_2$

54 시안화수소를 충전한 용기는 충전 후 얼마간 정치해야 하는가?

① 8시간 ② 10시간
③ 16시간 ④ 24시간

해설 시안화수소 충전용기 정치 시간
충전 후 : 24시간 정치

55 아세틸렌(C_2H_2)에 대한 설명이 아닌 것은?

① 공기보다 무거워 낮은 곳에 체류한다.
② 카바이트(CaC_2)에 물을 넣어 제조한다.
③ 흡열화합물이므로 압축하면 폭발을 일으킬 수 있다.
④ 공기 중 폭발 범위는 약 2.5 ~ 81 %이다.

해설 아세틸렌(C_2H_2)
분자량 26으로 공기보다 가벼움

56 황화수소에 대한 설명이 아닌 것은?

① 유독하다.
② 무색이다.
③ 냄새가 없다.
④ 인화성이 아주 강하다.

해설 황화수소
• 무색, 계란 썩은 냄새
• 허용농도 10 ppm의 유독성 기체
• 인화성이 강한 기체

57 표준 상태에서 산소 밀도(g/L)는?

① 0.7 ② 1.43
③ 2.72 ④ 2.88

해설 산소 밀도
$$밀도(\rho) = \frac{분자량}{22.4}$$
$$산소밀도(\rho) = \frac{산소분자량(32)}{22.4} = 1.43$$

58 LNG의 주성분은?

① 메탄 ② 프로판
③ 에탄 ④ 부탄

해설 액화천연가스(LNG) 주성분
메탄(CH_4)

정답 53 ① 54 ④ 55 ① 56 ③ 57 ② 58 ①

59 이상기체 정압비열(C_P)과 정적비열(C_V)에 대한 설명으로 틀린 것은? (단, k는 비열비이고, R은 이상기체 상수이다)

① 비열비(k)는 C_P/C_V로 표현된다.
② 정적비열과 R의 합은 정압비열이다.
③ 정적비열은 R/(k - 1)로 표현된다.
④ 정적비열은 (k - 1)/k로 표현된다.

해설 정압비열, 정적비열
- $C_P - C_V = R$
- 정압비열$(C_P) = \dfrac{kR}{k-1}$
- 정적비열$(C_V) = \dfrac{R}{k-1}$
- 비열비$(k) = \dfrac{C_P}{C_V}$

60 다음 중 비중이 가장 적은 것은? ✓최다빈출

① Cl_2 ② C_3H_8
③ CO   ④ NH_3

해설 비중
- 분자량이 작을수록 비중이 적음
- CO : 28
- C_3H_8 : 44
- Cl_2 : 70
- NH_3 : 17

참조 분자량
- 공기 : 29
- 수산화나트륨(NaOH) : 40
- 염소(Cl_2) : 70
- 이산화탄소(CO_2) : 44
- 헬륨(He) : 4
- 메탄(CH_4) : 16
- 에틸렌(C_2H_4) : 28
- 프로판(C_3H_8) : 44
- 암모니아(NH_3) : 17
- 부탄(C_4H_{10}) : 58
- 수소(H_2) : 2
- 아세틸렌(C_2H_2) : 26
- 일산화탄소(CO) : 30

정답 59 ④ 60 ④

2014 01월 26일

01 도로굴착공사에 의한 도시가스배관 손상 방지 기준 중 틀린 것은?

① 착공 전 도면에 표시된 가스배관과 기타 지장물 매설 유무를 조사한다.
② 도로굴착자의 굴착공사로 인하여 노출된 배관 길이가 10 m 이상인 경우 점검통로 및 조명시설을 하여야 한다.
③ 가스배관의 주위를 굴착하고자 할 때에는 가스배관의 좌우 1 m 이내의 부분은 인력으로 굴착한다.
④ 가스배관이 있을 것으로 예상되는 지점으로부터 2 m 이내에서 줄파기를 할 때에는 안전관리전담자의 입회하에 시행하여야 한다.

해설 도시가스배관 손상 방지 기준
노출 배관 길이 15 m 이상
: 점검통로 및 조명시설 설치

02 아세틸렌용기를 제조하고자 하는 자가 갖춰야 할 설비가 아닌 것은?

① 원료혼합기   ② 원료충전기
③ 건조로   ④ 소결로

해설 아세틸렌용기 제조
• 원료혼합기
• 원료충전기
• 건조로

03 액화석유가스 사용시설에서 LPG용기 집합설비 저장능력이 얼마 이하일 때 용기, 용기밸브, 압력조정기가 직사광선, 눈 또는 빗물에 노출되지 않도록 해야 하는가?

① 25 kg 이하   ② 100 kg 이하
③ 200 kg 이하 ④ 500 kg 이하

해설 LPG용기 집합설비 저장능력
100 kg 이하 : 직사광선, 눈, 빗물 노출 금지

04 도시가스배관이 하천을 횡단하는 배관 주위 흙이 사질토의 경우 방호구조물 비중은?

① 배관 내 유체 비중 이상의 값
② 물의 비중 이상의 값
③ 공기의 비중 이상의 값
④ 토양의 비중 이상의 값

해설 하천 횡단 배관
배관 주위 사질토
: 물 비중 이상의 방호구조물

05 가스의 연소한계에 대해 바르게 나타낸 것은?

① 물질이 탈 수 있는 최저온도
② 착화온도의 상한과 하한
③ 완전연소가 될 때의 산소공급 한계
④ 연소가 가능한 가스의 공기와의 혼합비율의 상한과 하한

정답 01 ② 02 ④ 03 ② 04 ② 05 ④

해설 가스연소한계
연소 가능 가스 공기의 혼합비율 상한과 하한

06 LPG사용시설에서 가스누출경보장치 검지부 설치높이 기준은?

① 지면에서 30 cm 이내
② 지면에서 50 cm 이내
③ 천장에서 30 cm 이내
④ 천장에서 50 cm 이내

해설 가스누출경보장치

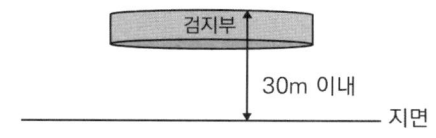

07 차량에 고정된 탱크로 염소를 운반할 때 탱크 최대 내용적은?

① 12000 L   ② 18000 L
③ 20000 L   ④ 22000 L

해설 고압가스 운반
• 독성 가스(염소) : 12000 L(암모니아 제외)
• 가연성 가스, 산소탱크 : 18000 L

08 겨울철 LP가스용기 표면에 성에가 생겨 가스가 잘 나오지 않을 경우 가스 사용을 위한 가장 적절한 조치는?

① 용기를 힘차게 흔든다.
② 연탄불로 쪼인다.
③ 열 습포를 사용한다.
④ 90 ℃ 정도의 물을 용기에 붓는다.

해설 LP가스용기 성에
열 습포 사용하여 가스가 증발기화하도록 함

09 액화석유가스를 저장하기 위해 지상 또는 지하에 고정설치된 탱크로 액화석유가스 안전관리 및 사업법에서 정한 "소형저장탱크"는 그 저장능력이 얼마인 것을 말하는가?

① 1톤 미만   ② 3톤 미만
③ 7톤 미만   ④ 10톤 미만

해설 소형저장탱크 저장능력
3톤 미만

10 도시가스사업자는 가스공급시설을 효율적으로 관리하기 위해 배관·정압기에 대하여 도시가스배관망을 전산화하여야 한다. 이때 전산관리 대상이 아닌 것은?

① 시공자   ② 시방서
③ 설치도면 ④ 배관제조자

해설 도시가스배관망 전산관리 대상
설치도면, 시방서, 시공자
→ 배관제조자 : 전산관리 대상이 아님

정답 06 ① 07 ① 08 ③ 09 ② 10 ④

11 굴착으로 인하여 도시가스배관이 65 m 노출되었을 경우 가스누출경보기 설치 개수는?

① 1개 ② 2개
③ 3개 ④ 4개

> **해설** 가스누출경보기 설치 개수
> • 노출배관 : 20 m마다 설치
> • 65 m : 4개 필요
>   65/20 = 3.25 절상해서 4개

12 도시가스 제조소 저장탱크 방류둑에 대한 설명으로 틀린 것은?

① 방류둑의 재료는 철근콘크리트, 금속, 흙, 철골·철근 콘크리트 또는 이들을 혼합하여야 한다.
② 방류둑의 용량은 저장탱크 저장능력의 90 %에 상당하는 용적 이상이어야 한다.
③ 지하에 묻은 저장탱크내의 액화가스가 전부 유출된 경우에 그 액면이 지면보다 낮도록 된 구조는 방류둑을 설치한 것으로 본다.
④ 방류둑은 액밀한 것이어야 한다.

> **해설** 저장탱크 방류둑
> 용량 : 저장탱크 저장능력에 상당하는 용적

13 냉동기란 고압가스를 사용하여 냉동하기 위한 기기로 냉동능력 산정 기준에 따라 계산된 냉동능력 몇 톤 이상인 것을 말하는가?

① 1 ② 1.5
③ 2 ④ 3

> **해설** 냉동기
> 냉동능력 3톤 이상인 것

14 에어졸 제조설비와 인화성 물질의 최소 우회거리는?

① 2 m 이상 ② 5 m 이상
③ 8 m 이상 ④ 12 m 이상

> **해설** 에어졸 제조설비 우회거리
> 인화성 물질과 최소 우회거리 : 8 m 이상

15 용기종류별 부속품 기호 중 아세틸렌을 충전하는 용기의 부속품 기호는?

① AA ② AG
③ AT ④ AB

> **해설** 압축가스 충전용기 기호
> • PG : 압축가스용
> • LT : 저온 및 초저온 가스용
> • AG : 아세틸렌가스용
> • LG : 그 밖의 가스용
> • W : 질량
> • V : 체적

16 고압가스제조시설에서 가연성 가스설비 중 전기설비를 방폭구조로 하여야 하는 가스는?

① 브롬화메탄
② 암모니아
③ 수소
④ 공기 중에서 자기 발화하는 가스

> **해설** 고압가스제조시설
> 수소 : 전기설비를 방폭구조로 함

정답 11 ④ 12 ② 13 ④ 14 ③ 15 ② 16 ③

17 지상 배관은 안전 확보 위해 배관의 외부 다음의 항목들을 표기해야 한다. 해당하지 않는 것은?

① 최고사용압력
② 사용 가스명
③ 가스의 흐름방향
④ 공급회사명

해설 지상배관 표기 항목
- 사용 가스명
- 최고사용압력
- 가스의 흐름방향
→ 공급회사명 : 지상배관 표기 항목 제외

18 도시가스배관을 노출하여 설치할 때 배관 손상방지를 위한 방호조치 기준으로 옳은 것은?

① 방호철판 두께는 최소 10 mm 이상으로 한다.
② 방호철판 크기는 0.8 m 이상으로 한다.
③ 철근 콘크리트재 방호 구조물은 높이가 1.5 m 이상이어야 한다.
④ 철근 콘크리트재 방호 구조물은 두께가 15 cm 이상이어야 한다.

해설 노출 배관 방호조치
- 방호철판 두께 : 4 mm
- 방호철판 크기 : 0.8 m
- 철근 콘크리트재 두께 : 10 cm
- 철근 콘크리트재 높이 : 1 m

19 누출 시 다량의 물로 제독 가능한 가스는?

① 산화에틸렌 ② 황화수소
③ 일산화탄소 ④ 염소

해설 물로 제독 가능한 가스
- 산화에틸렌
- 암모니아
- 염화메탄
- 아황산가스

20 다음 중 동일차량 적재 운반이 불가능한 가스는?

① 질소와 탄산가스
② 염소와 아세틸렌
③ 산소와 질소
④ 탄산가스와 아세틸렌

해설 염소와 동일차량 적재 불가
아세틸렌, 수소, 암모니아

21 가스계량기와 전기개폐기의 최소 안전거리는?

① 15 cm ② 20 cm
③ 60 cm ④ 90 cm

해설 가스계량기

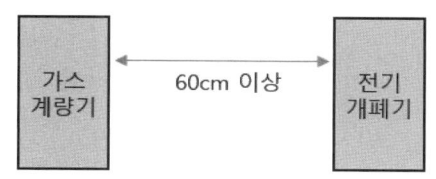

⑴ 환기가 양호한 장소일 것
⑵ 설치 높이 : 바닥으로부터 1.6 ~ 2 m 이내

(3) 화기와의 우회거리 : 2 m 이상
(4) 전기계량기 및 전기개폐기 : 60 cm 이상
(5) 단열조치를 하지 않은 굴뚝, 점멸기, 전기접속기 : 30 cm 이상
(6) 절연조치를 하지 않은 전선 : 15 cm 이상

22 다음 중 공동주택 등에 도시가스 공급을 위한 것으로 압력조정기의 설치가 가능한 경우는?

① 가스압력이 중압으로서 전체세대수가 100세대인 경우
② 가스압력이 저압으로서 전체세대수가 300세대인 경우
③ 가스압력이 저압으로서 전체세대수가 250세대인 경우
④ 가스압력이 중압으로서 전체세대수가 150세대인 경우

해설 공동주택 압력조정기 설치
가스압력 중압의 전체세대수 100세대

23 시안화수소 충전 시 사용되는 안정제가 아닌 것은?

① 암모니아　　② 인산
③ 염화칼슘　　④ 황산

해설 시안화수소 안정제
• 아황산가스　• 염화칼슘
• 오산화인　　• 동망
• 황산　　　　• 인산

24 고압가스배관 설치 기준 중 하천과 병행하여 매설하는 경우에 대한 설명으로 틀린 것은?

① 배관의 외면으로부터 2.5 m 이상의 매설심도를 유지한다.
② 배관은 견고하고 내구력을 갖는 방호구조물 안에 설치한다.
③ 하상(河床, 하천의 바닥)을 포함한 하천구역에 하전과 병행하여 설치한다.
④ 배관손상으로 인한 가스누출 등 위급한 상황이 발생한 때에 그 배관에 유입되는 가스를 신속히 차단할 수 있는 장치를 설치한다.

해설 하천 병행 매설배관
하상을 포함한 하천구역 병행 설치 금지

25 가스사용시설에서 원칙적으로 PE배관을 노출배관으로 사용 가능한 경우는?

① 지상배관과 연결하기 위하여 금속관을 사용하여 보호조치를 한 경우로서 지면에서 20 cm 이하로 노출하여 시공하는 경우
② 지상배관과 연결하기 위하여 금속관을 사용하여 보호조치를 한 경우로서 지면에서 30 cm 이하로 노출하여 시공하는 경우
③ 지상배관과 연결하기 위하여 금속관을 사용하여 보호조치를 한 경우로서 지면에서 1 m 이하로 노출하여 시공하는 경우
④ 지상배관과 연결하기 위하여 금속관을 사용하여 보호조치를 한 경우로서 지면에서 50 cm 이하로 노출하여 시공하는 경우

정답　22 ①　23 ①　24 ③　25 ②

해설 PE 노출 배관
- 금속관 사용
- 지면에서 30 cm 이하 노출 시공

26 비중이 공기보다 커서 바닥에 체류하는 가스로 나열된 것은? 〔최다빈출〕

① 염소, 암모니아, 아세틸렌
② 프로판, 염소, 포스겐
③ 프로판, 수소, 아세틸렌
④ 염소, 포스겐, 암모니아

해설 비중
- 비중 = 가스분자량/공기분자량(29)
- 염소 : 71
- 프로판 : 44
- 포스겐 : 99
- 암모니아 : 17
- 아세틸렌 : 26
- 수소 : 2

27 정전기에 대한 설명 중 옳지 않은 것은?

① 습도가 낮을수록 정전기를 축적하기 쉽다.
② 화학섬유로 된 의류는 흡수성이 높으므로 정전기가 대전하기 쉽다.
③ 재료 선택 시 접촉 전위차를 적게 하여 정전기 발생을 줄인다.
④ 액상의 LP가스는 전기 절연성이 높으므로 유동 시에는 대전하기 쉽다.

해설 정전기
화학섬유 옷 : 흡수성이 낮아 정전기 대전 용이

28 가연물 종류에 따른 화재의 구분이 잘못된 것은?

① A급 : 일반 화재
② B급 : 유류 화재
③ C급 : 전기 화재
④ D급 : 식용유 화재

해설 화재 종류
- A급 화재 : 일반 화재
- B급 화재 : 유류, 가스
- C급 화재 : 전기
- D급 화재 : 금속 화재

29 아세틸렌을 용기에 충전 시 미리 용기에 다공물질을 채운다. 이때 다공도의 기준은? 〔최다빈출〕

① 75 % 이상, 92 % 미만
② 90 % 이상, 95 % 미만
③ 95 % 이상
④ 99 % 이상

해설 아세틸렌 다공도
75 ~ 92 % 미만

암 아 실오구미호

30 다음 중 폭발방지대책으로 가장 거리가 먼 것은?

① 방폭성능 전기설비 설치
② 압력계 설치
③ 정전기 제거를 위한 접지
④ 폭발하한 이내로 불활성 가스에 의한 희석

정답 26 ② 27 ② 28 ④ 29 ① 30 ②

해설 폭발방지대책
- 방폭성능 전기설비 설치
- 정전기 제거를 위한 접지
- 폭발하한 이내로 불활성 가스에 의한 희석
→ 압력계 : 가스나 유체의 압력 측정기기

31 재료에 인장과 압축하중을 오랜 시간 반복작용시키면 그 응력이 인장강도보다 작은 경우에도 파괴되는 현상은?

① 취성파괴　　② 피로파괴
③ 인성파괴　　④ 크리프파괴

해설 피로파괴
- 재료에 인장과 압축하중 반복작용
- 응력이 인장강도보다 작은 경우에 파괴 가능

32 LP가스 이송설비 중 압축기 부속장치로 토출 측과 흡입 측을 전환시키며 액송과 가스 회수를 한 동작으로 할 수 있는 것은?

① 전자밸브
② 액가스분리기
③ 전자밸브액트랩
④ 사방밸브

해설 사방밸브
액송과 가스회수를 한 동작으로 가능

33 다량의 메탄을 액화시킬 때 어떤 액화사이클을 사용하는가?

① 캐스케이드사이클
② 캐피자사이클
③ 필립스사이클
④ 클라우드사이클

해설 캐스케이드사이클
- 다원 액화사이클
- 비점이 낮은 냉매 사용하여 저비점 기체 액화

34 저온 액체 저장설비에서 열의 침입요인으로 거리가 먼 것은?

① 연결 파이프를 통한 열전도
② 단열재를 직접 통한 열대류
③ 외면으로부터의 열복사
④ 밸브 등에 의한 열전도

해설 열의 침입 요인
- 외면으로부터 열복사
- 연결 파이프를 통한 열전도
- 밸브에 의한 열전도
- 단열재 공간에 남은 가스 분자 열전도
→ 열대류 : 열의 침입요인과 거리가 멀음

35 아세틸렌용기에 주로 사용되는 안전밸브 종류는?

① 압전식　　② 가용전식
③ 파열판식　　④ 스프링식

해설 아세틸렌용기 안전밸브
가용전식

정답　31 ②　32 ④　33 ①　34 ②　35 ②

36 고압배관용 탄소강 강관 KS규격 기호는?

① STS
② SPPH
③ SPPS
④ SPHT

해설 관의 종류
- SPLT : 저온배관용 탄소강관
- SPHT : 고온배관용 탄소강관
- SPPS : 압력 배관용 탄소강관
- SPPH : 고압배관용 탄소강관

37 저온장치용 재료 선정에 있어 가장 중요하게 고려해야 하는 사항은?

① 고온 취성에 의한 충격치의 증가
② 저온 취성에 의한 충격치의 감소
③ 저온 취성에 의한 충격치의 증가
④ 고온 취성에 의한 충격치의 감소

해설 저온장치용 재료 선정
저온취성에 의한 충격치 감소 고려

38 다음 가연성 가스 검출기 중 가연성 가스 굴절률 차이를 이용해 농도를 측정하는 것은?

① 간섭계형
② 검지관형
③ 안전등형
④ 열선형

해설 간섭계형 가스 검출기
가연성 가스 굴절률 차이 이용

39 다음 곡률 반지름(r)이 50 mm일 때 90° 구부림 곡선 길이는?

① 43.75 mm
② 53.75 mm
③ 68.75 mm
④ 78.75 mm

해설 곡선길이

$$곡선길이 = 2 \times 3.14 \times \frac{\theta}{360} \times R$$
$$= 2 \times 3.14 \times \frac{90}{360} \times 50 = 78.5$$

40 "압축된 가스를 단열 팽창시키면 온도는 강하한다"는 것은 무슨 효과인가?

① 정류효과
② 줄 - 톰슨효과
③ 단열효과
④ 팽윤효과

해설 줄 - 톰슨효과
압축된 가스를 단열 팽창시키면 온도는 하강

41 강관의 녹 방지를 위해 페인트를 칠하기 전 먼저 사용되는 도료는?

① 합성수치 도료
② 산화철 도료
③ 알루미늄 도료
④ 광명단 도료

해설 광명단 도료
강관 녹 방지 위한 페인트칠 전 사용 도료

42 다음 펌프 중 시동하기 전 프라이밍이 필요한 펌프는?

① 축류펌프 ② 원심펌프
③ 기어펌프 ④ 왕복펌프

> **해설** 원심펌프
> 시동 전 공기 제거 위한 프라이밍(물주입) 필요

43 다음 중 저온장치 재료로 가장 우수한 것은?

① 철 ② 탄소강
③ 9 % 니켈강 ④ 13 % 크롬강

> **해설** 9 % 니켈강
> 저온장치 재료로 가장 우수

44 펌프의 회전수를 1000 rpm에서 1200 rpm로 변화시키면 동력은 몇 배가 되는가?

① 1.2 ② 1.5
③ 1.7 ④ 2.1

> **해설** 펌프 동력 증가
> • 회전수 증가의 3승에 비례
> • 동력 $= (\frac{1200}{1000})^3 = 1.7$

45 다음 중 왕복동압축기 특징이 아닌 것은?

① 용량 조절의 폭이 넓다.
② 기체의 비중에 관계없이 고압이 얻어진다.
③ 압축하면 맥동이 생기기 쉽다.
④ 비용적식 압축기이다.

> **해설** 왕복동압축기
> 용적식 압축기(1회전당 냉매가스 정량)

46 다음 각 가스 성질에 대한 설명으로 옳은 것은?

① 염소는 반응성이 강한 가스로 강재에 대하여 상온에서도 무수(無水) 상태로 현저한 부식성을 갖는다.
② 질소는 안정한 가스로서 불활성 가스라고도 하고, 고온에서도 금속과 화합하지 않는다.
③ 산소는 액체 공기를 분류하여 제조하는 반응성이 강한 가스로 그 자신이 잘 연소한다.
④ 암모니아는 동을 부식하고 고온고압에서는 강재를 침식한다.

> **해설** 가스 성질
> • 질소 : 고온에서 산소와 화합
> • 염소 : 무수 상태에서 부식성이 없음
> • 산소 : 조연성 가스
> • <u>암모니아 : 동 부식, 고온 고압 강재 침식</u>

47 밀도 단위로 옳은 것은?

① L/g ② g/cm^3
③ g/s^2 ④ Ib/in^2

> **해설** 밀도 단위
> 밀도 : $g/cm^3 = kg/m^3$

48 100 ℃를 화씨온도로 환산하면 몇 °F인가?

① 212
② 235
③ 248
④ 373

해설 화씨온도
- 화씨온도(°F) : $\frac{9}{5} \times ℃ + 32$
- °F = 1.8 × 100 + 32 = 212 °F

49 어떤 액 비중을 측정하였더니 2.5이었다. 이 액의 액주 6 m 압력은 몇 kg/cm²인가?

① 0.15 kg/cm²
② 1.5 kg/cm²
③ 15 kg/cm²
④ 0.015 kg/cm²

해설 압력
- 10 mH$_2$O = 1 kg$_f$/cm²
- 1 × 2.5 × (6/10) = 1.5 kg$_f$/cm²

50 수돗물 살균과 섬유 표백용 가스는?

① O$_2$
② Cl$_2$
③ F$_2$
④ CO$_2$

해설 염소(Cl$_2$) 용도
- 염산 제조
- 포스겐 원료
- 수돗물 살균
- 섬유 표백분
- 염화비닐, 클로로포름, 사염화탄소의 원료
- 펄프 및 종이 제조용

51 다음 중 1 atm에 해당하지 않는 것은?

① 29.92 inHg
② 14.7 psi
③ 760 mmHg
④ 1013 kg/m²

해설 표준대기압
- 지구상의 표면에 작용하는 압력
- 토리첼리의 진공 수은 76 cm
- 1기압(atm) = 760 mmHg
  = 10.332 mH$_2$O
  = 1.0332 kg/cm²
  = 1.013 bar
  = 0.101325 MPa
  = 101.325 kPa
  = 29.92 inHg
  = 14.7 Psi
  = 14.7 lb/in²

52 액화석유가스의 일반적 특성이 아닌 것은?

① 공기보다 무겁다.
② 기화 및 액화가 용이하다.
③ 액상 액화석유가스는 물보다 무겁다.
④ 증발잠열이 크다.

해설 액화석유가스
액상 가스 : 물 위에 뜸(물보다 가벼움)

정답 48 ① 49 ② 50 ② 51 ④ 52 ③

53 액화천연가스(LNG)의 폭발성 및 인화성에 대한 설명 중 틀린 것은?

① 다른 지방족 탄화수소에 비해 폭발하한 농도가 높다.
② 다른 지방족 탄화수소에 비해 최소발화에너지가 낮다.
③ 다른 지방족 탄화수소에 비해 연소속도가 느리다.
④ 전기저항이 작으며 유동 등에 의한 정전기 발생은 다른 가연성 탄화수소류보다 크다.

해설 LNG폭발성
최소발화에너지
: 다른 지방족 탄화수소에 비해 높음

54 다음 중 열(熱)에 대한 설명으로 틀린 것은?

① 1 cal는 약 4.2 J이다.
② 비열이 큰 물질은 열용량이 크다.
③ 열은 고온에서 저온으로 흐른다.
④ 비열은 물보다 공기가 크다.

해설 비열
물(1 kcal/kg℃) > 공기(0.24 kcal/kg℃)

55 다음 중 무색, 무취 가스가 아닌 것은?

① CO_2 ② N_2
③ O_2 ④ O_3

해설 오존(O_3)가스
• 기체 : 미청색
• 독성농도 0.1 ppm

56 수소의 성질에 대한 설명으로 틀린 것은?

① 무색, 무미, 무취의 가연성 기체이다.
② 높은 온도일 때에는 강재, 기타 금속재료도 쉽게 투과한다.
③ 열전도율이 작다.
④ 밀도가 아주 작아 확산속도가 빠르다.

해설 수소(H_2)
열전도율이 매우 큼

57 다음 가스 1몰을 완전연소시킬 때 공기가 가장 적게 필요한 것은?

① 수소   ② 에탄
③ 아세틸렌 ④ 메탄

해설 가스연소
• 수소 : $H_2 + 0.5O_2 \rightarrow H_2O$
• 메탄 : $CH_4 + 2O_2 \rightarrow CO_2 + 2H_2O$
• 아세틸렌 : $C_2H_2 + 2.5O_2 \rightarrow 2CO_2 + H_2O$
• 에탄 : $C_2H_6 + 3.5O_2 \rightarrow 2CO_2 + 3H_2O$

58 불완전연소현상 원인으로 옳지 않은 것은?

① 환기가 불충분한 공간에 연소기가 설치되었을 때
② 가스압력에 비하여 공급 공기량이 부족할 때
③ 공기와의 접촉혼합이 불충분할 때
④ 불꽃의 온도가 증대되었을 때

해설 불완전연소
불꽃의 온도가 낮을 때 발생(완전연소 불가)

정답 53 ② 54 ④ 55 ④ 56 ③ 57 ① 58 ④

59 무색, 복숭아 냄새가 나는 독성 가스는?

① NH_3
② HCN
③ Cl_2
④ PH_3

해설 시안화수소
- 복숭아 향 가스
- 폭발 범위 : 6 ~ 41 %
- 중합폭발 방지 위해 황산, 동망, 염화칼슘, 인산, 아황산가스 등 첨가

60 다음 중 기체밀도가 가장 작은 것은?

① 부탄
② 메탄
③ 프로판
④ 아세틸렌

해설 기체밀도
- 분자량이 작을수록 밀도가 작음
- 프로판 : 44
- <u>메탄 : 16</u>
- 부탄 : 58
- 아세틸렌 : 26

참조 가스의 비점
- 비점이 낮을수록 액화가 어려움
- 수소(H_2) : -252 ℃
- 헬륨(He) : -272.2 ℃
- 질소(N_2) : -196 ℃
- 메탄(CH_4) : -162 ℃
- 암모니아(NH_3) : -33.3 ℃
- 프로판(C_3H_8) : -42 ℃
- 나프타 : 30 ~ 200 ℃
- 에틸렌(C_2H_4) : -103.7 ℃
- 에탄(C_2H_6) : -161.5 ℃
- 부탄(C_4H_{10}) : -0.5 ℃

정답 59 ② 60 ②

2014 04월 06일

01 다음 중 가연성이면서 독성 가스인 가스는? ✓최다빈출

① NH_3 ② CH_4
③ H_2 ④ N_2

해설 암모니아(NH_3)
가연성이면서 독성인 가스

02 다음 중 독성(LC_{50})이 가장 강한 가스는?

① 산화에틸렌   ② 시안화수소
③ 염소   ④ 불소

해설 독성 가스 허용농도
- ppm 수치가 적을수록 독성이 강함
- 염소 : 293
- 시안화수소 : 140
- 산화에틸렌 : 2900
- 불소 : 186

03 고압가스 특정제조시설에서 긴급이송설비에 의해 이송되는 가스를 안전하게 연소시킬 수 있는 장치는?

① 플레어스택   ② 인터록기구
③ 벤트스택   ④ 긴급차단장치

해설 플레어스택
긴급이송설비에 의한 이송 가스 안전 연소장치

04 도시가스로 천연가스를 사용하는 경우 가스 누출경보기 검지부 성취위치로 가장 적합한 것은?

① 바닥에서 20 cm 이내
② 바닥에서 30 cm 이내
③ 천장에서 20 cm 이내
④ 천장에서 30 cm 이내

해설 천연가스 사용

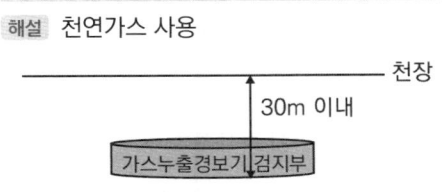

05 가연성 물질을 공기로 연소시킬 때 공기 중 산소 농도를 높게 하면 연소속도와 발화온도는 어떻게 변하는가? ✓최다빈출

① 연소속도는 느리게 되고, 발화온도는 높아진다.
② 연소속도는 빠르게 되고, 발화온도는 낮아진다.
③ 연소속도는 빠르게 되고, 발화온도는 높아진다.
④ 연소속도는 느리게 되고, 발화온도는 낮아진다.

해설 공기 중 산소 농도 ↑
연소속도는 빨라지고 발화온도는 낮아짐

정답 01 ① 02 ② 03 ① 04 ④ 05 ②

06 LPG 저장탱크 지하 설치 시 저장탱크실 상부 윗면으로부터 저장탱크 상부까지 깊이는 얼마 이상으로 하여야 하는가?

① 0.6 m ② 0.9 m
③ 1 m   ④ 1.2 m

해설 LPG 저장탱크 지하 설치

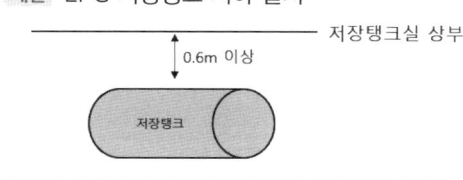

07 차량에 고정된 충전탱크는 온도를 항상 몇 ℃ 이하로 유지하여야 하는가? ✓최다빈출

① 25 ② 30
③ 40 ④ 60

해설 차량에 고정된 충전탱크 온도
항상 40℃ 유지

08 액화석유가스 충전시설 중 충전설비는 외면으로부터 사업소 경계까지 몇 m 이상 거리를 유지하여야 하는가?

① 5   ② 12
③ 20 ④ 24

해설 LPG 충전설비

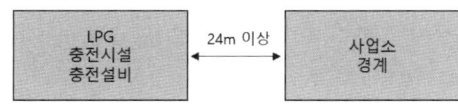

09 상용 온도에서 사용압력이 1.2 MPa인 고압가스설비에 사용되는 배관 재료로 부적합한 것은?

① KS D 3570(고온배관용 탄소 강관)
② KS D 3562(압력배관용 탄소 강관)
③ KS D 3507(배관용 탄소 강관)
④ KS D 3576(배관용 스테인리스 강관)

해설 사용압력 1.2 MPa 고압가스배관 재료
• 고온배관용 탄소 강관
• 압력배관용 탄소 강관
• 배관용 스테인리스 강관
→ 배관용 탄소 강관 : 1 MPa 이하용 배관

10 도시가스 사용시설의 지상배관의 표면색상은 무슨 색으로 도색하여야 하는가?

① 황색 ② 백색
③ 회색 ④ 적색

해설 도시가스 지상배관
표면 색상 : 황색

11 초저온용기나 저온용기 부속품에 표시하는 기호는?

① LG ② PG
③ AG ④ LT

해설 압축가스 충전용기 기호
• PG : 압축가스용
• AG : 아세틸렌가스용
• LT : 저온 및 초저온 가스용
• LG : 그 밖의 가스용
• W : 질량
• V : 체적

정답 06 ① 07 ③ 08 ④ 09 ③ 10 ① 11 ④

12 가스의 경우 폭굉(Detonation)연소속도는 약 몇 m/s 정도인가?

① 0.03 ~ 10
② 10 ~ 50
③ 100 ~ 600
④ 1000 ~ 3500

해설 폭굉속도
연소속도 : 1000 ~ 3500 m/s 이내

---

13 의료용 가스용기 도색구분으로 틀린 것은?

① 액화탄산가스 – 회색
② 산소 – 백색
③ 질소 – 흑색
④ 에틸렌 – 갈색

해설 에틸렌가스용기 도색
- 의료용 : 자색
- 공업용 : 백색

---

14 다음 중 위험도(H)가 가장 큰 것은?

① 암모니아
② 일산화탄소
③ 아세틸렌
④ 프로판

해설 위험도
- $H = \dfrac{\text{상한치} - \text{하한치}}{\text{하한치}}$
- 폭발 범위가 넓을수록 위험도는 큼

[폭발 범위]
- 프로판(C_3H_8) : 2.1 ~ 9.5 %
- 암모니아(NH_3) : 15 ~ 28 %
- 아세틸렌(C_2H_2) : 2.5 ~ 81 %
- 일산화탄소(CO) : 12.5 ~ 74 %

암 [프]트리구오, 일러어이씹팔[니아],
[아]이고팔자야, 씹이냐칠세[일산]

---

15 에어졸 시험방법에서 불꽃길이 시험을 위해 채취한 시료 온도 조건은?

① 24℃ 이상, 26℃ 이하
② 60℃ 이상, 66℃ 미만
③ 46℃ 이상, 50℃ 미만
④ 26℃ 이상, 30℃ 미만

해설 에어졸 시불꽃길이 시험 온도
24 ~ 26℃ 이하

---

16 다음 각 독성 가스 누출 시 사용하는 제독제로 적합하지 않은 것은?

① 염소 : 탄산소다수용액
② 황화수소 : 가성소다수용액
③ 산화에틸렌 : 소석회
④ 포스겐 : 소석회

해설 산화에틸렌 제독제
다량의 물

---

17 용기 안전점검 기준으로 틀린 것은?

① 용기의 내·외면을 점검
② 용기의 도색 및 표시 여부를 확인
③ 재검사 기간의 도래 여부를 확인
④ 열 영향을 받은 용기는 재검사와 상관이 없이 새 용기로 교환

해설 용기 안전점검 기준
열 영향을 받은 용기 : 재검사 후 새 용기 교환

정답 12 ④ 13 ④ 14 ③ 15 ① 16 ③ 17 ④

18 교량의 도시가스배관 설치 경우 보호조치 등 설계·시공에 대한 설명으로 옳은 것은?

① 지진 발생 시 등 비상 시 긴급차단을 목적으로 첨가배관의 길이가 200 m 이상인 경우 교량 양단의 가까운 곳에 밸브를 설치토록 한다.
② 제 3자의 출입이 용이한 교량설치 배관의 경우 보행방지철조망 또는 방호철조망을 설치한다.
③ 교량첨가 배관은 강관을 사용하며, 기계적 접합을 원칙으로 한다.
④ 교량첨가 배관에 가해지는 여러 하중에 대한 합성응력이 배관의 허용응력을 초과하도록 설계한다.

해설 교량 도시가스배관 설치
제3자의 출입을 막기 위해 방호 철조망 설치

19 고압가스 저장실 등에 설치하는 경계책과 관련된 기준으로 옳지 않은 것은?

① 저장설비·처리설비 등을 설치한 장소의 주위에는 높이 1.5 m 이상의 철책 또는 철망 등의 경계표지를 설치하여야 한다.
② 경계책 주위에는 외부사람이 무단출입을 금하는 내용의 경계표지를 보기 쉬운 장소에 부착하여야 한다.
③ 건축물 내에 설치하였거나, 차량의 통행 등 조업시행이 현저히 곤란하여 위해 요인이 가중될 우려가 있는 경우에는 경계책 설치를 생략할 수 있다.
④ 경계책 안에는 불가피한 사유발생 등 어떠한 경우라도 화기, 발화 또는 인화하기 쉬운 물질을 휴대하고 들어가서는 아니 된다.

해설 고압가스 저장실 경계책
불가피한 사유 : 화기, 인화성 물질 휴대 가능

20 고압가스용 이음매 없는 용기 재검사 시 내압시험 합격 판정 기준이 되는 영구증가율은?

① 0.1 % 이하 ② 5 % 이하
③ 7 % 이하   ④ 10 % 이하

해설 이음매 없는 용기 재검사
내압시험 합격 기준 : 영구증가율 10 % 이하

21 아세틸렌 성질로 틀린 것은?

① 융점과 비점이 비슷하여 고체 아세틸렌은 융해하지 않고 승화한다.
② 색이 없고 불순물이 있을 경우 악취가 난다.
③ 발열화합물이므로 대기에 개방하면 분해폭발 할 우려가 있다.
④ 액체 아세틸렌보다 고체 아세틸렌이 안정하다.

해설 아세틸렌(C_2H_2)
• 융점과 비점이 비슷하여 고체는 승화
• 색이 없으며, 불순물이 있을 경우 악취
• 액체보다 고체 아세틸렌이 더 안정
→ 흡열화합물이므로 압축 시 분해폭발

22 독성 가스 사용시설에서 처리설비 저장능력이 45000 kg인 경우 제2종 보호시설까지 안전거리는 몇 m 이상 유지하여야 하는가?

① 12 m　　② 16 m
③ 19 m　　④ 20 m

해설 독성 가스 안전거리
처리설비 저장능력 45000 kg인 경우
: 제2종 보호시설과 20 m 이상 유지

23 프로판을 사용하고 있던 버너에 부탄을 사용하려고 한다. 프로판보다 몇 배의 공기가 필요한가? ✓최다빈출

① 1.2배　　② 1.3배
③ 1.7배　　④ 2.5배

해설 소요 공기량
- 프로판 : $C_3H_8 + 5O_2 \rightarrow 3CO_2 + 4H_2O$
- 소요 공기량 : $5 \times \dfrac{1}{0.21} = 23.8$
- 부탄 : $C_4H_{10} + 6.5O_2 \rightarrow 4CO_2 + 5H_2O$
- 소요 공기량 : $6.5 \times \dfrac{1}{0.21} = 30.95$

Tip 공기 중 산소의 부피분율 : 21 %

24 가스연소에 대한 설명으로 틀린 것은?

① 발화점은 낮을수록 위험하다.
② 인화점은 낮을수록 위험하다.
③ 탄화수소에서 착화점은 탄소수가 많은 분자일수록 낮아진다.
④ 최소점화에너지는 가스의 표면장력에 의해 주로 결정된다.

해설 가스연소
- 발화점이 낮을수록 위험
- 인화점이 낮을수록 위험
- 탄화수소 착화점은 탄소 수가 많을수록 낮음
→ 최소점화에너지 : 종류, 혼합가스 조성, 온도, 압력 등에 의해 결정

25 아세틸렌 취급방법으로 가장 부적절한 것은?

① 저장소는 통풍이 양호한 구조이어야 한다.
② 가스 출구 동결 시 60 ℃ 이하의 온수로 녹인다.
③ 산소용기와 같이 저장하지 않는다.
④ 저장소는 화기엄금을 명기한다.

해설 아세틸렌(C_2H_2) 취급
가스 동결 시 : 40 ℃ 이하의 열습포로 녹임

26 300 kg 액화프레온12(R-12)가스를 내용적 50L 용기에 충전할 때 필요한 용기 개수는? (단, 가스정수 C는 0.86이다) ✓최다빈출

① 3개　　② 6개
③ 7개　　④ 10개

해설 용기 개수
- 용기 1개당 질량 $W = V/C$
- 50/0.86 = 58.14 kg
- 300/58.14 = 6개

정답 22 ④　23 ②　24 ④　25 ②　26 ②

27 어떤 도시가스 웨버지수를 측정하였더니 36.52 MJ/m³였다. 품질검사 기준에 합격 여부는?

① 웨버지수 허용 기준보다 낮으므로 합격이다.
② 웨버지수 허용 기준보다 높으므로 합격이다.
③ 웨버지수 허용 기준보다 높으므로 불합격이다.
④ 웨버지수 허용 기준보다 낮으므로 불합격이다.

해설 웨버지수(W)
- 가스의 연소성, 호환성을 판단하는 지수
- Hg : 발열량, d : 비중
- 36.52 MJ/m³ = 8722 kcal/m³
- 도시가스 표준 발열량 : 10550 kcal/m³
∴ 도시가스 표준 발열량보다 낮으므로 불합격이다.

28 가스폭발을 일으키는 요소로 거리가 먼 것은?

① 온도   ② 매개체
③ 압력   ④ 조성

해설 가스폭발 요소
가스 종류, 조성, 온도, 압력 등

29 저장탱크에 의한 액화석유가스 사용시설에서 가스계량기는 화기와 몇 m 이상 우회거리를 유지해야 하는가?

① 2 m   ② 4 m
③ 6 m   ④ 8 m

해설 LPG 저장탱크 사용시설

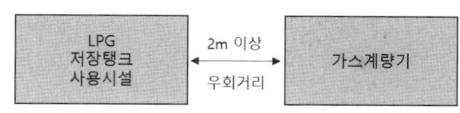

30 가스사고가 발생하면 산업통상자원부령에서 정하는 바에 따라 관계기관에 가스사고를 통보하여야 한다. 다음 중 사고 통보내용이 아닌 것은?

① 통보자의 소속, 직위, 성명 및 연락처
② 사고원인자 인적사항
③ 시설현황 및 피해현황(인명 및 재산)
④ 사고발생 일시 및 장소

해설 가스사고 통보
- 통보자의 소속, 직위, 성명 및 연락처
- 사고발생 일시 및 장소
- 시설현황 및 피해현황

31 가스크로마토그래피 구성 요소가 아닌 것은?

① 광원   ② 검출기
③ 컬럼   ④ 기록계

해설 가스크로마토그래피 구성 요소
- 검출기
- 컬럼(분리기)
- 기록계

정답 27 ④ 28 ② 29 ① 30 ② 31 ①

32 도시가스공급시설에서 사용되는 안전제어장치와 관계가 먼 것은?

① 중화장치
② 긴급차단장치
③ 가스누출검지경보장치
④ 압력안전장치

해설 안전제어장치
- 긴급차단장치
- 가스누출검지경보장치
- 압력안전장치
→ 중화장치 : 독성 제독용 중화제

33 기화기 성능에 대한 설명 중 틀린 것은?

① 온수가열방식은 그 온수의 온도가 90℃ 이하일 것
② 압력계는 그 최고눈금이 상용압력의 1.5 ~ 2배일 것
③ 증기가열방식은 그 증기의 온도가 120℃ 이하일 것
④ 기화통 안의 가스액이 토출배관으로 흐르지 않도록 적합한 자동제어장치를 설치할 것

해설 기화기 성능
온수가열방식 : 온수 온도 80℃ 이하

34 유량 측정 시 사용하는 계측기기가 아닌 것은?

① 피토관   ② 벤투리
③ 벨로우즈   ④ 오리피스

해설 유량 측정 계측기기
오리피스, 피토관, 벤투리
→ 벨로우즈 : 저압 압력계

35 LPG나 액화가스와 같이 비점이 낮고 내압이 0.4 ~ 0.5 MPa 이상인 액체에 주로 사용되는 펌프의 메카니컬 시일 형식으로 알맞은 것은?

① 인사이드 시일형
② 인더블 시일형
③ 아웃사이드 시일형
④ 밸런스 시일형

해설 밸런스 실
- 내압 : 0.4 ~ 0.5 MPa 이상
- 액화가스에서 비교적 낮은 비점 액화가스용

36 고압장치 재료로 가장 적합하게 연결된 것은?

① 압축기의 베어링 - 13 % 크롬강
② 액화염소용기 - 화이트메탈
③ LNG 탱크 - 9 % 니켈강
④ 고온고압의 수소반응탑 - 탄소강

해설 고압장치 재료
- 염소용기 : 탄소강
- LNG 탱크 : 9 % 니켈강
- 압축기 : 주철 또는 단조강
- 수소반응탑 : 특수강

정답 32 ① 33 ① 34 ③ 35 ④ 36 ③

37 구조에 따라 외치식, 내치식, 편심로터리식이 있으며, 베이퍼록현상이 일어나기 쉬운 펌프는?

① 왕복펌프
② 기포펌프
③ 제트펌프
④ 기어펌프

해설 **기어펌프(회전식)**
베이퍼록현상이 일어나기 쉬움

38 터보(Turbo)형 펌프가 아닌 것은?

① 축류펌프
② 사류펌프
③ 원심펌프
④ 플런저펌프

해설 **터보형 펌프**
축류펌프, 원심펌프, 사류펌프
→ 플런저펌프 : 왕복동식 펌프

39 가스액과 분리장치로 냉동사이클과 액화사이클을 응용한 장치는?

① 한냉발생장치
② 정유흡수장치
③ 정유분출장치
④ 불순물제거장치

해설 **한냉발생장치**
냉동사이클과 액화사이클 응용한 분리장치

40 양정 90 m, 유량이 90 m³/h인 송수펌프 소요동력은 약 몇 kW인가? (단, 펌프의 효율은 60 %이다)

① 33.6
② 36.8
③ 52.2
④ 60.8

해설 **펌프소요동력(kW)**

$$kW = \frac{rQH}{102 \times 3{,}600 \times 펌프효율}$$

$$kW = \frac{1{,}000 \times 90 \times 90}{102 \times 3{,}600 \times 0.6} = 36.8\,kW$$

(1 kW = 102 kg·m/s, 1시간 = 3600초, 물 1 m³ = 1000 kg)

41 탄소강 중 저온취성을 일으키는 원소는?

① P
② Mo
③ S
④ Cu

해설 **탄소강**
- 저온취성 : P
- 적열취성 : S
- 고온에서 인장강도 증가 : Mo
- 대기 중 내산화성 증가 : Cu

42 가스연소방식이 아닌 것은?

① 분젠식
② 세미분젠식
③ 적화식
④ 원자식

해설 **가스연소방식**
- 적화식
- 세미분젠식
- 분젠식

43 저압가스 수송배관의 유량공식으로 틀린 것은?

① 허용압력손실에 비례한다.
② 가스비중에 비례한다.
③ 배관길이에 반비례한다.
④ 관경에 의해 결정되는 계수에 비례

> **해설** 가스 수송 유량공식
> 수송량은 가스 비중에 반비례(비중이 작을수록 수송량이 많아짐)

44 재료가 일정 온도 이상에서 응력이 작용할 때 시간이 경과함에 따라 변형이 증대되거나 파괴되는 현상을 무엇이라 하는가?

① 에로숀   ② 크리프
③ 피로   ④ 탈탄

> **해설** 크리프
> 일정 온도 이상에서 응력이 작용할 때 변형과 파괴가 일어나는 현상

45 LP가스 공급방식 중 강제기화방식 특징으로 틀린 것은?

① 공급가스의 조성이 일정하다.
② 기화량 가감이 용이하다.
③ 계량기를 설치하지 않아도 된다.
④ 한랭 시에도 충분히 기화시킬 수 있다.

> **해설** 강제기화방식
> • 공급가스 조성이 일정
> • 기화량 가감이 용이
> • 한랭 시에도 충분히 기화 가능
> → 계량기 필요

46 다음 설명과 관계있는 법칙은?

> 열은 스스로 저온에서 고온으로 이동하는 것은 불가능하다.

① 에너지보존의 법칙
② 열역학 제2법칙
③ 평형이동의 법칙
④ 보일 - 샤를의 법칙

> **해설** 열역학 제2법칙
> • 열을 일로 바꾸는 영구기관은 존재하지 않음
> • 효율이 100 %인 기관은 존재하지 않음

47 10 L 용기에 들어 있는 산소 압력이 10 MPa이었다. 이 기체를 20 L 용기에 옮기면 압력은 몇 MPa로 변하는가?

① 3   ② 5
③ 15   ④ 20

> **해설** 압력과 부피
> • $PV = nRT$
> • 일정온도에서 P는 V에 반비례
> • 부피가 2배가 되었으므로 압력은 1/2배

48 다음 중 암모니아 건조제로 사용 가능한 것은?

① 황산동 수용액   ② 할로겐 화합물
③ 소다석회   ④ 진한 황산

> **해설** 암모니아 건조제
> • NaOH(수산화나트륨)
> • CaO(산화칼슘)
> • KOH(수산화칼륨)

정답 43 ② 44 ② 45 ③ 46 ② 47 ② 48 ③

49 산소(O_2)에 대한 설명 중 틀린 것은?

① 무색, 무취의 기체이며, 물에는 약간 녹는다.
② 가연성 가스이나 그 자신은 연소하지 않는다.
③ 저장용기는 무계목 용기를 사용한다.
④ 용기의 도색은 일반 공업용이 녹색, 의료용이 백색이다.

해설 산소(O_2)
조연성 가스로, 자신은 연소하지 않음

50 다음 보기와 같은 성질을 갖는 것은?

- 공기보다 무거워 누출 시 낮은 곳 체류
- 기화 및 액화가 용이, 발열량 큼
- 증발잠열이 크기 때문에 냉매로 사용

① CO ② O_2
③ LPG ④ C_2H_4

해설 LPG
• 주성분 : 프로판, 부탄
• 증발잠열이 큼
• 냉매로 사용

51 다음 중 가장 높은 압력은? ✓최다빈출

① $1.5\ kg/cm^2$ ② $10\ mH_2O$
③ 0.6 atm ④ 745 mmHg

해설 표준대기압
• $10\ mH_2O$와 0.6 atm, 745 mmHg : 1기압보다 작음

• 1기압(atm) = 760 mmHg
= 10.332 mH_2O
= 1.0332 kg/cm^2
= 1.013 bar
= 0.101325 MPa
= 101.325 kPa
= 14.7 Psi
= 14.7 lb/in^2
→ $1.5\ kg/cm^2$: 1 기압보다 큼

52 다음 중 게이지압력을 옳게 표시한 것은?

① 게이지압력 = 절대압력 - 대기압
② 게이지압력 = 대기압 + 절대압력
③ 게이지압력 = 대기압 - 절대압력
④ 게이지압력 = 절대압력 + 진공압력

해설 게이지 압력
• 절대압력 = 대기압 + 게이지압력(계기압력)
• 게이지압력 = 절대압력 - 대기압

암 절대게

53 같은 조건일 때 액화하기 가장 쉬운 가스는?

① 수소 ② 암모니아
③ 네온 ④ 아세틸렌

해설 가스의 비점
• 비점이 낮을수록 액화가 어려움
• 수소(H_2) : -252 ℃
• 암모니아(NH_3) : -33.3 ℃
• 아세틸렌(C_2H_2) : -84 ℃
• 네온(Ne) : -249.9 ℃

정답 49 ② 50 ③ 51 ① 52 ① 53 ②

54 가스분석 시 이산화탄소 흡수제로 사용되는 것은?

① KOH   ② H₂SO₄
③ CaCl₂   ④ NH₄Cl

> **해설** 이산화탄소 흡수제
> 수산화칼륨(KOH)

55 순수한 물 1 kg을 1 ℃ 높이는 데 필요한 열량은?

① 1 kcal   ② 1 B.T.U
③ 1 KJ   ④ 1 C.H.U

> **해설** 1 kcal
> 물 1 kg을 1 ℃ 높이는 데 필요한 열량

56 나프타(Naphtha) 가스화 효율이 좋기 위해서는 어때야 하는가?

① 나프텐계 탄화수소 함량이 많을수록 좋다.
② 파라핀계 탄화수소 함량이 많을수록 좋다.
③ 올레핀계 탄화수소 함량이 많을수록 좋다.
④ 방향족계 탄화수소 함량이 많을수록 좋다.

> **해설** 나프타 가스화 효율
> 파라핀계 탄화수소 함량이 많을수록 좋음

57 연소기연소 상태 시험에 사용되는 도시가스 중 가장 역화하기 쉬운 가스는?

① 13A-1   ② 13A-2
③ 13A-3   ④ 13A-R

> **해설** 역화하기 쉬운 가스
> - 13A-1 : 메탄 87 %, 프로판 13 %
> - <u>13A-2 : 수소 23 %, 메탄 66 %, 프로판 11 %</u>
> - 13A-3 : 메탄 96.5 %, 질소 3.5 %
> - 13A-R : 메탄 96 %, 프로판 4 %

58 기체 성질을 나타내는 보일의 법칙(Boyles Law)에서 일정한 값으로 가정한 인자는?

① 부피   ② 온도
③ 압력   ④ 비중

> **해설** 보일의 법칙
> 온도가 일정할 때 부피는 압력에 반비례한다.

59 섭씨온도의 눈금과 일치하는 화씨온도는?

① 0   ② -20
③ -30   ④ -40

> **해설** 온도 단위
> - 화씨온도(℉) : $\dfrac{9}{5} \times ℃ + 32$
> - ℉ = 9/5 + 32 = 9/5 × (-40) + 32 = -40

60 다음 중 폭발 범위가 가장 넓은 가스는?

① 황화수소 ② 메탄
③ 암모니아 ④ 일산화탄소

해설 폭발 범위
- 메탄(CH_4) : 5 ~ 15 %
- 황화수소(H_2S) : 4.3 ~ 45 %
- 암모니아(NH_3) : 15 ~ 28 %
- 일산화탄소(CO) : 12.5 ~ 74 %

암 [메]오시오, 사삼사오[황]
일러어이씹팔[니아], 씹이냐칠세[일산]

참조 가스폭발 범위
- 산화에틸렌(C_2H_4O) : 3 ~ 80 %
- 메탄(CH_4) : 5 ~ 15 %
- 에틸렌(C_2H_4) : 2.7 ~ 36 %
- 프로판(C_3H_8) : 2.1 ~ 9.5 %
- 황화수소(H_2S) : 4.3 ~ 45 %
- 암모니아(NH_3) : 15 ~ 28 %
- 부탄(C_4H_{10}) : 1.8 ~ 8.4 %
- 시안화수소(HCN) : 6 ~ 41 %
- 수소(H_2) : 4 ~ 75 %
- 아세틸렌(C_2H_2) : 2.5 ~ 81 %
- 일산화탄소(CO) : 12.5 ~ 74 %

정답 60 ④

2014 07월 20일

01 시안화수소(HCN) 위험성에 대한 설명으로 틀린 것은?

① 오래된 시안화수소는 자체 폭발할 수 있다.
② 인화온도가 아주 낮다.
③ 용기에 충전한 후 60일을 초과하지 않아야 한다.
④ 호흡 시 흡입하면 위험하나 피부에 묻으면 아무 이상이 없다.

해설 시안화수소
- 허용농도 10 ppm의 독성 가스
- 피부에 묻으면 위험

02 연소에 대한 설명 중 옳지 않은 것은?

① 가스의 온도가 높아지면 연소범위는 넓어진다.
② 인화점보다 착화점의 온도가 낮다.
③ 발열량 높을수록 착화온도 낮아진다.
④ 인화점이 낮을수록 위험성이 크다.

해설 연소
가연물 : 인화점이 착화점보다 온도가 낮음

03 일반도시가스사업 가스공급시설의 입상관밸브는 분리 가능한 것으로 바닥부터 몇 m 범위에 설치하여야 하는가?

① 0.7 ~ 1.0 m
② 1.2 ~ 1.5 m
③ 1.6 ~ 2.0 m
④ 2.5 ~ 3.0 m

해설 가스공급시설 입상관밸브
바닥면에서 1.6 ~ 2.0 m 이내 설치

04 액화석유가스 사용시설을 변경하여 도시가스를 사용하기 위해 실시해야 하는 안전조치 중 잘못 설명한 것은?

① 일반도시가스사업자는 도시가스를 공급한 이후에 연소기 변경 사실을 확인하여야 한다.
② 용기 및 부대설비가 액화석유가스 공급자의 소유인 경우에는 도시가스공급 예정일까지 용기 등을 철거해줄 것을 공급자에게 요청해야 한다.
③ 액화석유가스의 배관 양단에 막음조치를 하고 호스는 철거하여 설치하려는 도시가스배관과 구분되도록 한다.
④ 도시가스로 연료를 전환하기 전에 액화석유가스 안전공급계약을 해지하고 용기 등의 철거와 안전조치를 확인하여야 한다.

해설 도시가스 설치 안전조치
일반 도시가스사업자
: 도시가스 공급 전 연소기 변경 사실 확인

정답 01 ④ 02 ② 03 ③ 04 ①

05 아세틸렌은 폭발 형태에 따라서 3가지로 분류된다. 이에 해당되지 않는 폭발은?

① 산화폭발 ② 중합폭발
③ 화합폭발 ④ 분해폭발

해설 아세틸렌폭발
화합폭발, 화합폭발, 산화폭발
→ 중합폭발 : 시안화수소

06 고정식 압축도시가스 자동차 충전 저장설비, 처리설비, 압축가스설비, 외부에 설치하는 경계책 설치 기준으로 틀린 것은?

① 긴급차단장치를 설치할 경우는 설치하지 아니할 수 있다.
② 저장설비 및 처리설비가 액확산방지시설 내에 설치된 경우는 설치하지 아니할 수 있다.
③ 처리설비 및 압축가스설비가 밀폐형 구조물 안에 설치된 경우는 설치하지 아니할 수 있다.
④ 방호벽(철근콘크리트로 만든 것)을 설치할 경우는 설치하지 않을 수 있다.

해설 고정식 압축도시가스 자동차 설치 기준
긴급차단장치가 설치되어도 경계책 필요

07 다음 (A)와 (B)에 들어갈 명칭은?

> 아세틸렌을 용기에 충전하는 때에는 미리 용기에 다공물질을 고루 채워 다공도가 75 % 이상, 92 % 미만이 되도록 한 후 (A) 또는 (B)를 고루 침윤시키고 충전하여야 한다.

① Ⓐ 아세톤, Ⓑ 물(H_2O)
② Ⓐ 아세톤, Ⓑ 알코올
③ Ⓐ 아세톤, Ⓑ 디메틸포름아미드
④ Ⓐ 알코올, Ⓑ 물(H_2O)

해설 아세틸렌 침윤제
아세톤, 디메틸포름아미드

08 고압가스용 냉동기에 설치하는 안전장치 구조로 틀린 것은?

① 안전밸브는 작동압력을 설정한 후 봉인될 수 있는 구조로 한다.
② 고압차단장치는 원칙적으로 자동복귀방식으로 한다.
③ 고압차단장치는 그 설정압력이 눈으로 판별할 수 있는 것으로 한다.
④ 안전밸브 각부의 가스통과 면적은 안전밸브의 구경면적 이상으로 한다.

해설 고압가스용 냉동기 안정장치
원칙적으로 수동복귀식으로 함

09 도시가스사용시설 중 자연배기식 반밀폐식 보일러에서 배기톱의 옥상돌출부는 지붕면부터 수직거리 몇 cm 이상으로 하여야 하는가?

① 40 ② 50
③ 70 ④ 100

해설 자연배기식 반밀폐식 보일러
배기톱 옥상돌출부
: 지붕면 수직 100 cm 이상

10 공기 중 폭발하한치가 가장 낮은 것은?

① 에틸렌 ② 암모니아
③ 시안화수소 ④ 부탄

해설 폭발 범위
- 에틸렌(C_2H_4) : 2.7 ~ 36 %
- 암모니아(NH_3) : 15 ~ 28 %
- 부탄(C_4H_{10}) : 1.8 ~ 8.4 %
- 시안화수소(HCN) : 6 ~ 41 %

암 [에]이칠쓰루, 일러어이십팔[니아]
십팔팔사[부], 육사일[시]

11 고압가스 제조설비에 설치하는 가스누출경보 및 자동차단장치에 대한 설명 중 틀린 것은?

① 잡가스에는 경보하지 아니하는 것으로 한다.
② 계기실 내부에도 1개 이상 설치한다.
③ 누출을 검지하여 그 농도를 지시함과 동시에 경보를 울리는 방식으로 한다.
④ 가연성 가스의 제조설비에 격막 갈바니 전지방식의 것을 설치한다.

해설 고압가스 제조설비
- 잡가스에는 경보하지 않음
- 계기실 내부에도 1개 이상 설치
- 누출농도 지심함과 동시에 경보가 울리는 방식
→ 격막 갈바니방식 : 가스누출검지 경보장치

12 고압가스설비에 장치하는 압력계 눈금은?

① 상용압력의 2배 이상, 2.5배 이하
② 상용압력의 2.5배 이상, 3배 이하
③ 상용압력의 1.5배 이상, 2배 이하
④ 상용압력의 1배 이상, 1.5배 이하

해설 고압가스설비 압력계 눈금
상용압력의 1.5배 이상 2배 이하

13 공기 중 폭발 범위에 따른 위험도가 가장 큰 가스는?

① 황화수소 ② 암모니아
③ 석탄가스 ④ 이황화탄소

해설 위험도
- $H = \dfrac{\text{상한치} - \text{하한치}}{\text{하한치}}$
- 폭발 범위가 넓을수록 위험도는 큼

[폭발 범위]
- 황화수소(H_2S) : 4.3 ~ 45 %
- 암모니아(NH_3) : 15 ~ 28 %
- 이황화탄소(CS_2) : 1.25 ~ 44 %

암 사삼사오[황], 일러어이십팔[니아]

14 LP가스 충전설비 작동 상황점검주기는?

① 1일 1회 이상 ② 1주일 1회 이상
③ 1월 1회 이상 ④ 1년 1회 이상

해설 LPG 충전설비 작동점검주기
1일 1회 이상

정답 10 ④ 11 ④ 12 ③ 13 ④ 14 ①

15 고압가스용기 파열사고 원인으로 가장 거리가 먼 것은?

① 압축산소를 충전한 용기를 차량에 눕혀서 운반하였을 때
② 균열되었을 때
③ 용기 재질의 불량으로 인하여 인장강도가 떨어질 때
④ 용기의 내압이 이상 상승하였을 때

해설 고압가스용기
부득이한 경우, 차량에 용기를 눕혀서 운반 가능

16 도시가스공급시설 공사계획 승인 및 신고대상에 대한 설명으로 틀린 것은?

① 호칭지름이 50 mm 이하인 저압의 공급관을 설치하는 공사는 공사계획 신고대상에서 제외한다.
② 밸브기지의 위치변경 공사는 공사계획 신고대상이다.
③ 제조소 안에서 액화가스용 저장탱크의 위치변경 공사는 공사계획 신고대상이다.
④ 저압인 사용자공급관 50 m를 변경하는 공사는 공사계획 신고대상이다.

해설 도시가스공급시설
• 호칭지름 50 mm 이하 저압 공급관 설치
  → 신고대상 제외
• 제조소 안의 액화가스용 저장탱크 위치변경
  → 신고대상
• 저압인 사용자공급관 50 m 변경 공사
  → 신고대상
• 밸브기지 위치변경 공사 → 신고대상 제외

17 공정과 설비의 고장형태 및 영향, 고장형태별 위험도 순위를 결정하는 안전성평가기법은?

① 예비위험분석(PHA)
② 결함수분석(FTA)
③ 위험과 운전분석(HAZOP)
④ 이상 위험도분석(FMECA)

해설 이상위험도분석
공정 및 설비고장의 형태, 영향, 고장형태별 위험도 순위 결정 기법

18 도시가스배관 지하매설 시 사용하는 침상재료(Bedding)는 배관 하단에서 상단 몇 cm까지 포설하는가?

① 15   ② 20
③ 30   ④ 50

해설 도시가스배관 지하매설

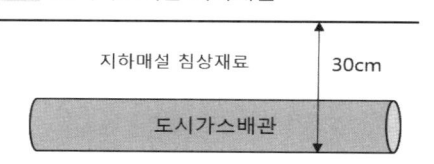

19 독성 가스 저장시설 제독 조치로 옳지 않은 것은?

① 흡착 제거조치
② 흡수, 중화조치
③ 이송설비로 대기 중에 배출
④ 연소조치

해설 독성 가스 저장시설 제독
• 흡수, 중화조치
• 흡착 제거조치
• 연소조치
→ 대기 중에 배출하면 안 됨

20 다음은 이동식 압축도시가스 자동차충전시설을 점검한 내용이다. 기준에 부적합한 경우는?

① 이동충전차량과 가스배관구를 연결하는 호스의 길이가 6 m이었다.
② 이동충전차량과 충전설비 사이는 8 m였고, 이동충전차량과 충전설비 사이에 강판제 방호벽이 설치되어 있었다.
③ 가스배관구 주위에는 가스배관구를 보호하기 위하여 높이 40 cm, 두께 13 cm인 철근콘크리트 구조물이 설치되어 있었다.
④ 충전설비 근처 및 충전설비에서 6 m 이상 떨어진 장소에 수동 긴급차단장치가 각각 설치되어 있었으며, 눈에 잘 띄었다.

해설 이동식 자동차충전시설
이동충전차량과 가스배관구 호스 길이 : 3 m 이내

21 시안화수소 충전용기는 충전 후 몇 시간 정치한 뒤 가스의 누출검사를 해야 하는가?

① 1　　② 6
③ 12　　④ 24

해설 시안화수소 충전용기 가스 누출검사
충전 후 24시간 정치 후 실시

22 폭발등급은 안전간격에 따라 구분한다. 1등급이 아닌 것은?

① 메탄　　② 일산화탄소
③ 암모니아　　④ 수소

해설 폭발등급
• 3등급 > 2등급 > 1등급 순으로 위험
• 3등급 가스 : 수소, 이황화탄소, 아세틸렌

23 염소(Cl_2)의 재해 방지용으로 흡수제 및 제해제가 아닌 것은?

① 소석회
② 가성소다 수용액
③ 탄산소다 수용액
④ 물

해설 염소(Cl_2) 제해제
소석회, 가성소다 수용액, 탄산소다 수용액
→ 물이 제해제인 독성 가스
  : 산화에틸렌, 암모니아, 염화메탄

24 고압가스안전관리법 적용을 받는 가스는?

① 냉동능력 3톤 미만인 냉동설비 안의 고압가스
② 철도차량의 에어콘디셔너 안 고압가스
③ 용접용 아세틸렌가스
④ 액화브롬화메탄 제조설비 외에 있는 액화브롬화메탄

해설 고압가스안전관리법 적용 가스
용접용 아세틸렌가스

25 건축물 내 도시가스 매설배관으로 부적합한 것은?

① 스테인리스강
② 강관
③ 동관
④ 가스용 금속플렉시블호스

해설 건축물 내 도시가스 매설배관
스테인리스강, 동관, 가스용 금속플렉시블호스
→ 강관 : 부식력이 크기 때문에 사용 불가

26 다음 굴착공사 중 굴착공사 전 도시가스사업자와 협의를 하여야 하는 것은?

① 굴착공사 예정지역 범위에 묻혀 있는 도시가스배관의 길이가 110 m인 굴착공사
② 굴착공사 예정지역 범위에 묻혀 있는 송유관의 길이가 200 m인 굴착공사
③ 해당 굴착공사로 인하여 압력이 0.8 MPa인 도시가스배관의 길이가 8 m 노출될 것으로 예상되는 굴착공사
④ 해당 굴착공사로 인하여 압력이 3.2 kPa인 도시가스배관의 길이가 30 m 노출될 것으로 예상되는 굴착공사

해설 굴착공사
예정지역 범위에 묻혀있는 도시가스배관 길이가 100 m 이상일 때 도시가스사업자와 협의하여야 한다.

27 일반도시가스사업의 가스공급시설 중 정압기 분해점검 주기 기준은?

① 1년에 1회 이상
② 2년에 1회 이상
③ 3년에 1회 이상
④ 5년에 1회 이상

해설 일반도시가스사업 가스공급시설
정압기 분해점검 : 2년에 1회 이상

28 자동차용 압축천연가스 완속충전설비에서 실린더 내경 100 mm, 실린더 행정 200 mm, 회전수 100 rpm일 때 처리능력(m³/h)은 얼마인가?

① 9.42
② 8.05
③ 7.42
④ 6.15

해설 처리능력

처리능력 = $\frac{\pi}{4}d^2 \times$ 용적 $\times$ 회전수 $\times$ 시간

$\frac{3.14}{4}(0.1)^2 \times 0.2 \times 100 \times 60 = 9.42 \text{ m}^3$

29 다음 중 가연성인 유독가스는?

① NH_3
② N_2
③ CH_4
④ H_2

해설 암모니아(NH_3)
가연성, 독성 가스

30 다음은 어떤 안전기구에 대한 설명인가?

> 설비가 잘못 조작되거나 정상적인 제조를 할 수 없는 경우 자동으로 원재료의 공급을 차단시키는 등 고압가스 제조설비 안의 제조를 제어하는 기능을 한다.

① 안전밸브 ② 인터록기구
③ 긴급이송설비 ④ 벤트스택

해설 인터록기구
설비 잘못 조작 및 정상동작 불가능 시 : 고압가스 제조설비 안의 제조 제어 기능

31 대형 저장탱크 내에 가는 스테인리스관을 상하로 움직여 관 내에서 분출하는 가스 상태와 액체 상태의 경계면을 찾아 액면을 측정하는 액면계는?

① 슬립튜브식 액면계
② 클링커식 액면계
③ 유리관식 액면계
④ 플로트식 액면계

해설 슬립튜브식 액면계
가는 스테인관을 상하(↕)로 움직여 액면 측정

32 다음 배관재료 중 사용온도 350 ℃ 이하, 압력 10 MPa 이상 고압관에 사용되는 것은?

① SPPW ② SPPH
③ SPP ④ SPPG

해설 관의 종류
- SPLT : 저온배관용 탄소강관
- SPHT : 고온배관용 탄소강관
- SPPH : 고압배관용 탄소강관
- SPPS : 압력 배관용 탄소강관

33 LPG를 탱크로리에서 저장탱크로 이송 시 작업중단 경우가 아닌 것은?

① 누출이 생길 경우
② 충전기에서 자동차에 충전하고 있을 때
③ 작업 중 주위에 화재 발생 시
④ 과충전이 된 경우

해설 LPG 탱크로리 → 저장탱크 이송 작업
충전기에서 자동차에 충전하고 있을 때 작업 중단 필요 없음

34 내압 0.4 ~ 0.5 MPa 이상, LPG나 액화가스와 같이 낮은 비점의 액체일 때 사용되는 터보식 펌프의 메카니컬 시일 형식은?

① 아웃사이드 시일
② 더블 시일
③ 밸런스 시일
④ 언밸런스 시일

해설 밸런스 실
- 내압 : 0.4 ~ 0.5 MPa 이상
- 액화가스에서 비교적 낮은 비점 액화가스용

정답 30 ② 31 ① 32 ② 33 ② 34 ③

고난도!

35 3단 토출압력 2 MPa·g, 압축비 2인 4단공기압축기에서 1단 흡입 압력은 약 몇 MPa·g인가?

① 0.16 MPa·g ② 0.26 MPa·g
③ 0.36 MPa·g ④ 0.46 MPa·g

> **해설** 흡입압력
> - 압축비 : $\sqrt[n]{\dfrac{P_2}{P_1}} = 2$
> - 3단 토출압력 : 2 MPa·g
> - 절대압력 : 2 + 0.1 = 2.1 MPa·a
> - 압축비 = 토출절대압력/흡입절대압력
> - 3단 흡입압력 = 2단토출압력
>   = 토출압력/압축비
> - 3단 흡입 = 2.1/2 = 1.05 MPa·a
> - 2단 흡입 = 1.05/2 = 0.525 MPa·a
> - 1단 흡입 = 0.525/2 = 0.26 MPa·a
> - 1단 흡입 = 0.26 - 0.1 = 0.16 MPa·a

36 반복하중에 의한 재료 저항력의 저하현상은?

① 교축   ② 크리프
③ 피로   ④ 응력

> **해설** 피로
> 반복하중에 의해 재료의 저항력이 저하

37 가연성 가스를 냉매로 사용하는 냉동제조시설의 수액기에는 액면계를 설치한다. 수액기의 액면계로 사용할 수 없는 것은?

① 환형유리관 액면계
② 차압식 액면계
③ 방사선식 액면계
④ 초음파식 액면계

> **해설** 냉동제조시설 수액기 액면계
> 차압식 액면계, 액면계
> → 깨지기 쉽기 때문에 환형유리관액면계는 냉매설비로 사용이 불가하다.

38 저온액화가스 탱크에서 발생할 수 있는 열 침입현상으로 거리가 먼 것은?

① 외면의 열복사
② 단열재를 충전한 공간에 남은 가스분자의 열전도
③ 내면으로부터의 열전도
④ 연결된 배관을 통한 열전도

> **해설** 저온액화가스 탱크 열 침입
> - 외면의 열복사
> - 단열재를 충전 공간에 남은 가스분자 열전도
> - 연결된 배관을 통한 열전도
> → 내면으로부터의 열전도는 열 침입이 아님

39 가연성 가스 검출기 중 탄광에서 발생하는 CH_4 농도 측정 시 주로 사용되는 것은?

① 열선형   ② 안전등형
③ 간섭계형 ④ 반도체형

> **해설** 안전등형
> 탄광에서 발생하는 메탄(CH_4)의 농도 측정

정답 35 ① 36 ③ 37 ① 38 ③ 39 ②

40 LP가스 자동차충전소에서 사용하는 디스펜서(Dispenser)에 대해 옳게 설명한 것은?

① LP가스 충전소에서 용기에 일정량의 LP가스를 충전하는 충전기기이다.
② 압축기를 이용하여 탱크로리에서 저장탱크로 LP가스를 이송하는 장치이다.
③ LP가스 충전소에서 용기에 충전하는 가스용적을 계량하는 기기이다.
④ 펌프를 이용하여 LP가스를 저장탱크로 이송할 때 사용하는 안전장치이다.

해설 LP가스 디스펜서
LP가스용기에 가스를 충전하는 충전기기

41 다음 중 왕복식 펌프인 것은?

① 터빈펌프 ② 베인펌프
③ 기어펌프 ④ 플런저펌프

해설 펌프
• 왕복식 : 플런저, 워싱턴, 웨어펌프
• 회전식 : 기어, 터빈, 베인펌프

42 도시가스의 측정 사항에 있어 반드시 측정하지 않아도 되는 것은?

① 농도 측정 ② 압력 측정
③ 연소성 측정 ④ 열량 측정

해설 도시가스 측정
• 연소성 측정
• 압력 측정
• 열량 측정

43 〔고난도!〕 펌프 실제 송출유량을 Q, 펌프 내부에서 누설유량 0.6 Q, 임펠러 속을 지나는 유량 1.6 Q라 할 때 펌프의 체적효율(ηV)은?

① 37.5 % ② 42.5 %
③ 60 % ④ 62.5 %

해설 체적효율

$$체적효율 = \left(1 - \frac{누설유량}{임펠러 속 유량}\right) \times 100$$
$$= \left(1 - \frac{0.6Q}{1.6Q}\right) \times 100 = 62.5 \%$$

44 도시가스 제조방식 중 촉매를 사용하여 사용온도 400~800 ℃에서 탄화수소와 수증기를 반응시켜 수소, 메탄, 일산화탄소, 탄산가스의 저급 탄화수소로 변환시키는 프로세스는?

① 부분연소 프로세스
② 접촉분해 프로세스
③ 열분해 프로세스
④ 수소화분해 프로세스

해설 접촉분해 프로세스
• 촉매 사용
• 400~800 ℃에서 탄화수소와 수증기 반응
• 저급탄화수소 제조

정답 40 ① 41 ④ 42 ① 43 ④ 44 ②

45 다음에서 설명하는 정압기 종류는?

- Unloading형이다.
- 본체는 복좌밸브로 되어 있어 상부에 다이어프램을 가진다.
- 정특성은 아주 좋으나, 안정성은 떨어진다.
- 다른 형식에 비하여 크기가 크다.

① 레이놀드 정압기
② 피셔식 정압기
③ 엠코 정압기
④ 엑셀 플로우식 정압기

해설 레이놀드 정압기
- 언로딩형 정압기
- 정특성이 좋음
- 안정성이 떨어짐
- 대형 정압기에 사용

46 LP가스 공급방식 중 자연기화방식의 특징에 대한 설명으로 틀린 것은?

① 기화능력이 좋아 대량 소비 시 적당
② 설비장소가 크게 된다.
③ 가스 조성의 변화량이 크다.
④ 발열량의 변화량이 크다.

해설 LP가스 자연기화방식
기화능력이 강제기화방식보다 좋지 않음

47 수소의 공업적 용도로 틀린 것은?

① 수증기의 합성
② 메탄올의 합성
③ 경화유의 제조
④ 암모니아 합성

해설 수소의 공업적 용도
- 암모니아 합성
- 경화유 제조
- 메탄올 합성

48 다음 각 온도의 단위환산 관계로 틀린 것은?

① 0 K = -273 ℃
② 32 °F = 492 °R
③ 0 ℃ = 273 K
④ 0 K = 460 °R

해설 온도 단위
- K = ℃ + 273,
  0 K = -273 ℃, 0 ℃ = 273 K
- R : °F + 460
  32 °F = 492 R
- 0 K = -273 ℃ = -459.4 °F = 0.6 R
- 화씨온도(°F) : $\frac{9}{5} \times$ ℃ + 32
- 섭씨온도(℃) : $\frac{5}{9} \times$ (°F - 32)
- 절대온도 랭킨(R) : °F + 460
- 절대온도 켈빈(K) : ℃ + 273

49 100 J 일의 양을 cal 단위로 나타내면?

① 24   ② 50
③ 240   ④ 420

해설 일의 양
- 1 cal = 4.18 J
- 1 : 4.18 = x : 100
- x = 100/4.18 = 24

정답 45 ① 46 ① 47 ① 48 ④ 49 ①

50 고압가스 성질에 따른 분류가 아닌 것은?
① 조연성 가스 ② 액화가스
③ 가연성 가스 ④ 불연성 가스

> **해설** 고압가스 분류
> • 가연성 가스
> • 조연성 가스
> • 불연성 가스

51 압력이 일정할 때 기체 절대온도와 체적은 어떤 관계가 있는가?
① 절대온도와 체적은 비례한다.
② 절대온도는 체적 제곱에 반비례한다.
③ 절대온도는 체적의 제곱에 비례한다.
④ 절대온도와 체적은 반비례한다.

> **해설** 일정압력에서 온도와 체적
> • $PV = nRT$
> • 압력이 일정할 때 체적은 절대온도에 비례

52 다음 중 저장소 바닥부 환기에 가장 중점을 둬야 하는 가스는?
① 에틸렌 ② 메탄
③ 아세틸렌 ④ 부탄

> **해설** 저장소 바닥부 환기
> • 비중(분자량)이 클수록 저장소 바닥에 환기
> • 메탄(CH_4) : 16
> • 에틸렌(C_2H_4) : 28
> • 아세틸렌(C_2H_2) : 26
> • 부탄(C_4H_{10}) : 58

53 표준 상태에서 분자량 44인 기체 밀도는?
① 1.96 g/L ② 1.55 g/L
③ 1.96 kg/L ④ 1.55 kg/L

> **해설** 기체 밀도
> 밀도(P) = 질량/부피 = 44/22.4
> = 1.96 g/L

54 고압가스 종류별 발생현상으로 틀린 것은?
① 아세틸렌 – 아세틸라이드 생성
② 수소 – 탈탄작용
③ 염소 – 부식
④ 암모니아 – 카르보닐 생성

> **해설** 일산화탄소 발생현상
> 카르보닐(니켈, 철) 생성

55 정압비열(C_p)와 정적비열(C_v) 관계를 나타내는 비열비(k)를 옳게 나타낸 것은?
① $k = C_p/C_v$ ② $k = C_v/C_p$
③ $k = C_v - C_p$ ④ $k < 1$

> **해설** 가스 비열비
> • 비열비(K) = $\dfrac{정압비열}{정적비열}$
> • 기체 : 정압비열 > 정적비열

정답 50 ② 51 ① 52 ④ 53 ① 54 ④ 55 ①

56 다음 중 수소(H_2) 제조법이 아닌 것은?

① 공기액화 분리법
② 천연가스 분해법
③ 석유 분해법
④ 일산화탄소 전화법

해설 수소 제조법
• 천연가스 분해법
• 석유 분해법
• 일산화탄소 전화법
→ 공기액화 분리법 : 산소의 공업적 제법

57 프로판 완전연소반응식은? ✅최다빈출

① $C_3H_8 + 2O_2 \rightarrow 3CO + H_2O$
② $C_3H_8 + 5O_2 \rightarrow 3CO_2 + 4H_2O$
③ $C_3H_8 + 4O_2 \rightarrow 3CO_2 + 2H_2O$
④ $C_3H_8 + O_2 \rightarrow CO_2 + H_2O$

해설 프로판연소
$C_3H_8 + 5O_2 \rightarrow 3CO_2 + 4H_2O$

58 일산화탄소 성질에 대한 설명 중 틀린 것은?

① 산화성이 강한 가스이다.
② 혈액 속의 헤모글로빈과 반응하여 산소의 운반력을 저하시킨다.
③ 개미산에 진한 황산을 작용시켜 만든다.
④ 공기보다 약간 가벼우므로 수상치환으로 포집한다.

해설 일산화탄소
산소를 받는 환원성이 강한 가스

59 수은주 760 mmHg은 수주로 얼마가 되는가?

① 9.33 mH_2O ② 10.33 mH_2O
③ 12.33 mH_2O ④ 13.33 mH_2O

해설 표준대기압
• 지구상의 표면에 작용하는 압력
• 토리첼리의 진공 수은 76 cm
• 1기압(atm) = 760 mmHg
            = 10.332 mH_2O
            = 1.0332 kg/cm^2
            = 1.013 bar
            = 0.101325 MPa
            = 101.325 kPa
            = 14.7 Psi
            = 14.7 lb/in^2

60 다음 중 확산속도가 가장 빠른 기체는? ✅최다빈출

① CO_2 ② N_2
③ CH_4 ④ O_2

해설 확산속도
• 가벼울수록 확산속도가 빠름
• 산소 : 32
• 질소 : 28
• 메탄 : 16
• 탄산가스 : 44

2014 10월 11일

01 일반도시가스사업 정압기실에 설치되는 기계 환기설비 중 배기구 관경은 얼마 이상인가?

① 10 cm ② 25 cm
③ 30 cm ④ 40 cm

해설 기계환기설비
일반도시가스사업 정압기 배기구 관경 : 10 cm

02 액화염소가스 1375 kg을 용량 50 L인 용기에 충전하려면 용기 몇 개가 필요한가? (단, 액화염소가스의 정수[C]는 0.8이다)

① 15 ② 22
③ 35 ④ 40

해설 용량
• 용량(V) = G × C = 1375 × 0.8 = 1100 L
• 용기 개수 = 1100/50 = 22개

03 압력조정기 출구에서 연소기 입구까지 호스는 얼마 이상 압력으로 기밀시험을 실시하는가?

① 2.33 kPa ② 3.3 kPa
③ 5.8 kPa ④ 8.4 kPa

해설 기밀시험 기준
최고사용압력의 1.1배 또는 8.4 kPa 이상

04 고압가스 품질검사로 틀린 것은?

① 품질검사 대상 가스는 산소, 아세틸렌, 수소이다.
② 산소는 동·암모니아 시약을 사용한 오르잣드법에 의한 시험결과 순도가 99.5 % 이상이어야 한다.
③ 품질검사는 안전관리책임자가 실시한다.
④ 수소는 하이드로썰파이드 시약을 사용한 오르잣드법에 의한 시험결과 순도가 99.0 % 이상이어야 한다.

해설 고압가스 품질검사
수소가스 : 순도 98.5 % 이상
산소 : 99.5% 이상
아세틸렌 : 98% 이상

05 차량에 고정된 산소용기 운반 차량에는 일반인이 쉽게 식별할 수 있도록 표시해야 한다. 운반차량에 표시하여야 하는 것은?

① 위험고압가스, 회사명
② 위험고압가스, 전화번호
③ 화기엄금, 전화번호
④ 화기엄금, 회사명

해설 산소용기 운반 차량 표시 사항
위험고압가스, 전화번호

정답 01 ① 02 ② 03 ④ 04 ④ 05 ②

06 도시가스 중압 배관 매몰 시 적당한 색상은?
① 녹색 ② 청색
③ 회색 ④ 적색

> **해설** 도시가스 중압배관 매몰
> 배관 색상 : 적색(지상은 황색)

07 도시가스 공급시설 제어를 위한 기기 설치 시 계기실의 구조에 대한 설명으로 틀린 것은?
① 내장재는 불연성 재료로 한다.
② 계기실의 구조는 내화구조로 한다.
③ 창문은 망입(網入)유리 및 안전유리 등으로 한다.
④ 출입구는 1곳 이상에 설치하고 출입문은 방폭문으로 한다.

> **해설** 계기실 구조
> • 내장재 : 불연성 재료
> • 계기실 구조 : 내화구조
> • 창문 : 망입유리 및 안전유리
> → 출입구 : 2곳 이상 설치

08 LPG 저장탱크에 설치하는 압력계는 상용압력 몇 배 범위의 최고눈금인 것을 사용하여야 하는가?
① 1 ~ 1.5배 ② 1.5 ~ 2배
③ 2 ~ 2.5배 ④ 2.5 ~ 3배

> **해설** LPG 압력계 눈금
> 상용압력의 1.5 ~ 2배 이하의 최고눈금 사용

09 고압가스 충전용 밸브를 가열할 때 방법으로 가장 적당한 것은?
① 60℃ 이상의 더운물을 사용한다.
② 열습포를 사용한다.
③ 복사열을 사용한다.
④ 가스버너를 사용한다.

> **해설** 고압가스 충전용 밸브 가열 방법
> 40℃ 이하의 열습포 사용

10 가연성 가스 취급 장소에서 공구 재질로 사용하였을 경우 불꽃이 발생할 가능성이 가장 큰 것은?
① 가죽 ② 고무
③ 알루미늄합금 ④ 나무

> **해설** 불꽃 발생 가능성
> 알루미늄, 마그네슘 : 금속화재 발생

11 액화가스 충전 탱크는 그 내부에 액면요동을 방지하기 위하여 무엇을 설치하여야 하는가?
① 방파판 ② 액면계
③ 안전밸브 ④ 긴급차단장치

> **해설** 방파판
> 액화가스 충전 탱크 내부 액면요동 방지

정답 06 ④ 07 ④ 08 ② 09 ② 10 ③ 11 ①

12 고압가스 저장능력 산정 기준에서 액화가스 저장탱크 저장능력을 구하는 식은? (단, Q, W는 저장능력, P는 최고충전압력, V는 내용적, C는 가스종류에 따른 정수, d는 가스의 비중이다) ✓최다빈출

① W = 0.9 dV　　② W = V/C
③ Q = 10 PV　　④ Q = (10P + 1)V

해설　액화가스 저장탱크 저장능력식
W = 0.9 dV

---

13 과압안전장치 형식에서 용전의 용융온도로 옳은 것은? (단, 저압부에 사용하는 것은 제외한다)

① 45 ℃ 이하　　② 70 ℃ 이하
③ 75 ℃ 이하　　④ 105 ℃ 이하

해설　용전 용융온도
암모니아가스 안전장치
: 용전의 용융온도 75 ℃

---

14 특정고압가스사용시설에서 독성 가스 감압설비와 그 가스의 반응설비 배관에 반드시 설치하여야 하는 설비는?

① 중화장치　　② 역화방지장치
③ 안전밸브　　④ 역류방지장치

해설　특정고압가스설비
독성 가스 감압설비 ↔ 가스반응설비 사이 : 역류방지장치 설치

---

15 도시가스도매사업자가 제조소 내에 저장능력이 20만 톤인 지상식 액화천연가스 저장탱크를 설치하고자 한다. 이때 처리능력 30만 m³인 압축기와 얼마 이상 거리를 유지하여야 하는가?

① 10 m　　② 20 m
③ 30 m　　④ 50 m

해설　처리능력 30만 m³인 압축기와 이격거리
$L = C \sqrt[3]{143{,}000 \times W}$
$L = 0.576 \times \sqrt[3]{143{,}000 \times 200{,}000} = 30\,m$

---

16 가스사용시설인 가스보일러의 급·배기방식에 따른 구분으로 옳지 않은 것은?

① 반밀폐형 강제배기식(FE)
② 반밀폐형 자연배기식(CF)
③ 밀폐형 자연배기식(RF)
④ 밀폐형 강제급·배기식(FF)

해설　가스보일러 급·배기방식
• 반밀폐형 자연배기식 : CF
• 반밀폐형 강제배기식 : FE
• 밀폐형 강제급·배기식 : FE
• 밀폐형 자연배기식 : FC

---

17 도시가스 공급시설 안전조작에 필요한 조명등 조도는 몇 럭스 이상이어야 하는가?

① 80　　② 150
③ 200　　④ 250

해설　도시가스 공급시설 조명등 조도
150 럭스 이상

18 용기 재검사 주기 기준으로 옳은 것은?

① 저장탱크가 없는 곳에 설치한 기화기는 2년마다 재검사
② 압력용기는 1년마다 재검사
③ 500 L 이상 이음매 없는 용기는 5년마다 재검사
④ 용접용기로서 신규검사 후 15년 이상 20년 미만인 용기는 3년마다 재검사

해설 용기 재검사 주기
- 압력용기 : 4년
- 저장탱크 없는 곳의 기화기 : 3년
- 용접용기 신규검사 후 15 ~ 20년 미만 : 2년
- 500 L 이상 이음매 없는 용기 : 5년

19 다음 중 2중관으로 해야 하는 가스가 아닌 것은?

① 일산화탄소   ② 염화메탄
③ 암모니아   ④ 염소

해설 2중관 구조
- 아황산가스   - 염화메탄
- 산화에틸렌   - 염소
- 포스겐   - 불소
- 암모니아   - 시안화수소
- 황화수소

20 암모니아 취급 시 피부에 닿았을 때 조치사항으로 적당한 것은?

① 아연화 연고를 바른다.
② 열습포로 감싸준다.
③ 산으로 중화시키고 붕대로 감는다.
④ 다량의 물로 세척 후 붕산수 바른다.

해설 암모니아 취급
피부에 닿았을 때 다량의 물로 세척 후 붕산수를 발라야 한다.

21 차량에 고정된 탱크 중 독성 가스는 내용적 얼마 이하로 하여야 하는가?

① 12000 L   ② 15000 L
③ 18000 L   ④ 20000 L

해설 고압가스 운반
- 독성 가스(염소) : 12000 L(암모니아 제외)
- 가연성 가스, 산소탱크 : 18000 L

22 가연성 가스용 가스누출경보 및 자동차단장치 경보농도설정치 기준은?

① ±5 % 이하   ② ±10 % 이하
③ ±15 % 이하   ④ ±25 % 이하

해설 가스 누출경보
- 독성 가스 : ±30 % 이하
- 가연성 가스 : ±25 % 이하

정답 18 ③ 19 ① 20 ④ 21 ① 22 ④

23 도시가스사업법에서 정한 특정가스 사용시설이 아닌 것은?

① 제2종 보호시설 내 월 사용 예정량 2000 m³ 이상인 가스 사용시설
② 제1종 보호시설 내 월 사용 예정량 1000 m³ 이상인 가스 사용시설
③ 월 사용 예정량 2000 m³ 이하인 가스 사용시설 중 많은 사람이 이용하는 시설로 시·도지사가 지정하는 시설
④ 전기사업법, 에너지이용합리화법에 의한 가스사용시설

해설 특정가스 사용시설 제외시설
전기사업, 에너지이용합리화법 의한 시설

24 저장탱크 방류둑 용량은 저장능력에 상당하는 용적 이상 용적이다. 다만 액화산소 저장탱크의 경우는 저장능력 상당용적 몇 % 이상인가?

① 40 ② 60
③ 90 ④ 98

해설 액화산소 방류둑 용량
60 % 이상

25 LPG 충전·집단공급 저장시설의 공기에 의한 내압시험 시 상용압력의 일정 압력 이상으로 승압한 후 단계적 승압시킬 때 상용압력 몇 %씩 증가시켜 내압시험 압력에 달하였을 때 이상이 없어야 하는가?

① 5 %   ② 10 %
③ 20 % ④ 30 %

해설 저장시설 내압시험
일정 압력 이상 승합 후 10 %씩 단계적 승압

26 도시가스배관을 지상 설치 시 검사 및 보수를 위하여 지면부터 몇 cm 이상 거리를 유지하는가?

① 12 cm ② 15 cm
③ 20 cm ④ 30 cm

해설 도시가스배관 설치

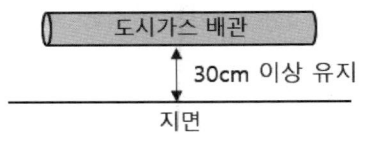

27 다음 가스의 정의에 대한 설명으로 틀린 것은?

① 액화가스란 가압·냉각 등의 방법에 의하여 액체 상태로 되어 있는 것으로서 대기압에서의 끓는점이 40 ℃ 이하 또는 상용온도 이하인 것을 말한다.
② 압축가스란 일정한 압력에 의하여 압축되어 있는 가스를 말한다.
③ 독성 가스란 인체에 유해한 독성을 가진 가스로서 허용농도가 100만분의 3000 이하인 것을 말한다.
④ 가연성 가스란 공기 중에서 연소하는 가스로서 폭발한계의 하한이 10 % 이하인 것과 폭발한계의 상한과 하한의 차가 20 % 이상인 것을 말한다.

해설 독성 가스
허용농도 100만분의 5000(5000 ppm) 이하 가스

정답 23 ④ 24 ② 25 ② 26 ④ 27 ③

28 용기 신규검사에 합격된 용기 부속품에서 초저온용기나 저온용기 부속품에 해당하는 것은?

① LT
② PT
③ UT
④ MT

해설 압축가스 충전용기 기호
- PG : 압축가스용
- LT : 저온 및 초저온 가스용
- AG : 아세틸렌가스용
- LG : 그 밖의 가스용
- W : 질량
- V : 체적

29 가연성 가스 및 독성 가스 충전용기보관실에 대한 안전거리 규정으로 옳은 것은?

① 충전용기 보관실 1 m 이내에 발화성 물질을 두지 말 것
② 충전용기 보관실 2 m 이내에 인화성 물질을 두지 말 것
③ 충전용기 보관실 3 m 이내에 발화성 물질을 두지 말 것
④ 충전용기 보관실 5 m 이내에 인화성 물질을 두지 말 것

해설 충전용기보관실 안전거리 규정
보관실 2 m 이내에 발화성 물질 두지 말 것

30 압축, 액화 등의 방법으로 처리할 수 있는 가스의 용적이 1일 100 m³ 이상인 사업소에는 표준 압력계를 몇 개 이상 비치하여야 하는가?

① 1개
② 2개
③ 5개
④ 10개

해설 압력계 비치 규정
1일 100 m³ 이상 사업소 : 2개 이상 비치

31 배관 속을 흐르는 액체속도를 급격히 변화시키면 물이 관벽을 치는 현상이 일어난다. 이런 현상을 무엇이라 하는가?

① 서징현상
② 워터햄머링현상
③ 캐비테이션현상
④ 맥동현상

해설 워터해머링현상
배관 내 유체의 속도가 급격히 변했을 때 물이 관 벽을 치는 현상

32 증기 압축식 냉동기 냉매순환경로로 옳은 것은?

① 압축기 → 증발기 → 응축기 → 팽창밸브
② 증발기 → 응축기 → 압축기 → 팽창밸브
③ 증발기 → 팽창밸브 → 응축기 → 압축기
④ 압축기 → 응축기 → 팽창밸브 → 증발기

해설 증기압축기 냉동기

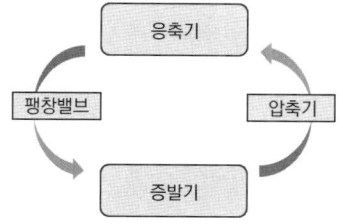

33 오리피스미터 특징으로 옳은 것은?

① 내구성이 좋다.
② 침전물이 관벽에 부착되지 않는다.
③ 압력손실이 매우 작다.
④ 제작이 간단하고, 교환이 쉽다.

해설 오리피스미터
- 차압식 유량계
- 압력손실이 큼
- 침전물의 생성 우려
- <u>제작 간단, 교환 용이</u>
- 유량 신뢰도가 큼

34 도시가스 품질검사 시 많이 사용되는 방법은?

① ICP법
② 가스크로마토그래피법
③ 자외선, 적외선 흡수분광법
④ 원자흡광광도법

해설 가스크로마토그래피법
도시가스 품질검사 시 가장 많이 사용

35 고압가스안전관리법령에 따라 고압가스 판매시설에 갖춰야 할 계측설비는?

① 압력계, 계량기
② 압력계, 온도계
③ 온도계, 계량기
④ 온도계, 가스분석계

해설 고압가스 판매시설 계측설비
- 압력계
- 계량기(가스미터기)

36 압력조정기 종류에 따른 조정압력이 틀린 것은?

① 1단 감압식 저압조정기 : 2.3 ~ 3.3 kPa
② 1단 감압식 준저압조정기 : 5 ~ 30 kPa 이내에서 제조자가 설정한 기준압력의 ±20 %
③ 2단 감압식 2차용 저압조정기 : 2.3 ~ 3.3 kPa
④ 자동절체식 일체형 저압조정기 : 2.3 ~ 3.3 kPa

해설 자동절체식 일체형 저압조정기
조정압력 : 2.55 ~ 3.3 kPa

37 도시가스 정압기에 사용되는 정압기용 필터 제조기술 기준 중 옳은 것은?

① 가스 성능시험의 질량변화율은 5 ~ 8 %이다.
② 입, 출구 연결부는 플랜지식으로 한다.
③ 내압시험은 최고사용압력 2배의 공기압으로 실시한다.
④ 기밀시험은 최고사용압력 1.25배 이상의 수압으로 실시한다.

해설 정압기용 필터 제조 기준
입, 출구 연결부 : 플랜지식

정답 33 ④ 34 ② 35 ① 36 ④ 37 ②

38 연소기 설치방법으로 틀린 것은?

① 개방형 연소기가 설치된 실내에는 환풍기를 설치한다.
② 밀폐형 연소기는 급기구 및 배기통을 설치하여야 한다.
③ 배기통의 재료는 불연성 재료로 한다.
④ 환기가 잘되지 않은 곳에는 가스온수기를 설치하지 아니한다.

해설 연소기 설치방법
- 개방형 연소기가 설치된 실내 : 환풍기 설치
- 배기통 재료 : 불연성 재료
- 환기 불가 장소 : 가스온수기 설치 금지
→ 밀폐형 연소기는 급·배기 혼합 설치하기 때문에 배기통 별도 필요 없음

39 용기 내용적이 105 L인 액화암모니아용기에 충전할 수 있는 가스 충전량은 몇 kg인가? (단, 액화암모니아의 가스정수 C값은 1.86이다)

① 20.5
② 46.5
③ 56.5
④ 127.5

해설 가스 충전량
$W = V/C = 105/1.86 = 56.5\,kg$

40 가스미터 설치장소로 가장 부적당한 곳은?

① 통풍이 양호한 곳
② 전기공작물 주변 직사광선 비치는 곳
③ 화기와 습기에서 멀리 떨어져 있고 청결하며 진동이 없는 곳
④ 가능한 한 배관의 길이가 짧고 꺾이지 않는 곳

해설 가스미터 설치장소
- 통풍 양호한 곳
- 화기와 습기에서 멀리 떨어진 곳
- 청결하며 진동이 없는 곳
- 가능한 한 배관 길이가 짧고 꺾이지 않는 곳
→ 전기공작물 주변 직사광선이 비치지 않는 곳

41 구조가 간단하고 고압, 고온 밀폐탱크 압력까지 측정 가능하여 가장 널리 사용되는 액면계는?

① 벨로우즈식 액면계
② 크린카식 액면계
③ 차압식 액면계
④ 부자식 액면계

해설 부자식 액면계
- 간단한 구조
- 고압, 고온, 밀폐탱크에 사용
- 가장 널리 사용되는 액면계

42 액주식 압력계에 사용되는 액체 구비조건으로 틀린 것은?

① 모세관현상이 없어야 한다.
② 화학적으로 안정되어야 한다.
③ 점도와 팽창계수가 작아야 한다.
④ 온도변화 의한 밀도변화가 커야 한다.

해설 액주식 압력계
온도 변화에 의한 밀도 변화가 작아야 함(영향을 많이 받으면 정확한 압력측정 불가)

정답 38 ② 39 ③ 40 ② 41 ④ 42 ④

43 사용 압력이 2 MPa, 관 인장강도가 20 kg/mm²일 때 스케줄 번호(Sch No)는? (단, 안전율은 4로 한다)

① 15　　② 20
③ 40　　④ 100

해설 스케줄 번호
- 1 MPa = 10 kg/cm²
- 허용응력 S = 인장강도 × (1/안전율)
- Sch No = $10 \times \dfrac{P}{S}$

　　　　= $10 \times \dfrac{20}{20 \times \dfrac{1}{4}} = 40$

44 도시가스시설 중 입상관으로 틀린 것은?

① 입상관의 밸브는 분리 가능한 것으로서 바닥으로부터 1.7 m의 높이에 설치하였다.
② 입상관이 화기가 있을 가능성이 있는 주위를 통과하여 불연재료로 차단조치를 하였다.
③ 입상관의 밸브를 어린 아이들이 장난을 못하도록 3 m의 높이에 설치하였다.
④ 입상관의 밸브 높이가 1 m이어서 보호상자 안에 설치하였다.

해설 입상관
밸브 설치 높이 : 1.6 ~ 2 m 이내

45 부취제 주입용기를 가스압으로 밸런스 후 중력에 의해 부취제를 가스 흐름 중 주입하는 방식은?

① 적하 주입방식
② 위크증발식 주입방식
③ 펌프 주입방식
④ 미터연결 바이패스 주입방식

해설 적하 주입방식
부취제 주입용기를 가스압으로 밸런스시켜 중력에 의해 주입하는 방식

46 절대영도를 표시한 것 중 가장 거리가 먼 것은?

① -273.15 ℃　　② 0 R
③ 0 K　　④ 0 °F

해설 절대영도
0 R, 0 K, -273.15 ℃
- 절대온도 랭킨(R) : °F + 460
- 절대온도 캘빈(K) : ℃ + 273

47 압력단위를 나타낸 것은?

① kg/cm²　　② kL/m²
③ kV/km²　　④ kcal/mm²

해설 압력
- 1기압(atm) = 760 mmHg
　　　　 = 10.332 mH₂O
　　　　 = 1.0332 kg/cm²
　　　　 = 1.013 bar
　　　　 = 0.101325 MPa
　　　　 = 101.325 kPa
　　　　 = 14.7 Psi
　　　　 = 14.7 lb/in²

정답　43 ③　44 ③　45 ①　46 ④　47 ①

48 공급가스인 천연가스 비중이 0.6일 때 45 m 높이의 아파트 옥상까지 압력손실은 약 몇 mmH₂O인가?

① 18.0　　② 23.3
③ 34.9　　④ 27.0

해설 압력손실
- 압력손실(H) = 1.293 × (S-1) × h
- H = 1.293 × (1-0.6) × 45
　　= 23.3 mmH₂O

49 일산화탄소 전화법에 의해 얻어지는 가스는?

① 수성 가스　　② 일산화탄소
③ 수소　　　　④ 암모니아

해설 일산화탄소 전화법
$CO + H_2O \rightarrow CO_2 + H_2$

50 "효율이 100 %인 열기관은 제작 불가능하다"라고 표현되는 법칙은?

① 열역학 제0법칙
② 열역학 제1법칙
③ 열역학 제2법칙
④ 열역학 제3법칙

해설 열역학 제2법칙
효율 100 %인 열기관은 제작 불가능하다.

51 염소(Cl_2)에 대한 설명으로 옳지 않은 것은?

① 강한 자극성의 취기가 있는 독성 기체이다.
② 황록색의 기체로 조연성이 있다.
③ 수소와 염소의 등량 혼합기체를 염소폭명기라 한다.
④ 건조 상태의 상온에서 강재에 대하여 부식성을 갖는다.

해설 염소(Cl_2)
습한 상태에서 강재에 대한 부식성을 갖는다.

52 A 분자량은 B의 2배다. A와 B의 확산속도 비는?

① 4 : 1　　② $\sqrt{2}$: 1
③ 1 : 4　　④ 1 : $\sqrt{2}$

해설 확산속도
$$\frac{u_1}{u_2} = \frac{\sqrt{M_2}}{\sqrt{M_1}} = \sqrt{\frac{d_2}{d_1}} = \sqrt{\frac{1}{2}}$$

53 순수한 물의 증발잠열은?

① 539 kcal/kg　　② 539 cal/kg
③ 79.68 kcal/kg　④ 79.68 cal/kg

해설 증발잠열
- 물의 증발잠열 : 539 kcal/kg
- 얼음의 융해잠열 : 79.68 kcal/kg

정답　48 ②　49 ③　50 ③　51 ④　52 ④　53 ①

54 주기율표 0족에 속하는 불활성 가스 성질이 아닌 것은?

① 상온에서 무색, 무미, 무취의 기체이다.
② 다른 원소와 잘 화합한다.
③ 상온에서 기체이며, 단원자 분자이다.
④ 방전관에 넣어 방전시키면 특유의 색을 낸다.

해설 불활성 가스
- 상온에서 무색, 무미, 무취 기체
- 상온에서 단원자 분자
- 방전관에 넣어 방전시키면 특유의 색
→ 다른 원소와 화합하지 않음(반응성이 없음)

55 LPG 1L가 기화해서 약 250 L 가스가 된다면 10 kg 액화 LPG가 기화하면 가스 체적은 얼마나 되는가? (단, 액화 LPG의 비중은 0.5이다)

① 1.5 m^3 ② 5.0 m^3
③ 10.0 m^3 ④ 25 m^3

해설 가스 체적
- V = 10/0.5 = 20 L
- V = 250 × 20 = 5000 L

56 부탄(C_4H_{10}) 가스 비중은? ✓최다빈출

① 0.5 ② 1
③ 1.5 ④ 2

해설 부탄가스
- 분자량 : 58
- 비중 = 가스분자량/공기분자량
  = 58/29 = 2

57 도시가스는 무색, 무취이기 때문에 누출 시 중독 및 사고 방지를 위하여 부취제를 첨가하는 데, 그 첨가비율 용량이 얼마인 상태에서 냄새를 감지할 수 있어야 하는가?

① 0.1 % ② 0.01 %
③ 0.2 % ④ 0.02 %

해설 부취제
부취제 함량 : 1/1000 = 0.1 %

58 게이지압력 1520 mmHg는 절대압력으로는 몇 기압인가? ✓최다빈출

① 0.3 atm ② 3 atm
③ 30 atm ④ 33 atm

해설 절대압력
- 절대압력 = 대기압(1atm) + 게이지압력
- 1520 mmHg = 2 atm
- 절대압력 = 1 + 2 = 3 atm

59 시안화수소 충전에 대한 설명으로 틀린 것은?

① 시안화수소를 충전한 용기는 충전 후 24시간 이상 정치한다.
② 용기에 충전하는 시안화수소는 순도가 98 % 이상이어야 한다.
③ 시안화수소는 충전 후 30일이 경과되기 전에 다른 용기에 옮겨 충전하여야 한다.
④ 시안화수소 충전용기는 1일 1회 이상 질산구리 벤젠 등의 시험지로 가스누출검사를 한다.

해설 시안화수소 충전
충전 후 60일 경과 전, 다른 용기에 옮겨 충전

60 다음 중 절대압력을 정하는 기준은?

① 게이지압력   ② 국소대기압
③ 완전진공   ④ 표준대기압

해설 절대압력
• 절대압력 : 완전진공 상태에서 정하는 압력
• 절대압력 = 대기압 + 게이지압력(계기압력)
• 게이지압력 = 절대압력 - 대기압

암 절대게

참조 독성 허용농도(TLV - TWA)
• 염소 : 1
• 염화수소 : 5
• 아황산가스 : 2
• 시안화수소 : 10
• 불소 : 0.1
• 암모니아 : 25
• 일산화탄소 : 50

정답 59 ③ 60 ③

2013 01월 27일

01 도시가스 사용시설에서 배관 호칭지름이 25 mm인 배관은 몇 m 간격으로 고정하여야 하는가? ✓최다빈출

① 1 m마다　② 2 m마다
③ 5 m마다　④ 10 m마다

해설　도시가스배관 고정장치
- 13 mm 미만 : 1 m 이내
- 13 ~ 33 mm : 2 m 이내
- 33 mm 이상 : 3 m 이내

02 가스누출 자동차단장치 검지부 설치금지 장소가 아닌 것은?

① 환기구 등 공기가 들어오는 곳으로부터 1.5 m 이내의 곳
② 가스가 체류하기 좋은 곳
③ 출입구 부근 등으로서 외부의 기류가 통하는 곳
④ 연소기의 폐가스에 접촉하기 쉬운 곳

해설　가스누출 자동차단장치 검지부
가스가 체류하는 곳에 반드시 설치

03 가연성 고압가스 제조소의 착화원인이 아닌 것은?

① 밸브의 급격한 조작
② 베릴륨 합금제 공구에 의한 타격
③ 사용 촉매의 접촉
④ 정전기

해설　가연성 가스 제조소 착화원인
- 밸브의 급격한 조작
- 사용 촉매의 접촉
- 정전기
→ 베릴륨 합금제 공구에 의한 타격
　: 착화를 방지하여 가스사고 예방

04 LP가스 일반적인 성질 중 옳은 것은?

① 공기보다 무거워 바닥에 고인다.
② 증발잠열이 적다.
③ 액의 체적팽창률이 적다.
④ 기화 및 액화가 어렵다.

해설　LP가스
프로판, 부탄 : 공기보다 무거워 바닥에 고임

05 〈고난도!〉 액화석유가스 또는 도시가스용으로 사용되는 가스용 염화비닐호스는 그 호스의 안전성, 편리성 및 호환성 확보를 위해 안지름 치수를 규정하고 있는데, 그 치수에 해당하지 않는 것은?

① 3.8 mm　② 6.3 mm
③ 9.5 mm　④ 12.7 mm

해설　염화비닐호스
규격 : 6.3, 9.5, 12.7 mm
※ 3의 배수 3, 6, 9, 12 숫자를 생각할 것

정답　01 ②　02 ②　03 ②　04 ①　05 ①

06 액화석유가스는 공기 중 혼합비율의 용량이 얼마인 상태에서 감지할 수 있도록 냄새가 나는 물질을 섞어서 용기에 충전하여야 하는가?

① 1/10
② 1/100
③ 1/1000
④ 1/10000

해설 부취제
부취제 함량 : 1/1000 = 0.1 %

07 다음 중 천연가스(LNG) 주성분은? 최다빈출

① C_2H_4
② CH_4
③ CO
④ C_2H_2

해설 천연가스 주성분
메탄(CH_4)

08 건축물 안에 매설할 수 없는 도시가스배관 재료는?

① 동관
② 스테인리스강관
③ 가스용 금속플렉시블호스
④ 가스용 탄소강관

해설 건축물 안 매설배관 재료
• 동관
• 스테인리스강관
• 가스용 금속플렉시블호스
→ 가스용 탄소강관 : 부식성이 높아 사용 불가

09 다음 중 마찰, 타격 등으로 격렬히 폭발하는 예민한 폭발물질로 가장 거리가 먼 것은?

① Ag_2C_2
② H_2S
③ AgN_2
④ N_4S_4

해설 황화수소(H_2S)
• 가연성, 독성 가스
• 마찰, 타격 등으로 폭발하지 않음

10 공기 중 폭발 범위가 가장 넓은 가스는? 최다빈출

① 에탄
② 프로판
③ 메탄
④ 일산화탄소

해설 폭발 범위
• 에탄(C_2H_6) : 3 ~ 12.5 %
• 메탄(CH_4) : 5 ~ 15 %
• 프로판(C_3H_8) : 2.1 ~ 9.5 %
• 일산화탄소(CO) : 12.5 ~ 74 %

암 삼일이오[에탄], [메]오시오 [프]트리구오, 씹이냐칠사[일산]

11 용접용기 동판의 최대 두께와 최소 두께의 차이는?

① 평균두께의 5 % 이하
② 평균두께의 10 % 이하
③ 평균두께의 20 % 이하
④ 평균두께의 50 % 이하

해설 용접용기 동판
• 최대 두께와 최소 두께 차이 : 10 % 이하
• 심리스용기 : 평균 두께의 20 % 이하

정답 06 ③ 07 ② 08 ④ 09 ② 10 ④ 11 ②

12 독성 가스용기 운반 기준으로 틀린 것은?
① 충전용기는 자전거나 오토바이에 적재하여 운반하지 아니한다.
② 차량의 최대 적재량을 초과하여 적재하지 아니한다.
③ 독성 가스 중 가연성 가스와 조연성 가스는 같은 차량의 적재함으로 운반하지 아니한다.
④ 충전용기를 차량에 적재하여 운반할 때에는 적재함에 넘어지지 않게 뉘어서 운반한다.

해설 독성 가스용기 운반 기준
충전용기 적재 : 세워서 운반

13 도시가스계량기와 화기 사이 유지거리는?
① 2 m 이상   ② 5 m 이상
③ 12 m 이상   ④ 20 m 이상

해설 도시가스계량기 유지거리
도시가스계량기 ↔ 화기 : 2 m 이상 유지

14 용기밸브 그랜드너트의 6각 모서리에 V형의 홈을 낸 것은 어떤 의미인가?
① 왼나사임을 표시
② 오른나사임을 표시
③ 암나사임을 표시
④ 수나사임을 표시

해설 그랜드너트 6각 모서리
V형의 홈 : 왼나사 표시

15 부탄가스용 연소기 명판의 기재사항이 아닌 것은?
① 제조자의 형식호칭
② 연소기명
③ 연소기 재질
④ 제조(로트)번호

해설 부탄가스용 연소기 기재사항
• 연소기명
• 제조자의 형식 호칭
• 제조 번호
→ 연소기 재질 : 기재사항에 해당 없음

16 저장탱크 지하설치 기준으로 틀린 것은?
① 저장탱크를 매설한 곳의 주위에는 지상에 경계표지를 설치한다.
② 지면으로부터 저장탱크의 정상부까지의 깊이는 1 m 이상으로 한다.
③ 저장탱크에 설치한 안전밸브에는 지면에서 5 m 이상의 높이에 방출구가 있는 가스 방출구가 있는 가스방출관을 설치한다.
④ 천정, 벽 및 바닥의 두께가 각각 30 cm 이상 인 방수 조치를 한 철근콘크리트로 만든 곳에 설치한다.

해설 저장탱크 지하설치 기준

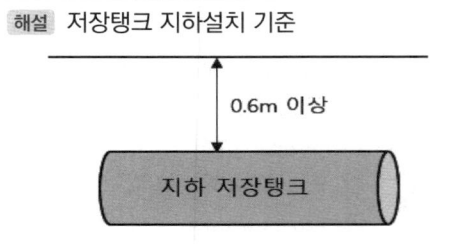

17 도시가스도매사업자가 제조소에 다음 시설을 설치하고자 한다. 내진설계가 불필요한 시설은?

① 저장능력이 2톤인 지상식 액화천연가스 저장탱크의 지지구조물
② 처리능력이 10 m^3인 압축기의 지지구조물
③ 저장능력이 300 m^3인 천연가스 저장탱크의 지지구조물
④ 처리능력 15 m^3인 펌프의 지지구조물

해설 도시가스도매사업자 내진설계
저장능력 2톤 : 내진설계 불필요

18 가스 중 음속보다 화염전파속도가 큰 경우 충격파가 발생한다. 이 가스의 연소속도는?

① 0.3 ~ 100 m/s
② 200 ~ 500 m/s
③ 700 ~ 800 m/s
④ 1000 ~ 3500 m/s

해설 폭굉
• 가스 중 음속보다 화염전파속도가 큰 경우
• 연소속도 : 1000 ~ 3500 m/s 이내

19 도시가스사용시설 가스계량기 설치 기준으로 옳은 것은?

① 시설 안에서 사용하는 자체 화기를 제외한 화기와 가스계량기와 유지하여야 하는 거리는 3 m 이상이어야 한다.
② 시설 안에서 사용하는 자체 화기를 제외한 화기와 입상관과 유지하여야 하는 거리는 4 m 이상이어야 한다.
③ 가스계량기와 단열조치를 하지 아니한 굴뚝과의 거리는 4 cm 이상 유지하여야 한다.
④ 가스계량기와 전기개폐기와의 거리는 60 cm 이상 유지하여야 한다.

해설 가스계량기 설치 기준
① 2 m 이상
② 2 m 이상
③ 30 cm 이상

20 다음 중 지연성 가스가 아닌 것은? ✓최다빈출

① 불소　　② 염소
③ 이산화질소　　④ 이황화탄소

해설 지연성(조연성) 가스
• 연소를 도와주는 가스
• 산소, 공기, 이산화질소, 불소, 염소
→ 이황화탄소 : 가연성 가스이면서 독성 가스

21 액화석유가스를 탱크로리로부터 이 충전할 때 정전기 제거 조치로 접지하는 접지접속의 규격은?

① 5.5 mm^2 이상
② 7.7 mm^2 이상
③ 9.6 mm^2 이상
④ 12.5 mm^2 이상

정답　17 ①　18 ④　19 ④　20 ④　21 ①

> **해설** 접지접속 규격
> 단면적 5.5 mm² 이상

22 가연성 가스, 독성 가스 및 산소설비 수리 시 설비 내 가스 치환용으로 사용하는 가스는?

① 질소 ② 수소
③ 일산화탄소 ④ 염소

> **해설** 질소(N_2)
> 가연성, 독성 가스 수리 시 설비 내 가스 치환용(질소는 불연성 가스이기 때문에)

23 비등액체팽창증기폭발(BLEVE)이 일어날 가능성이 가장 적은 곳은?

① 액화가스 탱크로리
② LPG 저장탱크
③ 천연가스 지구정압기
④ LNG 저장탱크

> **해설** 비등액체팽창증기폭발
> 탱크에서 일어날 가능성이 큼

24 내용적 300 L인 용기에 액화암모니아를 저장하려고 할 때 저장설비의 저장능력은 얼마인가? (단, 액화암모니아의 충전정수는 1.86이다)

① 161 Kg ② 235 Kg
③ 279 Kg ④ 560 Kg

> **해설** 저장능력
> W = V/C = 300/1.86 = 161 kg

25 다음 중 방류둑을 설치해야 할 기준으로 옳지 않은 것은?

① 저장능력이 5톤 이상인 독성 가스 저장탱크
② 저장능력이 300톤 이상인 가연성 가스 저장탱크
③ 저장능력이 1000톤 이상인 액화산소 저장탱크
④ 저장능력이 1000톤 이상인 액화석유가스 저장탱크

> **해설** 방류둑 설치 기준
> • 독성 가스 : 5톤 이상
> • 가연성 가스 : 500톤 이상
> • 산소 : 1000톤 이상
> • LPG : 1000톤 이상

26 다음은 도시가스사용시설의 월사용예정량 산출식이다. 이 중 기호 "A"가 의미하는 것은?

$$Q = \frac{[(A \times 240) + (B \times 90)]}{11000}$$

① 산업용이 아닌 연소기의 명판에 기재된 가스소비량의 합계
② 산업용으로 사용하는 연소기의 명판에 기재된 가스 소비량의 합계
③ 월사용예정량
④ 가정용 연소기의 가스소비량 합계

> **해설** 도시가스 월사용예정량 산출식
> • Q : 월사용예정량
> • A : 산업용 가스 소비량 합계
> • B : 산업용이 아닌 가스소비량 합계

정답 22 ① 23 ③ 24 ① 25 ② 26 ②

27 산소가스설비 수리를 위한 저장탱크 내 산소를 치환할 때 산소측정기 등으로 치환 결과를 수시로 측정하여 산소의 농도가 원칙적으로 몇 % 이하가 될 때까지 치환하여야 하는가?

① 18 %   ② 21 %
③ 22 %   ④ 25 %

해설 산소가스설비 수리
치환 결과 산소 농도 22 % 이하까지 치환

28 용기의 내용적 40 L에 내압 시험 압력의 수압을 걸었더니 내용적은 40.24 L로 증가하고, 압력을 제거하여 대기압으로 하였더니 용적이 40.02 L가 되었다. 이 용기의 항구증가량과 내압시험에 대한 합격여부는?

① 1.8 %, 합격   ② 1.8 %, 불합격
③ 8.3 %, 합격   ④ 8.3 %, 불합격

해설 항구증가율 (영구증가율)
- 항구증가율
  = (항구증가율 / 전증가량) × 100
- 전증가율 → 40.24 - 40 = 0.24 L
- 항구증가량 → 40.02 - 40 = 0.02 L
- (0.02/0.24) × 100 = 8.3 %
- 항구증가율 10 % 이하 : 합격

29 LPG용 압력조정기 중 1단 감압식 저압조정기 조정압력의 범위는?

① 2.3 ~ 3.3 kPa
② 2.55 ~ 3.3 kPa
③ 57 ~ 83 kPa
④ 5.0 ~ 30 kPa 이내에서 제조사가 설정한 기준압력의 ±20 %

해설 저압조정기
- 자동절체식 일체형 : 2.55 ~ 3.30 kPa
- 자동절체식 분리형 : 0.032 ~ 0.083 MPa
- 1단 감압식 : 2.30 ~ 3.30 kPa
- 2단 감압식 : 57 ~ 83 kPa
- 1단 감압식 준저압조정기 : 5.0 ~ 30 kPa

30 최근 시내버스 및 청소차량 연료로 사용되는 CNC 충전소 설계 시 고려사항으로 틀린 것은?

① 펌프 주변에는 1개 이상 가스누출검지경보장치를 설치한다.
② 충전기에는 90 kgf 미만의 힘에서 분리되는 긴급분리장치를 설치한다.
③ 자동차 충전기(디스펜서)의 충전호스 길이는 8 m 이하로 한다.
④ 압축장치와 충전설비 사이에는 방화벽을 설치한다.

해설 CNC 충전소 설계
긴급분리장치 : 100 kgf 이상 힘에서 설치

정답 27 ③ 28 ③ 29 ① 30 ②

31 다이어프램식 압력계 특징 중 틀린 것은?

① 정확성이 높다.
② 미소압력을 측정할 때 유리하다.
③ 온도에 따른 영향이 적다.
④ 반응속도가 빠르다.

> **해설** 다이어프램식 압력계
> - 탄성식 압력계
> - 부식성 유체 측정 가능
> - 정확성이 높음
> - <u>온도에 따른 영향이 큼</u>
> - 반응속도가 빠름
> - 미소압력 측정 유리

32 어떤 도시가스 발열량이 15000 Kcal/Sm³ 일 때 웨버지수는 얼마인가? (단, 가스의 비중은 0.5로 한다)

① 12121   ② 15000
③ 21213   ④ 35000

> **해설** 웨버지수(W)
> - 가스의 연소성, 호환성을 판단하는 지수
> - $W = \dfrac{Hg}{\sqrt{d}} = \dfrac{15,000}{\sqrt{0.5}} = 21,213$
> - Hg : 발열량, d : 비중

33 주로 탄광 내에서 CH_4 발생을 검출하는 데 사용되며, 청염(푸른 불꽃)의 길이로 그 농도를 알 수 있는 가스 검지기는?

① 안전등형   ② 열선형
③ 간섭계형   ④ 흡광 광도형

> **해설** 안전등형
> 탄광 내에서 CH_4 발생 검출

34 전위측정기로 관대지전위(Pipe to Soil Potential) 측정 시 측정방법으로 알맞지 않는 것은? (단, 기준전극은 포화황산동전극이다)

① 콘크리트 등으로 기준전극을 토양에 접지할 수 없을 경우에는 물에 적신 스폰지 등을 사용하여 측정한다.
② 전위측정기의(+)는 T/B(EST Box), (-)는 기준전극에 연결한다.
③ 측정선 말단의 부식부분을 연마 후에 측정한다.
④ 전위측정은 가능한 한 배관에서 먼 위치에서 측정한다.

> **해설** 관대지전위 측정
> 가능한 한 배관에서 가까운 위치에서 측정

35 염화파라듐지로 검지가능한 가스는?

① 염소   ② 황화수소
③ 아세틸렌   ④ 일산화탄소

> **해설** 시험지
> - 아세틸렌 : 염화제1동 착염지
> - 황화수소 : 초산납시험지
> - 염소 : KI 전분지
> - CO : 염화파라듐지

36 다음 중 용적식 유량계는?

① 플로노즐유량계
② 오리피스유량계
③ 벤투리관유량계
④ 오벌 기어식 유량계

해설 **용적식 유량계**
- 오벌 기어식
- 가스미터기
- 루트식
- 회전원판식

37 가스난방기 명판에 기재하지 않아도 되는 것은?

① 제조자명이나 그 약호
② 제조자의 형식호칭(모델번호)
③ 품질보증기간과 용도
④ 열효율

해설 **가스난방기 명판**
- 제조자의 형식호칭
- 제조자명, 그 약호
- 품질 보증기간과 용도
→ 열효율 : 가스난방기 명판 기재 불필요

38 염화메탄을 사용하는 배관에 사용불가 금속은?

① 강   ② 주강
③ 동합금   ④ 알루미늄 합금

해설 **염화메탄 배관**
알루미늄 합금 : 금속반응을 일으킴

39 송수량 12000 L/min, 전양정 45 m인 볼류트펌프 회전수를 1000 rpm에서 1100 rpm으로 변화시켰을 때 펌프의 축동력은 약 몇 PS인가? (단, 펌프의 효율은 80 %)

① 165   ② 190
③ 200   ④ 220

해설 **축동력**

동력증가분 $= (\frac{N_2}{N_1})^3 = (\frac{1,100}{1,000})^3$

$PS = \frac{r\varnothing H}{75 \times 60 \times \eta}$

$= \frac{1,000 \times \frac{12,000}{1,000} \times 45}{75 \times 60 \times 0.8}$

$= 150$

축동력 $= (\frac{1,100}{1,000})^3 \times 150 = 200 PS$

40 펌프 실제 송출유량을 Q, 펌프 내부에서 누설 유량을 △Q, 임펠러 속을 지나는 유량을 Q+△Q라 할 때 펌프 체적효율(ηv)를 구하는 식은?

① $\eta v = Q / (Q+\triangle Q)$
② $\eta v = (Q - \triangle Q) / (Q+\triangle Q)$
③ $\eta v = (Q+\triangle Q) / Q$
④ $\eta v = (Q+\triangle Q) / (Q-\triangle Q)$

해설 **펌프의 체적효율**
$\eta_v = Q/(Q+\triangle Q)$

41 진탕형 오토클레브 특징으로 틀린 것은?

① 고압력에 사용할 수 있고 반응물의 오손이 적다.
② 가스누출의 가능성이 적다.
③ 장치 전체가 진동하므로 압력계는 본체로부터 떨어져 설치한다.
④ 뚜껑판에 뚫어진 구멍에 촉매가 끼어 들어갈 염려가 없다.

해설 **진탕형 오토클레이브**
뚜껑판 구멍에 촉매가 들어갈 염려 있음

정답 37 ④ 38 ④ 39 ③ 40 ① 41 ④

42 고압가스용기 관리에 대한 설명으로 틀린 것은?

① 충전용기밸브 또는 배관을 가열하는 때에는 열습포나 40 ℃ 이하의 더운물을 사용한다.
② 충전용기는 넘어짐 등으로 인한 충격을 방지하는 조치를 하여야 하며 사용한 후에는 밸브를 열어 둔다.
③ 충전용기밸브는 서서히 개폐한다.
④ 충전용기는 항상 40 ℃ 이하를 유지하도록 한다.

해설 고압가스용기
용기 사용 후 : 밸브를 잠가둠(새는 걸 방지)

43 저온장치 분말진공단열법에서 충진용 분말로 사용되지 않는 것은?

① 규조토   ② 알루미늄분말
③ 글라스울 ④ 펄라이트

해설 분말진공단열법 충진용 분말
펄라이트, 알루미늄분말, 규조토
→ 글라스울 : 다층진공 단열법

44 다음 중 저온을 얻는 기본적 원리는?

① 등온 팽창   ② 단열 팽창
③ 등압 팽창   ④ 등적 팽창

해설 단열 팽창
저온을 얻는 기본적 원리

45 공기 중 10 vol% 존재 시 폭발 위험성이 없는 가스는?

① CH_3Br ② C_2H_4O
③ C_2H_6 ④ H_2S

해설 폭발 범위
• 산화에틸렌(C_2H_4O) : 3 ~ 80 %
• 에탄(C_2H_6) : 3 ~ 12.5 %
• 브롬화메탄(CH_3Br) : 13.5 ~ 14.5 %
• 황화수소(H_2S) : 4.3 ~ 45 %

암 [싸이렌]삼팔광, 삼일이오[에탄], 사삼시오[황]

46 가장 높은 압력은?   최다빈출

① 100 kPa   ② 1 atm
③ 10 mH_2O ④ 0.2 MPa

해설 표준대기압
• ① : 1기압보다 작음
• ② : 1기압
• ③ : 1기압보다 작음
• ④ : 대략 2기압
• 1기압(atm) = 760 mmHg
            = 10.332 mH_2O
            = 1.0332 kg/cm^2
            = 1.013 bar
            = 0.101325 MPa
            = 101.325 kPa
            = 14.7 Psi
            = 14.7 lb/in^2

47 다음 중 비점이 가장 낮은 것은?
① 산소   ② 헬륨
③ 수소   ④ 네온

해설 가스의 비점
- 비점이 낮을수록 액화가 어려움
- 수소(H_2) : -252 ℃
- 헬륨(He) : -272.2 ℃
- 산소(O_2) : -183 ℃
- 네온(Ne) : -248.67 ℃

48 압축기를 이용한 LP가스 이·충전 작업에 대한 설명 중 옳은 것은?
① 잔류가스를 회수하기 어렵다.
② 충전시간이 길다.
③ 베이퍼록현상이 일어난다.
④ 드레인현상이 일어난다.

해설 LPG 이송설비
- 펌프 이용 : ①, ②, ③
- 압축기 이용 : 드레인현상 발생

49 다음 중 LP가스 일반적 연소특성이 아닌 것은?
① 연소 시 다량의 공기가 필요하다.
② 연소속도가 늦다.
③ 발열량이 크다.
④ 착화온도가 낮다.

해설 LP가스
착화온도 : 400 ~ 500 ℃로 높음

50 LNG 특징 중 틀린 것은?
① 천연에서 산출한 천연가스를 약 -162 ℃까지 냉각하여 액화시킨 것이다.
② 냉열을 이용할 수 있다.
③ LNG는 도시가스, 발전용 이외에 일반 공업용으로도 사용된다.
④ LNG로부터 기화한 가스는 부탄이 주성분이다.

해설 천연액화가스(LNG)
주성분 : 메탄(CH_4)

51 에틸렌(C_2H_4) 용도가 아닌 것은?
① 산화에틸렌의 원료
② 폴리에틸렌의 제조
③ 초산비닐의 제조
④ 메탄올 합성의 원료

해설 에틸렌 용도
- 산화에틸렌 원료
- 폴리에틸렌 제조
- 초산비닐 제조
→ 메탄올 합성 : 일산화탄소 용도

52 순수한 물 1 g을 온도 14.5 ℃에서 15.5 ℃까지 높이는 데 필요한 열량은?
① 1 cal   ② 1 J
③ 1 BTU   ④ 1 CHU

해설 1 cal
물 1 g의 온도 1 ℃ 올리는 데 필요한 열량

53 물질이 융해, 응고, 증발, 응축 등과 같은 상의 변화를 일으킬 때 발생 또는 흡수하는 열은?

① 비열
② 반응열식
③ 잠열
④ 현열

해설 **잠열**
물질이 상변화를 일으킬 때 발생, 흡수하는 열

---

54 가정용 가스보일러에서 발생하는 가스중독사고 원인으로 배기가스 어떤 성분에 의해 주로 발생하는가?

① CH_4
② C_3H_8
③ CO
④ CO_2

해설 **일산화탄소(CO)**
가정용 가스보일러 가스중독사고의 발생원인

---

55 100 °F를 섭씨온도로 환산하면 몇 °C인가? 최다빈출

① 20.8
② 37.8
③ 47.8
④ 55.8

해설 **온도 단위**
- 화씨온도(°F) : $\frac{9}{5} \times °C + 32$
- 섭씨온도(°C) : $\frac{5}{9} \times (°F - 32)$
- $°C = \frac{5}{9}(°F - 32) = \frac{5}{9}(100 - 32)$
  $= 37.8 °C$

---

56 0 °C, 2기압하에서 1 L의 산소와 0 °C, 3기압 2 L의 질소를 혼합하여 2 L로 하면 몇 기압인가?

① 2기압
② 5기압
③ 6기압
④ 10기압

해설 **기압**
- 산소 : 1 L × 2 기압 = 2 L
- 질소 : 2 L × 3기압 = 6 L
- 혼합 부피가 2 L 이면 (2 + 6)/2 = 4기압

---

57 다음 중 상온에서 비교적 낮은 압력으로 가장 쉽게 액화가 가능한 가스는?

① O_2
② C_3H_8
③ CH_4
④ H_2

해설 **가스의 비점**
- 비점이 낮을수록 액화가 어려움
- 수소(H_2) : -252 ℃
- 질소(N_2) : -196 ℃
- 메탄(CH_4) : -162 ℃
- 프로판(C_3H_8) : -42 ℃

---

58 산소의 물리적 성질에 대한 설명으로 틀린 것은?

① 물에 녹지 않으며 액화산소는 담녹색이다.
② 무색, 무취, 무미의 기체이다.
③ 기체, 액체, 고체 모두 자성이 있다.
④ 강력한 조연성 가스로서 자신은 연소하지 않는다.

해설 **액화산소**
담청색

정답 53 ③ 54 ③ 55 ② 56 ③ 57 ② 58 ②

59 완전연소 시 공기량이 가장 많이 필요한 가스는?

① 프로판 ② 메탄
③ 아세틸렌 ④ 부탄

해설 완전연소
- 탄소함유량이 높을수록 공기량 많이 필요
- 프로판(C_3H_8), 메탄(CH_4), 아세틸렌(C_2H_2), 부탄(C_4H_{10})

60 공기 100 kg 중에 산소는 약 몇 kg 포함되어 있는가?

① 13.3 kg ② 23.2 kg
③ 33.5 kg ④ 43.7 kg

해설 공기 중 산소
- 부피당 : 21 %
- 중량당 : 23.2 %
- 100 × 0.232 = 23.2 kg

참조 2중관 구조
- 아황산가스
- 염화메탄
- 산화에틸렌
- 염소
- 포스겐
- 불소
- 암모니아
- 시안화수소
- 황화수소

정답 59 ④ 60 ②

2013 04월 14일

01 산소 저장설비에서 저장능력 9000 m³ 일 경우 1종 보호시설 및 2종 보호시설과 안전거리는?

① 7 m, 5 m   ② 9 m, 7 m
③ 12 m, 8 m ④ 12 m, 9 m

해설 산소 저장설비

저장능력 1만 이하	1종	12 m
	2종	8 m

02 고압가스 특정제조시설 중 철도부지 밑 매설 배관에 대한 설명으로 틀린 것은?

① 배관의 외면으로부터 그 철도부지의 경계까지는 1 m 이상의 거리를 유지한다.
② 지표면으로부터 배관의 외면까지의 깊이를 60 cm 이상 유지한다.
③ 지하철도 등을 횡단하여 매설하는 배관에는 전기방식조치를 강구한다.
④ 배관은 그 외면으로부터 궤도 중심과 4 m 이상 유지한다.

해설 철도부지 매설 배관
지표면으로부터 배관까지 깊이 : 1.2 m 이상

03 독성 가스 여부를 판정할 때 기준이 되는 "허용농도" 중 바르게 설명한 것은?

① 해당가스를 성숙한 흰쥐 집단에게 대기 중에 24시간 동안 계속하여 노출시킨 경우 14일 이내에 흰쥐 1/2 이상이 죽게 되는 가스의 농도를 말한다.
② 해당가스를 성숙한 흰쥐 집단에게 대기 중에 24시간 동안 계속하여 노출시킨 경우 7일 이내에 흰쥐의 1/2 이상이 죽게 되는 가스의 농도를 말한다.
③ 해당가스를 성숙한 흰쥐 집단에게 대기 중에 1시간 동안 계속하여 노출시킨 경우 14일 이내에 흰쥐 1/2 이상이 죽게 되는 가스의 농도를 말한다.
④ 해당가스를 성숙한 흰쥐 집단에게 대기 중에 1시간 동안 계속하여 노출시킨 경우 7일 이내에 흰쥐의 1/2 이상이 죽게 되는 가스의 농도를 말한다.

해설 독성 가스 허용농도 기준
흰쥐 집단 : 1시간 노출 시, 14일 이내 1/2 이상 죽게 되는 농도

04 다음 고압가스 용량을 차량에 적재하여 운반 시 운반책임자를 동승시키지 않아도 되는 경우는?

① 아세틸렌 : 330 m³
② 일산화탄소 : 500 m³
③ 액화염소 : 2500 kg
④ 액화석유가스 : 2000 kg

정답 01 ③ 02 ② 03 ③ 04 ④

해설 고압가스 운반책임자

가스 종류		기준
액화가스	독성	1000 kg
	가연성	3000 kg
	조연성	6000 kg
압축가스	독성	100 m³
	가연성	300 m³
	조연성	600 m³

05 도시가스 사용시설 중 가스계량기와 다음 설비와의 안전거리 기준으로 옳은 것은?

① 전기계량기와는 60 cm 이상
② 전기접속기와는 50 cm 이상
③ 전기점멸기와는 50 cm 이상
④ 절연조치를 하지 않는 전선과는 30 cm 이상

해설 가스계량기와 안전거리
• 전기계량기 : 60 cm 이상
• 전기접속기 : 30 cm 이상
• 전기점멸기 : 30 cm 이상
• 절연조치 하지 않은 전선 : 15 cm 이상
• 절연전선 : 10 cm 이상

06 특정고압가스사용시설 중 고압가스 저장량이 몇 kg 이상인 용기보관실에 있는 벽에 방호벽을 설치하여야 하는가?

① 150   ② 250
③ 300   ④ 500

해설 용기보관실 방호벽 설치 기준
고압가스 저장량 300 kg 이상

07 도시가스 중 음식물쓰레기, 가축 분뇨, 하수 슬러지 등 유기성폐기물로부터 생성된 기체를 정제한 가스로 메탄이 주성분인 가스는?

① 석유가스   ② 나프타부생가스
③ 천연가스   ④ 바이오가스

해설 바이오가스
• 유기성폐기물로 생성된 기체를 정제한 가스
• 주성분 : 메탄

08 다음 가연성 가스 중 공기 중 폭발 범위가 가장 좁은 것은? ✓최다빈출

① 수소   ② 프로판
③ 아세틸렌   ④ 일산화탄소

해설 폭발 범위
• 수소(H_2) : 4 ~ 75 %
• 아세틸렌(C_2H_2) : 2.5 ~ 81 %
• 프로판(C_3H_8) : 2.1 ~ 9.5 %
• 일산화탄소(CO) : 12.5 ~ 74 %

암 [수]사치료, [아]이고팔자야,
[프]트리구오, 씹이냐칠세[일산]

09 용기 부속품에 각인하는 문자 중에서 질량을 나타내는 것은? ✓최다빈출

① AG   ② W
③ TP   ④ V

해설 용기 기호
• PG : 압축가스용
• LT : 저온 및 초저온 가스용
• AG : 아세틸렌가스용

- FP : 최고충전 압력
- TP : 테스트 압력
- LG : 그 밖의 가스용
- V : 체적
- W : 질량

10 원심식압축기 사용 냉동설비는 그 압축기의 원동기 정격출력 몇 kW를 1일 냉동능력 1톤으로 산정하는가?

① 1.0
② 1.2
③ 2.0
④ 2.5

해설 원심식 압축기 산정
정격출력 1.2 kW를 1일 냉동능력 1톤으로 산정

11 다음 중 화학적 폭발이 아닌 것은?

① 증기폭발
② 중합폭발
③ 산화폭발
④ 분해폭발

해설 화학적 폭발
- 중합폭발
- 분해폭발
- 산화폭발

12 다음 중 같은 저장실에 혼합 저장 가능한 것은?

① 수소와 산소
② 수소와 염소가스
③ 아세틸렌가스와 산소
④ 수소와 질소

해설 질소(N_2)
불연성 가스로, 가연성인 수소와 혼합저장 가능

13 고압가스 제조시설에 설치되는 피해저감설비로 방호벽을 설치하는 경우로 틀린 것은?

① 충전장소와 충전용 주관밸브 조작밸브 사이
② 압축기와 가스충전용기 보관장소 사이
③ 압축기와 충전장소 사이
④ 압축기와 저장탱크 사이

해설 피해저감설비
압축기와 저장탱크 사이는 방호벽 설치 불필요

14 가스 공급배관 용접 후 검사하는 비파괴검사 방법에 해당하지 않는 것은?

① 방사선투과검사
② 자분탐상검사
③ 초음파탐상검사
④ 주사전자현미경검사

해설 비파괴검사
- 방사선투과검사
- 초음파탐상검사
- 자분탐상검사
- 음향검사

정답 10 ② 11 ① 12 ④ 13 ④ 14 ④

15 액화석유가스시설 기준 중 저장탱크 설치 방법으로 틀린 것은?

① 천장, 벽 및 바닥의 두께가 각각 30 cm 이상의 방수조치를 한 철근콘크리트구조로 한다.
② 저장탱크에 설치한 안전밸브에는 지면으로부터 5 m 이상의 방출관을 설치한다.
③ 저장탱크실 상부 윗면으로부터 저장탱크 상부까지의 깊이는 60 cm 이상으로 한다.
④ 저장탱크 주위 빈 공간에 세립분을 25 % 이상 함유한 마른 모래를 채운다.

해설 LPG 저장탱크 설치
탱크 주위는 마른모래로 빈 공간이 없도록 채움

16 가연성 가스 위험성에 대한 설명 중 틀린 것은?

① 누출 시 산소결핍에 의한 질식의 위험성이 있다.
② 폭발한계가 넓을수록 위험하다.
③ 가스의 온도 및 압력이 높을수록 위험성이 커진다.
④ 폭발하한이 높을수록 위험하다.

해설 가연성 가스
• 누출 시 산소결핍에 의한 질식 위험
• 폭발한계가 넓을수록 위험
• 가스 온도 및 압력이 높을수록 위험
→ 폭발하한 : 낮을수록 위험

17 수소에 대한 설명으로 틀린 것은?

① 수소용기의 안전밸브는 가용전식과 파열판식을 병용한다.
② 용기밸브는 오른나사이다.
③ 공업용 용기의 도색을 주황색으로 하고 문자의 표시는 백색으로 한다.
④ 수소 가스는 피로카를 시약을 사용한 오르자트법에 의한 시험법에서 순도가 98.5 % 이상이어야 한다.

해설 수소(H_2)
• 가연성 가스용기밸브 : 왼나사
• 가연성 가스 : 왼나사(액화암모니아와 액화브롬화메탄은 오른나사)
• 나머지 : 오른나사

18 LPG 충전시설의 충전소에 기재한 "화기엄금"게시판의 색깔로 옳은 것은?

① 황색바탕에 흑색글씨
② 황색바탕에 적색글씨
③ 흰색바탕에 흑색글씨
④ 흰색바탕에 적색글씨

해설 화기엄금 표시
백색바탕에 적색글씨

19 다음 중 폭발성이 예민하여 마찰 및 타격으로 격렬히 폭발하는 물질이 아닌 것은?

① 황화질소   ② 메틸아민
③ 아세틸라이드 ④ 염화질소

해설 마찰 및 타격으로 인한 폭발물질
황화질소, 아세틸라이드, 염화질소
→ 메탈아민 : 마찰에 의한 폭발 위험이 적음

정답 15 ④ 16 ④ 17 ② 18 ④ 19 ②

20 고압가스특정제조시설에서 지하매설 배관은 그 외면으로부터 지하 다른 시설물과 몇 m 이상 거리를 유지하는가?

① 0.1 ② 0.2
③ 0.3 ④ 0.7

해설 지하매설 배관

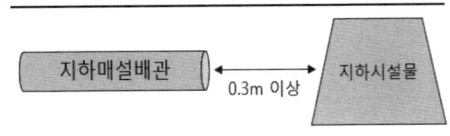

21 다음 보기의 독성 가스 중 독성(LC₅₀)이 가장 강한 것과 가장 약한 것을 순서대로 나열한 것은?

| ① 염화수소 | ② 암모니아 |
| ③ 황화수소 | ④ 일산화탄소 |

① ①, ②   ② ①, ④
③ ③, ②   ④ ③, ④

해설 LC₅₀(치사농도)
- 염화수소 : 3124
- 암모니아 : 7338
- 황화수소 : 750
- 일산화탄소 : 3760

22 산소 가스설비 수리 및 청소를 위한 저장탱크 내의 산소를 치환할 때 산소측정기 등으로 치환결과를 측정하여 산소 농도가 최대 몇 % 이하까지 계속하여 치환작업을 하여야 하는가?

① 16 %   ② 18 %
③ 22 %   ④ 25 %

해설 저장탱크 내 산소 치환농도
18 ~ 22 %

23 고압가스 제조설비에서 누출가스 확산방지 제해조치가 필요한 가스가 아닌 것은?

① 이산화탄소   ② 염화메틸
③ 염소   ④ 암모니아

해설 누출가스 확산방지 필요 가스
염화메틸, 염소, 암모니아
→ 이산화탄소 : 무독성, 불연성 가스

24 액화가스를 운반하는 탱크로리(차량에 고정된 탱크)의 내부에 설치하는 것으로, 탱크 내 액화가스 액면요동 방지를 위해 설치하는 것은?

① 압력방출장치   ② 방파판
③ 폭발방지장치   ④ 다공성 충진제

해설 방파판
탱크 내 액화가스 액면요동 방지

25 염소 성질에 대한 설명 중 틀린 것은?

① 상온, 상압에서 황록색의 기체이다.
② 피부에 닿으면 손상의 위험이 있다.
③ 수분 존재 시 철을 부식시킨다.
④ 암모니아와 반응하여 푸른 연기를 생성한다.

해설 염소(Cl_2)
암모니아와 반응 : 흰색 염화암모늄 생성

정답 20 ③ 21 ③ 22 ③ 23 ① 24 ② 25 ④

26 LPG 수송 시 주의사항으로 틀린 것은?

① 운전 중이나 정차 중에도 허가된 장소를 제외하고는 담배를 피워서는 안 된다.
② 주차할 때는 안전한 장소에 주차하며, 운반책임자와 운전자는 동시에 차량에서 이탈하지 않는다.
③ 운전자는 운전기술 외에 LPG의 취급 및 소화기 사용 등에 관한 지식을 가져야 한다.
④ 누출됨을 알았을 때는 가까운 경찰서, 소방서까지 직접 운행하여 알린다.

해설 LPG 수송
누출 시 : 운행 즉시 중지

27 다음 중 고압가스 성질에 따른 분류에 속하지 않는 것은?

① 조연성 가스   ② 액화가스
③ 가연성 가스   ④ 불연성 가스

해설 고압가스 분류
• 가연성 가스
• 조연성 가스
• 불연성 가스

28 고압가스 제조시설에서 실시하는 가스설비 점검 중 사용개시 전 점검사항이 아닌 것은?

① 기초의 경사 및 침하
② 배관 계통의 밸브 개폐 상황
③ 가스설비의 전반적인 누출 유무
④ 인터록, 자동제어장치의 기능

해설 가스설비 사용개시 전 점검사항
• 배관 계통밸브 개폐 상황
• 가스설비 전반적인 누출 유무
• 인터록, 자동제어장치 기능점검
→ 기초의 경사 및 침하 : 점검사항에서 배제

29 시안화수소 중합폭발 방지제로 옳은 것은?

① 수증기, 탄산가스
② 수증기, 질소
③ 질소, 탄산가스
④ 아황산가스, 황산

해설 시안화수소 중합방지제
아황산가스, 황산

30 방폭전기기기용기 내부에서 가연성 가스폭발 발생 시 그 용기가 폭발압력에 견디고, 접합면, 개구부 등을 통해 외부 가연성 가스에 인화되지 않도록 한 방폭구조는?

① 내압(耐壓)방폭구조
② 압력(壓力)방폭구조
③ 유입(油入)방폭구조
④ 본질안전방폭구조

해설 방폭구조
• 안전증방폭구조(e)
• 유입방폭구조(o)
• 내압방폭구조(d)
• 압력방폭구조(p)
• 본질안전방폭구조(ia. ib)
• 특수방폭구조(s)

정답 26 ④ 27 ② 28 ① 29 ④ 30 ①

31 고압가스설비 중 축열식 반응기를 사용하여 제조하는 것은?

① 에틸벤젠   ② 염화비닐
③ 아세틸렌   ④ 아크릴로라이드

해설 아세틸렌
축열식 반응기를 사용하여 제조

32 고압가스설비 안전장치에 관한 설명으로 옳지 않은 것은?

① 펌프 및 배관에는 압력상승 방지를 위해 릴리프밸브가 사용된다.
② 액화가스용 안전밸브의 토출량은 저장탱크 등의 내부의 액화가스가 가열될 때의 증발량 이상이 필요하다.
③ 급격한 압력 상승이 있는 경우에는 파열판은 부적당하다.
④ 고압가스용기에 사용되는 가용전은 열을 받으면 가용합금이 용해되어 내부의 가스를 방출한다.

해설 고압가스설비 안전장치
파열판 : 급격한 압력 변화에 이용하는 설비

33 압력계 사용 시 주의사항으로 틀린 것은?

① 압력 도입이나 배출은 서서히 행한다.
② 압력계의 눈금판은 조작자가 보기 쉽도록 안면을 향하게 한다.
③ 가스의 종류에 적합한 압력계를 선정한다.
④ 정기적으로 점검한다.

해설 압력계 주의사항
• 정기적으로 점검
• 가스 종류에 적합한 압력계 선정
• 압력의 도입이나 배출 : 서서히 진행
• 진동이 없고 보기 좋은 곳에 설치

34 다음 중 이음매 없는 용기 특징으로 틀린 것은?

① 독성 가스를 충전하는 데 사용한다.
② 용접용기에 비해 값이 비싸다.
③ 고압에 견디기 어려운 구조이다.
④ 내압에 대한 응력 분포가 균일하다.

해설 이음매 없는 용기
고압용 용기에 이용

35 흡수식냉동기에서 물을 냉매로 사용할 경우 흡수제로 사용하는 것은?

① 파라핀유   ② 사염화에탄
③ 리튬브로마이드 ④ 암모니아

해설 리튬브로마이드
물을 사용하는 흡수식냉동기에서 흡수제 역할

36 다음 가스 분석법 중 화학분석법에 속하지 않는 방법은?

① 가스크로마토그래피법
② 분광광도법
③ 중량법
④ 요오드적정법

해설 가스 화학분석법
분광광도법, 중량법, 요오드적정법
→ 가스크로마토그래피법 : 기기분석법

37 부유 피스톤형 압력계에서 실린더 지름 5 cm, 추와 피스톤 무게 130 kg일 때 이 압력계에 접속된 부르동관 압력계 눈금이 7 kg/cm²를 나타내었다. 부르동관 압력계 오차는 약 몇 %인가?

① 5.7 ② 6.7
③ 9.7 ④ 10.7

해설 압력계 오차
표준압력 = 힘/면적

$$표준압력 = \frac{130}{\left(\frac{\pi 5^2}{4}\right)} = 6.625$$

$$오차 = \frac{계기압력 - 표준압력}{표준압력} \times 100$$

$$= \frac{7 - 6.625}{6.625} \times 100 = 5.7$$

38 고압가스제조소의 작업원은 얼마 기간 이내에 1회 이상 보호구 사용훈련을 받아 사용방법을 숙지하여야 하는가?

① 1개월 ② 3개월
③ 5개월 ④ 6개월

해설 보호구 사용훈련
3개월에 1회 이상 실시

39 LPG(C_4H_{10}) 공급방식에서 공기를 3배 희석하면 발열량은 약 몇 kcal/Sm³이 되는가? (단, C_4H_{10}의 발열량은 30000 kcal/Sm³으로 가정한다)

① 7000 ② 7500
③ 9000 ④ 11000

해설 희석 발열량
Q = 표준발열량/(1 + 희석배수)
= 30000/(1 + 3) = 7500 kcal/m³

40 고점도 액체나 부유 현탁액 유체 압력 측정에 가장 적당한 압력계는?

① 부르동관 ② 다이어프램
③ 벨로우즈 ④ 피스톤

해설 다이어프램 압력계
고점도, 부유성 액체 압력 측정 용이

41 계측기기 구비조건 중 틀린 것은?

① 설치장소 및 주위조건에 대한 내구성이 클 것
② 원거리 지시 및 기록이 가능할 것
③ 구조가 간단하고 정도가 낮을 것
④ 설비비 및 유지비가 적게 들것

해설 계측기기 구비조건
구조가 간단하고 정도가 클 것

42 다음 고압장치 금속재료 사용에 대한 설명 중 옳은 것은?

① LNG 저장탱크 - 고장력강
② 아세틸렌압축기 실린더 - 주철
③ 암모니아 압력계 도관 - 탄소강
④ 액화산소 저장탱크 - 탄소강

해설 고압장치 금속재료
- LNG 저장탱크 : 탄소강
- 아세틸렌압축기 실린더 : 주철
- 암모니아 압력계 도관 : 연강재
- 액화산소 저장탱크
  : 동합금, 9 % 니켈강, 알루미늄 및 알루미늄 합금강, 스테인리스강

43 다음 중 유체 흐름방향을 한 방향으로 흐르게 하는 밸브는?

① 앵글밸브 ② 체크밸브
③ 글로우밸브 ④ 게이트밸브

해설 체크밸브
유체 흐름방향을 한 방향으로 흐르게 하는 밸브

44 열기전력을 이용한 온도계로 틀린 것은?

① 백금 - 백금·로듐 온도계
② 철 - 콘스탄탄 온도계
③ 동 - 콘스탄탄 온도계
④ 백금 - 콘스탄탄 온도계

해설 열기전력 온도계
- 백금 - 백금·로듐
- 동 - 콘스탄탄
- 철 - 콘스탄탄
- 크로멜 - 알루멜

45 다음 중 부탄가스 완전연소반응식은?

① $C_3H_8 + 5O_2 \rightarrow 3CO_2 + 4H_2O$
② $C_3H_8 + 4O_2 \rightarrow 3CO_2 + 5H_2O$
③ $C_4H_{10} + 6O_2 \rightarrow 4CO_2 + 5H_2O$
④ $2C_4H_{10} + 13O_2 \rightarrow 8CO_2 + 10H_2O$

해설 부탄가스연소식
$2C_4H_{10} + 13O_2 \rightarrow 8CO_2 + 10H_2O$

46 표준 상태에서 산소 밀도는 몇 g/L인가?

① 1.33 ② 1.43
③ 1.73 ④ 1.93

해설 산소의 밀도
밀도 = 분자량/22.4 = 32/22.4
　　　　= 1.43 g/L

47 가스배관 내 잔류물질 제거 시 사용하는 것이 아닌 것은?

① 압력계 ② 거버너
③ 피그 ④ 컴프레서

해설 가스배관 내 잔류물질 제거
압력계, 피그, 컴프레서
→ 거버너 : 정압기

48 다음 중 화씨온도와 가장 관련 있는 것은?

① 표준대기압에서 물의 어는점을 0으로 한다.
② 표준대기압에서 물의 어는점을 12로 한다.
③ 표준대기압에서 물의 끓는점을 100으로 한다.
④ 표준대기압에서 물의 끓는점을 212로 한다.

해설 온도의 단위
- 섭씨온도 : 물 어는점 0 ℃, 끓는점 100 ℃로 100등분하여 사용하는 온도
- 화씨온도 : 물 어는점 32 ℉, 끓는점 212 ℉로 180등분하여 사용하는 온도
- 켈빈온도 : 역학적으로 분자의 운동에너지가 정지 상태의 온도(절대온도)

49 내산화성이 우수하며, 양파 썩는 냄새가 나는 부취제는?

① D. M. S   ② T. B. M
③ T. H. T   ④ NAPHTHA

해설 부취제
- THT : 석탄가스 냄새
- TBM : 양파 썩는 냄새
- DMS : 마늘 썩는 냄새

50 산소 가스 품질검사로 사용되는 시약은?

① 동·암모니아 시약
② 브롬 시약
③ 피로카롤 시약
④ 하이드로 썰파이드 시약

해설 가스 품질검사
- 수소 : 피로카롤 시약
- 산소 : 동·암모니아성 시약
- 아세틸렌 : 발열황산 시약

51 −10 ℃ 얼음 10 kg을 1기압에서 증기로 변화시킬 때 필요한 열량은 몇 kcal인가? (단, 얼음 비열은 0.5 kcal/kg·℃, 얼음 용해열은 80 kcal/kg, 물 기화열은 539 kcal/kg이다)

① 5400   ② 5900
③ 6240   ④ 7240

해설 열량 계산
$Q(현열) = GC\Delta t$, $Q(잠열) = Gh$
−10 ℃ 열량 = 10 kg × 0.5 × 10
    = 50 kcal
0 ℃ 물 열량 = 10 kg × 80 = 800 kcal
100 ℃ 물 열량 = 10 kg × 1 × 100
    = 1000 kcal
증기 열량 = 10 kg × 539 = 5390 kcal
50 + 800 + 1000 + 5390 = 7240 kcal

52 다음 중 염소의 용도가 아닌 것은?

① 살균   ② 표백
③ 염화비닐 합성 ④ 강재의 녹 제거용

해설 염소(Cl_2) 용도
- 염산 제조
- 포스겐 원료
- 수돗물 살균
- 섬유 표백분
- 염화비닐, 클로로포름, 사염화탄소의 원료
- 펄프 및 종이 제조용
→ 강재의 녹 제거 : 염화수소(HCl)

정답 48 ④ 49 ② 50 ① 51 ④ 52 ④

53 LP가스의 성질로 틀린 것은?

① 액체는 물보다 가볍고, 기체는 공기보다 무겁다.
② 석유류 또는 동, 식물유나 천연고무를 잘 용해시킨다.
③ 물에 잘 녹으며, 알코올과 에테르에 용해된다.
④ 온도 변화에 따른 액 팽창률이 크다.

해설 LP가스
물에 녹지 않음

54 염소에 대한 설명으로 틀린 것은?

① 황록색을 띠며 독성이 강하다.
② 비교적 쉽게 액화된다.
③ 액상은 물보다 무겁고, 기상은 공기보다 가볍다.
④ 표백작용이 있다.

해설 염소(Cl_2)
공기보다 무거움

55 표준물질에 대한 어떤 물질의 밀도 비를 무엇이라 하는가?

① 비중   ② 비중량
③ 비열   ④ 비용

해설 비중
표준물질에 대한 어떤 물질의 밀도비

56 공기 중 누출 시 폭발 위험이 가장 큰 가스는? ✓최다빈출

① CH_4 ② C_4H_{10}
③ C_3H_8 ④ C_2H_2

해설 위험도

• $H = \dfrac{상한치 - 하한치}{하한치}$

• 폭발 범위가 가장 넓은 가스가 가장 위험

해설 폭발 범위
• 메탄(CH_4) : 5 ~ 15 %
• 프로판(C_3H_8) : 2.1 ~ 9.5 %
• 부탄(C_4H_{10}) : 1.8 ~ 8.4 %
• 아세틸렌(C_2H_2) : 2.5 ~ 81 %

암 [메]오시오, [프]트리구오
십팔팔사[부], [싸이렌]삼팔광

57 LP가스 자동차연료 사용 시 장점이 아닌 것은?

① 배기가스의 독성이 가솔린보다 적다.
② 균일하게 연소되므로 엔진수명이 연장된다.
③ 옥탄가가 높아서 녹킹현상이 없다.
④ 완전연소로 발열량이 높고 청결하다.

해설 LP가스 자동차연료 사용
옥탄가 : 휘발유의 고급 정도를 재는 수치

정답 53 ③ 54 ③ 55 ① 56 ④ 57 ③

58 다음 중 1 atm과 다른 것은?

① 9.8 N/m²   ② 14.7 lb/in²
③ 101325 Pa   ④ 10.332 mH₂O

해설 표준대기압
- 지구상의 표면에 작용하는 압력
- 토리첼리의 진공 수은 76 cm
- 1기압(atm) = 760 mmHg
  = 10.332 mH₂O
  = 1.0332 kg/cm²
  = 1.013 bar
  = 0.101325 MPa
  = 101.325 kPa
  = 14.7 Psi
  = 14.7 lb/in²

59 도시가스 제조공정 중 접촉분해공정인 것은?

① 저온수증기 개질법
② 부분연소공정
③ 열분해공정
④ 수소화분해공정

해설 접촉분해공정
- 저온수증기 개질법
- 사이클링식 접촉분해법
- 고온 수증기 개질법

60 LP가스 증발 시 흡수하는 열을 무엇이라 하는가?

① 비열   ② 현열
③ 잠열   ④ 융해열

해설 열량
- **현열** : 온도 변화만 일으키는 열(상태 변화 ×)
- **잠열** : 상태 변화만 일으키는 열(온도 변화 ×)

암 현온잠상

참조 가스폭발 범위
- 산화에틸렌(C_2H_4O) : 3 ~ 80 %
- 메탄(CH_4) : 5 ~ 15 %
- 에틸렌(C_2H_4) : 2.7 ~ 36 %
- 프로판(C_3H_8) : 2.1 ~ 9.5 %
- 황화수소(H_2S) : 4.3 ~ 45 %
- 암모니아(NH_3) : 15 ~ 28 %
- 부탄(C_4H_{10}) : 1.8 ~ 8.4 %
- 시안화수소(HCN) : 6 ~ 41 %
- 수소(H_2) : 4 ~ 75 %
- 아세틸렌(C_2H_2) : 2.5 ~ 81 %
- 일산화탄소(CO) : 12.5 ~ 74 %

정답 58 ① 59 ① 60 ③

2013 07월 21일

01 연성 가스 제조설비 또는 저장설비 중 전기설비 방폭 구조를 하지 않아도 되는 가스는?

① 암모니아, 염화메탄
② 암모니아, 시안화수소
③ 브롬화메탄, 일산화탄소
④ 암모니아, 브롬화메탄

해설 전기설비 방폭 구조
염화메탄, 시안화수소, 일산화탄소 : 필요
→ 암모니아, 브롬화메탄 : 폭발력 작기 때문에 방폭구조 불필요

02 역화방지장치가 불필요한 곳은?

① 가연성 가스압축기와 충전용 주관 사이의 배관
② 가연성 가스압축기와 오토클레이브 사이의 배관
③ 아세틸렌 고압건조기와 충전용 교체 밸브 사이의 배관
④ 아세틸렌 충전용 지관

해설 역류방지밸브
가연성 가스압축기 충전용 주관 사이 배관 : 역류방지밸브 설치

03 아세틸렌 용접용기 내압시험 압력은?

① 최고 충전압력의 1.5배
② 최고 충전압력의 1.8배
③ 최고 충전압력의 2배
④ 최고 충전압력의 3배

해설 아세틸렌 용접용기 내압시험
내압시험 압력 : 최고 충전압력의 3배

04 신규검사에 합격된 용기의 각인사항과 기호 연결이 틀린 것은?

① 최고충전압력 : FP
② 내용적 : V
③ 내압시험압력 : TP
④ 용기의 질량 : M

해설 용기 기호
- PG : 압축가스용
- LT : 저온 및 초저온 가스용
- AG : 아세틸렌가스용
- FP : 최고충전 압력
- TP : 테스트 압력
- LG : 그 밖의 가스용
- W : 질량
- V : 체적

정답 01 ④ 02 ① 03 ④ 04 ④

05 고압가스특정제조시설에서 안전구역 설정 시 사용하는 안전구역 안의 고압가스설비연소열량수치(Q) 값은 얼마 이하인가?

① 6×10^8 ② 6×10^9
③ 7×10^8 ④ 7×10^9

해설 고압가스설비연소열량수치
6×10^8 이하

06 LP가스사용시설에서 호스 길이는 연소기까지 몇 m 이내이어야 하는가?

① 3 m ② 6 m
③ 7 m ④ 10 m

해설 LP가스 호스 길이
연소기까지 3 m 이내로 설치

07 액상 염소가 피부에 닿았을 경우의 조치로 가장 적절한 것은?

① 이산화탄소로 씻어낸다.
② 암모니아로 씻어낸다.
③ 소금물로 씻어낸다.
④ 맑은 물로 씻어낸다.

해설 염소(Cl)
피부에 닿았을 경우 : 맑은 물로 씻어냄

08 운전 중 액화석유가스 충전설비 작동상황에 대하여 주기적으로 점검하여야 한다. 점검주기는?

① 1일에 1회 이상
② 1주일에 1회 이상
③ 1월에 1회 이상
④ 3월에 1회 이상

해설 운전 중 LPG 충전설비점검
1일 1회 이상 점검 필요

09 아세틸렌용기에 다공질 물질을 채운 후 아세틸렌을 충전하기 전에 침윤시키는 물질은?

① 규조토 ② 아세톤
③ 알코올 ④ 탄산마그네슘

해설 아세틸렌 침윤 물질
• 아세톤
• 디메틸 포름 아미드

10 용기에 의한 고압가스 판매시설 저장실 설치 기준이 아닌 것은?

① 고압가스의 용적이 300 m³을 넘는 저장설비는 보호시설과 안전거리를 유지하여야 한다.
② 가연성 가스 및 독성 가스를 보관하는 용기보관실의 면적은 각 고압가스별로 10 m² 이상으로 한다.
③ 사업소의 부지는 한 면이 폭 5 m 이상의 도로에 접하여야 한다.
④ 용기보관실 및 사무실은 동일 부지 내에 구분하여 설치한다.

정답 05 ① 06 ① 07 ④ 08 ① 09 ② 10 ③

해설 고압가스 저장실 설치 기준
사업소 부지 : 한 면의 폭 4 m 이상 도로

11 수소와 다음 중 어떤 가스를 동일차량에 적재하여 운반할 때 그 충전용기와 밸브가 서로 마주보지 않도록 적재하여야 하는가?
① 산소　　② 염소
③ 브롬화메탄　④ 아세틸렌

해설 동일차량 적재 불가
수소·산소가 밸브가 서로 마주보지 않게 적재

12 LP가스가 누출될 때 감지 가능하도록 첨가하는 냄새가 나는 물질 측정방법이 아닌 것은?
① 유취실법
② 냄새주머니법
③ 주사기법
④ 오더(Odor)미터법

해설 LPG 냄새 측정법
- 주사기법
- 냄새주머니법
- 오더미터법
→ 무취실법으로 냄새농도 측정

13 독성 가스 허용농도 종류가 아닌 것은?
① 시간가중 평균농도(TLV-TWA)
② 최고허용농도(TLV-C)
③ 단시간 노출허용농도(TLV-STEL)
④ 순간 사망허용농도(TLV-D)

해설 독성 가스 허용농도
- 시간가중 평균농도
- 단시간 노출허용농도
- 최고허용농도

14 산소에 대한 설명 중 틀린 것은?
① 고압 산소와 유지류 접촉은 위험하다.
② 산소 화학반응에서 과산화물은 위험성이 있다.
③ 내산화성 재료로서는 주로 납(Pb)이 사용된다.
④ 과잉 산소는 인체에 유해하다.

해설 내산화성 재료
크롬(Cr), 규소(Si), 알루미늄(Al)

15 가연성 가스 제조설비 중 1종 장소에서 변압기 방폭구조는?
① 내압방폭구조　② 유입방폭구조
③ 안전증방폭구조　④ 압력방폭구조

해설 내압방폭구조
- 표시방법 : d
- 제1종 위험장소

정답　11 ①　12 ①　13 ④　14 ③　15 ①

16 액화석유가스용기의 실외저장소 보관 기준으로 틀린 것은?

① 용기보관장소의 경계 안에서 용기를 보관할 것
② 용기는 눕혀서 보관할 것
③ 출전용기는 눈, 비를 피할 수 있도록 할 것
④ 충전용기는 항상 40 ℃ 이하 유지

해설 LPG용기 보관
실외저장소 보관 : 세워서 보관

17 가스계량기와 전기계량기는 최소 몇 cm 이상의 거리를 유지하여야 하는가?

① 15 cm　② 50 cm
③ 60 cm　④ 90 cm

해설 가스계량기 이격거리
전기 계량기와는 60 cm 이상 이격거리 유지

18 내용적 94 L인 액화프로판용기 저장능력은 몇 kg인가? (단, 충전상수 C는 2.35이다) 〔최다빈출〕

① 30　② 40
③ 50　④ 80

해설 저장능력
저장능력(W) = V/C = 94/2.35 = 40 kg

19 재검사용기 파기방법 기준 중 틀린 것은?

① 잔가스를 전부 제거한 후 절단할 것
② 허가관청에 파기 사유·일시·장소 및 인수시한에 대한 신고 후 파기할 것
③ 절단 등의 방법으로 파기하여 원형으로 가공할 수 없도록 할 것
④ 파기하는 때에는 검사원이 검사 장소에서 직접 실시할 것

해설 재검사용기 파기방법
허가관청에 파기에 대한 신고절차는 필요 없음

20 시내버스 연료로 사용되고 있는 CNG 주성분은?

① 메탄(CH_4)　② 프로판(C_3H_8)
③ 부탄(C_4H_{10})　④ 수소(H_2)

해설 시내버스 연료
주성분 메탄인 CNG(압축천연가스) 사용

21 고압가스설비의 압력계 최고눈금 범위는?

① 상용압력의 1배 이상, 1.5배 이하
② 상용압력의 1.5배 이상, 2배 이하
③ 상용압력의 2배 이상, 2.5배 이하
④ 상용압력의 2.5배 이상, 3배 이하

해설 고압설비 압력계
압력계 최고 눈금 : 1.5배 이상 ~ 2배 이하

정답　16 ②　17 ③　18 ②　19 ②　20 ①　21 ②

22 가스폭발에 대한 설명으로 틀린 것은?
① 폭굉은 화염전파속도가 음속보다 큼
② 폭발 범위가 넓은 것은 위험하다.
③ 안전간격이 큰 것일수록 위험하다.
④ 가스의 비중이 큰 것은 낮은 곳에 체류할 위험이 있다.

해설 가스폭발
안전간격이 작은 가스일수록 위험

23 독성 가스 저장탱크에는 그 가스 용량이 탱크 내용적의 몇 %까지 채워야 하는가?
① 70 %   ② 80 %
③ 90 %   ④ 95 %

해설 독성 가스 저장탱크 용량
탱크 내용적의 90 %까지 채워야 함

24 고압가스특정제조시설에서 상용압력 0.2 MPa 미만의 가연성 가스배관을 지상 노출 설치 시 유지해야 할 공지 폭 기준은?
① 3 m 이상   ② 5 m 이상
③ 10 m 이상   ④ 15 m 이상

해설 공지 폭
• 0.2 미만 : 5 m
• 0.2 ~ 1 미만 : 9 m
• 1 이상 : 15 m

25 고압가스 공급자 안전점검 시 가스누출 검지기를 갖추어야 할 대상은?
① 독성 가스   ② 가연성 가스
③ 불연성 가스   ④ 산소

해설 가스누출 검지기
가연성 가스 : 가스누출 검지기를 갖추어야 함

26 액화석유가스 냄새측정 기준에서 사용하는 용어에 대한 설명으로 틀린 것은?
① 시료기체란 시험가스를 청정한 공기로 희석한 판정용 기체를 말한다.
② 시험자란 미리 선정한 정상적인 후각을 가진 사람으로서 냄새를 판정하는 자를 말한다.
③ 시험가스란 냄새를 측정할 수 있도록 액화석유가스를 기화시킨 가스를 말한다.
④ 희석배수란 시료기체의 양을 시험가스의 양으로 나눈 값을 말한다.

해설 액화석유가스 냄새측정
냄새 판정하는 정상적 후각을 가진 사람 : 판넬

정답 22 ③ 23 ③ 24 ② 25 ② 26 ②

27 고압가스특정제조시설에서 고압가스설비 설치 기준으로 틀린 것은?

① 아세틸렌의 충전용교체밸브는 충전하는 장소에 직접 설치한다.
② 공기액화분리기에 설치하는 피트는 양호한 환기구조로 한다.
③ 공기액화분리기로 처리하는 원료공기 흡입구는 공기가 맑은 곳에 설치한다.
④ 에어졸제조시설에는 정량을 충전할 수 있는 자동 충전기를 설치한다.

해설 고압가스특정제조시설
아세틸렌 충전용 교체밸브 : 충전기에 설치

28 도시가스사용시설에 정압기를 2013년에 설치하였다. 이 정압기 분해점검 만료시기는?

① 2015년 ② 2016년
③ 2018년 ④ 2019년

해설 도시가스 사용시설 정압기 분해점검
• 설치 후 : 3년에 1회
• 그 이후 : 4년에 1회

29 압력계 측정 방법에는 탄성을 이용하는 것과 전기적 변화를 이용하는 방법이 있다. 전기적 변화를 이용하는 압력계는?

① 벨로우즈 압력계
② 부르동관 압력계
③ 스트레인게이지
④ 다이어프램 압력계

해설 스트레인게이지
전기적 변화 이용 압력계

30 저장량이 10000 kg인 산소저장설비는 제1종 보호시설과 거리가 얼마 이상이면 방호벽을 설치하지 않을 수 있는가?

① 6 m   ② 9 m
③ 11 m   ④ 12 m

해설 방호벽 설치
저장량 1만 kg 이하
- 1종 보호시설과 12 m 거리 확보 시 필요 없음

31 액화석유가스 충전사업장에서 가스충전준비 및 충전작업으로 틀린 것은?

① 안전밸브에 설치된 스톱밸브는 항상 열어 둔다.
② 자동차에 고정된 탱크는 저장탱크의 외면으로부터 3 m 이상 떨어져 정지한다.
③ 자동차에 고정된 탱크(내용적이 1만 리터 이상의 것에 한한다)로부터 가스를 이입 받을 때에는 자동차가 고정되도록 자동차 정지목 등을 설치한다.
④ 자동차에 고정된 탱크로부터 저장탱크에 액화석유가스 이입 받을 때는 5시간 이상 연속하여 자동차에 고정된 탱크를 저장탱크에 접속하지 아니한다.

해설 가스충전작업
자동차정지목 : 내용적 5000 L 이상에 설치

정답 27 ① 28 ② 29 ③ 30 ④ 31 ③

32 금속 재료 중 고온일 때 가스에 의한 부식으로 틀린 것은?

① 암모니아에 의한 강의 질화
② 산소 및 탄산가스에 의한 산화
③ 수소가스에 의한 탈탄작용
④ 아세틸렌에 의한 황화

해설 가스에 의한 부식
- 암모니아에 의한 강의 질화
- 산소 및 탄산가스에 의한 산화
- 수소가스에 의한 탈탄작용
→ 아세틸렌 : 구리, 은, 수은과 접촉 시 폭발성 물질을 형성

33 오리피스미터로 유량을 측정 시 갖추지 않아도 되는 조건은?

① 정상류 흐름일 것
② 관로가 수평일 것
③ 관 속에 유체가 충만되어 있을 것
④ 유체의 전도 및 압축의 영향이 클 것

해설 오리피스미터
유체의 전도나 압축의 영향이 적을 것

34 액화석유가스용 강제용기란 액화석유가스 충전을 위한 내용적이 얼마 미만인 용기인가?

① 30 L   ② 50 L
③ 70 L   ③ 125 L

해설 LPG용 강제용기
LPG 충전 내용적 125 L 미만인 용기

35 나사압축기에서 숫로터의 직경 150 mm, 로터 길이 100 mm 회전수 350 rpm일 때 이론적 토출량은 약 몇 m^3/min인가? (단, 로터 형상에 의한 계수[Cv]는 0.476이다)

① 0.11   ② 0.31
③ 0.37   ④ 0.57

해설 토출량
$Q = K \times D^3 \times (L/D) \times n \times 60$(시간당)
$= 0.476 \times (0.15)^3 \times (0.1/0.15)$
$\quad \times 350 \times 60$
$= 22.49 \, m^3/h = 0.37 \, m^3/min$(분당)

36 LP가스 수송관이음부분에 사용할 수 있는 패킹재료로 적합한 것은?

① 구리   ② 천연고무
③ 종이   ④ 실리콘 고무

해설 LP가스 수송관이음부
패킹재료 : 실리콘 고무 사용

37 고압식 액화산소분리장치 원료공기에 대한 설명 중 틀린 것은?

① 탄산가스가 제거된 후 압축기에서 압축된다.
② 건조기에서 수분이 제거된 후에는 팽창기와 정류탑의 하부로 열교환하며 들어간다.
③ 압축된 원료공기는 예냉기에서 열교환하여 냉각된다.
④ 압축기로 압축한 후 물로 냉각한 다음 축냉기에 보내진다.

정답 32 ④ 33 ④ 34 ③ 35 ③ 36 ④ 37 ④

해설 고압식 액화산소분리장치
압축기 압축 후 : CO_2 흡수탑에서 가성소다 용액 이용하여 제거

38 고압가스설비는 그 고압가스 취급에 적합한 기계적 성질이 필요하다. 충전용 지관에는 탄소 함유량이 얼마 이하 강을 사용하여야 하는가?

① 0.1 % ② 0.4 %
③ 0.5 % ④ 1 %

해설 충전용 지관 탄소 함유량
0.1 % 이하의 강 사용

39 회전펌프 특징으로 틀린 것은?

① 송출량의 맥동이 거의 없다.
② 점성이 있는 액체에 성능이 좋다.
③ 고압에 적당하다.
④ 왕복펌프와 같은 흡입·토출밸브가 있다.

해설 회전펌프
- 펌프 본체 속 회전자 이용
- 흡입·토출밸브 없음

40 공기액화분리기에서 이산화탄소 7.2 kg 제거를 위해 필요한 건조제(NaOH)는 약 몇 kg인가?

① 7   ② 9
③ 13 ④ 18

해설 이산화탄소 제거
- $2NaOH + CO_2 \rightarrow Na_2CO_3 + H_2O$
- NaOH 분자량 : 40
- CO_2 분자량 : 44
- CO_2 1 g 제거 시 NaOH : (2 × 40)/44 = 1.81
- 1.81 × 7.2 = 13

41 염화메탄 사용 배관에 사용해서 안 되는 금속은?

① 강   ② 철
③ 동합금 ④ 알루미늄

해설 염화메탄 배관
강, 철, 동합금
→ 알루미늄 : 염화메탄과 반응함

42 저온장치에 사용하는 금속재료가 아닌 것은?

① 탄소강
② 알루미늄
③ 18-8 스테인리스강
④ 크롬 - 망간강

해설 저온장치 금속재료
알루미늄, 18-8 스테인리스강, 크롬 - 망간강
→ 탄소강 : 저온에서 충격값이 0이 됨

정답 38 ① 39 ④ 40 ③ 41 ④ 42 ①

43 연소기 설치방법에 대한 설명으로 틀린 것은?

① 가스온수기나 가스보일러는 목욕탕에 설치할 수 있다.
② 배기통이 가연성 물질로 된 벽 또는 천장 등을 통과하는 때에는 금속 외의 불연성 재료로 단열조치를 한다.
③ 개방형 연소기를 설치한 실에는 환풍기 또는 환기구를 설치한다.
④ 배기팬이 있는 밀폐형 또는 반밀폐형의 연소기를 설치한 경우 그 배기팬의 배기가스와 접촉하는 부분은 불연성 재료로 한다.

해설 연소기 설치
가스온수기, 보일러 : 건조한 곳에 설치

44 액화천연가스(LNG)저장탱크 지붕 시공 시 지붕에 대한 좌굴강도(Buckling Strength)를 검토할 경우 고려하여야 할 사항이 아닌 것은?

① 지붕부위 단열재의 중량
② 탱크의 지붕판 및 지붕뼈대의 중량
③ 가스압력
④ 내부탱크재료 및 중량

해설 지붕 좌굴강도 검토사항
• 가스압력
• 탱크 지붕판 및 지붕뼈대 중량
• 지붕부위 단열재 중량

45 관 내를 흐르는 유체의 압력강하 설명으로 틀린 것은?

① 관 길이에 비례한다.
② 관 내경의 5승에 반비례한다.
③ 가스비중에 비례한다.
④ 압력에 비례한다.

해설 가스유량

• 가스유량$(Q) = K\sqrt{\dfrac{D^5 h}{SL}}$

• 압력손실$(h) = \dfrac{Q^2 \cdot S \cdot L}{K^2 \cdot D^5}$

→ 압력과는 관련이 없음

46 '자연계에 아무런 변화도 남기지 않고 어느 열원의 열을 계속해서 일로 바꿀 수 없다. 즉, 고온물체 열을 계속 일로 바꾸려면 저온물체로 열을 버려야 한다'라고 표현되는 법칙은?

① 열역학 제0법칙
② 열역학 제1법칙
③ 열역학 제2법칙
④ 열역학 제3법칙

해설 열역학 제2법칙
• 열을 일로 바꾸는 영구기관은 존재하지 않음
• 효율이 100%인 기관은 존재하지 않음

47 공기 중에서 프로판의 폭발 범위(하한과 상한)를 바르게 나타낸 것은?

① 1.8 ~ 8.4 %   ② 2.2 ~ 9.5 %
③ 2.1 ~ 10.4 % ④ 1.8 ~ 9.5 %

해설 프로판폭발 범위
2.2 ~ 9.5 %

정답 43 ① 44 ④ 45 ④ 46 ③ 47 ②

48 가스를 그대로 대기에 분출시켜 연소에 필요한 공기를 전부 불꽃 주변에서 취하는 연소방식은?

① 적화식
② 전1차 공기식
③ 세미분젠식
④ 분젠식

해설 적화식 연소방식
가스를 대기 중에 분출하여 연소에 필요한 공기를 전부 불꽃 주변에서 취하는 연소법

49 고압가스안전관리법령에 따라 "상용 온도에서 압력이 1 MPa 이상이 되는 압축가스로 실제로 그 압력이 1 MPa 이상 되는 경우에 고압가스에 해당한다" 여기에서 압력은 어떠한 압력을 말하는가?

① 절대압력
② 게이지압력
③ 대기압
④ 진공압력

해설 게이지압력
- 용기나 저장탱크 내 압력
- 대기압을 0으로 측정한 압력

50 비중병의 무게가 비었을 때 0.2 kg이고, 액체로 충만되어 있을 때 0.8 kg이었다. 액체의 체적이 0.4 L이라면 비중량(kg/m³)은 얼마인가?

① 130
② 150
③ 1300
④ 1500

해설 비중량
- 액체가스 무게 : 0.8 - 0.2 = 0.6 kg
- 0.4 L = 0.0004 m³
- 비중량 = 무게/체적 = 0.6/0.0004
  = 1500

51 다음 중 액화석유가스 주성분이 아닌 것은?

① 프로판
② 헵탄
③ 부탄
④ 프로필렌

해설 LPG 주성분
- 부탄
- 프로판
- 프로필렌
- 부틸렌
- 부타디엔

52 천연가스(NG)를 공급하는 도시가스 주요 특성이 아닌 것은?

① 메탄이 주성분이다.
② 공기보다 가볍다.
③ 발전용, 일반공업용 연료로도 널리 사용한다.
④ LPG보다 발열량이 높아 최근 사용량이 급격히 많아졌다.

해설 가스 발열량
- NG : 7000 ~ 11000 kcal/m³
- LPG : 20000 ~ 30000 kcal/m³

53 다음 중 엔트로피 단위는?

① kcal/kg·m
② kcal/kg
③ kcal/h
④ kcal/kg·K

해설 엔트로피
$$\Delta S = \frac{dQ}{T} (kcal/kg \cdot T)$$

54 압력에 대한 설명은? ✓최다빈출

① 절대압력 = 게이지압력 + 대기압이다.
② 대기압은 진공압보다 낮다.
③ 절대압력 = 대기압 + 진공압이다.
④ 1 atm은 1033.2 kg/m²이다.

> **해설** 압력
> - 절대압력 = 대기압 - 진공압
> - 대기압 = 절대압력 + 진공압
> - 1 atm = 1.0332 kg/cm²

55 수분 존재 시 일반 강재를 부식시키는 가스는?

① 황화수소　　② 질소
③ 일산화탄소　④ 수소

> **해설** 황화수소
> - 강재 부식시킴
> - $4Cu + 2H_2S + O_2 \rightarrow 2Cu_2S + 2H_2O$

56 절대온도 40 K를 랭킨온도로 나타내면 몇 °R인가?

① 36　　② 54
③ 72　　④ 90

> **해설** 랭킨온도 계산
> R = 절대온도(K) × 1.8 = 40 × 1.8 = 72

57 증기압이 낮고 비점이 높은 가스는 기화가 쉽게 되지 않는다. 기화가 가장 안 되는 가스는?

① CH_4　　② C_3H_8
③ C_2H_4　　④ C_4H_{10}

> **해설** 가스의 비점
> - 비점이 낮을수록 액화가 어려움
> - 메탄(CH_4) : -162 ℃
> - 프로판(C_3H_8) : -42 ℃
> - 에틸렌(C_2H_4) : -103.7 ℃
> - 부탄(C_4H_{10}) : -0.5 ℃

58 브로민화수소 성질로 틀린 것은?

① 가열 시 폭발 위험성이 있다.
② 기체는 공기보다 가볍다.
③ 유기물 등과 격렬하게 반응한다.
④ 독성 가스이다.

> **해설** 브로민화수소
> 기체는 공기보다 무거움

59 도시가스에 사용되는 부취제 중 DMS 냄새는?

① 양파 썩는 냄새
② 마늘 냄새
③ 석탄가스 냄새
④ 암모니아 냄새

> **해설** 부취제
> - THT : 석탄가스 냄새
> - TBM : 양파 썩는 냄새
> - DMS : 마늘 썩는 냄새

60 0 ℃, 1 atm인 표준 상태에서 공기와 같은 부피에 대한 무게비는 무엇이라고 하는가?

① 비중
② 비열
③ 밀도
④ 비체적

해설 비중
- 가스의 분자량/공기분자량(29)
- 표준 상태 공기와 같은 부피에 대한 무게비

참조 가스의 비점
- 비점이 낮을수록 액화가 어려움
- 수소(H_2) : -252 ℃
- 헬륨(He) : -272.2 ℃
- 질소(N_2) : -196 ℃
- 메탄(CH_4) : -162 ℃
- 암모니아(NH_3) : -33.3 ℃
- 프로판(C_3H_8) : -42 ℃
- 나프타 : 30 ~ 200 ℃
- 에틸렌(C_2H_4) : -103.7 ℃
- 에탄(C_2H_6) : -161.5 ℃
- 부탄(C_4H_{10}) : -0.5 ℃

정답 60 ①

2013 10월 12일

01 가스 누출 시 조치로 가장 적당한 것은?
① 용기밸브가 열려서 누출 시 부근 화기를 멀리하고 즉시 밸브를 잠근다.
② 용기 안전밸브 누출 시 그 부위를 열습포로 감싸 준다.
③ 용기밸브 파손으로 누출 시 전부 대피한다.
④ 가스 누출로 실내에 가스 체류 시 그냥 놔두고 밖으로 피신한다.

해설 가스 누출 시 조치
부근 화기를 멀리하고 즉시 밸브 잠금

02 C_2H_2 제조설비에서 제조된 C_2H_2를 충전용기 충전 시 위험한 경우는?
① 아세틸렌이 접촉되는 설비부분에 동 함량 72 %의 동합금을 사용하였다.
② 충전용 지관은 탄소함유량 0.1 % 이하의 강을 사용하였다.
③ 충전 후에 압력이 15 ℃에서 1.5 MPa 이하로 될 때까지 정치하였다.
④ 충전 중의 압력을 2.5 MPa 이하로 하였다.

해설 아세틸렌 (C_2H_2)
동함량 62 % 이상 : 용기 충전 시 위험

03 가스사용시설연소기 각각에 대해 퓨즈콕을 설치하여야 하나, 연소기 용량이 몇 kcal/h를 초과할 때 배관용 밸브로 대용할 수 있는가?
① 12500   ② 15500
③ 19400   ④ 25500

해설 배관용 밸브
연소 용량 19400 kcal/h 초과할 때 퓨즈콕 대신 사용 가능

04 무색, 무미, 무취의 폭발 범위가 넓은 가연성 가스로 할로겐원소와 격렬하게 반응하여 폭발반응을 일으키는 가스는?
① H_2 ② C_2H_2
③ HCl   ④ Cl_2

해설 수소 (H_2)
• 할로겐원소와 반응하여 격렬히 폭발
• 수소폭발 범위 : 4 ~ 75 %

암 수사치료

05 LP가스 저장탱크 수리 시 작업원이 저장탱크 속으로 들어가서는 안 되는 탱크 내의 산소 농도는?
① 15 %   ② 19 %
③ 20 %   ④ 21 %

정답 01 ① 02 ① 03 ③ 04 ① 05 ①

해설 탱크 내 산소 농도
18 % 이하 : 산소결핍에 의한 사고 발생

해설 고압가스 기밀시험
압축공기 : 140 ℃ 이하로 실시

06 고압가스용기에서 실시하는 재검사 대상이 아닌 것은?

① 충전할 고압가스 종류가 변경된 경우
② 손상이 발생된 경우
③ 용기밸브를 교체한 경우
④ 합격표시가 훼손된 경우

해설 고압가스용기 재검사 대상
• 충전할 고압가스의 종류 변경 시
• 손상 발생
• 합격표시 훼손
→ 용기밸브 교체 : 고압가스 수리

09 [고난도!] 도시가스 품질검사 시 허용 기준으로 틀린 것은?

① 전유황 : 30 mg/m^3 이하
② 암모니아 : 10 mg/m^3 이하
③ 실록산 : 10 mg/m^3 이하
④ 할로겐총량 : 10 mg/m^3 이하

해설 도시가스 품질검사 기준
암모니아 : 200 mg/m^3 이하

07 다음 중 제독제로 다량의 물을 사용하는 가스는?

① 황화수소   ② 이황화탄소
③ 일산화탄소   ④ 암모니아

해설 제독제
• 황화수소
  가성소다 수용액, 탄산소다 수용액
• 암모니아, 산화에틸렌, 염화메탄, 다량의 물

10 가연성 가스 제조설비 중 전기설비는 방폭성능을 가지는 구조이어야 한다. 다음 중 반드시 방폭성능을 가지는 구조가 아닌 가스는?

① 프로판   ② 수소
③ 아세틸렌   ④ 암모니아

해설 전기설비 방폭성능
폭발 하한치 10 % 이하일 때 필요
→ 암모니아 : 하한치 10 % 초과이어서 불필요

11 LP가스 저온 저장탱크에 설치하지 않아도 되는 장치는?

① 진공안전밸브   ② 압력계
③ 감압밸브   ④ 압력경보설비

해설 LP가스 저온 저장탱크 설치장치
• 압력계
• 진공안전밸브
• 압력경보설비

08 고압가스 냉매설비 기밀시험 시 압축공기를 공급할 때 공기 온도는 몇 ℃ 이하로 할 수 있는가?

① 40 ℃ 이하   ② 90 ℃ 이하
③ 120 ℃ 이하   ④ 140 ℃ 이하

정답 06 ③ 07 ④ 08 ④ 09 ② 10 ④ 11 ③

12 포스겐 취급방법에 대한 설명으로 틀린 것은?

① 누출 시 용기가 부식되는 원인이 되므로 약간의 누출에도 주의한다.
② 취급 시에는 반드시 방독마스크를 착용한다.
③ 환기시설을 갖추어 작업한다.
④ 포스겐을 함유한 폐기액은 염화수소로 충분히 처리한 후 처분한다.

해설 포스겐 폐기액 처리
- 소석회(Ca(OH)$_2$)
- 가성소다 수용액(NaOH)

13 가스보일러의 공통 설치 기준으로 틀린 것은?

① 가스보일러는 지하실 또는 반지하실에 설치하지 아니한다.
② 가스보일러는 전용보일러실에 설치
③ 전용보일러실에는 반드시 환기팬을 설치한다.
④ 전용보일러실에는 사람이 거주하는 곳과 통기될 수 있는 가스렌지 배기덕트를 설치하지 아니한다.

해설 가스보일러 설치 기준
- 지하실 또는 반지하실에 설치 금지
- 전용보일러실에 설치
- 가스렌지 배기덕트 설치 금지
→ 전용보일러실 : 환기팬 설치 불필요

14 수소 가스 위험도(H)는 약 얼마인가?

① 13.5   ② 17.8
③ 18.5   ④ 22.3

해설 위험도
- $H = \dfrac{\text{상한치} - \text{하한치}}{\text{하한치}}$
- 수소가스폭발 범위 : 4 ~ 75 %
- $H = \dfrac{75 - 4}{4} = 17.8$
- 위험도가 클수록 위험

15 염소의 일반적 성질에 대한 설명으로 틀린 것은?

① 수분과 작용하면 염산을 생성하여 철강을 심하게 부식시킨다.
② 무색의 자극적인 냄새를 가진 독성, 가연성 가스이다.
③ 암모니아와 반응하여 염화암모늄을 생성한다.
④ 수돗물의 살균 소독제, 표백분 제조에 이용된다.

해설 염소(Cl$_2$)
- 액체 : 담황색
- 기체 : 황록색

16 다음 가스 저장시설 중 환기구를 갖추는 등의 조치를 반드시 해야 하는 곳은?

① 헬륨 저장소   ② 질소 저장소
③ 산소 저장소   ④ 부탄 저장소

해설 환기구
부탄은 공기보다 무겁기 때문에 환기구 필요

정답 12 ④   13 ③   14 ②   15 ②   16 ④

17 고압가스용기를 내압 시험한 결과 전증가량은 400 mL, 영구증가량은 20 mL였다. 영구증가율은 얼마인가? ✓최다빈출

① 0.3 % ② 0.5 %
③ 5 %   ④ 10 %

해설 가스용기 영구증가율

$$영구증가율 = \frac{영구증가량}{전 증가량} \times 100$$
$$= \frac{20}{400} \times 100 = 5$$

18 액화석유가스용기충전시설의 저장탱크에 폭발방지장치를 의무적으로 설치하는 경우는?

① 상업지역에 저장능력 15톤 저장탱크를 지상에 설치하는 경우
② 주거지역에 저장능력 5톤 저장탱크를 지상에 설치하는 경우
③ 녹지지역에 저장능력 20톤 저장탱크를 지상에 설치하는 경우
④ 녹지지역에 저장능력 30톤 저장탱크를 지상에 설치하는 경우

해설 LPG폭발방지장치 설치
주거지역, 상업지역 : 10톤 이상 반드시 설치

19 독성 가스용기 운반차량의 경계표지를 정사각형으로 할 경우 면적 기준은?

① 400 cm² 이상 ② 600 cm² 이상
③ 900 cm² 이상 ④ 1000 cm² 이상

해설 독성 가스 운반차량 경계표지 면적
정사각형 : 600 cm² 이상

20 독성 가스인 염소를 운반하는 차량에 반드시 갖추어야 할 용구나 물품이 아닌 것은?

① 소화장비   ② 누출 검지기
③ 내산장갑   ④ 제독제

해설 독성 가스 운반차량 필요 물품
방독면, 고무장갑, 제독제
→ 소화장비 : 가연성 가스에서 갖추어야 함

21 다음 중 연소기구에서 발생할 수 있는 역화(Back Fire) 원인이 아닌 것은?

① 염공이 적게 되었을 때
② 콕이 충분히 열리지 않았을 때
③ 가스의 압력이 너무 낮을 때
④ 버너 위에 큰 용기를 올려서 장시간 사용할 경우

해설 역화 원인
• 콕이 충분히 열리지 않았을 때
• 가스의 압력이 너무 낮을 때
• 버너 위 큰 용기를 올려 장시간 사용할 때
→ 염공의 구경이 큰 경우에 역화됨

22 일반 공업지역 암모니아 사용 A공장에서 저장능력 25톤의 저장탱크를 지상에 설치하고자 한다. 저장설비 외면으로부터 사업소 외의 주택까지 몇 m 이상 안전거리를 유지하여야 하는가?

① 11 m   ② 12 m
③ 16 m   ④ 20 m

해설 암모니아 저장탱크 안전거리
• 제2종 보호시설의 2만 ~ 3만 사이 저장능력 : 안전거리 16 m 이상
• 제1종 보호시설 : 안전거리 24 m 이상

정답 17 ③ 18 ① 19 ② 20 ① 21 ① 22 ③

23 일반도시가스배관 설치 기준 중 하천 등을 횡단하여 매설하는 경우로 적합하지 않은 것은?

① 소하천, 수로를 횡단하여 배관을 매설하는 경우 배관의 외면과 계획하상(河床, 하천의 바닥) 높이와의 거리는 원칙적으로 2.5 m 이상으로 한다.
② 하천을 횡단하여 배관을 설치하는 경우에는 배관의 외면과 계획하상(河床, 하천의 바닥) 높이와의 거리는 원칙적으로 4.0 m 이상으로 한다.
③ 그 밖의 좁은 수로를 횡단하여 배관을 매설하는 경우 배관의 외면과 계획하상(河床, 하천의 바닥) 높이와의 거리는 원칙적으로 1.5 m 이상으로 한다.
④ 하상변동, 패임, 닻내림 등의 영향을 받지 아니하는 깊이에 매설한다.

해설 하천매설 배관 기준
좁은 수로를 횡단하여 매설 : 배관 외면과 계획하상 높이 거리 1.2 m 이상

24 다음 중 특정고압가스가 아닌 것은?

① 이산화탄소   ② 산소
③ 수소   ④ 천연가스

해설 특정고압가스
산소, 수소, 천연가스
→ 이산화탄소 : 불연성 가스

25 다음 중 폭발 범위 상한값이 가장 낮은 가스는? ✓최다빈출

① 메탄   ② 프로판
③ 암모니아   ④ 일산화탄소

해설 폭발 범위
• 메탄(CH_4) : 5 ~ 15 %
• 프로판(C_3H_8) : 2.1 ~ 9.5 %
• 암모니아(NH_3) : 15 ~ 28 %
• 일산화탄소(CO) : 12.5 ~ 74 %

암 [메]오시오, [프]트리구오
일러어이씹팔[니아], 씹이냐칠세[일산]

26 고압가스설비 내압 및 기밀시험에 대한 설명으로 옳은 것은?

① 기체로 내압시험을 하는 것은 위험하므로 어떠한 경우라도 금지된다.
② 내압시험은 상용압력의 1.1배 이상의 압력으로 실시한다.
③ 내압시험을 할 경우에는 기밀시험을 생략할 수 있다.
④ 기밀시험은 상용압력 이상으로 하되, 0.7 MPa을 초과하는 경우 0.7 MPa 이상으로 한다.

해설 기밀시험
• 최고사용압력의 1.1배 또는 8.4 kPa 이상
• 0.7 MPa 초과 가스 : 0.7 MPa 이상 실시

정답 23 ③ 24 ① 25 ② 26 ④

27 저장탱크에 의한 LPG 사용시설에서 가스계량기 설치 기준으로 틀린 것은?

① 가스계량기의 설치높이는 1.6 m 이상, 2 m 이내에 설치하여 고정한다.
② 가스계량기는 화기와 3 m 이상의 우회거리를 유지하는 곳에 설치한다.
③ 가스계량기와 화기와의 우회거리 확인은 계량기의 외면과 화기를 취급하는 설비의 외면을 실측하여 확인한다.
④ 가스계량기와 굴뚝 및 전기점멸기와의 거리는 30 cm 이상의 거리를 유지한다.

해설 가스계량기 설치 기준
화기와 2 m 이상의 우회 거리 유지

28 다음 중 독성 가스가 아닌 것은?

① 암모니아 ② 아황산가스
③ 일산화탄소 ④ 이산화탄소

해설 독성 가스
암모니아, 아황산가스, 일산화탄소
→ 이산화탄소 : 불연성 가스

29 고압가스특정제조시설에서 안전구역 안의 고압가스설비는 그 외면부터 다른 안전구역 안에 있는 고압가스설비 외면까지 몇 m 이상 거리를 유지하여야 하는가?

① 10 m ② 15 m
③ 20 m ④ 30 m

해설 고압가스 특정제조시설

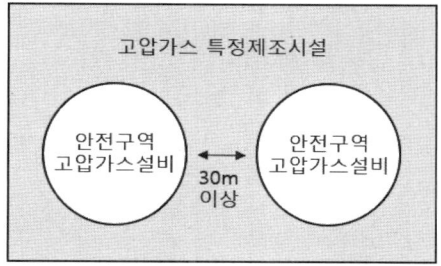

30 차량에 고정된 탱크로 고압가스를 운반할 때 그 내용적 기준으로 틀린 것은?

① 수소 : 18000 L
② 액화 암모니아 : 12000 L
③ 산소 : 18000 L
④ 액화 염소 : 12000 L

해설 고압가스 운반
• 독성 가스(염소) : 12000 L (암모니아 제외)
• 가연성 가스, 산소탱크 : 18000 L

31 고압식 공기액화 분리장치의 복식정류탑 하부에서 분리되어 액체산소 저장탱크에 저장되는 액체 산소 순도는 약 얼마인가?

① 99.6 ~ 99.8 %
② 96 ~ 99 %
③ 90 ~ 95 %
④ 88 ~ 90 %

해설 공기액화 분리장치 산소 순도
정류탑 하부에서의 순도 : 99.6 ~ 99.8 %

정답 27 ② 28 ④ 29 ④ 30 ② 31 ①

32 초저온용기의 단열성능검사 시 측정하는 침입열량 단위는?

① kcal/h·L·℃
② kcal/m·h·℃
③ kcal/m²·h·℃
④ kcal/m·h·bar

해설 단열성능검사 열량 단위
kcal/h·L·℃

33 다음 금속재료 중 저온재료로 부적당한 것은?

① 탄소강
② 니켈강
③ 황동
④ 스테인리스강

해설 저온 금속재료
니켈강, 황동, 스테인리스강
→ 탄소강 : 저온에서 충격값 0, 부적당

34 긴급차단장치 동력원으로 가장 부적당한 것은?

① 기압
② X선
③ 스프링
④ 전기

해설 긴급차단장치 동력원
• 스프링
• 기압
• 전기
• 액압

35 다음 중 1차 압력계는?

① 전기 저항식 압력계
② 부르동관 압력계
③ U자관형 마노미터
④ 벨로우즈 압력계

해설 1차 압력계
• U자관형 마노미터
• U자관형 압력계
• 경사관식 압력계
• 호르단형 압력계
• 침종식 압력계

36 압축기 윤활에 대한 설명으로 옳은 것은? ✓최다빈출

① 산소압축기의 윤활유로는 물을 사용한다.
② 수소압축기의 윤활유로는 식물성유가 사용된다.
③ 염소압축기의 윤활유로는 양질의 광유가 상용된다.
④ 공기압축기의 윤활유로는 식물성유가 사용된다.

해설 압축기 윤활유
• 공기압축기 : 양질의 광유
• 수소압축기 : 양질의 광유
• 염소압축기 : 진한 황산
• 산소압축기 : 물

정답 32 ① 33 ① 34 ② 35 ③ 36 ①

37 저장능력 10톤 이상 저장탱크에 폭발방지장치를 설치한다. 이때 사용되는 폭발방지제 재질로 가장 적당한 것은?

① 구리　　　　② 탄소강
③ 스테인리스　 ④ 알루미늄

해설 폭발방지제 재질
저장능력 10톤 이상 탱크 : 알루미늄

38 다음 유량 측정방법 중 직접법은?

① 습식 가스미터　② 피토튜브
③ 오리피스미터　 ④ 벤투리미터

해설 가스미터
• 실측식 : 건식 [막식, 회전식], 습식
• 추측식 : 터빈식, 오리피스식, 선근차식

39 내용적 47 L인 LP가스용기 최대 충전량은 몇 kg인가? (단, LP가스 정수는 2.35이다)

① 20　　　　② 50
③ 80　　　　④ 110

해설 충전량
충전량 (W) = V/C = 47/2.35 = 20 kg

40 산소용기 최고 충전압력이 15 MPa일 때 내압 시험압력은 얼마인가?

① 15 MPa　　② 22.5 MPa
③ 23 MPa　　④ 25 MPa

해설 산소용기내압시험
용기내압시험 = 최고충전압력 × 5/3
　　　　　　 = 15 × 5/3 = 25 MPa

41 다음의 특징을 가지는 펌프는?

- 고압, 소유량에 적당하다.
- 토출량이 일정하다.
- 송수량의 가감이 가능하다.
- 맥동이 일어나기 쉽다.

① 축류펌프　　② 왕복펌프
③ 원심펌프　　④ 사류펌프

해설 왕복펌프
워싱턴, 웨어, 플런저, 다이어프램, 윙펌프

42 터보식 펌프로 비교적 저양정에 적합하며, 효율 변화가 비교적 급한 펌프는?

① 왕복펌프　　② 축류펌프
③ 원심펌프　　④ 베인펌프

해설 축류펌프
• 터보형 펌프
• 비교적 저양정에 적합
• 효율 변화가 급함

정답 37 ④　38 ①　39 ①　40 ④　41 ②　42 ②

43 다음 중 정압기 부속설비가 아닌 것은?

① 이상압력 상승 방지장치
② 불순물 제거장치
③ 검사용 맨홀
④ 압력기록장치

해설 정압기 부속설비
- 불순물 제거장치
- 이상압력 상승 방지장치
- 압력기록장치

44 기화기에 대한 설명으로 틀린 것은?

① 기화장치의 구성요소 중에는 기화부, 제어부, 조압부 등이 있다.
② 기화기 사용 시 장점은 LP가스 종류에 관계없이 한냉 시에도 충분히 기화시킨다.
③ 감압가열방식은 열교환기에 의해 액상의 가스를 기화시킨 후 조정기로 감압시켜 공급하는 방식이다.
④ 기화기를 증발형식에 의해 분류하면 순간 증발식과 유입 증발식이 있다.

해설 감압가열방식
저온 액화가스 감압 후 강제 기화 공급방식

45 펌프에서 유량 Qm³/min, 양정 Hm, 회전수 Nrpm이라 할 때 1단펌프에서 비교 회전도 ηs를 구하는 식은?

① $\eta s = \dfrac{N^2 \sqrt{Q}}{H^{3/4}}$ ② $\eta s = \dfrac{Q^2 \sqrt{N}}{H^{3/4}}$

③ $\eta s = \dfrac{N \sqrt{Q}}{H^{3/4}}$ ④ $\eta s = \dfrac{\sqrt{NQ}}{H^{3/4}}$

해설 펌프비교회전도
- 1단식 $(\eta s) = \dfrac{N \sqrt{Q}}{H^{3/4}}$
- 다단식 $(\eta s) = \dfrac{N \sqrt{Q}}{\left(\dfrac{H}{N}\right)^{3/4}}$

46 액체 산소의 색깔은?

① 회백색   ② 담적색
③ 담황색   ④ 담청색

해설 액체 산소
- 담청색
- 상온 : 무색, 무미, 무취 기체

47 압력 환산 값을 가장 바르게 나타낸 것은?

① $1 \text{ kg/cm}^2 ≒ 13.7 \text{ lb/In}^2$
② $1 \text{ lb/ft}^2 ≒ 0.142 \text{ kg/cm}^2$
③ $1 \text{ atm} ≒ 1033 \text{ g/cm}^2$
④ $76 \text{ cmHg} ≒ 1013 \text{ dyne/cm}^2$

해설 표준대기압
① $1 \text{ kg/cm}^2 ≒ 14.7 \text{ lb/In}^2$
② $14.7 : 1.0332 = 1 : x$
  $x = 0.0703 \text{ kg/cm}^2$
③ $76 \text{ cmHg} = 10332 \text{ kg/cm}^2$
- 1기압(atm) = 760 mmHg
  = 10.332 mH₂O
  = 1.0332 kg/cm²
  = 1.013 bar
  = 0.101325 MPa
  = 101.325 kPa
  = 14.7 Psi = 14.7 lb/in²

정답 43 ③ 44 ③ 45 ③ 46 ④ 47 ③

48 "기체 온도를 일정하게 유지할 때 기체가 차지하는 부피는 절대 압력에 반비례한다"는 법칙은?

① 보일의 법칙
② 헨리의 법칙
③ 샤를의 법칙
④ 아보가드로의 법칙

해설 보일의 법칙
기체 온도 일정할 때 용적은 압력에 반비례한다.

49 LPG에 대한 설명으로 틀린 것은?

① 액체 상태는 물(비중 1)보다 가볍다.
② 공기와 혼합시켜 도시가스 원료로도 사용된다.
③ 기화열이 커서 액체가 피부에 닿으면 동상의 우려가 있다.
④ 가정에서 연료용으로 사용하는 LPG는 올레핀계 탄화수소이다.

해설 LPG가스
• 액체 상태는 물보다 가벼움
• 공기와 혼합 시 도시가스 원료로 사용
• 액체가 피부에 닿으면 동상의 우려
→ 올레핀계 탄화수소 : 불포화 탄화수소

50 절대온도 0 K는 섭씨온도로 약 몇 ℃인가?

① -273   ② -32
③ 0   ④ 273

해설 섭씨온도 계산
캘빈 (K) = ℃ + 273
℃ = K - 273 = 0 - 273 = -273 ℃

51 수소와 산소 또는 공기와 혼합기체에 점화하면 급격히 화합하여 폭발하므로 위험하다. 이 혼합기체를 무엇이라고 하는가?

① 산소 폭명기   ② 수소 폭명기
③ 염소 폭명기   ④ 공기 폭명기

해설 수소 폭명기
수소와 산소 또는 공기와의 혼합기체에 점화하여 급격히 폭발하는 기체

52 기체연료의 일반적 특징으로 틀린 것은?

① 고온을 얻을 수 있다.
② 완전연소가 가능하다.
③ 화재 및 폭발의 위험성이 적다.
④ 연소조절 및 점화, 소화가 용이하다.

해설 기체연료
• 고온을 얻을 수 있음
• 완전연소 가능
• 연소조절 및 점화, 소화 용이
→ 화재 및 폭발의 위험성이 큼

53 다음 중 압력단위가 아닌 것은?

① bar   ② atm
③ Pa   ④ N

해설 압력단위
bar, atm, Pa, mmHg 등
→ N (뉴턴) : 힘의 단위, 무게 단위

정답 48 ① 49 ④ 50 ① 51 ② 52 ③ 53 ④

54 질소 용도가 아닌 것은?
① 냉매로 이용 ② 질산제조에 이용
③ 연료용에 이용 ④ 비료에 이용

> **해설** 질소(N)
> - 불연성 가스(연료용으로 이용할 수 없음)
> - 흡열반응가스, 암모니아 제조

55 표준 상태에서 1몰 아세틸렌이 완전연소될 때 필요한 산소 몰 수는? 〔최다빈출〕
① 1몰 ② 1.5몰
③ 2몰 ④ 2.5몰

> **해설** 아세틸렌연소식
> $C_2H_2 + 2.5O_2 \rightarrow 2CO_2 + H_2O$

56 다음에서 설명하는 가스는?

> - 독성이 강하다.
> - 연소시키면 잘 탄다.
> - 각종 금속에 작용한다.
> - 가압·냉각에 의해 액화가 쉽다.

① CO ② NH_3
③ HCl ④ C_2H_2

> **해설** 암모니아(NH_3)
> - 독성 가스 허용농도 : 25 ppm
> - 가압·냉각에 의해 액화
> - 각종 금속에 작용
> - 연소시키면 잘 탐

57 공기비가 클 경우 나타나는 현상이 아닌 것은?
① 연소가스 중 SO_3의 양이 증대되어 저온 부식 촉진
② 불완전연소에 의한 매연발생이 심함
③ 통풍력이 강하여 배기가스에 의한 열손실 증대
④ 연소가스 중 NO_2의 발생이 심하여 대기오염 유발

> **해설** 공기비
> - 실제공기량/이론공기량
> - 열손실 증가
> - 공기비가 크면 완전연소 가능

58 27 ℃, 1기압에서 메탄가스 80 g이 차지하는 부피는 약 몇 L인가?
① 112 ② 123
③ 234 ④ 245

> **해설** 메탄(CH_4)
> 분자량 : 16
> 부피 : (가스량/분자량) × 22.4 = 112 L
> 샤를의 법칙 : $\dfrac{V_1}{T_1} = \dfrac{V_2}{T_2}$
> $V_2 = V_1 \times \dfrac{T_2}{T_1} = 112 \times \dfrac{273+27}{273} = 123$

정답 54 ③ 55 ④ 56 ② 57 ② 58 ②

59 산소 농도 증가에 대한 설명으로 틀린 것은?

① 연소속도가 빨라진다.
② 발화온도가 올라간다.
③ 폭발력이 세어진다.
④ 화염온도가 올라간다.

해설 산소 농도 증가
발화온도 하강(낮은 온도에서 발화 가능)

60 다음 중 보관 시 유리사용 불가 가스는?

① HF   ② C_6H_6
③ KBr   ④ $NaHCO_3$

해설 불화수소(HF)
- 유리를 부식시킴
- 납 그릇 및 폴리에틸렌병에 저장

참조 독성 허용농도(TLV - TWA)
- 염소 : 1
- 염화수소 : 5
- 아황산가스 : 2
- 시안화수소 : 10
- 불소 : 0.1
- 암모니아 : 25
- 일산화탄소 : 50

정답 59 ② 60 ①

2012 02월 12일

01
자동차용기 충전시설에 "화기엄금"이라 표시한 게시판의 색상은?

① 황색바탕에 흑색문자
② 백색바탕에 적색문자
③ 적색바탕에 황색문자
④ 흑색바탕에 백색문자

해설 화기엄금 표시 색상
- **바**탕색 : **백**색
- **문**자색 : **적**색

암 화백바 적문

02
액화석유가스 충전소에서 저장탱크를 지하에 설치하는 경우 철근콘크리트로 저장탱크실을 만들고 그 실내에 설치하여야 한다. 이때 저장탱크 주위 빈 공간에는 무엇을 채워야 하는가?

① 자갈   ② 마른모래
③ 물   ④ 콜타르

해설 지하 저장탱크
탱크 주위 공간 : 마른모래를 채워 고정

03
독성 가스배관은 안전한 구조를 갖도록 하기 위해 2중관 구조가 필요하다. 다음 가스 중 2중관으로 하지 않아도 되는 가스는?

① 시안화수소   ② 염화메탄
③ 암모니아   ④ 에틸렌

해설 독성 가스 2중관
- 염소
- 포스겐
- 불소
- 아크릴알데히드
- 아황산가스
- 시안화수소
- 황화수소
- 암모니아

04
자연환기설비 설치 시 LP가스의 용기 보관실 바닥 면적이 3 m²이다. 이때 통풍구의 크기는 몇 cm² 이상으로 하도록 되어 있는가? (단, 철망 등이 부착되어 있지 않은 것으로 간주한다)

① 500   ② 800
③ 900   ④ 1500

해설 통풍구 크기
- 바닥면적 1 m²당 300 cm²
- 300 × 3 = 900 cm²

정답 01 ② 02 ② 03 ④ 04 ③

05
탱크를 지상에 설치하고자 할 때 방류둑 설치가 필요 없는 저장탱크는?

① 저장능력 1000톤 이상의 질소탱크
② 저장능력 2000톤 이상의 부탄탱크
③ 저장능력 1000톤 이상의 산소탱크
④ 저장능력 10톤 이상의 염소탱크

해설 방류둑 설치 기준
- 산소 : 1000톤 이상 저장능력 지상탱크
- 독성 가스(염소, 암모니아) : 5톤 이상 저장능력 지상탱크
→ 액화질소 : 무독성 가스, 방류둑 불필요

06
제조소의 긴급용 벤트스택 방출구 위치는 작업원이 항시 통행하는 장소로부터 얼마나 떨어져 있어야 하는가?

① 5 m 이상   ② 10 m 이상
③ 20 m 이상   ④ 40 m 이상

해설 긴급용 벤트스택 방출구
작업원이 항시 통행하는 장소로부터 10 m 이상

07
내용적이 1천 L 초과하는 염소용기의 부식 여유 두께의 기준은?

① 1 mm 이상   ② 3 mm 이상
③ 3.5 mm 이상   ④ 5 mm 이상

해설 염소용기 부식 여유 두께
- 1천 L 이하 : 3 mm 이상
- 1천 L 초과 : 5 mm 이상

08
고압가스(산소, 아세틸렌, 수소)의 품질검사 주기 기준으로 옳은 것은?

① 1월 1회 이상   ② 1주 1회 이상
③ 5일 1회 이상   ④ 1일 1회 이상

해설 고압가스 품질검사 주기
- 산소, 아세틸렌, 수소 : 품질검사 필요
- 1일 1회 이상 실시

09
일반도시가스사업자가 선임하여야 하는 안전점검원 선임 기준이 되는 배관길이를 산정할 때 포함되는 배관은?

① 내관
② 사용자공급관
③ 가스사용자 소유 토지 내의 본관
④ 공공 도로 내의 공급관

해설 안전점검원 선임 배관
공공 도로 내의 공급관

10
가연성 가스로 인한 화재는?

① A급 화재   ② B급 화재
③ C급 화재   ④ D급 화재

해설 화재 종류
- A급 화재 : 일반 화재
- B급 화재 : 유류, 가스
- C급 화재 : 전기
- D급 화재 : 금속 화재

암 에일, 비유가, 씨전, 지금

11 용접용기 제조 시 용기동판의 최대 두께와 최소 두께의 차는 평균 두께의 몇 % 이하로 하여야 하는가?

① 5 % ② 10 %
③ 25 % ④ 40 %

> **해설** 용접용기 동판
> 최대 두께와 최소 두께 차이 : 10 % 이하
> 심리스용기 : 평균 두께의 20 % 이하

12 도시가스 사용시설의 배관은 움직이지 않도록 고정부착하는 조치를 하도록 규정하고 있다. 다음 중 배관의 호칭지름에 따른 고정 간격의 기준으로 옳은 것은? **최다빈출**

① 배관의 호칭지름 20 mm인 경우 2 m 마다 고정
② 배관의 호칭지름 32 mm인 경우 3 m 마다 고정
③ 배관의 호칭지름 40 mm인 경우 4 m 마다 고정
④ 배관의 호칭지름 65 mm인 경우 5 m 마다 고정

> **해설** 배관 호칭지름 고정 간격
> • 호칭 13 mm 미만 배관 : 1 m
> • 호칭 13 ~ 33 mm 미만 : 2 m
> • 호칭 33 mm 이상 배관 : 3 m

13 일반도시가스사업의 가스공급시설에서 중압 이하의 배관과 고압 배관을 매설하는 경우에는 서로 몇 m 이상 거리 유지가 필요한가?

① 1 ② 2
③ 5 ④ 7

> **해설** 도시가스배관 미설
> 중압배관 ↔ 고압배관 : 2 m 이상 유지

14 고압가스 일반제조소에서 저장탱크를 설치할 때 물 분무장치는 동시에 방사할 수 있는 최대 수량을 몇 분 이상 연속하여 방사할 수 있는 수원에 접속되어 있어야 하는가?

① 30분 ② 50분
③ 60분 ④ 90분

> **해설** 물분무장치 최대 수량
> 동시에 방사할 수 있는 최대 수량 :
> 30분 이상 방사 가능한 수원에 접속
> ※ 살수장치 : 30분 이상

15 다음 중 독성이면서 가연성인 가스에 해당하는 것은?

① C_2H_6 ② $COCl_2$
③ HCN ④ SO_2

> **해설** 가스
> • 독성 : 아황산(SO_2), 포스겐($COCl_2$), 시안화수소(HCN)
> • 가연성 : 시안화수소(HCN), 에탄(C_2H_6)

정답 11 ② 12 ① 13 ② 14 ① 15 ③

16 다음 중 냄새로 누출 여부를 알 수 있는 가스는?

① 일산화탄소, 아르곤
② 질소, 이산화탄소
③ 염소, 암모니아
④ 에탄, 부탄

해설 독성 가스
- 염소 : 독성허용농도 1 ppm
- 암모니아 : 독성허용농도 25 ppm

17 아세틸렌을 용기에 충전할 때 미리 용기에 다공물질을 고루 채운 후 침윤 및 충전을 하여야 한다. 이때 다공도는 얼마로 하여야 하는가?

① 75 % 이상 92 % 미만
② 70 % 이상 95 % 미만
③ 62 % 이상 75 % 미만
④ 95 % 이상

해설 아세틸렌가스
- 폭발 범위 넓음
- 분해폭발 방지
- 다공물질 : 75 ~ 92 % 미만

18 저장능력이 1 ton인 액화염소용기의 내용적은 몇 L인가? (단, 액화염소 정수(C)는 0.80이다)

① 500 ② 600
③ 800 ④ 1200

해설 저장능력
저장능력 W = V/C
V = W × C
V = (1 × 1000) × 0.8 = 800 L

19 고압가스 운반의 기준으로 틀린 것은?

① 차량의 고장, 교통사정 또는 운전자의 휴식 등 부득이한 경우를 제외하고는 장시간 정차하여서는 안 된다.
② 고압가스를 운반하는 때에는 재해방지를 위하여 필요한 주의사항을 기재한 서면을 운전자에게 교부하고 운전 중 휴대하게 한다.
③ 고속도로 운행 중 점심식사를 하기 위해 운반책임자와 운전자가 동시에 차량을 이탈할 때에는 시건장치를 하여야 한다.
④ 지정한 도로, 시간, 속도에 따라 운반하여야 한다.

해설 고압가스 운반
운반책임자와 운전자 : 차량 동시 이탈 불가

20 정압기지 방호벽을 철근콘크리트 구조로 설치할 경우, 방호벽 기초 기준에 대한 설명 중 틀린 것은?

① 높이 350 mm 이상, 되메우기 깊이는 300 mm 이상으로 한다.
② 일체로 된 철근콘크리트 기초로 한다.
③ 두께 200 mm 이상, 간격 3200 mm 이하 보조벽을 본체와 직각 설치한다.
④ 기초의 두께는 방호벽 최하부 두께의 120 % 이상으로 한다.

해설 정압기지 철근콘크리트 방호벽
보조벽 : 본체와 각각 수평설치

21 고압가스 제조설비의 게장회로에는 제조하는 고압가스의 종류·온도 및 압력과 제조설비의 상황에 따라서 안전확보를 위한 주요 부문에 설비가 잘못 조작되거나 정상적인 제조를 할 수 없는 경우에 자동으로 원재료의 공급을 차단시키는 등 제조설비 안의 제조를 제어할 수 있는 장치를 설치한다. 이를 무엇이라 하는가?

① 인터록제어장치
② 긴급차단장치
③ 벤트스택
④ 긴급이송설비

해설 인터록기구
설비 잘못 조작 및 정상동작 불가능 시 : 고압가스 제조설비 안의 제조 제어 기능

22 다음 중 독성(TLV - TWA)이 가장 강한 가스에 해당하는 것은?

① 암모니아   ② 일산화탄소
③ 황화수소   ④ 아황산가스

해설 독성농도
• 암모니아 : 25 ppm
• 황화수소 : 10 ppm
• 일산화탄소 : 50 ppm
• 아황산가스 : 5 ppm

23 다음 중 같은 성질을 가진 가스로 나열된 것은?

① 에탄, 에틸렌
② 헬륨, 염소
③ 오존, 아황산가스
④ 암모니아, 산소

해설 가스 종류
• 가연성 : 에탄(C_2H_6), 에틸렌(C_2H_4)
• 독성 : 오존(O_3), 아황산가스(SO_2), 염소(Cl_2)
• 무독성 : 산소(O_2), 헬륨(He)
• 조연성 : 산소(O_2), 오존(O_3), 염소(Cl_2)

24 독성 가스배관을 지하에 매설할 경우에 배관은 그 가스가 혼입될 우려가 있는 수도시설과 몇 m 이격거리를 유지하여야 하는가?

① 70 m   ② 120 m
③ 200 m   ④ 300 m

해설 독성 가스배관 이격거리
독성 가스배관 ↔ 수도시설 300 m 이상 유지

25 고압가스용기 안전점검 기준으로 알맞지 않은 것은?

① 용기의 캡이 씌워져 있거나 프로텍터의 부착여부 확인
② 용기의 부식, 도색 및 표시 확인
③ 재검사 기간의 도래 여부를 확인
④ 용기의 누출을 성냥불로 확인

해설 고압가스용기 안전점검 기준
용기의 누출 확인 : 비눗물

26 가스 공급시설의 임시사용 기준 항목으로 틀린 것은?

① 가스공급시설을 사용할 때 안전을 해칠 우려가 있는지의 여부
② 도시가스의 수급 상태를 고려할 때 해당지역에 도시가스의 공급이 필요한지의 여부
③ 공급의 이익 여부
④ 도시가스 공급이 가능한지의 여부

해설 가스공급시설 사용 기준
공급의 이익 여부 : 기준 항목에서 생략

27 용기의 파열사고 원인으로 틀린 것은?

① 용기의 내압력 부족
② 용기의 내압 상승
③ 용기 내에서 폭발성 혼합가스에 의한 발화
④ 안전밸브의 작동

해설 용기의 파열사고 원인
• 용기의 내압력 부족
• 용기의 내압 상승
• 용기 내 폭발성 혼합가스에 의한 발화
→ 안전밸브 : 파열사고 방지

28 시안화수소 가스는 위험성이 매우 높아 용기에 충전 보관할 때 안정제를 첨가하여야 한다. 적합한 안정제는?

① 질소   ② 이산화탄소
③ 황산   ④ 염산

해설 시안화수소
• 복숭아 향 가스
• 폭발 범위 : 6~41 %
• 중합폭발 방지 위해 황산, 동망, 염화칼슘, 인산, 아황산가스 등 첨가

29 충전용기 보관실의 온도는 몇 ℃ 이하를 유지하여야 하는가?

① 40 ℃   ② 45 ℃
③ 50 ℃   ④ 65 ℃

해설 충전용기 보관실 온도
가스 충전용기는 항상 40 ℃ 이하 유지

30 도시가스배관의 철도궤도 중심과 이격거리 기준에 해당하는 것은?

① 1 m 이상   ② 3 m 이상
③ 4 m 이상   ④ 7 m 이상

해설 도시가스배관 이격거리
도시가스배관 ↔ 철도궤도 중심 : 4 m 이상

정답 26 ③ 27 ④ 28 ③ 29 ① 30 ③

31 가스폭발사고의 근본적 원인으로 가장 거리가 먼 것은?

① 누출경보장치의 미비
② 화학반응열 또는 잠열의 축적
③ 내용물의 누출 및 확산
④ 착화원 또는 고온물의 생성

해설 가스폭발
화학반응 열 또는 잠열과는 관련성 없음

32 정압기 선정 시 유의사항으로 틀린 것은?

① 정압기의 내압성능 및 사용 최대차압
② 1차 압력과 2차 압력범위
③ 정압기의 크기
④ 정압기의 용량

해설 정압기 선정
정압기 크기는 유의사항에 해당 없음

33 가스용품제조허가를 받아야 하는 품목에 해당하지 않는 것은?

① PE배관 ② 매몰형 정압기
③ 연료전지 ④ 로딩암

해설 가스용품제조허가 품목
- 매몰형 정압기
- 연료전지
- 로딩암
→ PE배관 : 플라스틱 배관으로 가스용품제조허가 불필요

34 다음 그림에 해당하는 공기 액화장치는?

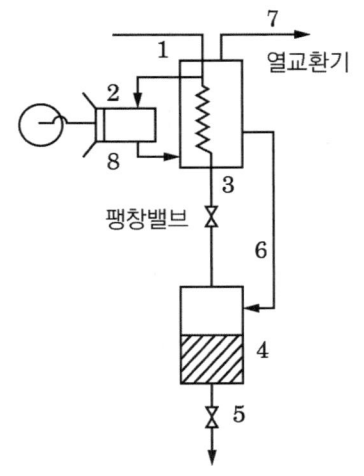

① 클라우드식 액화장치
② 필립스식 액화장치
③ 캐피자식 액화장치
④ 린데식 액화장치

해설 클라우드식 액화장치
- 줄 - 톰슨효과 이용
- 피스톤식 팽창기 이용

35 2000 rpm으로 회전하는 펌프를 3500 rpm으로 변환하였다. 펌프의 유량과 양정은 각각 몇 배가 되는가?

① 유량 : 2.65, 양정 : 4.12
② 유량 : 3.06, 양정 : 5.36
③ 유량 : 3.06, 양정 : 1.75
④ 유량 : 1.75, 양정 : 3.06

해설 유량, 양정 증가식

- $Q_2 = Q_1(\frac{N_2}{N_1}) = Q_1(\frac{3,500}{2,000}) = 1.75$배
- $H_2 = H_1(\frac{N_2}{N_1})^2 = H_1(\frac{3,500}{2,000})^2 = 3.06$배

정답 31 ② 32 ③ 33 ① 34 ① 35 ④

36 가스분석 시 이산화탄소 흡수제로 사용되는 것은?

① KCl ② NaCl
③ KOH ④ Ca(OH)$_2$

해설 이산화탄소 흡수용액
수산화칼륨용액(KOH)

---

37 액주식 압력계에 해당하지 않는 것은?

① U자관식 ② 단관식
③ 벨로우즈식 ④ 경사관식

해설 액주식 압력계
- 관을 이용한 압력계
- U자관식, 경사관식, 단관식
- 탄성식 압력계 : 벨로스식, 다이어프램식, 브르동관식

---

38 이동식부탄연소기의 용기연결방법에 따른 분류에 해당하지 않는 것은?

① 분리식 ② 직결식
③ 카세트식 ④ 일체식

해설 이동식부탄연소기용기연결
- 카세트식 : 가스용기를 연소기 내부에 장착
- 직결식 : 가스용기를 연소기에 직접 연결
- 분리식

---

39 파일럿 정압기 중 구동압력이 증가하면 개도 또한 증가하는 방식으로, 정특성, 동특성이 양호하고 비교적 컴팩트한 구조의 로딩형 정압기는?

① Fisher식 ② Axial Flow식
③ KRF식 ④ Reynolds식

해설 피셔(Fisher)식 정압기
- 구동압력 증가 시 개도 증가
- 정특성·동특성 양호
- 비교적 컴팩트

---

40 다음 가스분석법 중 흡수분석법에 해당하지 않는 것은?

① 게겔법 ② 구우데법
③ 오르자트법 ④ 헴펠법

해설 흡수분석법
게겔법, 오르자트법, 헴펠법
구우데법 : 암모니아 합성공정 중 저압합성법

---

41 도시가스 총발열량이 10400 kcal/m^3, 공기에 대한 비중이 0.55이다. 웨베지수는 얼마인가?

① 11023 ② 12023
③ 13023 ④ 14023

해설 웨베지수(웨버지수)

$$W = \frac{Hg}{\sqrt{d}} = \frac{Q}{\sqrt{d}}$$

$$W = \frac{10,400}{\sqrt{0.55}} = 14,023$$

Hg : 총발열량
d : 비중

정답 36 ③ 37 ③ 38 ④ 39 ① 40 ② 41 ④

42 화학적 부식이나 전기적 부식 염려가 없으며 0.4 MPa 이하의 매몰배관으로 주로 사용하는 배관의 종류는?

① 배관용 탄소강관
② 스테인리스강관
③ 폴리에틸렌피복강관
④ 폴리에틸렌관

해설 폴리에틸렌관(PE관)
- 전기 절연체로 많이 사용
- 화학적 부식이나 전기적 부식의 염려 없음

43 땅 속 애노드에 강제 전압을 가하여 피방식 금속제를 캐소드로 하는 전기방식법은?

① 선택배류법　② 외부전원법
③ 희생양극법　④ 강제배류법

해설 외부전원법
- 직류전원장치
- 장거리에 사용
- 전류·전압 조정 가능

44 가연성 가스 검출기에서 탄광에서 발생하는 CH_4 농도를 측정하는 데 주로 사용되는 것은?

① 열선형　② 안전등형
③ 간섭계형　④ 반도체형

해설 안전등형
탄광에서 발생하는 메탄(CH_4) 농도 측정

45 서로 다른 두 종류의 금속을 연결하여 폐회로를 만든 후 양접점에 온도차를 두면 금속 내 열기전력이 발생한다. 이 원리를 이용한 온도계는?

① 광전관식 온도계
② 서미스터 온도계
③ 바이메탈 온도계
④ 열전대 온도계

해설 열전대 온도계
- 접촉식 온도계
- 열기전력의 발생 원리를 이용
- 백금 - 백금로듐 온도계

46 다음 중 액화하기 가장 어려운 가스는?

① N_2　② He
③ H_2　④ CH_4

해설 가스의 비점
- 비점이 낮을수록 액화가 어려움
- 수소(H_2) : -252 ℃
- 질소(N_2) : -196 ℃
- 헬륨(He) : -272.2 ℃
- 메탄(CH_4) : -162 ℃

47 다음 중 가장 높은 압력은? ✅최다빈출

① $10\ b/in^2$　② $1\ kg/cm^2$
③ $1\ atm$　④ $750\ mmHg$

해설 표준대기압
- 1기압(atm) = 760 mmHg
　　　　= 10.332 mH_2O
　　　　= 1.0332 kg/cm^2
　　　　= 1.013 bar
　　　　= 0.101325 MPa
　　　　= 101.325 kPa

정답 42 ④　43 ②　44 ②　45 ④　46 ②　47 ③

= 14.7 Psi
= 14.7 lb/in²
→ ①, ②, ④ : 1 기압(atm)보다 작음

48 자동절체식 조정기의 경우 사용 쪽 용기안 압력이 얼마 이상일 때 표시 용량의 범위에서 예비 쪽 용기에서 가스가 공급되지 않아야 하는가?

① 0.07 MPa ② 0.1 MPa
③ 0.20 MPa ④ 0.25 MPa

해설 **자동절체식 조정기**
0.1 MPa 이상 : 가스 공급불가

49 60 K를 랭킨온도로 환산하면 약 몇 °R인가? ✓최다빈출

① 109 ② 127
③ 130 ④ 145

해설 **랭킨온도 환산**
R = °F + 460 °C = K × 1.8
R = 60 K × 1.8 = 109 R

50 "성능계수(ε)가 무한정한 냉동기 제작은 불가능하다"라고 표현되는 법칙은?

① 열역학 제0법칙
② 열역학 제1법칙
③ 열역학 제2법칙
④ 열역학 제3법칙

해설 **열역학 제2법칙**
• 열을 일로 바꾸는 영구기관은 존재하지 않음
• 효율이 100 %인 기관은 존재하지 않음

51 산소의 성질로 틀린 것은?

① 자신은 폭발위험은 없으나 연소를 돕는 조연제이다.
② 액체산소는 무색, 무취이다.
③ 상자성을 가지고 있다.
④ 화학적으로 활성이 강하며, 많은 원소와 반응하여 산화물을 만든다.

해설 **액체산소**
• 담청색
• 비점 : -183 ℃

52 밀폐된 공간에서 LP가스가 연소되고 있을 때의 현상으로 틀린 것은?

① 시간이 지나감에 따라 이산화탄소가 증가된다.
② 시간이 지나감에 따라 일산화탄소가 증가된다.
③ 시간이 지나감에 따라 산소 농도가 감소된다.
④ 시간이 지나감에 따라 아황산가스가 증가된다.

해설 **밀폐 공간 LP연소**
LP가스연소 : CO가스 또는 CO_2 증가

정답 48 ② 49 ① 50 ③ 51 ② 52 ④

53 에틸렌의 제조원료로 사용되지 않는 것은?

① 프로판　　② 에탄올
③ 나프타　　④ 염화메탄

해설　에틸렌 제조 원료
- 나프타
- 아세틸렌
- 탄화수소(프로판, 에탄올)

54 공기 중에서 폭발하한이 가장 낮은 탄화수소는?

① C_3H_8　　② C_4H_{10}
③ CH_4　　④ C_2H_6

해설　폭발 범위
- 에탄(C_2H_6) : 3 ~ 12.5 %
- 메탄(CH_4) : 5 ~ 15 %
- 프로판(C_3H_8) : 2.1 ~ 9.5 %
- 부탄(C_4H_{10}) : 1.8 ~ 8.4 %

　　암　삼일이오[에탄], [메]오시오,
　　　　[프]트리구오, 십팔팔사[부]

55 탄소 12 g을 완전연소시킬 때 발생되는 이산화탄소는 약 몇 L인가? (단, 표준 상태일 때를 기준으로 한다)

① 11.2　　② 12
③ 22.4　　④ 32

해설　탄소의 연소
- $C + O_2 \rightarrow CO_2$
- 탄소 1 mol, 산소 1 mol
　→ 1몰 이산화탄소
- 1 mol = 22.4 L

56 다음 중 비중이 가장 작은 가스로 옳은 것은?

① 수소　　② 프로판
③ 부탄　　④ 질소

해설　가스 비중
- 비중 = $\dfrac{가스분자량}{공기분자량(29)}$
- 분자량이 적을수록 비중이 작음
- 분자량 : 수소(2), 질소(28), 부탄(58), 프로판(44)

57 가연성 가스 정의에 대한 설명으로 알맞는 것은?

① 폭발한계의 하한이 10 % 이하인 것과 폭발한계의 상한과 하한의 차가 20 % 이상인 것을 말한다.
② 폭발한계의 상한이 10 % 이하인 것과 폭발한계의 상한과 하한의 차가 20 % 이하인 것은 말한다.
③ 폭발한계의 하한이 20 % 이하인 것과 폭발한계의 상한과 하한의 차가 10 % 이상인 것을 말한다.
④ 폭발한계의 상한이 10 % 이상인 것과 폭발한계의 상한과 하한의 차가 10 % 이하인 것은 말한다.

해설　가연성 가스
- 연소하는 가스
- 폭발한계의 하한이 10% 이하인 것
- 폭발한계의 상한과 하한의 차가 20 % 이상인 것

정답　53 ④　54 ②　55 ③　56 ①　57 ①

58 다음 중 아세틸렌 발생방식으로 틀린 것은?

① 주수식 : 카바이드에 물을 넣는 방법
② 접촉식 : 물과 카바이드를 소량씩 접촉시키는 방법
③ 투입식 : 물에 카바이드를 넣는 방법
④ 가열식 : 카바이드를 가열하는 방법

해설 아세틸렌 발생방식
- 주수식
- 투입식
- 접촉식
→ 카바이드 가열식은 없음

59 암모니아 가스 특성으로 옳은 것은?

① 물에 잘 녹지 않는다.
② 무색의 기체이다.
③ 물에 녹으면 산성이 된다.
④ 상온에서 아주 불안정하다.

해설 암모니아
- 물에 잘 녹음
- 물에 녹으면 알칼리성이 됨
- 상온에서 안정하며 무색의 기체

60 질소에 대한 설명으로 옳지 않은 것은?

① 질소는 다른 원소와 반응하지 않아 기기의 기밀시험용 가스로 사용된다.
② 촉매 등을 사용하여 상온(35 ℃)에서 수소와 반응시키면 암모니아를 생성한다.
③ 비점이 대단히 낮아 극저온의 냉매로 이용된다.
④ 주로 액체 공기를 비점 차이로 분류하여 산소와 같이 얻는다.

해설 질소(N_2)
- 고온에서 수소와 반응시켜 암모니아 생성
- $N_2 + 3H_2 \rightarrow NH_3$

참조 분자량
- 공기 : 29
- 수산화나트륨(NaOH) : 40
- 염소(Cl_2) : 70
- 이산화탄소(CO_2) : 44
- 헬륨(He) : 4
- 메탄(CH_4) : 16
- 에틸렌(C_2H_4) : 28
- 프로판(C_3H_8) : 44
- 암모니아(NH_3) : 17
- 부탄(C_4H_{10}) : 58
- 수소(H_2) : 2
- 아세틸렌(C_2H_2) : 26
- 일산화탄소(CO) : 30

정답 58 ④　59 ②　60 ②

2012 04월 08일

01 지상에 설치하는 액화석유가스의 저장탱크 안전밸브에 가스 방출관을 설치하려고 한다. 저장탱크의 정상부가 8 m일 경우 방출관의 방출구 높이는 지상에서 얼마 이상의 높이에 설치하여야 하는가?

① 6 m
② 9 m
③ 10 m
④ 12 m

해설 방출구 높이
- 저장탱크의 정상부 + 2 m 이상 설치
- 8 m + 2 m = 10 m

02 도시가스 사용시설 중 가스계량기 설치 기준으로 해당하지 않는 것은?

① 가스계량기는 화기(자체 화기는 제외)와 2 m 이상의 우회 거리를 유지하여야 한다.
② 가스계량기를 격납상자 내에 설치하는 경우에는 설치 높이의 제한을 받지 아니한다.
③ 가스계량기 30 m^3/h 미만의 설치 높이는 바닥으로부터 1.6 m 이상, 2 m 이내이어야 한다.
④ 가스계량기는 절연조치를 하지 아니한 전선과 30 cm 이상의 거리를 유지하여야 한다.

해설 가스계량기 설치 기준
절연조치를 하지 않은 전선과 15 cm 이상 거리유지

03 다음 중 지식경제부령이 정하는 특정설비에 해당하지 않는 것은?

① 저장탱크의 안전밸브
② 저장탱크
③ 조정기
④ 기화기

해설 특정설비
- 차량에 고정된 탱크
- 긴급차단장치
- 안전밸브
- 기화기
- 역화방지장치
- 자동차용 가스 자동주입기
→ 조정기 : 가스용 기기

04 지하에 매설된 도시가스배관의 전기방식 기준으로 옳지 않은 것은?

① 전기방식전류가 흐르는 상태에서 토양 중에 있는 배관 등의 방식전위 상한 값은 포화황산동 기준전극으로 -0.85 V 이하일 것
② 배관에 대한 전위측정은 가능한 배관 가까운 위치에서 실시할 것
③ 전기방식전류가 흐르는 상태에서 자연전위와의 전위변화 최소한 -300 mV일 것
④ 전기방식시설의 관대지전위 등을 2년에 1회 이상 점검할 것

정답 01 ③ 02 ④ 03 ③ 04 ④

해설 지하매설 배관 전기방식
- 전기방식시설 관대지전위 : 1년에 1회 이상 점검
- 계기류 확인 : 3개월에 1회 이상 점검

05 가스용 폴리에틸렌관의 굴곡허용반경은 외경의 몇 배 이상인가?

① 15 ② 20
③ 30 ④ 40

해설 폴리에틸렌관
- 굴곡허용 반경 : 20배 이상
- 굴곡반경이 외경의 20배 미만 : 엘보 사용

06 압력용기의 내압부분에 대한 비파괴시험으로 실시되는 초음파 탐상시험 대상에 해당되는 것은?

① 두께가 30 mm인 저합금강
② 두께가 5 mm인 9 % 니켈강
③ 두께가 15 mm인 니켈강
④ 두께가 5 mm인 탄소강

해설 초음파 탐상시험
- 탄소강 : 50 mm 이상
- 니켈강 : 13 mm 2.5 % 니켈 또는 3.5 % 니켈
- 저합금강 : 38 mm 이상

07 가스설비를 수리할 때 산소 농도가 약 몇 % 이하가 되면 산소 결핍현상을 초래하게 되는가?

① 8 %   ② 15 %
③ 16 % ④ 22 %

해설 산소 결핍현상
산소 농도 16 % 이하일 때 초래

08 특정고압가스용 실린더캐비닛 제조설비가 아닌 것은?

① 용접설비 ② 세척설비
③ 판넬설비 ④ 가공설비

해설 실린더캐비닛 제조설비
가공설비, 세척설비, 용접설비
→ 판넬설비 : 실린더케비닛 제조설비 해당 없음

09 프로판 15 vol%와 부탄 85 vol%로 혼합된 가스의 공기 중 폭발하한 값은 약 몇 %인가? (단, 프로판의 폭발하한 값은 2.1 %이고, 부탄은 1.8 %이다)

① 1.84 ② 1.89
③ 1.94 ④ 1.97

해설 폭발하한 값
※ 르샤틀리에법칙
$$\frac{100}{L} = \frac{V_1}{L_1} + \frac{V_2}{L_2} = \frac{15}{2.1} + \frac{85}{1.8} = 54.36$$

$$\frac{100}{L} = 54.36, \ L = \frac{100}{54.36} = 1.84$$

정답 05 ② 06 ③ 07 ③ 08 ③ 09 ①

10 인체용 에어졸 제품용기에 기재하여야 할 사항으로 틀린 것은?

① 온도가 40 ℃ 이상 되는 장소에 보관하지 말 것
② 가능한 한 인체에서 10 cm 이상 떨어져서 사용할 것
③ 특정부위에 계속하여 장시간 사용하지 말 것
④ 불 속에 버리지 말 것

해설 에어졸 제품
인체에서 20 cm 이상 이격거리 유지

11 도시가스 유해성분 측정에 있어서 암모니아는 도시가스 1 m³당 몇 g을 초과해서는 안 되는가?

① 0.02   ② 0.2
③ 0.7   ④ 1.5

해설 도시가스 유해성분 측정 [1 m³당]
• 암모니아 : 0.2 g
• 황전량 : 0.5 g
• 황화수소 : 0.02 g

12 용기 동판의 최대 두께와 최소 두께 차이는 평균 두께의 몇 % 이하로 하여야 하는가?

① 10 %   ② 15 %
③ 20 %   ④ 30 %

해설 용기 동판 두께
최대 두께와 최소 두께 차이는 평균 10 % 이하로 하여야 한다.
심리스용기 : 평균 두께의 20 % 이하

13 가스보일러 설치 기준 중 자연배기식 보일러의 배기통 설치방법으로 틀린 것은?

① 배기통의 굴곡수는 6개 이하로 한다.
② 배기통 입상높이는 10 m 이하로 한다.
③ 배기통의 끝은 옥외로 뽑아낸다.
④ 배기통 가로 길이는 5 m 이하로 한다.

해설 자연배기식 보일러 배기통
• 굴곡수 : 4개 이내
• 배기통 끝 : 옥외
• 배기통 입상높이 : 10 m 이하
• 배기통 가로 길이 : 5 m 이하

14 다음 중 가연성이면서 독성인 가스는?

① NH_3 ② N_2
③ CH_4 ④ H_2

해설 암모니아
• 폭발 범위 : 15 ~ 28 %
• 독성허용농도 : 25 ppm

15 부취제 구비조건으로 적합하지 않은 것은?

① 일상생활의 냄새와 확연히 구분될 것
② 연료가스연소 시 완전연소될 것
③ 토양에 쉽게 흡수될 것
④ 물에 녹지 않을 것

해설 부취제
• 냄새로 누설 파악, 폭발사고나 중독사고방지
• 1/1000의 비율로 사용
• 가스관이나 가스미터에 흡착되지 않아야 함
• 토양에 쉽게 흡수되면 안 됨
• 물에 용해되지 말고 부식성이 없어야 함

정답 10 ② 11 ② 12 ① 13 ① 14 ① 15 ③

- THT(석탄가스 냄새), TBM(양파 썩는 냄새) DMS(마늘 썩는 냄새)
- 냄새 강도 : TBM > THT > DMS

16 저장 능력 300 m³ 이상인 2개의 가스 홀더 A, B 사이에 유지해야 할 거리는? (단, A와 B의 최대 지름은 각각 8 m, 4 m이다)

① 1 m
② 2 m
③ 3 m
④ 5 m

해설 가스 홀더 이격거리
- 가스홀더 2개 이상 인접 설치 : 각 지름 합산 값의 1/4 이상 거리 유지
- 8 m + 4 m = 12
- 12/4 = 3 m

17 가스누출자동차단장치 및 가스누출자동차단기 설치 기준으로 틀린 것은?

① 가스누출자동차단기를 설치하여도 설치목적을 달성할 수 없는 시설에는 가스누출자동차단장치를 설치하지 않을 수 있다.
② 가스공급이 불시에 자동 차단됨으로써 재해 및 손실이 클 우려가 있는 시설에는 가스누출경보차단장치를 설치하지 않을 수 있다.
③ 월사용예정량이 1000 m³ 미만으로서 연소기에 소화안전장치가 부착되어 있는 경우에는 가스누출경보차단장치를 설치하지 않을 수 있다.
④ 지하에 있는 가정용 가스사용시설은 가스누출경보차단장치의 설치대상에서 제외된다.

해설 가스누출자동차단기 설치 기준
월 사용예정량 2000 m³ 미만 : 설치 불필요

18 다음 가스 중 독성이 가장 강한 것은?

① 염소
② 불소
③ 암모니아
④ 시안화수소

해설 독성허용농도(ppm)
- 허용농도가 적을수록 독성이 강함
- 염소 : 1
- 시안화수소 : 10
- 불소 : 0.1
- 암모니아 : 25

19 아세틸렌가스 압축 시 희석제로 적당하지 않은 것은?

① 메탄
② 질소
③ 일산화탄소
④ 산소

해설 아세틸렌가스 희석제
- 에틸렌
- 메탄
- 일산화탄소
- 질소
→ 산소 : 조연성 가스이므로 희석제 부적당

정답 16 ③ 17 ③ 18 ② 19 ④

20 고압가스 충전용기 적재 기준이 아닌 것은?
① 차량의 적재함을 초과하여 적재하지 아니한다.
② 충전용기를 차량에 적재하는 때에는 뉘여서 적재한다.
③ 밸브가 돌출한 충전용기는 밸브의 손상을 방지하는 조치를 한다.
④ 차량의 최대적재량을 초과하여 적재하지 아니한다.

해설 고압가스 충전용기 적재
차량에 적재하는 경우 : 세워서 적재

21 방류둑에는 계단, 사다리 또는 토사를 높이 쌓아 올림 등에 의한 출입구를 몇 m 둘레마다 1개 이상 두어야 하는가?
① 40 ② 50
③ 85 ④ 100

해설 방류둑 출입구
계단, 사다리 : 출입구 둘레 50 m마다 설치

22 도시가스배관을 지하에 설치 시공할 때 다른 배관이나 타 시설들과의 이격거리 기준은?
① 30 cm 이상 ② 60 cm 이상
③ 1.5 m 이상 ④ 2.0 m 이상

해설 가스 지하 매설배관 이격거리
도시가스 지하 배관 ↔ 타 시설물
30 cm 이상

23 가스가 누출된 경우에 제2의 누출 방지를 위하여 방류둑을 설치한다. 방류둑을 설치하지 않아도 되는 저장탱크는?
① 저장능력 1000톤의 액화질소탱크
② 저장능력 5톤의 액화암모니아탱크
③ 저장능력 1000톤의 액화산소탱크
④ 저장능력 5톤의 액화염소탱크

해설 방류둑 설치 기준
• 산소 : 1000톤 이상 저장능력 지상탱크
• 독성 가스(염소, 암모니아)
  : 5톤 이상 저장능력 지상탱크
→ 액화질소 : 무독성 가스, 방류둑 불필요

24 냉동기 제조시설의 내압성능 확인을 위한 시험압력 기준은?
① 설계압력 이상
② 설계압력의 1.2배 이상
③ 설계압력의 1.5배 이상
④ 설계압력의 2.5배 이상

해설 냉동기 제조시설 내압시험
내압성능 확인 : 설계압력의 1.5배 이상

25 충전용기를 차량에 적재하여 운반할 때 차량의 앞뒤 보기 쉬운 곳에 표기하는 경계표시의 글자 색과 내용으로 적합한 것은?
① 노랑 글씨 - 위험고압가스
② 붉은 글씨 - 위험고압가스
③ 붉은 글씨 - 주의고압가스
④ 노랑 글씨 - 주의고압가스

해설 충전용기 차량 경계표시
• 글씨 색 : 적색
• 내용 : 위험고압가스

정답 20 ② 21 ② 22 ① 23 ① 24 ③ 25 ②

26 가스배관 주위 굴착하고자 할 때 가스배관의 좌우 얼마 이내의 부분은 인력 굴착해야 하는가?

① 40 cm 이내 ② 60 cm 이내
③ 1 m 이내   ④ 1.5 m 이내

해설 가스배관 주위 굴착
배관의 좌우 1 m 이내의 부분은 인력으로 굴착해야 함

27 사고를 일으키는 장치 이상이나 운전자의 실수 조합을 연역적으로 분석하는 정량적 위험성 평가 기법은?

① 위험과 운전분석(HAZOP)기법
② 결함수분석(FTA)기법
③ 사건수분석(ETA)기법
④ 이상위험도분석(FMECA)기법

해설 결함수분석(FTA)
• 장치의 이상이나 운전자 실수조합분석
• 정량적 안정성 평가기법

28 고압가스 운반, 취급에 관한 안전사항 중 염소와 동일 차량에 적재하여 운반 가능한 가스는?

① 수소   ② 암모니아
③ 질소   ④ 아세틸렌

해설 염소와 동일적재 불가 가스
아세틸렌, 암모니아, 수소
→ 질소 : 불연성, 무독성 가스이므로 적재 가능

29 천연가스 발열량이 10400 kcal/Sm³다. SI 단위인 MJ/Sm³로 나타내면?

① 2.47   ② 43.68
③ 2.476   ④ 43680

해설 발열량
• 1 kcal = 4.2 kJ
• 10400 × 4.2 = 43680 kJ = 43.68 MJ

30 시안화수소를 충전할 때 한 용기에서 60일 초과 가능 경우는?

① 순도가 90 % 이상으로 착색되지 아니한 경우
② 순도가 90 % 이상으로 착색된 경우
③ 순도가 98 % 이상으로 착색된 경우
④ 순도가 98 % 이상으로서 착색되지 아니한 경우

해설 시안화수소 충전용기
순도 98 % 이상, 착색되지 않았을 경우는 60일 초과 가능

31 액화가스 고압가스설비에 부착되어 있는 스프링식 안전밸브는 상용 온도에서 그 고압가스설비 내의 액화가스의 상용의 체적이 그 고압가스설비 내의 몇 %까지 팽창하게 되는 온도에 대응하는 그 고압가스설비 안의 압력에서 작동하는 것으로 하여야 하는가?

① 95   ② 97
③ 98   ④ 99.5

해설 스프링식 안전밸브
고압가스설비 내 98 %까지 팽창 온도에 대응하도록 설비 안 압력에서 작동 가능한 것

정답 26 ③ 27 ② 28 ③ 29 ② 30 ④ 31 ③

32 안정된 불꽃으로 완전연소를 할 수 있는 염공의 단위면적당 인풋(In put)은?

① 염공부하 ② 연소효율
③ 연소실부하 ④ 배기 열손실

해설 염공부하
완전연소 가능한 염공의 단위 면적당 인풋

33 LPG 기화장치의 작동원리에 따른 구분으로 저온의 액화가스를 조정기를 통하여 감압한 후 열교환기에 공급해 강제기화시켜 공급하는 방식은?

① 중간매체방식 ② 가온감압방식
③ 감압가열방식 ④ 해수가열방식

해설 감압가열방식
저온 액화가스 감압 후 강제 기화 공급방식

34 저장능력이 50톤인 액화산소 저장탱크 외면에서 사업소경계선까지 최단거리가 50 m일 경우 이 저장탱크에 대한 내진설계 등급은?

① 내진 특등급 ② 내진 1등급
③ 내진 2등급 ④ 내진 3등급

해설 액화산소 내진 2등급 기준
• 저장능력 : 10톤 초과 ~ 100톤 이하
• 사업소와 최단거리 : 40 m 초과 ~ 90 m 이하

35 다음 중 흡수분석법의 종류로 틀린 것은?

① 게겔법
② 활성알루미나겔법
③ 오르자트법
④ 헴펠법

해설 가스 흡수분석법
• 헴펠법
• 오르자트법
• 게겔법
→ 활성알루미나겔법 : 없음

36 자동교체식 조정기 사용 시 장점이 아닌 것은?

① 전체용기 수량이 수동식보다 적어도 된다.
② 잔액이 거의 없어질 때까지 소비된다.
③ 배관의 압력손실을 크게 해도 된다.
④ 용기 교환주기의 폭을 좁힐 수 있다.

해설 자동교체식 조정기
용기 교환주기의 폭을 넓힐 수 있음

37 특정가스 제조시설에 설치한 가연성 독성 가스 누출검지 경보장치에 대한 설명이 아닌 것은?

① 설치수는 신속하게 감지할 수 있는 숫자로 한다.
② 누출된 가스가 체류하기 쉬운 곳에 설치한다.
③ 설치위치는 눈에 잘 보이는 위치로 한다.
④ 기능은 가스의 종류에 적합한 것으로 한다.

정답 32 ① 33 ③ 34 ③ 35 ② 36 ④ 37 ③

해설 독성 가스 누출검지 경보장치
설치위치 : 가스비중, 주위상황, 가스설비높이, 가스종류 등에 따라 결정

38 열전대 온도계란 열전쌍회로에서 두 접점이 발생되는 어떤 현상의 원리를 이용한 것인가?

① 열기전력　② 열팽창계수
③ 탄성계수　④ 체적변화

해설 열전대 온도계
- 접촉식 온도계
- 열기전력의 발생 원리를 이용
- 백금 – 백금모듈 온도계

39 공기보다 비중이 가벼운 도시가스 공급시설로서 공급시설이 지하에 설치되는 경우 통풍구조에 대한 설명으로 옳은 것은?

① 환기구 2방향 이상 분산 설치한다.
② 배기구는 천장 면으로부터 60 cm 이내에 설치한다.
③ 흡입구 및 배기구의 관경은 70 cm 이상으로 한다.
④ 배기가스 방출구는 지면에서 10 m 이상의 높이에 설치한다.

해설 도시가스 지하공급시설 통풍구조
지하 설치 : 환기구 2방향 이상 분산하여 설치
- 배기구 : 천장 면으로부터 30 cm 이내
- 흡입구 및 배기구 : 100 mm 이상
- 배기가스 방출구 : 지면에서 3 m 이상

40 액화천연가스(LNG)저장탱크 중 액화천연가스의 최고 액면을 지표면과 동등하거나 그 이하가 되도록 설치하는 형태의 저장탱크는?

① 지하식 저장탱크
② 지중식 저장탱크
③ 지상식 저장탱크
④ 단일방호식 저장탱크

해설 지중식 저장탱크
LNG 저장탱크 최고 액면을 지표면과 동등 또는 그 이하가 되도록 설치

41 모듈 3. 잇수 10개, 기어의 폭이 12 mm인 기어펌프가 있다. 1200 rpm으로 회전할 때 송출량은 약 얼마인가?

① 9080 cm³/s
② 11860 cm³/s
③ 12160 cm³/s
④ 13570 cm³/s

해설 기어펌프 송출량
- $Q = 2\pi Z(M)^2 \times B \times \dfrac{rpm}{60} \times \eta_v (cm^3/s)$
- 기어의 폭 : 12 mm = 1.2 cm
- $2 \times 3.14 \times 10 \times (3)^2 \times 1200$
  $= 13565 \ cm^3/s$

정답 38 ①　39 ①　40 ②　41 ④

42 고압가스배관재료로 사용되는 동관의 특징에 대한 설명 중 옳지 않은 것은?

① 가공성이 좋다.
② 열전도율이 적다.
③ 내식성이 크다.
④ 시공이 용이하다.

해설 동관 특징
• 가공성 좋음   • 열전도율 큼
• 시공성 용이   • 내식성 큼

43 도시가스 제조 공정에서 사용되는 촉매의 열화와 거리가 먼 것은?

① 불순물의 표면 피복에 의한 열화
② 유황화합물에 의한 열화
③ 단체와 니켈과의 반응에 의한 열화
④ 불포화탄화수소에 의한 열화

해설 도시가스 제조 촉매 열화
• 유황화합물에 의한 열화
• 불순물 표면 피복에 의한 열화
• 단체와 니켈과 반응에 의한 열화

44 원통형의 관을 흐르는 물의 중심부의 유속을 피토관으로 측정하였더니 수주 높이가 10m이었다. 유속은 약 몇 m/s인가?

① 12   ② 14
③ 25   ④ 30

해설 유속(V)
$$유속(V) = \sqrt{2gh}\,(m/s)$$
$$= \sqrt{2 \times 9.8 \times 10} = 14\,m/s$$

45 실린더 중 피스톤과 보조 피스톤이 있고 양 피스톤작용으로 상부에 팽창기가 존재하는 액화사이클은?

① 캐피자 액화사이클
② 클라우드 액화사이클
③ 필립스 액화사이클
④ 캐스케이드 액화사이클

해설 필립스 액화사이클
• 피스톤과 보조 피스톤이 있음
• 양 피스톤작용 : 상부 팽창기 통해 공기 액화

46 도시가스의 주원료인 메탄(CH_4)의 비점은?

① -70℃   ② -90℃
③ -110℃   ④ -162℃

해설 메탄(CH_4)
비점 : -162℃

47 아세틸렌 특징에 대한 설명으로 옳은 것은?

① 압축 시 산화폭발한다.
② 고체 아세틸렌은 융해하지 않고 승화한다.
③ 액체 아세탈렌은 안정하다.
④ 금과는 폭발성 화합물을 생성한다.

해설 아세틸렌 특징
• 압축 : 분해폭발
• 고체 아세틸렌 : 승화
• 액체 아세틸렌 : 불안정
• 구리, 은, 수은과 접촉 : 아세틸라이드 생성

48 다음 중 메탄 제조방법으로 틀린 것은?

① 석유를 크래킹하여 제조한다
② 초산나트륨에 소다회 가열해 얻는다.
③ 천연가스를 냉각시켜 분별 증류한다.
④ 니켈을 촉매로 하여 일산화탄소에 수소를 작용시킨다.

해설 메탄 제조방법
- 초산나트륨에 소다회 가열
- 천연가스 냉각
- 니켈을 촉매로 일산화탄소에 수소작용
→ 석유 크래킹 : LPG 제조방법

49 다음 중 휘발분이 없는 연료로서 표면연소를 하는 것은?

① 목탄, 코크스   ② 경유, 유황
③ 휘발유, 등유   ④ 석탄, 목재

해설 목탄, 코크스
- 휘발분이 없음
- 표면연소함

50 다음 중 상온에서 가장 안정한 것은?

① 프로판   ② 네온
③ 산소   ④ 부탄

해설 불활성 가스
- 네온(Ne), 헬륨(He), 아르곤(Ar), 크립톤(Kr)
- 상온에서 안정

51 다음 중 카바이드와 관련이 없는 성분은?

① 아세틸렌(C_2H_2)
② 생석회(CaO)
③ 석회석($CaCO_3$)
④ 염화칼슘($CaCl_2$)

해설 카바이드
탄화칼슘의 속칭
→ 염화칼슘 : 흡습제

52 설비나 장치 및 용기 등에서 취급 또는 운용되고 있는 통상의 온도를 어떤 온도라고 하는가?

① 상용온도   ② 캘빈온도
③ 화씨온도   ④ 표준온도

해설 상용온도
설비나 장치 및 용기에서 취급되는 통상 온도

53 대기압이 1.0332 kgf/cm²이고, 계기압력이 10 kgf/cm²이다. 절대 압력은 약 몇 kgf/cm²인가?

① 1.0332   ② 10.332
③ 11.0332 ④ 103.32

해설 절대 압력
- 절대압력 = 대기압 + 게이지압력(계기압력)
- 절대압력 = 1.0332 + 10
  = 11.0332 kg/cm²

암 절대게

정답 48 ① 49 ① 50 ② 51 ④ 52 ① 53 ③

54 어떤 물질의 질량은 30 g이고, 부피는 600 cm³이다. 밀도(g/cm³)는 얼마인가?

① 0.02
② 0.05
③ 0.7
④ 1.05

해설 밀도계산

$$\text{밀도}(\rho) = \frac{\text{질량}}{\text{부피}}$$
$$= \frac{30g}{600cm^3} = 0.05 g/cm^3$$

55 브롬화메탄에 대한 설명으로 옳지 않은 것은?

① 가연성이며 독성 가스이다.
② 알루미늄을 부식하므로 알루미늄 용기에 보관할 수 없다.
③ 용기가 열에 노출되면 폭발할 수 있다.
④ 용기의 충전구 나사는 왼나사이다.

해설 용기 충전구 나사
- 불연성 가스 : 오른나사
- 가연성 가스 : 왼나사
- 암모니아, 브롬화메탄 : 오른나사

56 다음 화합물 중 탄소 함유율이 가장 많은 것은?

① CO
② CH_4
③ C_2H_4
④ CO_2

해설 탄소 화합물
- 탄소(C) 분자량 : 12
- 탄소 함유율 : 탄소의 개수

57 도시가스 정압기 특성으로 유량이 증가됨에 따라 가스가 송출될 때 출구 측 배관(밸브등)의 마찰로 인하여 압력이 약간 저하된다. 이 상태를 무엇이라 하는가?

① 히스테리시스(Hysteresis)효과
② 충돌(lmpingement)효과
③ 록업(Lock-up)효과
④ 형상(Body-Configuration)효과

해설 히스테리시스효과
도시가스 정압기가 출구 측 배관의 마찰로 압력이 저하되는 상태

58 0 ℃ 물 10 kg을 100 ℃ 수증기로 만드는 데 필요한 열량은 약 몇 kcal인가?

① 5390
② 6390
③ 7390
④ 8390

해설 열량
- 물의 증발잠열 : 539 kcal/kg
- 물의 현열 = 10 kg × 1 kcal/kg · ℃ × (100 − 0) = 1000 kcal
- 물의 잠열 = 593 kcal/kg × 10 kg = 5390 kcal
- Q = 1000 + 5390 = 6390 kcal

정답 54 ② 55 ④ 56 ③ 57 ① 58 ②

59 다음 중 온도의 단위로 틀린 것은?

① °F
② °R
③ °C
④ °T

해설 온도 단위

- 화씨온도(°F) : $\frac{9}{5} \times °C + 32$
- 섭씨온도(°C) : $\frac{5}{9} \times (°F - 32)$
- 절대온도 랭킨(R) : °F + 460
- 절대온도 켈빈(K) : °C + 273

60 다음 중 압력단위 환산으로 잘못된 것은?

① 1 psi ≒ 0.0703 kg/cm²
② 1 kg/cm² ≒ 14.22 psi
③ 1 mbar ≒ 14.7 psi
④ 1 kg/cm³ ≒ 98.07 kPa

해설 압력단위

- 1기압(atm) = 760 mmHg
  = 10.332 mH₂O
  = 1.0332 kg/cm²
  = 1.013 bar
  = 0.101325 MPa
  = 101.325 kPa
  = 14.7 Psi
  = 14.7 lb/in²
→ 1.013 bar ≒ 14.7 psi

참조 가스폭발 범위

- 산화에틸렌(C_2H_4O) : 3 ~ 80 %
- 메탄(CH_4) : 5 ~ 15 %
- 에틸렌(C_2H_4) : 2.7 ~ 36 %
- 프로판(C_3H_8) : 2.1 ~ 9.5 %
- 황화수소(H_2S) : 4.3 ~ 45 %
- 암모니아(NH_3) : 15 ~ 28 %
- 부탄(C_4H_{10}) : 1.8 ~ 8.4 %
- 시안화수소(HCN) : 6 ~ 41 %
- 수소(H_2) : 4 ~ 75 %
- 아세틸렌(C_2H_2) : 2.5 ~ 81 %
- 일산화탄소(CO) : 12.5 ~ 74 %

정답 59 ④ 60 ③

2012 07월 22일

01 고압가스안전관리법에서 정하고 있는 특수 고압가스에 해당하지 않는 것은?

① 아세틸렌 ② 포스핀
③ 디실란 ④ 압축모노실란

해설 특수고압가스
포스핀, 압축모노실란, 디실란, 게르만, 액화알진, 세렌화수소, 압축디보레인
→ 아세틸렌 : 고압가스

02 1몰의 아세틸렌가스를 완전연소하기 위해서는 몇 몰의 산소가 필요한가? ✓최다빈출

① 0.4몰 ② 1몰
③ 2.5몰 ④ 3몰

해설 아세틸렌가스연소
C_2H_2(아세틸렌) + 2.5O_2 → 2CO_2 + H_2O
1몰, 2.5몰 → 2몰, 1몰

03 고압가스 용어에 대한 설명으로 옳지 않은 것은?

① 가연성 가스라 함은 공기 중에서 연소하는 가스로 폭발한계의 하한이 10 % 이하인 것과 폭발한계의 상한과 하한의 차가 20 % 이상인 것을 말한다.
② 독성 가스란 공기 중에 일정량이 존재하는 경우 인체에 유해한 독성을 가진 가스로서 허용농도가 100만분의 2000 이하인 가스를 말한다.
③ 초저온저장탱크라 함은 섭씨 영하 50도 이하의 액화가스를 저장하기 위한 저장탱크로서 단열재로 씌우거나 냉동설비로 냉각하는 등 방법으로 저장탱크 내의 가스온도가 상용 온도를 초과하지 아니하도록 한 것을 말한다.
④ 액화가스란 가압, 냉각 등의 방법에 의해 액체 상태로 되어 있는 것으로 대기압에서 끓는점이 섭씨 40도 이하 또는 상용 온도 이하인 것을 말한다.

해설 독성 가스 허용농도
5000/100만 이하 가스

04 안전관리자가 상주하는 사무소와 현장사무소와의 사이 또는 현장사무소는 상호 간 신속히 통보할 수 있도록 통신시설을 갖추어야 한다. 이에 해당되지 않는 것은?

① 구내방송설비 ② 메가폰
③ 페이징설비 ④ 인터폰

해설 사업소 내 통신시설
• 구내방송설비
• 사이렌
• 구내전화
• 휴대용 확성기
• 페이징설비
→ 메가폰 : 사업소 내 전체, 종업원 상호 간

정답 01 ① 02 ③ 03 ② 04 ②

05 다음 중 동일차량에 적재하여 운반할 수 없는 가스는? ✓최다빈출
① 질소와 탄산가스
② 산소와 질소
③ 탄산가스와 아세틸렌
④ 염소와 아세틸렌

해설 염소와 동일차량 적재 불가
아세틸렌, 수소, 암모니아

06 지하에 설치하는 지역정압기에서 시설의 조작을 안전하고 확실하게 하기 위해서는 조명도를 얼마나 확보하여야 하는가?
① 80룩스
② 150룩스
③ 180룩스
④ 200룩스

해설 지역정압기 조명도
지하 설치 시 : 150 lux 필요

07 독성 가스 제조시설 식별표지의 글자 색상은? (단, 가스의 명칭은 제외한다)
① 적색
② 백색
③ 황색
④ 흑색

해설 독성 가스 식별표지
• 바탕 : 백색
• 글씨 : 흑색
• 문자와의 크기 : 가로 × 세로 10 cm 이상
• 30 m 이상 떨어진 위치에서 식별 가능

08 고난도! 다음 중 폭발성이 예민해서 마찰 및 타격으로 격렬히 폭발하는 물질에 해당되지 않는 것은?
① 메틸아민
② 염화질소
③ 아세틸라이드
④ 유화질소

해설 메틸아민
• 허용농도 : 10 ppm 독성 가스
• 폭발 범위 : 4.9 ~ 20.7 %(폭발 범위가 좁음)
• 특이한 냄새
• 상온 상압 : 기체
• 액화 : 무색
• 저급알코올, 물에 잘 녹음

09 고압가스를 제조할 때 가스를 압축해서는 안 되는 경우에 해당하지 않는 것은?
① 가연성 가스(아세틸렌, 에틸렌 및 수소 제외) 중 산소량이 전체용량의 4 % 이상인 것
② 산아세틸렌, 에틸렌 또는 수소 중의 산소용량이 전체 용량의 2 % 이상인 것
③ 산소 중의 가연성 가스의 용량이 전체 용량의 4 % 이상인 것
④ 산소 중의 아세틸렌, 에틸렌 및 수소의 용량 합계가 전체용량의 4 % 이상인 것

해설 고압가스 압축
산소 내 아세틸렌, 에틸렌, 수소의 용량 합계가 전체의 2 % 이상이면 압축하지 않음

정답 05 ④ 06 ② 07 ④ 08 ① 09 ④

10 천연가스 지하 매설 배관의 퍼지용으로 주로 사용되는 가스는?

① N_2 ② O_2
③ H_2 ④ Cl_2

> **해설** 지하 매설 배관
> 퍼지용 : N_2(질소) 가스 → 안정한 가스

11 공기 중에서의 폭발 하한값이 가장 낮은 것은? ✓최다빈출

① 암모니아 ② 황화수소
③ 산화에틸렌 ④ 프로판

> **해설** 폭발 범위
> • 산화에틸렌(C_2H_4O) : 3 ~ 80 %
> • 프로판(C_3H_8) : 2.1 ~ 9.5 %
> • 황화수소(H_2S) : 4.3 ~ 45 %
> • 암모니아(NH_3) : 15 ~ 28 %
>
> 암 [싸이렌]삼팔광, [프]트리구오 사삼시오[황], 일러어이십팔[니아]

12 가스도매사업의 가스공급시설 중 배관을 지하에 매설할 때 기준으로 옳지 않은 것은?

① 배관은 그 외면으로부터 수평거리로 건축물까지 1.0 m 이상을 유지한다.
② 배관을 산과 들에 매설할 때는 지표면으로부터 배관의 외면까지의 매설깊이를 1 m 이상으로 한다.
③ 배관은 그 외면으로부터 지하의 다른 시설물과 0.3 m 이상의 거리를 유지한다.
④ 배관은 지반 동결로 손상을 받지 아니하는 깊이로 매설한다.

> **해설** 가스배관 매설
> 지하 : 외면부터 수평거리 1.5 m 이상 유지

13 가스폭발의 위험성 평가기법 중 정량적 평가방법은?

① HAZOP(위험성운전 분석기법)
② FTA(결함수분석기법)
③ WHAT-IF(사고예상질문 분석기법)
④ Check List법

> **해설** 결함수분석(FTA)
> • 장치의 이상이나 운전자 실수조합분석
> • 정량적 안정성 평가기법

14 고압가스안전관리법에서 정하고 있는 보호시설로 틀린 것은?

① 주택 ② 학원
③ 가설건축물 ④ 의원

> **해설** 보호시설
> 주택, 학원, 의원
> → 가설건축물 : 보호시설에서 제외

15 아세틸렌을 용기에 충전하는 때 사용하는 다공물질에 대한 설명으로 옳은 것은? ✓최다빈출

① 다공도가 70 % 이상 75 % 미만의 석회를 고루 채운다.
② 다공도가 65 % 이상 82 % 미만의 목탄을 고루 채운다.
③ 다공도가 75 % 이상 92 % 미만의 규조토를 고루 채운다.
④ 다공도가 95 % 이상인 다공성 플라스틱을 고루 채운다.

정답 10 ①　11 ④　12 ①　13 ②　14 ③　15 ③

> [해설] 아세틸렌가스 다공도
> 75 ~ 92 % 이하
>
> [암] 아 실오구미호

16 도시가스사업법령에 따른 안전관리자의 종류가 아닌 것은?

① 안전관리 책임자
② 안전관리 총괄자
③ 안전관리 부책임자
④ 안전점검원

> [해설] 도시가스 안전관리자
> • 안전관리 총괄자
> • 안전관리 책임자
> • 안전점검원

17 독성 가스배관은 2중관 구조여야 한다. 이때 외층관 내경은 내층관 외경의 몇 배 이상을 표준으로 하는가?

① 1.2　② 1.8
③ 2.5　④ 3.0

> [해설] 독성 가스 2중관 배관
> 내경 : 내층관 외경의 1.2배 이상

18 액화석유가스 충전사업자의 영업소에 설치하는 용기저장소 용기보관실의 면적 기준은?

① 8 m² 이상　② 15 m² 이상
③ 19 m² 이상　④ 21 m² 이상

> [해설] 용기보관실 면적 기준
> LPG 충전사업자 영업소 면적 : 19 m² 이상

19 자연발화의 열 발생속도에 대한 설명으로 틀린 것은?

① 발열량이 큰 쪽이 일어나기 쉽다.
② 표면적이 작을수록 일어나기 쉽다.
③ 초기 온도가 높은 쪽이 일어나기 쉽다.
④ 촉매 물질이 존재하면 반응속도가 빨라진다.

> [해설] 자연발화 열 발생속도
> 표면적이 클수록 일어나기 쉬움

20 다음 중 고압가스 관련 설비로 틀린 것은?

① 일반압축가스배관용 밸브
② 자동차용 압축천연가스 완속충전설비
③ 안전밸브, 긴급차단장치, 역화방지장치
④ 액화석유가스용 용기잔류가스회수장치

> [해설] 고압가스 관련 설비
> • 기화장치
> • 압력용기
> • 냉동설비
> • 안전밸브, 긴급차단장치, 역화방지장치
> • 자동차용 가스자동주입기
> • 독성 가스배관용 밸브
> • 특정 고압가스용 실린더 캐비닛
> • 액화석유가스용 용기잔류가스 회수장치

정답 16 ③ 17 ① 18 ③ 19 ② 20 ①

21 암모니아 충전용기로, 내용적이 1000 L 이하인 것은 부식 여유치가 A이고, 염소 충전용기로서 내용적이 1000 L 초과하는 것은 부식여유치가 B이다. A와 B에 알맞은 부식 여유치는?

① A : 1 mm, B : 2 mm
② A : 1 mm, B : 3 mm
③ A : 2 mm, B : 5 mm
④ A : 1 mm, B : 5 mm

해설 부식 여유치

용기종류		부식 여유치
암모니아 충전용기	1000 L 이하	1
	1000 L 초과	2
염소 충전용기	1000 L 이하	3
	1000 L 초과	5

22 고압가스일반제조시설의 저장탱크 지하 설치 기준에 대한 설명으로 옳지 않은 것은?

① 저장탱크를 매설한 곳의 주위에는 지상에 경계표지를 한다.
② 지면으로부터 저장탱크 정상부까지의 깊이는 30 cm 이상으로 한다.
③ 저장탱크 주위에는 마른모래를 채운다.
④ 저장탱크에 설치한 안전밸브는 지면에서 5 m 이상 높이에 방출구가 있는 가스방출관을 설치한다.

해설 고압가스 지하탱크

60 cm이상
지하탱크

23 아황산가스의 제독제로 알맞지 않은 것은?

① 탄산소다수용액
② 소석회
③ 가성소다수용액
④ 물

해설 아황산가스 제독제
• 가성소다수용액
• 탄산소다수용액
• 물
→ 소석회 : 포스겐, 염소의 제독제

24 산소압축기의 윤활유인 것은?

① 글리세린   ② 유지류
③ 석유류   ④ 물

해설 윤활유
⑴ 공기 : 양질의 광유
⑵ 아세틸렌 : 양질의 광유
⑶ 수소 : 양질의 광유
⑷ 산소 : 10 % 이하의 묽은 글리세린수 또는 물
⑸ 염소 : 진한 황산

암 공유, 아유, 수유, 산물, 염황

25 지상에 설치하는 정압기실 방호벽의 높이와 두께 기준은?

① 높이 1.7 m, 두께 7 cm 이상의 철근콘크리트벽
② 높이 1.5 m, 두께 12 cm 이상의 철근콘크리트벽
③ 높이 2 m, 두께 12 cm 이상의 철근콘크리트벽
④ 높이 1.7 m, 두께 15 cm 이상의 철근콘크리트벽

정답 21 ④ 22 ② 23 ② 24 ④ 25 ③

해설 지상용 정압기실 방호벽
- 높이 : 2 m 이상
- 두께 : 12 cm 이상

26 가연성 가스 또는 독성 가스의 제조시설에서, 자동으로 원재료의 공급을 차단시키는 등 제조설비 안의 제조를 제어할 수 있는 장치는?

① 인터록기구
② 플레어스택
③ 벤트스택
④ 가스누출검지경보장치

해설 인터록기구
설비 잘못 조작 및 정상동작 불가능 시 : 고압가스 제조설비 안의 제조 제어 기능

27 아세틸렌이 은, 수은과 반응하여서 폭발성의 금속 아세틸라이드를 형성하는 폭발형태는?

① 산화폭발
② 화합폭발
③ 분해폭발
④ 압력폭발

해설 아세틸렌폭발 종류
- 자체폭발(분해폭발)
- 은, 수은과 반응 시 : 화합폭발

28 도시가스도매사업제조소에 설치된 비상공급시설 중 가스가 통하는 부분은 최소사용압력의 몇 배 이상 압력으로 기밀시험이나 누출검사를 실시하여야 하는가?

① 1.1
② 1.5
③ 1.7
④ 2.0

해설 기밀시험, 누출검사
비상공급시설 중 가스가 통하는 부분 : 최소사용압력의 1.1배 이상 압력으로 실시

29 용기 종류별 부속품의 기호 중 압축가스를 충전하는 용기의 부속품은?

① LT
② PG
③ LG
④ AG

해설 압축가스 충전용기 기호
- LT : 저온 및 초저온 가스용
- PG : 압축가스용
- AG : 아세틸렌가스용
- LG : 그 밖의 가스용
- W : 질량
- V : 체적

30 "시·도지사는 도시가스를 사용하는 자에게 퓨즈 콕 등 가스안전장치의 설치를 (   )할 수 있다" 괄호 안에 알맞은 단어는?

① 권고
② 시공
③ 위탁
④ 강제

해설 시·도지사 역할
도시가스 사용자에게 가스안전장치 설치 권고

31 고압식 액화산소 분리장치에서 원료공기는 압축기에서 어느 정도로 압축되는가?

① 50 ~ 60 atm   ② 80 ~ 100 atm
③ 80 ~ 100 atm   ④ 150 ~ 200 atm

> **해설** 고압식 액화산소 분리장치
> 원료공기 : 150 ~ 200 atm 정도로 압축

32 조정기를 사용하여 공급가스를 감압하는 2단 감압방법의 장점으로 틀린 것은?

① 중간배관이 가늘어도 된다.
② 공급압력이 안정하다.
③ 각 연소기구에 알맞은 압력으로 공급이 가능하다.
④ 장치가 간단하다.

> **해설** 2단 감압법 장점
> • 중간배관이 가늘음
> • 공급압력 안정
> • 각 연소기구에 알맞은 압력 공급 가능
> → 그러나 단단감압에 비해 장치가 복잡

33 수은을 이용한 U자관 압력계에서 액주높이 (h)는 600 mm, 대기압(P1)은 1 kg/cm²이다. P2는 약 몇 kg/cm²인가?

① 0.25   ② 0.82
③ 1.82   ④ 9.16

> **해설** U자관 압력계
>
>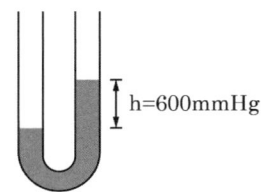
>
> $P_2 = P_1 + h = 1 + (1.033 \times 600/760)$
> $= 1.82 \text{ kg/cm}^2$

34 LNG의 주성분인 CH_4의 비점과 임계온도를 절대온도(K)로 나타낸 것은?

① 435 K, 283 K   ② 111 K, 191 K
③ 435 K, 355 K   ④ 111 K, 283 K

> **해설** LNG(CH_4)
> • 비점 : 약 -162 ℃ = (-162) + 273
>   = 111 K
> • 임계온도 : -82 ℃ = -82 + 273 = 191 K

35 재료의 저온하에서의 성질에 대한 설명으로 틀린 것은?

① 강은 암모니아 냉동기용 재료로서 적당하다.
② 탄소강은 저온도가 될수록 인장강도가 감소한다.
③ 18-8 스테인리스강은 우수한 저온장치용 재료이다.
④ 구리는 액화분리장치용 금속재료로서 적당하다.

> **해설** 저온하에서 재료의 성질
> • 탄소강 : 온도가 저하될수록 충격값 저하
> • 탄소강 : 200 ~ 300 ℃에서 청열 취성 최대
>   (청열 취성 : 고온에서 철강 표면이 청색으로 변해 부러지는 현상)

정답 31 ④ 32 ④ 33 ③ 34 ② 35 ②

36 수소취성을 방지하는 원소로 틀린 것은?

① 바나듐(V) ② 텅스텐(W)
③ 규소(Si) ④ 크롬(Cr)

해설 **수소취성 방지 원소**
티타늄(Ti), 몰리브덴(Mo), 바나듐(V), 크롬(Cr), 텅스텐(W)

암 티모부끄러워

37 온도계 선정방법에 대한 설명 중 틀린 것은?

① 지시 및 기록 등을 쉽게 행할 수 있을 것
② 견고하고 내구성이 있을 것
③ 취급하기가 쉽고 측정하기 간편할 듯
④ 피측 온체의 화학반응 등으로 온도계에 영향이 있을 것

해설 **온도계 선정방법**
피측 온체의 화학반응으로 영향이 없어야 함

38 원거리 지역의 대량가스 공급을 위해 사용되는 가스 공급방식은?

① 초저압 공급 ② 저압 공급
③ 중압 공급 ④ 고압 공급

해설 **원거리 지역 대량 가스 공급**
고압방식 : 1 MPa 이상으로 원거리 지역에 대량 공급

39 LP가스를 자동차용 연료로 사용할 때 특징으로 틀린 것은?

① 배기가스에 독성이 적다.
② 완전연소가 쉽다.
③ 기관의 부식 및 마모가 적다.
④ 시동이나 급가속이 용이하다.

해설 **LPG 자동차 단점**
• 용기부착으로 장소와 중량이 커짐
• 급속한 가속 불가
• 누설가스 방지 위해 트렁크·차실 완전밀폐

40 펌프의 캐비테이션에 대한 설명으로 옳은 것은?

① 캐비테이션은 펌프 임펠러의 출구부근에 더 일어나기 쉽다.
② 유체 중에 그 액온의 증기압보다 압력이 낮은 부분이 생기면 캐비테이션이 발생한다.
③ 이용 NPSH > 필요 NPSH일 때 캐비테이션을 발생한다.
④ 캐비테이션은 유체의 온도가 낮을수록 생기기 쉽다.

해설 **캐비테이션**
• 액온 증기압보다 압력이 낮은 부분에서 발생
• 유체의 온도가 높을수록 생기기 쉬움

정답 36 ③ 37 ④ 38 ④ 39 ④ 40 ②

41 다음은 무슨 압력계에 대한 설명인가?

> 주름관이 내압변화에 따라서 신축되는 것을 이용한 것으로 진공압 및 차압 측정에 주로 사용된다.

① 벨로우즈압력계
② 부르동관압력계
③ 다이어프램압력계
④ U자관식압력계

해설 벨로우즈압력계
- 주름관 사용 신축압력계
- 진공압 및 차압 측정용
- 탄성식 압력계
- 측정압력 범위 : 0.01 ~ 10 kg/cm^2

고난도!
42 공기의 액화 분리에 대한 설명으로 틀린 것은?

① 질소가 정류탑의 하부로 먼저 기화되어 나간다.
② 공기 액화 분리장치에서는 산소가스가 가장 먼저 액화된다.
③ 액화의 원리는 임계온도 이하로 냉각시키고 임계압력 이상으로 압축하는 것이다.
④ 대량의 산소, 질소를 제조하는 공업적 제조법이다.

해설 공기 액화 분리
- 산소 : 정류탑 하부로 배출
- 질소 : 정류탑 상부로 배출
- 기화순서 : 질소 > 아르곤 > 산소
- 비점이 낮을수록 기화가 빠름
  질소 : -196 ℃, 아르곤 : -186 ℃,
  산소 : -183 ℃

43 증기 압축식 냉동기 중 실제적으로 냉동이 이루어지는 곳은?

① 증발기
② 팽창기
③ 응축기
④ 압축기

해설 증발기
냉매액이 증발잠열 흡수하여 냉매증기가 됨

44 다음 중 가장 높은 온도는?

① 450 °R
② 2 °F
③ 220 K
④ -5 ℃

해설 온도 단위
① 450 R : 450 - 460 = -10 °F
③ 220 K : 220 × 1.8 - 460 = -64 °F
④ -5 ℃ : 9/5 × (-5) + 32 = 23 °F

- 화씨온도(°F) : $\frac{9}{5} \times °C + 32$
- 섭씨온도(℃) : $\frac{5}{9} \times (°F - 32)$
- 절대온도 랭킨(R) : °F + 460 = K × 1.8
- 절대온도 캘빈(K) : ℃ + 273

정답 41 ① 42 ① 43 ① 44 ④

45 가연성 가스 제조설비 내에 설치하는 전기기기에 대한 설명으로 옳은 것은?

① 2종 장소는 정상의 상태에서 폭발성 분위기가 연속하여 또는 장시간 생성되는 장소를 말한다.
② 안전 중 방폭구조는 전기기기의 불꽃이나 아크를 발생하여 착화원이 될 염려가 있는 부분을 기름 속에 넣은 것이다.
③ 1종 장소에는 원칙적으로 전기설비를 설치해서는 안 된다.
④ 가연성 가스가 존재할 수 있는 위험장소는 1종 장소, 2종 장소 및 0종 장소로 분류하고 위험장소에서는 방폭형 전기기기를 설치하여야 한다.

해설 가연성 가스 위험장소
제1종, 제2종, 제0종 장소로 구분

46 직동식 정압기 기본 구성요소로 틀린 것은?

① 안전밸브
② 메인밸브
③ 스프링
④ 다이어프램

해설 정압기
• 직동식 : 메인밸브, 스프링, 다이어프램
• 파일럿식 : 파일럿, 스프링, 다이어프램

암 직메스다, 파파스다

47 다음 중 염소의 용도로 적합하지 않은 것은?

① 소독용으로 사용된다.
② 표백제로 사용된다.
③ 염화비닐 제조의 원료이다.
④ 냉매로 사용된다.

해설 염소 용도
• 염산 제조
• 포스겐 원료
• 수돗물 살균, 섬유 표백분
• 염화비닐, 클로로포름, 사염화탄소의 원료
• 펄프 및 종이 제조용
→ 냉매 : 프레온의 용도

48 부탄(C_4H_{10})용기에서 액체 580 g이 대기 중에 방출되었다. 표준 상태에서의 부피는 몇 L가 되는가?

① 170 ② 200
③ 224 ④ 230

해설 부탄연소
• 부탄(C_4H_{10}) 분자량 : 58
• $C_4H_{10} + 6.5O_2 \rightarrow 4CO_2 + 5H_2O$
• 58 : 22.4 = 580 : x
• x = 22.4 × 580/58 = 224 L

49 가연성 가스배관의 출구에서 공기 중으로 유출하면서 연소하는 경우는 어느 연소인가?

① 확산연소 ② 분해연소
③ 표면연소 ④ 증발연소

해설 가스연소
• 가연성 가스 + 공기 : 예혼합연소
• 가연성 가스연소 : 확산연소

정답 45 ④ 46 ① 47 ④ 48 ③ 49 ①

50 도시가스에 첨가되는 부취제 선정 시 조건으로 옳지 않은 것은?

① 물에 잘 녹고 쉽게 액화될 것
② 독성 및 부식성이 없을 것
③ 토양에 대한 투과성이 좋을 것
④ 가스배관에 흡착되지 않을 것

해설 부취제
- 냄새로 누설 파악, 폭발사고나 중독사고방지
- 1/1000의 비율로 사용
- 가스관이나 가스미터에 흡착되지 않아야 함
- 토양에 쉽게 흡수되면 안 됨
- 물에 용해되지 말고 부식성이 없어야 함
- THT(석탄가스 냄새), TBM(양파 썩는 냄새), DMS(마늘 썩는 냄새)
- 냄새 강도 : TBM > THT > DMS

51 다음 기체 중 가장 낮은 비점은?

① N_2　　② C_3H_8
③ NH_3　　④ H_2

해설 가스의 비점
- 비점이 낮을수록 액화가 어려움
- 수소(H_2) : -252 ℃
- 질소(N_2) : -196 ℃
- 암모니아(NH_3) : -33.3 ℃
- 프로판(C_3H_8) : -42 ℃

52 다음 중 수소가스와 반응하여 격렬히 폭발하는 원소로 틀린 것은?

① Cl_2　　② N_2
③ O_2　　④ F_2

해설 수소가스와 반응
- 폭발하는 원소 : 산소, 염소, 플루오린
- N_2(질소) : 안정한 가스

53 "모든 기체 1몰의 체적(V)은 같은 온도(T), 같은 압력(P)에서 모두 일정하다"에 해당하는 법칙은?

① Henry의 법칙
② Dalton의 법칙
③ Avogadro의 법칙
④ Hess의 법칙

해설 아보가드로법칙
0 ℃, 1 atm 기체 1 mol의 부피는 22.4 L이고, 그 속에 존재하는 분자수는 6.02×10^{23}개이다.

54 액화석유가스에 관한 설명 중 맞지 않은 것은?

① 탄소의 수가 3 ~ 4개로 이루어진 화합물이다.
② 무색투명하고 물에 잘 녹지 않는다.
③ 액체에서 기체로 될 때 체적은 150배로 증가한다.
④ 기체는 공기보다 무거우며, 천연고무를 녹인다.

해설 액화석유가스(LPG)
- 무색 투명, 물에 잘 안 녹음
- 프로판(C_3H_8), 부탄(C_4H_{10})
- 공기보다 무거우며, 천연고무를 녹임
- → 기체로 될 때 체적 : 250배로 증가

55 60 ℃의 물 300 kg과 20 ℃의 물 800 kg을 혼합하면 약 몇 ℃의 물이 되는가?

① 28.4 ② 30.9
③ 33.1 ④ 37.5

해설 열량
- Q = m × c × △T
- 준 열 Q = 받은 열 Q
- 300 × (60 - x) = 800 × (x - 20)
  x = 30.9 ℃

56 이상기체에 잘 적용될 수 있는 조건으로 맞지 않는 것은?

① 온도가 높고 압력이 낮다.
② 분자크기가 작다.
③ 분자 간 인력이 작다.
④ 비열이 작다.

해설 이상기체
고온 저압에서 이상기체에 가까워짐
→ 비열 : 물질 1 kg, 1 ℃ 상승 시 필요한 열

57 0 ℃에서 온도를 상승시키면 가스 밀도는?

① 변함이 없다. ② 낮게 된다.
③ 높게 된다. ④ 일정하지 않다.

해설 가스 밀도
- 온도가 상승하면 부피가 증가, 밀도 감소
- 밀도(ρ) = $\dfrac{질량}{부피}$

58 착화원이 있을 때 가연성 액체나 고체의 표면에 연소하한계농도의 가연성 혼합기가 형성되는 최저온도는 무엇이라 하는가?

① 인화온도
② 포화온도
③ 발화온도
④ 임계온도

해설 인화온도
점화원이 있을 때 연소하한계농도의 가연성 혼합기가 형성되는 최저온도
[가스연소]
- 점화원이 있을 때 : 인화온도
- 점화원이 없을 때 : 발화온도

암 발전없다

59 암모니아 성질에 대한 설명으로 틀린 것은?

① 상온 약 8.46 atm이 되면 액화한다.
② 무색의 기체로 물에 잘 녹는다.
③ 가연성의 맹독성 가스이다.
④ 염화수소와 만나면 검은 연기 발생

해설 암모니아
- 가연성 가스 : 15 ~ 28 %
- 가연성이면서 허용농도 25 ppm의 독성 가스
- 물에 800배로 녹음
- 염화수소와 만나면 염화암모늄(흰 연기) 발생

정답 55 ② 56 ④ 57 ② 58 ① 59 ④

60 표준 상태에서 에탄 2 mol, 프로판 5 mol, 부탄 3 mol로 구성된 LPG에서 부탄 중량은 몇 %인가?

① 13.5
② 22.6
③ 38.3
④ 44.5

해설 LPG 중량
에탄(C_2H_6) : 분자량(30) × 2 mol = 60
프로판(C_3H_8) : 분자량(44) × 5 mol
        = 220
부탄(C_4H_{10}) : 분자량(58) × 3 mol = 174
총 분자량 = 60 + 220 + 174 = 454
부탄의 중량(%) = 174/454 = 0.383

참조 가스의 비점
- 비점이 낮을수록 액화가 어려움
- 수소(H_2) : -252 ℃
- 헬륨(He) : -272.2 ℃
- 질소(N_2) : -196 ℃
- 메탄(CH_4) : -162 ℃
- 암모니아(NH_3) : -33.3 ℃
- 프로판(C_3H_8) : -42 ℃
- 나프타 : 30 ~ 200 ℃
- 에틸렌(C_2H_4) : -103.7 ℃
- 에탄(C_2H_6) : -161.5 ℃
- 부탄(C_4H_{10}) : -0.5 ℃

정답 60 ③

2012 10월 20일

01 다음 가스 중 폭발 범위 하한값이 가장 높은 것은? ✅최다빈출

① 암모니아　② 메탄
③ 프로판　　④ 수소

해설 폭발 범위
- 메탄(CH_4) : 5 ~ 15 %
- 프로판(C_3H_8) : 2.1 ~ 9.5 %
- 암모니아(NH_3) : 15 ~ 28 %
- 수소(H_2) : 4 ~ 75%

암 메오시오, 프트리구오, 일러어이씹팔니아, 수사치료

02 고압가스 특정제조시설 중 비가연성 가스의 저장탱크는 몇 m^3 이상일 경우 지진영향에 대한 안전한 구조로 설계하여야 하는가?

① 300
② 700
③ 1000
④ 1500

해설 지진 안전 구조설계
- 가연성 : 500 m^3 이상
- 비가연성 : 1000 m^3 이상

03 다음은 어떤 안전설비에 대한 설명인가?

> 설비가 잘못 조작되거나 정상적인 제조를 할 수 없는 경우 자동으로 원재료의 공급을 차단시키는 등 고압가스 제조설비 안의 제조를 제어하는 기능을 한다.

① 벤트스택　② 긴급차단장치
③ 인터록기구　④ 안전밸브

해설 인터록기구
설비 잘못 조작 및 정상동작 불가능 시
: 고압가스 제조설비 안의 제조 제어 기능

04 0 °C, 1 atm에서 6 L인 기체가 273 °C, 1 atm일 때 몇 L인가?

① 4　② 10
③ 12　④ 24

해설 샤를의 법칙
- $\dfrac{V_1}{T_1} = \dfrac{V_2}{T_2}$
- $V_2 = V_1 \times \dfrac{T_2}{T_1} = 6 \times \dfrac{273+273}{273}$
　　 $= 12\,L$

정답 01 ①　02 ③　03 ③　04 ③

05 도시가스사용시설에서 배관의 용접부 중 비파괴시험이 필요한 것은?

① 가스용 폴리에틸렌관
② 호칭지름 65 mm인 매몰된 저압배관
③ 호칭지름 150 mm인 노출된 저압배관
④ 호칭지름 65 mm인 노출된 중압배관

해설 비파괴시험 대상
- 호칭지름 65 mm인 노출된 중압배관
- 도시가스 중압의 용접부와 저압의 용접부 (80 mm는 제외)

06 일반도시가스 공급시설시설 기준으로 틀린 것은?

① 가스공급시설을 설치한 곳에는 누출된 가스가 머물지 아니하도록 환기설비를 설치한다.
② 저장탱크의 안전장치인 안전밸브나 파열판에는 가스방출관을 설치한다.
③ 공동구 안에는 환기장치를 설치하며 전기설비가 있는 공동구에는 그 전기설비를 방폭구조로 한다.
④ 저장탱크의 안전밸브는 다이어프램식 안전밸브로 한다.

해설 도시가스 저장탱크
안전밸브 : 스프링식 사용

07 고압가스의 충전용기를 차량에 적재하여 운반 할 때의 기준에 대한 설명으로 옳은 것은?

① 독성 가스가 아닌 2천 kg의 액화 조연성 가스를 차량에 적재하여 운반하는 때에는 운반책임자를 동승시켜야 한다.
② 염소와 수소 충전용기는 동일 차량에 적재하여 운반이 가능하다.
③ 독성 가스가 아닌 300 m³의 압축 가연성 가스를 차량에 적재하여 운반하는 때에는 운반책임자를 동승시켜야 한다.
④ 염소와 아세틸렌 충전용기는 동일 차량에 적재하여 운반이 가능하다.

해설 고압가스 충전용기 운반
염소와 적재 불가 : 아세틸렌, 수소, 암모니아
→ 독성 가스가 아닌 1000 kg의 액화 조연성 가스 운반 시 운반책임자 동승

08 고압용기에 각인되어 있는 내용적 기호는?

① V   ② FP
③ W   ④ TP

해설 용기 기호
- PG : 압축가스용
- LT : 저온 및 초저온 가스용
- AG : 아세틸렌가스용
- FP : 최고충전 압력
- TP : 테스트 압력
- LG : 그 밖의 가스용
- W : 질량
- V : 체적

정답 05 ④ 06 ④ 07 ③ 08 ①

09 다음 중 2중관으로 하여야 하는 고압가스가 아닌 것은?

① 수소   ② 황화수소
③ 암모니아   ④ 아황산가스

해설 2중관 구조
• 아황산가스   • 염화메탄
• 산화에틸렌   • 암모니아
• 염소   • 포스겐
• 불소   • 시안화수소
• 황화수소

10 고압가스 특정제조시설에서 배관을 해저에 설치하는 경우의 기준으로 틀린 것은?

① 배관은 원칙적으로 다른 배관과 교차하지 아니하여야 한다.
② 배관은 해저면 밑에 매설한다.
③ 배관은 원칙적으로 다른 배관과 수평거리로 20 m 이상 유지하여야 한다.
④ 배관의 입상부에는 방호시설물을 설치한다.

해설 고압가스 해저 설치 배관
다른 배관과 수평거리로 30 m 이상 유지

11 도시가스사업법상 제1종 보호시설이 아닌 것은?

① 아동 50명이 다니는 유치원
② 객실 20개를 보유한 여관
③ 수용인원이 350명인 예식장
④ 250세대 규모의 개별난방 아파트

해설 제1종 보호시설
유치원, 여관, 예식장
→ 250세대 개별난방 아파트는 제2종 보호시설

12 가스도매사업의 가스공급시설에서 배관을 지하에 매설할 경우 틀린 것은?

① 배관을 시가지 외의 도로 노면 밑에 매설할 경우 노면으로부터 배관 외면까지 1.2 m 이상 이격할 것
② 배관을 시가지의 도로 노면 밑에 매설할 경우 노면으로부터 배관 외면까지 1.5 m 이상 이격할 것
③ 배관의 깊이는 산과 들에서는 1 m 이상으로 할 것
④ 배관을 철도부지에 매설할 경우 배관 외면으로부터 궤도 중심까지 5 m 이상 이격할 것

해설 도시가스 지하매설 이격거리
배관 외면 ↔ 철도부지 궤도 중심 : 4 m 이상

13 아세틸렌 제조설비 기준으로 틀린 것은?

① 아세틸렌 충전용 교체밸브는 충전장소와 격리하여 설치한다.
② 압축기와 충전장소 사이에는 방호벽을 설치한다.
③ 아세틸렌 충전용 지관에는 탄소 함유량이 0.1 % 이하의 강을 사용한다.
④ 아세틸렌에 접촉하는 부분에는 동 또는 동 함유량이 72 % 이하의 것을 사용한다.

정답 09 ① 10 ③ 11 ④ 12 ④ 13 ④

해설 **아세틸렌가스밸브 재질**
단조강 또는 동 함유량 62% 이하 청동, 황동

14 방폭전기 기기의 구조별 표시방법으로 틀린 것은?

① 내압방폭구조 - s
② 압력방폭구조 - p
③ 유입방폭구조 - o
④ 본질안전방폭구조 - ia

해설 **방폭전기 표시**
- 내압방폭구조 : d
- 유입방폭구조 : o
- 압력방폭구조 : p
- 본질안전방폭구조 : ia

15 다음 중 LNG의 주성분은? ✓최다빈출

① CH_4 ② C_2H_4
③ CO   ④ C_2H_2

해설 **LNG의 주성분**
메탄(CH_4)

16 가연성 가스 및 방폭 전기기기의 폭발등급 분류 시 사용하는 최소점화전류비는 어느 가스의 최소 점화전류가 기준인가?

① 메탄   ② 아세틸렌
③ 수소   ④ 프로판

해설 **메탄(CH_4)가스**
가연성 가스 및 방폭 전기기기의 폭발등급 분류 시 최소점화 전류비의 기준

17 고압가스배관에 대하여 수압에 의한 내압시험을 하려고 할 때 압력은 얼마 이상으로 하는가?

① 사용압력 × 1.1배
② 사용압력 × 2배
③ 상용압력 × 1.5배
④ 상용압력 × 2배

해설 **고압가스배관 내압시험**
수압에 의한 시험 : 상용압력 × 1.5배

18 다음 중 가연성이면서 독성인 가스는? ✓최다빈출

① 수소, 이산화탄소
② 아세틸렌, 프로판
③ 암모니아, 산화에틸렌
④ 아황산가스, 포스겐

해설 **암모니아, 산화에틸렌**
가연성이면서 독성인 가스

19 도시가스사용시설에서 입상관과 화기 사이에 유지하여야 하는 우회거리는 몇 m 이상인가?

① 1 m   ② 2 m
③ 4 m   ④ 5 m

해설 **도시가스사용시설 우회거리**
입상관 ↔ 화기 사이 : 2 m 이상

20 허용농도가 100만분의 200 이하인 독성 가스용기운반차량은 몇 km 이상 거리를 운행할 때 충분한 휴식을 취한 후 운행하여야 하는가?

① 50 km ② 200 km
③ 250 km ④ 400 km

해설 독성 가스용기 운반
200 km 이상의 거리 운행할 때 휴식 필요

21 고압가스 냉동제조의 시설 및 기술 기준에 대한 설명으로 옳지 않은 것은?

① 냉동제조시설 중 냉매설비에는 자동제어장치를 설치할 것
② 가연성 가스 또는 독성 가스를 냉매로 사용하는 냉매설비 중 수액기에 설치하는 액면계는 환형유리관액면계를 사용할 것
③ 압축기 최종단에 설치한 안전장치는 1년에 1회 이상 점검을 실시할 것
④ 냉매설비에는 압력계를 설치할 것

해설 환형유리관액면계
깨지기 쉽기 때문에 냉매설비로 사용되지 않음

22 일반도시가스사업자는 공급권역을 구역별로 분할하고 원격조작에 의한 긴급차단장치를 설치하여 대형가스누출, 지진발생 등 비상시 가스차단을 할 수 있도록 하고 있다. 이 구역의 설정 기준은?

① 수요자 수가 20만 미만이 되도록
② 수요자 수가 25만 미만이 되도록
③ 배관길이가 20 km 미만이 되도록
④ 배관길이가 25 km 미만이 되도록

해설 긴급차단장치 설정 기준
수요자 수가 20만 미만이 되도록 설정

23 방류둑 성토는 수평에 대하여 몇 도 이하의 기울기로 하여야 하는가?

① 15° ② 45°
③ 60° ④ 90°

해설 방류둑 성토 기준
수평에 대하여 45° 이하의 기울기 필요

24 도시가스공급시설에 대하여 공사가 실시하는 정밀안전진단의 실시시기 및 기준에 의거 본관 및 공급관에 대하여 최초로 시공감리증명서를 받은 날부터 ( )년이 지난날이 속하는 해 및 그 이후 매 ( )년이 지난날이 속하는 해에 받아야 한다. ( ) 안에 들어갈 숫자는?

① 5, 10
② 15, 5
③ 15, 10
④ 15, 20

해설 정밀안전진단 실시시기
• 최초로 시공감리증명서를 받은 날부터 : 15년
• 그 이후 : 매 5년

25 풍압대와 관계없이 설치할 수 있는 방식은?

① 자연배기식(CF) 복합배기통방식
② 자연배기식(CF) 단독배기통방식
③ 강제배기식(FE) 단독배기통방식
④ 강제배기식(FE) 공동배기구방식

> **해설** 풍압대
> • 주택 벽에 바람이 불면 압력이 높아지는 부분
> • 강제배기식 단독배기통 : 풍압대와 관계없이 설치 가능

26 고압가스에 대한 사고예방설비 기준으로 틀린 것은?

① 가연성 가스의 가스설비 중 전기설비는 그 설치장소 및 그 가스의 종류에 따라 적절한 방폭성능을 가지는 것일 것
② 고압가스설비에는 그 설비안의 압력이 내압압력을 초과하는 경우 즉시 그 압력을 내압압력 이하로 되돌릴 수 있는 안전장치를 설치하는 등 필요한 조치를 할 것
③ 저장탱크 및 배관에는 그 저장탱크 및 배관이 부식되는 것을 방지하기 위하여 필요한 조치를 할 것
④ 폭발 등의 위해가 발생할 가능성이 큰 특수반응설비에는 그 위해의 발생을 방지하기 위하여 내부반응감시설비 및 위험사태발생 방지설비의 설치 등 필요한 조치를 할 것

> **해설** 고압가스사고예방설비 기준
> 설비 안의 압력이 상용(설정)압력 초과하는 경우 압력을 설정압력으로 되돌리는 안전장치 확보 조치 필요

27 가스제조시설에 설치하는 방호벽 규격으로 옳은 것은?

① 철근콘크리트 벽으로 두께 12 cm 이상, 높이 2 m 이상
② 철근콘크리트블록 벽으로 두께 20 cm 이상, 높이 2 m 이상
③ 박강판 벽으로 두께 3.2 cm 이상, 높이 2 m 이상
④ 후강판 벽으로 두께 16 mm 이상, 높이 2.5 m 이상

> **해설** 방호벽 규격
> • 철근콘크리트 : 두께 12 cm, 높이 2 m 이상
> • 콘크리트블록 : 두께 15 cm, 높이 2 m 이상
> • 박강판 : 두께 3.2 mm, 높이 2 m 이상
> • 후강판 : 두께 6 mm, 높이 2 m 이상

28 고압가스 저장탱크 및 가스홀더 가스방출장치는 가스 저장량이 몇 m^3 이상인 경우여야 하는가?

① $2\ m^3$　　② $3\ m^3$
③ $5\ m^3$　　④ $10\ m^3$

> **해설** 가스방출장치
> 고압가스 저장탱크 및 가스홀더 : $5\ m^3$ 이상

29 액화석유가스 저장탱크에 가스를 충전하고자 한다. 내용적이 15 m^3인 탱크에 안전하게 충전할 수 있는 최대 용량은 몇 m^3인가?

① 12.75　　② 13.5
③ 14.25　　④ 14.7

정답 25 ③ 26 ② 27 ① 28 ③ 29 ②

해설 **가스충전량**
안전공간을 위해 90 %를 초과하지 않는다.
가스충전량 = 내용적 × 0.9
= 15 × 0.9 = 13.5 m³

해설 **가연성 가스 경보장치**
- 폭발 범위 하한치의 1/4 이하
- 부탄(CH_4)의 폭발 범위 : 1.8 ~ 8.4 %
- 1.8 × 1/4 = 0.45 % 이상

30 고압가스특정제조시설에서 플레어스택의 설치 기준으로 옳지 않은 것은? (고난도)

① 파이롯트버너를 항상 꺼두는 등 플레어스택에 관련된 폭발을 방지하기 위한 조치가 되어 있는 것으로 한다.
② 긴급이송설비로 이송되는 가스를 안전하게 연소시킬 수 있는 것으로 한다.
③ 플레어스택에서 발생하는 최대열량에 장시간 견딜 수 있는 재료 및 구조로 되어 있는 것으로 한다.
④ 플레어스택에서 발생하는 복사열이 다른 제조시설에 나쁜 영향을 미치지 아니하도록 안전한 높이 및 위치에 설치한다.

해설 **플레어스택**
- 공장에서 방출된 폐가스 중 유해성분을 연소시켜 무해화하는 소각탑
- 특정제조시설에서 플레어스택 : 파이어롯트버너를 항상 켜두는 방식
- 플레어스택에 관련된 폭발 방지 조치 필요

31 C_4H_{10}의 제조시설에 설치하는 가스누출 경보기는 가스누출농도가 얼마일 때 울려야 하는가?

① 0.45 % 이상   ② 0.5 % 이상
③ 1.8 % 이상   ④ 2.1 % 이상

32 유리 온도계 특징으로 틀린 것은?

① 취급은 용이하나 파손이 쉽다.
② 일반적으로 오차가 적다.
③ 눈금 읽기가 어렵다.
④ 일반적으로 연속 기록 자동제어를 할 수 있다.

해설 **유리 온도계**
직접식이기 때문에 연속기록 자동제어 불가

33 관 도중에 조리개(교축기구)를 넣어 조리개 전후 차압을 이용해 유량을 측정하는 계측기기는?

① 오벌식 유량계   ② 오리피스유량계
③ 터빈유량계   ④ 막식 유량계

해설 **차압식 유량계**
- 오리피스
- 벤투리미터
- 플로우 노즐

34 재료에 하중을 작용하여 항복점 이상의 응력을 가하면 하중제거 후 본래의 형상으로 돌아가지 않도록 하는 성질을 무엇이라고 하는가?

① 탄성   ② 크리프
③ 소성   ④ 피로

정답 30 ① 31 ① 32 ④ 33 ② 34 ③

해설 소성
하중을 제거해도 본래로 돌아가지 않는 현상

해설 압력

$$압력 = \frac{무게}{면적}$$

$$단면적 = \frac{\pi}{4}d^2 = \frac{3.14}{4}(4)^2 = 12.56 \text{cm}^2$$

$$압력 = \frac{15.7}{12.56} = 1.25 \text{kg/cm}^2$$

35 카플러안전기구와 과류차단안전기구가 부착된 것으로서 배관과 카플러를 연결하는 구조의 콕은?

① 노즐콕   ② 상자콕
③ 퓨즈콕   ④ 커플콕

해설 상자콕
배관과 카플러를 연결하는 콕

38 실린더의 단면적 50 cm², 행정 10 cm, 회전수 200 rpm, 체적 효율 80 %인 왕복압축기의 토출량은?

① 40 L/min   ② 80 L/min
③ 16 L/min   ④ 200 L/min

해설 토출량
- 토출량 = 단면적 × 행정 × 회전수 × 효율
- 50 × 10 × 200 × 0.8 = 80000 cm³
  = 80 L

36 펌프가 운전 중에 한숨을 쉬는 것과 같은 상태가 되어 토출구 및 흡입구에서 압력계의 바늘이 흔들리며 동시에 유량이 변화하는 현상은?

① 바이브레이션   ② 워터햄머링
③ 캐비테이션   ④ 서징

해설 서징현상
- 펌프 운전 중 한숨을 쉬는 것과 같은 상태
- 토출구와 흡입구에서 압력계의 바늘이 흔들림
- 유량이 변함

39 자동차에 혼합 적재가 가능한 것은? ✓최다빈출

① 염소 – 암모니아
② 염소 – 아세틸렌
③ 염소 – 산소
④ 염소 – 수소

해설 자동차 혼합 적재
- 가연성 + 가연성 : 불가능
- 독성 + 가연성 : 불가능
- 독성(염소) + 조연성(산소) : 가능

37 자유 피스톤식 압력계에서 추와 피스톤의 무게가 15.7 kg일 때 실린더 내의 액압과 균형을 이루었다면 게이지 압력은 몇 kg/cm²인가? (단, 피스톤의 지름은 4 cm이다)

① 1.25 kg/cm²   ② 2.57 kg/cm²
③ 3.5 kg/cm²   ④ 5 kg/cm²

정답 35 ② 36 ④ 37 ① 38 ② 39 ③

40 왕복식 압축기에서 피스톤과 크랭크샤프트를 연결하여 왕복운동시키는 역할을 하는 것은?

① 크랭크
② 피스톤링
③ 톱클리어런스
④ 커넥팅로드

해설 커넥팅로드
왕복동압축기에서 피스톤과 크랭크샤프트 연결

41 저온장치 가스 액화사이클이 아닌 것은?

① 클라우드식 사이클
② 린데식 사이클
③ 필립스식 사이클
④ 카자레식 사이클

해설 저온장치 가스 액화사이클
클라우드식, 린데식, 필립스식
→ 카자레식 : 암모니아 고압합성법

42 액화천연가스(LNG)저장탱크 중 내부탱크의 재료로 사용되지 않는 것은?

① 자기 지지형 9 % 니켈강
② 멤브레인식 스테인레스강
③ 알루미늄 합금
④ 프리스트레스트 콘크리트

해설 LNG 내부탱크 재료
• 9 % 니켈강
• 알루미늄합금
• 멤브레인식 스테인레스강

43 공기에 의한 전열은 어느 압력까지 내려가면 급히 압력에 비례해 적어지는 성질을 이용하는 저온장치에 사용되는 진공단열법은?

① 고진공 단열법
② 다층진공 단열법
③ 분말 진공 단열법
④ 자연진공 단열법

해설 고진공 단열법
공기에 의한 전열이 특정 압력까지 내려가면 급히 압력에 비례하여 적어지는 성질 이용

44 염소 특징에 대한 설명 중 틀린 것은?

① 상온에서 자극성의 냄새가 있는 맹독성 기체이다.
② 염소 자체는 폭발성, 인화성은 없다.
③ 염소와 산소의 1 : 1 혼합물을 염소폭명기라고 한다.
④ 수분이 있으면 염산이 생성되어 부식성이 강해진다.

해설 염소폭명기
염소와 수소를 1 : 1 비율로 혼합하여 생성

45 펌프의 축봉장치에서 아웃사이드 형식이 쓰이는 경우가 아닌 것은?

① 점성계수가 100 cP를 초과하는 고점도 액일 때
② 구조재, 스프링재가 액의 내식성에 문제가 있을 때
③ 스타핑 복스 내가 고진공일 때
④ 고 응고점 액일 때

정답 40 ③ 41 ④ 42 ④ 43 ① 44 ③ 45 ④

해설 펌프 축봉장치
고 응고점 액 : 인사이드형(내장형)

46 가스누출자동차단기 내압시험 조건에 해당하는 것은?

① 고압부 1.8 MPa 이상, 저압부 8.4 ~ 10 kPa
② 고압부 1.8 MPa 이상, 저압부 0.1 MPa 이상
③ 고압부 2 MPa 이상, 저압부 0.3 MPa 이상
④ 고압부 3 MPa 이상, 저압부 0.3 MPa 이상

해설 가스누출자동차단기 내압시험
• 고압부 : 3 MPa 이상
• 저압부 : 0.3 MPa 이상

47 고압식 액체산소분리장치에서 원료공기는 압축기에서 압축된 후 압축기의 중간단에서 몇 atm 정도로 탄산가스 흡수기에 들어가는가?

① 3 atm   ② 7 atm
③ 15 atm ④ 25 atm

해설 액체산소분리장치 원료공기
고압식 압축기에서 압축된 후 15 atm 정도로 중간단에서 탄산가스 흡수기에 들어감

48 다음 중 불꽃 표준온도가 가장 높은 연소방식은?

① 분젠식   ② 세미분젠식
③ 적화식   ④ 전 1차 공기식

해설 분젠식 연소방식
• 1차 공기 60 %, 2차 공기 40 % 연소
• 불꽃의 표준온도가 가장 높은 연소방식

49 도시가스 유해성분을 측정하기 위한 도시가스품질검사의 성분분석은 어떤 기기를 사용하는가?

① 기체크로마토그래피
② NMR
③ 분자흡수분광기
④ ICP

해설 기체크로마토그래피
도시가스 유해성분 측정 가스분석기

50 다음 중 독성과 가연성이 없는 기체는?

① NH_3 ② CS_2
③ C_2H_4O ④ $CHClF_2$

해설 프레온($CHClF_2$)
냉매로 사용(독성과 가연성이 없는 기체)

정답 46 ④ 47 ③ 48 ① 49 ① 50 ④

51 국가표준기본법에서 정의하는 기본단위가 아닌 것은?

① 질량 - kg   ② 전류 - A
③ 시간 - s   ④ 온도 - ℃

해설 국가표준기본단위 온도
절대온도 켈빈(K)

52 가스 비열비의 값은?

① 언제나 1보다 작다.
② 언제나 1보다 크다.
③ 0.5와 1 사이의 값이다.
④ 1보다 크기도 하고 작기도 하다.

해설 가스 비열비
- 비열비$(K) = \dfrac{정압비열}{정적비열}$
- 기체 : 정압비열 > 정적비열

53 염화수소(HCl) 용도가 아닌 것은?

① 조미료 제조
② 필름 제조
③ 강판이나 강재의 녹 제거
④ 향료, 염료, 의약 등의 중간물 제조

해설 염화수소(HCl)
- 허용농도 : 5 ppm(독성 가스)
- 녹 제거
- 조미료 제조
- 향료, 염료, 의약 등의 중간 제조

54 다음 중 드라이아이스 제조에 사용되는 가스는?

① 아황산가스   ② 이산화탄소
③ 일산화탄소   ④ 염화수소

해설 이산화탄소(CO_2)
100 atm 압축, -25 ℃ 냉각단열 : 드라이아이스

55 47 L 고압가스용기에 20 ℃의 온도로 15 MPa의 게이지압력으로 충전하였다. 40 ℃로 온도를 높이면 게이지압력은?

① 16.031 MPa   ② 17.132 MPa
③ 18.031 MPa   ④ 19.031 MPa

해설 보일 - 샤를의 법칙
$$\dfrac{P_1 V_1}{T_1} = \dfrac{P_2 V_2}{T_2}$$
$$P_2 = P_1 \times \dfrac{T_2}{T_1} = 15 \times \dfrac{273+40}{273+20}$$
$$= 16.03 \text{MPa}$$

56 10 %의 소금물 500 g을 증발시켜 400 g으로 농축하였다. 이 용액은 몇 %의 용액인가?

① 10   ② 12.5
③ 17   ④ 25

해설 소금물 농축
$10 \times 500 = x \times 400$
$x = 10 \times (500/400) = 12.5$

정답 51 ④ 52 ② 53 ② 54 ② 55 ① 56 ②

57 천연가스(NG)의 특징으로 틀린 것은?
① 공기보다 가볍다.
② 메탄이 주성분이다.
③ 연소에 필요한 공기량은 LPG에 비해 적다.
④ 발열량(kcal/m³)은 LPG에 비해 크다.

해설 발열량
- 천연가스 : CH_4 : 탄소 수 1개
- LPG : C_3H_8, C_4H_{10} : 탄소 수 3, 4개
- 탄소(C)의 개수가 많을수록 발열량이 큼

58 절대온도 300 K는 랭킨온도로 약 몇 도인가? ✓최다빈출
① 27　　② 267
③ 541　　④ 672

해설 랭킨온도
- R = °F + 460 ℃ = K × 1.8
- 300 K × 1.8 = 541 R

59 다음 중 표준 상태에서 비점이 가장 높은 것은?
① 나프타　　② 프로판
③ 에탄　　　④ 부탄

해설 가스의 비점
- 비점이 낮을수록 액화가 어려움
- 프로판(C_3H_8) : -42 ℃
- 나프타 : 30 ~ 200 ℃
- 에탄(C_2H_6) : -161.5 ℃
- 부탄(C_4H_{10}) : -0.5 ℃

60 다음 중 암모니아 가스 검출방법이 아닌 것은?
① 네슬러시약을 넣어 본다.
② 초산연 시험지를 대어본다.
③ 붉은 리트머스지를 대어본다.
④ 진한 염산에 접촉시켜 본다.

해설 암모니아 가스 검출방법
네슬러시약, 붉은 리트머스지, 진한 염산
→ 초산연 시험지 : 황화수소 누설검지 이용

참조 분자량
- 공기 : 29
- 수산화나트륨(NaOH) : 40
- 염소(Cl_2) : 70
- 이산화탄소(CO_2) : 44
- 헬륨(He) : 4
- 메탄(CH_4) : 16
- 에틸렌(C_2H_4) : 28
- 프로판(C_3H_8) : 44
- 암모니아(NH_3) : 17
- 부탄(C_4H_{10}) : 58
- 수소(H_2) : 2
- 아세틸렌(C_2H_2) : 26
- 일산화탄소(CO) : 30

정답 57 ④　58 ③　59 ①　60 ②

PART 07
plus N제⁺

▎지난 기출문제를 폭넓게 분석,
　가장 중요하고 핵심적인 문제들만 주제별로 선별하였습니다.

01 에어졸의 제조는 다음의 기준에 적합한 용기를 사용하여야 한다. 틀린 것은?

① 용기 내용적이 100 cm³를 초과하는 용기의 재료는 강 또는 경금속을 사용한 것일 것
② 내용적이 80 cm³를 초과하는 용기는 그 용기의 제조자의 명칭이 명시되어 있을 것
③ 내용적이 30 cm³ 이상인 용기는 에어졸의 제조에 사용된 일이 없는 것일 것
④ 금속제의 용기는 그 두께가 0.125 mm 이상이고 내용물에 의한 부식을 방지할 수 있는 조치를 할 것

해설 에어졸의 제조
KGS FP112 고압가스 일반제조의 시설·기술·검사·감리·안전성평가 기준
에어졸을 제조하는 용기는 다음 기준에 적합한 것으로 한다.
1. 용기의 내용적은 1 L 이하로 하고, 내용적이 100 cm³를 초과하는 용기의 재료는 강 또는 경금속을 사용한다.
2. 금속제의 용기는 그 두께가 0.125 mm 이상이고 내용물로 인한 부식을 방지할 수 있는 조치를 한 것으로 하며, 유리제용기의 경우에는 합성수지로 그 내면 또는 외면을 피복한다.
3. 용기는 50℃에서 용기 안의 가스압력의 1.5배의 압력을 가할 때에 변형되지 아니하고, 50℃에서 용기 안의 가스압력의 1.8배의 압력을 가할 때에 파열되지 아니하는 것으로 한다. 다만 1.3 MPa 이상의 압력을 가할 때에 변형되지 아니하고, 1.5 MPa의 압력을 가할 때에 파열되지 아니한 것은 그렇지 않다.
4. 내용적이 100 cm³를 초과하는 용기는 그 용기의 제조자의 명칭 또는 기호가 표시되어 있는 것으로 한다.
5. 사용 중 분사제가 분출하지 않는 구조의 용기는 사용 후 그 분사제인 고압가스를 그 용기로부터 용이하게 배출하는 구조의 것으로 한다.
6. 내용적이 30 cm³ 이상인 용기는 에어졸의 제조에 재사용하지 아니한다.

02 고압가스 일반제조의 기술 기준이다. 에어졸 제조 기준에 맞지 않는 것은?

① 에어졸의 분사제는 독성 가스를 사용하지 말 것
② 에어졸 제조는 35℃에서 그 용기의 내압을 8 kg/cm² 이하로 할 것
③ 에어졸 제조설비의 주위 4 m 이내에는 인화성 물질을 두지 말 것
④ 에어졸을 충전하기 위한 충전용기를 가열할 때에는 열습포 또는 40℃ 이하의 더운물을 사용할 것

정답 01 ② 02 ③

해설 **에어졸 제조 기준**

KGS FP112 고압가스 일반제조의 시설·기술·검사·감리·안전성평가 기준
1. 에어졸의 제조는 그 성분 배합비(분사제의 조성 및 분사제와 원액과의 혼합비를 말한다) 및 1일에 제조하는 최대수량을 정하고 이를 준수한다.
2. 에어졸의 분사제는 독성 가스를 사용하지 아니한다.
3. 인체용(「약사법」 제2조에 따른 의약품·의약부외품,「화장품법」 제2조에 따른 화장품으로서 인체에 직접 사용하는 제품을 말한다. 이하 같다)으로 사용하거나 가정에서 사용하는 에어졸의 분사제는 가연성 가스를 사용하지 아니한다. 다만 다음에서 정한 것은 가연성 가스를 분사제로 사용할 수 있다.
4. 에어졸 제조설비 및 에어졸 충전용기 저장소는 화기 또는 인화성 물질과 8 m 이상의 우회거리를 유지한다.
5. 에어졸의 제조는 건물의 내면을 불연재료로 입힌 충전실에서 하고, 충전실 안에서는 담배를 피우거나 화기를 사용하지 아니한다.
6. 충전실 안에는 작업에 필요한 물건외의 물건을 두지 아니한다.
7. 에어졸은 35 ℃에서 그 용기의 내압이 0.8 MPa 이하로 하고, 에어졸의 용량이 그 용기 내용적의 90 % 이하로 한다.
8. 에어졸을 충전하기 위한 충전용기·밸브 또는 충전용 지관을 가열하는 때에는 열습포 또는 40 ℃ 이하의 더운 물을 사용한다.
9. 에어졸이 충전된 용기는 그 전수에 대하여 온수시험탱크에서 그 에어졸의 온도를 46 ℃ 이상 50 ℃ 미만으로 하는 때에 그 에어졸이 누출되지 않도록 한다.

이때, 0.8 MPa = 8 kg/cm² 이다.

03 크로스 헤드의 본체 재료로 일반적으로 사용하지 않은 것은?
① 반주강
② 단강
③ 청동주물
④ 주강

해설 **크로스 헤드**

크로스헤드는 피스톤에 옆으로 전달되는 힘(압력)을 제거하기 위해 왕복압축기에서 사용되는 메커니즘이다. 강을 본체 재료로 사용한다.

04 다음 중 열용량을 나타내는 것은?
① 비열 × 물질의 부피
② 비중 × 물질의 부피
③ 비열 × 물질의 질량
④ 비중 × 물질의 질량

해설 **열용량**

어떤 물질의 온도를 1 ℃ 높이는 데 필요한 열량이다.
이때, 단위 질량(1 kg)에 대한 열용량은 비열이며, 열용량은 비열 × 물질의 질량으로 단위는 [cal/℃], [kcal/℃]를 사용한다.

정답 03 ③ 04 ③

05 액화석유가스용기 저장소의 시설 기준 중 틀린 것은?

① 용기 저장실을 설치하고 보기 쉬운 곳에 경계표지를 설치한다.
② 용기 저장실의 전기시설은 방폭 구조인 것이어야 하며, 전기스위치는 용기 저장실 내부에 설치한다.
③ 용기 저장실 내에는 분리형 가스누출 경보기를 설치한다.
④ 용기 저장실 내에는 방폭등 외의 조명등을 설치하지 아니한다.

해설 액화석유가스용기 저장소시설 기준
액화석유가스의 안전관리 및 사업법 시행규칙 [별표 6] 액화석유가스 판매와 액화석유가스 충전사업자의 영업소에 설치하는 용기저장소의 시설·기술·검사 기준

[표시 기준]
판매시설의 안전을 위하여 필요한 곳에는 액화석유가스를 취급하는 시설 또는 일반인의 출입을 제한하는 시설이라는 것을 명확하게 알아볼 수 있도록 경계표지를 하고, 외부인의 출입을 통제할 수 있도록 적절한 경계 울타리를 설치할 것

[사고예방설비 기준]
1. 용기보관실에는 가스가 누출될 경우 이를 신속히 검지(檢知)하여 효과적으로 대응할 수 있도록 하기 위하여 분리형 가스누출경보기를 설치할 것
2. 용기보관실에 설치된 전기설비가 누출된 가스의 점화원이 되는 것을 방지하기 위하여 그 용기보관실에 설치된 전기설비는 방폭 구조로 된 것이어야 하고, 그 용기보관실 안에 전기스위치를 설치하지 않는 등의 적절한 조치를 할 것

[기술 기준]
1. 충전용기는 항상 40℃ 이하를 유지하여야 하고, 수요자의 주문에 따라 운반 중인 경우 외에는 충전용기와 잔가스용기를 구분하여 용기보관실에 저장할 것
2. 용기를 차에 싣거나 차에서 내리거나 이동 시에는 난폭하게 취급하지 않아야 하고 필요한 경우에는 손수레를 이용할 것
3. 용기보관실 주위의 2 m(우회거리) 이내에는 화기취급을 하거나 인화성 물질과 가연성 물질을 두지 않을 것
4. 용기보관실에서 사용하는 휴대용 손전등은 방폭형일 것
(이하생략)

06 산화에틸렌의 저장탱크는 그 내부의 질소가스, 탄산가스 및 산화에틸렌가스의 분위기 가스를 질소가스 또는 탄산가스로 치환하고 몇 ℃ 이하로 유지해야 하는가?

① 0
② 5
③ 10
④ 20

해설 산화에틸렌 충전
KGS FP112 고압가스 일반제조의 시설·기술·검사·감리·안전성평가 기준
1. 산화에틸렌의 저장탱크는 그 내부의 질소가스·탄산가스 및 산화에틸렌가스의 분위기가스를 질소가스 또는 탄산가스로 치환하고 5℃ 이하로 유지한다.

정답 05 ② 06 ②

2. 산화에틸렌을 저장탱크 또는 용기에 충전하는 때에는 미리 그 내부가스를 질소가스 또는 탄산가스로 바꾼 후에 산 또는 알칼리를 함유하지 아니하는 상태로 충전한다.
3. 산화에틸렌의 저장탱크 및 충전용기에는 45 ℃에서 그 내부가스의 압력이 0.4 MPa 이상이 되도록 질소가스 또는 탄산가스를 충전한다.

보충

[시안화수소 충전작업]
1. 용기에 충전하는 시안화수소는 순도가 98 % 이상이고 아황산가스 또는 황산 등의 안정제를 첨가한 것으로 한다.
2. 시안화수소를 충전한 용기는 충전 후 24시간 정치하고, 그 후 1일 1회 이상 질산구리벤젠 등의 시험지로 가스의 누출검사를 하며, 용기에 충전 연월일을 명기한 표지를 붙이고, 충전한 후 60일이 경과되기 전에 다른 용기에 옮겨 충전한다. 다만 순도가 98 % 이상으로서 착색되지 아니한 것은 다른 용기에 옮겨 충전하지 않을 수 있다.

[아세틸렌 충전작업]
1. 아세틸렌을 2.5 MPa 압력으로 압축하는 때에는 질소·메탄·일산화탄소 또는 에틸렌 등의 희석제를 첨가한다.
2. 습식 아세틸렌발생기의 표면은 70 ℃ 이하의 온도로 유지하고, 그 부근에서는 불꽃이 튀는 작업을 하지 아니한다.
3. 아세틸렌을 용기에 충전하는 때에는 미리 용기에 다공물질을 고루 채워 다공도가 75 % 이상 92 % 미만이 되도록 한 후 아세톤 또는 디메틸포름아미드를 고루 침윤시키고 충전한다.
4. 아세틸렌을 용기에 충전하는 때의 충전 중의 압력은 2.5 MPa 이하로 하고, 충전 후에는 압력이 15 ℃에서 1.5 MPa 이하로 될 때까지 정치하여 둔다.
5. 상하의 통으로 구성된 아세틸렌발생장치로 아세틸렌을 제조하는 때에는 사용 후 그 통을 분리하거나 잔류가스가 없도록 조치한다.

[산소 충전작업]
1. 산소를 용기에 충전하는 때에는 미리 용기밸브 및 용기의 외부에 석유류 또는 유지류로 인한 오염 여부를 확인하고 오염된 경우에는 용기 내·외부를 세척하거나 용기를 폐기한다.
2. 용기와 밸브 사이에는 가연성 패킹을 사용하지 아니한다.
3. 산소 또는 천연메탄을 용기에 충전하는 때에는 압축기(산소압축기는 물을 내부윤활제로 사용한 것에 한정한다)와 충전용 지관 사이에 수취기를 설치하여 그 가스 중의 수분을 제거한다.
4. 밀폐형의 수전해조에는 액면계와 자동급수장치를 설치한다.

07 펌프의 특성 곡선상 체절운전이란?

① 유량이 0일 때 양정이 최대가 되는 운전
② 유량이 최대일 때 양정이 최소가 되는 운전
③ 유량이 이론치일 때 양정이 최대가 되는 운전
④ 유량이 평균치일 때 양정이 최소가 되는 운전

정답 07 ①

해설 **펌프 체절운전**
펌프의 체절운전은 유량이 0일 때 양정이 최대가 되는 운전이다.

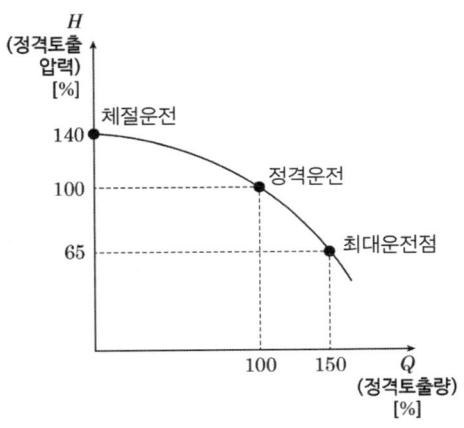

08 20 atm의 공기 중에의 질소의 분압은?

① 16 atm ② 4 atm
③ 10 atm ④ 12 atm

해설 **돌턴의 법칙**

분압 = 전압 × $\dfrac{성분부피}{전부피}$ 이므로,

공기 중 질소의 부피가 79 % 정도이지만, 대략 80 %로 가정하여 계산하면

분압 = $20 \times \dfrac{80}{100} = 16\,atm$ 이다.

09 고압가스를 운반하는 때에는 운반 중 재해방지를 위하여 주요사항을 기재한 서면을 휴대하여야 하는 내용과 관계없는 것은? (단, 법적 기준임)

① 고압가스의 압력 ② 고압가스의 명칭
③ 고압가스의 성질 ④ 고압가스의 주의사항

해설 **고압가스 운반차량**
고압가스 안전관리법 시행규칙 [별표 9의2] 고압가스 운반차량의 시설·기술 기준

[운행 기준]
① 가스운반차량을 운행할 때에는 그 가스로 인한 위해를 방지하기 위하여 주의사항의 비치, 안전점검, 안전수칙 준수 등 안전 확보에 필요한 조치를 할 것

② 고압가스를 운반하는 도중에 주차를 하려면 충전용기를 차에 싣거나 차에서 내릴 때를 제외하고는 별표 2의 보호시설 부근과 육교 및 고가차도 등의 부근을 피하고, 주위의 교통상황·지형조건·화기 등을 고려하여 안전한 장소에 주차해야 하며, 주차 시에는 엔진을 정지시킨 후 주차제동장치를 걸어 놓고 차바퀴를 고정목으로 고정시킬 것
③ 운반 중에는 충전용기를 항상 40 ℃ 이하로 유지할 것
④ 독성 가스를 운반하는 때에는 그 고압가스의 명칭·성질 및 이동 중의 재해방지를 위하여 필요한 주의사항을 적은 서면을 운반책임자 또는 운전자에게 내주고 운반 중에 지니게 할 것
⑤ 고압가스를 적재하여 운반하는 차량은 차량의 고장, 교통사정이나 운반책임자 또는 운전자의 휴식 등 부득이한 경우를 제외하고는 장시간 정차하여서는 아니 되며, 운반책임자와 운전자가 동시에 차량에서 이탈하지 않을 것
⑥ 고압가스를 운반할 때에는 운반책임자 또는 고압가스 운반차량의 운전자에게 그 고압가스의 위해 예방에 필요한 사항을 주지시킬 것
⑦ 고압가스를 운반하는 자는 그 고압가스를 수요자에게 인도할 때까지 최선의 주의를 다하여 안전하게 운반해야 하며, 고압가스를 보관할 때에는 안전한 장소에 보관·관리할 것
⑧ 200 km 이상의 거리를 운행하는 경우에는 중간에 충분한 휴식을 취한 후 운행할 것
⑨ 독성 가스용기를 적재하여 운반하는 중 누출 등의 위해 우려가 있는 경우에는 소방서 및 경찰서에 신고하고, 독성 가스를 도난당하거나 분실한 때에는 즉시 그 내용을 경찰서에 신고할 것
⑩ 독성 가스용기를 적재하여 운반할 경우에는 노면이 나쁜 도로에서는 되도록 운행하지 말 것. 다만 부득이하게 노면이 나쁜 도로를 운행할 경우에는 운행개시 전에 충전용기의 적재상황을 재점검하여 이상이 없는지를 확인하여야 한다.
⑪ 독성 가스용기를 적재하여 운반하는 때에는 노면이 나쁜 도로를 운행한 후 일단 정지하여 적재상황·용기밸브·로프 등의 풀림 등이 없는지를 확인할 것

10 고순도의 수소를 제조하기 위해 수소 중의 산소를 제거하는 방법으로 옳은 것은?
① 분해연소 ② 심랭분리
③ 원심분리 ④ 확산연소

해설 심랭분리
기체의 혼합물을 압축, 냉각하여 액체로 만든 후 다시 끓는점 차이에 의해 각 성분 물질로 분리하는 방법
(1) 공기를 액화하여 산소와 질소 아르곤으로 분리
(2) 천연가스를 분리 정제

11 도시가스배관의 설치 기준에서 옥외 공동구 벽을 관통하는 배관의 손상 방지 조치가 아닌 것은?
① 지반의 부등침하에 대한 영향을 줄이는 조치
② 보호관과 배관 사이에 가황 고무를 충전하는 조치
③ 공동구의 내외에서 배관에 작용하는 응력의 차단 조치
④ 배관의 바깥지름에 3 cm를 더한 지름의 보호관 설치 조치

정답 10 ② 11 ④

해설 옥외 공동구 벽을 관통하는 배관

KGS FS551 일반도시가스사업 제조소 및 공급소 밖의 배관의 시설·기술·검사·정밀안전진단 기준

[공동구내 배관 설치]

옥외의 공동구내에 설치하는 배관은 그 배관에 대한 위해의 우려가 없도록 다음 기준에 따라 설치한다.
1. 환기장치가 있도록 한다.
2. 전기설비가 있는 경우 그 전기설비는 방폭구조로 한다.
3. 배관은 벨로즈형 신축이음매나 주름관 등으로 온도변화에 따른 신축을 흡수하는 조치를 한다.
4. 옥외공동구벽을 관통하는 배관의 관통부와 그 부근에 배관의 손상방지를 위한 조치 기준은 다음과 같다.
    ㄱ. 공동구벽의 관통부는 배관 바깥지름에 5 cm를 더한 지름 또는 배관의 바깥지름의 1.2배의 지름 중 작은 지름 이상의 보호관을 설치한다.
    ㄴ. 보호관과 배관과의 사이에는 가황고무 등을 충전하는 등으로 공동구 내외에서 배관에 작용하는 응력이 상호 간에 전달되지 않도록 조치한다.
    ㄷ. 지반의 부등침하에 대한 영향을 줄이는 조치를 한다.
5. 배관에 가스유입을 차단하는 장치를 설치하되 그 장치를 옥외공동구 안에 설치하는 경우에는 격벽을 설치한다.

보충 교량에 배관 설치

교량 등에 설치하는 가스배관은 그 배관에 대한 위해의 우려가 없도록 다음 기준에 따라 배관을 설치·고정 및 지지를 한다.
1. 배관은 온도변화에 의한 열응력과 수직 및 수평 하중을 동시에 고려하여 설계·설치한다.
2. 배관의 재료는 강재를 사용하고 접합은 용접으로 한다.
3. 배관 지지대는 배관 하중과 축방향의 하중에 충분히 견디는 강도를 갖는 구조로 설치하고 지지대의 부식 등을 감안하여 가능한 한 여유 있게 설치한다.
4. 지지대, U볼트 등의 고정장치와 배관 사이에는 고무판, 플라스틱 등 절연물질을 삽입한다.
5. 배관의 고정 및 지지를 위한 지지대의 최대지지간격은 아래의 표를 기준으로 하되, 호칭지름 600 A를 초과하는 배관은 배관 처짐량의 500배 미만이 되는 지점마다 지지한다.

호칭지름(A)	지지간격(m)
100	8
150	10
200	12
300	16
400	19
500	22
600	25

6. 그 밖에 교량 등에 설치되는 배관에 대한 세부적인 설치방법에 대해서는 한국가스안전공사의 사장이 정할 수 있다

12 액화석유가스 사용시설의 엘피지용기집합설비의 저장능력이 얼마일 때는 용기, 용기밸브, 압력조정기가 직사광선, 눈 또는 빗물에 노출되지 않도록 해야 하는가?

① 50 kg 이하
② 100 kg 이하
③ 300 kg 이하
④ 500 kg 이하

> **해설** 액화석유가스 사용시설
> KGS FU431용기에 의한 액화석유가스 사용시설의 시설·기술·검사 기준
> 용기는 사용시설의 안전 확보와 그 용기의 보호를 위하여 용기집합설비의 저장능력이 100 kg 이하인 경우 용기, 용기밸브 및 압력조정기가 직사광선, 눈 또는 빗물에 영향을 받지 않도록 다음 기준 중 어느 하나의 조치를 한다.
> 1. 용기 및 용기부속품 보호캡
>   → 재료 : 「건축물의 피난·방화구조 등의 기준에 관한 규칙」에 따른 난연재료와 동등 이상의 재료
>   → 바람 등 때문에 이탈되지 않도록 설치
> 2. 용기 및 용기부속품 보호판
>   → 재료 : 「건축물의 피난·방화구조 등의 기준에 관한 규칙」에 따른 난연재료와 동등 이상의 재료
>   → 보호판은 아래의 계산식에 따라 산정된 값 이상의 크기로 설치한다.
>   (1) 가로 : (용기 직경 × 용기 개수) + 각 용기 간의 간격
>   (2) 세로 : 벽면으로부터 용기 외면까지의 거리 + 용기 직경
> 3. 벽면에 단단하게 고정·부착하고, 모서리부에 패킹을 설치하거나 라운딩 처리하여 설치

13 고압가스 특정제조시설에서 배관을 해저에 설치하는 경우 다음 기준에 적합하지 않은 것은?

① 배관은 해저면 밑에 매설할 것
② 배관은 원칙적으로 다른 배관과 교차하지 아니할 것
③ 배관은 원칙적으로 다른 배관과 수평거리로 20 m 이상을 유지할 것
④ 배관의 입상부에는 보호시설물을 설치할 것

> **해설** 도시가스배관 해저설치
> KGS FP111 고압가스 특정제조의 시설·기술·검사·감리·정밀안전검진 기준
> 해저에 설치하는 배관은 다음 기준에 따라 설치한다.
> 1. 배관은 해저면 밑에 매설한다. 다만 닻내림 등으로 인한 배관손상의 우려가 없거나 그 밖에 부득이한 경우에는 매설하지 않을 수 있다.
> 2. 배관은 원칙적으로 다른 배관과 교차하지 않아야 한다.
> 3. 배관은 원칙적으로 다른 배관과 30 m 이상의 수평거리를 유지한다.
> 4. 두 개 이상의 배관을 동시에 설치하는 경우에는 해당 배관이 서로 접촉되지 않도록 다음 기준에 따라 조치를 강구한다. 이 경우 표지판의 설치, 잠수원(潛水員)의 검사 등으로 배관의 위치를 조사하고, 되메우기 전과 필요한 경우에는 되메우기 한 후에 수중탐사기(水中探査機) 등으로 배관의 상대 위치를 확인한다.
>   4-1. 2개 이상의 배관을 형강(形鋼)등으로 매거나 구조물에 조립하여 설치한다.
>   4-2. 충분한 간격을 두고 부설한다.
>   4-3. 부설한 후 적절한 간격이 되도록 배관을 이동하여 매설한다.

정답 12 ② 13 ③

5. 배관의 입상부에는 방호시설물을 설치한다.
6. 배관을 매설하는 경우에 해저면으로부터 배관의 외면까지의 깊이는 닻내림시험의 결과, 토질, 되메우기 하는 재료, 선박교통사정 등을 참작하여 안전한 거리를 유지한다. 이 경우 그 배관을 매설하는 해저에 준설계획이 있는 경우에는 계획되어 있는 준설 후의 해저면 밑 0.6 m를 해저면으로 본다.
7. 패일 우려가 있는 7-1.부터 7-4.까지의 장소에 매설하는 배관에는 8.에 따른 패임을 방지하기 위한 조치를 강구한다.
    7-1. 해류의 영향으로 해저가 패이거나 조류(潮流)의 간만(干滿)으로 해저의 모래가 이동하는 등의 표사현상(漂砂現狀)을 일으킬 우려가 있는 장소
    7-2. 해안선의 앞바다에 있는 쇄파대(碎破帶)의 영향으로 해저가 패일 우려가 있는 장소
    7-3. 해안부근에서 해안 및 구조물의 영향으로 패일 우려가 있는 장소
    7-4. 그 밖에 자연현상 등의 영향으로 해저가 패일 우려가 있는 장소
    7-5. 패임을 방지하기 위하여 다음의 조치를 한다.
        7-5-1. 해안선 형상의 변경, 구축물 등의 설치, 개조, 철거, 장해물 등으로 인한 패임의 발생을 방지하는 조치
        7-5-2. 조류, 폭풍, 하천의 영향 등으로 인하여 패일 우려가 있는 경우에는 패임이 예상되는 깊이보다 깊은 위치에 배관을 매설하는 조치
8. 굴착 및 되메우기는 안전이 유지되도록 적절한 방법으로 실시한다.
9. 해저면 밑에 배관을 매설하지 않고 설치하는 경우에는 해저면을 고르게 하여 배관이 해저면에 닿게 한다.
10. 배관이 부양하거나 이동할 우려가 있는 경우에는 다음 기준에 따라 이를 방지하기 위한 조치를 한다.
    10-1. 사용할 때의 배관의 비중을 주위의 흙이 사질토(砂質土)인 경우에는 해수(海水)의 비중 이상, 점질토인 경우에는 액성한계(液性限界)에서 흙의 단위체적중량 이상으로 한다.
    10-2. 앵커(Anchor) 등을 사용하여 배관을 고정한다.
    10-3. 지반의 변동으로 인하여 부상(浮上)을 일으킬 우려가 없는 깊이에 배관을 설치한다.
    10-4. 배관을 매설할 수 없을 때에는 파랑 및 조류(潮流)의 영향을 고려하고, 필요한 경우에는 배관의 중량조절, 새들(saddle)의 설치, 수중(水中)콘크리트 공사 등의 조치를 한다.

14 다음 중 개방식으로 할 수 없는 연소기는?
① 가스보일러
② 가스난로
③ 가스렌지
④ 가스순간온수기

해설 가스보일러
가스보일러는 개방식이 아닌 밀폐식이다.

정답 14 ①

15 액화석유가스의 냄새측정 기준에서 사용하는 용어 설명으로 옳지 않은 것은?

① 시험가스 : 냄새를 측정할 수 있도록 액화석유가스를 기화시킨 가스
② 시험자 : 미리 선정한 정상적인 후각을 가진 사람으로서 냄새를 판정하는 자
③ 시료기체 : 시험가스를 청정한 공기로 희석한 판정용 기체
④ 희석배수 : 시료 기체의 양을 시험가스의 양으로 나눈 값

> **해설** 액화석유가스 냄새측정 용어
> 패널 : 미리 선정한 정상적인 후각을 가진 사람으로서 냄새를 판정하는 자

16 도시가스배관의 지하매설시 사용하는 침상재료(Bedding)는 배관 하단에서 배관 상단 몇 cm까지 포설 하는가?

① 10
② 20
③ 30
④ 50

> **해설** 도시가스배관의 지하매설
> KGS FS551 일반도시가스사업 제조소 및 공급소 밖의 배관의 시설·기술·검사·정밀안전진단 기준
> 1. 배관을 매설하는 지반이 연약지반인 경우에는 지반침하를 방지하기 위하여 필요한 조치를
> 2. 배관의 침하를 방지하기 위하여 배관하부에는 모래[(가스배관이 금속관인 경우에는 KS F 4009(레디믹스트콘크리트)에 따른 염분농도가 0.04 % 이하일 것)] 또는 19 mm 이상(순환골재의 경우에는 13 mm 초과)의 큰 입자가 포함되지 않은 재료(이하 "기초재료"라 한다)를 10 cm 이상 포설한다. 다만 현장 여건상 기초재료를 포설하기가 곤란한 경우에는 배관 하부에 두께가 10 cm 이상인 모래주머니를 2 ~ 3 m 간격으로 설치하되, PE관의 융착부 밑에는 반드시 모래주머니를 설치한다.
> 3. 배관에 작용하는 하중을 수직방향 및 횡방향에서 지지하고 하중을 기초 아래로 분산시키기 위하여 배관 하단에서 배관 상단 30 cm(가스용폴리에틸렌관의 경우에는 10 cm)까지에는 모래 또는 흙(이하 "침상재료"라 한다)을 포설한다.
> 4. 배관에 작용하는 하중을 분산시켜주고 도로의 침하 등을 방지하기 위하여 침상재료상단에서 도로노면까지에는 암편이나 굵은 돌이 포함되지 않은 양질의 흙(이하 "되메움재료"라 한다)을 포설한다. 다만 유기질토(이탄등)·실트·점토질 등 연약한 흙은 사용하지 않는다.
> 5. 기초재료를 포설한 후 및 침상재료를 포설한 후에 다짐작업을 하고, 그 이후 되메움공정에서는 배관상단으로부터 30 cm 높이로 되메움재료를 포설한 후마다 다짐작업을 한다. 다만 포장되어 있는 차도에 매설하는 경우의 노반층의 다짐은 「도로법」에 따라 실시하고, 흙의 함수량이 다짐에 부적당할 경우에는 다짐작업을 하지 않는다.
> 6. 다짐작업은 콤팩터, 래머 등 현장상황에 맞는 다짐기계를 사용하여 하고, 불균등한 다짐이 되지 않도록 하기 위해 전면에 걸쳐 균등하게 실시한다. 다만 폭 4 m 이하의 도로 등은 인력다짐으로 할 수 있다.

정답 15 ② 16 ③

17 다음과 같이 깊이 10 cm인 물탱크 출구에서의 물의 유속은 약 몇 m/s인가?

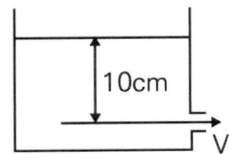

① 1.2 m/s ② 12 m/s
③ 1.4 m/s ④ 14 m/s

해설 물의 유속
탱크 출구에서의 물의 유속을 구하는 공식
$v_{out} = \sqrt{2gh}$ 이므로,
$v_{out} = \sqrt{2 \times 9.8 \times 0.1} = 1.4\, m/s$ 이다.
이때, g는 중력가속도이며 9.8 m/s²이다.
h는 탱크의 깊이 10 cm이며, 해당 공식에는 [m]단위로 환산하여 0.1 m를 대입한다.

18 다음 중 주로 부가(첨가)반응을 하는 가스는?

① CH_4 ② C_2H_2
③ C_3H_8 ④ C_4H_{10}

해설 부가반응(Addition Reaction)
부가반응이란 두 개 이상의 화합물이 결합하여 새로운 화합물을 생성하는 반응이다. 특히 유기 화합물 중 불포화 결합에 수소, 할로젠, 물 따위가 첨가되는 반응이기 때문에 첨가반응이라고도 부른다.
부가반응(첨가반응)은 이중결합이나 삼중결합을 포함하는 탄소화합물에서 잘 일어난다.
따라서 아세틸렌은 삼중결합을 가지므로 부가반응을 한다.
이중결합이나 삼중결합을 하는 탄소화합물은 이중결합, 삼중결합 중의 약한 결합 하나가 끊어지면서, 다른 원자가 첨가되어 새로운 결합화합물로 변한다. 가장 간단한 첨가반응의 예시는 에틸렌과 브롬(브로민)이다.
에틸렌의 이중결합 중에 약한 결합이 끊어지고 각각의 탄소에 브롬(브로민) 원자가 결합하여 다이브로모에틸이라는 새로운 화합물이 생성된다.

```
  H     H              H  H
   \   /               |  |
    C = C  + Br₂ →  Br—C—C—Br
   /   \               |  |
  H     H              H  H
   에틸렌  브롬(브로민)   1,2-다이브로모에틸
```

19 배관 표지판은 배관이 설치되어 있는 경로에 따라 배관 위치를 정확히 알 수 있도록 설치하여야 한다. 지상에 설치된 배관은 표지판을 몇 m 이하의 간격으로 설치하여야 하는가?

① 100
② 300
③ 500
④ 1000

> **해설** 배관 표지판
> KGS FP111 고압가스 특정제조의 시설·기술·검사·감리·정밀안전검진 기준
> 지상에 설치하거나 지하에 매설한 배관의 표지판은 다음 기준에 따라 설치한다.
> 1. 표지판은 배관이 설치되어 있는 경로에 따라 배관의 위치를 정확히 알 수 있도록 설치한다. 다만 표지판의 설치로 교통 등의 장해가 우려되는 경우에는 배관으로부터 가장 가까우며, 일반인이 보기 쉬운 장소를 선택하여 설치할 수 있다.
> 2. 지하에 설치된 배관은 500 m 이하의 간격으로, 지상에 설치된 배관은 1000 m 이하의 간격으로 설치하며, 배관의 위치를 알기 어려운 곳(굽어지는 곳, 분리되는 곳, 다른 가스배관과 교차되는 곳 등)에는 표지판을 추가로 설치한다. 다만 지상에 설치한 배관의 경우 배관의 표면에 가스의 종류, 연락처 등을 표시한 때에는 이를 표지판으로 갈음할 수 있다.
> 3. 하나의 도로에 2개 이상의 고압가스배관이 함께 설치되어 있는 경우에는 사업자 간에 협의하여 공동 표지판을 설치한다.
> 4. 표지판에는 고압가스의 종류, 설치구역명, 배관 설치(매설) 위치, 신고처, 회사명 및 연락처 등을 명확하게 적는다.

[배관 표지판]

제○○구역 고압가스배관의 표지판
이 지역에는 아래와 같이 고압가스배관이 설치(매설)되어 있습니다. 가스누출이나 그 밖의 이상을 발견하신 분은 즉시 신고 또는 연락하여 주시기 바랍니다. 신고처 : 한국가스안전공사 또는 소방서(119)

고압가스의 종류	표지판에서 본 배관위치	회사명 및 연락처
○○	○방향 ○ m 지점	㈜○○ ☎○○-○○○○
○○	○방향 ○ m 지점	㈜○○ ☎○○-○○○○
○○	○방향 ○ m 지점	㈜○○ ☎○○-○○○○

정답 19 ④

20 다음 중 고압가스 처리설비로 볼 수 없는 것은?

① 저장탱크에 부속된 펌프
② 저장탱크에 부속된 안전밸브
③ 저장탱크에 부속된 압축기
④ 저장탱크에 부속된 기화장치

해설 고압가스 안전관리법 시행규칙

1. "가연성 가스"란 아크릴로니트릴·아크릴알데히드·아세트알데히드·아세틸렌·암모니아·수소·황화수소·시안화수소·일산화탄소·이황화탄소·메탄·염화메탄·브롬화메탄·에탄·염화에탄·염화비닐·에틸렌·산화에틸렌·프로판·시클로프로판·프로필렌·산화프로필렌·부탄·부타디엔·부틸렌·메틸에테르·모노메틸아민·디메틸아민·트리메틸아민·에틸아민·벤젠·에틸벤젠 및 그 밖에 공기 중에서 연소하는 가스로서 폭발한계(공기와 혼합된 경우 연소를 일으킬 수 있는 공기 중의 가스농도의 한계를 말한다. 이하 같다)의 하한이 10퍼센트 이하인 것과 폭발한계의 상한과 하한의 차가 20퍼센트 이상인 것을 말한다.
2. "독성 가스"란 아크릴로니트릴·아크릴알데히드·아황산가스·암모니아·일산화탄소·이황화탄소·불소·염소·브롬화메탄·염화메탄·염화프렌·산화에틸렌·시안화수소·황화수소·모노메틸아민·디메틸아민·트리메틸아민·벤젠·포스겐·요오드화수소·브롬화수소·염화수소·불화수소·겨자가스·알진·모노실란·디실란·디보레인·세렌화수소·포스핀·모노게르만 및 그 밖에 공기 중에 일정량 이상 존재하는 경우 인체에 유해한 독성을 가진 가스로서 허용농도(해당 가스를 성숙한 흰쥐 집단에게 대기 중에서 1시간 동안 계속하여 노출시킨 경우 14일 이내에 그 흰쥐의 2분의 1 이상이 죽게 되는 가스의 농도를 말한다. 이하 같다)가 100만분의 5000 이하인 것을 말한다.
3. "액화가스"란 가압(加壓)·냉각 등의 방법에 의하여 액체 상태로 되어 있는 것으로서 대기압에서의 끓는점이 섭씨 40도 이하 또는 상용 온도 이하인 것을 말한다.
4. "압축가스"란 일정한 압력에 의하여 압축되어 있는 가스를 말한다.
5. "저장설비"란 고압가스를 충전·저장하기 위한 설비로서 저장탱크 및 충전용기보관설비를 말한다.
6. "저장능력"이란 저장설비에 저장할 수 있는 고압가스의 양으로서 별표 1에 따라 산정된 것을 말한다.
7. "저장탱크"란 고압가스를 충전·저장하기 위하여 지상 또는 지하에 고정 설치된 탱크를 말한다.
8. "초저온저장탱크"란 섭씨 영하 50도 이하의 액화가스를 저장하기 위한 저장탱크로서 단열재를 씌우거나 냉동설비로 냉각시키는 등의 방법으로 저장탱크 내의 가스온도가 상용의 온도를 초과하지 아니하도록 한 것을 말한다.
9. "저온저장탱크"란 액화가스를 저장하기 위한 저장탱크로서 단열재를 씌우거나 냉동설비로 냉각시키는 등의 방법으로 저장탱크 내의 가스온도가 상용의 온도를 초과하지 아니하도록 한 것 중 초저온저장탱크와 가연성 가스 저온저장탱크를 제외한 것을 말한다.
10. "가연성 가스 저온저장탱크"란 대기압에서의 끓는 점이 섭씨 0도 이하인 가연성 가스를 섭씨 0도 이하인 액체 또는 해당 가스의 기상부의 상용압력이 0.1메가파스칼 이하인 액체 상태로 저장하기 위한 저장탱크로서 단열재를 씌우거나 냉동설비로 냉각하는 등의 방법으로 저장탱크 내의 가스온도가 상용 온도를 초과하지 아니하도록 한 것을 말한다.
11. "차량에 고정된 탱크"란 고압가스의 수송·운반을 위하여 차량에 고정 설치된 탱크를 말한다.
12. "초저온용기"란 섭씨 영하 50도 이하의 액화가스를 충전하기 위한 용기로서 단열재를 씌우거나 냉동설비로 냉각시키는 등의 방법으로 용기 내의 가스온도가 상용 온도를 초과하지 아니하도록 한 것을 말한다.
13. "저온용기"란 액화가스를 충전하기 위한 용기로서 단열재를 씌우거나 냉동설비로 냉각시키는 등의 방법으로 용기 내의 가스온도가 상용의 온도를 초과하지 아니하도록 한 것 중 초저온용기 외의 것을 말한다.

14. "충전용기"란 고압가스의 충전질량 또는 충전압력의 2분의 1 이상이 충전되어 있는 상태의 용기를 말한다.
15. "잔가스용기"란 고압가스의 충전질량 또는 충전압력의 2분의 1 미만이 충전되어 있는 상태의 용기를 말한다.
16. "가스설비"란 고압가스의 제조·저장·사용설비(제조·저장·사용설비에 부착된 배관을 포함하며, 사업소 밖에 있는 배관은 제외한다) 중 가스(제조·저장되거나 사용 중인 고압가스, 제조공정 중에 있는 고압가스가 아닌 상태의 가스, 해당 고압가스제조의 원료가 되는 가스 및 고압가스가 아닌 상태의 수소를 말한다)가 통하는 설비를 말한다.
17. "고압가스설비"란 가스설비 중 다음 각 목의 설비를 말한다.
    가. 고압가스가 통하는 설비
    나. 가목에 따른 설비와 연결된 것으로서 고압가스가 아닌 상태의 수소가 통하는 설비. 다만 「수소경제 육성 및 수소 안전관리에 관한 법률」 제2조 제9호에 따른 수소연료사용시설에 설치된 설비는 제외한다.
18. "처리설비"란 압축·액화나 그 밖의 방법으로 가스를 처리할 수 있는 설비 중 고압가스의 제조(충전을 포함한다)에 필요한 설비와 저장탱크에 딸린 펌프·압축기 및 기화장치를 말한다.
19. "감압설비"란 고압가스의 압력을 낮추는 설비를 말한다.
20. "처리능력"이란 처리설비 또는 감압설비에 의하여 압축·액화나 그 밖의 방법으로 1일에 처리할 수 있는 가스의 양(온도 섭씨 0도, 게이지압력 0파스칼의 상태를 기준으로 한다. 이하 같다)을 말한다.
21. "불연재료(不燃材料)"란 「건축법 시행령」 제2조 제10호에 따른 불연재료를 말한다.
22. "방호벽(防護壁)"이란 높이 2미터 이상, 두께 12센티미터 이상의 철근콘크리트 또는 이와 같은 수준 이상의 강도를 가지는 구조의 벽을 말한다.
23. "보호시설"이란 제1종 보호시설 및 제2종 보호시설로서 별표 2에서 정한 것을 말한다.
24. "용접용기"란 동판 및 경판(동체의 양 끝부분에 부착하는 판을 말한다. 이하 같다)을 각각 성형하고 용접하여 제조한 용기를 말한다.
25. "이음매 없는 용기"란 동판 및 경판을 일체(一體)로 성형하여 이음매가 없이 제조한 용기를 말한다.
26. "접합 또는 납붙임용기"란 동판 및 경판을 각각 성형하여 심(Seam)용접이나 그 밖의 방법으로 접합하거나 납붙임하여 만든 내용적(內容積) 1리터 이하인 일회용 용기를 말한다.
27. "충전설비"란 용기 또는 차량에 고정된 탱크에 고압가스를 충전하기 위한 설비로서 충전기와 저장탱크에 딸린 펌프·압축기를 말한다.
28. "특수고압가스"란 압축모노실란·압축디보레인·액화알진·포스핀·세렌화수소·게르만·디실란 및 그 밖에 반도체의 세정 등 산업통상자원부장관이 인정하는 특수한 용도에 사용되는 고압가스를 말한다.
29. "압축가스설비"란 고압가스자동차 충전시설에 사용되는 설비로서 처리설비로부터 압축된 가스를 저장하기 위한 압력용기를 말한다.

21 가스보일러 설치 기준에 따라 반드시 내열실리콘으로 마감 조치하여 기밀이 유지하도록 하여야 하는 부분은?

① 배기통과 가스보일러의 접속부
② 배기통과 배기통의 접속부
③ 급기통과 배기통의 접속부
④ 가스보일러와 급기통의 접속부

정답 21 ①

해설 가스보일러

KGS GC208 주거용 가스보일러의 설치·검사 기준
1. 보일러를 옥외에 설치할 때는 눈·비·바람 등 때문에 연소에 지장이 없도록 보호조치를 강구한다. 다만 옥외형 보일러는 보호조치를 하지 않을 수 있다.
2. 배기통의 재료는 스테인리스강판 또는 배기가스 및 응축수에 내열·내식성이 있는 것으로서 배기통은 한국가스안전공사 또는 공인시험기관의 성능인증을 받은 것으로 한다.
3. 배기통이 가연성의 벽을 통과하는 부분은 방화조치를 하고 배기가스가 실내로 유입되지 않도록 한다.
4. 보일러의 단독배기통톱 및 공동배기구톱에는 동력팬을 부착하지 않는다. 다만 부득이 무동력팬을 부착할 경우에는 무동력팬의 유효단면적이 공동배기구의 단면적 이상이 되게 한다.
5. 보일러에 댐퍼를 부착하는 경우 그 위치는 보일러의 역풍방지장치 도피구 직상부로 한다.
6. 보일러 배기통의 호칭지름은 보일러의 배기통접속부의 호칭지름과 동일하게 하며, 배기통과 보일러의 접속부 및 배기통과 배기통의 접속부는 내열실리콘 등(석고붕대는 제외한다)으로 마감조치하여 기밀이 유지되게 한다.

22 일반도시가스사업자 정압기 입구 측의 압력이 0.6 MPa일 경우 안전밸브 분출부의 크기는 얼마 이상으로 해야 하는가?

① 20 A 이상 ② 30 A 이상
③ 50 A 이상 ④ 100 A 이상

해설 안전밸브 분출부의 크기

KGS FS552 일반도시가스사업 정압기의 시설·기술·검사 기준

[과압안전장치 설치]
정압기 출구 배관의 이상압력상승을 방지하기 위하여 적합한 안전장치의 작동순서·작동압력 및 안전밸브의 분출 면적 등은 다음 기준에 따른다. 다만 단독 사용자에게 가스를 공급하는 정압기의 경우에는 이 기준을 따르지 않을 수 있다.

[과압안전장치 분출 면적]
정압기에 설치되는 안전밸브 분출부의 크기는 다음 기준과 같이 한다.
1. 정압기 입구 측 압력이 0.5 MPa 이상인 것은 50 A 이상으로 한다.
2. 정압기 입구 측 압력이 0.5 MPa 미만인 것은 정압기의 설계 유량에 따라 다음 기준에 따른 크기로 한다.
   (1) 정압기 설계 유량이 1000 Nm^3/h 이상인 것은 50 A 이상
   (2) 정압기 설계 유량이 1000 Nm^3/h 미만인 것은 25 A 이상
* 정압기 입구 측의 압력이 0.6 MPa로써 0.5 MPa 이상이므로 50 A 이상이다.

모아북스

모아 가스기능사 필기(핵심이론 + 과년도 12개년) [개정4판]

발행일	2026년 1월 1일 개정4판 1쇄
지은이	오민정
발행인	황모아
발행처	(주)모아교육그룹
주 소	서울특별시 영등포구 영신로 32길 29 세화빌딩 2층
전 화	02-2068-2393(출판, 주문)
등 록	제2015-000006호 (2015.1.16.)
이메일	moagbooks@naver.com
ISBN	979-11-6804-490-6 (13530)

이 책의 가격은 뒤표지에 있습니다.

Copyright ⓒ (주)모아교육그룹 Co., Ltd. All Rights Reserved.

이 책은 저작권법에 의해 보호를 받는 저작물이므로 저자와 출판사의 서면 허락 없이 내용의 전부 또는 일부를 이용하는 것을 금합니다.

시작부터 합격할 때까지 함께하는 모아북스 교재!

모아 소방기술사   요해 소방기술사 시리즈   금화도감 소방기술사 시리즈

소방시설관리사 시리즈 (버닝 업/그로우 업/엔드 업)

초격차 소방설비기사·산업기사 시리즈   소방기술사 합격비책

뇌박힘 시리즈   뇌풀림 수리계산 핸드북   현장에서 통하는 소방설비 찐 실무

모아북스

전기분야

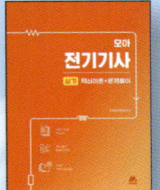 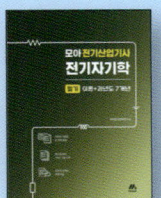  

모아 전기기사 시리즈   모아 전기산업기사 시리즈   2025 모아 전기기사 봉투모의고사

모아 전기안전기술사 시리즈   모아 전기응용기술사

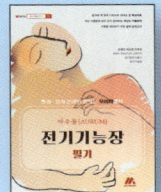    

아우름 전기기능장 시리즈   모아 전기기능사 시리즈

모아 발송배전기술사(기본서/심화서)   정보통신기술사(이론서)

모아 위험물기능장·산업기사·기능사 시리즈   모아 건축설비기사 시리즈

모아 가스기사·산업기사·기능사 시리즈   모아 산업안전기사 시리즈

모아 공조냉동기계기사·산업기사·기능사 시리즈   모아 화공안전기술사   건축기계설비기술사 합격비책

모아 에너지관리기사·산업기사·기능사 시리즈   모아 산업위생관리기사 시리즈

모아북스

모아북스

"수험생의 불필요한 시간을 아끼는 것"
모아북스가 가장 중요하게 생각하는 가치입니다.

모아북스는 매년 달라지는 법령과 변화하는 출제 경향, 새롭게 제정되는 규정까지 수험생보다 먼저 학습하고, 핵심만을 빠르게 정리합니다. 합격을 위한 가장 빠르고 정확한 수험서를 만들기 위해 한 페이지 한 페이지에 진심을 담아 제작합니다.

▌모아 출판 프로세스

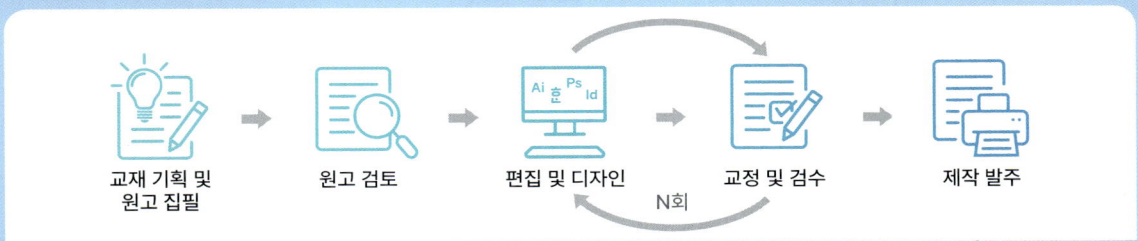

교재 기획 및 원고 집필 → 원고 검토 → 편집 및 디자인 → 교정 및 검수 (N회) → 제작 발주

▌모아북스 블로그 소개

수험서를 구매하기 전 책을 훑어보러 서점까지 가기 힘드신가요? 모아북스 블로그에서는 수험생의 소중한 시간을 아껴드리기 위해 책의 구체적인 구성과 강점, 효과적인 학습법까지 직접 보는 것처럼 상세하게 소개해드립니다. 궁금한 교재가 있다면 모아북스 블로그에 '책 제목'을 검색해보세요!

모아북스 블로그

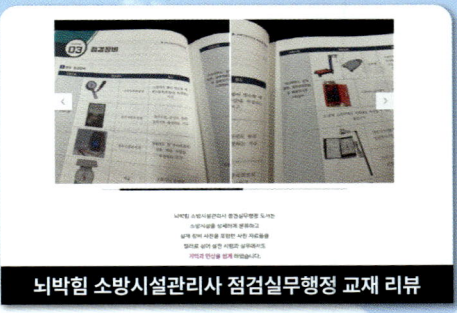

뇌박힘 소방시설관리사 점검실무행정 교재 리뷰

모아북스 블로그

▌고객의 소리

더 나은 교재 제작을 위해 여러분의 소중한 의견을 기다립니다. QR을 통해 남겨주신 피드백 중 우수 글에 선정되신 독자분께는 감사의 마음을 담아 소정의 선물을 드립니다.

고객의 소리

모아북스